工业和信息化部“十四五”规划教材

高等流体力学

郑群　高杰　姜玉廷　姜斌　编著

科学出版社
北　京

内 容 简 介

本书详细讲述了流体力学的基本理论，全书共九章，主要介绍了流体运动的基本概念、流体动力学积分形式和微分形式的基本方程、平面流动势/流函数解法的基本理论、流体的旋涡运动、层流及湍流的基本理论、边界层理论和计算流体力学基础等。本书各章选择的习题具有一定的代表性，有助于学习者对基本概念的理解。

本书适合动力工程及工程热物理、船舶与海洋工程、力学、航空航天、核能、机械工程、水力学等学科的硕士、博士研究生使用，同时可作为相关专业科研工作者和工程技术人员的参考用书。

图书在版编目（CIP）数据

高等流体力学 / 郑群等编著. —北京：科学出版社，2021.4

（工业和信息化部“十四五”规划教材）

ISBN 978-7-03-068429-5

Ⅰ. ①高… Ⅱ. ①郑… Ⅲ. ①流体力学—研究生—教材 Ⅳ. ①O35

中国版本图书馆 CIP 数据核字（2021）第 048867 号

责任编辑：朱晓颖 / 责任校对：王 瑞

责任印制：张 伟 / 封面设计：迷底书装

科学出版社 出版

北京东黄城根北街 16 号

邮政编码：100717

http://www.sciencep.com

北京中科印刷有限公司印刷

科学出版社发行 各地新华书店经销

*

2021 年 4 月第 一 版 开本：787×1092 1/16

2024 年 1 月第三次印刷 印张：20 1/4

字数：500 000

定价：128.00 元

（如有印装质量问题，我社负责调换）

前　言

“高等流体力学”是动力工程及工程热物理学科及相近学科的一门重要的研究生专业基础课，课程目的是在本科“工程流体力学”课程的基础上，在对流动所伴随物理现象的认识、概念的建立及规律分析的同时，加深学生分析和研究学科中问题的基本思想及方法，使学生进一步深入理解流体力学的基础理论，提高处理各类流体力学问题的能力，为后续专业课程学习及参加科研工作打下坚实基础。

本书在内容上广泛吸收了国内各类高等流体力学教材的精华，力求在覆盖全面的基础上有所发展和提高。考虑到工科教学的特点，本书在选材上与本科生教材有恰当的划分和衔接，旨在由浅入深、循序渐进地培养学生应用基本理论解决各类流体力学问题的思维习惯和方法。在介绍了流体运动基本概念之后，讲述了流体运动学及动力学基本原理与控制方程，还涵盖了平面流动势、流函数解法的基本理论、流体的旋涡运动、层流及湍流的基本理论和边界层理论等。同时为适应新时代发展的需要，本书在末尾章节还介绍了计算流体力学基础。为加深对于流体力学基本内容的理解，本书各章选择的习题具有一定的代表性，有助于学习者对基本概念的认知，不但适合教学使用，而且适合学生自学。

本书由哈尔滨工程大学动力与能源工程学院郑群、高杰、姜玉廷、姜斌编著，全书由高杰统稿。在本书的编写过程中，得到了多位研究生的协助，在此表示感谢。

在本书编写过程中，参考了许多著作，已在参考文献中详细列出，其中不乏优秀和经典之作，在此对这些著作的作者表示诚挚的谢意。

本书的编写得到了全国工程硕士专业学位研究生教育在线课程重点建设项目、哈尔滨工程大学研究生在线课程重点建设项目及研究生高水平核心课程建设项目等的资助，在此表示感谢。在本书编写的过程中，还得到了动力与能源工程学院、课程团队同仁的大力支持和帮助，在此表示感谢！

由于时间仓促、编者水平有限，书中难免会有疏漏和不妥之处，恳请各位同行、专家、读者批评指正，以便进一步修订完善。

编　者

2020 年 8 月

前言

目　　录

第 1 章　流体微团运动分析

本章将研究流体运动的基本规律。流体运动同其他物质运动一样，同属于机械运动的范畴，都要遵循物质运动的普遍规律，如质量守恒定律、牛顿第二定律、能量守恒定律及动量定理等。

流体运动是一种连续介质的运动，完全不同于固体的运动。本章将从流体的连续介质模型出发，研究它在运动学上的固有特性，讨论流体运动的一些基本概念。

1.1　流体微团运动的几何分析

欧拉法的基本概念是以流线为基础建立的总流运动。按连续介质模型，流体是由无数质点或者微团所构成的，认识流场的特点，探索流体运动的各种规律，都需从分析流体微团运动入手。

1.1.1　线变形、角变形和旋转

为了分析整个流场的运动，在流场中任取一流体微团进行运动分析，这就是所谓的微元分析法。

流体微团与流体质点是两个不同的概念。在连续介质中，流体质点是可以忽略线性尺寸效应(如膨胀、变形、旋转)的最小单元；而流体微团是由大量流体质点组成的具有线性尺寸效应的微小流体团。

流体微团的运动是由平行移动、线变形、角变形和旋转变形所组成的。在时刻t取一微元体，在正交笛卡儿坐标中，取$z=\text{const}$平面投影微元体$ABCD$，A点在x和y坐标方向的速度分量分别为V_1和V_2。过A点任取一方向为l的微元线段$\mathrm{d}l$，它与x方向的夹角为θ。

如图 1-1 所示，在坐标平面内，取$\boldsymbol{n}\perp\boldsymbol{l}$。则$A$点在此平面内的速度分量可以沿$\boldsymbol{n}$、$\boldsymbol{l}$方向分解，得到速度之间的关系：

$$\left.\begin{aligned}V_l&=V_1\cos\theta+V_2\sin\theta\\V_n&=V_2\cos\theta-V_1\sin\theta\end{aligned}\right\}\tag{1-1}$$

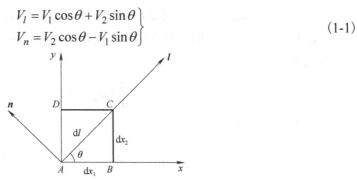

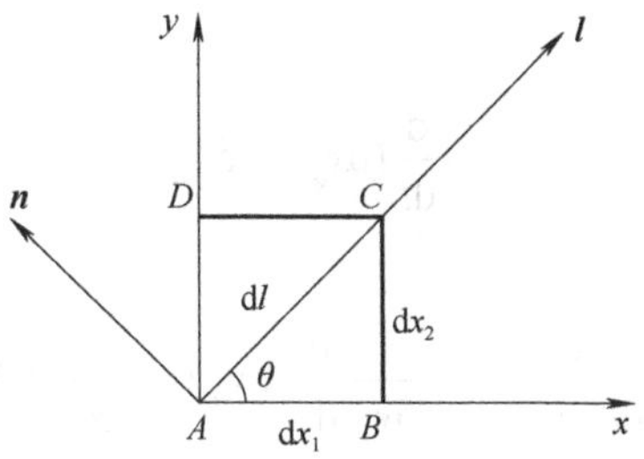

图 1-1　正交笛卡儿坐标中速度的分解

并且

$$\frac{\partial}{\partial l}=\left(\frac{\partial}{\partial x_1}\right)\frac{\partial x_1}{\partial l}+\left(\frac{\partial}{\partial x_2}\right)\frac{\partial x_2}{\partial l}=\left(\frac{\partial}{\partial x_1}\right)\cos\theta+\left(\frac{\partial}{\partial x_2}\right)\sin\theta$$

于是有

$$\left.\begin{aligned}\frac{\partial V_l}{\partial l}&=\frac{\partial V_1}{\partial x_1}\cos^2\theta+\left(\frac{\partial V_1}{\partial x_2}+\frac{\partial V_2}{\partial x_1}\right)\sin\theta\cos\theta+\frac{\partial V_2}{\partial x_2}\sin^2\theta\\\frac{\partial V_n}{\partial l}&=\frac{\partial V_2}{\partial x_1}\cos^2\theta+\left(\frac{\partial V_2}{\partial x_2}-\frac{\partial V_1}{\partial x_1}\right)\sin\theta\cos\theta-\frac{\partial V_1}{\partial x_2}\sin^2\theta\end{aligned}\right\}\tag{1-2}$$

1. 线变形速率

单位时间内流体线的相对伸长称为线变形速率。因此，线段 dl 的线变形速率为

$$\varepsilon_{ll}=\frac{\left(V_l+\dfrac{\partial V_l}{\partial l}\mathrm{d}l\right)\mathrm{d}t-V_l\mathrm{d}t}{\mathrm{d}t\cdot\mathrm{d}l}=\frac{\partial V_l}{\partial l}\tag{1-3}$$

图 1-2 表示 dt 时间后流体微团的线变形。

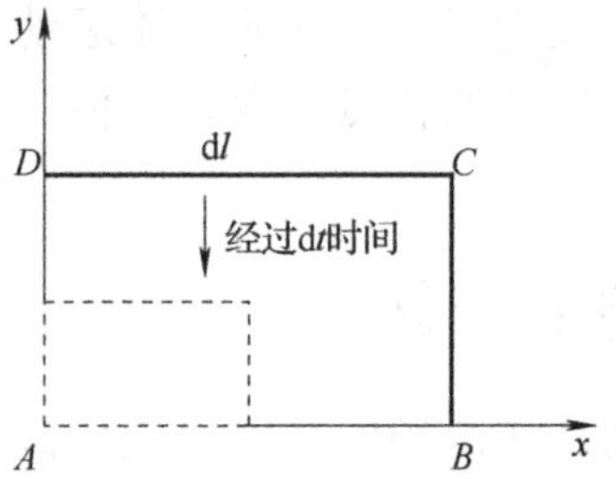

图 1-2　流体微团的线变形

若$\theta=0$或$\theta=\pi/2$，用ε_{xx}表示x方向的流体线在单位时间内的相对伸长。同理，可得y和z方向的流体线的线变形速率为

$$\begin{aligned}\varepsilon_{xx}&=\frac{\partial u}{\partial x}\\\varepsilon_{yy}&=\frac{\partial v}{\partial y}\\\varepsilon_{zz}&=\frac{\partial w}{\partial z}\end{aligned}\tag{1-4}$$

上式中ε_{xx}、ε_{yy}、ε_{zz}分别是沿着x、y、z方向的线变形速率。流体微团的体积$\delta t=\delta x\delta y\delta z$在单位时间内的相对变化称为流体微团体积膨胀速率。

注意到

$$\frac{\mathrm{d}}{\mathrm{d}t}(\delta x_\alpha)=\delta V_\alpha$$

那么体积膨胀速率为

$$\frac{1}{\delta t}\frac{\mathrm{d}}{\mathrm{d}t}(\delta t)=\frac{1}{\delta x_\alpha}\frac{\mathrm{d}}{\mathrm{d}t}(\delta x_\alpha)=\frac{\partial V_\alpha}{\partial x_\alpha}=\nabla\cdot V\tag{1-5}$$

由此可见，流体的体积膨胀速率等于三个正交方向上线变形速率之和，也就是流体速

度的散度。

对于不可压缩流体，其体积不会变化，所以

$$\nabla\cdot\boldsymbol{v}=0 \tag{1-6}$$

此式可视为不可压缩条件或不可压缩流体的连续方程。

2. 角变形速率

单位时间内流体微团中某一平面正交流体线夹角减小之半，称为角变形速率。如图 1-3 所示，在 $t+\Delta t$ 时刻，流体对于原来方向分别转动了 θ_1 和 θ_2。因此平均转动角为

$$\theta=\frac{1}{2}(\theta_1+\theta_2)$$

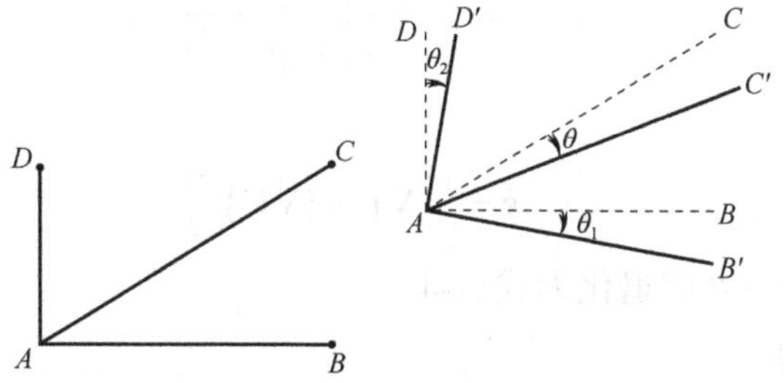

图 1-3　流体微团的转动

图 1-4 为流体微团的角变形。为此，讨论任意方向 $\boldsymbol{l}$ 的微元线段 $\mathrm{d}l$ 的旋转角速度 ω_θ。

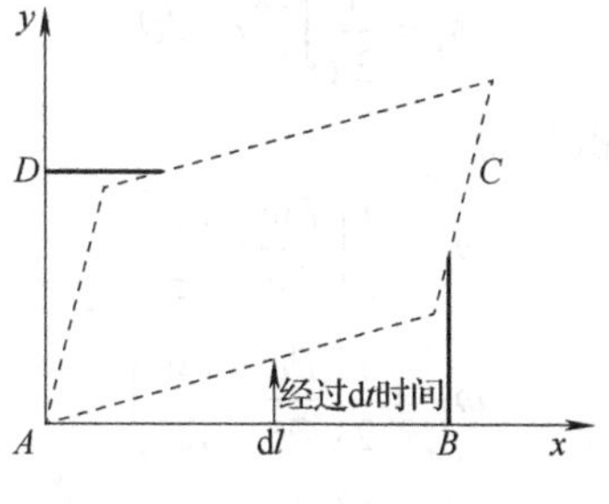

图 1-4　流体微团的角变形

$$\begin{aligned}\omega_\theta&=\frac{\mathrm{d}\theta}{\mathrm{d}t}=\frac{1}{\mathrm{d}t}\left[\frac{\left(V_n+\dfrac{\partial V_n}{\partial l}\mathrm{d}l\right)\mathrm{d}t-V_n\mathrm{d}t}{\mathrm{d}l}\right]=\frac{\partial V_n}{\partial l}\\&=\frac{\partial V_2}{\partial x_1}\cos^2\theta+\left(\frac{\partial V_2}{\partial x_2}-\frac{\partial V_1}{\partial x_1}\right)\sin\theta\cos\theta-\frac{\partial V_1}{\partial x_2}\sin^2\theta\end{aligned} \tag{1-7}$$

因此

$$\omega_0=\frac{\partial V_2}{\partial x_1}$$

$$\omega_{\pi/4}=\frac{1}{2}\left(\frac{\partial V_2}{\partial x_1}-\frac{\partial V_1}{\partial x_2}\right)+\frac{1}{2}\left(\frac{\partial V_2}{\partial x_2}-\frac{\partial V_1}{\partial x_1}\right)$$

$$\omega_{\pi/2} = -\frac{\partial V_1}{\partial x_2}$$

根据定义，x 和 y 组成的平面直角的角变形速率为

$$\varepsilon_{xy} = \frac{1}{2}(\omega_0 - \omega_{\pi/2}) = \frac{1}{2}\left(\frac{\partial v}{\partial x} + \frac{\partial u}{\partial y}\right) = \varepsilon_{yx}$$

同理可求得 $\varepsilon_{zx} = \varepsilon_{xz}$，$\varepsilon_{zy} = \varepsilon_{yz}$ 的表达式，写成形式为

$$\varepsilon_{\alpha\beta} = \varepsilon_{\beta\alpha} = \frac{1}{2}\left(\frac{\partial V_\alpha}{\partial x_\beta} + \frac{\partial V_\beta}{\partial x_\alpha}\right) \tag{1-8}$$

或

$$\varepsilon = \frac{1}{2}\left[\nabla \boldsymbol{V} + (\nabla \boldsymbol{V})_c\right] \tag{1-9}$$

显然，式(1-8)中若 $\alpha = \beta$ 即退化为式(1-4)。

3. 平均旋转速度

平均旋转角速度为流体微团中无限多条直线段旋转角速度平均值。

即

$$\omega_3 = \frac{1}{2\pi}\int_0^{2\pi} \omega_\theta d\theta \tag{1-10}$$

将(1-7)代入式(1-10)，并积分得

$$\begin{aligned} \omega_x &= \frac{1}{2}\left(\frac{\partial w}{\partial y} - \frac{\partial v}{\partial z}\right) \\ \omega_y &= \frac{1}{2}\left(\frac{\partial u}{\partial z} - \frac{\partial w}{\partial x}\right) \\ \omega_z &= \frac{1}{2}\left(\frac{\partial v}{\partial x} - \frac{\partial u}{\partial y}\right) \end{aligned} \tag{1-11}$$

由此可得，平均旋转角速度矢量 $\boldsymbol{\omega}$ 为

$$\boldsymbol{\omega} = \frac{1}{2}\nabla \times \boldsymbol{V} \tag{1-12}$$

把 ω_3 与 $\omega_{\pi/4}$ 进行比较，可见当流体各向同性或只有旋转而没有线变形时，等分角线的角速度等于平均旋转角速度。它使流体微团绕过 A 点的瞬时转动轴线旋转。描述转动的特征量是 $\nabla \times \boldsymbol{V}$ 。

1.1.2　变形率张量和涡量张量

根据张量分解定理，一个二阶张量可以分解为一个对称分量和一个反对称张量 $\boldsymbol{\varepsilon}$ 和 $\boldsymbol{a}$，于是速度梯度张量可表示为

$$\nabla \boldsymbol{V} = \frac{1}{2}\left[\nabla \boldsymbol{V} + (\nabla \boldsymbol{V})_c\right] + \frac{1}{2}\left[\nabla \boldsymbol{V} - (\nabla \boldsymbol{V})_c\right] = \boldsymbol{\varepsilon} + \boldsymbol{a} \tag{1-13}$$

其中

$$\boldsymbol{\varepsilon}=\frac{1}{2}\left[\nabla\boldsymbol{V}+\left(\nabla\boldsymbol{V}\right)_c\right] \tag{1-14}$$

$$\boldsymbol{a}=\frac{1}{2}\left[\nabla\boldsymbol{V}-\left(\nabla\boldsymbol{V}\right)_c\right] \tag{1-15}$$

在笛卡儿直角坐标系中，上述三式可改写为

$$\frac{\partial V_\beta}{\partial x_\alpha}=\boldsymbol{\varepsilon}_{\alpha\beta}+\boldsymbol{a}_{\alpha\beta} \tag{1-16}$$

$$\boldsymbol{\varepsilon}_{\alpha\beta}=\frac{1}{2}\left(\frac{\partial V_\beta}{\partial x_\alpha}+\frac{\partial V_\alpha}{\partial x_\beta}\right)=\boldsymbol{\varepsilon}_{\beta\alpha} \tag{1-17}$$

$$\boldsymbol{a}_{\alpha\beta}=\frac{1}{2}\left(\frac{\partial V_\beta}{\partial x_\alpha}-\frac{\partial V_\alpha}{\partial x_\beta}\right)=-\boldsymbol{a}_{\beta\alpha} \tag{1-18}$$

其中

$$\boldsymbol{\varepsilon}=\boldsymbol{i}_\alpha\varepsilon_{\alpha\beta}\boldsymbol{i}_\beta$$

$$\boldsymbol{a}=\boldsymbol{i}_\alpha\boldsymbol{a}_{\alpha\beta}\boldsymbol{i}_\beta$$

为了表达方便，下面引入两个数字符号。

（1）罗内克符号(Kronecker symbol)，定义为

$$\delta_{\alpha\beta}=\boldsymbol{i}_\alpha\cdot\boldsymbol{i}_\beta=\begin{cases}1, & \alpha=\beta\\ 0, & \alpha\neq\beta\end{cases} \tag{1-19}$$

它具有如下性质：

$$\delta_{\alpha\beta}=\delta_{\beta\alpha}, \quad \delta_{\alpha\alpha}=3$$

$$\delta_{\alpha m}\Phi_m=\Phi_\alpha$$

$$\delta_{\alpha m}T_{m\beta}=T_{\alpha\beta}$$

（2）顺序(排列)符号(Permutation symbol)，定义为

$$e_{\alpha\beta\gamma}=\boldsymbol{i}_\alpha\cdot\left(\boldsymbol{i}_\beta\times\boldsymbol{i}_\gamma\right)=\begin{cases}1, & \text{当}\alpha,\beta,\gamma=1,2,3\text{为偶排列}\\ -1, & \text{当}\alpha,\beta,\gamma=1,2,3\text{为奇排列}\\ 0, & \text{当}\alpha,\beta,\gamma\text{中有两个以上指标相同}\end{cases}$$

例如，

$$\boldsymbol{A}\times\boldsymbol{B}=e_{\alpha\beta\gamma}A_\alpha B_\beta\boldsymbol{i}_\gamma$$

$$\nabla\times\boldsymbol{V}=e_{\alpha\beta\gamma}\frac{\partial V_\beta}{\partial x_\alpha}\boldsymbol{i}_\gamma$$

$$\boldsymbol{A}\cdot\left(\boldsymbol{B}\times\boldsymbol{C}\right)=e_{\alpha\beta\gamma}A_\alpha B_\beta C_\gamma$$

$$\det\left|a_{\alpha\beta}\right|=e_{\alpha\beta\gamma}a_{\alpha1}a_{\beta2}a_{\gamma3}$$

$e_{\alpha\beta\gamma}$ 与 $\delta_{\alpha\beta}$ 之间满足如下恒等式：

$$e_{\alpha\beta\gamma}=\boldsymbol{i}_\alpha\cdot\left(\boldsymbol{i}_\beta\times\boldsymbol{i}_\gamma\right)=\begin{vmatrix}\delta_{\alpha1} & \delta_{\alpha2} & \delta_{\alpha3}\\ \delta_{\beta1} & \delta_{\beta2} & \delta_{\beta3}\\ \delta_{\gamma1} & \delta_{\gamma2} & \delta_{\gamma3}\end{vmatrix} \tag{1-20}$$

利用行列式性质 $\det\left|A_{\alpha\beta}\right|=\det\left|A_{\beta\alpha}\right|$ 以及 $\delta_{\alpha m}\delta_{m\beta}=\delta_{\alpha\beta}$，由式(1-20)可得

$$e_{\alpha\beta\gamma}e_{ijk}=\begin{vmatrix}\delta_{\alpha i} & \delta_{\alpha j} & \delta_{\alpha k}\\ \delta_{\beta i} & \delta_{\beta j} & \delta_{\beta k}\\ \delta_{\gamma i} & \delta_{\gamma j} & \delta_{\gamma k}\end{vmatrix} \tag{1-21}$$

$$e_{\alpha\beta\gamma}e_{ij\gamma}=\delta_{\alpha i}\delta_{\beta j}-\delta_{\alpha j}\delta_{\beta i}$$

$$e_{\alpha\beta\gamma}e_{i\beta\gamma}=2\delta_{\alpha i}$$

$$e_{\alpha\beta\gamma}e_{\alpha\beta\gamma}=6$$

1. 变形率张量

张量 $\boldsymbol{\varepsilon}$ 是决定一个流体微团变形运动的二阶对称张量，称为变形率张量。

2. 涡量张量

根据式(1-9)，平均旋转角速度矢量 $\boldsymbol{\omega}$ 可表示为

$$\boldsymbol{\omega}=\frac{1}{2}\nabla\times\boldsymbol{V}$$

那么

$$\omega_\gamma=\frac{1}{2}e_{ij\gamma}\frac{\partial V_j}{\partial x_i} \tag{1-22}$$

$$\begin{aligned}e_{\alpha\beta\gamma}\omega_\gamma&=\frac{1}{2}e_{\alpha\beta\gamma}e_{ij\gamma}\frac{\partial V_j}{\partial x_i}=\frac{1}{2}\left(\delta_{\alpha i}\delta_{\beta j}-\delta_{\alpha j}\delta_{\beta i}\right)\frac{\partial V_j}{\partial x_i}\\&=\frac{1}{2}\left(\frac{\partial V_\beta}{\partial x_\alpha}-\frac{\partial V_\alpha}{\partial x_\beta}\right)\end{aligned} \tag{1-23}$$

式(1-23)与式(1-18)比较可知

$$a_{\alpha\beta}=e_{\alpha\beta\gamma}\omega_\gamma$$

上式说明，二阶反对称张量 $a_{\alpha\beta}$ 只有三个独立分量，它们组成一个矢量 $\boldsymbol{\omega}$，即平均旋转角速度矢量。因此，张量 $a_{\alpha\beta}$ 决定了流体微团的旋转运动，故称为涡量张量。

任意矢量 $\boldsymbol{B}$ 与涡量张量 a 的内积等于矢量 $\boldsymbol{\omega}$ 与矢量 $\boldsymbol{B}$ 的矢量积。因为

$$\begin{aligned}\boldsymbol{B}\cdot a&=B_k\boldsymbol{i}_k\cdot\boldsymbol{i}_\alpha a_{\alpha\beta}\boldsymbol{i}_\beta=B_k\delta_{\alpha k}a_{\alpha\beta}\boldsymbol{i}_\beta=a_{\alpha\beta}B_\alpha\boldsymbol{i}_\beta\\&=e_{\alpha\beta\gamma}\omega_\gamma B_\alpha\boldsymbol{i}_\beta=\boldsymbol{\omega}\times\boldsymbol{B}\end{aligned} \tag{1-24}$$

这正是二阶反对称张量所具有的性质。

1.1.3 亥姆霍兹速度分解定理及流动分类

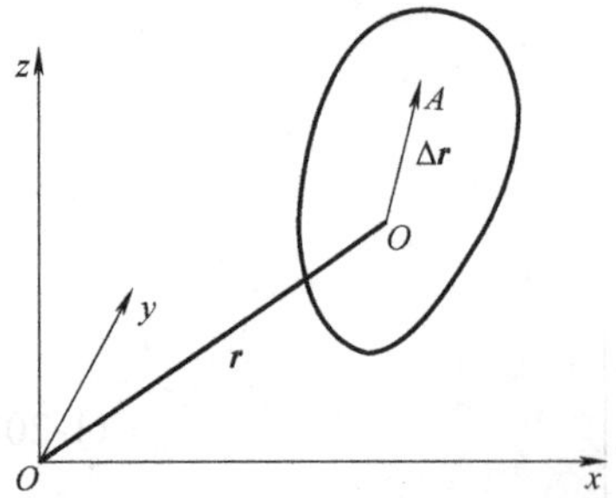

图 1-5 毗邻两点的速度关系

现在分析流体中任意毗邻两点的速度关系。观察流场中任一流体微团，如图 1-5 所示。

微团上某点 $O(x,y,z)$ 在 t 时刻的速度为

$$\boldsymbol{V}_O(x,y,z,t)=u_{xO}(x,y,z,t)\boldsymbol{i}+u_{yO}(x,y,z,t)\boldsymbol{j}+u_{zO}(x,y,z,t)\boldsymbol{k}$$

同一时刻在另一点 $A(x+\Delta x,y+\Delta y,z+\Delta z)$ 上的速度为

$$\begin{aligned}\boldsymbol{V}_A(x+\Delta x,y+\Delta y,z+\Delta z,t)=&\,u_{xA}(x+\Delta x,y+\Delta y,z+\Delta z,t)\boldsymbol{i}\\&+u_{yA}(x+\Delta x,y+\Delta y,z+\Delta z,t)\boldsymbol{j}\\&+u_{zA}(x+\Delta x,y+\Delta y,z+\Delta z,t)\boldsymbol{k}\end{aligned}$$

上式可展成泰勒级数，忽略高阶小量并省去式中的下标 O，有

$$
\begin{aligned}
&\boldsymbol{V}(x+\Delta x, y+\Delta y, z+\Delta z, t)\\
&=\boldsymbol{V}(x,y,z,t)+\frac{\partial \boldsymbol{V}}{\partial x}\Delta x+\frac{\partial \boldsymbol{V}}{\partial y}\Delta y+\frac{\partial \boldsymbol{V}}{\partial z}\Delta z\\
&=\left[u_x+\frac{\partial u}{\partial x}\Delta x+\frac{\partial u}{\partial y}\Delta y+\frac{\partial u}{\partial z}\Delta z\right]\boldsymbol{i}\\
&\quad+\left[u_y+\frac{\partial v}{\partial x}\Delta x+\frac{\partial v}{\partial y}\Delta y+\frac{\partial v}{\partial z}\Delta z\right]\boldsymbol{j}\\
&\quad+\left[u_z+\frac{\partial w}{\partial x}\Delta x+\frac{\partial w}{\partial y}\Delta y+\frac{\partial w}{\partial z}\Delta z\right]\boldsymbol{k}
\end{aligned}
\tag{1-25}
$$

由此式可见，点 A 的速度可以用点 O 的速度及九个速度分量的偏导数来表示。前面已经提及，这九个分量可以组成旋转角速度分量、角变形速率分量及相对线变形速率分量，因此可以按这些物理量的定义式来改造式(1-25)。于是

$$
\begin{aligned}
\boldsymbol{V}(x+\Delta x, y+\Delta y, z+\Delta z, t)=&\left[u_x+\frac{1}{2}\left(\frac{\partial u_x}{\partial z}-\frac{\partial u_z}{\partial x}\right)\Delta z-\frac{1}{2}\left(\frac{\partial u_y}{\partial x}-\frac{\partial u_x}{\partial y}\right)\Delta y\right.\\
&\left.+\frac{\partial u}{\partial x}\Delta x+\frac{1}{2}\left(\frac{\partial u_y}{\partial x}+\frac{\partial u_x}{\partial y}\right)\Delta y+\frac{1}{2}\left(\frac{\partial u_z}{\partial x}+\frac{\partial u_x}{\partial z}\right)\Delta z\right]\boldsymbol{i}\\
&+\left[u_y+\frac{1}{2}\left(\frac{\partial u_y}{\partial x}-\frac{\partial u_x}{\partial y}\right)\Delta x-\frac{1}{2}\left(\frac{\partial u_z}{\partial y}-\frac{\partial u_y}{\partial z}\right)\Delta z\right.\\
&\left.+\frac{1}{2}\left(\frac{\partial u_x}{\partial y}+\frac{\partial u_y}{\partial x}\right)\Delta x+\frac{\partial u_y}{\partial y}\Delta y+\frac{1}{2}\left(\frac{\partial u_z}{\partial y}+\frac{\partial u_y}{\partial z}\right)\Delta z\right]\boldsymbol{j}\\
&+\left[u_z+\frac{1}{2}\left(\frac{\partial u_z}{\partial y}-\frac{\partial u_y}{\partial z}\right)\Delta y-\frac{1}{2}\left(\frac{\partial u_x}{\partial z}-\frac{\partial u_z}{\partial x}\right)\Delta z\right.\\
&\left.+\frac{1}{2}\left(\frac{\partial u_x}{\partial z}+\frac{\partial u_z}{\partial x}\right)\Delta x+\frac{1}{2}\left(\frac{\partial u_y}{\partial z}+\frac{\partial u_z}{\partial y}\right)\Delta y+\frac{\partial u_z}{\partial z}\Delta z\right]\boldsymbol{k}
\end{aligned}
$$

上式可进一步简写为

$$
\begin{aligned}
\boldsymbol{V}(x+\Delta x, y+\Delta y, z+\Delta z, t)=&[u_x+\omega_y\Delta z-\omega_z\Delta y+\varepsilon_{xx}\Delta x+\varepsilon_{xy}\Delta y+\varepsilon_{xz}\Delta z]\boldsymbol{i}\\
&+[u_y+\omega_z\Delta x-\omega_x\Delta z+\varepsilon_{yx}\Delta x+\varepsilon_{yy}\Delta y+\varepsilon_{yz}\Delta z]\boldsymbol{j}\\
&+[u_z+\omega_x\Delta y-\omega_y\Delta z+\varepsilon_{zx}\Delta x+\varepsilon_{zy}\Delta y+\varepsilon_{zz}\Delta z]\boldsymbol{k}
\end{aligned}
\tag{1-26}
$$

考虑到

$$
\boldsymbol{\omega}\times\Delta\boldsymbol{r}=\pi\left(\frac{1}{2}\nabla\times\boldsymbol{V}\right)\times\Delta\boldsymbol{r}=(\omega_y\Delta z-\omega_z\Delta y)\boldsymbol{i}+(\omega_z\Delta x-\omega_x\Delta z)\boldsymbol{j}+(\omega_x\Delta y-\omega_y\Delta z)\boldsymbol{k}
$$

上式可写成

$$
\begin{aligned}
\boldsymbol{V}(x+\Delta x, y+\Delta y, z+\Delta z, t)=&\boldsymbol{V}+\frac{1}{2}(\nabla\times\boldsymbol{V})\times\Delta\boldsymbol{r}+\boldsymbol{i}(\varepsilon_{xx}\Delta x+\varepsilon_{xy}\Delta y+\varepsilon_{xz}\Delta z)\\
&+\boldsymbol{j}(\varepsilon_{yx}\Delta x+\varepsilon_{yy}\Delta y+\varepsilon_{yz}\Delta z)\\
&+\boldsymbol{k}(\varepsilon_{zx}\Delta x+\varepsilon_{zy}\Delta y+\varepsilon_{zz}\Delta z)
\end{aligned}
\tag{1-27}
$$

上式右侧的最后三项是一个向量，因此可以把它看成向量 $\Delta\boldsymbol{r}$ 与一个二阶张量 $\boldsymbol{E}$ 的点积，即 $\Delta\boldsymbol{r}\cdot\boldsymbol{E}$，其中

$$\begin{aligned}\boldsymbol{E}&=\begin{pmatrix}\varepsilon_{xx} & \varepsilon_{xy} & \varepsilon_{xz}\\ \varepsilon_{yx} & \varepsilon_{yy} & \varepsilon_{yz}\\ \varepsilon_{zx} & \varepsilon_{zy} & \varepsilon_{zz}\end{pmatrix}=\boldsymbol{i}\boldsymbol{\varepsilon}_x+\boldsymbol{j}\boldsymbol{\varepsilon}_y+\boldsymbol{k}\boldsymbol{\varepsilon}_z\\ &=\boldsymbol{i}(\boldsymbol{i}\varepsilon_{xx}+\boldsymbol{j}\varepsilon_{xy}+\boldsymbol{k}\varepsilon_{xz})+\boldsymbol{j}(\boldsymbol{i}\varepsilon_{yx}+\boldsymbol{j}\varepsilon_{yy}+\boldsymbol{k}\varepsilon_{yz})+\boldsymbol{k}(\boldsymbol{i}\varepsilon_{zx}+\boldsymbol{j}\varepsilon_{zy}+\boldsymbol{k}\varepsilon_{zz})\\ &=\boldsymbol{e}_i\boldsymbol{e}_j\varepsilon_{ij}\end{aligned} \tag{1-28}$$

于是

$$\begin{aligned}\Delta\boldsymbol{r}\cdot\boldsymbol{E}&=(\boldsymbol{i}\Delta x+\boldsymbol{j}\Delta y+\boldsymbol{k}\Delta z)\cdot[\boldsymbol{i}(\boldsymbol{i}\varepsilon_{xx}+\boldsymbol{j}\varepsilon_{xy}+\boldsymbol{k}\varepsilon_{xz})\\ &\quad+\boldsymbol{j}(\boldsymbol{i}\varepsilon_{yx}+\boldsymbol{j}\varepsilon_{yy}+\boldsymbol{k}\varepsilon_{yz})+\boldsymbol{k}(\boldsymbol{i}\varepsilon_{zx}+\boldsymbol{j}\varepsilon_{zy}+\boldsymbol{k}\varepsilon_{zz})]\\ &=\Delta x(\boldsymbol{i}\varepsilon_{xx}+\boldsymbol{j}\varepsilon_{xy}+\boldsymbol{k}\varepsilon_{xz})+\Delta y(\boldsymbol{i}\varepsilon_{yx}+\boldsymbol{j}\varepsilon_{yy}+\boldsymbol{k}\varepsilon_{yz})+\Delta z(\boldsymbol{i}\varepsilon_{zx}+\boldsymbol{j}\varepsilon_{zy}+\boldsymbol{k}\varepsilon_{zz})\\ &=\boldsymbol{i}(\varepsilon_{xx}\Delta x+\varepsilon_{xy}\Delta y+\varepsilon_{xz}\Delta z)+\boldsymbol{j}(\varepsilon_{yx}\Delta x+\varepsilon_{yy}\Delta y+\varepsilon_{yz}\Delta z)+\boldsymbol{k}(\varepsilon_{zx}\Delta x+\varepsilon_{zy}\Delta y+\varepsilon_{zz}\Delta z)\\ &=\boldsymbol{e}_j\varepsilon_{ij}\Delta x_i\end{aligned} \tag{1-29}$$

于是式(1-28)可以写成

$$\boldsymbol{V}_A=\boldsymbol{V}_O+\frac{1}{2}(\nabla\times\boldsymbol{V})_O\times\Delta\boldsymbol{r}+\Delta\boldsymbol{r}\cdot\boldsymbol{E} \tag{1-30}$$

这就是流体微团上任意两点速度关系的一般形式，称作亥姆霍兹速度分解定理。

亥姆霍兹速度分解定理可以简述如下，点 O 邻近的任意点 A 上的速度可以分成三部分：①与点 O 相同的平移速度 $\boldsymbol{V}_O$；②绕点 O 转动在点 A 引起的速度 $\frac{1}{2}(\nabla\times\boldsymbol{V})_O\times\Delta\boldsymbol{r}$；③变形在点 A 引起的速度 $\Delta\boldsymbol{r}\cdot\boldsymbol{E}$。若 $\nabla\times\boldsymbol{V}=0$，则称作无旋流动；若 $\nabla\times\boldsymbol{V}\neq 0$，则称作有旋运动。

亥姆霍兹速度分解定理对于流体力学的发展有深远的影响，正是由于把旋转运动从一般运动中分离出来，才有可能把运动分成无旋运动和有旋运动，从而可以对它们分别进行研究。

1.2　涡量场及其性质

有旋流动又称为旋涡流动。流动究竟是有旋还是无旋，是根据流体微团本身是否旋转来决定的，而不是根据流体微团的轨迹形状来决定的，即根据它的速度旋度来确定，当速度旋度 $\nabla\times\boldsymbol{V}\neq 0$ 时，这种流动称为有旋流动，否则称为无旋流动。

1.2.1　涡量及涡量场

流动速度的旋度 $\nabla\times\boldsymbol{V}$ 在流体力学中常简称为涡量，并且 $\boldsymbol{\Omega}=\nabla\times\boldsymbol{V}$。涡量 $\boldsymbol{\Omega}$ 是描述流体运动的一种物理量，它是空间位置 $\boldsymbol{r}$ 和时间 t 的函数，是一个矢量场，称为涡量场。

由 $\boldsymbol{\Omega}=\nabla\times\boldsymbol{V}$ 可知，涡量的散度等于零，即

$$\nabla\cdot\boldsymbol{\Omega}=\nabla\cdot(\nabla\times\boldsymbol{V})=0 \tag{1-31}$$

式(1-31)称为涡量连续方程，这是涡量场的一个重要特性。

1.2.2　涡线、涡管、涡通量、环量

1. 涡线

涡线是一条曲线，曲线上任意一点的切线方向与位于该点上的流体的涡量方向一致。

因为 $\boldsymbol{\Omega}=2\boldsymbol{\omega}$，所以涡线看作流体微团的瞬时转动轴线。涡线是对同一时刻而言的，不同时刻涡线可能不同。

涡线方程由定义可知 $\boldsymbol{\Omega}\times \mathrm{d}\boldsymbol{r}=0$，其中 $\mathrm{d}\boldsymbol{r}$ 是涡线切线方向的矢量元素，展开该式可得涡线微分方程

$$\frac{H_1\mathrm{d}q_1}{\boldsymbol{\Omega}_1}=\frac{H_2\mathrm{d}q_2}{\boldsymbol{\Omega}_2}=\frac{H_3\mathrm{d}q_3}{\boldsymbol{\Omega}_3} \tag{1-32}$$

或

$$\frac{\mathrm{d}x_1}{\boldsymbol{\Omega}_1}=\frac{\mathrm{d}x_2}{\boldsymbol{\Omega}_2}=\frac{\mathrm{d}x_3}{\boldsymbol{\Omega}_3} \tag{1-33}$$

对于非定常流动，在涡线方程中会出现自变量 t，但这个 t 是作为参变量形式出现的，所以涡线的形状可以随时间变化。对于定常流动，涡线将不随时间变化。根据涡线的定义，过一点只能作一条涡线。

2. 涡管

在涡量场中任取一条非涡线的可缩封闭曲线(指曲线可收缩到一点而不越过流场的边界)，在同一时刻过该曲线的每一点作涡线，这些涡线形成的管状曲面称作涡管。

3. 涡通量

通过某一开口曲面的涡量总和称作涡通量。通过曲面 A 的涡通量 J 为

$$J=\iint_A \boldsymbol{\Omega}\cdot\boldsymbol{n}\mathrm{d}A \tag{1-34}$$

式中，$\boldsymbol{n}$ 为微元面积 $\mathrm{d}A$ 的外法线单位矢量。

根据高斯散度定理及涡量场特性式(1-31)可知，对于任一封闭曲面的涡通量等于零。即

$$J=\oint\!\!\oint_A \boldsymbol{\Omega}\cdot\boldsymbol{n}\mathrm{d}A=\iiint_\tau \nabla\cdot\boldsymbol{\Omega}\mathrm{d}\tau=0 \tag{1-35}$$

4. 速度环量

在流场中任取一封闭曲线 L，速度沿着该封闭曲线的线积分称为曲线 L 的速度环量 Γ，则

$$\Gamma=\oint_L \boldsymbol{V}\cdot\mathrm{d}\boldsymbol{l}=\oint_L V_\alpha\mathrm{d}x_\alpha \tag{1-36}$$

速度环量的符号不仅与流场的速度方向有关，而且与积分所取的绕行方向有关。因此，规定式(1-36)积分时的绕行方向，即封闭曲线所围的区域总在行进方向的左侧，否则式(1-36)前应加负号。

根据斯托克斯定理：一个矢量函数沿一条封闭曲线 L 的线积分，等于该矢量函数的旋度通过该封闭曲线 L 围成的曲面 A 的通量，即

$$\oint_L \boldsymbol{V}\cdot\mathrm{d}\boldsymbol{l}=\oint\!\!\oint_A (\nabla\times\boldsymbol{V})\cdot\boldsymbol{n}\mathrm{d}A=\iint_A \boldsymbol{\Omega}\cdot\boldsymbol{n}\mathrm{d}A \tag{1-37}$$

参考式(1-34)、式(1-36)，由式(1-37)可知

$$\Gamma=J \tag{1-38}$$

这就是说，可缩封闭曲线 L 的速度环量等于穿过以该曲线为周界的任意开口曲面的涡通量。

根据涡管的定义，在涡管侧面上涡线总是与侧面法线垂直，由上述可见，涡管侧面上任意封闭曲线 L 的环量，以及由曲线 L 包围的曲面的涡通量均为零。

1.2.3　涡管强度守恒定理

在某一时刻，任取一段涡管，如图 1-6 所示，与涡管相交的两个任意曲面为 A_1、A_2，而 A_3 为涡管段的侧面。因此，这段涡管的表面积为

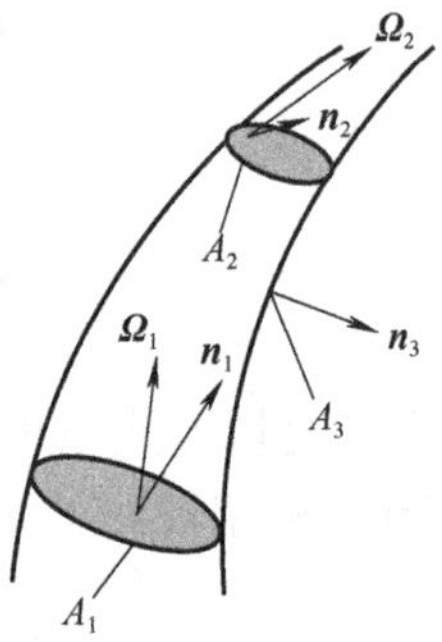

图 1-6　涡管通量

$$A = A_1 + A_2 + A_3 \tag{1-39}$$

通过这一封闭曲面的涡通量由式(1-36)可知

$$J = \oiint_A \boldsymbol{\Omega}\cdot\boldsymbol{n}\mathrm{d}A = -\iint_{A_1} \boldsymbol{\Omega}_1\cdot\boldsymbol{n}_1\mathrm{d}A + \iint_{A_2} \boldsymbol{\Omega}_2\cdot\boldsymbol{n}_2\mathrm{d}A + \iint_{A_3} \boldsymbol{\Omega}_3\cdot\boldsymbol{n}_3\mathrm{d}A = 0 \tag{1-40}$$

如上所述，涡管侧面上的涡通量为零。因此

$$\iint_{A_1} \boldsymbol{\Omega}_1\cdot\boldsymbol{n}_1\mathrm{d}A = \iint_{A_2} \boldsymbol{\Omega}_2\cdot\boldsymbol{n}_2\mathrm{d}A \tag{1-41}$$

由于 A_1 和 A_2 是沿涡管任意选取的，由此可得出结论：在同一时刻，同一涡管的各个以绕涡管壁面的封闭曲线为边界的曲面上的涡通量相同，即涡通量守恒，称为涡管强度守恒定理。

涡管的涡通量称作涡管强度，简称涡强。

对于微元涡管，若近似地认为 A_1、A_2 上的涡量为常数 Ω_1、Ω_2，且取 $\boldsymbol{\Omega}_1 // \boldsymbol{n}_1$，$\boldsymbol{\Omega}_2 // \boldsymbol{n}_2$ 则式(1-41)可简化为

$$\Omega_1 A_1 = \Omega_2 A_2 \tag{1-42}$$

由涡强守恒定理可以得到如下两个推论。

(1)对于同一微元涡管来说，在截面积越小的地方，流体旋转的角速度越大。

(2)涡管截面不可能收缩到零，因为在涡管零截面上的旋转角速度必然要增加到无穷大，这在物理上是不可能的。因此，涡管不能始于或终于流体，而只能成为环形，或者始于边界、终于边界，或者伸展到无穷远。

根据式(1-41)，由涡通量守恒定理还可以得到如下推论：在涡管上绕涡管的任意封闭曲线的速度环量相等。

例如，已知柱坐标系的速度场 $\boldsymbol{V} = cr\boldsymbol{\mu}_\varphi$，其中 c 为任意常数，则沿 $r = a = \mathrm{const}$ 的封闭曲线的速度环量可由式(1-36)得到

$$\Gamma = \oint_{r=a} \boldsymbol{V}\cdot\mathrm{d}\boldsymbol{s} = \oint_{r=a} \sum V_\alpha H_\alpha \mathrm{d}q_\alpha = \int_0^{2\pi}(cr)r\mathrm{d}\varphi = 2\pi cr^2 \tag{1-43}$$

相应的涡量场为

$$\boldsymbol{\Omega} = \nabla\times\boldsymbol{V} = \frac{1}{H_1H_2H_3}\begin{vmatrix} H_1\boldsymbol{u}_1 & H_2\boldsymbol{u}_2 & H_3\boldsymbol{u}_3 \\ \dfrac{\partial}{\partial q_1} & \dfrac{\partial}{\partial q_2} & \dfrac{\partial}{\partial q_3} \\ H_1V_1 & H_2V_2 & H_3V_3 \end{vmatrix} = \frac{1}{r}\begin{vmatrix} \boldsymbol{u}_r & r\boldsymbol{u}_\varphi & \boldsymbol{u}_2 \\ \dfrac{\partial}{\partial r} & \dfrac{\partial}{\partial \varphi} & \dfrac{\partial}{\partial z} \\ 0 & cr^2 & 0 \end{vmatrix} = 2c\boldsymbol{u}_z \tag{1-44}$$

且 $\boldsymbol{n}\mathrm{d}A = r\mathrm{d}r\mathrm{d}\varphi\boldsymbol{u}_z$，因此涡通量为

$$J = \iint_A \boldsymbol{\Omega}\cdot\boldsymbol{n}\mathrm{d}A = 2c\int_0^{2\pi}\mathrm{d}\varphi\int_0^a r\mathrm{d}r = 2\pi cr^2 \tag{1-45}$$

可见通过面积 A 上的涡通量等于其周线的速度环量($\Gamma = J$)。

1.2.4　封闭流体线的速度环量对于时间的变化率

可以证明：封闭流体线的速度环量对于时间的变化率等于此封闭流体线的加速度的环量。证明过程如下。

在 t 时刻取微元流体线 $\mathrm{d}\boldsymbol{l}$，在 $t+\Delta t$ 时刻这段微元流体线变成 $\mathrm{d}\boldsymbol{l}+\dfrac{\mathrm{D}\mathrm{d}\boldsymbol{l}}{\mathrm{D}t}\Delta t$，这两者的关系如图 1-7 所示。

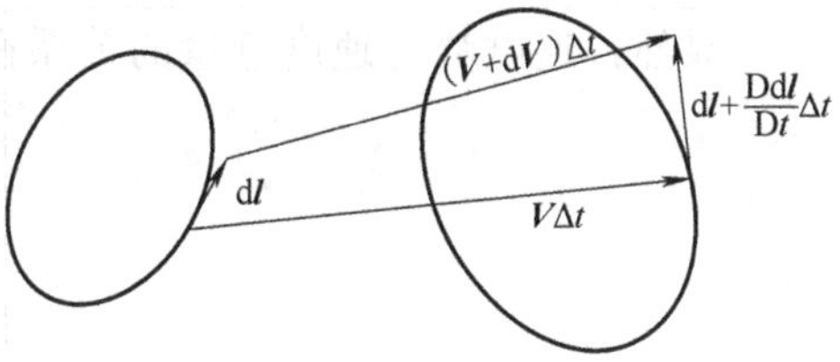

图 1-7　封闭流体线的速度环量

$$\mathrm{d}\boldsymbol{l}+(\boldsymbol{V}+\nabla\boldsymbol{V}\cdot\mathrm{d}\boldsymbol{l})\Delta t-\boldsymbol{V}\Delta t=\mathrm{d}\boldsymbol{l}+\frac{\mathrm{D}\mathrm{d}\boldsymbol{l}}{\mathrm{D}t}\Delta t$$

即

$$\nabla\boldsymbol{V}\cdot\mathrm{d}\boldsymbol{l}=\frac{\mathrm{D}\mathrm{d}\boldsymbol{l}}{\mathrm{D}t}$$

或

$$\mathrm{d}\boldsymbol{V}=\frac{\mathrm{D}\mathrm{d}\boldsymbol{l}}{\mathrm{D}t} \tag{1-46}$$

微元流体线 $\mathrm{d}\boldsymbol{l}$ 上的 $\boldsymbol{V}\cdot\mathrm{d}\boldsymbol{l}$ 对于时间的变化率可写成

$$\frac{\mathrm{D}}{\mathrm{D}t}(\boldsymbol{V}\cdot\mathrm{d}\boldsymbol{l})=\frac{\mathrm{D}\boldsymbol{V}}{\mathrm{d}t}\cdot\mathrm{d}\boldsymbol{l}+\boldsymbol{V}\cdot\mathrm{d}\boldsymbol{V}=\frac{\mathrm{D}\boldsymbol{V}}{\mathrm{d}t}\cdot\mathrm{d}\boldsymbol{l}+\mathrm{d}\left(\frac{V^2}{2}\right)$$

将此式对封闭流体线 $\boldsymbol{l}$ 积分得

$$\frac{\mathrm{D}\Gamma}{\mathrm{D}t}=\frac{\mathrm{D}}{\mathrm{D}t}\oint_l\boldsymbol{V}\cdot\mathrm{d}\boldsymbol{l}=\oint_l\left[\frac{\mathrm{D}\boldsymbol{V}}{\mathrm{D}t}\cdot\mathrm{d}\boldsymbol{l}+\boldsymbol{V}\cdot\frac{\mathrm{D}(\mathrm{d}\boldsymbol{l})}{\mathrm{D}t}\right]=\oint_l\left[\frac{\mathrm{D}\boldsymbol{V}}{\mathrm{D}t}\cdot\mathrm{d}\boldsymbol{l}+\mathrm{d}\left(\frac{V^2}{2}\right)\right]$$

而

$$\oint_l\mathrm{d}\left(\frac{V^2}{2}\right)=0$$

所以可得开尔文定理如下

$$\frac{\mathrm{D}}{\mathrm{D}t}\oint_l(\boldsymbol{V}\cdot\mathrm{d}\boldsymbol{l})=\oint_l\frac{\mathrm{D}\boldsymbol{V}}{\mathrm{D}t}\cdot\mathrm{d}\boldsymbol{l} \tag{1-47}$$

1.3　无旋流动与速度势

任意时刻，在流场中速度旋度量处处为零，即处处满足 $\nabla\times\boldsymbol{V}=0$ 的流动称作无旋流动。真实流动的某些区域在很多情况下十分接近无旋流动。做了无旋运动的假定之后，会使问题大为简化。无旋流动在流体力学中占有很重要的地位。无旋流动存在着一系列重要性质，这些性质无论对于可压缩流动还是不可压缩流动都是存在的。

1.3.1　速度势

对于无旋流场，处处满足

$$\nabla\times\boldsymbol{V}=0$$

由向量分析可知，任一标量的梯度的旋度恒为零，所以$\boldsymbol{V}$一定是某个标量函数的梯度，即

$$\boldsymbol{V}=\nabla\varphi \tag{1-48}$$

式中，φ为速度势。

显然，速度势与速度分量的关系在直角坐标中为

$$u=\frac{\partial\varphi}{\partial x},\quad v=\frac{\partial\varphi}{\partial y},\quad w=\frac{\partial\varphi}{\partial z} \tag{1-49}$$

正如场论所分析的那样，无旋条件是速度有势的充分必要条件。无旋必然有势，有势必须无旋。故无旋流场又称为有势流场或简称势流。

由上面的讨论知，只要满足无旋条件，必有速度势存在，而不论流体是否可压缩，也不论是定常流动还是不定常流动。

1.3.2　速度势与环量的关系

在无旋流场中，无限接近的毗邻两点的速度势之差为

$$\mathrm{d}\varphi=\mathrm{d}\boldsymbol{r}\cdot\nabla\varphi=\boldsymbol{V}\cdot\mathrm{d}\boldsymbol{r} \tag{1-50}$$

则任意两点之间的速度势之差可以由式(1-50)积分求得，如图 1-8 所示。

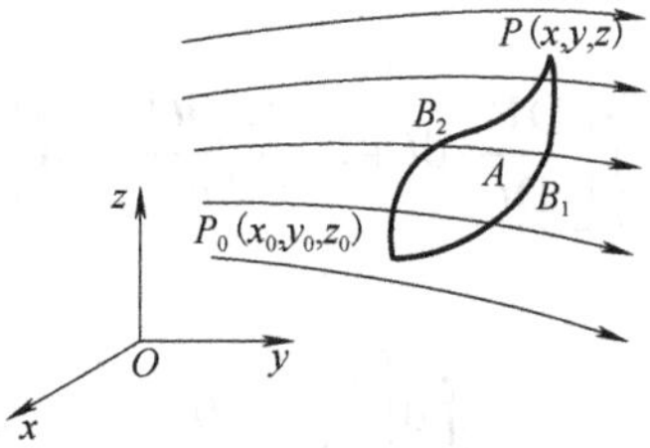

图 1-8　两点速度势之差

若用B_1、B_2表示在某一时刻t，连接无旋流场中的两点$P_0(x_0,y_0,z_0)$和$P(x,y,z)$的任意两条曲线。则P、P_0两点上的速度势之差为

$$\int_{P_0B_1P}\mathrm{d}\varphi=\int_{P_0B_1P}\boldsymbol{V}\cdot\mathrm{d}\boldsymbol{r} \tag{1-51}$$

即

$$\varphi_P-\varphi_{P_0}=\int_{P_0B_1P}\boldsymbol{V}\cdot\mathrm{d}\boldsymbol{r} \tag{1-52}$$

若沿$P_0B_1PB_2P_0$积分，可以得到同一点上势函数的差值

$$\varphi'_{P_0}-\varphi_{P_0}=\oint_{P_0B_1PB_2P_0}\boldsymbol{V}\cdot\mathrm{d}\boldsymbol{r} \tag{1-53}$$

如果式(1-53)的右侧为零，则φ是单值函数，否则φ为多值函数。

速度势φ的性质与所讨论的区域是单连通域还是多连通域有很大的关系。单连通域与多连通域的定义可简单说明如下。

如果在某个空间区域中，任意两点能以连续线连接起来，而在任何地方都不越过这个

区域的边界，这样的空间区域称作连通域。如果在连通域中，任意封闭曲线能连续地收缩成一点而不越过连通域的边界，则这种连通域称作单连通域，例如，球表面内部的空间区域或两个同心球之间的空间区域等都是单连通域。凡是不具有单连通域性质的连通域称作多连通域。

以连通域边界上的封闭线为边，并完全处于域中又不影响连通的面称作隔面。显然在单连通域中不可能作任一隔面而不破坏空间区域的单连通性质。但在多连通域里，加以适当数目的隔面即能使其变成单连通域。如图 1-9 所示，现以无限长的两个柱形面之间的区域为例，其中封闭曲线 L'' 不能连续地收缩到一点，这是一多连通域。现在域中作一隔面，则该区域变成了单连通域，称为双连通域。如果在某多连通域最多可作 n 个隔面，而使其变为单连通域，则称为 $n+1$ 连通域。

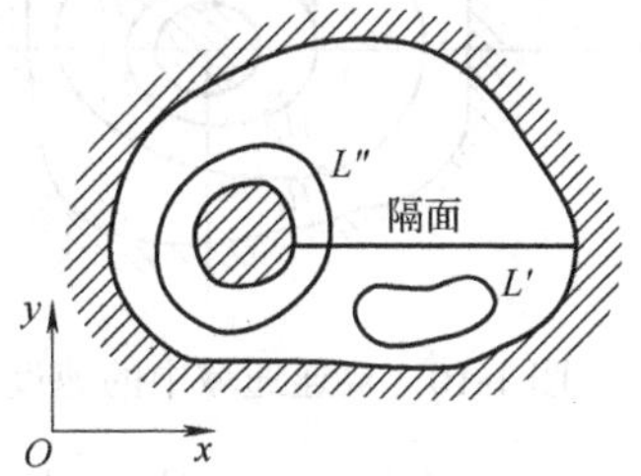

图 1-9　多连通域

下面分别讨论速度势在单连通域和多连通域中的性质。

1. 单连通域中的速度势

在单连通域中，由于任意曲线都是可缩曲线，所以根据斯托克斯定理，式(1-53)可写成

$$\varphi'_{P_0}-\varphi_{P_0}=\oint_{P_0B_1PB_2P_0}\boldsymbol{V}\cdot\mathrm{d}\boldsymbol{r}=\iint_A(\nabla\times\boldsymbol{V})\cdot\boldsymbol{n}\mathrm{d}A$$

式中，A 为以封闭线 $P_0B_1PB_2P_0$ 为边界的开口曲面。

由于运动无旋，在此曲面上处处满足 $\nabla\times\boldsymbol{V}=0$，所以上式可写成

$$\varphi'_{P_0}-\varphi_{P_0}=\oint_{P_0B_1PB_2P_0}\boldsymbol{V}\cdot\mathrm{d}\boldsymbol{r}=0$$

由此可以得出结论：在单连通域中，速度势是单值函数，而且沿任意封闭曲线的环量为零。因此，在单连通域中不可能存在封闭流线

$$\oint_{P_0B_1PB_2P_0}\boldsymbol{V}\cdot\mathrm{d}\boldsymbol{r}=\int_{P_0B_1P}\boldsymbol{V}\cdot\mathrm{d}\boldsymbol{r}+\int_{PB_2P_0}\boldsymbol{V}\cdot\mathrm{d}\boldsymbol{r}=\int_{P_0B_1P}\boldsymbol{V}\cdot\mathrm{d}\boldsymbol{r}-\int_{P_0B_2P}\boldsymbol{V}\cdot\mathrm{d}\boldsymbol{r}=0$$

即

$$\int_{P_0B_1P}\boldsymbol{V}\cdot\mathrm{d}\boldsymbol{r}=\int_{P_0B_2P}\boldsymbol{V}\cdot\mathrm{d}\boldsymbol{r}$$

利用式(1-52)可得

$$\varphi_P-\varphi_{P_0}=\int_{P_0B_1P}\boldsymbol{V}\cdot\mathrm{d}\boldsymbol{r}=\int_{P_0B_2P}\boldsymbol{V}\cdot\mathrm{d}\boldsymbol{r}=\int_{P_0}^{P}\boldsymbol{V}\cdot\mathrm{d}\boldsymbol{r}$$

即

$$\varphi_P-\varphi_{P_0}=\int_{P_0}^{P}\boldsymbol{V}\cdot\mathrm{d}\boldsymbol{r}\tag{1-54}$$

所以，单连通域中的无旋流动中，任意两点的速度势之差等于沿两点之间任意曲线的曲线积分 $\int\boldsymbol{V}\cdot\mathrm{d}\boldsymbol{r}$。

实际上由数学分析可知，$\nabla\times\boldsymbol{V}=0$ 是单连通域中积分 $\int\boldsymbol{V}\cdot\mathrm{d}\boldsymbol{r}$ 与积分路径无关的充要条件。

2. 双连通域中的速度势

如图 1-10 所示，在两个无限长的柱面之间的双连通域中包围内边界 L_0 的封闭曲线 L_1 的速度环量为

$$\varGamma=\oint_{L_1}\boldsymbol{V}\cdot\mathrm{d}\boldsymbol{r}$$

但是 L_1 不是可缩曲线，亦即在 L_1 所围的区域，被积函数(包括它的导数)有不连续或无定义的区域(内边界所包围的柱体截面积)，所以对上式不能直接应用斯托克斯定理。

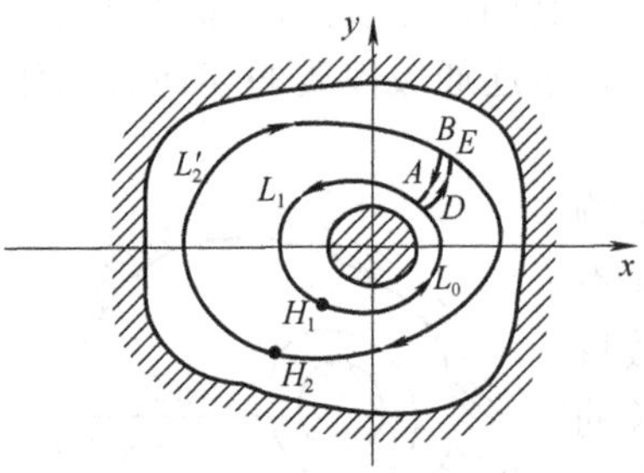

图 1-10　双连通域中的速度势

为了能应用斯托克斯定理，可在流场中再作一条封闭曲线 L_2，并在 L_1 及 L_2 之间作由两条无限接近的线段 $\overline{AB}$ 及 $\overline{DE}$ 所组成的隔缝，构成新的封闭曲线 $L=AH_1DEH_2BA$，显然这是条可缩曲线。此时根据斯托克斯定理有

$$\oint_L \boldsymbol{V}\cdot\mathrm{d}\boldsymbol{r}=\oiint_A(\nabla\times\boldsymbol{V})\cdot\boldsymbol{n}\mathrm{d}A \tag{1-55}$$

式中，A 为 L 所包围的面积。

由于在 L 域中流场是无旋的，所以有

$$\iint_A(\nabla\times\boldsymbol{V})\cdot\boldsymbol{n}\mathrm{d}A=0$$

另外，

$$\oint_L \boldsymbol{V}\cdot\mathrm{d}\boldsymbol{r}=\oint_{L_1}\boldsymbol{V}\cdot\mathrm{d}\boldsymbol{r}+\int_D^E\boldsymbol{V}\cdot\mathrm{d}\boldsymbol{r}+\oint_{L_2'}\boldsymbol{V}\cdot\mathrm{d}\boldsymbol{r}+\int_B^A\boldsymbol{V}\cdot\mathrm{d}\boldsymbol{r}$$

因 $\overline{AB}$、$\overline{DE}$ 是无限接近的两条直线，所以上式右边的第二项与第四项之和为零，即

$$\int_D^E\boldsymbol{V}\cdot\mathrm{d}\boldsymbol{r}+\int_B^A\boldsymbol{V}\cdot\mathrm{d}\boldsymbol{r}=0$$

于是式(1-55)变成

$$\oint_{L_1}\boldsymbol{V}\cdot\mathrm{d}\boldsymbol{r}+\oint_{L_2'}\boldsymbol{V}\cdot\mathrm{d}\boldsymbol{r}=0$$

或

$$\oint_{L_1}\boldsymbol{V}\cdot\mathrm{d}\boldsymbol{r}=-\oint_{L_2'}\boldsymbol{V}\cdot\mathrm{d}\boldsymbol{r}$$

式中，L_2' 为顺时针积分路线。

令 L_2 为逆时针积分路线，注意到 L_2 与 L_2' 方向相反，路径相同，则上式可写成

$$\oint_{L_1}\boldsymbol{V}\cdot\mathrm{d}\boldsymbol{r}=\oint_{L_2}\boldsymbol{V}\cdot\mathrm{d}\boldsymbol{r}=\Gamma_0 \tag{1-56}$$

式中，$\Gamma_0=\oint_{L_0}\boldsymbol{V}\cdot\mathrm{d}\boldsymbol{r}$ 为内边界 L_0 上的环量。

由于封闭曲线 L_1、L_2 是任意取的，因此可以得出结论：包围内边界的任何封闭曲线上的环量为常数，也就是说，在双连通域的无旋流场中，包围内边界的任何封闭曲线上的环量等于内边界周线上的环量 Γ_0。

由此可见，在双连通域中，每绕包围内边界的任意封闭曲线一次，环量将增加 Γ_0；若绕 n 次，则环量增加 $n\Gamma_0$。由式(1-53)知，同一点上的速度势的差值等于所取封闭曲线上的环量。因此在双连通域中，虽然流场是无旋的，但同一点的速度势则可能是多值的，每绕包围内边界的任意封闭曲线一次，速度势增加 Γ_0；若绕 n 次，则速度势增加 $n\Gamma_0$。

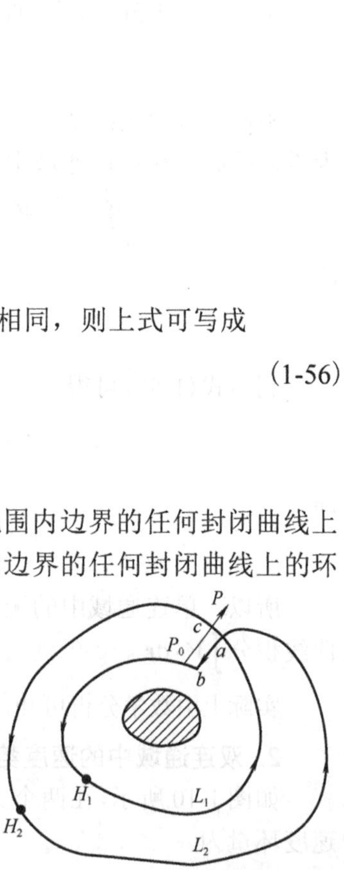

图 1-11　速度势多值

例如，在求图 1-11 中点 P_0 与点 P 的速度势之差的时候就

会发生上述情况。若沿曲线 $L = P_0H_1abP_0cH_2aP$ 对式(1-56)进行积分，则点 P_0 与点 P 上的速度势之差为

$$\varphi_p - \varphi_{p_0} = \int_L \boldsymbol{V}\cdot \mathrm{d}\boldsymbol{r} = \oint_{P_0H_1abP_0} \boldsymbol{V}\cdot \mathrm{d}\boldsymbol{r} + \int_{P_0c} \boldsymbol{V}\cdot \mathrm{d}\boldsymbol{r} + \oint_{cH_2ac} \boldsymbol{V}\cdot \mathrm{d}\boldsymbol{r} + \int_{cP} \boldsymbol{V}\cdot \mathrm{d}\boldsymbol{r} = \Gamma_0 + \Gamma_0 + \int_{P_0cP} \boldsymbol{V}\cdot \mathrm{d}\boldsymbol{r}$$

由于式中 P_0cP 的路径可以任意选取，因此

$$\varphi_P - \varphi_{P_0} = 2\Gamma_0 + \int_{P_0}^{P} \boldsymbol{V}\cdot \mathrm{d}\boldsymbol{r}$$

若绕内边界有 n 圈，则可得

$$\varphi_P - \varphi_{P_0} = n\Gamma_0 + \int_{P_0}^{P} \boldsymbol{V}\cdot \mathrm{d}\boldsymbol{r} \tag{1-57}$$

由此可见在双连通域的无旋流中任意两点的速度势之差，等于沿该两点之间任意曲线积分 $\int \boldsymbol{V}\cdot \mathrm{d}\boldsymbol{r}$ 加环量常数 Γ_0 的 n 倍。

现在可以得出结论：在双连通域的无旋流场中，某点的速度势虽然可能是多值的，但它们之间所差的只是环量常数的 n 倍。

对于多连通域问题，与双连通域问题类似，也可以证明，速度势是多值的，而且它们之间所差的值也是常数。

1.3.3 加速度有势

欧拉法中某点的加速度 $\boldsymbol{a}$ 可表示为

$$\boldsymbol{a} = \frac{\mathrm{D}\boldsymbol{V}}{\mathrm{D}t} = \frac{\partial \boldsymbol{V}}{\partial t} + (\boldsymbol{V}\cdot\nabla)\boldsymbol{V} \tag{1-58}$$

应用正交笛卡儿坐标系，构作

$$\begin{aligned}\boldsymbol{V}\times(\nabla\times\boldsymbol{V}) &= \boldsymbol{V}\times e_{\alpha\beta\gamma}\frac{\partial V_\beta}{\partial x_\alpha}\boldsymbol{i}_\gamma = e_{kj\gamma}V_j e_{\alpha\beta\gamma}\frac{\partial V_\beta}{\partial x_\alpha}\boldsymbol{i}_k = \left(\delta_{k\alpha}\delta_{j\beta} - \delta_{k\beta}\delta_{j\alpha}\right)V_j\frac{\partial V_\beta}{\partial x_\alpha}\boldsymbol{i}_k \\ &= V_\beta\frac{\partial V_\beta}{\partial x_\alpha}\boldsymbol{i}_\alpha - V_\alpha\frac{\partial V_\beta}{\partial x_\alpha}\boldsymbol{i}_\beta = \frac{1}{2}\nabla V^2 - (\boldsymbol{V}\cdot\nabla)\boldsymbol{V}\end{aligned} \tag{1-59}$$

即

$$(\boldsymbol{V}\cdot\nabla)\boldsymbol{V} = \frac{1}{2}\nabla V^2 - \boldsymbol{V}\times(\nabla\times\boldsymbol{V}) \tag{1-60}$$

由于运动是无旋的 $\nabla\times\boldsymbol{V} = 0$，于是

$$\boldsymbol{a} = \frac{\partial \boldsymbol{V}}{\partial t} + \frac{1}{2}\nabla V^2 \tag{1-61}$$

由速度势的定义 $\boldsymbol{V} = \nabla\varphi$ 可得

$$\boldsymbol{a} = \frac{\partial}{\partial t}(\nabla\varphi) + \frac{1}{2}\nabla V^2 \tag{1-62}$$

即

$$\boldsymbol{a} = \nabla\left(\frac{\partial\varphi}{\partial t} + \frac{1}{2}V^2\right) \tag{1-63}$$

在无旋流场中质点加速度 $\boldsymbol{a}$ 存在加速度势 $\boldsymbol{U_a}$

$$U_a = \frac{\partial \varphi}{\partial t} + \frac{1}{2}V^2 \tag{1-64}$$

可见，若环量方向如图 1-10 所示，则轴线上的速度沿轴线方向。

思考题及习题

1-1 已知流场 $u = C\sqrt{y^2+z^2}$ ，$v = w = 0$，求涡量场及涡线。

1-2 给定速度场 $u=-ky$ ，$v=kx$ ，$\omega=\omega_0$，求通过 $x=a$ ，$y=b$ ，$z=c$ 点的流线。式中 k、ω_0 均为常数。

1-3 给定拉格朗日型流场：$x = a\mathbf{e}^{-2t/k}$，$y = b\mathbf{e}^{t/k}$ ，$z = c\mathbf{e}^{t/k}$，式中 k 为常数（$k \neq 0$）。请判别该流场：

(1) 是否为定常流场。

(2) 是否为不可压流场。

(3) 是否为有旋流场。

1-4 若已知温度场 $T = \dfrac{A}{x^2+y^2+z^2}t^2$，现有一流体质点以 $u = xt$ ，$v = yt$ ，$w = zt$ 运动，试求该流体质点的温度随时间的变化，设该质点在 $t=0$ 时的位置为 $x=a$ ，$y=b$ ，$z=c$ ，式中 A 为常数。

1-5 如 $f_1(x,y,z)=a_1$ ，$f_2(x,y,z)=a_2$ 代表定常流动时的流线，试证明 u、v、w 的一般形式是

$$u = F(f_1,f_2)\frac{\partial(f_1,f_2)}{\partial(y,z)}$$

$$v = F(f_1,f_2)\frac{\partial(f_1,f_2)}{\partial(z,x)}$$

$$w = F(f_1,f_2)\frac{\partial(f_1,f_2)}{\partial(x,y)}$$

式中，$F(f_1,f_2)$ 为与流线有关的任意函数。

1-6 给定柱坐标内平面流动

$$V_r = V_\infty\left(1-\frac{a^2}{r^2}\right)\cos\varepsilon\text{，}\quad V_\varepsilon = -V_\infty\left(1+\frac{a^2}{r^2}\right)\sin\varepsilon + \frac{k}{r}$$

式中，a、k、V_∞ 为常数。

试求包含 $r=a$ 的任一封闭曲线的速度环量，并证明任一封闭曲线上的速度环量为常数。

第 2 章　流体动力学积分形式的基本方程

本章将介绍流体动力学积分形式的基本方程。在工程上经常会遇到只需要知道某一问题的总体效果而不需要了解流场的细节的情况，如需要根据进出一个汽轮机的蒸汽焓值和流量估算输出的机械功率，依据从火箭尾部排出的气体的动量估算火箭推力，通过测量一个离心泵的流量和转速估算扬程等。这就需要对流出和流进一个空间区域的流体及其动力学参数进行平衡分析，以确定作用于物体的合力和合力矩，或者总体的能量交换，称这种方法为积分方程分析法。

本章首先给出质点导数的定义，并推导流动输运方程，这一公式可以把运动流体的某物理量随时间的变化率与一个空间区域内的物理量变化率联系起来；然后推导拉格朗日型的积分形式基本方程，并依据拉格朗日型的质量、动量、动量矩和能量守恒定理，利用流动输运方程推导欧拉型积分形式的连续方程、能量方程、动量方程和动量矩方程，并介绍如何运用这些方程处理工程实际问题。

2.1　质 点 导 数

在流体力学问题中，经常需要求解流体质点的物理量随时间的变化率，这种变化率称为质点的随体导数，也称为质点导数或物质导数。顾名思义，质点导数就是跟随流体一起运动时所观察到的流体物理量随时间的变化率。下面将分别介绍在两种流场描述下的质点导数。

2.1.1　拉格朗日场中的质点导数

在拉格朗日描述中，流体质点的物理量表示为 $\boldsymbol{B}=\boldsymbol{B}\,(a,b,c,t)$，其质点导数很直观，就是物理量 $\boldsymbol{B}$ 对时间的偏导数：$\partial \boldsymbol{B}/\partial t$。因为 (a,b,c) 与时间 t 无关，所以，$\partial \boldsymbol{B}/\partial t=\mathrm{d}\boldsymbol{B}/\mathrm{d}t$。例如，在拉格朗日描述中，流体速度 $\boldsymbol{V}$ 就是质点的位置矢径 $\boldsymbol{r}$ 对时间的偏导数

$$\boldsymbol{V}\left(a,b,c,t\right)=\frac{\partial}{\partial t}\boldsymbol{r}\left(a,b,c,t\right) \tag{2-1}$$

流体加速度 $\boldsymbol{a}$ 则为 $\boldsymbol{V}$ 对时间的偏导数

$$\boldsymbol{a}\left(a,b,c,t\right)=\frac{\partial}{\partial t}\boldsymbol{V}\left(a,b,c,t\right)=\frac{\partial}{\partial t^2}\boldsymbol{r}(a,b,c,t) \tag{2-2}$$

在直角坐标系中，式(2-1)和式(2-2)可写成

$$\begin{cases} u(a,b,c,t)=\dfrac{\partial x(a,b,c,t)}{\partial t} \\ v(a,b,c,t)=\dfrac{\partial y(a,b,c,t)}{\partial t} \\ w(a,b,c,t)=\dfrac{\partial z(a,b,c,t)}{\partial t} \end{cases} \tag{2-3}$$

和

$$\begin{cases} a_x(a,b,c,t) = \dfrac{\partial u}{\partial t} = \dfrac{\partial^2 x}{\partial t^2} \\ a_y(a,b,c,t) = \dfrac{\partial v}{\partial t} = \dfrac{\partial^2 y}{\partial t^2} \\ a_z(a,b,c,t) = \dfrac{\partial w}{\partial t} = \dfrac{\partial^2 z}{\partial t^2} \end{cases} \tag{2-4}$$

2.1.2 欧拉描述中的质点导数

在欧拉描述中，任一流体物理量 $\boldsymbol{B}$ 在直角坐标系中表示为 $\boldsymbol{B}=\boldsymbol{B}\ (x,\ y,\ z,\ t)$，这时的 (x, y, z) 可以有双重意义，一方面它代表流场的空间坐标，另一方面它又代表 t 时刻某个流体质点的空间位置。根据质点导数的定义，从跟踪流体质点的角度看 x、y、z 应视为时间 t 的函数，因此 $\boldsymbol{B}$ 随时间的变化率为

$$\begin{aligned} \frac{\mathrm{D}\boldsymbol{B}}{\mathrm{D}t} &= \lim_{\Delta t\to 0}\frac{\boldsymbol{B}_{(x+\Delta x,y+\Delta y,z+\Delta z,t+\Delta t)} - \boldsymbol{B}_{(x,y,z,t)}}{\Delta t} \\ &= \lim_{\Delta t\to 0}\frac{1}{\Delta t}\left[\frac{\partial \boldsymbol{B}}{\partial x}\Delta x + \frac{\partial \boldsymbol{B}}{\partial y}\Delta y + \frac{\partial \boldsymbol{B}}{\partial z}\Delta z + \frac{\partial \boldsymbol{B}}{\partial t}\Delta t\right] \\ &= \lim_{\Delta t\to 0}\left(\frac{\partial \boldsymbol{B}}{\partial x}\frac{\Delta x}{\Delta t} + \frac{\partial \boldsymbol{B}}{\partial y}\frac{\Delta y}{\Delta t} + \frac{\partial \boldsymbol{B}}{\partial z}\frac{\Delta z}{\Delta t} + \frac{\partial \boldsymbol{B}}{\partial t}\right) \\ &= \frac{\partial \boldsymbol{B}}{\partial t} + u\frac{\partial \boldsymbol{B}}{\partial x} + v\frac{\partial \boldsymbol{B}}{\partial y} + w\frac{\partial \boldsymbol{B}}{\partial z} \end{aligned} \tag{2-5}$$

式(2-5)可以写成与坐标系无关的矢量表达式：

$$\frac{\mathrm{D}\boldsymbol{B}}{\mathrm{D}t} = \frac{\partial \boldsymbol{B}}{\partial t} + (\boldsymbol{V}\cdot\nabla)\boldsymbol{B} \tag{2-6}$$

式中，$\dfrac{\mathrm{D}}{\mathrm{D}t} = \dfrac{\partial}{\partial t} + (\boldsymbol{V}\cdot\nabla)$，$\dfrac{\mathrm{D}}{\mathrm{D}t}$ 称为流体物理参数的质点导数。质点导数分为两部分：① $\dfrac{\partial \boldsymbol{B}}{\partial t}$ 表示在空间确定点上 $\boldsymbol{B}$ 对时间的变化率，称为当地导数或局部导数，是由于流场的不稳定所引起的，如果流动是稳定的，则有 $\dfrac{\partial \boldsymbol{B}}{\partial t}=0$；② $(\boldsymbol{V}\cdot\nabla)\boldsymbol{B}$ 表示流体质点运动位置变化引起的变化率，称为迁移导数，是由于流场不均匀及流体运动这两个因素引起的，如果 $(\boldsymbol{V}\cdot\nabla)\boldsymbol{B}=0$，则表示流场是均匀的。$\nabla$ 称为哈密顿(Hamilton)算子，它具有矢量积分和微分的双重性质，且在直角坐标系中，$\nabla = \dfrac{\partial}{\partial x}\boldsymbol{i} + \dfrac{\partial}{\partial y}\boldsymbol{j} + \dfrac{\partial}{\partial z}\boldsymbol{k}$。

根据式(2-6)，在欧拉场中流体质点的加速度 $\boldsymbol{a}$ 为

$$\boldsymbol{a} = \frac{\mathrm{D}\boldsymbol{V}}{\mathrm{D}t} = \frac{\partial \boldsymbol{V}}{\partial t} + (\boldsymbol{V}\cdot\nabla)\boldsymbol{V} \tag{2-7}$$

式(2-7)说明，在流场的欧拉描述中，流体质点的加速度由两部分组成：第一部分称为局部加速度或当地加速度，它表示在同一空间点上流体速度随时间的变化率，对于定常速度场，有 $\dfrac{\partial \boldsymbol{V}}{\partial t}=0$；第二部分 $(\boldsymbol{V}\cdot\nabla)\boldsymbol{V}$ 称为迁移加速度或位变加速度，它表示在同一时刻由于不同空间点的流体速度差异而产生的速度变化率，对均匀的速度场，有 $(\boldsymbol{V}\cdot\nabla)\boldsymbol{V}=0$。

在直角坐标系中

$$a(x,y,z,t)=\frac{\mathrm{D}}{\mathrm{D}t}V(x,y,z,t)=\frac{\partial V}{\partial t}+u\frac{\partial V}{\partial x}+v\frac{\partial V}{\partial y}+w\frac{\partial V}{\partial z} \tag{2-8}$$

或写成分量形式

$$\begin{cases} a_x=\dfrac{\mathrm{D}u}{\mathrm{D}t}=\dfrac{\partial u}{\partial t}+u\dfrac{\partial u}{\partial x}+v\dfrac{\partial u}{\partial y}+w\dfrac{\partial u}{\partial z} \\ a_y=\dfrac{\mathrm{D}v}{\mathrm{D}t}=\dfrac{\partial v}{\partial t}+u\dfrac{\partial v}{\partial x}+v\dfrac{\partial v}{\partial y}+w\dfrac{\partial v}{\partial z} \\ a_z=\dfrac{\mathrm{D}w}{\mathrm{D}t}=\dfrac{\partial w}{\partial t}+u\dfrac{\partial w}{\partial x}+v\dfrac{\partial w}{\partial y}+w\dfrac{\partial w}{\partial z} \end{cases} \tag{2-9}$$

2.1.3 流动输运方程

一个流体系统的动量可通过在系统体积 $\tau(t)$ 内积分获得，如图 2-1 所示，系统内任一体积微元 $\mathrm{d}\tau$ 的动量可写为 $\rho V\mathrm{d}\tau$，则系统的总动量为 $K=\iiint\limits_{\tau(t)}\rho V\mathrm{d}\tau$，系统动量对时间的变化率为

$$\frac{\mathrm{d}K}{\mathrm{d}t}=\frac{\mathrm{D}}{\mathrm{D}t}\iiint\limits_{\tau(t)}\rho V\mathrm{d}\tau \tag{2-10}$$

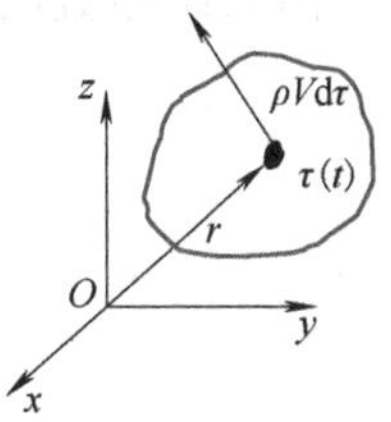

图 2-1　流体系统的动量

系统在运动过程中不断改变其位置、形状和大小，同时组成系统的流体质点的密度和速度也在变化，因此流体系统的动量是一个变量，求系统动量对时间的变化率，就是求一个物质积分的随体导数。类比于质点导数的表示法，式(2-10)中把物质积分对时间的导数用符号 D/Dt 来表示。要将上述针对系统的动量定理应用于控制体，关键在于寻求上述体积分的随体导数对于控制体的表示式，即如何用控制体中的欧拉变量来表示体积分的随体导数，雷诺输运定理就是解决这一问题的工具。作为普遍的情形，定义系统的某种物理量如下：

$$I=\iiint\limits_{\tau_0}\boldsymbol{\Phi}\mathrm{d}\tau_0 \tag{2-11}$$

式中，$\boldsymbol{\Phi}$ 可以是空间坐标及时间的标量或向量函数。

当 $\boldsymbol{\Phi}=\rho$ 时，$I=m$，这时 I 代表系统的质量；当 $\boldsymbol{\Phi}=\rho V$ 时，$I=K$，这时 I 代表系统的动量；当 $\boldsymbol{\Phi}=\rho(r\times V)$ 时，$I=M$，这时 I 代表系统的动量矩；当 $\boldsymbol{\Phi}=\rho\left(e+\dfrac{V^2}{2}\right)$ 时，$I=E$，这时 I 代表系统的总能量。

I 对于时间的变化率称为系统导数，即

$$\frac{\mathrm{D}I}{\mathrm{D}t}=\frac{\mathrm{D}}{\mathrm{D}t}\iiint\limits_{\tau_0}\boldsymbol{\Phi}\,\mathrm{d}\tau_0 \tag{2-12}$$

本节的任务就在于将上述系统导数转换成适合于控制体的形式。

现在计算积分式(2-11)对于时间的导数。显然，在计算其导数时，不但要考虑被积函数 $\boldsymbol{\Phi}(r,t)$ 随时间的变化，而且还应考虑流动体积 τ_0 本身的变化。为了明确区分系统体积和控制体体积，用 τ 表示控制体体积，相应的微元体积用 $\mathrm{d}\tau$ 表示。显然 τ、$\mathrm{d}\tau$ 是不随时间变化的，而 τ_0、$\mathrm{d}\tau_0$ 是随时间变化的。

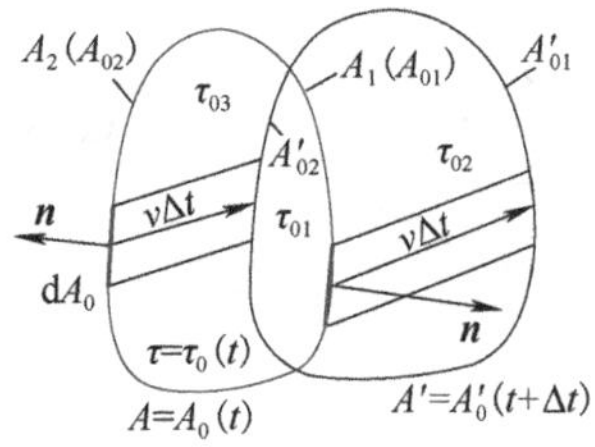

图 2-2　通过控制体的流动

为了确定系统导数，如图 2-2 所示，在 t 时刻取系统体积 τ_0，同时以它所占的空间作为控制体体积，用 τ 表示。在 t 时刻，$\tau=\tau_0(t)$，相应的表面为 $A=A_0(t)$。$A_0(t)$ 所围的体积 $\tau_0(t)$ 内的诸流体质点，经过时间 Δt 后，即在时刻 $t+\Delta t$，已处在 A' 面所包围的体积 τ_0' 之内。以 τ_{01} 表示体积 τ_0 及 τ_0' 的公共部分；$\tau_{03}=\tau_0-\tau_{01}$，$\tau_{02}=\tau_0'-\tau_{01}'$；$A_{01}$ 为 τ_{01} 与 τ_{02} 的交界面，$A_{02}=A_0-A_{01}$；A_{02}' 为 τ_{01} 与 τ_{03} 的交界面，$A_{02}'=A_0'-A_{02}'$。

所以积分式(2-11)在时间间隔 Δt 内的增量为

$$\Delta I=I(t+\Delta t)-I(t)=\iiint\limits_{\tau_{01}+\tau_{02}}\Phi(\boldsymbol{r},t+\Delta t)\mathrm{d}\tau_0-\iiint\limits_{\tau_{01}+\tau_{03}}\Phi(\boldsymbol{r},t)\mathrm{d}\tau_0$$

$$=\iiint\limits_{\tau_{01}}[\Phi(\boldsymbol{r},t+\Delta t)-\Phi(\boldsymbol{r},t)]\mathrm{d}\tau_0+\iiint\limits_{\tau_{02}}\Phi(\boldsymbol{r},t+\Delta t)\mathrm{d}\tau_0-\iiint\limits_{\tau_{03}}\Phi(\boldsymbol{r},t)\mathrm{d}\tau_0$$

由系统导数的定义知

$$\frac{\mathrm{D}I}{\mathrm{D}t}=\lim_{\Delta t\to 0}\frac{\Delta I}{\Delta t}=\lim_{\Delta t\to 0}\frac{1}{\Delta t}\iiint\limits_{\tau_{01}}\left[\Phi(\boldsymbol{r},t+\Delta t)-\Phi(\boldsymbol{r},t)\right]\mathrm{d}\tau_0$$

$$+\lim_{\Delta t\to 0}\frac{1}{\Delta t}\left[\iiint\limits_{\tau_{02}}\Phi(\boldsymbol{r},t+\Delta t)\mathrm{d}\tau_0-\iiint\limits_{\tau_{03}}\Phi(\boldsymbol{r},t)\mathrm{d}\tau_0\right]$$

下面对上式进行改造。由微分中值定理知

$$\Phi(\boldsymbol{r},t+\Delta t)-\Phi(\boldsymbol{r},t)=\Delta t\left(\frac{\partial\Phi}{\partial t}\right)_{t+\theta\Delta t}$$

此处 $0\leqslant\theta\leqslant 1$；此外当 $\Delta t\to 0$ 时，体积 τ_{01} 显然趋近于 τ_0，而在 t 时刻系统体积 $\tau_0(t)$ 等于控制体体积 τ，即 $\tau=\tau_0(t)$，所以

$$\lim_{\Delta t\to 0}\frac{1}{\Delta t}\iiint\limits_{\tau_{01}}[\Phi(\boldsymbol{r},t+\Delta t)-\Phi(\boldsymbol{r},t)]\mathrm{d}\tau_0=\iiint\limits_{\tau_0}\frac{\partial\Phi}{\partial t}\mathrm{d}\tau_0=\iiint\limits_{\tau}\frac{\partial\Phi}{\partial t}\mathrm{d}\tau$$

若以 $\mathrm{d}A_0$ 表示 A_{01}、A_{02} 面上的某一微元面，则由图 2-2 可知，在时间间隔 Δt 内，经过此微元面积流出的流体质点，必定近似为充满在以 $\mathrm{d}A_0$ 为基底而其高为向量 $\boldsymbol{V}\Delta t$ 的柱形体积内。此微元体积为 $(\boldsymbol{V}\cdot\boldsymbol{n})\Delta t\mathrm{d}A_0$，于是有

$$\iiint\limits_{\tau_{02}}\Phi(\boldsymbol{r},t+\Delta t)\mathrm{d}\tau_0\approx\iint\limits_{A_{01}}\Phi(\boldsymbol{r},t)(\boldsymbol{V}\cdot\boldsymbol{n})\Delta t\mathrm{d}A_0$$

$$\iiint\limits_{\tau_{03}}\Phi(\boldsymbol{r},t)\mathrm{d}\tau_0\approx-\iint\limits_{A_{02}}\Phi(\boldsymbol{r},t)(\boldsymbol{V}\cdot\boldsymbol{n})\Delta t\mathrm{d}A_0$$

所以

$$\iiint\limits_{\tau_{02}}\Phi(\boldsymbol{r},t+\Delta t)\mathrm{d}\tau_0-\iiint\limits_{\tau_{03}}\Phi(\boldsymbol{r},t)\mathrm{d}\tau_0\approx\iint\limits_{A_{02}+A_{01}}\Phi(\boldsymbol{r},t)(\boldsymbol{V}\cdot\boldsymbol{n})\Delta t\mathrm{d}A_0$$

因此得

$$\lim_{\Delta t\to 0}\frac{1}{\Delta t}[\iiint\limits_{\tau_{02}}\Phi(\boldsymbol{r},t+\Delta t)\mathrm{d}\tau_0-\iiint\limits_{\tau_{03}}\Phi(\boldsymbol{r},t)\mathrm{d}\tau_0]=\oiint\limits_{A}\Phi(\boldsymbol{r},t)(\boldsymbol{V}\cdot\boldsymbol{n})\mathrm{d}A \tag{2-13}$$

最后可得

$$\frac{\mathrm{D}}{\mathrm{D}t}\iiint\limits_{\tau_0(t)}\Phi\mathrm{d}\tau_0(t)=\iiint\limits_{\tau}\frac{\partial\Phi}{\partial t}\mathrm{d}\tau+\oiint\limits_{A}(\boldsymbol{V}\cdot\boldsymbol{n})\Phi\mathrm{d}A \tag{2-14}$$

这就是系统导数的欧拉法表示式，通常称为输运公式。下面解释式(2-14)中的物理含义。$\iiint\limits_{\tau}\frac{\partial \Phi}{\partial t}\mathrm{d}\tau$ 表示在单位时间内，控制体 τ（它与该系统在时刻 t 所占据的空间体积 τ_0 相重合）中所含物理量 $\iiint\limits_{\tau}\Phi\mathrm{d}\tau$ 的增量，亦即假如体积 τ_0 所占的位置不发生变化，仅由于被积函数 $\Phi(\boldsymbol{r},t)$ 随时间变化而在单位时间内积分式 $\iiint\limits_{\tau}\Phi\mathrm{d}\tau$ 的增量。它是由于流场的不定常性造成的。$\oiint\limits_{A}(\boldsymbol{V}\cdot\boldsymbol{n})\Phi\mathrm{d}A$ 表示在单位时间内，通过控制面 A 流出的相应的物理量，亦即如果被积函数 Φ 不随时间变化，由于体积 τ_0 位置的变化(有流体质点流出或流进 A 面所引起的)而在单位时间内产生的积分 I 的增量。它是流场的不均匀性造成的。

因此，输运式(2-14)可表达如下。

某物理量的系统导数等于单位时间内控制体 τ 中所含物理量 Φ 的增量与通过控制面 A 流出的相应的物理量之和。

输运公式在动坐标系中也完全适用，此时输运公式可写成下列形式：

$$\frac{\mathrm{D}'}{\mathrm{D}t}\iiint\limits_{\tau_0(t)}\Phi\mathrm{d}\tau_0(t)=\iiint\limits_{\tau'}\frac{\partial \Phi}{\partial t}\mathrm{d}\tau'+\oiint\limits_{A'}(\boldsymbol{V}'\cdot\boldsymbol{n})\Phi\mathrm{d}A' \tag{2-15}$$

式中，上标“′”表示在动坐标系中的有关物理量；$\boldsymbol{V}'$ 为相对速度；$\frac{\mathrm{D}'}{\mathrm{D}t}$ 为动坐标系中的质点导数。

2.2　积分形式的连续方程

运动流体的质量守恒定律可描述为：对于确定的流体，其质量在运动过程中不生不灭。把它表示成数学形式，则称为连续性方程。

在流体力学中，导出积分形式的积分方程时，通常采用欧拉法。如图 2-3 所示，t 时刻在流场中任取一个控制体，其体积为 τ，封闭表面积为 A，微元体积 $\mathrm{d}\tau$ 中，可假定其密度 ρ 和速度 $\boldsymbol{V}$ 相同。则 $\mathrm{d}\tau$ 内流体质量为 $\mathrm{d}m=\rho\mathrm{d}\tau$，$\tau$ 内流体的总质量为 $m=\iiint\limits_{\tau(t)}\mathrm{d}m=\oiint\limits_{\tau(t)}\rho\mathrm{d}\tau$，质量守恒就意味着

$$\frac{\mathrm{D}m}{\mathrm{D}t}=\frac{\mathrm{D}}{\mathrm{D}t}\iiint\limits_{\tau(t)}\rho\mathrm{d}\tau=0 \tag{2-16}$$

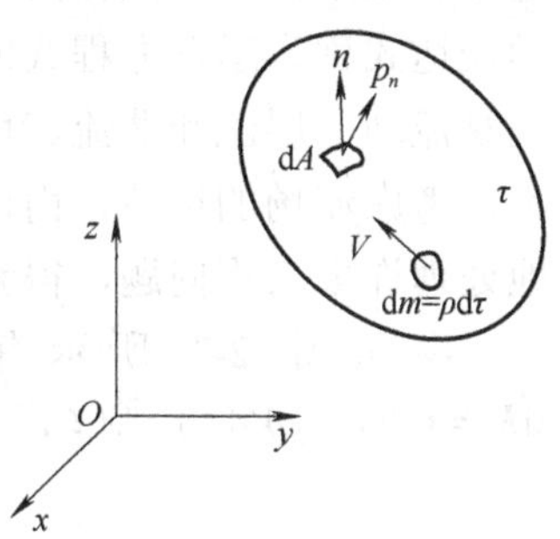

图 2-3　有限控制体

根据输运公式，令输运公式中 $\Phi=\rho$，并考虑到 $\tau_0(t)=\tau$，得到

$$0=\frac{\mathrm{d}m}{\mathrm{d}t}=\frac{\mathrm{d}}{\mathrm{d}t}\iiint\limits_{\tau_0}\rho\mathrm{d}\tau=\frac{\partial}{\partial t}\iiint\limits_{\tau}\rho\mathrm{d}\tau+\oiint\limits_{A}\rho(\boldsymbol{V}\cdot\boldsymbol{n})\mathrm{d}A \tag{2-17}$$

这就是积分形式连续性方程的一般表达式。上式可改写为

$$\frac{\partial}{\partial t}\iiint\limits_{\tau}\rho\mathrm{d}\tau=-\oiint\limits_{A}\rho(\boldsymbol{V}\cdot\boldsymbol{n})\mathrm{d}A \tag{2-18}$$

或

$$\frac{\partial}{\partial t}\iiint_{\tau}\frac{\partial}{\partial t}=\iint_{A_{\text{in}}}\rho V_{n_{\text{in}}}\mathrm{d}A-\iint_{A_{\text{out}}}\rho V_{n_{\text{out}}}\mathrm{d}A \tag{2-19}$$

根据质量流量的定义式 $Q_m=\iint_A \rho \boldsymbol{V}\cdot\boldsymbol{n}\mathrm{d}A$，式(2-18)或式(2-19)表示控制体 τ 内流体质量随时间 t 的局部减少率等于净流出 A 面的质量流量。在式(2-18)或式(2-19)中，允许 τ 内流体分布不连续。

在研究运动流体总质量变化情况时，可应用积分形式的连续性方程，在具体应用时还可以根据实际流动情况做一些简化。

(1)当流体为定常流动时，$\frac{\partial}{\partial t}=0$，式(2-18)变为

$$\oiint_A \rho(\boldsymbol{V}\cdot\boldsymbol{n})\mathrm{d}A=0 \tag{2-20}$$

(2)当所选择的控制体中只有一个进口截面 A_1 和一个出口截面 A_2 时，式(2-18)变为

$$\frac{\partial}{\partial t}\iiint_{\tau}\mathrm{d}\tau=\iint_{A_1}\rho V_{n_1}\mathrm{d}A-\iint_{A_2}\rho V_{n_2}\mathrm{d}A \tag{2-21}$$

(3)当以上两个条件都存在，而且 A_1 与 A_2 面是物理量均匀的平面时，式(2-18)变为

$$\iint_{A_1}V_{n_1}\mathrm{d}A=\iint_{A_2}V_{n_2}\mathrm{d}A=Q \tag{2-22}$$

2.3 积分形式的动量方程

流体在运动过程中，除了要满足质量守恒外，还必须满足动量守恒，这就是说，对于确定的流体，其总动量的时间变化率应等于作用其上的体积力和表面力的总和，如果把加速度看成单位质量流体的动量随时间的变化率，则牛顿运动定律也是动量守恒，它们的数学表达式称为运动方程式或动量方程。动量方程可以应用于各种不同的流动，黏性流动和无黏流动、层流和湍流、可压缩流动和不可压缩流动等。因为它是一个积分形式的公式，不需考虑流场的细节，而仅依据流出和流进控制体的动量通量来计算受力，因此可以方便地处理许多工程问题，得到了广泛的应用。

参照图 2-3 所示有限体积的控制体，微元体 $\mathrm{d}\tau$ 中流体所具有的动量为 $\mathrm{d}\boldsymbol{K}=\boldsymbol{V}\mathrm{d}m=\rho\boldsymbol{V}\mathrm{d}\tau$，则 τ 内的总动量为

$$\boldsymbol{K}=\iiint_{\tau}\mathrm{d}\boldsymbol{K}=\iiint_{\tau(t)}\rho\boldsymbol{V}\mathrm{d}\tau$$

根据动量守恒定律

$$\frac{\mathrm{D}\boldsymbol{K}}{\mathrm{D}t}=\sum\boldsymbol{F}$$

即

$$\frac{\mathrm{D}}{\mathrm{D}t}\iiint_{\tau(t)}\rho\boldsymbol{V}\mathrm{d}\tau=\iiint_{\tau}\rho\boldsymbol{f}\mathrm{d}\tau+\oiint_A \boldsymbol{p}_n\mathrm{d}A \tag{2-23}$$

式(2-23)右边为体积力与表面力的总和。

令输运公式中 $\boldsymbol{\Phi}=\rho\boldsymbol{V}$，并考虑到 $\tau_0(t)=\tau, A_0(t)=A$ 得到欧拉型积分形式的动量方程

$$\frac{\partial}{\partial t}\iiint_{\tau}\rho\boldsymbol{V}\mathrm{d}\tau \pm \oiint_{A}\rho\boldsymbol{V}(\boldsymbol{V}\cdot\boldsymbol{n})\mathrm{d}A = \iiint_{\tau}\rho\boldsymbol{f}\mathrm{d}\tau + \oiint_{A}\boldsymbol{p}_n\mathrm{d}A \tag{2-24}$$

或

$$\frac{\partial}{\partial t}\iiint_{\tau}\rho\boldsymbol{V}\mathrm{d}\tau + \iint_{A_{\text{in}}}\rho\boldsymbol{V}V_{n_{\text{out}}}\mathrm{d}A - \iint_{A_{\text{in}}}\rho\boldsymbol{V}V_{n_{\text{in}}}\mathrm{d}A = \iiint_{\tau}\rho\boldsymbol{f}\mathrm{d}\tau + \oiint_{A}\boldsymbol{p}_n\mathrm{d}A \tag{2-25}$$

式(2-25)就是积分形式的动量方程，物理意义：作用在控制体内流体的合外力等于控制体内的动量对时间的变化率与单位时间内通过控制面流出的流体动量之和。方程的左边是控制体内的总动量随时间的局部变化率加上单位时间内净流出控制体的动量通量。与积分形式的连续方程一样，式(2-24)并不要求所有的流体物理量在 τ 内连续。

在实际应用中，动量定理主要用于定常流动，此时，式(2-24)变为

$$\iint_{A_{\text{out}}}\rho\boldsymbol{V}V_{n_{\text{out}}}\mathrm{d}A - \iint_{A_{\text{in}}}\rho\boldsymbol{V}V_{n_{\text{in}}}\mathrm{d}A = \iiint_{\tau}\rho\boldsymbol{f}\mathrm{d}\tau + \oiint_{A}\boldsymbol{p}_n\mathrm{d}A \tag{2-26}$$

2.4　积分形式的动量矩方程

动量矩定理是分析叶轮机械，如泵、风机、压缩机、涡轮机和螺旋桨等的理论工具。利用动量矩方程可以方便地计算力矩以及叶轮机械传输给流体或从流体汲取的能量等参数，为叶轮机械的设计提供依据。

动量矩定理可简述如下：系统对某点的动量矩对时间的变化率等于外界作用在系统上所有外力对于同一点的力矩之和。

如图 2-4 所示，任取一质量为 $\delta m=\rho\mathrm{d}\tau$ 的流体微团，设其速度为 $\boldsymbol{V}$，作用在其上的力为 $\delta\boldsymbol{F}$，流体微团的位置矢量为 $\boldsymbol{r}$，则对于该系统对于 O 点的动量矩可写为

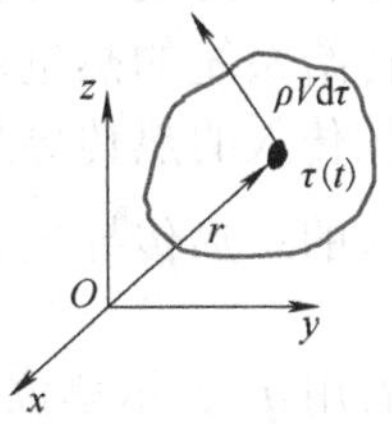

图 2-4　动量矩方程推导示意图

$$\boldsymbol{M}_0 = \iiint_{\tau}(\boldsymbol{r}\times\boldsymbol{V})\rho\mathrm{d}\tau$$

动量矩定理的表达式可写为

$$\begin{aligned}\frac{\mathrm{D}\boldsymbol{M}_0}{\mathrm{D}t} &= \frac{\mathrm{D}}{\mathrm{D}t}\iiint_{\tau_0}\boldsymbol{r}\times\rho\boldsymbol{V}\mathrm{d}\tau_0 \\ &= \sum\boldsymbol{r}\times\boldsymbol{F} = \iiint_{\tau_n}\rho(\boldsymbol{r}\times\boldsymbol{f})\mathrm{d}\tau_0 + \iint_{A_0}(\boldsymbol{r}\times\boldsymbol{p}_n)\mathrm{d}A_0\end{aligned} \tag{2-27}$$

利用雷诺输运公式，并令 $\boldsymbol{\Phi}=\rho(\boldsymbol{r}\times\boldsymbol{V})$，并考虑到 $\tau_0(t)=\tau, A_0(t)=A$，则对于欧拉描述中系统动量矩随时间的变化率可以改写为

$$\frac{\partial}{\partial t}\iiint_{\tau}\rho\boldsymbol{r}\times\boldsymbol{V}\mathrm{d}\tau + \oiint_{A}\rho\boldsymbol{r}\times\boldsymbol{V}(\boldsymbol{V}\cdot\boldsymbol{n})\mathrm{d}A = \iiint_{\tau}\rho(\boldsymbol{r}\times\boldsymbol{f})\mathrm{d}\tau + \oiint_{A}(\boldsymbol{r}\times\boldsymbol{p}_n)\mathrm{d}A$$

或

$$\begin{aligned}&\frac{\partial}{\partial t}\iiint_{\tau}\rho\boldsymbol{r}\times\boldsymbol{V}\mathrm{d}\tau + \iint_{A_{\text{out}}}\rho\boldsymbol{r}\times\boldsymbol{V}V_{n_{\text{out}}}\mathrm{d}A - \iint_{A_{\text{in}}}\rho\boldsymbol{r}\times\boldsymbol{V}V_{n_{\text{in}}}\mathrm{d}A \\ &= \iiint_{\tau}\rho\boldsymbol{r}\times\boldsymbol{f}\mathrm{d}\tau + \oiint_{A}\boldsymbol{r}\times\boldsymbol{p}_n\mathrm{d}A\end{aligned} \tag{2-28}$$

物理意义：作用在控制体内流体的合外力矩之和，等于控制体内流体的动量矩对于时间的变化率与单位时间内通过控制面流出的流体动量矩之和。

对于定常流动

$$\iint\limits_{A_{out}} \rho \boldsymbol{r} \times \boldsymbol{V} V_{n_{out}} \mathrm{d}A - \iint\limits_{A_{in}} \rho \boldsymbol{r} \times \boldsymbol{V} V_{n_{in}} \mathrm{d}A = \iiint\limits_{\tau} \rho \boldsymbol{r} \times \boldsymbol{f} \mathrm{d}\tau + \oiint\limits_{A} \boldsymbol{r} \times \boldsymbol{p}_n \mathrm{d}A \tag{2-29}$$

2.5 积分形式的能量方程

根据热力学第一定律，一个系统的内能变化等于外力对该系统所做的功与外界传递给系统的热量之和。热力学第一定律适用于初始状态静止，经过一系列变化后又恢复静止状态的系统。由于流体处于连续的运动中，在研究流体系统的能量守恒时需要对热力学第一定律加以修正，考虑流体总能量(内能、动能与重力势能之和)的变化，即处于流动中的一个流体系统的总能量的变化率等于外力对它的做功功率和外界对该系统的传热功率之和，以数学公式表示为

$$Q + W = \frac{\mathrm{D}E}{\mathrm{D}t} = \frac{\mathrm{D}}{\mathrm{D}t} \iiint\limits_{\tau_0} \rho \left(e + \frac{V^2}{2} \right) \mathrm{d}\tau \tag{2-30}$$

式中，E 为单位质量流体所含有的内能，它是状态的函数，包含了各种形式的能量，如随着温度和压力变化的狭义的内能、化学能、电磁能等；$V^2/2$ 是单位质量流体具有的动能。

传给系统的热量可能有两种途径：热传导和热辐射。若单位时间内，通过系统表面单位面积传入的热传导量用 q_λ 表示，$q_\lambda = \boldsymbol{q} \cdot \boldsymbol{n}$，$\boldsymbol{q}$ 称为热量量矢，则单位时间内通过系统表面传入的总热传导量为 $\oiint\limits_{A_0} q_\lambda \mathrm{d}A_0$。

若用 q_R 表示单位时间内辐射到系统内单位质量流体上的热量，则单位时间内系统所吸收的总辐射热量为 $\iiint\limits_{\tau_0} q_R \rho \mathrm{d}\tau_0$。

于是有

$$Q = \oiint\limits_{A_0} q_\lambda \mathrm{d}A_0 + \iiint\limits_{\tau_0} q_R \rho \mathrm{d}\tau_0 \tag{2-31}$$

式中，Q 为单位时间内系统吸收的总热量。外力对系统所做的功可分成两类：质量力所做的功和表面力所做的功。

显然，单位时间内作用在系统内单位质量流体上的质量力所做的功率为($\boldsymbol{f} \cdot \boldsymbol{V}$)，质量力对系统所做的总功率为

$$\iiint\limits_{\tau_0} (\boldsymbol{f} \cdot \boldsymbol{V}) \rho \mathrm{d}\tau_0$$

作用在系统表面上的表面力的总功率为

$$\oiint\limits_{A_0} (\boldsymbol{p}_n \cdot \boldsymbol{V}) \mathrm{d}A_0$$

于是有

$$W = \iiint\limits_{\tau_0} (\boldsymbol{f} \cdot \boldsymbol{V}) \rho \mathrm{d}\tau_0 + \oiint\limits_{A_0} (\boldsymbol{p}_n \cdot \boldsymbol{V}) \mathrm{d}A_0$$

式中，W 表示单位时间内外界对系统所做的总功率。

利用式(2-30)及上式可将式(2-31)改写成

$$\oiint_{A_0} q_\lambda \mathrm{d}A_0 + \iiint_{\tau_0} q_R \rho \mathrm{d}\tau_0 + \iiint_{\tau_0} (\boldsymbol{f}\cdot\boldsymbol{V})\rho \mathrm{d}\tau_0 + \oiint_{A_0} (\boldsymbol{p}_n\cdot\boldsymbol{V})\mathrm{d}A_0 = \frac{\mathrm{D}}{\mathrm{D}t}\iiint_{\tau_0} \rho\left(e+\frac{V^2}{2}\right)\mathrm{d}\tau \tag{2-32}$$

这就是拉格朗日型的积分形式的能量方程。

利用雷诺输运公式，令 $\Phi = \rho\left(e+\frac{V^2}{2}\right)$，并考虑到 $\tau_0(t)=\tau$，$A_0(t)=A$，则上式可改写为

$$\begin{aligned}&\oiint_A q_\lambda \mathrm{d}A + \iiint_\tau \rho q_R \mathrm{d}\tau + \iiint_\tau \rho \boldsymbol{f}\cdot\boldsymbol{V}\mathrm{d}\tau + \oiint_A \boldsymbol{p}_n\cdot\boldsymbol{V}\mathrm{d}A - \oiint_A \rho\left(e+\frac{V^2}{2}\right)(\boldsymbol{V}\cdot\boldsymbol{n})\mathrm{d}A \\ &= \frac{\partial}{\partial t}\iiint_\tau \rho\left(e+\frac{V^2}{2}\right)\mathrm{d}\tau\end{aligned} \tag{2-33}$$

现将其各项的物理意义说明如下。

等号左边四项的物理含义前面已经分别讨论过，无须复述。

$$-\oiint_A \rho\left(e+\frac{V^2}{2}\right)(\boldsymbol{V}\cdot\boldsymbol{n})\mathrm{d}A$$

表示单位时间内通过控制面流入控制体的总能量。

$$\frac{\partial}{\partial t}\iiint_\tau \rho\left(e+\frac{V^2}{2}\right)\mathrm{d}\tau$$

表示单位时间内控制体中的总能量的增量。

由上述知，适用于控制体的能量守恒原理可叙述如下。

单位时间内传给控制体内流体的热量及外界对控制体内流体所做的功与通过控制面流入的流体总能量之和，等于控制体内流体的总能量相对时间的变化率。

现在考察理想流体作绝热定常流动，且质量力有势的情况下的能量方程的形式。

由于是定常流动，连续方程式(2-30)可写成

$$\oiint_A \boldsymbol{n}\cdot\rho\boldsymbol{V}\mathrm{d}A = \iiint_\tau \nabla\cdot(\rho\boldsymbol{V})\mathrm{d}\tau = 0$$

由于被积函数的连续性及积分区间的任意性，欲使此式成立，上式中的被积函数应处处为零。于是

$$\nabla\cdot(\rho\boldsymbol{V})=0$$

由于是理想流体，应力 $\boldsymbol{p}_n$ 的切向分量为零，于是

$$\boldsymbol{p}_n = -\boldsymbol{n}p$$

因此能量方程式(2-33)中的表面力在单位时间内所做的功可写成

$$\oiint_A (\boldsymbol{p}_n\cdot\boldsymbol{V})\mathrm{d}A = -\oiint_A \boldsymbol{n}\cdot\boldsymbol{V}p\mathrm{d}A$$

由于是绝热流动，即 $q_\lambda = q_R = 0$，因此能量方程式(2-33)中的热交换项为零

$$\oiint_A q_\lambda \mathrm{d}A + \iiint_\tau \rho q_R \mathrm{d}\tau = 0$$

由于质量力有势，即 $\boldsymbol{f} = -\nabla U$，因此能量方程式(2-33)中的质量力在单位时间所做的功可写成

$$\iiint_\tau (\rho\boldsymbol{f}\cdot\boldsymbol{V})\mathrm{d}\tau = -\iiint_\tau \nabla U\cdot\boldsymbol{V}\rho\mathrm{d}\tau = -\iiint_\tau \nabla\cdot(U\rho\boldsymbol{V})\mathrm{d}\tau + \iiint_\tau U\nabla\cdot(\rho\boldsymbol{V})\mathrm{d}\tau$$

将 $\nabla\cdot\rho\boldsymbol{V}=0$ 代入上式，并利用高斯公式，则有

$$\iiint_{\tau}(\rho \boldsymbol{f}\cdot\boldsymbol{V})\mathrm{d}\tau=-\oiint_{A}\boldsymbol{n}\cdot\boldsymbol{V}\rho U\mathrm{d}A$$

由于是定常流动，能量方程式(2-33)中右侧项为

$$\frac{\partial}{\partial t}\iiint_{\tau}\rho\left(e+\frac{V^2}{2}\right)\mathrm{d}\tau=0$$

将上述关系式代入能量方程式(2-33)，整理得

$$\oiint_{A}(\boldsymbol{n}\cdot\boldsymbol{V})\left(e+\frac{V^2}{2}+\frac{p}{\rho}+U\right)\rho\mathrm{d}A=0 \tag{2-34}$$

对于不可压理想流体的绝热定常流动，$\oiint_{A}(\boldsymbol{n}\cdot\boldsymbol{V})e\rho\mathrm{d}A=0$，于是上式可写成

$$\oiint_{A}(\boldsymbol{n}\cdot\boldsymbol{V})\left(\frac{V^2}{2}+\frac{p}{\rho}+U\right)\rho\mathrm{d}A=0 \tag{2-35}$$

2.6 基本方程的其他形式

2.6.1 欧拉型基本方程的另一种形式

上述四个欧拉型基本方程式(2-18)、式(2-25)、式(2-28)、式(2-33)用于计算具体问题可能比较方便。现在对它们略加改造，使它们具有另一种形式。这种形式的方程，对于由积分形式基本方程推导成微分形式基本方程以及讨论非惯性坐标上的基本方程都是十分有用的。

由式(2-11)知，系统的某种物理量为

$$I=\iiint\Phi\mathrm{d}\tau_0$$

式中，Φ 可以是空间坐标及时间的标量或向量函数。若在 τ_0 域中函数连续可微，并注意到速度散度的定义

$$\nabla\cdot\boldsymbol{V}=\frac{1}{\mathrm{d}\tau_0}\frac{\mathrm{D}\mathrm{d}\tau_0}{\mathrm{D}t}$$

则 I 的系统导数可改写如下：

$$\begin{aligned}\frac{\mathrm{D}I}{\mathrm{D}t}&=\frac{\mathrm{D}}{\mathrm{D}t}\iiint_{\tau_0}\Phi\mathrm{d}\tau_0=\iiint_{\tau_0}\frac{\mathrm{D}}{\mathrm{D}t}(\Phi\mathrm{d}\tau_0)\\&=\iiint_{\tau_0}\left(\frac{\mathrm{D}\Phi}{\mathrm{D}t}\mathrm{d}\tau_0+\Phi\frac{\mathrm{D}\mathrm{d}\tau_0}{\mathrm{D}t}\right)=\iiint_{\tau_0}\left(\frac{\mathrm{D}\Phi}{\mathrm{D}t}+\Phi\nabla\cdot\boldsymbol{V}\right)\mathrm{d}\tau_0\end{aligned} \tag{2-36}$$

若令 $\Phi=\rho$，并利用式(2-36)，则连续方程可改写为

$$\frac{\mathrm{D}}{\mathrm{D}t}\iiint_{\tau_0}\rho\mathrm{d}\tau=\iiint_{\tau_0}\frac{\mathrm{D}\rho\mathrm{d}\tau_0}{\mathrm{D}t}=\iiint_{\tau_0}\left(\frac{\mathrm{D}\rho}{\mathrm{D}t}+\rho\nabla\cdot\boldsymbol{V}\right)\mathrm{d}\tau_0=0 \tag{2-37}$$

若式中物理量及其一阶导数连续，则由被积函数的连续性和积分区域的任意性知，欲使式(2-37)成立，必须要被积函数处处为零，即

$$\frac{\mathrm{D}\rho\mathrm{d}\tau_0}{\mathrm{D}t}=0$$

利用式(2-36)，分别令 $\Phi=\rho\boldsymbol{V}$，$\Phi=\boldsymbol{r}\times\rho\boldsymbol{V}$，$\Phi=\left(e+\dfrac{V^2}{2}\right)\rho$，并考虑到上式以及 $\tau=\tau(t)$，可以得到相应的动量、动量矩及能量的系统导数

$$\frac{\mathrm{D}}{\mathrm{D}t}\iiint_{\tau_0}\rho\boldsymbol{V}\mathrm{d}\tau_0=\iiint_{\tau_0}\frac{\mathrm{D}\boldsymbol{V}}{\mathrm{D}t}\rho\mathrm{d}\tau_0=\iiint_{\tau}\frac{\mathrm{D}\boldsymbol{V}}{\mathrm{D}t}\rho\mathrm{d}\tau \tag{2-38}$$

$$\frac{\mathrm{D}}{\mathrm{D}t}\iiint_{\tau_0}\boldsymbol{r}\times\rho\boldsymbol{V}\mathrm{d}\tau_0=\iiint_{\tau_0}\left[\frac{\mathrm{D}}{\mathrm{D}t}(\boldsymbol{r}\times\boldsymbol{V})\right]\rho\mathrm{d}\tau_0=\iiint_{\tau}\left[\frac{\mathrm{D}}{\mathrm{D}t}(\boldsymbol{r}\times\boldsymbol{V})\right]\rho\mathrm{d}\tau=\iiint_{\tau}\left(\boldsymbol{r}\times\frac{\mathrm{D}}{\mathrm{D}t}\right)\rho\mathrm{d}\tau \tag{2-39}$$

$$\frac{\mathrm{D}}{\mathrm{D}t}\iiint_{\tau_0}\left(e+\frac{V^2}{2}\right)\rho\mathrm{d}\tau_0=\iiint_{\tau_0}\left[\frac{\mathrm{D}}{\mathrm{D}t}\left(e+\frac{V^2}{2}\right)\right]\rho\mathrm{d}\tau_0=\iiint_{\tau}\left[\frac{\mathrm{D}}{\mathrm{D}t}\left(e+\frac{V^2}{2}\right)\right]\rho\mathrm{d}\tau \tag{2-40}$$

将式(2-38)～式(2-40)代入拉格朗日型的动量、动量矩和能量方程中，并且 $\tau(t)=\tau$，$A(t)=A$，则可以得到另一种形式的欧拉型方程

$$\iiint_{\tau}\frac{\mathrm{D}\boldsymbol{V}}{\mathrm{D}t}\rho\mathrm{d}\tau=\iiint_{\tau}\rho\boldsymbol{f}\mathrm{d}\tau+\oiint_{A}\boldsymbol{p}_n\mathrm{d}A \tag{2-41}$$

$$\iiint_{\tau}\left(\boldsymbol{r}\times\frac{\mathrm{D}\boldsymbol{V}}{\mathrm{D}t}\right)\rho\mathrm{d}\tau=\iiint_{\tau}\rho(\boldsymbol{r}\times\boldsymbol{f})\mathrm{d}\tau+\oiint_{A}(\boldsymbol{r}\times\boldsymbol{p}_n)\,\mathrm{d}A \tag{2-42}$$

$$\iiint_{\tau}\left[\frac{\mathrm{D}}{\mathrm{D}t}\left(e+\frac{V^2}{2}\right)\right]\rho\mathrm{d}\tau=\oiint_{A}q_\lambda\mathrm{d}A+\iiint_{\tau}\rho q_R\mathrm{d}\tau+\iiint_{\tau}\rho\boldsymbol{f}\cdot\boldsymbol{V}\mathrm{d}\tau+\oiint_{A}\boldsymbol{p}_n\cdot\boldsymbol{V}\mathrm{d}A \tag{2-43}$$

与 2.2 节～2.5 节推导的基本方程不同，之前推导的方程组只适用于函数 Φ 在 τ 中连续可导的情况，而后者只要求积分在 τ 域中存在。

2.6.2　非惯性系中的动量方程与动量矩方程

有许多实际问题，采用惯性坐标系非常不便。例如，在讨论燃气轮机的动叶轮中的气体流动时，若采用固结于地球的坐标系，那么，不仅该坐标系中各固定点上的物理量将随时间发生巨大的变化，而且欲把该运动物体的边界(动叶片的表面、轮毂、轮轴等)表示为坐标的函数，也将是很复杂的。为了避免上述困难，通常采用固结于动轮的坐标系，这个坐标系显然是非惯性坐标系。在非惯性坐标系中，动量方程(2-25)和动量矩方程(2-28)不再适用。为了建立非惯性坐标系中的动量方程和动量矩方程，必须首先讨论非惯性坐标系中的质点导数。

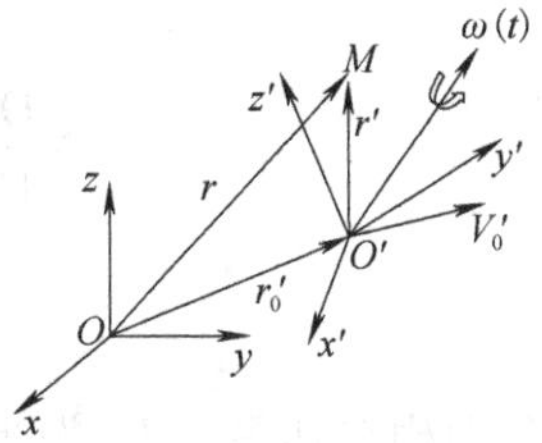

图 2-5　非惯性坐标系与惯性坐标系的关系

如图 2-5 所示，设 $Oxyz$ 为一惯性坐标系，任一质点在此坐标系中的位置、速度和加速度分别称为绝对位置、绝对速度和绝对加速度，并分别用 $\boldsymbol{r}$、$\boldsymbol{V}$ 和 $\boldsymbol{a}$ 表示，时间用 t 表示，质点导数用 $\dfrac{\mathrm{D}}{\mathrm{D}t}$ 表示。$O'x'y'z'$ 为相对于 $Oxyz$ 坐标系作任意运动的另一非惯性坐标系。任一质点在此坐标系中的位置、速度和加速度分别称为相对位置、相对速度和相对加速度，并分别用 $\boldsymbol{r}'$、$\boldsymbol{v}'$ 和 $\boldsymbol{a}'$ 表示，时间用 t 表示，质点导数用 $\dfrac{\mathrm{D}'}{\mathrm{D}t}$ 表示。非惯性坐标 $O'x'y'z'$ 以 $\boldsymbol{V}(t)$ 速度移动，并以 $\boldsymbol{\omega}(t)$ 角速度转动。

按质点导数的定义，在 $Oxyz$ 和 $O'x'y'z'$ 上观察同一个流体质点的任意一个标量函数 B 对于时间的变化率是一样的，因此

$$\frac{\mathrm{D}B}{\mathrm{D}t}=\frac{\mathrm{D}'B}{\mathrm{D}t} \tag{2-44}$$

质点的矢量函数对于时间的变化率，在 $Oxyz$ 和 $O'x'y'z'$ 上的值是不一样的，但它们之间有确定的关系。

因为矢量 $\boldsymbol{B}$ 有

$$\boldsymbol{B}=B_{x'}\boldsymbol{i}'+B_{y'}\boldsymbol{j}'+B_{z'}\boldsymbol{k}'$$

所以

$$\begin{aligned}\frac{\mathrm{D}\boldsymbol{B}}{\mathrm{D}t}&=\frac{\mathrm{D}}{\mathrm{D}t}(B_{x'}\boldsymbol{i}'+B_{y'}\boldsymbol{j}'+B_{z'}\boldsymbol{k}')\\&=\frac{\mathrm{D}B_{x'}}{\mathrm{D}t}\boldsymbol{i}'+B_{x'}\frac{\mathrm{D}\boldsymbol{i}'}{\mathrm{D}t}+\frac{\mathrm{D}B_{y'}}{\mathrm{D}t}\boldsymbol{j}'+B_{y'}\frac{\mathrm{D}\boldsymbol{j}'}{\mathrm{D}t}+\frac{\mathrm{D}B_{z'}}{\mathrm{D}t}\boldsymbol{k}'+B_{z'}\frac{\mathrm{D}\boldsymbol{k}'}{\mathrm{D}t}\\&=\frac{\mathrm{D}'\boldsymbol{B}}{\mathrm{D}t}+B_{x'}\frac{\mathrm{D}\boldsymbol{i}'}{\mathrm{D}t}+B_{y'}\frac{\mathrm{D}\boldsymbol{j}'}{\mathrm{D}t}+B_{z'}\frac{\mathrm{D}\boldsymbol{k}'}{\mathrm{D}t}\end{aligned}$$

式中，$\frac{\mathrm{D}\boldsymbol{i}'}{\mathrm{D}t}$、$\frac{\mathrm{D}\boldsymbol{j}'}{\mathrm{D}t}$、$\frac{\mathrm{D}\boldsymbol{k}'}{\mathrm{D}t}$ 分别是单位向量 $\boldsymbol{i}'$、$\boldsymbol{j}'$、$\boldsymbol{k}'$ 对于时间的变化率。单位向量对于时间的变化率是由于非惯性坐标系 $O'x'y'z'$ 的旋转角速度 $\boldsymbol{\omega}$ 所引起的。

$$\frac{\mathrm{D}\boldsymbol{i}'}{\mathrm{D}t}=\boldsymbol{\omega}\times\boldsymbol{i}',\quad \frac{\mathrm{D}\boldsymbol{j}'}{\mathrm{D}t}=\boldsymbol{\omega}\times\boldsymbol{j}',\quad \frac{\mathrm{D}\boldsymbol{k}'}{\mathrm{D}t}=\boldsymbol{\omega}\times\boldsymbol{k}'$$

由此可得

$$\frac{\mathrm{D}\boldsymbol{B}}{\mathrm{D}t}=\frac{\mathrm{D}'\boldsymbol{B}}{\mathrm{D}t}+B_{x'}\boldsymbol{\omega}\times\boldsymbol{i}'+B_{y'}\boldsymbol{\omega}\times\boldsymbol{j}'+B_{z'}\boldsymbol{\omega}\times\boldsymbol{k}'$$

即

$$\frac{\mathrm{D}\boldsymbol{B}}{\mathrm{D}t}=\frac{\mathrm{D}'\boldsymbol{B}}{\mathrm{D}t}+\boldsymbol{\omega}\times\boldsymbol{B} \tag{2-45}$$

此式联系了任意一个具有方向的量在绝对坐标系与动坐标系中的质点导数之间的关系，这个关系在坐标变换时经常要用到。

利用式(2-45)可以得到 $Oxyz$ 坐标系与 $O'x'y'z'$ 坐标系中速度间或加速度间的关系。由于

$$\boldsymbol{r}=\boldsymbol{r}_0'+\boldsymbol{r}'$$

所以

$$\frac{\mathrm{D}\boldsymbol{r}}{\mathrm{D}t}=\frac{\mathrm{D}\boldsymbol{r}_0'}{\mathrm{D}t}+\frac{\mathrm{D}\boldsymbol{r}'}{\mathrm{D}t}=\boldsymbol{V}_{o'}+\frac{\mathrm{D}\boldsymbol{r}'}{\mathrm{D}t}+\boldsymbol{\omega}\times\boldsymbol{r}'$$

即

$$\boldsymbol{V}=\boldsymbol{V}_0+\boldsymbol{V}'+\boldsymbol{\omega}\times\boldsymbol{r} \tag{2-46}$$

式中，$\boldsymbol{V}'$ 为相对速度；$\boldsymbol{V}_{o'}$ 为平移牵连速度，$\boldsymbol{\omega}\times\boldsymbol{r}'$ 为旋转牵连速度。

令 $B=V$，由式(2-45)又可得到

$$\frac{\mathrm{D}\boldsymbol{V}}{\mathrm{D}t}=\frac{\mathrm{D}\boldsymbol{V}_{o'}}{\mathrm{D}t}+\frac{\mathrm{D}\boldsymbol{V}'}{\mathrm{D}t}+\frac{\mathrm{D}\boldsymbol{\omega}}{\mathrm{D}t}\times\boldsymbol{r}'+\omega\frac{\mathrm{D}\boldsymbol{r}'}{\mathrm{D}t}=\boldsymbol{a}_{o'}+\frac{\mathrm{D}'\boldsymbol{V}'}{\mathrm{D}t}+\boldsymbol{\omega}\times\boldsymbol{V}'+\dot{\boldsymbol{\omega}}\times\boldsymbol{r}'+\boldsymbol{\omega}\times\left(\frac{\mathrm{D}'\boldsymbol{r}'}{\mathrm{D}t}+\boldsymbol{\omega}\times\boldsymbol{r}'\right)$$

即

$$\frac{\mathrm{D}\boldsymbol{V}}{\mathrm{D}t}=\boldsymbol{a}_{o'}+\frac{\mathrm{D}'\boldsymbol{V}'}{\mathrm{D}t}+2\boldsymbol{\omega}\times\boldsymbol{V}'+\dot{\boldsymbol{\omega}}\times\boldsymbol{r}'+\boldsymbol{\omega}\times(\boldsymbol{\omega}\times\boldsymbol{r}') \tag{2-47}$$

式中，$\boldsymbol{a}_{o'}$ 为动坐标的平移加速度；$\frac{\mathrm{D}'\boldsymbol{V}'}{\mathrm{D}t}$ 为相对加速度；$2\boldsymbol{\omega}\times\boldsymbol{V}'$ 为科氏加速度；$\boldsymbol{\omega}\times(\boldsymbol{\omega}\times\boldsymbol{r}')$ 为向心加速度；$\dot{\boldsymbol{\omega}}\times\boldsymbol{r}'$ 为切向加速度。

下面在非惯性坐标系中建立动量方程和动量矩方程。

与时刻 t 在流场中取体积为 τ_0 的系统，其表面用 A_0 表示，在惯性坐标系 $Oxyz$ 中相应的控制体为 τ、A。已知 $\tau=\tau_o(t)$，$A=A_o(t)$。在非惯性坐标系中相应的控制体用 τ'、A' 表示，并且 $\tau'=\tau_o(t)$，$A'=A_o(t)$。于是 t 时刻无论按系统或按控制体求某一物理量 Φ 的总和是一样的，即在 t 时刻存在

$$\iiint_{\tau_0}\Phi\mathrm{d}\tau_0=\iiint_{\tau}\Phi\mathrm{d}\tau=\iiint_{\tau'}\Phi\mathrm{d}\tau'$$

将式(2-47)代入动量方程(2-41)，并整理得

$$\iiint_{\tau'}\frac{\mathrm{D}'\boldsymbol{V}'}{\mathrm{D}t}\rho\mathrm{d}\tau'=\oiint_{A'}\boldsymbol{p}_n\mathrm{d}A'+\iiint_{\tau'}[\boldsymbol{f}-\boldsymbol{a}_{o'}-\boldsymbol{\omega}\times(\boldsymbol{\omega}\times\boldsymbol{r}')-\dot{\boldsymbol{\omega}}\times\boldsymbol{r}'-2\boldsymbol{\omega}\times\boldsymbol{V}']\rho\mathrm{d}\tau' \tag{2-48}$$

这就是非惯性坐标系中的动量方程。

由此可见，非惯性坐标系中的动量方程(2-48)与绝对坐标系中的动量方程(2-41)的差别在于，在质量力中除 $\boldsymbol{f}$ 外，还包括各种惯性力：$-\boldsymbol{a}_{o'}$、$-\boldsymbol{\omega}\times(\boldsymbol{\omega}\times\boldsymbol{r}')$、$-\dot{\boldsymbol{\omega}}\times\boldsymbol{r}'$ 和 $-2\boldsymbol{\omega}\times\boldsymbol{V}'$。

下面讨论动量矩方程。

由式(2-41)可得

$$\boldsymbol{r}_{o'}\times\iiint_{\tau}\frac{\mathrm{D}\boldsymbol{V}}{\mathrm{D}t}\rho\mathrm{d}\tau=\boldsymbol{r}_{o'}\times\iiint_{\tau}\boldsymbol{f}\rho\mathrm{d}\tau+\boldsymbol{r}_{o'}\times\oiint_{A}\boldsymbol{p}_n\mathrm{d}A \tag{2-49}$$

将式 $\boldsymbol{r}=\boldsymbol{r}_{o'}+\boldsymbol{r}'$ 代入式(2-24)，并利用式(2-49)，可得

$$\iiint_{\tau}\boldsymbol{r}_{o'}\times\frac{\mathrm{D}\boldsymbol{V}}{\mathrm{D}t}\rho\mathrm{d}\tau=\iiint_{\tau}\boldsymbol{r}_{o'}\times\boldsymbol{f}\rho\mathrm{d}\tau+\oiint_{A}\boldsymbol{r}_{o'}\times\boldsymbol{p}_n\mathrm{d}A$$

将式(2-47)代入上式得

$$\iiint_{\tau}\left(\boldsymbol{r}\times\frac{\mathrm{D}'\boldsymbol{V}'}{\mathrm{D}t}\right)\rho\mathrm{d}\tau=\oiint_{A'}\boldsymbol{r}'\times\boldsymbol{p}_n\mathrm{d}A'+\iiint_{\tau'}r'\times[\boldsymbol{f}-\boldsymbol{a}_o-\boldsymbol{\omega}\times(\boldsymbol{\omega}\times\boldsymbol{r}')-\boldsymbol{\omega}\times\boldsymbol{r}'-2\boldsymbol{\omega}\times\boldsymbol{V}']\rho\mathrm{d}\tau' \tag{2-50}$$

由此可见，非惯性坐标系中的动量矩方程与绝对坐标系中的动量矩方程(2-42)的差别在于，在质量力中除 $\boldsymbol{f}$ 外，还包括各种惯性力：$-\boldsymbol{a}_{o'}$、$-\boldsymbol{\omega}\times(\boldsymbol{\omega}\times\boldsymbol{r}')$、$-\dot{\boldsymbol{\omega}}\times\boldsymbol{r}'$ 和 $-2\boldsymbol{\omega}\times\boldsymbol{V}'$。

由于 $\frac{\mathrm{D}'}{\mathrm{D}t}(\rho\mathrm{d}\tau_0)=0$，并利用雷诺输运公式可以得到下列关系

$$\iiint_{\tau}\frac{\mathrm{D}'\boldsymbol{V}'}{\mathrm{D}t}\rho\mathrm{d}\tau=\iiint_{\tau_0}\frac{\mathrm{D}'\boldsymbol{V}'}{\mathrm{D}t}\rho\mathrm{d}\tau_0=\frac{\mathrm{D}'}{\mathrm{D}t}\iiint_{\tau_0}\boldsymbol{V}'\rho\mathrm{d}\tau_0=\iiint_{\tau'}\frac{\partial'}{\partial t}(\rho\boldsymbol{V}')\mathrm{d}\tau'+\oiint_{A'}(\boldsymbol{V}'\cdot n')\mathrm{d}A' \tag{2-51}$$

$$\begin{aligned}\iiint_{\tau}\left(\boldsymbol{r}'\times\frac{\mathrm{D}'\boldsymbol{V}'}{\mathrm{D}t}\right)\rho\mathrm{d}\tau&=\iiint_{\tau_0}\left(\boldsymbol{r}'\times\frac{\mathrm{D}'\boldsymbol{V}'}{\mathrm{D}t}\right)\rho\mathrm{d}\tau_0\\&=\iiint_{\tau_0}\left[\frac{\mathrm{D}'}{\mathrm{D}t}(\boldsymbol{r}'\times\boldsymbol{V}')\right]\rho\mathrm{d}\tau_0=\frac{\mathrm{D}'}{\mathrm{D}t}\iiint_{\tau_0}(\boldsymbol{r}'\times\boldsymbol{V}')\rho\mathrm{d}\tau_0\\&=\iiint_{\tau'}\frac{\partial'}{\partial t}(\boldsymbol{r}'\times\rho\boldsymbol{V}')\mathrm{d}\tau'+\oiint_{A'}(\boldsymbol{V}'\cdot\boldsymbol{n}')(\boldsymbol{r}'\times\rho\boldsymbol{V}')\mathrm{d}A'\end{aligned}$$

利用这些关系式，动量方程(2-50)和动量矩方程(2-51)还可以改写成下面的形式

$$\begin{aligned}&\iiint_{\tau'}\frac{\partial'}{\partial t}(\rho \boldsymbol{V}')\mathrm{d}\tau'+\oiint_{A'}(\boldsymbol{V}'\cdot\boldsymbol{n}')\,\mathrm{d}A'\\&=\oiint_{A'}\boldsymbol{p}_n\mathrm{d}A'+\iiint_{\tau'}[\boldsymbol{f}-\boldsymbol{a}_{0'}-\boldsymbol{\omega}\times(\boldsymbol{\omega}\times\boldsymbol{r}')-\dot{\boldsymbol{\omega}}\times\boldsymbol{r}'-2\boldsymbol{\omega}\times\boldsymbol{V}']\rho\mathrm{d}\tau'\end{aligned}\tag{2-52}$$

$$\begin{aligned}&\iiint_{\tau'}\frac{\partial'}{\partial t}(\boldsymbol{r}'\times\rho\boldsymbol{V}')\mathrm{d}\tau'+\oiint_{A'}(\boldsymbol{V}'\cdot\boldsymbol{n}')(\boldsymbol{r}'\times\rho\boldsymbol{V}')\mathrm{d}A'\\&=\oiint_{A'}\boldsymbol{r}'\times\boldsymbol{p}_n\mathrm{d}A'+\iiint_{\tau'}\boldsymbol{r}'\times[\boldsymbol{f}-\boldsymbol{a}_o-\boldsymbol{\omega}\times(\boldsymbol{\omega}\times\boldsymbol{r}')-\boldsymbol{\omega}\times\boldsymbol{r}'-2\boldsymbol{\omega}\times\boldsymbol{V}']\rho\mathrm{d}\tau'\end{aligned}\tag{2-53}$$

非惯性坐标系中的能量方程也可用类似方法推导出来，但其形式比较复杂，通常采用对于系统建立的热力学第一定理的形式。

2.7　欧拉型积分形式基本方程的应用

下面使用前面推导出来的适用于控制体的基本方程来分析一些典型的工程流体力学问题，以熟悉它们的应用并了解它们所能解决的实际问题的程度与限度。用对控制体写出的基本方程求解问题时，关键在于正确选取控制面。但是很难给出普遍适用的选取控制面的原则，而只能结合具体问题来讨论。通常，控制面包括以下几种面。

(1)所研究的边界面；

(2)全部或部分物理量已知的面；

(3)流面。

2.7.1　不可压缩流体对弯管管壁的作用力

不可压缩流体流过如图 2-6 所示的固定弯管，设流动是定常的，且质量力只有重力。若已知进出口截面积分别为 A_1 与 A_2，且其上流速、压力都均匀，分别为 V_1、P_1 和 V_2、P_2。采用固结于弯管上的绝对坐标系，并取如图 2-6 中虚线所示的体积为控制体。以 A_0 表示控制体的侧面，A_1、A_2 为其断面。

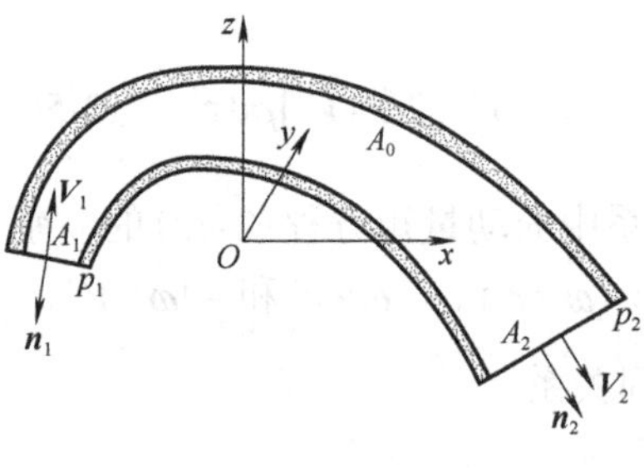

图 2-6　弯管中的流动

若以 $\boldsymbol{F}$ 表示流体作用于弯管管壁的合力，则根据牛顿第三定律有

$$\boldsymbol{F}=-\iint_{A_0}\boldsymbol{p}_n\mathrm{d}A=-\oiint_{A}\boldsymbol{p}_n\mathrm{d}A+\iint_{A_1}\boldsymbol{p}_n\mathrm{d}A+\iint_{A_2}\boldsymbol{p}_n\mathrm{d}A$$

由动量方程(2-24)，并注意到是定常流动，则上式可改写为

$$\boldsymbol{F}=\iiint_{\tau}\rho\boldsymbol{f}\mathrm{d}\tau-\oiint_{A}\rho(\boldsymbol{V}\cdot\boldsymbol{n})\boldsymbol{V}\mathrm{d}A+\iint_{A_1}\boldsymbol{p}_n\mathrm{d}A+\iint_{A_2}\boldsymbol{p}_n\mathrm{d}A$$

由于质量力只是重力，若以 $\boldsymbol{g}$ 表示重力加速度向量，则

$$\iiint_{\tau}\rho\boldsymbol{f}\mathrm{d}\tau=\rho\tau\boldsymbol{g}$$

由于进、出口断面上流速均匀，并注意到 A_n 面上 $\boldsymbol{V}\perp\boldsymbol{n}$，则

$$\oiint_A \rho(\boldsymbol{V}\cdot\boldsymbol{n})\boldsymbol{V}\mathrm{d}A = \rho A_1 V_1^2 \boldsymbol{n}_1 + \rho A_2 V_2^2 \boldsymbol{n}_2$$

由于进、出口断面上流速均匀，故该处切应力为零，只存在压力 p，所以

$$\iint_{A_1} \boldsymbol{p}_n \mathrm{d}A + \iint_{A_2} \boldsymbol{p}_n \mathrm{d}A = -p_1 A_1 \boldsymbol{n}_1 - p_2 A_2 \boldsymbol{n}_2$$

将上述关系式代入 $\boldsymbol{F}$ 的表达式，则得

$$\boldsymbol{F} = \rho\tau\boldsymbol{g} - (p_1 + \rho V_1^2)A_1\boldsymbol{n}_1 - (p_2 + \rho V_2^2)A_2\boldsymbol{n}_2 \tag{2-54}$$

根据定常流连续性方程式(2-18)，并注意到 A_n 面上 $\boldsymbol{V}\perp\boldsymbol{n}$，则有

$$\oiint_A \rho(\boldsymbol{V}\cdot\boldsymbol{n}) = \rho(A_2V_2 - A_1V_1) = 0 \tag{2-55}$$

假设流体是理想的，并做绝热流动，且质量力可以略去，又 $A_1 = A_2 = A$，则由上式得

$$\boldsymbol{V}_1 = \boldsymbol{V}_2 = \boldsymbol{V}$$

又由能量方程式(2-33)得

$$p_1 = p_2 = p$$

将它们代入式(2-54)，则得流体作用于弯管管壁的合力 $\boldsymbol{F}$ 为

$$\boldsymbol{F} = -A(p + \rho V^2)(\boldsymbol{n}_1 + \boldsymbol{n}_2) \tag{2-56}$$

2.7.2　不可压缩射流冲击挡板

下面考察如图 2-7 所示的不可压流体的平面射流在平板上的斜冲击。设有一股理想不可压流体的平面流束以速度 $\boldsymbol{V}$ 从无穷远处直线地与无限平板 AB 相遇后分成两股流束，其流线随需离开分支点面渐渐地成为与平板相平行。以 d_1 和 d_2 分别表示此两股流束在无穷远处的宽度，以 d 表示来流某一截面的宽度。假设在截面 d_0、d_1 及 d_2 的流速均匀，流动是绝热、定常的，且质量力可略去不计。欲求该挡板所受外力的合力及压力中心 E 的位置。

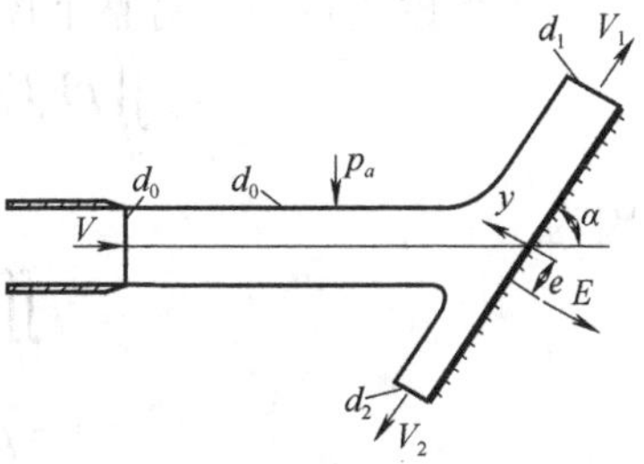

图 2-7　射流冲击挡板

采用固结于挡板的绝对坐标系。坐标原点取在来流射流中心线与平面挡板的交点上。取如图 2-7 中虚线所示为控制面，截面 d_0、d_1 及 d_2 都要取得足够远，控制面 A 本身可以想象为单位高度的柱体的整个表面，而上述流动平画内的要线是这个柱体的座，其母线垂直于流动平面。对上半部控制体引用定常流动能量方程，略去质量力

$$\iint_{A_{\text{out}}} \rho\frac{V^2}{2}\boldsymbol{V}_{n_{\text{out}}}\mathrm{d}A - \iint_{A_{\text{in}}} \rho\frac{V^2}{2}\boldsymbol{V}_{n_{\text{in}}}\mathrm{d}A = \oiint_A \boldsymbol{p}_n\cdot\boldsymbol{V}\mathrm{d}A$$

式左

$$\iint_{A_{\text{out}}} \rho\frac{V^2}{2}\boldsymbol{V}_{n_{\text{out}}}\mathrm{d}A - \iint_{A_{\text{in}}} \rho\frac{V^2}{2}\boldsymbol{V}_{n_{\text{in}}}\mathrm{d}A = \rho\frac{V_1^2}{2}Q' - \rho\frac{V_0^2}{2}Q'$$

因黏性可忽略，式右

$$\oiint_A \boldsymbol{p}_n\cdot\boldsymbol{V}\mathrm{d}A = \iint_{d_0} \boldsymbol{p}_0\boldsymbol{V}_0\mathrm{d}A - \iint_{d_1} \boldsymbol{p}_1\boldsymbol{V}_1\mathrm{d}A = p_0Q' - p_1Q'$$

又因 $\boldsymbol{p}_0 = \boldsymbol{p}_a = \boldsymbol{p}_1$，所以上式右=0，得 $\boldsymbol{V}_1 = \boldsymbol{V}_0$。

同样可得

$$\boldsymbol{V}_2=\boldsymbol{V}_0=\boldsymbol{V}_1 \tag{2-57}$$

对整个控制体引用定常不可压流动的连续方程

$$\boldsymbol{V}_0 d_0=\boldsymbol{V}_1 d_1+\boldsymbol{V}_2 d_2$$

易得

$$d_0=d_1+d_2 \tag{2-58}$$

在不贴挡板的控制面上，压力为 p_a，而在控制面的挡板部分压力 $\boldsymbol{P}_n$ 是变化的

$$\boldsymbol{p}_n=-p\boldsymbol{n}=-\boldsymbol{n}[p_a+(p-p_a)]=\boldsymbol{j}p_a+\boldsymbol{j}(p-p_a)$$

它的合压力中心设在 E 上。合力大小为

$$\boldsymbol{F}'=\iint_{d_b}\boldsymbol{P}_n\mathrm{d}A=\boldsymbol{j}p_a d_b+\boldsymbol{j}\iint_{d_b}(p-p_a)\mathrm{d}A$$

由牛顿第三定律，单位厚度挡板所受射流的冲击力中心亦为 E，冲击力为

$$-\boldsymbol{F}'=-\boldsymbol{j}p_a d_b-\boldsymbol{j}\iint_{d_b}(p-p_a)\mathrm{d}A$$

因挡板另一侧也受大气压力 $\boldsymbol{j}p_a d_b$，所以在射流冲击下，单位厚度挡板所受合外力为

$$\boldsymbol{F}=-\boldsymbol{j}\iint_{d_b}(p-p_a)\mathrm{d}A$$

不考虑质量力，对整个控制体引用定常不可压流动量方程

$$\iint_{d_1}\rho\boldsymbol{V}_1 V_1\mathrm{d}A+\iint_{d_2}\rho\boldsymbol{V}_2 V_2\mathrm{d}A-\iint_{d_0}\rho\boldsymbol{V}_0 V_0\mathrm{d}A=\oiint_A\boldsymbol{p}_n\mathrm{d}A$$

因为

$$\begin{aligned}&\iint_{d_1}\rho\boldsymbol{V}_1 V_1\mathrm{d}A+\iint_{d_2}\rho\boldsymbol{V}_2 V_2\mathrm{d}A-\iint_{d_0}\rho\boldsymbol{V}_0 V_0\mathrm{d}A\\&=\rho V_0^2 d_1\boldsymbol{n}_1+\rho V_0^2 d_2\boldsymbol{n}_2+\rho V_0^2 d_0\boldsymbol{n}_0\end{aligned}$$

$$\begin{aligned}\oiint_A\boldsymbol{p}_n\mathrm{d}A&=\iint_{d_0+d_1+d_2+A'}-p_a\boldsymbol{n}\mathrm{d}A+\iint_{d_b}-p\boldsymbol{n}\mathrm{d}A\\&=-\iint_{d_0+d_1+d_2+A'}p_a\boldsymbol{n}\mathrm{d}A+\iint_{d_b}[-p_a\boldsymbol{n}+\boldsymbol{j}(p-p_a)]\mathrm{d}A\\&=-\iint_{d_0+d_1+d_2+A'+d_b}p_a\boldsymbol{n}\mathrm{d}A-\boldsymbol{F}=-\oiint_A p_a\boldsymbol{n}\mathrm{d}A-\boldsymbol{F}=-\boldsymbol{F}\end{aligned}$$

所以

$$\boldsymbol{F}=-(\rho V_0^2 d_1\boldsymbol{n}_1+\rho V_0^2 d_2\boldsymbol{n}_2+\rho V_0^2 d_0\boldsymbol{n}_0)$$

即

$$-F\boldsymbol{j}=-\rho V_0^2 d_1\boldsymbol{i}+\rho V_0^2 d_2\boldsymbol{i}+\rho V_0^2 d_0(\boldsymbol{i}\cos\alpha-\boldsymbol{j}\sin\alpha)$$

于是

$$\boldsymbol{F}=\rho V_0^2 d_0\sin\alpha\boldsymbol{j}$$

$$d_1-d_2=d_0\cos\alpha \tag{2-59}$$

联立方程式(2-58)、式(2-59)，解得

$$d_1 = \frac{1+\cos\alpha}{2} d_0$$
$$d_2 = \frac{1-\cos\alpha}{2} d_0 \tag{2-60}$$

为确定 E 的位置，需应用动量矩方程

$$\iint_{A_{out}} \rho \boldsymbol{r} \times \boldsymbol{V} V_{n_{out}} \mathrm{d}A - \iint_{A_{in}} \rho \boldsymbol{r} \times \boldsymbol{V} V_{n_{in}} \mathrm{d}A = \iiint_{\tau} \rho \boldsymbol{r} \times \boldsymbol{f} \mathrm{d}\tau + \oiint_{A} \boldsymbol{r} \times \boldsymbol{p}_n \mathrm{d}A \tag{2-61}$$

现对坐标原点 O 取矩，由于从断面 d_o 流入的动量沿来流射流中心线对称，故其对 O 点取矩为零，因此上式中等式右侧第二项为零。则

$$\iiint_{\tau} \rho \boldsymbol{r} \times \boldsymbol{f} \mathrm{d}\tau = 0$$

据各分力矩的代数和等于合力的矩，所以表面力对原点的矩等于表面力合力对原点的矩，即

$$\oiint_{A} \boldsymbol{r} \times \boldsymbol{p}_n \mathrm{d}A = \boldsymbol{r} \times \oiint_{A} \boldsymbol{p}_n \mathrm{d}A = -eF\boldsymbol{k} = -\boldsymbol{k} e \rho V_0^{\ 2} d_0 \sin\alpha$$

代入式(2-61)，得

$$-\boldsymbol{k} e \rho V_0^{\ 2} d_0 \sin\alpha = -\rho V_0^2 \frac{d_1^2}{2} \boldsymbol{k} + \rho V_0^2 \frac{d_2^2}{2} \boldsymbol{k}$$

即

$$e d_0 \sin\alpha = \frac{d_1^2}{2} - \frac{d_2^2}{2}$$

以式(2-60)代入，得

$$e = \frac{d_0}{2} \cot\alpha$$

2.7.3　叶栅中翼型升力的库塔-茹科夫斯基定理

为了研究叶轮机或螺旋桨等的叶片与流体间的相互作用力，通常先研究比较简单的平面叶栅的情形。所谓平面叶栅，就是周期性地放置在空间的一排无穷多个形状完全相同的、互相平行的、无穷翼展的叶片。其中每一个叶片的位置，可由相邻叶片沿着叶栅轴方向平行移动某个距离 t (称为栅距)而得到。如图 2-8 所示，现考察理想不可压缩流体绕过固定平面叶栅的绝热定常流动，且质量力可忽略不计。设叶栅前、后无穷远处的速度、压力都是均匀的。欲求流体作用在单位翼展叶片上的力，采用固结于固定叶栅的绝对坐标系，设叶栅前、后无穷远处的速度分量及压力分别为 u_1、v_1、p_1 及 u_2、v_2、p_2。F_x 和 F_y 分别表示流体作用在单位翼展长度叶片上的合力沿 x 轴和 y 轴方向的分量。

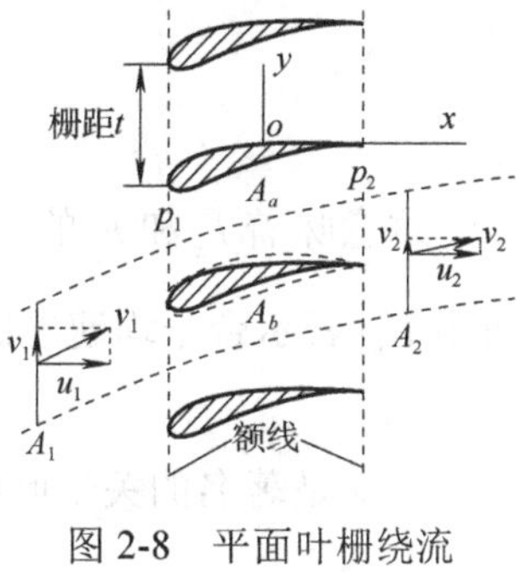

图 2-8　平面叶栅绕流

取定控制体如下：一个控制面是由两条地位相似的流线(其间沿 y 轴方向的距离等于栅距 t)和两条与 y 轴平行且离叶片很远的直线所组成的；另一个控制面紧贴在叶片表面。设控制面在翼展方向(即垂直于图面的方向)的长度为一个单位，上述两个控制面之间所围体积就是我们所考察的控制体，如图 2-8 的虚线所示。

显然，没有流体通过上、下两个流面，并且由于这两个流面的地位完全相同，通过物理学可知，它们上面的压力分布相同，因而它们对于质量、动量、能量以及合压力都没有贡献。

由连续方程可知

$$\rho u_1 t = \rho u_2 t$$

所以

$$u_1 = u_2 = u$$

由能量方程可知

$$p_1 + \frac{1}{2}\rho V_1^2 = p_2 + \frac{1}{2}\rho V_2^2$$

所以

$$p_2 - p_1 = \frac{1}{2}\rho(V_1^2 - V_2^2)$$

由动量方程可知

$$\rho ut(u_2 - u_1) = (p_1 - p_2)t - F_x$$

及

$$\rho ut(v_2 - v_1) = -F_y$$

所以

$$F_x = t(p_1 - p_2) = \frac{1}{2}t\rho(V_2^2 - V_1^2) = \frac{1}{2}t\rho(v_2^2 - v_1^2)$$

$$F_y = \rho ut(v_1 - v_2)$$

现引入绕叶片的环量 Γ 。首先，沿上下两条流线作环量积分时，走向相反，所以它们的贡献彼此抵消。而两直线段的贡献分别是$-v_1 t$ 和 $v_2 t$，因此 $\Gamma = t(v_2 - v_1)$ 。

于是有

$$F_x = \rho\Gamma\left(\frac{v_1 + v_2}{2}\right)$$

$$F_y = -\rho\Gamma u$$

由此可知

$$\frac{F_y}{F_x} = \frac{-u}{\dfrac{v_1 + v_2}{2}}$$

这意味着 F_x 和 F_y 的合力与 u 和 $\frac{v_1 + v_2}{2}$ 的合速度相垂直。如果以 $|\boldsymbol{F}|$ 表示合力的大小，而用 $|\boldsymbol{V}_m|$ 表示合平均速度的大小，则可得

$$|\boldsymbol{F}| = \rho|\boldsymbol{V}_m|\Gamma \tag{2-62}$$

这就是著名的关于叶栅中叶型升力的库塔-茹科夫斯基定理。

思考题及习题

2-1　空气流过一平板，速度为 $V = u(y)i$ 。当 $0 \leqslant y \leqslant 0.15$ 时，$u = 2y$ ；当 $y > 0.15$

$V = u(y)i$ 时，u=0.3 m/s。如图，静止方形控制体 $ABCD$ 在 t =0 时和系统重合。试画图表示 t=0.5 s 时的系统边界。

2-2　水流过如图所示的分支管，进口和出口速度均匀分布，图中虚线所示静止控制体在 t=20 s 时和系统重合。试画图表示：

(1) t =20.1 s 时的系统边界；

(2) 在 0.1 s 时间间隔内离开控制体的流体；

(3) 在同一时间间隔内进入控制体的流体。设管道在①、②、③截面的面积分别为 A_1、A_2、A_3。

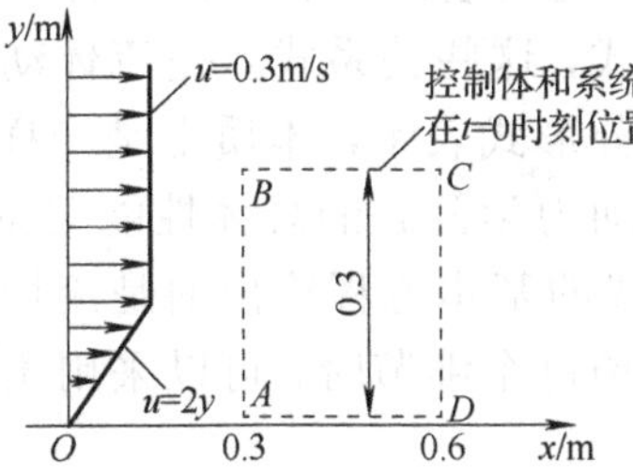

题 2-1 图

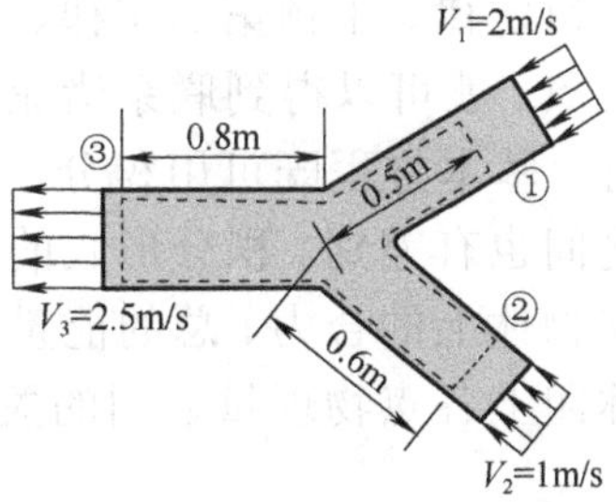

题 2-2 图

2-3　如图，空气以均匀速度 U_1=0.870 m/s 进入一直径 D=25.0 mm 的圆管，下游 L=2.25 m 处速度分布为 $u(r)/U$=1−$(r/R)^2$，已知①和②截面间压强降落 $p_1 - p_2 = 1.92$ Pa　。试求管壁作用于空气的总摩擦力。

2-4　如图，一圆盘中心有一锐边圆孔，速度为 V 的水射流撞击在圆盘中心，通过圆盘中心孔的射流速度也是 V。试求需施加多大的力才能保持圆盘在空间位置不变。设 V=5 m/s，D=100 mm，d=20 mm。

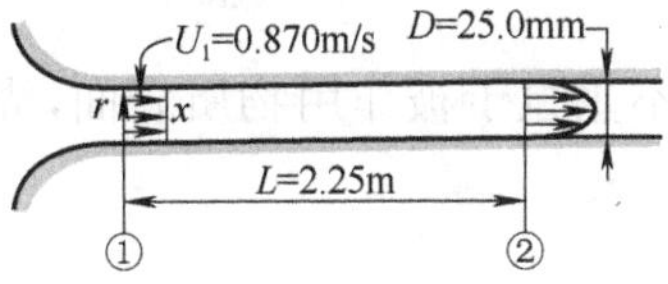

题 2-3 图

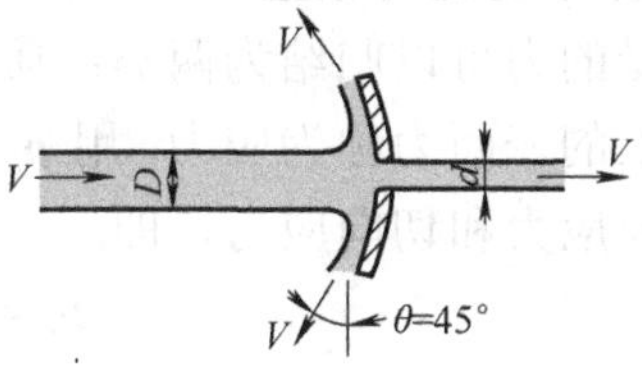

题 2-4 图

2-5　试简要说明欧拉描述中质点导数的各组成部分及其物理意义。

2-6　试说明雷诺输运公式的物理含义。

2-7　如何将连续方程(2-17)改写为式(2-18)的形式？

2-8　请简要说明欧拉型积分形式的动量方程的物理意义。

2-9　试说明 2.6 节推导出的欧拉型积分形式基本方程与前几节推导出的积分形式的基本方程有何区别。

2-10　非惯性坐标系中的动量方程和动量矩方程与惯性坐标系中的动量方程和动量矩方程相比有何不同？增加了些什么？

2-11　试简要说明运用积分形式的基本方程解决实际工程问题的基本思想与步骤。

第 3 章　流体动力学微分形式的基本方程

流体作为物质的一种运动状态，必须遵循自然界中关于物质运动的某些普遍规律，如质量守恒定律、牛顿第二定律、能量守恒定律等。将这些普遍规律应用于流体运动这类物理现象，就可以得到联系诸流动参数之间的关系式，这些关系式就是流体动力学的基本方程。基本方程既可用积分形式表示，也可用微分形式表示，本质上是一样的，但是它们之间也有差别。积分形式的方程可以给出流体动力学问题的总体性能关系，如流体作用在物体上的合力、总的能量传递等。而微分形式的基本方程给出的是流场中每一微元流体团上各点物理量之间的关系，当需要了解流场每个细节时，可以采用微分形式的方程。

3.1　黏性流体的本构方程

把应力张量 $\boldsymbol{\sigma}_{ij}$ 与变形速率张量 $\boldsymbol{\varepsilon}_{ij}$ 联系起来的方程就是本构方程(constitutive equation)。

3.1.1　运动流体中的应力张量

1. 运动流体中的应力张量

流体所承受的力可以归结为两类：质量力和表面力。

单位面积上的表面力称为应力，用 $\boldsymbol{p}_n$ 表示。通常 $\boldsymbol{p}_n$ 并不垂直于被作用物质表面，故 $\boldsymbol{p}_n$ 可以分解为法向应力和切向应力，即

$$\boldsymbol{p}_n = p_{nn}\boldsymbol{n} + p_{nt}\boldsymbol{t} \tag{3-1}$$

静止流体中，切向应力为零，只存在指向表面的法向应力，即

$$\boldsymbol{p} = -\boldsymbol{n}p \tag{3-2}$$

静压力 $p = p(\boldsymbol{r})$ 只是坐标的函数。

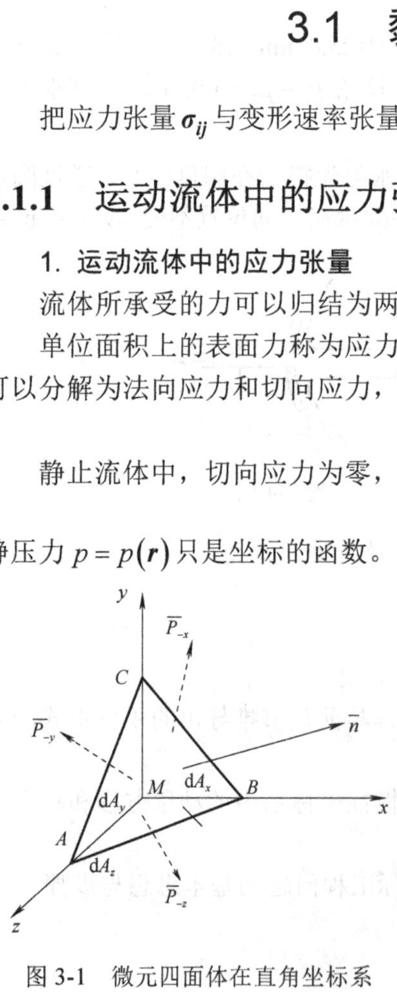

图 3-1　微元四面体在直角坐标系

如图 3-1 所示，微元四面体 $MABC$，顶点为 $M(x_1, x_2, x_3)$，底面为三角形 ABC，它是斜面与三个坐标平面相交而成的。三角形 ABC 的面积，在 $x_2 = \text{cosnt}$ 平面上的投影面积为

$$\Delta A_n = (\boldsymbol{i}_\alpha \cdot \boldsymbol{n})\Delta A_n = n_\alpha \Delta A_n$$

在外法线为 $\boldsymbol{i}_\alpha$ 表面上的应力为 $\boldsymbol{p}$，而在 $-\boldsymbol{i}_\alpha$ 表面上的应力为 $\boldsymbol{p}_{-\alpha}$，根据牛顿第三定律，有 $\boldsymbol{p}_\alpha = -\boldsymbol{p}_{-\alpha}$。若设四面体 $MABC$ 的总质量为 Δm，此流体微团质心 c 的运动方程为

$$\Delta m\frac{\mathrm{D}\boldsymbol{V}_c}{\mathrm{D}t}=\boldsymbol{f}\Delta m+\boldsymbol{p}_n\Delta A_n+\boldsymbol{p}_{-\alpha}\Delta A_\alpha$$
$$=\boldsymbol{f}\Delta m+\boldsymbol{p}_n\Delta A_n-\boldsymbol{p}_\alpha n_\alpha\Delta A_n$$

式中，$\mathrm{D}\boldsymbol{V}/\mathrm{D}t$ 是该流体微团的惯性中心 c 的加速度；$\boldsymbol{f}$ 是作用在单位质量流体上的质量力。当微元四面体 $MABC$ 向点 M 收缩时，略去三阶小量，得

$$\left(\boldsymbol{p}_n-\boldsymbol{p}_\alpha n_\alpha\right)\Delta A_n=0$$

式中，外法线为 i_α 表面的应力 $\boldsymbol{p}_\alpha$ 在坐标 x_β 上的投影为 $p_{\alpha\beta}$，即

$$\boldsymbol{p}_\alpha=p_{\alpha\beta}\boldsymbol{i}_\beta$$

显然应力 $\boldsymbol{p}_n$ 在坐标 x_3 上的投影为 $p_{n\beta}$，即 $\boldsymbol{p}_n=p_{n\beta}\boldsymbol{i}_\beta$。因此

$$p_{n\beta}=n_\alpha p_{\alpha\beta}$$

上式说明，流场中任一点 $M(x,y,z)$ 上，作用在外法线方向 $\boldsymbol{n}$ 的平面上的应力 $\boldsymbol{p}_n$ 在 $\boldsymbol{i}_\beta$ 方向上的分量 $\boldsymbol{p}_{n\beta}$，取决于作用在三个坐标平面内的面元上的应力的各个分量 $p_{\alpha\beta}$。这九个分量组成一个张量，决定了一点的应力状态 $\boldsymbol{p}_n=p_{n\beta}\boldsymbol{i}_\beta$。进而可得

$$\boldsymbol{p}_n=\boldsymbol{n}\cdot\boldsymbol{i}_\alpha p_{\alpha\beta}\boldsymbol{i}_\beta=\boldsymbol{n}\cdot\boldsymbol{P}\tag{3-3}$$

应力张量 $\boldsymbol{P}$ 只是空间坐标点位置和时间的函数，而任一点的应力不仅依赖应力张量 $\boldsymbol{P}$，而且依赖作用表面的方位，即 $\boldsymbol{P}$ 作用面单位外法线矢量 $\boldsymbol{n}$。决定流体应力状态的应力张量 $\boldsymbol{P}$ 是一个物理量，如矢量一样，它并不依赖坐标系的选取。

2. 应力张量的对称性

根据欧拉型积分形式动量矩方程：

$$\iiint_\tau \boldsymbol{r}\times\frac{\mathrm{D}\boldsymbol{V}}{\mathrm{D}t}\rho\mathrm{d}\tau=\iiint_\tau(\boldsymbol{r}\times\boldsymbol{f})\rho\mathrm{d}\tau+\oiint_A(\boldsymbol{r}\times\boldsymbol{p}_n)\mathrm{d}A$$

$$\begin{aligned}\boldsymbol{r}\times\boldsymbol{p}_n&=e_{\alpha\beta\gamma}x_\alpha p_{n\beta}\boldsymbol{i}_\gamma=e_{\alpha\beta\gamma}x_\alpha n_k p_{k\beta}\boldsymbol{i}_\gamma\\&=\boldsymbol{i}_\gamma\boldsymbol{n}\cdot\left(e_{\alpha\beta\gamma}x_\alpha p_{k\beta}\boldsymbol{i}_k\right)\end{aligned}\tag{3-4}$$

$$\begin{aligned}\oiint_A\boldsymbol{r}\times\boldsymbol{p}_n\mathrm{d}A&=\boldsymbol{i}_\gamma\oiint_A\boldsymbol{n}\cdot\left(e_{\alpha\beta\gamma}x_\alpha p_{k\beta}\boldsymbol{i}_k\right)\mathrm{d}A\\&=\boldsymbol{i}_\gamma\iiint_\tau e_{\alpha\beta\gamma}\frac{\partial x_\alpha p_{k\beta}}{\partial x_k}\mathrm{d}\tau\\&=\boldsymbol{i}_\gamma\iiint_\tau e_{\alpha\beta\gamma}p_{\alpha\beta}\mathrm{d}\tau+\iiint_\tau e_{\alpha\beta\gamma}x_\alpha\frac{\partial p_{k\beta}}{\partial x_k}\boldsymbol{i}_\gamma\mathrm{d}\tau\\&=\boldsymbol{i}_\gamma\iiint_\tau e_{\alpha\beta\gamma}p_{\alpha\beta}\mathrm{d}\tau+\iiint_\tau\boldsymbol{r}\times(\nabla\cdot\boldsymbol{P})\mathrm{d}\tau\end{aligned}$$

代入动量矩方程，得

$$\boldsymbol{i}_\gamma\iiint_\tau e_{\alpha\beta\gamma}p_{\alpha\beta}\mathrm{d}\tau=\iiint_\tau\boldsymbol{r}\times\left(\rho\frac{\mathrm{D}\boldsymbol{V}}{\mathrm{D}t}-\rho\boldsymbol{f}-\nabla\cdot\boldsymbol{P}\right)\mathrm{d}\tau\tag{3-5}$$

微分形式的动量方程可写为

$$\rho\frac{\mathrm{D}\boldsymbol{V}}{\mathrm{D}t}-\rho\boldsymbol{f}-\nabla\cdot\boldsymbol{P}=0\tag{3-6}$$

或者，利用积分形式的动量方程

$$\iiint_\tau \frac{\mathrm{D}\boldsymbol{V}}{\mathrm{D}t}\rho \mathrm{d}\tau = \iiint_\tau \rho \boldsymbol{f}\mathrm{d}\tau + \oiint_A \boldsymbol{p}_n \mathrm{d}A$$

$$= \iiint_\tau \rho \boldsymbol{f}\mathrm{d}\tau + \iint_A \boldsymbol{n}\cdot\boldsymbol{P}\mathrm{d}A \tag{3-7}$$

$$= \iiint_\tau (\rho\boldsymbol{f} + \nabla\cdot\boldsymbol{P})\mathrm{d}\tau$$

$$\iiint_\tau \left(\rho\frac{\mathrm{D}\boldsymbol{V}}{\mathrm{D}t} - \rho\boldsymbol{f} - \nabla\cdot\boldsymbol{P}\right)\mathrm{d}\tau = 0 \tag{3-8}$$

由积分函数的连续性和积分区域的任意性可得

$$\rho\frac{\mathrm{D}\boldsymbol{V}}{\mathrm{D}t} - \rho\boldsymbol{f} - \nabla\cdot\boldsymbol{P} = 0$$

$$\iiint_\tau e_{\alpha\beta\gamma} p_{\alpha\beta}\mathrm{d}\tau = 0$$

显然，有 $e_{\alpha\beta\gamma} p_{\alpha\beta} = 0$，即 $p_{\alpha\beta} = p_{\beta\alpha}$。

由此可见，应力张量是一个二阶对称张量，九个分量中只有六个是独立的。

3. 理想流体中的应力

对于理想流体，全部切应力为零，只存在法向应力，即

$$p_{\alpha\beta}\begin{cases} = 0, & \alpha \neq \beta \\ \neq 0, & \alpha = \beta \end{cases}$$

那么上式在 $\boldsymbol{i}_\beta$ 方向的分量式为

$$p_{nn} n_\beta = \boldsymbol{p}_n \cdot \boldsymbol{i}_\beta = p_{n\beta} = n_\alpha p_{\alpha\beta}$$

根据理想流体切应力等于零的性质，上式右端只存在 $\alpha = \beta$ 的项

$$p_{nn} n_1 = n_1 p_{11}$$

$$p_{nn} n_2 = n_2 p_{22}$$

$$p_{nn} n_3 = n_3 p_{33}$$

即

$$\boldsymbol{p}_n = -p\boldsymbol{n} \tag{3-9}$$

式(3-9)表明理想流体的基本特性：在运动着的理想流体中任一点处，任何方位微元面积上的切应力总等于零，而法向应力总彼此相等，其负值定义为压力为 p。因此，在理想流体中应力的大小或压力 p 只是空间点坐标与时间的函数。故可得

$$\boldsymbol{p}_n = -p\delta \tag{3-10}$$

式中，δ 为单位张量。

3.1.2　变形速率张量

当流速场 $\boldsymbol{u}$ 给定，变形速率与流速场之间存在运动学关系。如图 3-2 所示，$P(x,t)$ 点处流速为 $\boldsymbol{u}(x,t)$，邻近一点 $Q(x+\delta x,t)$ 点处流速为 $\boldsymbol{u}(x+\delta x,t)$，应用泰勒级数展开，得

$$u_i(x+\delta x) = u_i(x) + \left(\frac{\partial u_i}{\partial x_j}\right)\delta x_j$$

$$= u_i(x) + \delta u_i$$

$$
\begin{aligned}
\delta u_i &= \frac{\partial u_i}{\partial x_j}\delta x_j \\
&= \left(\frac{1}{2}\frac{\partial u_i}{\partial x_j}+\frac{1}{2}\frac{\partial u_i}{\partial x_j}+\frac{1}{2}\frac{\partial u_j}{\partial u_i}-\frac{1}{2}\frac{\partial u_j}{\partial x_i}\right)\delta x_j \\
&= \left(\frac{1}{2}\frac{\partial u_i}{\partial x_j}+\frac{1}{2}\frac{\partial u_j}{\partial u_i}\right)\delta x_i+\left(\frac{1}{2}\frac{\partial u_i}{\partial x_j}-\frac{1}{2}\frac{\partial u_j}{\partial x_i}\right)\delta x_j \\
&= \varepsilon_{ij}\delta x_j + a_{ij}\delta x_j
\end{aligned}
\tag{3-11}
$$

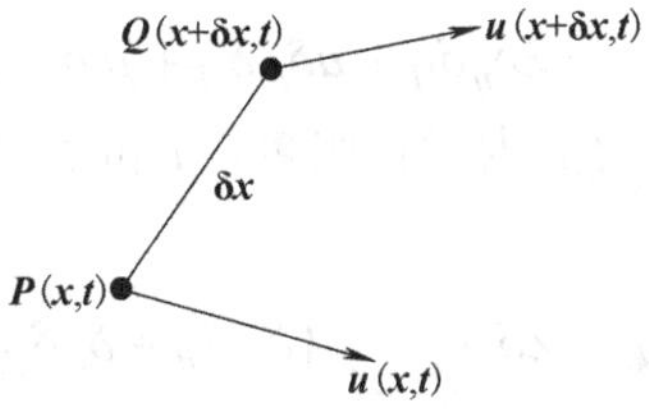

图 3-2　变形速率与流速场的关系

由此张量$\frac{\partial u_i}{\partial x_j}$分解为一个对称张量$\varepsilon_{ij}=\frac{1}{2}\left(\frac{\partial u_i}{\partial x_j}+\frac{\partial u_j}{\partial u_i}\right)$和一个反对称张量$a_{ij}=\frac{1}{2}\left(\frac{\partial u_i}{\partial x_j}-\frac{\partial u_j}{\partial x_i}\right)$，其中

$$
\varepsilon_{ij}=\begin{Bmatrix}
\frac{\partial u_1}{\partial x_1} & \frac{1}{2}\left(\frac{\partial u_1}{\partial x_2}+\frac{\partial u_2}{\partial x_1}\right) & \frac{1}{2}\left(\frac{\partial u_1}{\partial x_3}+\frac{\partial u_3}{\partial x_1}\right) \\
\frac{1}{2}\left(\frac{\partial u_2}{\partial x_1}+\frac{\partial u_1}{\partial x_2}\right) & \frac{\partial u_2}{\partial x_2} & \frac{1}{2}\left(\frac{\partial u_2}{\partial x_3}+\frac{\partial u_3}{\partial x_2}\right) \\
\frac{1}{2}\left(\frac{\partial u_3}{\partial x_1}+\frac{\partial u_1}{\partial x_3}\right) & \frac{1}{2}\left(\frac{\partial u_3}{\partial x_2}+\frac{\partial u_2}{\partial x_3}\right) & \frac{\partial u_3}{\partial x_3}
\end{Bmatrix}
\tag{3-12}
$$

为流体运动中流体微团的变形速率张量。

3.1.3　本构方程

把应力张量σ_{ij}与变形速率张量ε_{ij}联系起来的方程就是本构方程(Constitutive Equation)。根据牛顿黏性切应力公式：

$$
\tau_{21}=\mu\frac{\mathrm{d}u_1}{\mathrm{d}x_2}
\tag{3-13}
$$

斯托克斯提出了牛顿流体中应力张量与变形速率张量之间的一般关系的三种假定。

(1) 在静止流体中，切应力为零。正应力的数值为流体静压强p，即热力学平衡态压强。

(2) 应力张量σ_{ij}与变形速率张量ε_{ij}之间的线性关系。

(3) 流体是各向同性的，也就是说流体的物理性质与方向无关，只是坐标位置函数。应力张量与变形速率张量的关系也与方向无关。

实验证明，宇宙中大量存在的与人密切相关的水和空气都是牛顿流体。δ_{ij}为单位张量，p为流体平衡态压强，因此应力张量中只有偏应力张量τ_{ij}为未知量且为一对对称张量。因

此黏性应力张量 τ_{ij} 只依赖流体质点附近的瞬时流速分布情况，即只依赖当地流速梯度 $\dfrac{\partial u_i}{\partial u_j}$。流速梯度张量是由变形速率张量和转动张量所组成的，因此把偏应力张量和变形速率张量联系起来的本构方程为

$$\tau_{ij} = A_{ijkl} e_{kl} \tag{3-14}$$

由斯托克斯第三项假定，流体为各向同性，坐标系方向的选择将不影响处理流体运动的结果。

A_{ijkl} 为一各向同性四阶张量。偶数阶的各向同性张量均可写为单位张量乘积的组合，即

$$A_{ijkl} = \lambda\delta_{ij}\delta_{kl} + \mu\delta_{ik}\delta_{jl} + \mu'\delta_{il}\delta_{jk}$$

式中，λ、μ、μ' 为标量。由于 A_{ijkl} 为对称张量，i 和 j 对调，k 和 l 对调应不变，因此必然得到 $\mu = \mu'$。

$$\begin{aligned} A_{ijkl} &= \lambda\delta_{ij}\delta_{kl} + \mu\left(\delta_{ik}\delta_{jl} + \delta_{il}\delta_{jk}\right) \\ \tau_{ij} &= \left[\lambda\delta_{ij}\delta_{kl} + \mu\left(\delta_{ik}\delta_{jl} + \delta_{il}\delta_{jk}\right)\right]e_{kl} \\ &= \frac{1}{2}\left[\lambda\delta_{ij}\delta_{kl} + \mu\left(\delta_{ik}\delta_{jl} + \delta_{il}\delta_{jk}\right)\right]\left(\frac{\partial u_k}{\partial x_i} + \frac{\partial u_i}{\partial x_k}\right) \end{aligned} \tag{3-15}$$

以 i 代替 l，j 代替 k，则

$$\frac{1}{2}\mu\delta_{il}\delta_{jk}\left(\frac{\partial u_i}{\partial x_l} + \frac{\partial u_l}{\partial x_k}\right) = \frac{1}{2}\mu\left(\frac{\partial u_k}{\partial x_i} + \frac{\partial u_i}{\partial x_k}\right)$$

从而上式写为

$$\tau_{ij} = \lambda\delta_{ij}\frac{\partial u_k}{\partial x_k} + \mu\left(\frac{\partial u_i}{\partial u_j} + \frac{\partial u_j}{\partial u_i}\right) = \lambda\delta_{ij}\nabla\cdot\boldsymbol{u} + 2\mu e_{ij} \tag{3-16}$$

于是牛顿流体的本构方程可写为

$$\sigma_{ij} = -p\delta_{ij} + \lambda\delta_{ij}\nabla\cdot\boldsymbol{u} + 2\mu\varepsilon_{ij} \tag{3-17}$$

3.2 完全气体状态方程

联系介质的各种热力学参数之间的关系式称为状态方程。但是到目前为止，还未找到对于任何连续流体在任何条件下均成立的状态方程，换句话说，不同条件下有各自不同的状态方程。

对于一个系统中的给定物质，温度、体积和压强不是相互独立的量。它们被下面的方程约束：

$$f\left(p,V,T\right) = 0 \tag{3-18}$$

式中的每个变量定义在下面给出。各个变量的单位要满足一致性。特别指出，温度采用的是热力学温标。p 为压强；V 为体积；n 为物质粒子的数量；$V_m = \dfrac{V}{n}$ 为摩尔体积，即 1 摩尔物质(通常指气体或液体)的体积；T 为热力学温标；R 为气体常数；P_c 为临界点温度；V_c 为临界点时的摩尔体积；T_c 为临界点时的热力学温标。

经典理想气体状态方程可以写作：

$$pV = nRT \tag{3-19}$$

也可以表达为以下形式：

$$p = \rho(\gamma - 1)e \tag{3-20}$$

式中，ρ 为密度；$\gamma = \dfrac{C_p}{C_v}$ 为绝热指数；$e = C_v T$ 为单位质量物质的内能；C_v 为定容比热；C_p 为定压比热。

3.3　牛顿型流体的运动方程：纳维-斯托克斯方程

纳维-斯托克斯方程是描述黏性不可压缩流体动量守恒的运动方程，反映了黏性流体的流动基本力学规律，在流体力学中有十分重要的意义。

凡热力学参数之间满足如下两个关系式的气体称为完全气体：

$$p = R\rho T \tag{3-21}$$

$$e = c_v T \tag{3-22}$$

或

$$i = c_p T \tag{3-23}$$

式中，R 为气体常数，不同的气体有不同的 R 值；c_v 和 c_p 分别是气体的定容比热和定压比热。完全气体的 c_v、c_p 为常数。方程式(3-21)称为完全气体的热学状态方程，又称为克拉佩龙方程，而方程式(3-22)则称为完全气体的热量状态方程。

一般来说，在常温和常压下的气体可以足够近似地当作完全气体来处理。可能有两种偏离完全气体的情况。第一种情况是，气体可以准确地满足克拉佩龙方程式(3-21)，但比热不是常值，因而方程式(3-22)不成立。这种气体在热学上是完全的，但是热量关系上是不完全的。第二种是，比热是常值，因而方程式(3-22)是成立的，但不完全遵循克拉佩龙方程式(3-21)。这种气体在热量关系上是完全的，但在热学上是不完全的。

把上述两种“不完全”加以区别是有道理的。气体的热学完全性取决于分子间的相互作用。在气体密度较小的情况下，分子间的平均距离比较大，从而可以略去分子间的相互作用。这时气体满足克拉佩龙方程，即气体在热学上是完全的。在气体密度较大的情况下，分子间的相互作用不能略去，此时气体不满足克拉佩龙方程，即气体在热学上是不完全的。

气体在热量关系上的完全性，取决于分子的内部结构，取决于各自的各种量子状态的内能统计分布。若气体温度大大高于或低于室温，比热都偏离常数值相当大，这时气体在热量上是不完全的。例如，在超低温下，由于分子的旋转自由度未被激发，因而比热下降；在超高温下，分子的振动自由度被激发，因而比热上升。气体在室温条件下没有满足上述效应，比热接近于常数值，这时气体在热量关系上是完全的。

3.3.1　纳维-斯托克斯方程

微分形式的动量方程为

$$\rho \frac{\mathrm{d}u_i}{\mathrm{d}t} = \rho f_i + \frac{\partial \sigma_{ij}}{\partial x_j} \tag{3-24}$$

式中，σ_{ij} 有六个未知量，如果用本构关系将 σ_{ij} 与变形速率张量 ε_{ij} 联系起来，可以在黏性流动的基本方程中增加六个方程式从而使基本方程封闭。

当第二黏性系数 $\lambda=-\frac{2}{3}\mu$ 时，由牛顿流体本构方程得到

$$\sigma_{ij}=-\left(p+\frac{2}{3}\mu\nabla\cdot\boldsymbol{u}\right)\delta_{ij}+2\mu\varepsilon_{ij} \tag{3-25}$$

将式(3-25)代入式(3-24)得

$$\rho\frac{\mathrm{d}u_i}{\mathrm{d}t}=\rho f_i-\frac{\partial}{\partial x_i}\left(p+\frac{2}{3}\mu\nabla\cdot\boldsymbol{u}\right)+\frac{\partial}{\partial x_j}\left[\mu\left(\frac{\partial u_i}{\partial x_j}+\frac{\partial u_j}{\partial x_i}\right)\right] \tag{3-26}$$

此即牛顿流体的运动方程，称为纳维-斯托克斯方程，简称 N-S 方程。

对于不可压缩流动，$\nabla\cdot\boldsymbol{u}=0$，得到

$$\rho\frac{\mathrm{d}u_i}{\mathrm{d}t}=\rho f_i-\frac{\partial p}{\partial x_i}+\mu\frac{\partial^2 u_i}{\partial x_i\partial y_j} \tag{3-27}$$

3.3.2 不可压缩牛顿型流体的连续方程和运动方程

1. 连续性方程的推导

由积分形式的连续方程(2-18)得到

$$\frac{\partial}{\partial t}\iiint_{\tau}\rho\mathrm{d}\tau=-\oiint_{A}\rho(\boldsymbol{V}\cdot\boldsymbol{n})\mathrm{d}A$$

或者

$$\frac{\partial}{\partial t}\iiint_{\tau}\rho\mathrm{d}\tau+\oiint_{A}\rho(\boldsymbol{V}\cdot\boldsymbol{n})\mathrm{d}A=0$$

即

$$\frac{\partial}{\partial t}\iiint_{\tau}\rho\mathrm{d}\tau+\oiint_{A}\boldsymbol{n}\cdot(\rho\boldsymbol{V})\ \mathrm{d}A=0$$

利用高斯定理，得

$$\frac{\partial}{\partial t}\iiint_{\tau}\rho\mathrm{d}\tau+\iiint_{\tau}\nabla\cdot(\rho\boldsymbol{V})\ \mathrm{d}\tau=0$$

将方程中的两项合并，有

$$\iiint_{\tau}\left(\frac{\partial\rho}{\partial t}+\nabla\cdot(\rho\boldsymbol{V})\right)\mathrm{d}\tau=0$$

这就是对控制体的积分形式的连续方程，即欧拉观点下，质量守恒定律积分形式的数学描述。它表明，通过控制面流体质量的净流出率等于控制体内的流体质量的减少率。

因为连续性假设，以及控制体 τ 可以任意选取，因此有

$$\frac{\partial\rho}{\partial t}+\nabla\cdot(\rho\boldsymbol{V})=0 \tag{3-28}$$

由于

$$\nabla\cdot(\rho\boldsymbol{V})=\boldsymbol{V}\cdot\nabla\rho+\rho\nabla\cdot\boldsymbol{V}$$

利用随体导体的定义，得

$$\frac{\mathrm{D}\rho}{\mathrm{D}t}+\rho\nabla\cdot\boldsymbol{V}=0 \tag{3-29}$$

这是微分形式的连续性方程。

2. 特殊情形下的连续性方程

1) 定常流动

如果流动是定常流动，则 $\frac{\partial \rho}{\partial t}=0$，从而积分形式的连续性方程简化为

$$\oiint_A \rho(\boldsymbol{V}\cdot\boldsymbol{n})\mathrm{d}A=0 \tag{3-30}$$

表明通过控制面流体质量的净流出率等于零。

微分形式的连续方程简化为

$$\nabla\cdot(\rho\boldsymbol{V})=0 \tag{3-31}$$

表明任一时刻在流场任意一点处，流体质量的相对净流出率等于零。

2) 不可压缩流体的连续性方程

对于不可压缩流体，$\frac{\mathrm{D}\rho}{\mathrm{D}t}=0$，微分形式的连续性方程简化为

$$\nabla\cdot\boldsymbol{V}=0 \tag{3-32}$$

所以不可压缩流动又称无源流动。

3. 运动方程

由积分形式的动量方程式(2-41)

$$\iiint_\tau \frac{\mathrm{D}\boldsymbol{V}}{\mathrm{D}t}\rho\mathrm{d}\tau=\iiint_\tau \rho\boldsymbol{f}\mathrm{d}\tau+\oiint_A \boldsymbol{p}_n\mathrm{d}A$$

类似式(3-8)，可以得到微分形式的动量方程：

$$\rho\frac{\mathrm{D}\boldsymbol{V}}{\mathrm{D}t}-\rho\boldsymbol{f}-\nabla\cdot\boldsymbol{P}=0$$

这就是以应力表示的微分形式的动量方程，也称运动方程。其中，$\rho\frac{\mathrm{D}\boldsymbol{V}}{\mathrm{D}t}$ 表示单位体积上的惯性力；$\rho\boldsymbol{f}$ 表示单位体积上的质量力；$\nabla\cdot\boldsymbol{P}$ 表示单位体积上的应力张量的散度，它是与表面力等效的体积力分布函数(由高斯公式转化而来)。

3.3.3 不可压缩牛顿流体的能量方程

原则上讲，联合求解运动方程和连续方程可以得到不可压缩流体的流场各点的流速和压强，但当不可压缩流体需要考虑温度或能量变化，则还需要另一个基本方程，即能量方程。

由积分形式的能量方程式(2-43)，得

$$\iiint_\tau \left[\frac{\mathrm{D}}{\mathrm{D}t}\left(e+\frac{V^2}{2}\right)\right]\rho\mathrm{d}\tau=\oiint_A q_\lambda\mathrm{d}A+\iiint_\tau \rho q_R\mathrm{d}\tau+\iiint_\tau \rho\boldsymbol{f}\cdot\boldsymbol{V}\mathrm{d}\tau+\oiint_A \boldsymbol{p}_n\cdot\boldsymbol{V}\mathrm{d}A$$

式中，表面力 $\boldsymbol{p}_n=\boldsymbol{n}\cdot\boldsymbol{P}$，则表面力做功项 $\oiint_A \boldsymbol{p}_n\cdot\boldsymbol{V}\mathrm{d}A=\oiint_A \boldsymbol{n}\cdot(\boldsymbol{P}\cdot\boldsymbol{V})\,\mathrm{d}A=\iiint_\tau \nabla\cdot(\boldsymbol{P}\cdot\boldsymbol{V})\mathrm{d}\tau$。热传导项，根据傅里叶定律 $q_\lambda=k\frac{\partial T}{\partial n}=\boldsymbol{n}\cdot(k\nabla T)$，则 $\oiint_A q_\lambda\mathrm{d}A=\oiint_A \boldsymbol{n}\cdot(k\nabla T)\mathrm{d}A=\iiint_\tau \nabla\cdot(k\nabla T)$。

积分形式的能量方程中的各项都转化为体积分之后，合并各项。由于积分域任意可取，被积函数的连续性要求，由被积函数为 0，可以得出微分形式的能量方程为

$$\frac{\mathrm{D}}{\mathrm{D}t}\left(e+\frac{V^2}{2}\right)=\boldsymbol{f}\cdot\boldsymbol{V}+\frac{1}{\rho}\nabla\cdot(P\cdot\boldsymbol{V})+\frac{1}{\rho}\nabla\cdot(k\nabla T)+q_R$$

3.3.4 定解条件

1. 初始条件

在$t = t_0$时刻表征流动状态的物理量q（如速度V、压力p、密度ρ等）规定

$$q(x_1, x_2, x_3, t_0) = f(x_1, x_2, x_3)$$

式中，$f(x_1, x_2, x_3)$是给定的函数。显然对于定常流动来说，不需要也不能给定起始条件。

注：对于计算流体力学采用时间相关法进行定常计算，通常也需要给定初始条件，然后，沿时间推进直至稳态解。

初始时刻的不均匀分布引起自由输运，在自由输运过程中，不均匀的分布逐渐衰减以至消失。处理这类问题时完全可以忽略初始条件的影响。用时间推进法求解定常流动时，初始条件的影响仅限于收敛速度。

2. 边界条件

任一时刻，在运动流体所占据空间的边界上所必须满足的条件，称为边界条件。它包括动力学边界条件和运动学边界条件。常见三类边界条件分别讨论如下。

1) 固体壁面上的运动学边界条件

对于黏性流体流动通常给定壁面无滑移边界条件，即壁面处的流体速度等于壁面运动速度。如果壁面静止，则壁面处的速度为0，即壁面处流体的切向和法向速度都等于0。

对于理想流体流动，不可渗透固体壁上满足绕流假设，无分离，并且理想流体内不存在黏性摩擦力而可以滑移，即理想流体相对于不可渗透的固体壁面，满足无分离条件，相对法向速度等于零。

$$\left[\boldsymbol{V}_b - (\boldsymbol{V})_b\right] \cdot \boldsymbol{n} = 0 \tag{3-33}$$

式中，$\boldsymbol{V}_b$为物面的运动速度；$(\boldsymbol{V})_b$为物面上流体质点的速度。

若已知物面方程$F(x_1, x_2, x_3, t) = 0$，则上述方程可表示为光滑流体面边界条件必须满足的微分方程为

$$\frac{\partial F}{\partial t} + V_a \frac{\partial F}{\partial x_a} = 0 \tag{3-34}$$

式中，V_a是物面上的流体质点的速度分量。

对于静止壁面，可以简化为

$$(\boldsymbol{V})_b \cdot \boldsymbol{n} = 0$$

$$V_a \frac{\partial F}{\partial x_a} = 0 \tag{3-35}$$

2) 无穷远或管道进出口处的边界条件

对于无穷远或管道进出口处的边界条件，一般是给定相应的流动参数。需指出的是，此处的进出口既可以是固体流道截面，也可以是由平直流线所形成的流道截面，前者为内流，后者为外流。

通常进出口边界条件流动参数的给定数量及其如何给定，依据特征线走向来确定。需要满足方程求解的适定性条件。

3) 两种不同流体分界面上的边界条件

两种不同液体的分界面包括：液体与其蒸汽的分界面和液体与大气的分界面。

运动学条件：若两种液体分界面互不渗透又不发生分离，则可认为分界面处两种液体法向速度连续，即

$$(V_n)_1=(V_n)_2$$

由力学平衡可得出切向分速度也平衡，即

$$(V_\tau)_1=(V_\tau)_2$$

对于液体与蒸汽分界面，如不考虑通过液面的质量、动量和热量输运，则由于分界面一般呈波形，边界条件为液体在平均液面垂直方向的速度应等于液面垂直波动速度：

$$V_{nl}\approx\frac{\partial h}{\partial t}$$

对于自由液面，属上述情况特例，有同样的边界条件 $F(x_1,x_2,x_3,t)=0$，动力学条件：压力相等，例如，与大气相接触的自由面 $p=p_\alpha$。

N-S 方程数值求解的边界条件，除了要满足方程的定解条件，还要满足离散方程数值计算要求的数值边界条件，详见计算流体力学类参考书。

3.4　N-S 方程组的封闭性讨论

前面推得的连续方程、运动方程、能量方程对任何连续的流体运动都是适用的。其中独立的未知量有 ρ、e、T、V、P 等共 12 个标量，但方程个数只有五个，所以上述方程组是不封闭的。

为了使方程组封闭，还必须补充七个方程，这只能由一系列的假设来提供。例如，牛顿流体假设就可以把应力张量和应变速率张量线性地联系起来，即把应力张量各个分量通过速率导数和压力表示出来，从而提供六个独立的方程，但是又引入了一个新的未知变量 p。

在理想流体的假设下，应力张量中只有一个独立的分量，所以这个假设相当于提供了五个独立的方程。不可压缩流体的假设可以提供一个方程。完全气体的假设可以提供两个方程：热力学状态方程和热量状态方程。应当指出，这些既然是假设，因此都有一定的应用范围，不同于基本方程，不能对于任何连续的流体运动都普遍适用。

到现在为止，尚未找到对于任何连续流体运动都普遍适用的封闭方程组。正是由于这个原因，流体力学问题只能按照一个个不同的领域分别进行研究。以后，我们将按先易后难、由浅入深的原则来讨论某些类型的流体力学问题。

3.5　流体动力学基本方程和边界条件的无量纲化

黏性流体运动的基本方程是一个复杂的二阶非线性偏微分方程，除少数特殊情况外，一般很难求得这一方程的解析解。为了实用，人们往往根据在几何方面、动力学方面以及传热学方面的特征方程进行简化，目的是省略方程中的次要项，保留主要项，然后对简化了的方程进行求解。

3.5.1　流体力学基本方程的无量纲化

以若干有代表意义的物理量作为基本度量特征量，将方程中所有其他物理量都以其特

征量进行量度，形成无量纲量。如取 T_0 为温度特征量，设 T_w 为壁温参考值，则无量纲温度 T^* 或无量纲温差 ΔT^* 为

$$T^* = \frac{T}{T_0}$$

$$\Delta T^* = \frac{T - T_w}{T_0 - T_w}$$

定义无量纲量之后，便可将流体力学基本方程进行无量纲化。

不可压缩流体的无量纲化连续方程：

$$\nabla \cdot \boldsymbol{V}^* = 0 \tag{3-36}$$

对于不可压缩流体，无量纲化 N-S 方程为

$$\left(\frac{L_0}{v_0\tau}\right)\frac{\partial \upsilon_i^*}{\partial t^*} + \upsilon_j^*\frac{\partial \upsilon_i^*}{\partial x_j^*} = \left(\frac{gL_0}{v_0^{\ 2}}\right)F_i^* - \frac{1}{\rho^*}\frac{\partial p^*}{\partial x_i^*} + \left(\frac{\mu_0}{\rho_0 v_0 L_0}\right)\frac{1}{\rho^*}\frac{\partial \tau_{ij}^*}{\partial x_j^*} \tag{3-37}$$

如果两种流动相似，要求无量纲化方程完全相同，导出准则数：

$$Sr = \frac{L_0}{v_0\tau}, \qquad Fr = \frac{V_0}{\sqrt{g_0 l_0}}, \qquad Re = \frac{\rho_0 V_0 L}{\mu_0} \tag{3-38}$$

式中，Sr 为斯特劳哈尔数，非定常流动需满足的相似准则，表示迁移加速度惯性力与局部加速度惯性力之比；Fr 为弗劳德数，重力相似准则，表示惯性力与重力之比；Re 为雷诺数，黏性相似准则，表示惯性力与黏性力之比。

无量纲化 N-S 方程可写为

$$Sr\frac{\partial \upsilon_i^*}{\partial t^*} + \upsilon_j^*\frac{\partial \upsilon_i^*}{\partial x_j^*} = \frac{1}{Fr}F_i^* - \frac{1}{\rho^*}\frac{\partial p^*}{\partial x_i^*} + \frac{1}{Re}\frac{1}{\rho^*}\frac{\partial \tau_{ij}^*}{\partial x_j^*} \tag{3-39}$$

对于低速气体或有热对流的流动问题，其中密度随温度的变化，而由速度压力变化引起的流体密度变化很小时，可以使用 Boussinesq 假定简化求解。只需在 N-S 方程的重力项中加以考虑。相应的 N-S 方程为

$$\rho_0\left(\frac{\partial \upsilon_i}{\partial t} + \upsilon_j\frac{\partial \upsilon_i}{\partial x_j}\right) = (\rho_0 + \Delta\rho)F_i - \frac{\partial p}{\partial x_i} + \frac{\partial \tau_{ij}}{\partial x_j}$$

对此式进行无量纲化后得到

$$Sr\frac{\partial \upsilon_i^*}{\partial t^*} + \upsilon_j^*\frac{\partial \upsilon_i^*}{\partial x_j^*} = \frac{1}{Fr}F_i^* - \left(\beta\Delta T_0\frac{gL_0}{v_0^{\ 2}}\right)\Delta T^* F_i^* - \frac{\partial p^*}{\partial x_i^*} + \frac{1}{Re}\frac{1}{\rho^*}\frac{\partial \tau_{ij}^*}{\partial x_j^*} \tag{3-40}$$

此时引入相似准则：

$$Gr = \beta\Delta T_0\frac{gL_0^3}{v_0^2}$$

Gr 为格拉晓夫数，黏性和浮力效应的相似指数。

对于可压缩高速气流，p^* 由原来的 $p^* = p/\rho v_0^2$ 改为 $p^* = p/p_0$，相应的无量纲 N-S 方程为

$$Sr\frac{\partial \upsilon_i^*}{\partial t^*} + \upsilon_j^*\frac{\partial \upsilon_i^*}{\partial x_j^*} = \frac{1}{Fr}F_i^* - \frac{p_0}{\rho_0 v_0^{\ 2}}\frac{\partial p^*}{\partial x_i^*} - \frac{1}{Re}\frac{1}{\rho^*}\frac{\partial \tau_{ij}^*}{\partial x_j^*} \tag{3-41}$$

进而引入：

$$Eu = \frac{p_0}{\rho_0 {v_0}^2}$$

式中，Eu为欧拉数，其物理意义与马赫数类似。

3.5.2　边界条件的无量纲化

(1)流体在物面上的无量纲形式的运动学条件。以无量纲物理式代入边界条件式可以得到无量纲形式的边界条件

$$\left(V^*\right)_b = V_b^*$$

(2)流体在物面上的无量纲形式的热力学条件。以无量纲物理式代入边界条件式可以得到无量纲形式的温度条件

$$\left(T^*\right)_b = T_b^*$$

为了使物面热通量条件式无量纲化，还可以引入一个特征物理量q_{b0}，它是边界上特征热通量，于是无量纲热通量可写成

$$q_b^* = \frac{q_b}{q_{b0}}$$

将此关系式代入热量条件式可得

$$\left(\lambda^* \frac{\partial T^*}{\partial n^*}\right) = \frac{L_0 q_{b0}}{\lambda_0 T_0} q_b^*$$

称$\dfrac{L_0 q_{b0}}{\lambda_0 T_0}$为努塞尔数

$$Nu = \frac{L_0 q_{b0}}{\lambda_0 T_0}$$

努塞尔数是表征物面热传导特征的无量纲参数。于是边界热通量条件式可写成

$$\left(\lambda^* \frac{\partial T^*}{\partial n^*}\right)_b = Nu q_b^*$$

3.6　流体动力学基本方程的数学性质

依据偏微分方程理论，可按照流体力学基本方程的性质将其分为不同的类型，不同类型的方程具有不同的数学物理性质、边界条件和求解方法。关于偏微分方程特性的一般理论是从研究拟线性二阶方程发展起来的，考虑如下方程

$$A\frac{\partial^2 \phi}{\partial x^2} + B\frac{\partial^2 \phi}{\partial x \partial y} + C\frac{\partial^2 \phi}{\partial y^2} = D$$

式中，常数A、B、C、D可能是x、y、ϕ、$\dfrac{\partial \phi}{\partial x}$以及$\dfrac{\partial \phi}{\partial y}$的非线性函数，但不是$\phi$的二阶导数，拟线性二阶方程的称谓即由此而来。上述方程的性质由判别式$\left(B^2 - 4AC\right)$的符号来确定，即

$$\left(B^2-4AC\right)\begin{cases}<0\\=0\\>0\end{cases}$$

方程类型不同，其他特性截然不同，求解一个椭圆形方程，包围求解区域的封闭边界上的条件必须全部给定，这类问题称为边值问题。对于抛物型方程，边界上的条件必须在一个方向端给定，而在另一个方向端给定待定，可通过步进的方法逐步求出所有位置的未知变量，此类问题称为初边值问题。要在一个给定区域求解双曲型方程，只需给定与次区域相关的一部分边界上的条件，其余边界上的条件待定，此类问题称为初值问题。

许多偏微分方程可参照上述原则分类，比如

拉普拉斯方程：$\dfrac{\partial^2\phi}{\partial x^2}+\dfrac{\partial^2\phi}{\partial y^2}=0$，椭圆形方程；

导热方程：$\dfrac{\partial^2\phi}{\partial x^2}-\dfrac{\partial\phi}{\partial y}=0$，抛物形方程；

波动方程：$\dfrac{\partial^2\phi}{\partial x^2}-\dfrac{\partial^2\phi}{\partial y^2}=0$，双曲线形方程。

N-S 方程的情形较为复杂。定常流动的 N-S 方程是椭圆形方程，它要求给出全部边界上的速度值$\boldsymbol{V}$，但对于压强p只需给出一点的值就够了。因为在方程中出现的只是压强的一阶导数。非定常流动的 N-S 方程在空间坐标方面是椭圆形方程，因此必须在全部边界上给定速度值；而在时间坐标方面则是抛物型方程，可以从$t=0$时的初始条件出发先前积分求出所有时刻$(t\to\infty)$的未知变量。通常的做法是假设初始时刻流体静止$(\boldsymbol{V}=0)$，而在边界上规定速度条件。

思考题及习题

3-1 利用题 3-1 图所示的边长分别为δx、δy和δz的微元控制体推导直角坐标系中的连续方程的一般表达式。

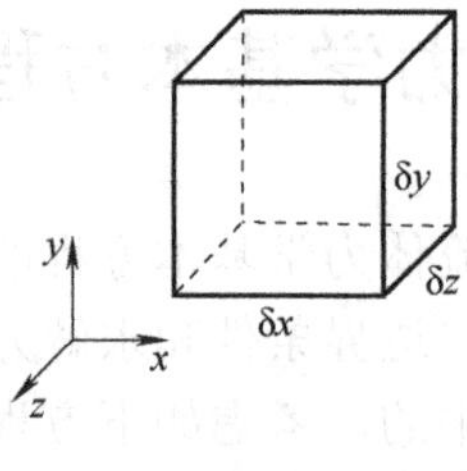

题 3-1 图

3-2 利用直角坐标系和圆柱坐标间的函数关系，从直角坐标系中的连续方程出发推导圆柱坐标系中的连续方程。

3-3 利用直角坐标系和球坐标间的函数关系，从直角坐标系中的连续方程出发推导球坐标系中的连续方程。

3-4 已知速度场$u=x/(t_0+t)$，$v=y/(t_0+2t)$，t为常数，$t=0$时$\rho=\rho_0$，利用连续方程求密度场$\rho(t)$。

3-5　一不可压缩流动在 x 方向的速度分量是 $u = ax^2 + by$，z 方向速度分量为零，求 y 方向的速度分量，式中 a 和 b 均为常数。已知 $y = 0$ 处 $v = 0$。

3-6　证明速度场

$$u_i = \frac{Ax_i}{r^3},\ i = 1,2,3$$

满足不可压缩流动的连续方程，式中 A 为常数，$r^2 = x^2 + y^2 + z^2$。

第 4 章　平面流动势、流函数解法的基本理论

实际上，流体都是有黏性的，但对于最常见的两种流体——水和空气，其黏性是较小的，作为一种近似，忽略其黏性在很多情况下是允许的。而且，在大雷诺数的流动里，黏性的作用仅限于很薄的边界层内，在边界层以外的广大流动区域里，可按非黏性流体运动处理。本章主要介绍势流运动控制方程和研究方法。

4.1　不可压无旋流动的势函数方程

以复势表示流动特别方便，下面给出平面势流解的形式。

4.1.1　势函数方程

根据无旋条件，速度有势

$$\boldsymbol{V}=\nabla\varphi$$

将它代入不可压条件

$$\nabla\cdot\boldsymbol{V}=0$$

可得

$$\nabla\cdot(\nabla\varphi)=0$$

或写成

$$\nabla^2\varphi=0 \tag{4-1}$$

式中，∇^2 称作拉普拉斯算子。方程式(4-1)又称作拉普拉斯方程，它是不可压无旋流动的基本方程。

为应用方便，把常用坐标系中 $\nabla^2\varphi=0$ 的形式给出如下。

在直角坐标系中

$$\nabla^2\varphi=\frac{\partial^2\varphi}{\partial x^2}+\frac{\partial^2\varphi}{\partial y^2}+\frac{\partial^2\varphi}{\partial z^2}=0 \tag{4-2}$$

在柱坐标系中

$$\nabla^2\varphi=\frac{1}{r}\frac{\partial}{\partial r}\left(r\frac{\partial\varphi}{\partial r}\right)+\frac{1}{r^2}\frac{\partial^2\varphi}{\partial\varepsilon^2}+\frac{\partial^2\varphi}{\partial z^2}=0 \tag{4-3}$$

在球坐标系中

$$\nabla^2\varphi=\frac{1}{R^2}\frac{\partial}{\partial R}\left(R^2\frac{\partial\varphi}{\partial R}\right)+\frac{1}{R^2\sin\theta}\frac{\partial}{\partial\theta}\left(\sin\theta\frac{\partial\varphi}{\partial\theta}\right)+\frac{1}{R^2\sin^2\theta}\frac{\partial^2\varphi}{\partial\varepsilon^2}=0 \tag{4-4}$$

速度势的拉普拉斯方程是由无旋条件和不可压条件得来的。因此求给定边界条件下不可压无旋流动的解，就相当于求满足给定边界条件下的拉普拉斯方程的解。

由数理方程理论知，满足拉普拉斯方程的连续函数是调和函数。调和函数在域中为解析函数，即在域中，函数及其任意阶导数存在。函数的导数不连续只发生在域的边界，因此，奇点只能发生在边界上。

由于拉普拉斯方程 $\nabla^2\varphi=0$ 是线性齐次方程，两个解之和仍然是它的解。所以若 φ_1、φ_2 是调和函数，则 $c_1\varphi_1+c_2\varphi_2$（其中 c_1、c_2 为任意常数）也是调和函数。如此，可以用简单的调和函数叠加成复杂的调和函数。

应当指出，速度势的拉普拉斯方程 $\nabla^2\varphi=0$ 的前提条件是不可压与无旋，而并未限制流动是定常或非定常。因此，如果边界条件是非定常的，速度势可以是时间函数。

4.1.2　平面势流的解

确定不可压无旋流动的速度场，最后归结为求拉普拉斯方程

$$\nabla^2\varphi=0$$

由数学物理方程知：对于任何一个数学物理问题，只有证明了解的存在、唯一、对边界的连续依赖性之后才能得到定解，称为微分方程的适定性。这里以单连通域作为例子来进行说明。在以下三种情形下，理想不可压缩流体无旋运动的解是唯一的：①在边界上给定 v_n；②在边界上给定 φ；③在一部分边界上给定 v_n，在另一部分边界上给定 φ。接下来对其进行论证。

证明：动能的表达式为

$$\begin{aligned}E&=\frac{\rho}{2}\int_\tau V^2\mathrm{d}\tau=\frac{\rho}{2}\int_\tau(\nabla\varphi)^2\mathrm{d}\tau\\&=\frac{\rho}{2}\int_{S_2}\varphi\frac{\partial\varphi}{\partial\boldsymbol{n}}\mathrm{d}S+\frac{\rho}{2}\int_{S_1}\varphi\frac{\partial\varphi}{\partial\boldsymbol{n}}\mathrm{d}S\end{aligned}$$

其中，$\boldsymbol{n}$ 是 S_1 与 S_2 的外法线方向。如果 S_1 取内法线方向，则上式为

$$\begin{aligned}E&=\frac{\rho}{2}\int_{S_2}\varphi\frac{\partial\varphi}{\partial\boldsymbol{n}}\mathrm{d}S-\frac{\rho}{2}\int_{S_1}\varphi\frac{\partial\varphi}{\partial\boldsymbol{n}}\mathrm{d}S\\&=\frac{\rho}{2}\int_{S_2}\varphi v_n\mathrm{d}S-\frac{\rho}{2}\int_{S_1}\varphi v_n\mathrm{d}S\end{aligned}$$

容易看到，区域内的动能 E 只依赖边界上的 φ 及 $\partial\varphi/\partial\boldsymbol{n}$。

设存在着满足同一边界条件的两组解 φ_1、v_1 及 φ_2、v_2。作 $\varphi_1-\varphi_2$ 及 v_1-v_2，对应着上式有

$$\begin{aligned}E&=\frac{\rho}{2}\int_\tau(v_1-v_2)^2\mathrm{d}\tau\\&=\frac{\rho}{2}\left[\int_{S_2}(\varphi_1-\varphi_2)\left(v_{n_1}-v_{n_2}\right)\mathrm{d}S-\int_{S_1}(\varphi_1-\varphi_2)\left(v_{n_1}-v_{n_2}\right)\mathrm{d}S\right]\end{aligned}$$

因为这两组解满足同一边界条件，容易看出，在①、②、③类边界条件下得 $E=0$。由此推出 $v_1=v_2$，即解是唯一。

4.2 散度旋度已知的可压缩有旋流动方程

4.2.1 基本方程

根据散度、旋度条件，可以给出

$$\nabla \cdot \boldsymbol{V} = q \tag{4-5}$$

$$\nabla \times \boldsymbol{V} = \boldsymbol{\Omega} \tag{4-6}$$

式中

$$q = q(x, y, z, t) \tag{4-7}$$

$$\boldsymbol{\Omega} = \boldsymbol{\Omega}(x, y, z, t) \tag{4-8}$$

为已知函数。式(4-5)及式(4-6)是求解速度 $\boldsymbol{V}$ 的基本方程。可以对它略加改造，使它具有更加经典的形式。为此，将式(4-5)、式(4-6)代入向量微分关系式

$$\nabla \times (\nabla \times \boldsymbol{V}) = \nabla(\nabla \cdot \boldsymbol{V}) - \nabla^2 \boldsymbol{V}$$

可得

$$\nabla^2 \boldsymbol{V} = \nabla q - \nabla \times \boldsymbol{\Omega} \tag{4-9}$$

式(4-9)右侧为已知函数。这是一个关于 $\boldsymbol{V}$ 的泊松方程。这个方程与式(4-5)、式(4-6)完全等价。

4.2.2 基本方程的求解途径

由数理方程理论知，泊松方程的求解可以分解成寻求泊松方程的特解和求解满足边界条件的拉普拉斯方程两部分。

根据式(4-5)、式(4-6)以单连通域中物体运动的边界条件

$$(\boldsymbol{V} \cdot \boldsymbol{n})_b = \boldsymbol{V}_b \cdot \boldsymbol{n}_b \tag{4-10}$$

作为例子，讨论问题的求解途径。

为便于分析，首先将速度人为地分解为三部分，令

$$\boldsymbol{V} = \boldsymbol{V}_e + \boldsymbol{V}_v + \boldsymbol{V}_a \tag{4-11}$$

式中，$\boldsymbol{V}_e$、$\boldsymbol{V}_v$、$\boldsymbol{V}_a$ 的意义将在下面进行解释。将此式代入基本方程式(4-5)、式(4-6)及边界条件式(4-10)得

$$\nabla \cdot (\boldsymbol{V}_e + \boldsymbol{V}_v + \boldsymbol{V}_a) = q$$

$$\nabla \times (\boldsymbol{V}_e + \boldsymbol{V}_v + \boldsymbol{V}_a) = \boldsymbol{\Omega}$$

$$\left[(\boldsymbol{V}_e + \boldsymbol{V}_v + \boldsymbol{V}_a) \cdot \boldsymbol{n}\right]_b = \boldsymbol{V}_b \cdot \boldsymbol{n}_b$$

它们可以分解成三组方程

$$\begin{cases} \nabla \cdot \boldsymbol{V}_e = q & (4\text{-}12) \\ \nabla \times \boldsymbol{V}_e = 0 & (4\text{-}13) \end{cases}$$

$$\begin{cases} \nabla \cdot \boldsymbol{V}_v = 0 & (4\text{-}14) \\ \nabla \times \boldsymbol{V}_v = \boldsymbol{\Omega} & (4\text{-}15) \end{cases}$$

$$
\begin{cases}
\nabla \cdot \boldsymbol{V}_a = 0 & (4\text{-}16) \\
\nabla \times \boldsymbol{V}_a = 0 & (4\text{-}17) \\
(\boldsymbol{V}_a \cdot \boldsymbol{n})_b = \left[\boldsymbol{V}_w - (\boldsymbol{V}_e)_b - (\boldsymbol{V}_v)_b\right] \cdot \boldsymbol{n}_b & (4\text{-}18)
\end{cases}
$$

这三组方程和边界条件与原基本方程式(4-5)、式(4-6)及边界条件式(4-10)的提法是完全等价的。因此求解这三组方程等价于求解原始方程。

第一组方程式(4-12)、式(4-13)不附带边界条件，因此，只要找到满足方程的任意特解即可。

由无旋条件式(4-13)可知$\boldsymbol{V}_e$有势，即

$$\boldsymbol{V}_e = \nabla \varphi_e \tag{4-19}$$

代入式(4-12)可得

$$\nabla^2 \varphi_e = q \tag{4-20}$$

因此对φ_e而言，相当于求满足泊松方程的任一特解。

第二组方程式(4-14)、式(4-15)也不附带边界条件，只要找到任意特解即可。由无散条件式(4-14)可知，$\boldsymbol{V}_v$一定是某一向量$\boldsymbol{B}_v$的旋度，即

$$\boldsymbol{V}_v = \nabla \times \boldsymbol{B}_v \tag{4-21}$$

称$\boldsymbol{B}_v$为$\boldsymbol{V}_v$的向量势，将它代入旋度条件式(4-15)可得

$$\nabla \times (\nabla \times \boldsymbol{B}_v) = \boldsymbol{\Omega}$$

由向量微分知，上式又可写成

$$\nabla(\nabla \cdot \boldsymbol{B}_v) - \nabla^2 \boldsymbol{B}_v = \boldsymbol{\Omega}$$

假定存在

$$\nabla \cdot \boldsymbol{B}_v = 0$$

则上式可写成

$$\nabla^2 \boldsymbol{B}_v = -\boldsymbol{\Omega} \tag{4-22}$$

因此，对$\boldsymbol{B}_v$而言，相当于求满足泊松方程的任一特解。

第三组方程式(4-16)、式(4-17)及边界条件式(4-18)，无异于一般的无散无旋流动。由无旋条件式(4-17)可知速度$\boldsymbol{V}_a$有势

$$\boldsymbol{V}_a = \nabla \varphi_a \tag{4-23}$$

代入式(4-16)得

$$\nabla^2 \varphi_a = 0 \tag{4-24}$$

边界条件式(4-18)可写成

$$\left(\frac{\partial \varphi_a}{\partial n}\right)_b = (\boldsymbol{V}_a \cdot \boldsymbol{n})_b = \left[\boldsymbol{V} - (\boldsymbol{V}_e)_b - (\boldsymbol{V}_v)_b\right] \cdot \boldsymbol{n}_b \tag{4-25}$$

式中，$(\boldsymbol{V}_e)_b$、$(\boldsymbol{V}_v)_b$由第一组及第二组方程的特解给出。

因此，求解已知散度场、旋度场的流动，最后归结为求解两个散度和旋度有关的泊松方程式(4-20)、式(4-22)和一个拉普拉斯方程式(4-24)。

但是我们自然要提出这样的问题：泊松方程的特解并不唯一，即$\boldsymbol{V}_a$、$\boldsymbol{V}_v$的解并不唯一，因此$\boldsymbol{V}_a$的解必然也不唯一，那么，总的速度场的解是否唯一？利用反证法，可以证明适定边界条件下解的唯一性。

4.2.3 点源

有这样一种散度场，q 集中分布在包括原点在内的某一个微小体积 τ 中。因此

$$\iiint_{\tau} q\mathrm{d}\tau = \iiint_{\tau} \nabla\cdot\boldsymbol{V}_e\mathrm{d}\tau = \oiint_{A} \boldsymbol{n}\cdot\boldsymbol{V}_e\mathrm{d}A = Q \tag{4-26}$$

式中，A 为 τ 的球面；Q 为由面积 A 流出的体积流量。如 $\tau\to 0$ 时，$\iiint_{\tau\to 0} q\mathrm{d}\tau = Q$ 依然存在，则它相当于在原点存在一个提供流量的源泉，称为点源，称 Q 为点源强度。

应该注意，在位于原点的源以外的区域中，因为 $\nabla\cdot\boldsymbol{V}_e = 0$，所以速度势 φ_e 满足拉普拉斯方程 $\nabla^2\varphi_e = 0$，可以把它写成球坐标的形式。

$$\frac{1}{r^2}\frac{\partial}{\partial r}\left(r^2\frac{\partial\varphi_e}{\partial r}\right)+\frac{1}{r^2\sin\theta}\frac{\partial}{\partial\theta}\left(\sin\theta\frac{\partial\varphi_e}{\partial\theta}\right)+\frac{1}{r^2\sin^2\theta}\frac{\partial^2\varphi_e}{\partial\varepsilon^2}=0$$

这个点源在原点以外的流场中所引起的速度势是球对称的，因此上式中的 φ_e 与 θ、ε 无关。于是速度势方程可写成

$$\frac{\mathrm{d}}{\mathrm{d}r}\left(r^2\frac{\mathrm{d}\varphi_e}{\mathrm{d}r}\right)=0$$

积分此式可得

$$\frac{\mathrm{d}\varphi_e}{\mathrm{d}r}=\frac{c_1}{r^2} \tag{4-27}$$

$$\varphi_e = -\frac{c_1}{r}+c_2 \tag{4-28}$$

式中，c_1、c_2 为积分常数。

根据点源强度 Q 能够确定常数 c_1。以原点为中心，R 为半径作球面，通过此球面的流量为

$$\oiint_{A}\frac{\mathrm{d}\varphi_e}{\mathrm{d}r}\mathrm{d}A=\oiint_{A}\frac{c_1}{r^2}\mathrm{d}A=\int_0^{2\pi}\mathrm{d}\varepsilon\int_0^{\pi}\frac{c_1}{r^2}r^2\sin\theta\mathrm{d}\theta=4\pi c_1 \tag{4-29}$$

由不可压条件 $\nabla\cdot\boldsymbol{V}_e=0$ 知，在点源流出的体积流量应等于上述任意球面的流量 Q，因此 $4\pi c_1 = Q$ 或 $c_1 = Q/4\pi$，代入式(4-27)得

$$\boldsymbol{V}_e=\frac{\mathrm{d}\varphi_e}{\mathrm{d}r}\frac{\boldsymbol{r}}{r}=\frac{Q}{4\pi r^2}\frac{\boldsymbol{r}}{r} \tag{4-30}$$

代入式(4-28)得

$$\varphi_e=-\frac{Q}{4\pi r}+c_2 \tag{4-31}$$

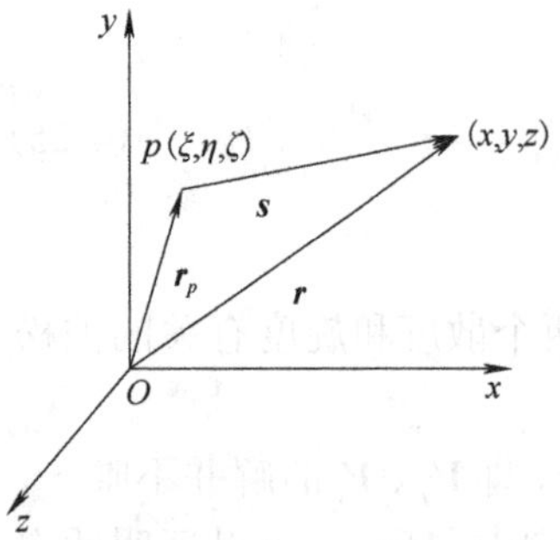

图 4-1　点源

式中，常数 c_2 不影响速度场，因此可令它等于零。

如果点源不在原点，而在某点 $p(\xi,\eta,\zeta)$ 上，如图 4-1 所示，其向径用 $\boldsymbol{r}_p=\xi\boldsymbol{i}+\eta\boldsymbol{j}+\zeta\boldsymbol{k}$ 表示，则相应的速度势为

$$\varphi_e(x,y,z,t)=-\frac{Q(t)}{4\pi s} \tag{4-32}$$

式中

$$s=\left|\boldsymbol{r}-\boldsymbol{r}_p\right|=\sqrt{(x-\xi)^2+(y-\eta)^2+(z-\zeta)^2}$$

速度场为

$$V_e(x,y,z,t)=\frac{Q(t)}{4\pi s^2}\frac{\boldsymbol{s}}{s} \tag{4-33}$$

式中，$\boldsymbol{s}=\boldsymbol{r}-\boldsymbol{r}_p=(x-\xi)\boldsymbol{i}+(y-\eta)\boldsymbol{j}+(z-\zeta)\boldsymbol{k}$，显然，点源所在的点是奇点。

当Q为负值时，称作点汇。

4.2.4　泊松方程的特解

利用点源的概念，不难得到泊松方程(4-20)的一种特解。

散度公式$\nabla^2\varphi_e=q$中的q为单位体积流出的体积流量。若已知体积τ'内散度分布为q，则可将τ'分割成许多小体积$\Delta\tau_i'$，从每个小体积流出的流量为$\Delta Q_i=q_i\Delta\tau_i'$。因此，相当于在空间分布着强度为$q_i\Delta\tau_i'$的许多点源。利用式$\varphi_e(x,y,z,t)=-\dfrac{Q(t)}{4\pi s}$可以给出这些点源所对应的速度势总和

$$\varphi_e(x,y,z,t)=-\lim_{\Delta\tau_i'\to 0}\sum_i\frac{q_i(\xi,\eta,\zeta)\Delta\tau_i'}{4\pi s}$$

即

$$\varphi_e(x,y,z,t)=-\frac{1}{4\pi}\iiint_{\tau'}\frac{q(\xi,\eta,\zeta)}{s}\mathrm{d}\tau' \tag{4-34}$$

式中，$s=|\boldsymbol{r}-\boldsymbol{r}_p|=\sqrt{(x-\xi)^2+(y-\eta)^2+(z-\zeta)^2}$，$\mathrm{d}\tau'=\mathrm{d}\xi\mathrm{d}\eta\mathrm{d}\zeta$。式(4-34)是体积$\tau'$内的点源在流场中任意点上引起的速度势。

利用式(4-33)可以给出这些点源所引起的速度为

$$V_e(x,y,z,t)=\nabla\varphi_e=\frac{1}{4\pi}\iiint_{\tau'}\frac{\boldsymbol{s}q(\xi,\eta,\zeta,t)}{s^3}\mathrm{d}\tau' \tag{4-35}$$

应当指出，从单个点源推广到一般的散度分布场的情况，并未经过严格的数学证明，得到了泊松方程式(4-20)的一种特解式(4-34)。严格的数学证明见数学物理方程，在此不再详述。

4.2.5　线源

可以设想q集中分布在截面$\Delta A'$很小的管状体积中，当$\Delta A'\to 0$时，细管变成了曲线，且

$$\lim_{\Delta A'\to 0}{}'\iint_{\Delta A'}q\mathrm{d}A'=q_l$$

式中，q_l为单位长度上的体积流量，称这样的曲线为线源，如图 4-2 所示，称q_l为线源强度。

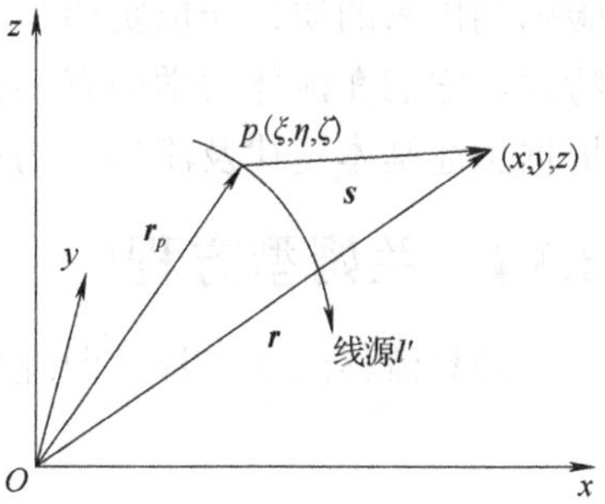

图 4-2　线源

根据$\varphi_e(x,y,z,t)=-\dfrac{Q(t)}{4\pi s}$，线源引起的速度场为

$$\varphi_e=-\frac{1}{4\pi}\int_{l'}\frac{q_l\mathrm{d}l'}{s} \tag{4-36}$$

利用式(4-33)可以给出线源所对应的速度场

$$\boldsymbol{V}_e(x,y,z,t)=\nabla\varphi=\frac{1}{4\pi}\int_{l'}\frac{\boldsymbol{s}q_l(\xi,\eta,\zeta)\mathrm{d}l'}{s^3} \tag{4-37}$$

4.2.6 面源

可以设想，q集中分布在厚度Δh很薄的层状体积中，当$\Delta h\to 0$时，薄层变成曲面，且有

$$\lim_{\Delta h\to 0}\int_{\Delta h}q\mathrm{d}h=q_A$$

式中，q_A为单位面积上的体积流量，称这样的面为面源，称q_A为面源强度，如图 4-3 所示。所以面源引起的速度势为

$$\varphi_e=-\frac{1}{4\pi}\iint_{A'}\frac{q_A}{s}\mathrm{d}A' \tag{4-38}$$

利用式(4-35)可以给出面源所引起的速度为

$$\boldsymbol{V}_e(x,y,z,t)=\nabla\varphi_e=\frac{1}{4\pi}\iint_{A'}\frac{\boldsymbol{s}q_A(\xi,\eta,\zeta,t)\mathrm{d}A'}{s^3} \tag{4-39}$$

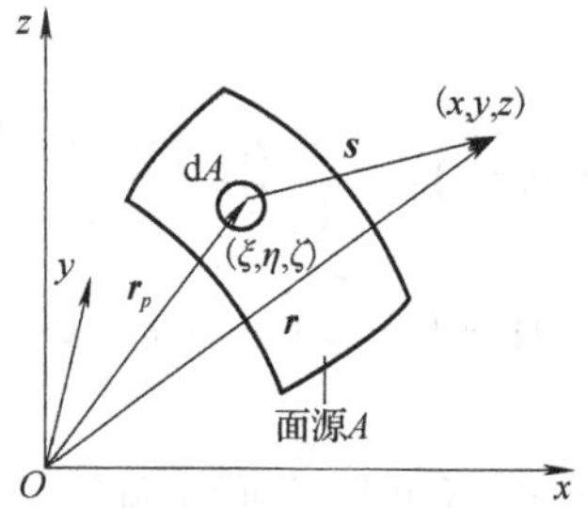

图 4-3　面源

4.3 无旋流动的基本方程

流体运动极为复杂，但也有其内在规律。这些规律就是自然科学中通过大量实践和实验归纳出来的质量守恒定律、动量守恒定律、能量守恒定律、热力学定律以及物体的物理特性。它们在流体力学中有其独特的表达形式，组成了制约流体运动的基本方程。本节将根据上述基本定律及流体的物理特性推导流体运动的基本方程。

4.3.1 兰姆型方程

理想流体运动方程，即理想流体欧拉型方程为

$$\frac{\partial\boldsymbol{V}}{\partial t}+\boldsymbol{V}\cdot\nabla\boldsymbol{V}=-\frac{1}{\rho}\nabla p+\boldsymbol{f}$$

应用矢量导数运算公式

$$\boldsymbol{V}\cdot\nabla\boldsymbol{V}=\frac{1}{2}\nabla(\boldsymbol{V}\cdot\boldsymbol{V})-\boldsymbol{V}\times(\nabla\times\boldsymbol{V})$$

将上式替换欧拉方程中的对流导数项，且$\boldsymbol{\Omega}=\nabla\times\boldsymbol{V}$理想流体运动方程可写成

$$\frac{\partial \boldsymbol{V}}{\partial t}+\frac{1}{2}\nabla(\boldsymbol{V}\cdot\boldsymbol{V})-\boldsymbol{V}\times\boldsymbol{\Omega}=-\frac{1}{\rho}\nabla p+\boldsymbol{f} \tag{4-40}$$

式(4-40)称为理想流体兰姆型方程。

4.3.2 理想正压流体在有势场中运动的两个积分式

1. 伯努利积分

理想正压流体在有势场中作定常流动时沿流线有

$$\frac{1}{2}|\boldsymbol{V}|^2+P+\Pi=C(n) \tag{4-41}$$

式中，n 为不同流线。

证明：定常流动中 $\frac{\partial \boldsymbol{V}}{\partial t}=0$；对于正压流体，定义压力函数 $P=\int\frac{\mathrm{d}p}{\rho}$，质量力势 $-\nabla\Pi=\boldsymbol{f}$。于是运动方程式(4-40)可写成

$$\nabla\left(\frac{1}{2}|\boldsymbol{V}|^2+P+\Pi\right)-\boldsymbol{V}\times\boldsymbol{\omega}=0$$

将方程在流线或涡线的切线方向 $\boldsymbol{s}$ 上投影，得

$$\boldsymbol{s}\cdot\nabla\left(\frac{1}{2}|\boldsymbol{V}|^2+P+\Pi\right)-\boldsymbol{s}\cdot(\boldsymbol{V}\times\boldsymbol{\omega})=0$$

由于 $(\boldsymbol{V}\times\boldsymbol{\omega})\perp\boldsymbol{V}$，而 $\boldsymbol{s}/\!/\boldsymbol{V}$，故最后一项等于零，另外，根据梯度定义：$\boldsymbol{s}\cdot\nabla=\frac{\partial}{\partial s}$ 是沿流线方向的方向导数，于是有

$$\frac{\partial}{\partial s}\left(\frac{1}{2}|\boldsymbol{V}|^2+P+\Pi\right)=0$$

积分后得

$$\frac{1}{2}|\boldsymbol{V}|^2+P+\Pi=C(n)$$

证毕。

伯努利积分(也称伯努利公式)中 $C(n)$ 是同一流线上的积分常数，但在不同流线上(指标 n 变化)积分常数 $C(n)$ 可以变化，$C(n)$ 称为伯努利常数。

对于不可压流体，ρ=常数，故 $P=\int\frac{\mathrm{d}p}{\rho}=\frac{p}{\rho}$，沿流线的伯努利公式可简化为

$$\frac{1}{2}|\boldsymbol{V}|^2+\frac{p}{\rho}+\Pi=C(n) \tag{4-42}$$

伯努利常数可由流线起始点上的参数给出，若流场的起始面(或不是流面的任意曲面)上流动均匀，该面上伯努利常数处处相等，则全场有 $C(n)$=const。

2. 理想正压流体在有势场中

理想正压流体在有势场中作定常流动时，沿涡线有伯努利积分

$$\frac{1}{2}|\boldsymbol{V}|^2+P+\Pi=C(m) \tag{4-43}$$

将运动方程沿涡线积分便可得式(4-43)，证明方法同流线上的伯努利积分，读者可自行证明。式(4-43)中积分常数 $C(m)$ 在同一涡线上不变。

4.3.3 柯西-拉格朗日积分

理想正压流体在有势场作无旋运动时，全场有下式成立

$$\frac{\partial \Phi}{\partial t}+\frac{1}{2}|\nabla \Phi|^{2}+P+\Pi=C(t) \tag{4-44}$$

证明：当流动无旋时，有速度势$\boldsymbol{V}=\nabla \Phi$，及$\boldsymbol{\Omega}=\nabla \times \boldsymbol{V}=0$，将速度势代入兰姆型方程得

$$\nabla \frac{\partial \Phi}{\partial t}+\nabla \frac{1}{2}|\nabla \Phi|^{2}+\nabla P+\nabla \Pi=0$$

上式可写作

$$\nabla\left(\frac{\partial \Phi}{\partial t}+\frac{1}{2}|\nabla \Phi|^{2}+P+\Pi\right)=0$$

积分得

$$\frac{\partial \Phi}{\partial t}+\frac{1}{2}|\nabla \Phi|^{2}+P+\Pi=C(t)$$

积分常数$C(t)$仅和时间有关，与空间坐标无关，也就是说，同一时刻在所有流线上积分常数是相同的。对于定常无旋流动，则积分常数$C(t)$和时间无关。换句话说，理想正压流体在有势场中作定常无旋流动时，伯努利积分常数在全流场相同，即有

$$\frac{1}{2}|\nabla \Phi|^{2}+P+\Pi=C(t) \tag{4-45}$$

伯努利积分是理想流体运动中常用的公式。应当注意不同陈述方式的伯努利公式之间的差别。它们共同的条件是理想不可压缩流体在有势场中运动；它们的不同之处是全流场相同伯努利常数的公式只适用于无旋流动；沿流线或流管伯努利常数相等的公式既适用于无旋流动，也适用于有旋流动。

4.4 平面流动的流函数及其性质

在仔细研究不可压理想流体的平面无旋流动之前，首先给出流函数的定义并且写出以流函数形式表示的不可压理想流体的平面流动(可以有旋)的运动方程。

4.4.1 流函数的定义

流体运动的连续方程为

$$\frac{\partial \rho}{\partial t}+\nabla \cdot(\rho \boldsymbol{V})=0 \tag{4-46}$$

对于不可压流场，有

$$\nabla \cdot \boldsymbol{V}=0 \tag{4-47}$$

对于定常可压缩流场，有

$$\nabla \cdot(\rho \boldsymbol{V})=0 \tag{4-48}$$

对于平面问题，由于$\frac{\partial}{\partial z}=0$，$V_z=0$，因此不可压流体的连续方程式(4-47)可写成

$$\nabla\cdot\boldsymbol{V}=\frac{1}{h_1h_2}\left(\frac{\partial h_2V_1}{\partial q_1}+\frac{\partial h_1V_2}{\partial q_2}\right)=0 \tag{4-49}$$

可压缩流体的定常流动连续方程(4-48)可写成

$$\nabla\cdot(\rho\boldsymbol{V})=\frac{1}{h_1h_2}\left(\frac{\partial h_2\rho V_1}{\partial q_1}+\frac{\partial h_1\rho V_2}{\partial q_2}\right)=0 \tag{4-50}$$

针对不可压缩流体，由式(4-49)可以定义一个函数ψ，令

$$\begin{aligned}\frac{\partial\psi}{\partial q_2}&=h_2V_1\\ \frac{\partial\psi}{\partial q_1}&=-h_1V_2\end{aligned} \tag{4-51}$$

针对可压缩流体，由式(4-50)可以定义一个函数ψ，令

$$\begin{aligned}\frac{\partial\psi}{\partial q_2}&=h_2\rho V_1\\ \frac{\partial\psi}{\partial q_1}&=-h_1\rho V_2\end{aligned} \tag{4-52}$$

称函数ψ为流函数。通常又把不可压平面流动的流函数称作拉格朗日流函数。流函数这个名称的来源与它的物理意义有关，将在下面讨论。

定义式(4-51)、式(4-52)中的正负号的规定是人为的。在流体力学中，通常采用式(4-51)、式(4-52)那样的规定。为了便于记忆，可简述如下：ψ对某一方向的导数反映了这一方向顺时针转90°后的方向的速度。例如，采用(r,ε,z)坐标系讨论不可压平面流动时，其流函数的定义为

$$\frac{\partial\psi}{\partial r}=-V_\varepsilon$$

$$\frac{\partial\psi}{\partial\varepsilon}=rV_r$$

显然，流函数ψ是自动满足式(4-51)、式(4-52)的，所以流函数的存在，就意味着满足连续方程。因此可以用一个标量函数ψ来替代两个标量函数V_1、V_2。这是一个很有意义的简化，也是引进流函数的目的所在。

4.4.2　不可压平面流动的流函数及其性质

不可压平面流动的流函数与速度分量之间的关系在直角坐标系、柱坐标系和自然坐标系中的形式分别如下。

在直角坐标系(x,y)中的流函数

$$\begin{aligned}\frac{\partial\psi}{\partial y}&=u\\ \frac{\partial\psi}{\partial x}&=-v\end{aligned} \tag{4-53}$$

在柱坐标系(r,ε)中的流函数

$$\begin{aligned}\frac{\partial\psi}{\partial\varepsilon}&=rV_r\\ \frac{\partial\psi}{\partial r}&=-V_\varepsilon\end{aligned}\tag{4-54}$$

在自然坐标系(q_1,q_2)中的流函数

$$\frac{\partial\psi}{\partial q_2}=h_2V_1=h_1V$$

$$\frac{\partial\psi}{\partial q_1}=-h_1V_2=0$$

以直角坐标系中的流函数为例，说明不可压平面流动流函数的基本性质。

1. 等流函数线为流线

由流函数的全微分

$$\mathrm{d}\psi=\frac{\partial\psi}{\partial x}\mathrm{d}x+\frac{\partial\psi}{\partial y}\mathrm{d}y=-v\mathrm{d}x+u\mathrm{d}y$$

可知，等流函数线为$\mathrm{d}\psi=0$，即

$$\frac{\mathrm{d}y}{\mathrm{d}x}=\frac{-\dfrac{\partial\psi}{\partial x}}{\dfrac{\partial\psi}{\partial y}}=\frac{v}{u}$$

这就是流线方程，所以等流线函数也就是流线。

2. 两点的流函数值之差等于过此两点连线的流量

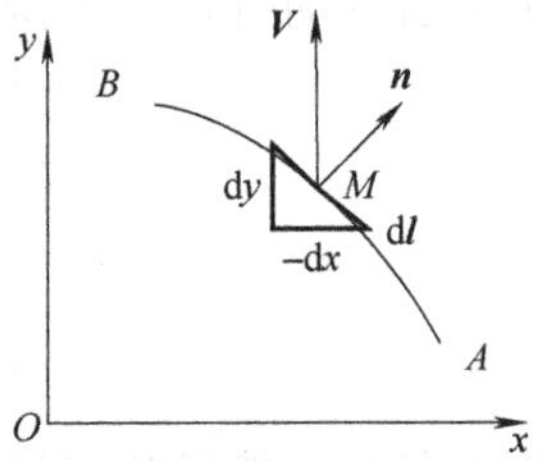

图 4-4　流函数与流量

在xOy平面上任取A、B两点，AB是其间的连线，如图 4-4 所示。对于平面问题来说，AB连线所代表的是在z轴方向为无限长的柱面。

在流函数的定义中，已经人为地规定了正负号。为了使$\mathrm{d}\psi$与$\mathrm{d}Q$同号，因此在讨论流量时，也规定曲线的法线方向。规定绕B点逆时针方向为正，反之为负。应当注意，平面问题中的流量Q是指通过z方向为单位宽度的柱面体积流量。

在曲线上任取M点，过此点沿曲线AB的微元弧长用$\mathrm{d}l$表示，M点处曲线的单位法线向量用$\boldsymbol{n}$表示。显然，通过微元弧长$\mathrm{d}l$的流体体积流量(在z方向为单位宽度)为

$$\mathrm{d}Q=\boldsymbol{V}\cdot\boldsymbol{n}\mathrm{d}l=\left[u\cos(\boldsymbol{n},\ x)+v\cos(u,\ y)\right]\mathrm{d}l$$

再利用方向导数公式

$$\cos(\boldsymbol{n},\ x)=\frac{\mathrm{d}y}{\mathrm{d}l}$$

$$\cos(\boldsymbol{n},\ y)=-\frac{\mathrm{d}x}{\mathrm{d}l}y$$

和流函数定义式(4-53)可得

$$\mathrm{d}Q=\left(\frac{\partial\psi}{\partial y}\frac{\mathrm{d}y}{\mathrm{d}l}+\frac{\partial\psi}{\partial x}\frac{\mathrm{d}x}{\mathrm{d}l}\right)\mathrm{d}l=\frac{\partial\psi}{\partial y}\mathrm{d}y+\frac{\partial\psi}{\partial x}\mathrm{d}x=\mathrm{d}\psi$$

积分得

$$Q=\int_A^B \mathrm{d}Q=\int_A^B \mathrm{d}\psi=\psi_B-\psi_A$$

即

$$Q=\psi_B-\psi_A \tag{4-55}$$

由此可见，经过任意曲线 AB 的流量，等于曲线两端点上的流函数值之差，而与曲线形状无关。

若 AB 为封闭曲线，即 A 、B 两点重合，在流函数 ψ 为单值函数的条件下，通过此封闭曲线的流量为零。

3. 流函数 ψ 可以是多值函数

若通过内边界 L_0 的总流量不等于零，则流函数 ψ 可能是多值函数。例如，内边界有膨胀或收缩的流动(水下爆炸，水下气泡运动)就属于这种情况。

对于不可压流体，若过内边界 L_0 的总流量不为零，即

$$\oint_{L_0} \boldsymbol{n}\cdot\boldsymbol{V}\mathrm{d}l=Q_0\neq 0$$

而且在域中不存在源汇，则过包围内边界的任意封闭曲线 L 的流量为 Q_0，即

$$\oint_L \boldsymbol{n}\cdot\boldsymbol{V}\mathrm{d}l=\oint_{L_0} \boldsymbol{n}\cdot\boldsymbol{V}\mathrm{d}l=Q_0$$

显然，在通过内边界 L_0 的流量不等于零，且域中无源汇的条件下，流函数 ψ 是多值的，因为每绕包围内边界的任意闭曲线一次，流函数的值将增加 Q_0，若绕 n 次则流函数值增加 nQ_0。

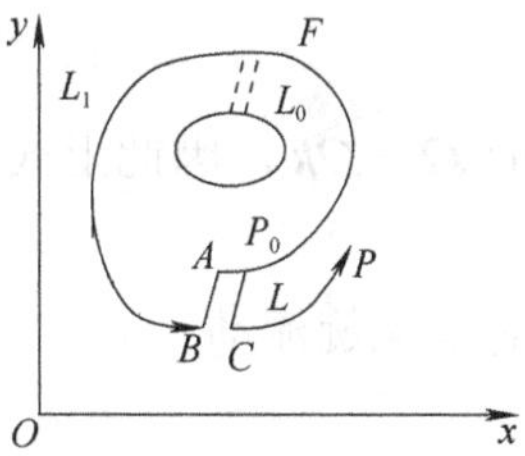

图 4-5　两点流函数之差

图 4-5 中的 P_0 点与 P 点上的流函数之差，若按图示绕内边界一周的路径 P_0FBAP_0CP 进行积分，则

$$\psi_P-\psi_{P_0}=\oint_{P_0FBAP_0}\boldsymbol{n}\cdot\boldsymbol{V}\mathrm{d}l+\int_{P_0CP}\boldsymbol{n}\cdot\boldsymbol{V}\mathrm{d}l=Q_0+\oint_{P_0CP}\boldsymbol{n}\cdot\boldsymbol{V}\mathrm{d}l=Q_0+\int_{P_0}^{P}\boldsymbol{n}\cdot\boldsymbol{V}\mathrm{d}l$$

如果积分路径构成绕内边界 n 圈封闭曲线，则

$$\psi_P-\psi_{P_0}=nQ_0+\int_{P_0}^{P}\boldsymbol{n}\cdot\boldsymbol{V}\mathrm{d}l \tag{4-56}$$

由此得出结论：在过内边界总流量不等于零，且域中无源汇的条件下，流函数 ψ 是多值的，但是它们之间只相差一个常数 nQ_0，然而，域中每点速度

$$u=\frac{\partial\psi}{\partial y},\quad v=-\frac{\partial\psi}{\partial x}$$

总是单值的。

4. 流函数 Ψ 的值是速度 $\boldsymbol{V}$ 的向量势 $\boldsymbol{B}$ 的模

根据不可压条件

$$\nabla\cdot\boldsymbol{V}=0$$

可以引进速度向量势 $\boldsymbol{B}$，令

$$\boldsymbol{V}=\nabla\times\boldsymbol{B} \tag{4-57}$$

显然

$$\nabla\cdot\boldsymbol{V}=\nabla\cdot(\nabla\times\boldsymbol{B})\equiv 0$$

现在要证明，在平面不可压流动中，向量势 $\boldsymbol{B}$ 具有下列形式

$$\boldsymbol{B}=\psi\boldsymbol{k} \tag{4-58}$$

因

$$\boldsymbol{V}=u\boldsymbol{i}+v\boldsymbol{j}=\frac{\partial\psi}{\partial y}\boldsymbol{i}-\frac{\partial\psi}{\partial x}\boldsymbol{j}=\left(\frac{\partial\psi}{\partial y}\boldsymbol{j}+\frac{\partial\psi}{\partial x}\boldsymbol{i}\right)\times\boldsymbol{k}$$

即

$$\boldsymbol{V}=\nabla\psi\times\boldsymbol{k}=\nabla\times(\psi\boldsymbol{k}) \tag{4-59}$$

而 $\boldsymbol{V}=\nabla\times\boldsymbol{B}$，与上式比较，则得 $\boldsymbol{B}=\psi\boldsymbol{k}$。

5. 流函数的调和量的负值等于涡量的模

利用式(4-59)，涡量可以写成下列形式

$$\begin{aligned}\boldsymbol{\Omega}&=\nabla\times\boldsymbol{V}=\nabla\times(\nabla\times\psi\boldsymbol{k})=\boldsymbol{k}\cdot\nabla(\nabla\psi)-\nabla\psi\cdot\nabla\boldsymbol{k}+(\nabla\cdot\boldsymbol{k})\nabla\psi-\nabla\cdot(\nabla\psi)\boldsymbol{k}\\&=\frac{\partial}{\partial z}(\nabla\psi)-\nabla^2\psi\boldsymbol{k}\end{aligned}$$

由于 ψ 只是 x，y 的函数，因此上式右侧第一项为零，所以

$$\boldsymbol{\Omega}=-\nabla^2\psi\boldsymbol{k} \tag{4-60}$$

而 $\boldsymbol{\Omega}=\Omega\boldsymbol{k}$，因此上式又可写成

$$-\nabla^2\psi=\Omega \tag{4-61}$$

对于无旋流动

$$\nabla^2\psi=0 \tag{4-62}$$

4.4.3　不可压理想流体平面无旋流动速度势与流函数的关系

1. 柯西-黎曼条件

对于不可压平面无旋流动，速度势和流函数都是调和函数，并且具有以下关系

$$\left.\begin{aligned}u&=\frac{\partial\varphi}{\partial x}=\frac{\partial\psi}{\partial y}\\v&=\frac{\partial\varphi}{\partial y}=-\frac{\partial\psi}{\partial x}\end{aligned}\right\} \tag{4-63}$$

这是一对非常重要的关系式，在数学分析中称为柯西-黎曼条件。

2. 等速度势线与等流函数线正交

由于

$$\boldsymbol{V}\times\boldsymbol{V}=0$$

将 $\boldsymbol{V}=\nabla\varphi$ 及 $\boldsymbol{V}=\nabla\psi\times\boldsymbol{k}$ 代入，得

$$\begin{aligned}\boldsymbol{V}\times\boldsymbol{V}&=\nabla\varphi\times(\nabla\psi\times\boldsymbol{k})=(\nabla\varphi\cdot\boldsymbol{k})\nabla\psi-(\nabla\varphi\cdot\nabla\psi)\boldsymbol{k}\\&=-(\nabla\varphi\cdot\nabla\psi)\boldsymbol{k}=0\end{aligned}$$

所以得

$$\nabla\varphi\cdot\nabla\psi=0 \tag{4-64}$$

可见，等速度势线与等流函数线正交。

4.5　不可压理想流体平面无旋流动的流函数方程及其叠加法

势流中当各物理量只在某一平面内变化而在此平面垂直线上没有变化或变化极微时，称这种流动为平面势流。平面势流在工程实践中应用十分广泛。

4.5.1　平面不可压缩无旋流动的流函数方程及其定解条件

1. 不可压理想流体平面流动的流函数方程

对于不可压理想流体，在质量力有势的条件下，运动方程可以改造成如下的亥姆霍兹方程的形式

$$\frac{\mathrm{D}\boldsymbol{\Omega}}{\mathrm{D}t}-\boldsymbol{\Omega}\cdot\nabla\boldsymbol{V}=0$$

对于平面流动，$\boldsymbol{\Omega}=\Omega\boldsymbol{k}$，$\dfrac{\partial}{\partial z}=0$，$V_z=0$，所以

$$\boldsymbol{\Omega}\cdot\nabla\boldsymbol{V}=\Omega\boldsymbol{k}\cdot\boldsymbol{e}_i\frac{\partial\boldsymbol{V}}{\partial x}=\Omega\frac{\partial\boldsymbol{V}}{\partial z}=0$$

因此，不可压平面流动的亥姆霍兹方程可以写成

$$\frac{\mathrm{D}\boldsymbol{\Omega}}{\mathrm{D}t}=0$$

或者写成

$$\frac{\partial\boldsymbol{\Omega}}{\partial t}+\boldsymbol{V}\cdot\nabla\boldsymbol{\Omega}=0 \tag{4-65}$$

由式(4-59)、式(4-60)知：$\boldsymbol{V}=\nabla\psi\times\boldsymbol{k}$，$\boldsymbol{\Omega}=-\nabla^2\psi\boldsymbol{k}$，代入式(4-65)可得

$$\begin{aligned}\frac{\partial\Omega}{\partial t}+\boldsymbol{V}\cdot\nabla\Omega&=\frac{\partial}{\partial t}\left(-\boldsymbol{k}\nabla^2\psi\right)+\left(\nabla\psi\times\boldsymbol{k}\right)\cdot\nabla\left(-\boldsymbol{k}\nabla^2\psi\right)\\&=-\boldsymbol{k}\frac{\partial}{\partial t}\left(\nabla^2\psi\right)-\left(\nabla\psi\times\boldsymbol{k}\right)\cdot\boldsymbol{e}_i\frac{\partial}{\partial x_i}\left(\frac{\partial^2\psi}{\partial x_j\partial x_j}\right)\boldsymbol{k}\\&=-\boldsymbol{k}\frac{\partial}{\partial t}\left(\nabla^2\psi\right)-\left\{\left[\frac{\partial}{\partial x_i}\left(\frac{\partial^2\psi}{\partial x_j\partial x_j}\right)\boldsymbol{e}_i\times\nabla\psi\right]\cdot\boldsymbol{k}\right\}\boldsymbol{k}\end{aligned}$$

即

$$\frac{\partial\left(\nabla^2\psi\right)}{\partial t}+\left[\nabla\left(\nabla^2\psi\right)\times\nabla\psi\right]\cdot\boldsymbol{k}=0$$

或改写成

$$\frac{\partial\left(\nabla^2\psi\right)}{\partial t}\boldsymbol{k}\cdot\boldsymbol{k}+\left[\nabla\left(\nabla^2\psi\right)\times\nabla\psi\right]\cdot\boldsymbol{k}=0 \tag{4-66}$$

显然，上式左侧第二项中的

$$\nabla\left(\nabla^2\psi\right)\times\nabla\psi=-\nabla\Omega\times\nabla\psi$$

是平行于 $\boldsymbol{k}$ 的向量，$\nabla\Omega$ 和 $\nabla\psi$ 的方向都与 $\boldsymbol{k}$ 垂直(而与 xOy 平面平行)。

于是

$$\frac{\partial\left(\nabla^2\psi\right)}{\partial t}\boldsymbol{k}+\left[\nabla\left(\nabla^2\psi\right)\times\nabla\psi\right]=0 \tag{4-67}$$

这个方程就是不可压理想流体在质量力有势条件下平面有旋流动的流函数方程。

2. 不可压理想流体定常平面流动的流函数方程

对于定常有旋流动，流函数方程(4-67)可以写成

$$\nabla\left(\nabla^2\psi\right)\times\nabla\psi=0 \tag{4-68}$$

所以 $\nabla^2\psi$ 的梯度与 ψ 的梯度平行，那么等 ψ 线也就是等 $\nabla^2\psi$ 线，即沿流线 $\nabla^2\psi$ 为常数。

对于不同的流线，可以有不同的常数值。因此对整个流场而言，这个常数是随 ψ 而变化的。

$$\nabla^2\psi=-f\left(\psi\right) \tag{4-69}$$

这就是不计质量力时的理想不可压定常平面有旋流动的流函数方程。比较式(4-69)与式(4-61)，可见 $f\left(\psi\right)=\Omega$。式(4-69)中的 $f\left(\psi\right)$(即 Ω)可以由边界条件来确定。

3. 不可压理想流体平面无旋流动的流函数方程

对于无旋流动，由于 $\Omega=0$，故由式(4-62)知

$$\nabla^2\psi=0 \tag{4-70}$$

显然，它无论对于定常流动或非定常流动都适用，它就是不可压理想流体平面无旋流动的流函数方程。

值得指出的是，方程(4-70)也可以由无旋条件和流函数的定义直接建立。

4. 流函数方程的物面边界条件

对于流函数方程，物面边界条件也应以流函数的形式表示出来。现在只讨论固定物体的物面边界条件。

对于固定不动的物体，在物面上，流体的法向速度为零，即

$$\boldsymbol{n}\cdot\boldsymbol{V}=0$$

所以，物面必然是流线。由流线性质知，流线为等 ψ 线，因此物面边界条件可写成

$$\left(\psi\right)_b=\text{const}$$

通常令沿物面的流函数值为零，因此物面边界条件最后可写成下列形式

$$\left(\psi\right)_b=0 \tag{4-71}$$

4.5.2 平面不可压缩无旋流动的复势与复速度

1. 复势与复速度

平面无旋流动的速度势 φ 与流函数 ψ 是满足柯西-黎曼条件的两个调和函数，由它们可以构成一个解析复变函数 χ，χ 的定义为

$$\chi\left(z\right)=\varphi+i\psi \tag{4-72}$$

称为复势。显然，任何一种实际的不可压平面无旋流动必具有一个确定的复势 χ。反之，任何一个解析复变函数 χ 也就代表一种不可压平面无旋流动。不过，有一些复势本身可能并没有什么物理意义。

复势的导数与速度的关系为

$$\frac{\mathrm{d}\chi}{\mathrm{d}z}=\frac{\partial\varphi}{\partial x}+i\frac{\partial\psi}{\partial x}=u-iv \tag{4-73}$$

导数 $\frac{\mathrm{d}\chi}{\mathrm{d}z}$ 的实部是 x 轴方向上的速度分量，虚部是 y 轴上的速度分量的负值，称为复速度。复速度的共轭函数为

$$\overline{\frac{\mathrm{d}\chi}{\mathrm{d}z}}=u+iv \tag{4-74}$$

称为共轭复速度。显然，复速度的模就是速度的绝对值

$$\left|\frac{\mathrm{d}\chi}{\mathrm{d}z}\right|=\sqrt{u^2+v^2}=|\boldsymbol{V}|=V \tag{4-75}$$

因此复速度又可表示为

$$\frac{\mathrm{d}w}{\mathrm{d}z}=V\mathrm{e}^{-i\alpha}$$

其中

$$\alpha=\arctan\frac{v}{u}=\arg\overline{\frac{\mathrm{d}\chi}{\mathrm{d}z}}$$

共轭复速度可表示为

$$\overline{\frac{\mathrm{d}w}{\mathrm{d}z}}=u+iv=V\mathrm{e}^{i\alpha} \tag{4-76}$$

2. 解的可叠加性

任意两个或两个以上的解析函数的线性组合仍然是解析函数，因此任意两个或两个以上的复势的线性组合仍然是代表某一种流动的复势。

正是由于复势的这种可叠加性，使我们有可能利用简单的复势进行线性组合以满足具体问题的边界条件来获得问题的解，这种方法又称奇点叠加法，因为简单复势往往带有奇点。

4.5.3 平面不可压缩无旋流动的基本解及其复势表达式

以复势表示流动特别方便，下面给出几种基本的简单的平面势流，它们的叠加可以给出未知的复杂边界流动的平面势流。

1. 均匀流场

流线相互平行且速度处处相等的流动称为均匀流动。均匀流动的复势可表示为复变函数 χ 的倍数，写成

$$\chi=V_\infty z\mathrm{e}^{-i\theta} \tag{4-77}$$

式中，V_∞、θ 为实数。

按式(4-72)将 χ 写成

$$\varphi+i\psi=V_\infty(\cos\theta-i\sin\theta)(x+iy)=V_\infty(x\cos\theta+y\sin\theta)+iV_\infty(-x\sin\theta+y\cos\theta)$$

所以

$$\varphi=V_\infty(x\cos\theta+y\sin\theta) \tag{4-78}$$

$$\psi=V_\infty(-x\sin\theta+y\cos\theta) \tag{4-79}$$

令 $\varphi=\text{const}$ 和 $\psi=\text{const}$，得到等势线和流线。流线和等势线是正交的两组曲线，如图 4-6 所示。

相应的复速度

$$\frac{\mathrm{d}\chi}{\mathrm{d}z}=V_\infty \mathrm{e}^{-i\theta}=V_\infty\left(\cos\theta-i\sin\theta\right) \tag{4-80}$$

类比式(4-73)，得到该流动的速度分量为

$$u=V_\infty\cos\theta \tag{4-81}$$

$$v=V_\infty\sin\theta \tag{4-82}$$

当 $\theta=0$ 时，表示沿 x 轴的均匀流动，复势为

$$\chi=V_\infty z$$

当 $\theta=\pi/2$ 时，表示沿 y 轴的均匀流动，复势为

$$\chi=V_\infty \mathrm{e}^{-i\pi/2}z$$

2. 源与汇

平面势流中自一点以恒定流量流出的均匀径向流动称为源。反之，以恒定流量均匀地由四周流入该点称为汇。它们的复势可表示为实数与对数 $\ln z$ 的乘积，即

$$\chi=a\ln z \tag{4-83}$$

式中，a 为实数，$z=x+iy=r\mathrm{e}^{i\theta}$，其中 r 和 θ 分别为 z 的模和幅角。先求 φ 与 ψ，为此写出

$$\chi=\varphi+i\psi=a\ln r+ia\theta$$

于是

$$\varphi=a\ln r \tag{4-84}$$

$$\psi=a\theta \tag{4-85}$$

流线 $\psi=a\theta=\text{const}$ 是从原点发出的射线族；等势线 $\varphi=a\ln r=\text{const}$，即 $r=\text{const}$ 是以原点为圆心的一族圆周线。显然，这两族曲线是正交的，如图 4-7 所示。

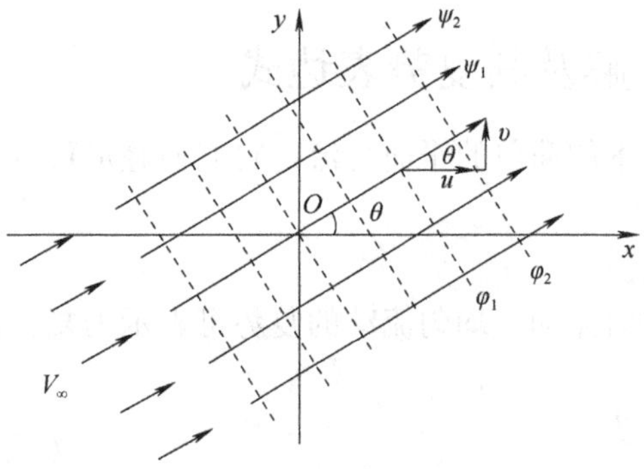

图 4-6　均匀流场

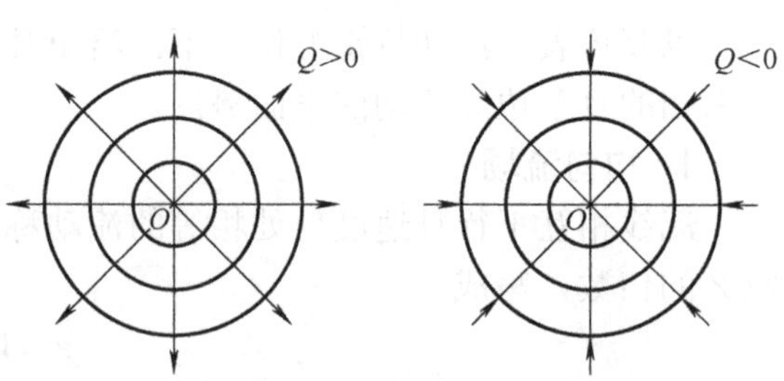

图 4-7　源与汇

设通过围绕原点 O 的任意封闭曲线 L 的流量为 Q，由公式

$$\Gamma+iQ=\oint_L\frac{\mathrm{d}\chi}{\mathrm{d}z}\mathrm{d}z=\oint_L\frac{a}{z}\mathrm{d}z=2\pi ia$$

得

$$\Gamma=0,\quad Q=2\pi a \tag{4-86}$$

因此可得 $a=\dfrac{Q}{2\pi}$，将其代入复势的表达式中，得

$$\chi=\frac{Q}{2\pi}\ln z \tag{4-87}$$

式中，Q 为单位时间自 O 点流出的流体体积，常称为源(汇)的强度。当 $Q>0$ 时，其代表的是原点处有一流量为 Q 的源流动；而当 $Q<0$ 时，其代表的是原点处有一流量为 Q 的汇流动。

复速度为

$$\frac{\mathrm{d}\chi}{\mathrm{d}z}=\frac{Q}{2\pi z}=\frac{Q}{2\pi r}\mathrm{e}^{-i\theta} \tag{4-88}$$

此流动的速度分布为

$$u_r=\frac{Q}{2\pi r} \tag{4-89}$$

$$u_0=0 \tag{4-90}$$

如果源不在坐标原点而在 z_0 点，则复势为

$$\chi=\frac{Q}{2\pi}\ln\left(z-z_0\right) \tag{4-91}$$

3. 涡

所有流体质点均绕一点做圆周运动且流速与该点的半径成反比的流动，称为涡，其复势可表示为虚数与对称数 $\ln z$ 的乘积，即

$$\chi=ib\ln z \tag{4-92}$$

式中，b 为实数，则

$$\chi=\varphi+i\psi=-b\theta+ib\ln r$$

于是

$$\varphi=-b\theta \tag{4-93}$$

$$\psi=b\ln r \tag{4-94}$$

流线 $\psi=b\ln r=\text{const}$，即 $r=\text{const}$ 是以原点为圆心的圆族；等势线 $\varphi=-b\theta=\text{const}$ 是从原点出发的射线族，如图 4-8 所示。

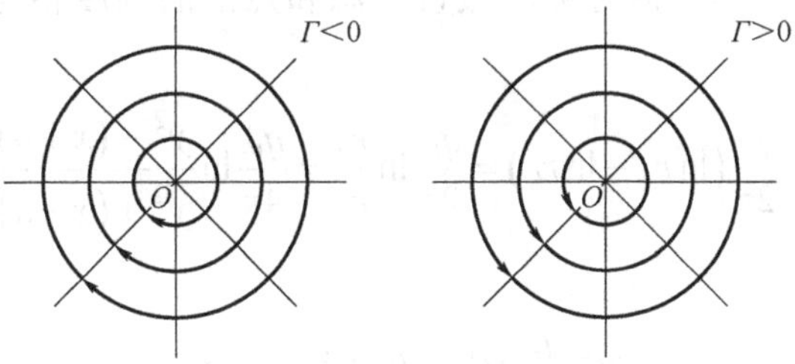

图 4-8　涡

设围绕原点 O 的任意封闭曲线 L 上的速度环量为 Γ，由公式

$$\Gamma+iQ=\oint_L\frac{\mathrm{d}f}{\mathrm{d}z}\mathrm{d}z=\oint_L\frac{ib}{z}\mathrm{d}z=2\pi i\left(ib\right)=-2\pi b$$

得

$$\Gamma=-2\pi b,\quad Q=0 \tag{4-95}$$

此式表明，原点 O 处有一强度为 Γ 的涡，并得

$$b = -\frac{\Gamma}{2\pi}$$

此式代表原点处有一强度为 Γ 的涡流动。当 $\Gamma > 0$ 时，其代表的是逆时针方向的涡运动；当 $\Gamma < 0$ 时，其代表的是顺时针方向的涡运动。

复速度为

$$\frac{\mathrm{d}f}{\mathrm{d}z} = -\frac{i\Gamma}{2\pi z} = -\frac{i\Gamma}{2\pi r}\mathrm{e}^{-i\theta} \tag{4-96}$$

此流动的速度分布为

$$u_r = 0 \tag{4-97}$$

$$u_\theta = \frac{\Gamma}{2\pi r} \tag{4-98}$$

如果涡不在坐标原点而在 z_0 点，则复势为

$$\chi = -i\frac{\Gamma}{2\pi}\ln\left(z - z_0\right) \tag{4-99}$$

4. 偶极子

偶极流是中心点不相重合的点源和点汇流动相互叠加而成的复合流动形式，介绍这种流动形式的意义在于，它和平行流相叠加后的流动形式能恰当地模拟平行流绕圆柱体时的流动。

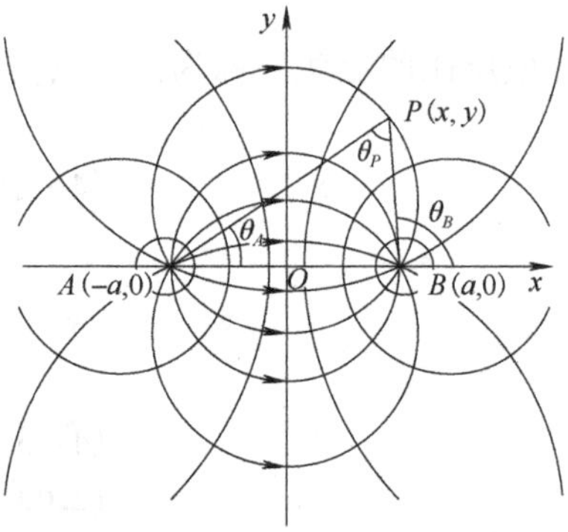

图 4-9　点源与点汇流动的叠加

图 4-9 表示一个位于 A 点 $(-a,0)$ 的点源和一个位于 B 点 $(a,0)$ 的点汇叠加后的流线与等势线图形。叠加后的速度势函数为

$$\varphi = \frac{q_{VA}}{2\pi}\ln r_A - \frac{q_{VB}}{2\pi}\ln r_B$$

式中，q_{VA} 和 q_{VB} 分别为点源和点汇的强度，而

$$r_A = \overline{PA} = \sqrt{y^2 + (x+a)^2}$$

$$r_B = \overline{PB} = \sqrt{y^2 + (x-a)^2}$$

为保持叠加后流线关于 y 轴对称，假设点源和点汇的强度相等，即 $q_{VA} = q_{VB} = q_V$，则速度势函数为

$$\varphi = \frac{q_V}{2\pi}\left(\ln r_A - \ln r_B\right) = \frac{q_V}{2\pi}\ln\frac{r_A}{r_B} = \frac{q_V}{4\pi}\ln\frac{y^2 + (x+a)^2}{y^2 + (x-a)^2} \tag{4-100}$$

流函数为

$$\psi = \frac{q_V}{2\pi}\left(\theta_A - \theta_B\right) = -\frac{q_V}{2\pi}\theta_P \tag{4-101}$$

式中，θ_P 为点 P 与源点 A 和汇点 B 的连线之间的夹角。由流线方程 $\psi = \mathrm{const}$，得 $\theta_P = \mathrm{const}$。也就是说，流线是经过源点 A 和汇点 B 的圆线族。

如果点源与点汇彼此相互靠近，当它们之间的距离 $2a \to 0$ 时，便得到所谓偶极流的势流流场。由点源和点汇流动特性可知，当 a 逐渐缩小时，强度 q_V 应该逐渐增大。当 $2a$ 减小到零时，q_V 应增加到无穷大，这里假定流量与彼此之间的距离的乘积为 $2aq_V = M$ 保持一个有限常数值，M 称为偶极矩，而原点 O 称为偶极点。偶极流的速度势函数可由式(4-100)根据上述假定条件推导得到

$$\varphi=\frac{q_V}{2\pi}\ln\frac{r_A}{r_B}=\frac{q_V}{2\pi}\ln\left(1+\frac{r_A-r_B}{r_B}\right)$$

如图 4-10 所示，当源点 A 和汇点 B 接近时，有

$$r_A-r_B\to 2a\cos\theta_A$$

$$2aq_V\to M$$

$$r_A\to r,\quad r_B\to r$$

$$\theta_A\to\theta,\quad \theta_B\to\theta$$

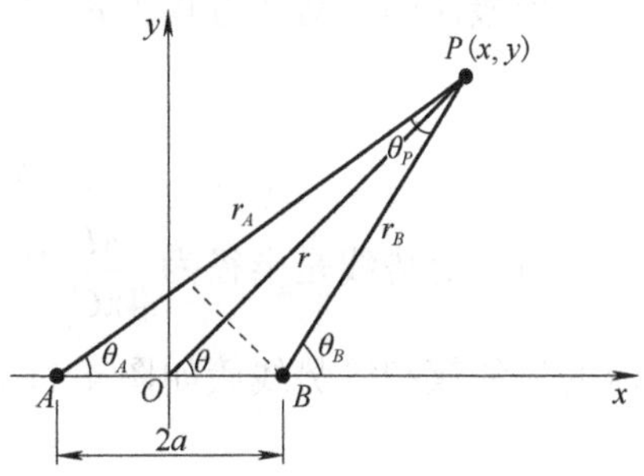

图 4-10　偶极流

根据上述近似结果，有

$$\ln\left(1+\frac{r_A-r_B}{r_B}\right)\approx\frac{r_A-r_B}{r_B}$$

这样，偶极流的速度势函数为

$$\varphi=\lim_{\substack{2a\to 0\\ q_V\to\infty}}\left[\frac{q_V}{2\pi}\ln\left(1+\frac{2a\cos\theta_A}{r_B}\right)\right]\approx\lim_{\substack{2a\to 0\\ q_V\to\infty}}\left(\frac{q_V}{2\pi}\frac{2a\cos\theta_A}{r_B}\right)=\frac{M\cos\theta}{2\pi r}=\frac{M}{2\pi}\frac{\cos\theta}{r^2}$$

即

$$\varphi=\frac{M}{2\pi}\frac{x}{r^2}=\frac{M}{2\pi}\frac{x}{x^2+y^2}\tag{4-102}$$

由式(4-101)可得偶极流的流函数为

$$\psi=\frac{q_V}{2\pi}(\theta_A-\theta_B)=\frac{q_V}{2\pi}\left[\arctan\left(\frac{y}{x+a}\right)-\arctan\left(\frac{y}{x-a}\right)\right]$$

由三角关系式 $\tan(\theta_1-\theta_2)=\dfrac{\tan\theta_1-\tan\theta_2}{1+\tan\theta_1\tan\theta_2}$，可将上式化简为

$$\psi=\frac{q_V}{2\pi}\arctan\left(\frac{\dfrac{y}{x+a}-\dfrac{y}{x-a}}{1+\dfrac{y}{x+a}\dfrac{y}{x-a}}\right)=\frac{q_V}{2\pi}\arctan\left(\frac{-2ay}{x^2+y^2-a^2}\right)$$

如图 4-10 所示，当 $2a\to 0$ 时，夹角 $\theta_P\to\theta$，因此有 $\tan\theta_P\approx\theta_P$，故偶极流的流函数为

$$\psi=\lim_{\substack{2a\to 0\\ q_V\to\infty}}\left[\frac{q_V}{2\pi}\arctan\left(\frac{-2ay}{x^2+y^2-a^2}\right)\right]=\lim_{\substack{2a\to 0\\ q_V\to\infty}}\left(-\frac{q_V}{2\pi}\frac{2ay}{x^2+y^2-a^2}\right)$$

即

$$\psi=-\frac{M}{2\pi}\frac{y}{r^2}=-\frac{M}{2\pi}\frac{y}{x^2+y^2}\tag{4-103}$$

偶极流的流线方程为 $\psi=C_1$，即

$$x^2+\left(y+\frac{M}{4\pi C_1}\right)^2=\left(\frac{M}{4\pi C_1}\right)^2$$

显然，流线是一簇圆心在 y 轴上 $\left(0,-\dfrac{M}{4\pi C_1}\right)$，半径为 $\dfrac{M}{4\pi C_1}$ 的圆周族，还可以看出，当 $y=0$ 时，对于所有 C_1 值，$x=0$，这意味着这簇圆在坐标原点处与 x 轴相切，所有流线都通过偶极中心点(即坐标原点)。在 x 轴的上半平面内的流动是顺时针方向，而在 x 轴下半平面内的流动是逆时针方向。显然可见，经任意围绕偶极中心点的封闭曲线的合流量为零。

偶极流的等势线方程为$\varphi=C_2$，根据式(4-102)有

$$\left(x-\frac{M}{4\pi C_2}\right)+y^2=\left(\frac{M}{4\pi C_2}\right)^2$$

可见等势线是半径为$\frac{M}{4\pi C_2}$，圆心在$\left(-\frac{M}{4\pi C_2},\ 0\right)$且与$y$轴在原点相切的圆周簇，偶极流的流线簇和等势线簇如图 4-11 所示。

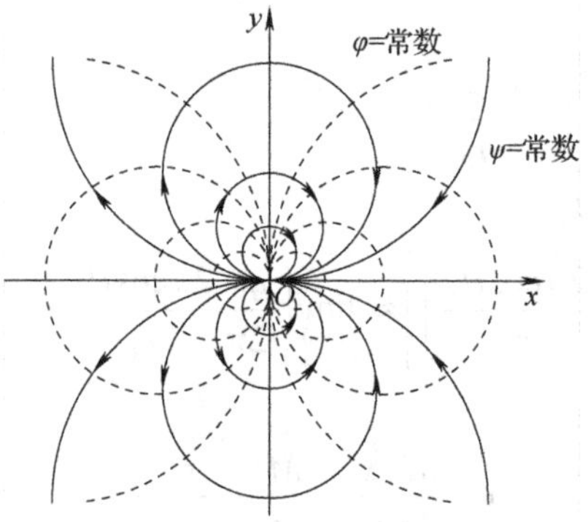

图 4-11　偶极流的流线和等势线

由式(4-102)可得偶极流的速度场为

$$u=\frac{\partial\varphi}{\partial x}=\frac{M}{2\pi}\frac{y^2-x^2}{\left(x^2+y^2\right)^2} \tag{4-104}$$

$$v=\frac{\partial\varphi}{\partial y}=-\frac{M}{2\pi}\frac{2xy}{\left(x^2+y^2\right)^2} \tag{4-105}$$

总速度V为

$$V=\sqrt{u^2+v^2}=\frac{M}{2\pi\left(x^2+y^2\right)} \tag{4-106}$$

也可将上述速度分布写成极坐标形式

$$v_r=\frac{\partial\varphi}{\partial r}=\frac{M}{2\pi r^2}\cos\theta \tag{4-107}$$

$$v_\theta=\frac{\partial\varphi}{r\partial\theta}=-\frac{M}{2\pi r^2}\sin\theta \tag{4-108}$$

极坐标下的总速度为

$$V=\sqrt{v_r^2+v_\theta^2}=\frac{M}{2\pi r^2} \tag{4-109}$$

由式(4-106)和式(4-109)可知，在无穷远处流场，即当$x\to\infty$、$y\to\infty$时，速度$V\to 0$，而当$x\to 0$、$y\to 0$时，即在偶极中心点处，速度$V\to\infty$。

由式(4-109)可得偶极流的压强场为

$$p=p_\infty-\frac{1}{2}\rho V^2=p_\infty-\frac{\rho M^2}{8\pi^2 r^4} \tag{4-110}$$

5. 垂直拐角绕流

现讨论复势

$$\chi = Az^2$$

式中，A为实数。这个复势又可写成

$$\chi = A\left(x^2 - y^2\right) + i2Axy \tag{4-111}$$

与此相应的流函数与势函数为

$$\varphi = A\left(x^2 - y^2\right) \tag{4-112}$$

$$\psi = 2Axy \tag{4-113}$$

这种流动的图形如图 4-12 所示，流线与等势线构成正交双曲线族。

这个流场的复速度为

$$\frac{\mathrm{d}\chi}{\mathrm{d}z} = 2Az = 2Ax - i2Ay$$

相应的速度场为

$$u = 2Ax，\quad v = -2Ay$$

显然原点为驻点，在无穷远处χ与速度u、v降为无穷大。

实际上，无穷远处$u = 2Ax$、$v = -2Ay$是不可能的，而且无穷大的平面壁也是不可能的，上述复势的解，实际上代表有两股对称射流或一股射流射向有限壁面$x = 0$或$y = 0$时，驻点附近的流场或表示一股射流沿直角拐角壁面时驻点附近的流场，如图 4-13 所示。

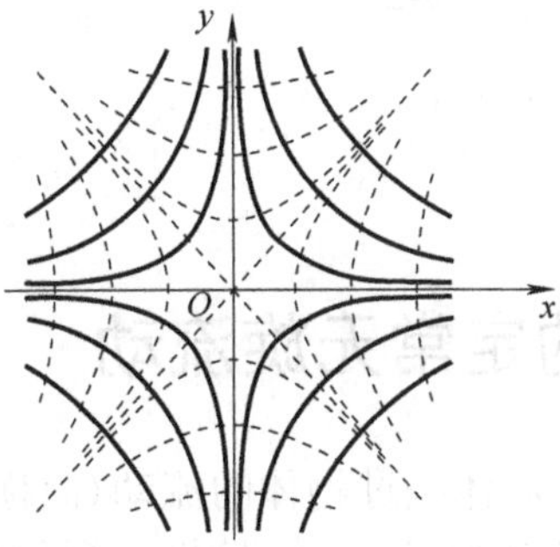

图 4-12　垂直拐角绕流流谱

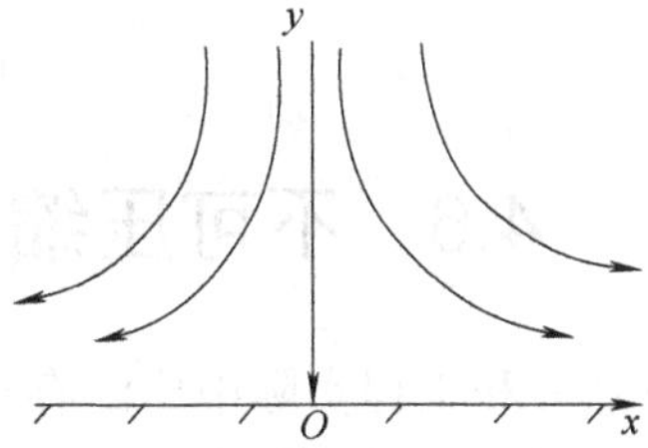

图 4-13　垂直拐角绕流

6. 任意拐角绕流

拐角绕流流动的复势可以表示为z^n的倍数，即

$$\chi = Az^n \tag{4-114}$$

式中，A为实数；n为正实数。令$z = re^{i\theta}$，并代入上式得

$$\chi = Ar^n \cos n\theta + iAr^n \sin n\theta$$

于是，势函数和流函数分别为

$$\varphi = Ar^n \cos n\theta \tag{4-115}$$

$$\psi = Ar^n \sin n\theta \tag{4-116}$$

显然，当$\theta = 0$及$\theta = \pi/n$时为零流线$\psi = 0$，表明$\theta = 0$及$\theta = \pi/n$为自原点出发的两条射线，相当于两条固体边界的边界线，它们构成夹角为$\theta = \pi/n$的角形区域。$\chi = Az^n$就代表此角形区域内的流动。$n = 1$、$n > 1$、$n < 1$分别是夹角为π、小于π、大于π的角形区域，如图 4-14 所示，图中所画为流线和等势线。

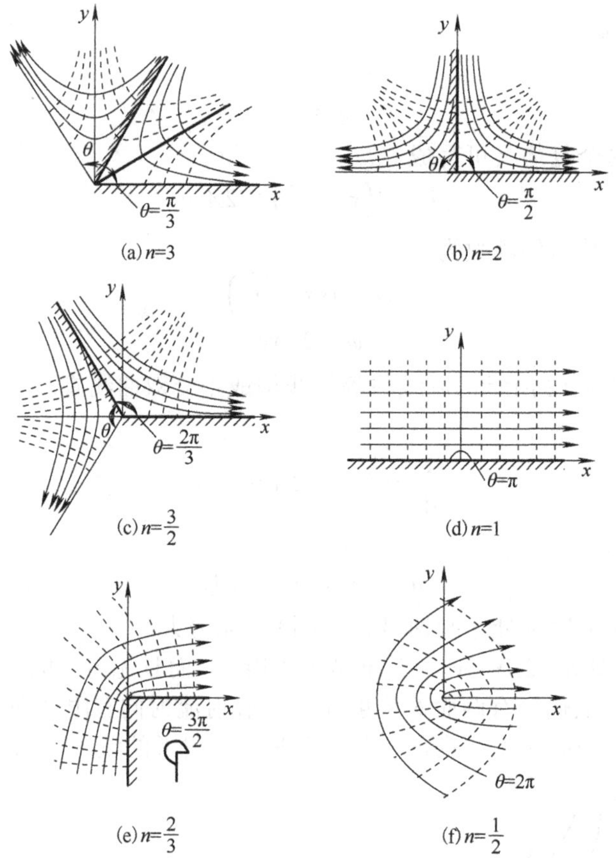

图 4-14　任意拐角绕流

4.6　不可压缩流体绕圆柱的定常无旋流动

在自然界和工程实际中广泛存在着三维运动形式，流体绕过物体的流动(简称绕流)就是这样一类运动形式，如飞机在空中飞行时空气绕过机翼的流动；汽轮机、泵和压气机中的流体绕过叶栅的流动；在锅炉中烟气和空气横向流过受热面管束的流动等。很明显，流体三维流动的数学描述和方程求解都非常复杂，因此，在工程中应用时大多将三维流动简化为二维流动。本节主要讨论不可压缩、无黏性流体的平面二维流动问题。

4.6.1　无环量圆柱绕流

无环量绕圆柱体的不可压缩二维无旋流动是由偶极流和平行流叠加而成的二维无旋流动。这种复合流动形式广泛存在于工程实际中，如热能动力工程常用的管壳式换热器设备中管外流体和管内流体通过对流换热进行热量交换，管外流体横掠圆柱形管束的流动就属于这种形式。此外，本节内容也为后面研究有环量绕圆柱体的不可压缩流体二维无旋流动提供了基础。

这里设平行流的速度等于无穷远处的速度 V_∞，方向与 x 轴的正方向相同。偶极流的偶极矩为 M 。根据平行流的流函数式(4-79)和偶极流的流函数式(4-103)叠加而成的复合流函数为

$$\psi = V_\infty y - \frac{M}{2\pi}\frac{y}{x^2+y^2} = V_\infty y\left(1-\frac{M}{2\pi V_\infty}\frac{1}{x^2+y^2}\right)$$

流线方程为

$$V_\infty y\left(1-\frac{M}{2\pi V_\infty}\frac{1}{x^2+y^2}\right)=C$$

选取不同的常数 C，得到如图 4-15 所示的流线图形，令常数 $C=0$，得到所谓零流线方程

$$V_\infty y\left(1-\frac{M}{2\pi V_\infty}\frac{1}{x^2+y^2}\right)=0$$

由上式得

$$y=0 \quad 或 \quad x^2+y^2=\frac{M}{2\pi V_\infty}$$

即零流线表示 x 轴和一圆心在坐标原点，半径为 $\sqrt{\dfrac{M}{2\pi V_\infty}}$ 的圆周所构成的图形。如图 4-15 所示，一股流体沿 x 轴从左至右到 A 点处分成两股流体，分别沿绕物体的上、下两个半圆周流到 B 点，然后重新汇合，又沿 x 轴的正方向流到 C 点。对于理想流体而言，紧贴圆柱表面这一层流体不存在脱离表面现象，零流线就是流体绕过圆柱形物体时的流型。因此，一个平行流绕过半径为 r_0 的圆柱体的二维流动，可以用这个平行流与偶极矩 $M=2\pi V_\infty r_0^2$ 的偶极流叠加而成的复合流动来代替，则平行流绕过圆柱体无环量的二维流动的流函数可以表示为

$$\psi=V_\infty y\left(1-\frac{r_0^2}{x^2+y^2}\right)=V_\infty\left(1-\frac{r_0^2}{r^2}\right)r\sin\theta \tag{4-117}$$

同理，根据式(4-78)和式(4-102)有

$$\begin{aligned}\varphi&=V_\infty x+\frac{M}{2\pi}\frac{x}{x^2+y^2}=V_\infty x\left(1+\frac{r_0^2}{x^2+y^2}\right)\\&=V_\infty\left(1+\frac{r_0^2}{r^2}\right)r\cos\theta\end{aligned} \tag{4-118}$$

以上两式中 $r<r_0$ 表示在圆柱体内，没有物理意义。

由式(4-118)可以得到当 $r\geqslant r_0$ 时的流场中任一点的 x、y 轴方向的速度分量 u、v 为

$$u=\frac{\partial\varphi}{\partial x}=V_\infty\left[1-\frac{r_0^2\left(x^2-y^2\right)}{\left(x^2+y^2\right)^2}\right] \tag{4-119}$$

$$v=\frac{\partial\varphi}{\partial y}=-2V_\infty r_0^2\frac{xy}{\left(x^2+y^2\right)^2} \tag{4-120}$$

对于无穷远处，$x\to\infty$、$y\to\infty$，由上式得 $u\to u_\infty$、$v\to 0$，即无穷远处的流场是速度为 u_∞ 的平行流，不受圆柱体绕流的影响。

极坐标下的速度分量为

$$v_r = \frac{\partial \varphi}{\partial r} = V_\infty \left(1 - \frac{r_0^2}{r^2}\right) \cos\theta \tag{4-121}$$

$$v_\theta = \frac{\partial \varphi}{r\partial \theta} = -V_\infty \left(1 + \frac{r_0^2}{r^2}\right) \sin\theta \tag{4-122}$$

在圆柱体的表面上，$r = r_0$，代入上式后得

$$v_r = 0 \tag{4-123}$$

$$v_\theta = -2V_\infty \sin\theta \tag{4-124}$$

式(4-123)和式(4-124)说明，在圆柱体表面上径向速度为零，只有切向速度，总速度 $V = v_\theta$，这和流体绕圆柱体不发生脱离的边界条件相符，由上式可知，在圆柱面上速度是按照正弦曲线规律变化的。对于如图 4-15 中 A 点 $\left(-r_0, 0\right)$ 和 C 点 $\left(r_0, 0\right)$，切向速度 v_θ=0，故 A 点称为前驻点，C 点称为后驻点，而 B 点 $\left(0, -r_0\right)$ 和 D 点 $\left(0,\ r_0\right)$ 的切向速度 v_θ 分别为 $2u_\infty$ 和 $-2u_\infty$（负号表示顺时针方向），速度达到最大值，等于无穷远处来流速度的两倍，故这两点称为弦点。

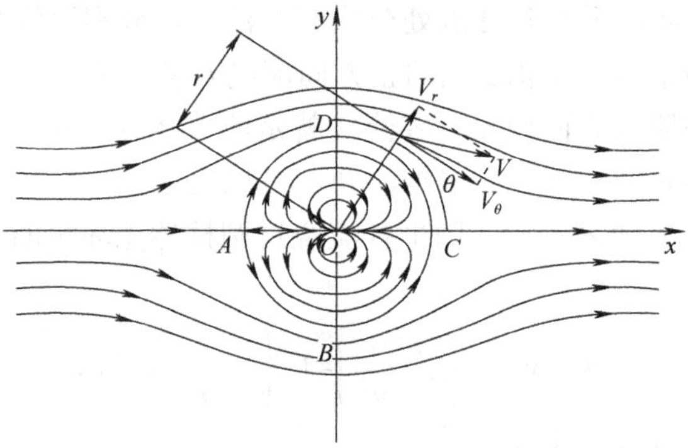

图 4-15　平面流和偶极流的叠加

由图 4-15 可知，圆柱体表面上的速度分布关于 x 轴对称，上半圆周面上速度为顺时针方向，下半圆周面上速度为逆时针方向，沿圆柱体圆形周线的速度环量为

$$\Gamma = \oint v_\theta \mathrm{d}s = -V_\infty r \left(1 + \frac{r_0^2}{r^2}\right) \oint \sin\theta \mathrm{d}\theta = 0$$

所以，平行流绕过圆柱体的二维流动的速度环量为零。

对于圆柱体表面上的压强，根据式(4-123)和式(4-124)，与伯努利方程得

$$\frac{p}{\rho} + \frac{V^2}{2} = \frac{p_\infty}{\rho} + \frac{V_\infty^2}{2}$$

式中，p_∞ 为无穷远处流体的压强。将式(4-129)和式(4-130)代入上式，得

$$p = p_\infty + \frac{1}{2}\rho V_\infty^2 \left(1 - 4\sin^2\theta\right) \tag{4-125}$$

由式(4-119)和式(4-120)可以看出，沿圆柱面上压强的大小作周期性变化，变化周期为 π，驻点处的压强最大，而弦点处的压强最小。习惯上采用量纲为 1 的压力系数来表示圆柱面上的压强，压力系数定义为

$$C_p=\frac{p-p_\infty}{\frac{1}{2}\rho V_\infty^2}=1-\left(\frac{V}{V_\infty}\right)^2 \tag{4-126}$$

将式(4-125)代入式(4-126)，得

$$C_p=1-4\sin^2\theta \tag{4-127}$$

由式(4-127)可知，沿圆柱面量纲为 1 的压力系数和圆柱体的半径 r_0、无穷远处的速度 V_∞ 和压强 p_∞ 均无关系，仅仅是极角 θ 的函数，这就是采用压力系数的方便之处。量纲为 1 的系数的这个特征也可推广到其他形状的物体上，如飞机机翼和其他叶片的叶型。根据式(4-127)可知，圆柱表面上 A、B、C、D 各点的压力系数和压强为

$$A\text{ 点：}\ \theta=180^\circ,\ C_p=1,\ p=p_\infty+\frac{1}{2}\rho V_\infty^2$$

$$B\text{ 点：}\ \theta=270^\circ,\ C_p=-3,\ p=p_\infty-\frac{3}{2}\rho V_\infty^2$$

$$C\text{ 点：}\ \theta=0^\circ,\ C_p=1,\ p=p_\infty+\frac{1}{2}\rho V_\infty^2$$

$$D\text{ 点：}\ \theta=90^\circ,\ C_p=-3,\ p=p_\infty-\frac{3}{2}\rho V_\infty^2$$

将式(4-127)计算出的量纲为 1 的理论压力系数表示在图 4-16 中，可以看到，$180^\circ\leqslant\theta\leqslant360^\circ$ 范围内的压强分布曲线和 $0^\circ\leqslant\theta\leqslant180^\circ$ 范围内的完全一样，即圆柱面上的压强分布既对称于 x 轴，又对称于 y 轴。因此，流体在圆柱面上的压力水平合力和垂直合力均等于零，即流体作用在圆柱体上的合外力为零。

现在证明作用在圆柱面上的合外力为零。如图 4-17 所示，取单位长度圆柱体，作用在微元面 $\mathrm{d}s\cdot1=r_0\mathrm{d}\theta\cdot1$ 上的微元压力 $\mathrm{d}\boldsymbol{F}=-pr_0\mathrm{d}\theta\boldsymbol{n}$，负号表示作用力方向为圆柱表面内法线方向，则 $\mathrm{d}\boldsymbol{F}$ 在 x 和 y 轴方向的投影分别为

$$\mathrm{d}F_x=-pr_0\cos\theta\mathrm{d}\theta$$

$$\mathrm{d}F_y=-pr_0\sin\theta\mathrm{d}\theta$$

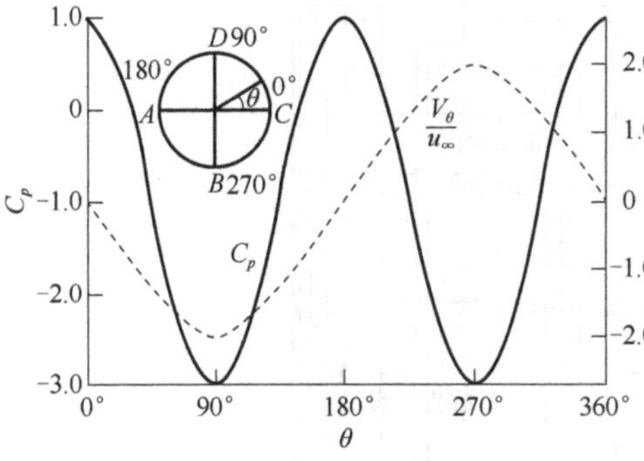

图 4-16　切向速度和压力系数沿圆柱面的分布

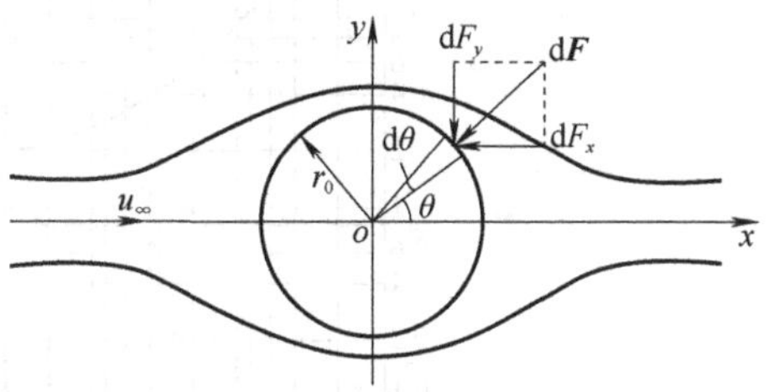

图 4-17　作用在圆柱面上的合外力

以上两式中的负号表示和坐标轴正方向相反。将式(4-131)代入以上两式并积分便得到流体作用在圆柱面上水平分力 F_D 和垂直分力 F_L

$$F_D=F_x=-\int_0^{2\pi}r_0\left[p_\infty+\frac{1}{2}\rho V_\infty^2\left(1-4\sin^2\theta\right)\right]\cos\theta\mathrm{d}\theta=0$$

$$F_L = F_y = -\int_0^{2\pi} r_0 \left[p_\infty + \frac{1}{2}\rho V_\infty^2 \left(1 - 4\sin^2\theta\right) \right] \sin\theta \mathrm{d}\theta = 0$$

即流体作用在圆柱体上的合外力等于零。流体作用在圆柱体上的总压力沿 x 轴和 y 轴的分量，即圆柱体受到的与来流方向平行和垂直的作用力，分别称为流体作用在圆柱体上的阻力 F_D 和升力 F_L。上述结论表明，当理想流体平行流无环量绕圆柱体时，圆柱体既不受阻力作用，也不受升力作用。这一结论可以推广到理想流体平行流绕过任意形状柱体无环量无分离的二维流动。

以上理论推导的结果和实际观察结果有很大的差别，这就是著名的达朗贝尔疑题，因为即使是对于黏性很小的流体(如空气)，当流体绕圆柱体和其他物体时，物体也会受到一定的阻力。

事实上，实际流体具有黏性，即使是黏性很小的流体，黏性力在靠近圆柱体表面的区域也不能忽略，在黏性力的作用下，紧贴圆柱表面的一层(称为边界层)内流体会在圆柱面下游某处发生分离而形成尾部涡流区，该区域内的压力大体是均匀的，这样，圆柱表面前、后半周上的压力分布不再相同，前半周表面上的总压力要大于后半周表面上的总压力，形成了所谓的压差阻力。但是，理想流体绕物体的无旋流动并非毫无用处，一般将边界层的流体流动看成理想流体的无旋流动，将它和边界层理论相结合，能够较方便地解决实际流体的绕流问题。

利用量纲分析理论，可得

$$C_D = f\left(Re\right)$$

式中

$$C_D = F_D \big/ \rho V_\infty^2 r_0$$

又称作无量纲阻力系数。

由大量实验可得到图 4-18 所示的圆柱绕流阻力系数与雷诺数的确定关系。由图 4-18 可以看到，约在 $Re=2\times10^5$ 处阻力系数 C_D 发生骤然下降，而约在 $Re=5\times10^5$ 处阻力系数又开始明显回升。骤然下降点称作临界点，临界点以前的状态称作亚临界状态，临界点以后的状态称作超临界状态。

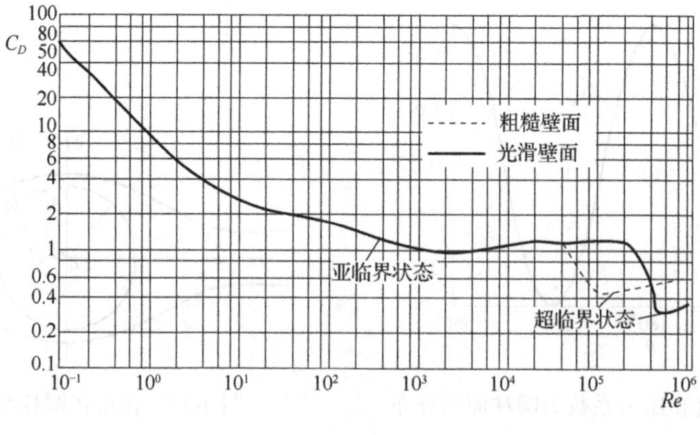

图 4-18　圆柱绕流阻力系数

4.6.2　有环量圆柱绕流

有环量绕圆柱体的不可压缩流体的二维无旋流动是由平行流绕过圆柱体无环量的

二维流动和点涡流动(除点涡中心外)叠加而成的，如图 4-19 所示。根据此叠加原理，分别将平行流绕过圆柱体无环量的二维流动的速度势函数(式(4-118))和点涡流动的速度势函数(式(4-93))相叠加，得到有环量绕圆柱体的二维无旋流动的复合速度势函数为

$$\varphi=V_\infty\left(1+\frac{r_0^2}{r^2}\right)r\cos\theta+\frac{\Gamma}{2\pi}\theta \tag{4-128}$$

同理，将平行流绕过圆柱体无环量的二维流动的流函数(式(4-117))和点涡流动的流函数(式(4-94))相叠加，得到有环量绕流圆柱体的二维无旋流动的复合流函数为

$$\psi=V_\infty\left(1-\frac{r_0^2}{r^2}\right)r\sin\theta-\frac{\Gamma}{2\pi}\ln r \tag{4-129}$$

根据式(4-129)，速度分布为

$$v_r=\frac{\partial\varphi}{\partial r}=V_\infty\left(1-\frac{r_0^2}{r^2}\right)\cos\theta \tag{4-130}$$

$$v_\theta=\frac{1}{r}\frac{\partial\varphi}{\partial\theta}=-V_\infty\left(1+\frac{r_0^2}{r^2}\right)\sin\theta+\frac{\Gamma}{2\pi r} \tag{4-131}$$

对于圆柱体表面，即 $r=r_0$，$\psi=-\dfrac{\Gamma}{2\pi}\ln r_0=\text{const}$，表明圆柱体表面圆周线本身是一条流线，符合理想流体紧贴圆柱表面流动的要求。根据式(4-130)和式(4-131)，在圆柱表面上的速度分布为

$$v_r=0 \tag{4-132}$$

$$v_\theta=-2V_\infty\sin\theta+\frac{\Gamma}{2\pi r_0} \tag{4-133}$$

式(4-131)说明，流体没有径向流动，只有切向速度，即与圆柱体没有分离现象。对于无穷远处，即 $r\to\infty$ 时，$v_r=V_\infty\cos\theta$，$v_\theta=V_\infty\sin\theta$，总速度仍为 V_∞，即在远离圆柱体处流场仍保持为平行流。

如图 4-19 所示，叠加的环流为顺时针方向，即当 $\Gamma<0$ 时，在圆柱体的上部环流的速度方向与平行流绕过圆柱体的速度方向相同，而在下部则相反。叠加的结果是，在上半圆柱区域速度有所增大，而在下半圆柱区域速度有所减小。这样，圆柱面上的速度分布不再关于 x 轴对称，驻点 A 和 B 的位置也下移至 x 轴下。为确定驻点 A 和 B 的具体位置，令式(4-132)和式(4-133)中 $v_\theta=0$，可得驻点 A 和 B 的位置角满足

$$\sin\theta=\frac{\Gamma}{4\pi r_0 V_\infty} \tag{4-134}$$

由式(4-134)可知，驻点的位置角除了和圆柱体半径 r_0 有关，还和点涡量 Γ、平行流速度 V_∞ 有关。根据 Γ 的大小不同，驻点位置可以分为下面三种情况。

(1) 若 $|\Gamma|<4\pi r_0V_\infty$，则 $|\sin\theta|<1$，又因为 $\sin(-\theta)=\sin[-(\pi-\theta)]$，则圆柱体表面上有两个驻点关于 y 轴左右对称，分别位于第三和第四象限内，如图 4-20(a)所示。在 V_∞ 保持常量的情况下，A、B 两个驻点的位置随着 $|\Gamma|$ 值的增加而向下移动，并相互靠拢。

(2) 若 $|\Gamma|=4\pi r_0V_\infty$，则 $|\sin\theta|=1$，这意味着驻点 A、B 汇聚为一点，位于圆柱面的最下端，如图 4-20(b)所示。

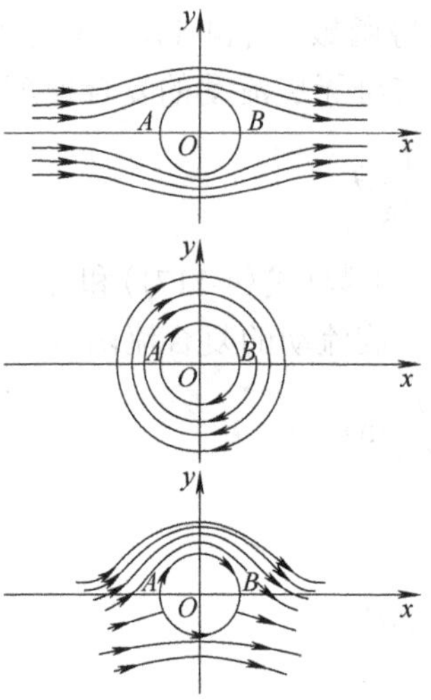

图 4-19　平行流绕过圆柱体无环量流动和纯环流的叠加

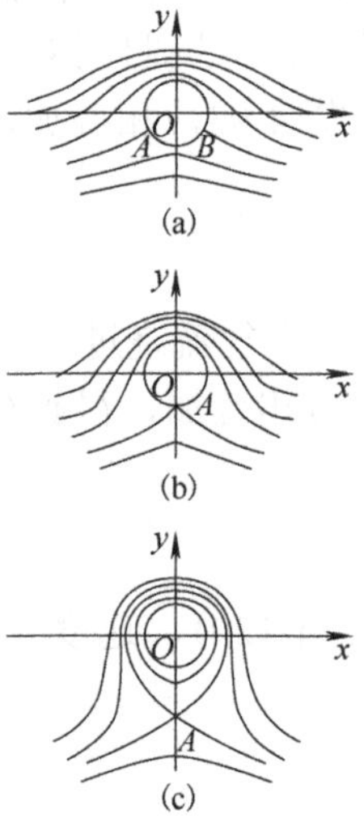

图 4-20　平行流绕过圆柱体有环量流动

(3) 若 $|\Gamma| > 4\pi r_0 V_\infty$，则 $|\sin\theta| > 1$，θ 无解，这意味着在圆柱面上已经不存在驻点，驻点脱离圆柱面下移至 y 轴上相应位置 $(0,-r)$，如图 4-20(c) 所示。为确定驻点 A 的位置 r，令式(4-130)和式(4-131)中的 v_r 和 v_θ 均等于零，即

$$\begin{cases} v_r = 0 = V_\infty\left(1-\dfrac{r_0^2}{r^2}\right)\cos\theta \\ v_\theta = 0 = -V_\infty\left(1+\dfrac{r_0^2}{r^2}\right)\sin\theta + \dfrac{\Gamma}{2\pi r} \end{cases}$$

由于 $r \neq r_0$，由上式中第一式可得 $\theta=\dfrac{\pi}{2}$ 或 $\theta=\dfrac{3\pi}{2}$。但由上式中第二式可知，仅当 $\theta=\dfrac{3\pi}{2}$ 时才能满足条件，故驻点位于 y 轴的负半轴上。将 $\theta=\dfrac{3\pi}{2}$ 代入第二式中，可得驻点在 y 轴上的位置 r 的两个解为

$$r_1 = \frac{\Gamma}{4\pi V_\infty} + \frac{1}{2}\left[\left(\frac{\Gamma}{2\pi V_\infty}\right)^2 - 4r_0^2\right]^{\frac{1}{2}},\quad r_2 = \frac{\Gamma}{4\pi V_\infty} - \frac{1}{2}\left[\left(\frac{\Gamma}{2\pi V_\infty}\right)^2 - 4r_0^2\right]^{\frac{1}{2}}$$

很明显，解 r_2 表示驻点在圆柱体内，没有实际意义，而解 r_1 表示驻点在圆柱体外，具有实际意义。这样，全流场便由经过驻点 A 的闭合流线划分为内外两个区域：外部区域是平行流绕过圆柱体有环流的流动，而在闭合流线和圆柱面之间的内部区域却自成闭合环流，但流线不是圆形的。

以上讨论的是叠加环流 $\Gamma < 0$ 的情形。对于环流 $\Gamma > 0$ 的情况，由式(4-134)可见，驻点的位置与上面讨论的情况正好相差180°。当 $|\Gamma| < 4\pi r_0 V_\infty$ 时，驻点 A 和 B 位于第一、第二象限；当 $|\Gamma| = 4\pi r_0 V_\infty$ 时，重合的驻点 A 位于圆柱面的最上端；当 $|\Gamma| > 4\pi r_0 V_\infty$ 时，自由驻点 A 在圆柱体的正 y 轴上。

圆柱面上的压力分布可以根据伯努利方程推导得到：将圆柱面上的速度分布(式(4-132)和式(4-133))代入伯努利方程，可得到压力分布为

$$
\begin{aligned}
p &= p_\infty + \frac{1}{2}\rho V_\infty^2 - \frac{1}{2}\rho\left(v_r^2 + v_\theta^2\right) \\
&= p_\infty + \frac{1}{2}\rho\left[V_\infty^2 - \left(-V_\infty \sin\theta + \frac{\Gamma}{2\pi r_0}\right)^2\right]
\end{aligned} \tag{4-135}
$$

采用和前面讨论流体在圆柱体上的作用力一样的方法，得到流体作用在单位长度圆柱体的阻力 F_D 和升力 F_L 为

$$
\begin{aligned}
F_D = F_x &= -\int_0^{2\pi} p r_0 \cos\theta \mathrm{d}\theta \\
&= -\int_0^{2\pi}\left\{p_\infty + \frac{1}{2}\rho\left[V_\infty^2 - \left(-2V_\infty \sin\theta + \frac{\Gamma}{2\pi r_0}\right)^2\right]\right\} r_0 \cos\theta \mathrm{d}\theta \\
&= -r_0\left(p_\infty + \frac{1}{2}\rho V_\infty^2 - \frac{\rho\Gamma^2}{8\pi^2 r_0^2}\right)\int_0^{2\pi}\cos\theta \mathrm{d}\theta - \frac{\rho V_\infty \Gamma}{\pi}\int_0^{2\pi}\sin\theta\cos\theta \mathrm{d}\theta \\
&\quad + 2r_0\rho V_\infty^2\int_0^{2\pi}\sin^2\theta\cos\theta \mathrm{d}\theta = 0
\end{aligned} \tag{4-136}
$$

$$
\begin{aligned}
F_L = F_y &= -\int_0^{2\pi} p r_0 \sin\theta \mathrm{d}\theta \\
&= -\int_0^{2\pi}\left\{p_\infty + \frac{1}{2}\rho\left[V_\infty^2 - \left(-2V_\infty \sin\theta + \frac{\Gamma}{2\pi r_0}\right)^2\right]\right\} r_0 \sin\theta \mathrm{d}\theta \\
&= -r_0\left(p_\infty + \frac{1}{2}\rho V_\infty^2 - \frac{\rho\Gamma^2}{8\pi^2 r_0^2}\right)\int_0^{2\pi}\sin\theta \mathrm{d}\theta - \frac{\rho V_\infty \Gamma}{\pi}\int_0^{2\pi}\sin^2\theta \mathrm{d}\theta \\
&\quad + 2r_0\rho V_\infty^2\int_0^{2\pi}\sin^3\theta \mathrm{d}\theta \\
&= -\rho V_\infty \Gamma
\end{aligned} \tag{4-137}
$$

式(4-137)就是库塔-茹科夫斯基升力公式。它表明在理想流体平行流绕过圆柱体有环量的流动中，在垂直于来流方向上，流体作用于单位长度圆柱体上的升力等于流体密度 ρ、来流速度 V_∞ 和速度环量 Γ 三者的乘积。式(4-137)中的负号表示：若速度环量 $\Gamma<0$，即环流方向为顺时针方向，则升力竖直向上；若速度环量 $\Gamma>0$，即环流方向为逆时针方向，则升力竖直向下。总而言之，升力方向为由来流速度方向沿逆速度环流的方向旋转 90° 来确定，如图 4-21 所示。

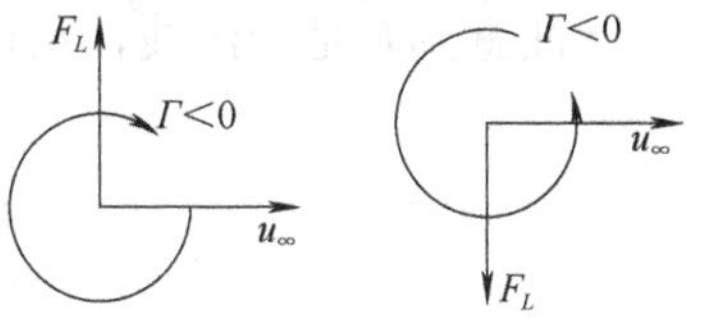

图 4-21　升力方向

虽然上述推导过程是基于圆柱形物体的绕流问题，但库塔-茹科夫斯基升力公式也可以推广应用于理想流体平行流绕过任意形状柱体有环量、沿表面无脱离的二维流动。例如，在具有流线型外形(翼型)物体绕流中，物体获得了垂直于运动方向上的升力，这正是诸如飞机机翼、汽轮机、燃气轮机、泵与风机、压气机、水轮机等流体机械中获取动力或实现能量转换的工作原理。

4.7　布拉休斯公式

设 l_b 为柱体的横截面周线，由边界条件知，在绝对坐标系中，l_b 为流线，如图 4-22

所示。为确定柱体表面所承受的合力及合力矩，必须首先讨论流场中压力分布形式。采用绝对坐标系，即坐标固定于不动物体。

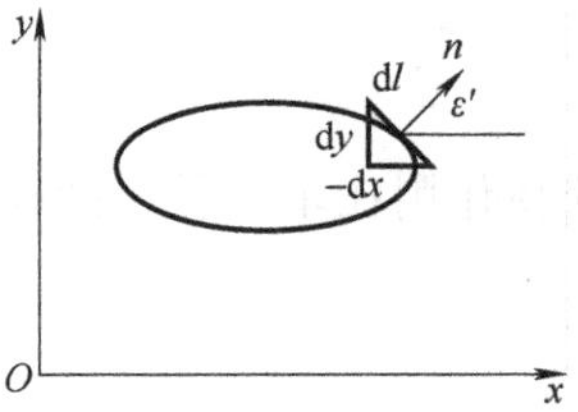

图 4-22　柱体表面所受合力

由伯努利方程知

$$p = c - \frac{1}{2}\rho V^2$$

式中，c 为常数。而速度的平方可以用复速度与共轭复速度的乘积来表示。

$$\frac{\mathrm{d}\chi}{\mathrm{d}z}\frac{\mathrm{d}\overline{\chi}}{\mathrm{d}\overline{z}} = (u - iv)(u + iv) = u^2 + v^2 = V^2$$

代入上式，可得

$$p = c - \frac{1}{2}\rho\frac{\mathrm{d}\chi}{\mathrm{d}z}\cdot\frac{\mathrm{d}\overline{\chi}}{\mathrm{d}\overline{z}} \tag{4-138}$$

1. **拉布休斯合力公式**

忽略质量力，不可压理想流体定常平面流动，作用在物体上的合力为

$$\boldsymbol{F} = -\oint_{l_b}\boldsymbol{n}p\mathrm{d}l = -\oint_{l_b}p(\boldsymbol{i}\cos\varepsilon' + \boldsymbol{j}\sin\varepsilon')\mathrm{d}l = -\oint_{l_b}(\boldsymbol{i}p\mathrm{d}y - \boldsymbol{j}p\mathrm{d}x)$$

或可写成分量形式

$$F_x = -\oint_{l_b}p\mathrm{d}y$$

$$F_y = \oint_{l_b}p\mathrm{d}x$$

于是

$$F_x - iF_y = -\oint_{l_b}p(\mathrm{d}y + i\mathrm{d}x) = -i\oint_{l_b}p\mathrm{d}\overline{z}$$

代入式(4-138)得

$$F_x - iF_y = -i\oint_{l_b}\left[c - \frac{1}{2}\rho\frac{\mathrm{d}\chi}{\mathrm{d}z}\cdot\frac{\mathrm{d}\overline{\chi}}{\mathrm{d}\overline{z}}\right]\mathrm{d}\overline{z}$$

$$= i\frac{\rho}{2}\oint_{l_b}\frac{\mathrm{d}\chi}{\mathrm{d}z}\cdot\frac{\mathrm{d}\overline{\chi}}{\mathrm{d}\overline{z}}\mathrm{d}\overline{z} \tag{4-139}$$

注意到 l_b 是一流线，沿流线 $\mathrm{d}\psi = 0$，因此

$$\frac{\mathrm{d}\chi}{\mathrm{d}z}\mathrm{d}z = \mathrm{d}\chi = \mathrm{d}\varphi + i\mathrm{d}\psi = \mathrm{d}\varphi$$

$$\frac{\mathrm{d}\overline{\chi}}{\mathrm{d}\overline{z}}\mathrm{d}\overline{z} = \mathrm{d}\overline{\chi} = \mathrm{d}\varphi - i\mathrm{d}\psi = \mathrm{d}\varphi$$

因此在物面上有

$$\overline{\frac{\mathrm{d}\chi}{\mathrm{d}z}}\mathrm{d}\overline{z} = \frac{\mathrm{d}\overline{\chi}}{\mathrm{d}\overline{z}}\mathrm{d}\overline{z} = \frac{\mathrm{d}\chi}{\mathrm{d}z}\mathrm{d}z \tag{4-140}$$

将此关系代入式(4-139)可得

$$F_x - iF_y = i\frac{\rho}{2}\oint_{l_b}\left(\frac{\mathrm{d}\chi}{\mathrm{d}z}\right)^2\mathrm{d}z \tag{4-141}$$

这就是关于物面受力的布拉休斯合力公式。

2. **布拉休斯合力矩公式**

作用在物面上的合力对于坐标原点的合力矩为

$$\begin{aligned}\boldsymbol{M}_0 &= M_0\boldsymbol{k} = -\oint_{l_b} \boldsymbol{r}\times\boldsymbol{n}p\mathrm{d}l \\ &= -\oint_{l_b} p\left(x\boldsymbol{i}+y\boldsymbol{j}\right)\times\left(\boldsymbol{i}\cos\varepsilon'+\boldsymbol{j}\sin\varepsilon'\right)\mathrm{d}l \\ &= -\oint_{l_b} p\left(x\boldsymbol{i}+y\boldsymbol{j}\right)\times\left(\boldsymbol{i}\mathrm{d}y-\boldsymbol{j}\mathrm{d}x\right) \\ &= \oint_{l_b} p\left(x\mathrm{d}x+y\mathrm{d}y\right)\boldsymbol{k}\end{aligned}$$

所以

$$\begin{aligned}M_0 &= \oint_{l_b} p\left(x\mathrm{d}x+y\mathrm{d}y\right) \\ &= \oint_{l_b}\left[c-\frac{\rho}{2}\frac{\mathrm{d}\chi}{\mathrm{d}z}\overline{\frac{\mathrm{d}\chi}{\mathrm{d}z}}\right]\mathrm{Re}\left(z\mathrm{d}z\right) \\ &= -\frac{\rho}{2}\mathrm{Re}\left[\oint_{l_b}\frac{\mathrm{d}\chi}{\mathrm{d}z}\overline{\frac{\mathrm{d}\chi}{\mathrm{d}z}}z\mathrm{d}\bar{z}\right]\end{aligned}$$

式中，Re 表示实部。

将物面条件式(4-140)代入上式可得

$$M_0 = -\frac{\rho}{2}\mathrm{Re}\left[\oint_{l_b}\left(\frac{\mathrm{d}\chi}{\mathrm{d}z}\right)^2 z\mathrm{d}z\right] \tag{4-142}$$

这就是关于物面受力的布拉休斯合力矩公式。

应当指出，布拉休斯合力及合力矩公式(4-141)、式(4-142)都是对定常流而言的，因为压力是利用伯努利方程求得的。对于非定常流动，则应利用柯西-拉格朗日积分公式

$$p = c-\frac{\partial\varphi}{\partial t}-\frac{1}{2}V^2$$

式中，c 是以 t 作为参数的常数。

可见，在不定常流中，物体所受的力还应加上

$$\oint_{l_b}\frac{\partial\varphi}{\partial t}\boldsymbol{n}\mathrm{d}l$$

4.8　茹科夫斯基翼型绕流

在流场中，除被绕流的物体以外还有其他的固体边界(平面的或曲面的)，这时固体壁面对流动的影响将改变流动的边界条件，从而改变绕流物体的复势。对于此类问题，可利用保角变换进行求解。

4.8.1　物体绕流的保角变换方法的基本思想

1. 保角变换

设在 $z=x+\mathrm{i}y$ 平面上一个复杂的流动边界，借助某一解析变换函数

$$\zeta = g\left(z\right) \tag{4-143}$$

可以变换到 $\zeta=\xi+\mathrm{i}\eta$ 平面上另外的流动边界。称 $z=x+\mathrm{i}y$ 平面为原平面或物理平面，也简称 z 平面；$\zeta=\xi+\mathrm{i}\eta$ 为变换平面或辅助平面，也简称 ζ 平面。由于解析函数的性质，这种

变换是一一对应的，因此 z 平面上的各点与 ζ 平面上各点通过式(4-143)的关系一一对应，如图 4-23 中的 z_0 点与 ζ_0 点。式(4-143)的逆变换为

$$z=g^{-1}(\zeta) \tag{4-144}$$

式中，g^{-1} 表示 g 的反函数。

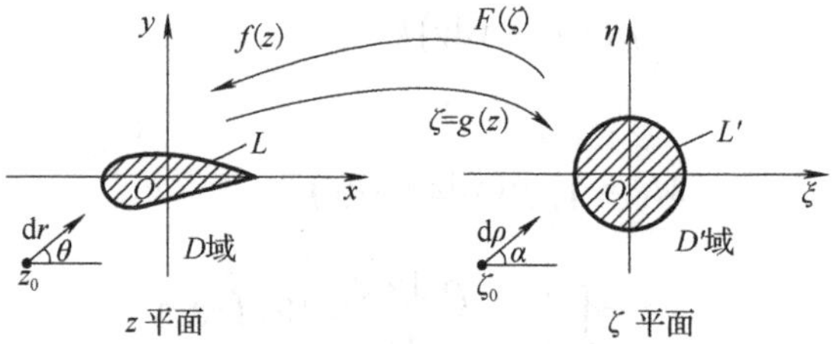

图 4-23　保角变换法原理

由式(4-143)得

$$\mathrm{d}\zeta=g'(z)\mathrm{d}z \tag{4-145}$$

显然，z 平面上的一个微小线段 dz 映射到 ζ 平面的 dζ 应符合上述关系，所以 $g'(z)$ 是两个微小线段的变换时的长度比尺和角度的旋转。因为每一个点只有一个 $g'(z)$ 值，因而同一点上的微小线段的变换比尺和旋转角度是一样的。但是，因 $g'(z)$ 是 z 的函数，它的值随 z 的位置不同而变化，所以变换比尺是随 z 而变化的。因为同一点两个线段的夹角在变换过程中保持不变，所以称这种变换为保角变换或保角映射。

在 z 平面上 z_0 处有两个微小线段 $(\mathrm{d}z)_1$ 和 $(\mathrm{d}z)_2$，如图 4-24 所示，通过式(4-143)变换到 ζ 平面上，对应点 ζ_0 处有两个微小线段 $(\mathrm{d}\zeta)_1$ 和 $(\mathrm{d}\zeta)_2$，因复变函数求导与方向无关，则

$$\frac{(\mathrm{d}\zeta)_1}{(\mathrm{d}z)_1}=\frac{(\mathrm{d}\zeta)_2}{(\mathrm{d}z)_2}=g'(z_0)$$

令 $g'(z_0)=\sigma\mathrm{e}^{\mathrm{i}\beta}$，则 $(\mathrm{d}z)_1$ 和 $(\mathrm{d}\zeta)_1$ 的映射关系为 $(\mathrm{d}\zeta)_1=\sigma\mathrm{e}^{\mathrm{i}\beta}(\mathrm{d}z)_1$，表示 $(\mathrm{d}\zeta)_1$ 大小等于 $(\mathrm{d}z)_1$ 的 σ 倍，σ 成为放大系数或变化比尺；$(\mathrm{d}\zeta)_1$ 的方位幅角为 $(\mathrm{d}z)_1$ 的幅角再向正方向旋转一个 β 角。$(\mathrm{d}z)_2$ 和 $(\mathrm{d}\zeta)_2$ 的映射关系为 $(\mathrm{d}\zeta)_2=\sigma\mathrm{e}^{\mathrm{i}\beta}(\mathrm{d}z)_2$，意义同前。因此，$z$ 平面上一个微元三角形映射到 ζ 平面上必为一个相似的微元三角形。

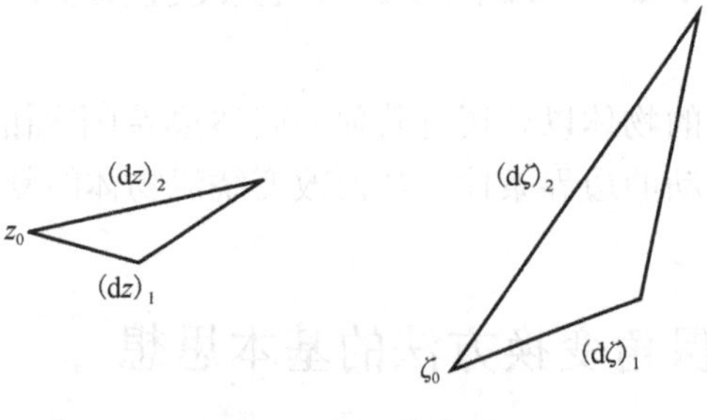

图 4-24　保角变换关系

在 ζ 平面上的复势为 $F(\zeta)=\Phi+\mathrm{i}\Psi$，这个函数在 D' 域和边界线 L' 上连续且在 D' 域内的解析函数(图 4-23)，其中速度势函数 Φ 和流函数 Ψ 均为调和函数，分别满足拉普拉斯方程。可以证明，ζ 平面上的复势为 $F(\zeta)$ 通过保角变换后在 z 平面上仍然是复势，z 平面上

的复势为 $f(z)=\varphi+\mathrm{i}\psi$，反之亦然。这意味着，若对于某些简单形状物体在某一平面上的解是已知的，则通过式(4-143)就可以得到复杂形状物体的复势。

通过式(4-147)可以把 ζ 平面变换到 z 平面，即

$$f(z)=f\left[g^{-1}(\zeta)\right]=F(\zeta) \tag{4-146}$$

在 ζ 平面和 z 平面的对应点上有 $\varphi+\mathrm{i}\psi=\Phi+\mathrm{i}\Psi$，因此 $\varphi=\Phi$ 和 $\psi=\Psi$，说明物理平面上一点的流速势 φ 和流函数 ψ 分别与辅助平面上对应点的流速势 Φ 和流函数 Ψ 对应。保角变换中，对应点上的复势将变换关系直接代入即可求得。

对于复速度，则由式(4-145)和式(4-146)可得

$$\frac{\mathrm{d}f}{\mathrm{d}z}\mathrm{d}z=\frac{\mathrm{d}f}{\mathrm{d}z}\frac{\mathrm{d}\zeta}{g'(z)}=\mathrm{d}F$$

$$\frac{\mathrm{d}F}{\mathrm{d}\zeta}=\frac{1}{g'(z)}\frac{\mathrm{d}f}{\mathrm{d}z} \tag{4-147}$$

式中，$\frac{\mathrm{d}F}{\mathrm{d}\zeta}$ 为 ζ 平面上的复速度；$\frac{\mathrm{d}f}{\mathrm{d}z}$ 为 z 平面上的复速度。此式表明两个平面上的复速度并不相同，但它们互成比例并相差一定角度，这个比例就是所研究点处 $\frac{1}{g'(z)}$ 的模，而相差的角度即该点处 $\frac{1}{g'(z)}$ 的幅角。

可以证明，保角变换对于源、汇和涡的强度没有影响，变换前后两个平面上流场中速度环量和流体动能均不变。

把一个平面上的流动变换到另一个平面上，为保证变换一一对应，解析变换函数(4-143)应满足：两平面无穷远点的对应以及无穷远处该解析变换函数的导数为常数，即

$$z\big|_{\infty}=\zeta\big|_{\infty}=\infty \tag{4-148}$$

$$\left.\frac{\mathrm{d}\zeta}{\mathrm{d}z}\right|_{\infty}=\mathrm{const} \tag{4-149}$$

利用保角变换法求解复杂边界流动的问题，一般以复势已知的典型流动为基本流动(如圆柱绕流)，然后通过解析变换函数，构造各种平面无旋流动的复势。求解方法分为反问题方法和正问题方法。反问题方法是先给出解析变换函数，然后确定对应这种变换的绕流物面型线。正问题方法是先给定绕流物面的型线，然后确定满足式(4-148)和式(4-149)的解析变换式。

2. 茹科夫斯基变换

茹科夫斯基变换关系式可以写成如下形式

$$z=\frac{1}{2}\left(\zeta+\frac{b^2}{\zeta}\right) \tag{4-150}$$

式中，b 为常实数。此变换式可以将 ζ 平面上的圆、圆外域和圆柱绕流，变换为 z 平面上的翼型、翼型外域和翼型绕流。

1) 圆变平板

当 $|\zeta|=b$ 时，$|\zeta|=b$ 的圆方程 $\zeta=b\mathrm{e}^{\mathrm{i}\alpha}$，将其代入式(4-150)得

$$z=\frac{1}{2}\left(b\mathrm{e}^{\mathrm{i}\alpha}+b\mathrm{e}^{-\mathrm{i}\alpha}\right)=b\cos\alpha \tag{4-151}$$

显然，这时 z 平面上的一段直线 AB，在 ζ 平面圆外域变为平板外域。变换在 A 点、B 点不具有保角性。在 A 点的切线与 ζ 轴和 x 轴的夹角分别为 $\pi/2$ 和 π，如图 4-25 所示。

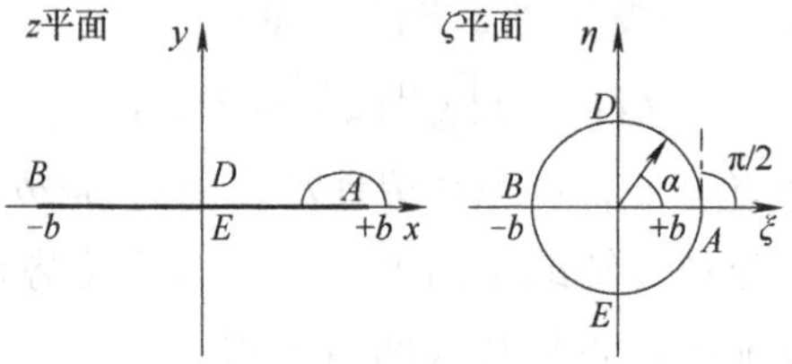

图 4-25　圆变平板

2) 圆变椭圆

当 $|\zeta|=a$ 时，茹科夫斯基变换关系式的逆变换式为

$$\zeta=\frac{z}{2}\pm\sqrt{\frac{z^2}{4}-b^2} \tag{4-152}$$

显然它是多值函数，z 平面上的一个点对应 ζ 平面上的两个点。如果只讨论 $z\to\infty$ 对应于 $\zeta\to\infty$，也就是求解 z 平面上绕流物体周线以外的流动区域对应 ζ 平面上圆周以外的流动区域，则逆变换式取正号，即

$$\zeta=\frac{z}{2}+\sqrt{\frac{z^2}{4}-b^2} \tag{4-153}$$

下面以圆柱绕流为基本流动，利用茹科夫斯基的解析函数，求解无穷远处速度为 V_∞ 的均匀流以冲角 α_0 流向椭圆的绕流问题。

在辅助平面 ζ 平面上，若无穷远处速度为 V_∞，来流沿 ζ 轴，圆心在原点，圆半径为 a，则绕圆柱流动的复势为

$$F(\zeta)=V_\infty\left(\zeta+\frac{a^2}{\zeta}\right)$$

若无穷远处速度为 V_∞，来流与 ζ 轴夹角为 α_0，此时绕圆柱流动的复势应为

$$F(\zeta)=V_\infty\left(\zeta e^{-i\alpha_0}+\frac{a^2}{\zeta}e^{i\alpha_0}\right) \tag{4-154}$$

首先，利用茹科夫斯基解析函数，将 ζ 平面上，圆心在原点，半径为 a ($a>b$) 的圆周线转换到 z 平面。将 $\zeta=ae^{i\alpha}$ 代入式(4-150)，得

$$z=\zeta+\frac{b^2}{\zeta}=ae^{i\alpha}+\frac{b^2}{a}e^{-i\alpha}=\left(a+\frac{b^2}{a}\right)\cos\alpha+i\left(a-\frac{b^2}{a}\right)\sin\alpha=x+iy \tag{4-155}$$

因此

$$x=\left(a+\frac{b^2}{a}\right)\cos\alpha,\quad y=\left(a-\frac{b^2}{a}\right)\sin\alpha \tag{4-156}$$

消去 α，得 z 平面上的流动边界曲线方程为

$$\frac{x^2}{\left(a+\frac{b^2}{a}\right)^2}+\frac{y^2}{\left(a-\frac{b^2}{a}\right)^2}=1 \tag{4-157}$$

由此可见，在 z 平面上是一个椭圆，其长轴位于 x 轴，半轴长为 $\left(a+\dfrac{b^2}{a}\right)$，短轴位于 y 轴，半轴长为 $\left(a-\dfrac{b^2}{a}\right)$。

其次，求椭圆绕流的复势。将式(4-153)代入式(4-157)，无穷远处速度为 V_∞ 的均匀流以冲角 α_0 流向椭圆绕流的复势为

$$f(z)=V_\infty\left[ze^{-i\alpha_0}+\left(\frac{a^2}{b^2}e^{i\alpha_0}-e^{i\alpha_0}\right)\left(\frac{z}{2}-\sqrt{\frac{z^2}{4}-b^2}\right)\right] \tag{4-158}$$

在 ζ 平面上，绕圆柱绕流的驻点位于 $\zeta=ae^{i\alpha_0}$ 和 $\zeta=ae^{i(\alpha_0+\pi)}$，即 $\zeta=\pm ae^{i\alpha_0}$。由式(4-150)可得在 z 平面上与圆柱绕流驻点相应的位置为 $x=\pm\left(a+\dfrac{b^2}{a}\right)\cos\alpha$，$y=\pm\left(a-\dfrac{b^2}{a}\right)\sin\alpha$。

图 4-26 给出了上述变换。当 $\alpha_0=0$ 时，为一水平方向的均匀流绕水平放置的椭圆体的流动；当 $\alpha_0=\pi/2$ 时，为一沿铅直方向的均匀流绕水平放置椭圆体的流动。

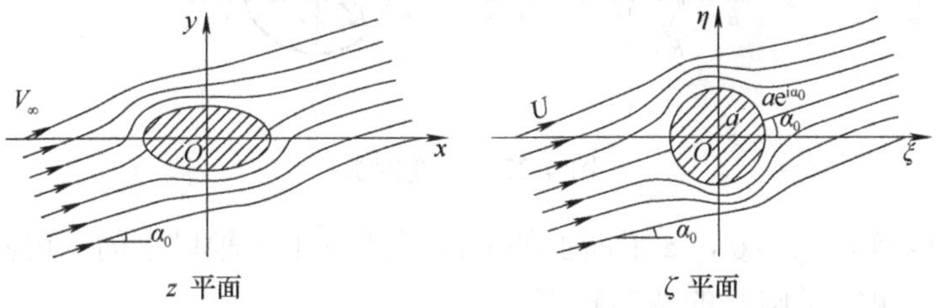

图 4-26　椭圆绕流

3) 圆变圆弧

如图 4-27 所示，ζ 平面上过 A 点、B 点的偏心圆 $|\zeta-f_1|=\sqrt{f_1^2+b^2}$，可以变换为 z 平面上的圆弧。变换关系式(4-150)可写为

$$\begin{aligned}z&=\frac{1}{2}\left(ae^{i\alpha}+\frac{b^2}{a}e^{-i\alpha}\right)\\&=\frac{1}{2}\left[\left(a+\frac{b^2}{a}\right)\cos\alpha+i\left(a-\frac{b^2}{a}\right)\sin\alpha\right]\end{aligned} \tag{4-159}$$

因此

$$x=\frac{1}{2}\left(a+\frac{b^2}{a}\right)\cos\alpha \tag{4-160}$$

$$y=\frac{1}{2}\left(a-\frac{b^2}{a}\right)\sin\alpha \tag{4-161}$$

若取式(4-160)乘 $\sin\alpha$，式(4-161)乘 $\cos\alpha$，分别平方后相减得

$$x^2\sin^2\alpha-y^2\left(1-\sin^2\alpha\right)=b^2\sin^2\alpha\left(1-\sin^2\alpha\right) \tag{4-162}$$

利用余弦公式，并注意到 $a^2=f_1^2+b^2$，则有

$$\sin\alpha=\cos\left(\frac{\pi}{2}-\alpha\right)=\frac{1}{f_1}\left[\frac{1}{2}\left(a-\frac{b^2}{a}\right)\right] \tag{4-163}$$

代入式(4-161)，得到

$$\sin^2\alpha=\frac{y}{f_1} \tag{4-164}$$

代入式(4-162)得 z 平面上对应的曲线方程

$$x^2+\left[y+\frac{1}{2}\left(\frac{b^2}{f_1}-f_1\right)\right]^2=b^2+\frac{1}{4}\left(\frac{b^2}{f_1}-f_1\right)^2 \tag{4-165}$$

显然，这是一个圆方程，圆心位于 $\left(0,-\frac{1}{2}\left(\frac{b^2}{f_1}-f_1\right)\right)$，半径为 $R=\sqrt{b^2+\frac{1}{4}\left(\frac{b^2}{f_1}-f_1\right)^2}$ 。

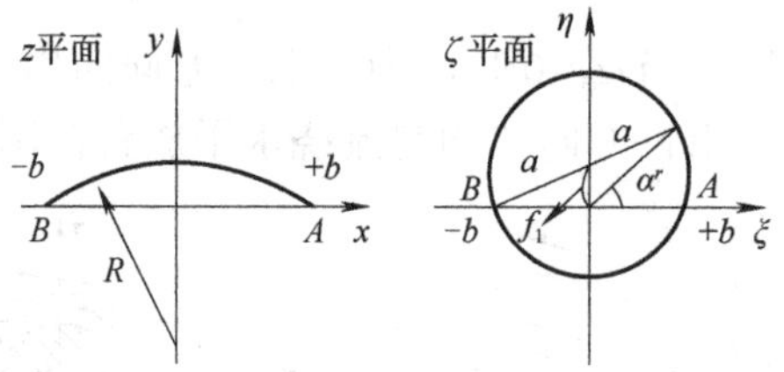

图 4-27　圆变圆弧

由式(4-170)可知，$y>0$，z 平面上的曲线只能位于实轴以上的一段圆弧。$y_{\max}=f_1$，即 b 值给定时，f_1 决定了圆弧的弯曲程度。

4)圆变机翼

已知茹科夫斯基变换

$$z=\frac{1}{2}\left(\zeta+\frac{b^2}{\zeta}\right) \tag{4-166}$$

此式还可以写成

$$\frac{z-b}{z+b}=\left(\frac{\zeta-b}{\zeta+b}\right)^2 \tag{4-167}$$

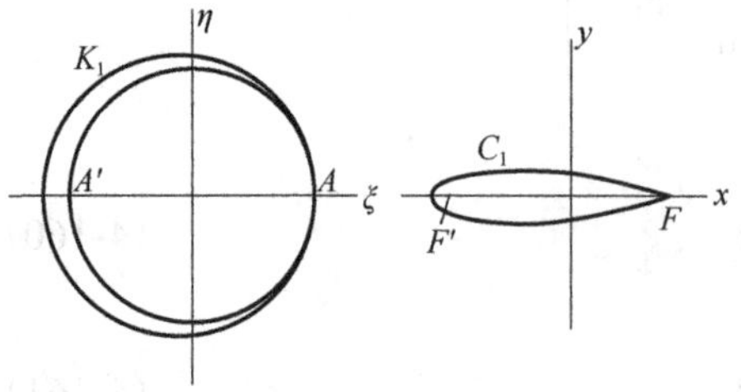

图 4-28　圆变机翼

需要指出的是 $\zeta=\pm b$ 时，$\mathrm{d}z/\mathrm{d}\zeta=0$，于是 $\zeta=\pm b$ 是茹科夫斯基变换的保角映射破坏点，这点从式(4-167)可以看出。A 与 A' 点上的圆弧变成了 F 与 F' 点上的割线(图 4-28)，π 角变成了 2π 角，F 与 F' 成了角点。其次，从式(4-166)看出 ζ 平面中与 ξ 轴或 η 轴对称的曲线经过变换后所得的 z 平面上的对应曲线仍与 x 轴和 y 轴对称。

由此可以看出，为了得到头圆尾尖符合航空要求的翼型，ζ 平面上的出发圆必须通过一个保角映射破坏点，而将另一个保角映射破坏点包在其中。

圆心在原点的基本圆变到长为 $2b$ 的平板 FF' 上，下面考察符合上述要求的偏心圆变到什么样的剖面上。

(1)圆心位于 ζ 轴且通过 A 点的偏心圆族 K_1。

偏心圆族 K_1 的方程为

$$\xi = -\lambda b + (1+\lambda) b e^{i\theta}$$

式中，λ 是表征 ξ 方向偏心距离的一个无量纲参数。将之代入式(4-166) z 平面上对应曲线 C_1 的方程。由于 K_1 是对称于 ξ 轴的，因此 C_1 也将对称于 x 轴，所得的曲线称为茹科夫斯基舵面，它是一个只有厚度没有弯度的翼型。

当 $\lambda \ll 1$ 时，得到对称薄翼。忽略 λ 二级微量以上的项得 C_1 的下列近似公式

$$\begin{cases} x(\theta) = b\cos\theta + \dfrac{1}{2}\lambda b(\cos 2\theta - 1) \\ y(\theta) = b\lambda\left(\sin\theta - \dfrac{1}{2}\sin 2\theta\right) \end{cases} \tag{4-168}$$

易证 θ=2π/3 时，y 取极大值

$$y_{\max} = \frac{3\sqrt{3}}{4} b\lambda$$

其次，茹科夫斯基舵面的翼舷为 $2b$，于是翼型的最大相对厚度为

$$\delta = \frac{2y_{\max}}{2c} = \frac{3\sqrt{3}}{4}\lambda \approx 1.3\lambda \tag{4-169}$$

由此可见，在薄翼的条件下，翼剖面的最大相对厚度 δ 与 λ 成正比。λ 越大，δ 越大；λ 越小，δ 越小。因此，λ 是控制翼型厚度的无量纲参数。

(2)圆心位于 η 轴且通过 A 点(也通过 A' 点)的偏心圆族 K_2。

设 K_2 的圆心在 $(0, c\tan\beta)$ 上，如图 4-29 所示。利用式(4-167)有

$$\arg\left(\frac{z-b}{z+b}\right) = 2\arg\left(\frac{\zeta-b}{\zeta+b}\right) \tag{4-170}$$

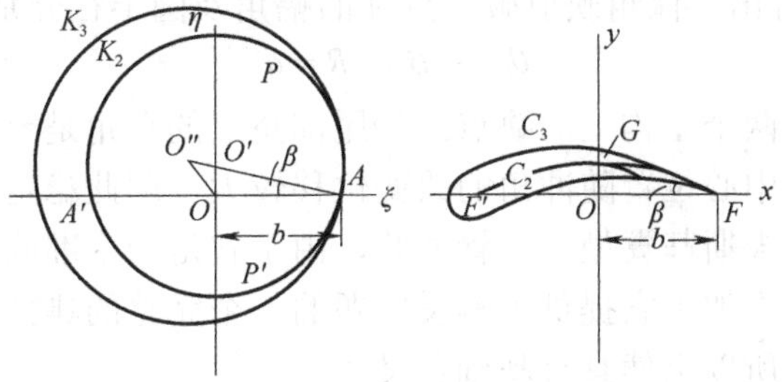

图 4-29　圆变机翼的另一种形式

ξ 轴将圆 K_2 分成 $A'PA$ 和 $A'P'A$ 两部分。在弧 $A'PA$ 及 $A'P'A$ 上 $\arg(\zeta - b) - \arg(\zeta + b)$ 分别为 $\dfrac{\pi}{2} - \beta$ 及 $-\dfrac{\pi}{2} - \beta$。于是根据式(4-170)，在 z 平面的对应曲线上 $\arg(z-b) - \arg(z+b)$ 分别取 $\pi - 2\beta$、$-\pi - 2\beta$。两者都是常数且相差 2π，说明对应的两条曲线都是圆弧而且是重合的(图 4-29 中 $F'GF$)。因为 $LOGF = \dfrac{\pi}{2} - \beta$，故 $OG = c\tan\beta$。圆弧翼剖面的最大相对弯度是

$$f = \frac{OG}{2c} = \frac{1}{2}\tan\beta \tag{4-171}$$

当$\beta \ll 1$，即考虑薄翼时 $$f = 0.5\beta \tag{4-172}$$

于是圆心位于η轴上的偏心圆族对应于只有弯度没有厚度的圆弧翼剖面，其最大相对弯度与β成正比，β是一个控制弯度的无量纲参数。

(3)圆心位于第二象限且通过A点的偏心圆族K_3。

圆心O''的坐标是$\left(-\lambda b, (\lambda+1)b\tan\beta\right)$，它是由控制厚度和弯度的两个参数决定的，因此圆$K_3$的对应曲线$C_3$是一个既有厚度也有弯度的翼剖面，而且头圆尾尖夹角是零度。翼型包住对应于K_2的圆弧C_2，并且与其在F点相切，这样得来的翼型称为茹科夫斯基剖面。

以上详细地讨论了通过A点的不同偏心圆族通过茹科夫斯基变换到什么样的曲线上。通过A点圆心位于第二象限上的偏心圆族变到头圆尾尖的茹科夫斯基剖面族上，而且通过改变λ和β的值可以控制翼型的厚度和弯度，λ和β分别是刻画厚度和弯度的两个无量纲参数。由于茹科夫斯基剖面受两个参数的控制，所以称为两个参数的剖面族。

为了得出茹科夫斯基剖面的空气动力学特性曲线，必须要知道圆心在原点的圆变换到翼型C_3上的映射函数。平移ζ平面上的坐标系，使坐标原点与O''点重合，得ζ'平面。于是ζ'与ζ的变换关系为

$$\zeta = OO'' + \zeta' = b - a\mathrm{e}^{-i\beta} + \zeta'$$

其中，$a = b(1+\lambda)\sec\beta$。将上式代入式(4-166)得

$$z = \frac{1}{2}\left(b - a\mathrm{e}^{-i\beta} + \zeta' + \frac{c^2}{b - a\mathrm{e}^{-i\beta} + \zeta'}\right)$$

$$= \frac{1}{2}\zeta' + \frac{1}{2}\left(b - a\mathrm{e}^{-i\beta}\right) + \frac{b^2}{2\zeta'} - \frac{b^2\left(c - a\mathrm{e}^{-i\beta}\right)}{2\zeta'^2} + \cdots$$

由此得

$$k = \frac{1}{2}, \quad k_0 = \frac{1}{2}\left(b - a\mathrm{e}^{-i\beta}\right), \quad k_1 = \frac{b^2}{2} \tag{4-173}$$

其次，由图4-29可以看出，保角映射破坏点A的幅角及圆半径分别为

$$\theta_0 = -\beta, \quad R = a \tag{4-174}$$

茹科夫斯基翼型有两个结构上的缺点：①尾部角点的夹角是零度，这不仅制造困难，而且也不牢固；②压力中心位置随冲角的改变位移较大，因此稳定性较差。鉴于此，在航空工程中并不采用茹科夫斯基翼型。尽管如此，由于它是一个准确解，人们常利用它来检验近似方法的准确性，再加上它提供了解反问题的一个完整的典型例子，在空气动力学发展史上起过历史作用，所以仍然具有基础意义。

4.8.2 复势与复速度

无穷长柱状物体的绕流都可以化为平面流动问题。设z平面中无穷远处与x轴成α角的理想不可压均匀流V_∞绕物体流过，求复势函数$\chi(z)$。数学中已证明，任何柱状物体的周线都可以变换为ζ平面中的圆，而均匀来流流过圆柱的复势函数$\chi(\zeta)$是已知的。因此，这类问题就归结为寻求将物体周线的外部区域一一对应地变换为圆的外部区域的变换函数

$$z = f(\zeta) \quad 或 \quad \zeta = F(z)$$

为了满足变换的唯一条件，可取两个平面中的无穷远点相对应，无穷远处速度的方向不变，即

$$z \to \infty, \quad \zeta \to \infty, \quad \left(\frac{\mathrm{d}z}{\mathrm{d}\zeta}\right)_{\infty} = m$$

式中，m 为正实数，故有 $\arg f'(\zeta)\big|_{\infty} = 0$。

满足上述条件的变换函数 $z = f(\zeta)$ 的洛朗级数为

$$z = f(\zeta) = k\zeta + k_0 + \frac{k_1}{\zeta} + \frac{k_2}{\zeta^2} + \cdots \tag{4-175}$$

式中，k、k_0、k_1、k_2 分别为待定的复常数，它们均由给定的物体周线和圆半径来确定。

物理平面上来流速度大小为 V_∞，方向与 x 轴成 α 角。

故

$$\left.\frac{\mathrm{d}\chi}{\mathrm{d}z}\right|_{\infty} = V_\infty \mathrm{e}^{-i\alpha}$$

复平面上，经变换后无穷远处的复速度为

$$\left.\frac{\mathrm{d}\chi}{\mathrm{d}\zeta}\right|_{\infty} = \left(\frac{\mathrm{d}\chi}{\mathrm{d}z}\frac{\mathrm{d}z}{\mathrm{d}\zeta}\right)_{\infty} = mV_\infty \mathrm{e}^{-i\alpha}$$

在复平面中，无穷远处速度为 mV_∞，方向与 ξ 轴成 α 角的均匀来流，绕半径为 a 的圆柱有环量流动的复势函数为

$$\chi(\zeta) = mV_\infty\left(\mathrm{e}^{-i\alpha}\zeta + \frac{a^2\mathrm{e}^{i\alpha}}{\zeta}\right) - \frac{i\Gamma}{2\pi}\ln\zeta \tag{4-176}$$

式中，Γ 为绕圆柱的环量。根据保角变换后环量不变的性质，它必须等于物理平面上流动沿物体周线的环量，这就需要由具体的流动情况和物体形状找出定 Γ 的条件。一旦环量决定后，$\chi(\zeta)$ 就完全确定。将 z 与 ζ 的关系式(4-175)和式(4-176)得出物理平面中的流动复势函数 $\chi(z)$。物理平面中的复速度可由下式求出

$$\begin{aligned}\frac{\mathrm{d}\chi(z)}{\mathrm{d}z} &= \frac{\mathrm{d}\chi(f(\zeta))}{\mathrm{d}\zeta}\frac{\mathrm{d}\zeta}{\mathrm{d}z} = \frac{\mathrm{d}\chi}{\mathrm{d}\zeta}\Big/\frac{\mathrm{d}z}{\mathrm{d}\zeta}\\ &= \left[mV_\infty\left(\mathrm{e}^{-i\alpha} - \frac{a^2\mathrm{e}^{i\alpha}}{\zeta^2}\right) - \frac{i\Gamma}{2\pi\zeta}\right]\Big/\frac{\mathrm{d}z}{\mathrm{d}\zeta}\end{aligned} \tag{4-177}$$

4.8.3　库塔-茹科夫斯基假定

考虑具有尖后缘翼型的绕流问题，正如我们在理想流体绕圆柱流动的分析中所看到的，对于给定的圆柱与来流，理论上可以存在各种不同的速度环量值，而且不同的速度环量对应于流场中不同的驻点位置。这对于航空上通常采用的带有尖锐后缘的翼型来说，情况也是类似的。对于给定的来流与翼型，在理想流体范围内，理论上也可以存在三类不同的速度环量值，分别对应后驻点在上表面、尖后缘与下表面三种不同的绕流图案(图 4-30 中的(a)、(b)、(c))。图 4-30(a)和(c)两种情形后缘附近的流体将从翼型表面的一边绕过尖端流到另一边，出现了大于 π 角的绕流。这时在尖端将形成无穷大的速度与无穷大的负压(这在物理上当然是不可能的)。只有在图 4-30(b)情形中，流体将从上下两边顺着翼型表面平滑地流过尖端。在此尖端上，速度是有限的。以上三种图案，实际上存在的究竟是哪一种呢？实验观察发现，当冲角不太大时，翼型绕流问题中的流线确实是平滑地顺翼型上、下表面从后缘流出，后缘点的速度是有限的。也就是说，在图 4-30(a)，(b)和(c)三种流型中，

只有图 4-30(b)是实际存在的。据此，1909 年茹科夫斯基首先提出确定环量的补充条件，即后缘角点处的速度应有限的茹科夫斯基假设。此假设在数学上可表示成

$$\left(\frac{\mathrm{d}\chi(z)}{\mathrm{d}z}\right)_{z_B}=\mathrm{const} \tag{4-178}$$

式中，z_B 是后缘点的坐标。

根据这个重要假设就可以确定环量 Γ 的具体数值。

如图 4-31 所示，设角点 B 在 ζ 平面上对应的是圆上幅角为 θ_0 的点 E。如果 $z=f(\zeta)$ 已知，则 θ_0 是一个已知的量。显然解析函数 $z=f(\zeta)$ 在点 E 的保角性被破坏，因为点 E 上夹角为 π 的曲线变到了点 B 上夹角为 $2\pi-\tau$ 的曲线(τ 是翼型在尖后缘的夹角)，于是在点 E 上必须满足

$$\left(\frac{\mathrm{d}z}{\mathrm{d}\zeta}\right)_{\zeta_E}=0 \tag{4-179}$$

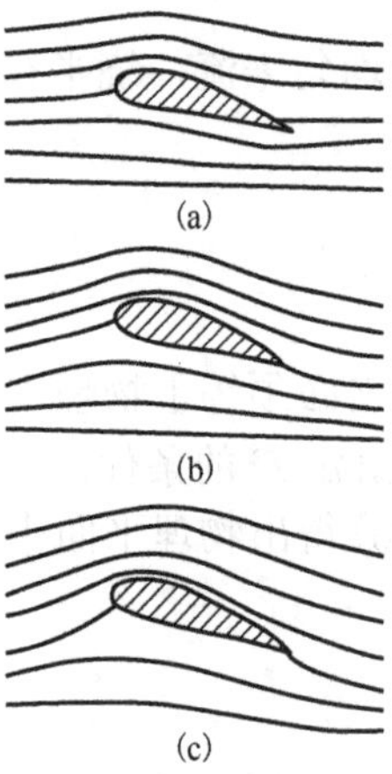

图 4-30　三类不同的翼型绕流

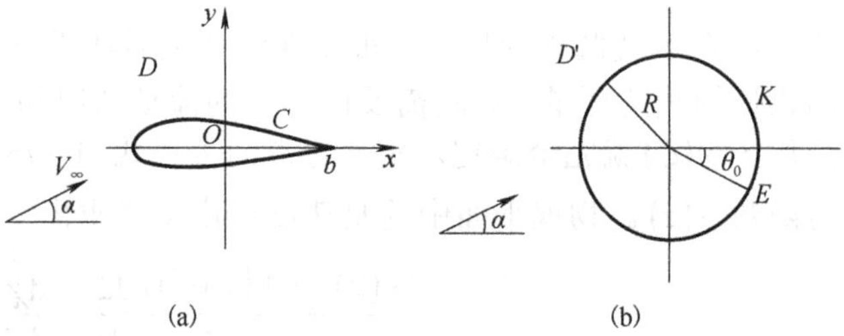

图 4-31　环量的确定

此外点 E 的速度和点 B 的速度存在下列关系

$$\left(\frac{\mathrm{d}\chi(\zeta)}{\mathrm{d}\zeta}\right)_{\zeta_E}=\left(\frac{\mathrm{d}\chi(z)}{\mathrm{d}z}\right)_{z_B}\left(\frac{\mathrm{d}z}{\mathrm{d}\zeta}\right)_{\zeta_E}$$

考虑到式(4-178)、式(4-179)，有

$$\left(\frac{\mathrm{d}\chi(\zeta)}{\mathrm{d}\zeta}\right)_{\zeta_E}=0 \tag{4-180}$$

也就是说 ζ 平面上点 E 是一个驻点，根据圆柱有环量绕流问题中驻点位置和 Γ 的关系式，知道了驻点的位置就可以将 Γ 唯一地确定出来，驻点位置与 Γ 的关系为

$$\sin(\alpha-\theta_0)=-\frac{\Gamma}{4\pi Rk|V_\infty|}$$

现在来流的大小为 $k|V_\infty|$，驻点相对来流的辐角为 $\alpha-\theta_0$，于是 Γ 的数值为

$$\Gamma=-4\pi Rk|V_\infty|\sin(\alpha-\theta_0) \tag{4-181}$$

式中，k 和 θ_0 当 $z=f(\zeta)$ 求出后全是已知的量，R 为半径。

Γ 确定后，$\chi(z)$ 便完全确定了，于是原则上具有后缘角的任意翼型的绕流问题就归结为寻求保角映射函数 $z = f(\zeta)$ 的问题了。

若物体不具有角点，则 Γ 的值须用实验测得或事先给定，而不能从理论上求出。

4.8.4　茹科夫斯基翼型上的升力

现在推导任意物体不脱体绕流问题中周围流体作用在物体上的合力与合力矩。有了合力及合力矩，就可以推出压力中心。

1. 恰普雷金公式

作用在物体上的合力及合力矩一般来说是先求出物体表面上的速度分布，后面根据伯努利定理求出物体表面的压力分布，将压力矢量对物体剖面积分即得作用在物体上的合力；将压力矢量对坐标原点的矩沿物体剖面积分则得作用在物体上的合力矩。在理想不可压平面无旋绕流问题中，因为存在复势，它是解析函数，所以求合力和合力矩的积分公式化为解析函数的封闭回线积分公式，这样的积分是恰普雷金首先导出的，所以称为恰普雷金公式。

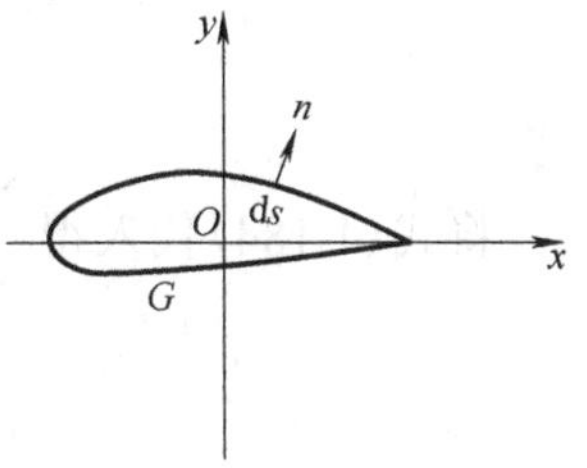

图 4-32　作用在物体上的合力

设物体的边线是 C，它的外法线单位矢量是 $\boldsymbol{n}$，边线的弧元素是 $\mathrm{d}s$（图 4-32），则作用在 C 上的合力为

$$\boldsymbol{F} = -\oint_C p\boldsymbol{n}\mathrm{d}s$$

它在 x、y 两个方向上的分量 F_x、F_y 为

$$\begin{cases} F_x = -\oint_C p\cos(\boldsymbol{n},x)\mathrm{d}s = -\oint_C p\mathrm{d}y \\ F_y = -\oint_C p\cos(\boldsymbol{n},y)\mathrm{d}s = -\oint_C p\mathrm{d}x \end{cases} \tag{4-182}$$

引进复合力 $F_x - iF_y$，由式(4-182)推出

$$F_x - iF_y = -\oint_C p(\mathrm{d}y + i\mathrm{d}x) = -i\oint p\mathrm{d}\bar{z} \tag{4-183}$$

根据伯努利定理，压力可以通过速度表示出来

$$p = C' - \frac{\rho|V|^2}{2} = C' - \frac{\rho}{2}\left(\frac{\mathrm{d}\chi(z)}{\mathrm{d}z}\right)\left(\frac{\mathrm{d}\overline{\chi(z)}}{\mathrm{d}z}\right) \tag{4-184}$$

式中，C' 是伯努利常数。将式(4-184)代入式(4-183)，并考虑到

$$\oint_C \mathrm{d}\bar{z} = 0$$

得

$$F_x - iF_y = \frac{i\rho}{2}\oint_C\left(\frac{\mathrm{d}\chi(z)}{\mathrm{d}z}\right)\left(\frac{\mathrm{d}\overline{\chi(z)}}{\mathrm{d}z}\right)\mathrm{d}\bar{z} \tag{4-185}$$

在 C 上流体质点的速度方向是和剖面切线方向重合的，即 $\left(\dfrac{\mathrm{d}\overline{\chi(z)}}{\mathrm{d}z}\right)_C$ 的辐角和 $(\mathrm{d}z)_C$ 的辐角相同，于是 $\left(\dfrac{\mathrm{d}\overline{\chi(z)}}{\mathrm{d}z}\mathrm{d}\bar{z}\right)_C$ 是实数，在 C 上关系式

$$\overline{\frac{\mathrm{d}\chi(z)}{\mathrm{d}z}}\mathrm{d}\bar{z}=\frac{\mathrm{d}\chi(z)}{\mathrm{d}z}\mathrm{d}z \tag{4-186}$$

成立，将之代入式(4-185)，得

$$F_x-iF_y=\frac{i\rho}{2}\oint_C\left(\frac{\mathrm{d}\chi(z)}{\mathrm{d}z}\right)^2\mathrm{d}z \tag{4-187}$$

这就是合力公式。现在求合力矩公式，合力矩是

$$\boldsymbol{M}=-\oint_C p(\boldsymbol{r}\times\boldsymbol{n})\mathrm{d}s$$

其大小是

$$M=-\oint_C p\left[x\cos(\boldsymbol{n},y)-y\cos(\boldsymbol{n},x)\right]\mathrm{d}s$$
$$=\oint_C p(x\mathrm{d}x+y\mathrm{d}y)=\mathrm{Re}\left(\oint_C pz\mathrm{d}\bar{z}\right)$$

将式(4-184)代入得

$$M=-\frac{\rho}{2}\mathrm{Re}\left(\oint_C\frac{\mathrm{d}\chi(z)}{\mathrm{d}z}\overline{\frac{\mathrm{d}\chi(z)}{\mathrm{d}z}}z\mathrm{d}\bar{z}\right)$$

考虑到式(4-186)，有

$$M=-\frac{\rho}{2}\mathrm{Re}\left[\oint_C\left(\frac{\mathrm{d}\chi(z)}{\mathrm{d}z}\right)^2z\mathrm{d}z\right] \tag{4-188}$$

这就是合力矩公式。式(4-187)和式(4-188)合起来称为恰普雷金公式。

若C外被积函数是解析函数，则积分曲线C可改为C外任一封闭曲线。

恰普雷金公式的优点在于，知道了复势$\chi(z)$后，只须求函数$(\mathrm{d}\chi/\mathrm{d}z)^2$及$z(\mathrm{d}\chi/\mathrm{d}z)^2$沿$C$的封闭曲线积分，即求它们的留数便可按式(4-187)和式(4-188)求出合力及合力矩，而无须按一般的办法求$|V|^2$沿C的积分。求留数的问题要比求普通积分，特别是被积函数十分复杂的积分要方便得多。由于恰普雷金将求合力及合力矩的问题化为复变函数中求留数的问题，因而在计算方面得到很大的简化，所以在理想不可压缩平面无旋运动中，通常采用式(4-187)和式(4-188)计算合力及合力矩。

2. 升力公式，茹科夫斯基定理

现在利用式(4-187)来推导升力公式。

设G是C外圆心在原点的圆。$\mathrm{d}\chi/\mathrm{d}z$在$G$外可展成洛朗级数

$$\frac{\mathrm{d}\chi(z)}{\mathrm{d}z}=a_0+\frac{a_1}{z}+\frac{a_2}{z^2}+\cdots \tag{4-189}$$

级数中正幂次项不存在，这是因为$\mathrm{d}\chi/\mathrm{d}z$在无穷远处取常数值。由于

$$\left(\frac{\mathrm{d}\chi(z)}{\mathrm{d}z}\right)_\infty=\bar{V}_\infty$$

故

$$a_0=\bar{V}_\infty$$

而

$$a_1 = \frac{1}{2\pi i}\oint_G \frac{\mathrm{d}\chi(z)}{\mathrm{d}z}\mathrm{d}z$$
$$= \frac{1}{2\pi i}\oint_C \mathrm{d}\varphi + i\mathrm{d}\psi = \frac{1}{2\pi i}\oint_C \mathrm{d}\varphi = \frac{\Gamma}{2\pi i}$$

这里利用了沿 C，ψ=const 的事实。考虑到 a_0、a_1 的表达式，式(4-189)可以改写为

$$\frac{\mathrm{d}\chi(z)}{\mathrm{d}z} = \bar{V}_\infty + \frac{\Gamma}{2\pi i z} + \frac{a_2}{z^2} + \cdots \tag{4-190}$$

将式(4-190)代入式(4-187)，并计算留数得

$$F_x - iF_y = \frac{i\rho}{2}\oint_G\left(\bar{V}_\infty + \frac{\Gamma}{2\pi i z} + \frac{a_2}{z^2} + \cdots\right)^2 \mathrm{d}z$$
$$= \frac{i\rho}{2} 2\pi i \cdot \frac{\Gamma \bar{V}_\infty}{\pi i} = i\rho\Gamma\bar{V}_\infty$$

取其共轭值得

$$F_x + iF_y = -i\rho\Gamma V_\infty \tag{4-191}$$

这就是升力公式，它是茹科夫斯基首先发现的，称为茹科夫斯基定理。现在分析这个结果，为此，先将式(4-191)写成下列形式

$$F_x + iF_y = \rho|\Gamma||V_\infty|\mathrm{e}^{i\left(\alpha \mp \frac{\pi}{2}\right)} \tag{4-192}$$

式中，$|\Gamma|$、$|V_\infty|$ 分别是 Γ 及 V_∞ 的大小，$\mp$ 对应的是 $\pm|\Gamma|$。由此可以得到

(1)合力的大小是

$$F = \rho|\Gamma||V_\infty|$$

它与流通的密度、来流速度的大小以及环量的大小成正比。

(2)合力的方向与来流的方向垂直。当 $\Gamma > 0$ 时，由来流方向向右旋转 90°；当 $\Gamma < 0$ 时，由来流方向向左旋转 90°(图 4-33)。总之是逆着 Γ 的方向旋转 90° 即得合力的方向。因为合力是与来流方向垂直的，因此我们得到的只是升力，而阻力是等于零的，这就是著名的达朗贝尔佯谬。它告诉我们理想不可压缩流体绕任意剖面的不脱体绕流问题中的物体不遭到任何的阻力，这当然和实际情形不符，产生这样佯谬的根本原因是我们没有考虑黏性的作用。由此可见，理想流体绕任意剖面不脱体绕流的模型不能给出与实际符合的阻力结果。由式(4-181)

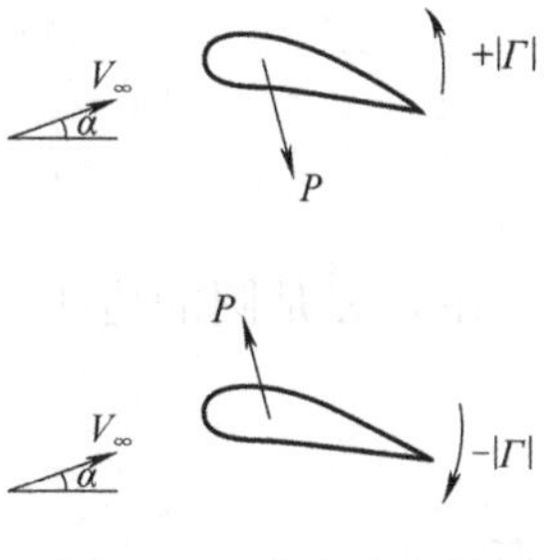

图 4-33　升力示意图

$$\Gamma = 4\pi Rk|V_\infty|\sin(\theta_0 - \alpha)$$

故

$$F_x - iF_y = 4\pi\rho kR|V_\infty|^2 i\mathrm{e}^{-i\alpha}\sin(\theta_0 - \alpha)$$
$$= 2\pi\rho kR|V_\infty|^2\left(\mathrm{e}^{i(\theta_0 - 2\alpha)} - \mathrm{e}^{-i\theta_0}\right)$$
$$F = 4\pi\rho kR|V_\infty|^2\sin(\alpha - \theta_0) \tag{4-193}$$

当来流方向与 θ_0 的方向重合，即 $\alpha=\theta_0$ 时，$F=0$，θ_0 的方向称为零升力线。

3. 合力矩公式

现在利用式(4-188)求合力矩公式。将式(4-190)代入式(4-188)，并计算留数值得

$$M = \mathrm{Re}\left[-\frac{\rho}{2}\oint_G\left(\overline{V}_\infty + \frac{\Gamma}{2\pi iz} + \frac{a_2}{z^2} + \cdots\right)^2 z\mathrm{d}z\right]$$
$$=\mathrm{Re}\left[-\frac{\rho}{2}\cdot 2\pi i\left(-\frac{\Gamma^2}{4\pi^2} + 2\overline{V}_\infty a_2\right)\right]$$
$$=\mathrm{Re}\left(-2\pi\rho i\overline{V}_\infty a_2\right) = -2\pi\rho\,\mathrm{Re}\left(i\overline{V}_\infty a_2\right) \tag{4-194}$$

这样，知道了复速度 $\mathrm{d}\chi/\mathrm{d}z$ 的洛朗级数中 $1/z^2$ 项的系数 a_2 后，按式(4-194)即可求出合力矩的大小。

按照任意剖面连续绕流问题的一般理论，绕流问题归结于求圆外区域和任意剖面外区域保角映射函数 $z = f(\zeta)$ 的问题，考虑到 ∞ 对应于 ∞，且

$$\left(\frac{\mathrm{d}z}{\mathrm{d}\zeta}\right)_\infty = k$$

k 是正的实数，于是 $z = f(\zeta)$ 可展成

$$z = k\zeta + k_0 + \frac{k_1}{\zeta} + \frac{k_2}{\zeta^2} + \cdots \tag{4-195}$$

我们很希望合力矩公式能通过 $z = f(\zeta)$ 的展开式中的系数表达出来，因此将由式(4-194)出发，将 a_2 用式(4-195)的系数及流动参数等表示出来。显然

$$a_2 = \frac{1}{2\pi i}\oint_G\left[\frac{\mathrm{d}\chi(z)}{\mathrm{d}z}\right]z\mathrm{d}z$$

亦可转到圆的平面 ζ 上。将上式改写为

$$a_2 = \frac{1}{2\pi i}\oint_K\left(\frac{\mathrm{d}\chi}{\mathrm{d}\zeta}\right)\left(\frac{\mathrm{d}\zeta}{\mathrm{d}z}\right)\frac{\mathrm{d}z}{\mathrm{d}\zeta}z\mathrm{d}\zeta$$
$$=\frac{1}{2\pi i}\oint_K\frac{\mathrm{d}\chi}{\mathrm{d}\zeta}z\mathrm{d}\zeta$$

式中，K 是圆的边线。考虑到式(4-195)及

$$\frac{\mathrm{d}\chi}{\mathrm{d}\zeta}=k\overline{V}_\infty - \frac{kV_\infty R^2}{\zeta^2} + \frac{\Gamma}{2\pi i}\frac{1}{\zeta}$$

有

$$a_2 = \frac{1}{2\pi i}\oint_K\left[\left(k\overline{V}_\infty - \frac{kV_\infty R^2}{\zeta^2} + \frac{\Gamma}{2\pi i}\frac{1}{\zeta}\right)\times\left(k\zeta + k_0 + \frac{k_1}{\zeta} + \frac{k_2}{\zeta^2} + \cdots\right)\mathrm{d}\zeta\right]$$
$$= -k^2V_\infty R^2 + \frac{\Gamma k_0}{2\pi i} + kk_1\overline{V}_\infty$$

将之代入式(4-194)得

$$\begin{aligned} M &= -2\pi\rho\,\mathrm{Re}\left[-iV_\infty\overline{V}_\infty k^2R^2 + \frac{\Gamma k_0\overline{V}_\infty}{2\pi} + i\rho kk_1\overline{V}_\infty^2\right] \\ &= \mathrm{Re}\left[-2\pi i\rho kk_1\overline{V}_\infty^2 - \rho\Gamma k_0\overline{V}_\infty\right] \end{aligned} \tag{4-196}$$

因为 V_∞、$\overline{V}_\infty$、k、R 均为实数，故

$$\mathrm{Re}\left[-iV_\infty\overline{V}_\infty k^2R^2\right] = 0$$

将 Γ 的表达式 $\Gamma=4\pi Rk|V_\infty|\sin(\theta_0-\alpha)$ 代入式(4-196)得

$$M=\mathrm{Re}\left[-2\pi i\rho kk_1|V_\infty|^2\mathrm{e}^{-2i\alpha}\right.$$
$$\left.-4\pi\rho kk_0R|V_\infty|^2\mathrm{e}^{-i\alpha}\frac{\mathrm{e}^{i(\theta_0-\alpha)}-\mathrm{e}^{-i(\theta_0-\alpha)}}{2i}\right] \tag{4-197}$$
$$=\mathrm{Re}\left\{-2\pi\rho k|V_\infty|^2\left[i\left(k_1-Rk_0\mathrm{e}^{i\theta_0}\right)\mathrm{e}^{-2i\alpha}+ik_0R\mathrm{e}^{-i\theta_0}\right]\right\}$$

从式(4-193)及式(4-197)可看出合力及合力矩只取决于式(4-195)展开式中的前三项系数，即 k、k_0 及 k_1，而与 k_n（$n\geqslant2$）无关。

思考题及习题

4-1　已知平面无旋流动的流函数或势函数，求相应的复位势：

(1) $\psi=\arctan(y/x)$；(2) $\psi=\ln(x^2+y^2)$；

(3) $\varphi=\cos(2\theta)/r^2$；(4) $\varphi=-U(r-a^2/r)\cos(\theta+\alpha)$。

4-2　设复位势为 $\chi(z)=m\ln(z-1/z)$。

(1) 试分析流动由哪些基本流动组成；

(2) 求流线方程；

(3) 求通过 $z=i$ 和 $z=1/2$ 两点连线的流体体积流量。

4-3　在定常平面不可压缩流动中，若速度场只是矢径 $\boldsymbol{r}$ 的函数，证明在极坐标下流函数 ψ 的表达式为 $\psi=f(\boldsymbol{r})+k\theta$，其中 k 为常数。若流动无旋，证明流线是等角螺线。

4-4　已知有环量圆柱绕流的复位势为 $\chi(z)=U(z+a^2/z)-[\Gamma/(2\pi i)]\cdot\ln(z/a)$，式中 a 是圆柱半径，U 是来流速度，Γ 是绕圆柱的环量。试利用伯努利方程求沿圆柱表面的压强分布 $p(a,\theta)$ 和流体对圆柱的作用力。

4-5　在点 $(a,0)$ 和 $(-a,0)$ 上放置等强度的点源。

(1) 证明圆周 $x^2+y^2=a^2$ 上任一点的速度都与 y 轴平行，且此速度的大小与 y 成反比；

(2) 求 y 轴上的速度最大点；

(3) 证明 y 轴是一条流线。

4-6　设 x 轴为固壁，在点 $z=i$ 上有强度为 μ 的偶极子，其方向指向 $-x$ 轴。

(1) 求上半平面流动的流函数；

(2) 证明以原点为圆心的单位半圆是一条流线。

4-7　$2n$ 个等距离分布在半径为 a 的圆周上的点涡，它们的强度均为 Γ，且旋转方向相同。证明各个点涡均以角速度 $\omega=(2n-1)\Gamma/(4\pi a^2)$ 沿圆周运动。

第 5 章　流体的旋涡运动

黏性流体运动总是有旋的。例如，由于黏附作用，在固体壁面附近的薄层中，流体速度由主流的速度值下降到零，以满足壁面无滑移条件。这薄层中速度梯度很大，形成强的涡旋运动，所以涡量的产生始自边界，固壁附近的边界层常是生成涡旋的主要区域。在无黏流体中，压力、温度和熵等热力学参数的不均匀性也可引起涡旋。例如，由于太阳和地面的辐射对大气的不均匀加热就常引起涡旋。所以除了简单的理想化情况外，实际流动总是有旋的。

5.1　无黏流和黏性流旋涡基本方程

通过对无黏流运动方程的研究，进而加入黏性应力项，得到黏性流旋涡基本方程。从动力学角度来分析，涡量场通常和黏性流动存在着对应关系。例如，物面的边界层、分离流区、尾迹区等黏性流动，必然分布着涡量或一个个涡旋。这两者之间的联系来源于：涡量和应变速率都是由流场的速度梯度造成的；速度梯度大，应变速率和涡量一般也大。流体的黏性应力取决于应变速率，特别是剪切应变速率的大小。因此涡量场和黏性流自然存在因果关系。不过，对于高雷诺数流动，由于黏性扩散不显著，特别在无界流场条件下，涡运动可以按无黏流动计算。

5.1.1　无黏流运动方程

1. 欧拉方程

已知惯性坐标系中的运动方程

$$\frac{\mathrm{D}\boldsymbol{V}}{\mathrm{D}t}=\frac{\partial \boldsymbol{V}}{\partial t}+(\boldsymbol{V}\cdot\nabla)\boldsymbol{V}=\boldsymbol{f}+\frac{1}{\rho}\nabla\cdot\boldsymbol{P} \tag{5-1}$$

对于理想流体，在运动方程式(5-1)中以 $-\nabla p=\nabla\cdot\boldsymbol{P}$ 代入，得

$$\frac{\mathrm{D}\boldsymbol{V}}{\mathrm{D}t}=\frac{\partial \boldsymbol{V}}{\partial t}+(\boldsymbol{V}\cdot\nabla)\boldsymbol{V}=\boldsymbol{f}-\frac{1}{\rho}\nabla p \tag{5-2}$$

这就是欧拉型理想流体的运动方程，简称欧拉方程。

2. 兰姆方程

依据矢量公式

$$\nabla\left(\frac{V^2}{2}\right)=(\boldsymbol{V}\cdot\nabla)\boldsymbol{V}+\boldsymbol{V}\times(\nabla\times\boldsymbol{V}) \tag{5-3}$$

可将式(5-2)改写成

$$\frac{\partial \boldsymbol{V}}{\partial t}+\nabla\left(\frac{V^2}{2}\right)-\boldsymbol{V}\times\boldsymbol{\Omega}=\boldsymbol{f}-\frac{1}{\rho}\nabla p \tag{5-4}$$

这就是兰姆型的理想流体运动方程，简称兰姆方程。

3. 弗里德曼方程

对式(5-4)两侧进行旋度运算可得

$$\nabla\times\left(\frac{\partial \boldsymbol{V}}{\partial t}\right)+\nabla\times\nabla\left(\frac{V^2}{2}\right)-\nabla\times(\boldsymbol{V}\times\boldsymbol{\Omega})=\nabla\times\boldsymbol{f}-\nabla\times\left(\frac{1}{\rho}\nabla p\right) \tag{5-5}$$

又因为

$$\nabla\times\left(\frac{\partial \boldsymbol{V}}{\partial t}\right)=\frac{\partial}{\partial t}(\nabla\times\boldsymbol{V})=\frac{\partial \boldsymbol{\Omega}}{\partial t}$$

$$\nabla\times\nabla\left(\frac{V^2}{2}\right)=0$$

$$\nabla\times(\boldsymbol{V}\times\boldsymbol{\Omega})=(\boldsymbol{\Omega}\cdot\nabla)\boldsymbol{V}-(\boldsymbol{V}\cdot\nabla)\boldsymbol{\Omega}-\boldsymbol{\Omega}(\nabla\cdot\boldsymbol{V})$$

$$\nabla\times\left(\frac{1}{\rho}\nabla p\right)=-\frac{1}{\rho^2}(\nabla\rho\times\nabla p)$$

注意到旋度的散度等于零$(\nabla\cdot\boldsymbol{\Omega}=0)$，将这些关系代入上式可得

$$\frac{\mathrm{D}\boldsymbol{\Omega}}{\mathrm{D}t}-(\boldsymbol{\Omega}\cdot\nabla)\boldsymbol{V}+\boldsymbol{\Omega}(\nabla\cdot\boldsymbol{V})=\nabla\times\boldsymbol{f}+\frac{1}{\rho^2}(\nabla\rho\times\nabla p) \tag{5-6}$$

这就是弗里德曼型的理想流体运动方程，简称弗里德曼方程。

5.1.2　黏性流兰姆型运动方程

黏性流体的运动方程，即纳维-斯托克斯方程如下。

$$\begin{aligned}
\rho\frac{\mathrm{D}u}{\mathrm{D}t}&=\rho F_x-\frac{\partial p}{\partial x}+2\frac{\partial}{\partial x}\left(\mu\frac{\partial u}{\partial x}\right)+\frac{\partial}{\partial y}\left[\mu\left(\frac{\partial u}{\partial y}+\frac{\partial v}{\partial x}\right)\right]\\
&\quad+\frac{\partial}{\partial z}\left[\mu\left(\frac{\partial u}{\partial z}+\frac{\partial w}{\partial x}\right)\right]-\frac{2}{3}\frac{\partial}{\partial x}(\mu\nabla\cdot\boldsymbol{V})\\
\rho\frac{\mathrm{D}v}{\mathrm{D}t}&=\rho F_y-\frac{\partial p}{\partial y}+\frac{\partial}{\partial x}\left[\mu\left(\frac{\partial u}{\partial y}+\frac{\partial v}{\partial x}\right)\right]+2\frac{\partial}{\partial y}\left(\mu\frac{\partial v}{\partial y}\right)\\
&\quad+\frac{\partial}{\partial z}\left[\mu\left(\frac{\partial v}{\partial z}+\frac{\partial w}{\partial y}\right)\right]-\frac{2}{3}\frac{\partial}{\partial y}(\mu\nabla\cdot\boldsymbol{V})\\
\rho\frac{\mathrm{D}w}{\mathrm{D}t}&=\rho F_z-\frac{\partial p}{\partial z}+\frac{\partial}{\partial x}\left[\mu\left(\frac{\partial u}{\partial z}+\frac{\partial w}{\partial x}\right)\right]+2\frac{\partial}{\partial z}\left(\mu\frac{\partial w}{\partial z}\right)\\
&\quad+\frac{\partial}{\partial y}\left[\mu\left(\frac{\partial v}{\partial z}+\frac{\partial w}{\partial y}\right)\right]-\frac{2}{3}\frac{\partial}{\partial z}(\mu\nabla\cdot\boldsymbol{V})
\end{aligned} \tag{5-7}$$

由于一般情况下μ是温度的函数，所以方程很复杂。对于常用的情况，可以不考虑μ随空间位置的变化，于是μ可作为常量而写到导数之外。考虑到这一点，可以将方程进一步改写，例如，对方程的第一个式子可写为

$$\rho\frac{\mathrm{D}u}{\mathrm{D}t}=\rho F_x-\frac{\partial p}{\partial x}+\mu\left(\frac{\partial^2 u}{\partial x^2}+\frac{\partial^2 u}{\partial y^2}+\frac{\partial^2 u}{\partial z^2}\right)$$
$$+\frac{\mu}{3}\left(\frac{\partial^2 u}{\partial x^2}+\frac{\partial^2 v}{\partial x\partial y}+\frac{\partial^2 w}{\partial x\partial z}\right)$$
$$=\rho F_x-\frac{\partial p}{\partial x}+\mu\nabla^2 u+\frac{\mu\partial}{3\partial x}(\nabla\cdot\boldsymbol{V}) \tag{5-8}$$

式中，∇^2为拉普拉斯算子。由此引入取和约定，并相应用x_1、x_2、x_3和u_1、u_2、u_3分别表示x、y、z和u、v、w。则式(5-7)可写为

$$\rho\frac{\partial u_i}{\partial t}+\rho u_j\frac{\partial u_i}{\partial x_j}=\rho F_i-\frac{\partial p}{\partial x_i}+\mu\nabla^2 u_i+\frac{\mu}{3}\frac{\partial^2 u_j}{\partial x_i\partial x_j},\quad i=1,2,3 \tag{5-9}$$

或

$$\rho\frac{\partial\boldsymbol{V}}{\partial t}+\rho(\boldsymbol{V}\cdot\nabla)\boldsymbol{V}=\rho\boldsymbol{F}-\nabla p+\mu\nabla^2\boldsymbol{V}+\frac{\mu}{3}\nabla(\nabla\cdot\boldsymbol{V}) \tag{5-10}$$

对于不可压缩流体，运用连续方程式，则运动方程成为

$$\frac{\partial u_i}{\partial t}+u_j\frac{\partial u_i}{\partial x_j}=F_i-\frac{1}{\rho}\frac{\partial p}{\partial x_i}+\nu\nabla\Delta^2 u_i \tag{5-11}$$

或

$$\frac{\partial\boldsymbol{V}}{\partial t}+(\boldsymbol{V}\cdot\nabla)\boldsymbol{V}=\boldsymbol{F}-\frac{1}{\rho}\nabla p+\nu\nabla^2\boldsymbol{V} \tag{5-12}$$

依据矢量公式

$$\nabla\left(\frac{u_i u_i}{2}\right)=(\boldsymbol{V}\cdot\nabla)\boldsymbol{V}+\boldsymbol{V}\times(\nabla\times\boldsymbol{V})$$

可将式(5-10)和式(5-12)分别改写为

$$\frac{\partial\boldsymbol{V}}{\partial t}+\nabla\left(\frac{u_i u_i}{2}\right)-\boldsymbol{V}\times\boldsymbol{\Omega}=\boldsymbol{F}-\frac{1}{\rho}\nabla p+\nu\nabla^2\boldsymbol{V}+\frac{\nu}{3}\nabla(\nabla\cdot\boldsymbol{V}) \tag{5-13}$$

和

$$\frac{\partial\boldsymbol{V}}{\partial t}+\nabla\left(\frac{u_i u_i}{2}\right)-\boldsymbol{V}\times\boldsymbol{\Omega}=\boldsymbol{F}-\frac{1}{\rho}\nabla p+\nu\nabla^2\boldsymbol{V} \tag{5-14}$$

它们通常称为葛罗米柯-兰姆型运动方程。

可见，与理想流体运动方程相比，黏性流体运动方程增加了黏性应力项。以图 5-1 所示的以不同流速运动的两微元体为例，对于理想流体，通过界面F，微元体A只对微元体B作用了压力p；而对于黏性流体，除正应力σ_y外，微元体A还对微元体B作用了黏性切应力τ_{yx}，而且正应力σ_y的大小也不等于压力p。

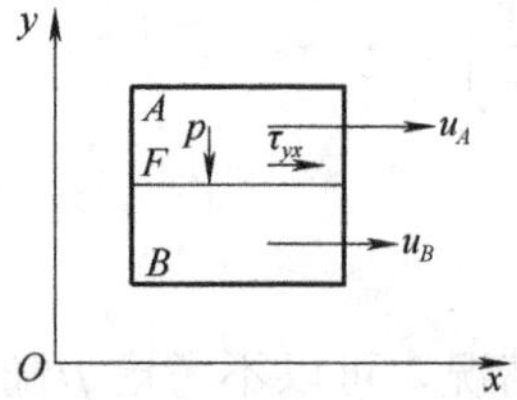

图 5-1　两微元体之间的作用力

由牛顿公式可以得到

$$\sigma_y=2\mu\frac{\partial v}{\partial y}-\frac{2}{3}\mu\nabla\cdot\boldsymbol{V}-p$$

这些就是黏性引起的差别。

5.1.3 涡的拉伸与弯曲

对于不可压流，密度ρ为常数，设运动黏性系数ν为常数，并设彻体力$\boldsymbol{F}$有势(即存在势函数H，使$\boldsymbol{F}=-\nabla H$，则$\nabla\times\boldsymbol{F}=\nabla\times(\nabla H)=0$)，得到涡量的输运方程为

$$\frac{\mathrm{D}\boldsymbol{\Omega}}{\mathrm{D}t}=(\boldsymbol{\Omega}\cdot\nabla)\boldsymbol{V}+\nu\nabla^2\boldsymbol{\Omega} \tag{5-15}$$

其张量形式为

$$\frac{\partial\omega_i}{\partial t}+\left(u_j\frac{\partial}{\partial x_j}\right)\omega_i=\left(\omega_j\frac{\partial}{\partial x_j}\right)u_i+\nu\nabla^2\omega_i \tag{5-16}$$

式(5-16)右端第一项又可分为两部分，其中第一部分为$i=j$的情况，例如

$$\omega_x\frac{\partial u}{\partial x},\ \omega_y\frac{\partial v}{\partial y},\ \omega_z\frac{\partial w}{\partial z}$$

$\dfrac{\partial u_i}{\partial x_i}$表示线应变变化率，若$\dfrac{\partial u}{\partial x}>0$，表示拉伸，所以这部分表示涡量因拉伸而得到的增长率。从物理上看，这项实质上是动量矩守恒的反映。因为涡量是微团旋转运动的量度，当$i=j$时，拉伸方向与旋转轴线一致，与旋转轴线垂直方向上的微团尺度将变小，即其转动惯量要变小，为保持动量矩守恒，则旋转速度应增加，这就是拉伸使涡量增大的实质。

右端第一项分出的第二部分为$i\neq j$的情况，例如

$$\omega_x\frac{\partial v}{\partial x},\ \omega_x\frac{\partial w}{\partial x},\ \omega_y\frac{\partial u}{\partial y},\cdots\cdots$$

$\dfrac{\partial u_i}{\partial x_i}(i\neq j)$表示切应变变化率，由图 5-2 可看出这种剪切应变引起的涡量变化。若在$t=0$时，涡量只在y方向有分量，经Δt后，$\dfrac{\partial u}{\partial y}$的存在使微团转了$\Delta\theta$，涡量相应地也转了这样的角度，于是产生了在$x$方向的涡量分量$\omega_x$。可见此项表示微团方向变化引起的涡量变化率。

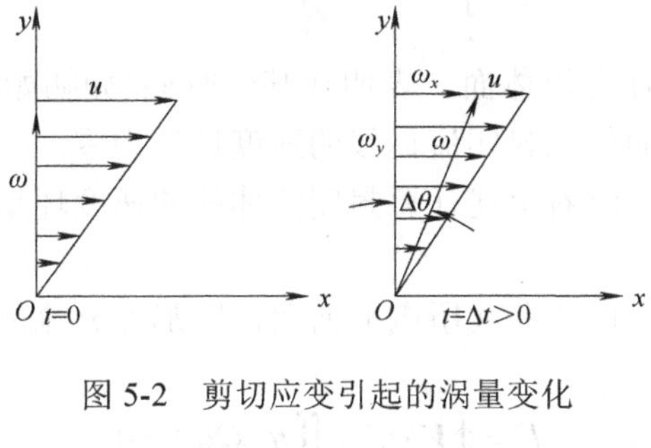

图 5-2　剪切应变引起的涡量变化

可见，由拉压或弯曲而引起的涡量变化都与黏性无关，都是惯性运动的产物。流动一旦由于某种原因成为有旋流后，拉伸和弯曲会进一步增加涡量。在湍流流动中，拉伸和弯曲对形成各种尺度的涡(特别是在高雷诺数时形成小尺度的均匀各向同性的涡)起着非常重要的作用。

5.2　开尔文定理及拉格朗日定理

本节将讨论涡旋涡产生、发展、耗散、消散的原因，通过开尔文定理和拉格朗日定理可知，在满足理想流体、流场正压、质量力有势的条件下，旋涡既不能产生，也不会消失。

可见流体的黏性、流场非正压、质量力无势是旋涡产生、发展、耗散、消散的原因。

5.2.1　开尔文定理

在 1.2 节中曾证明：沿封闭流体线的速度环量对于时间的变化率等于沿此封闭流体线的加速度的环量。如式

$$\frac{\mathrm{D}\varGamma}{\mathrm{D}t}=\frac{\mathrm{D}}{\mathrm{D}t}\oint_L \boldsymbol{V}\cdot\mathrm{d}\boldsymbol{l}=\oint_L\frac{\mathrm{D}\boldsymbol{V}}{\mathrm{D}t}\cdot\mathrm{d}\boldsymbol{l} \tag{5-17}$$

对于质量力有势 $\boldsymbol{f}=-\nabla U$ 的正压流体 $\frac{1}{\rho}\nabla p=\nabla P$，理想流体的欧拉运动方程可写为

$$\frac{\mathrm{D}\boldsymbol{V}}{\mathrm{D}t}=-(\nabla U+\nabla P)=-\nabla(U+P)$$

代入式(5-17)

$$\frac{\mathrm{D}\varGamma}{\mathrm{D}t}=-\oint_L\nabla(U+P)\cdot\mathrm{d}\boldsymbol{l}=-\oint_L\mathrm{d}(U+P)=0 \tag{5-18}$$

由此可得到如下结论：在质量力有势，流场正压条件下的理想流体的流动中，沿任一封闭流体线的速度环量不随时间变化，这就是开尔文环量定理，又称汤姆孙定理。

5.2.2　拉格朗日定理

在质量力有势、流场正压条件下的理想流体的流动中，若在某一时刻(可视为初始时刻)流场中的某一部分没有旋涡，即 $\boldsymbol{\Omega}=0$。则由斯托克斯公式知

$$\varGamma=\oint_L\boldsymbol{V}\cdot\mathrm{d}\boldsymbol{l}=\oiint_A\boldsymbol{n}\cdot\boldsymbol{\Omega}\mathrm{d}A=0 \tag{5-19}$$

式中，A 是以 L 为边界的任意流体面。表明在某一时刻(如初始时刻)，$\varGamma=0$，即沿着位于所讨论的那部分流体中的任意封闭流体线的速度环量为零。

又由开尔文定理可知，沿着上述任意封闭流体线的速度环量，在以前和以后的任何时刻，始终保持为零。

再应用斯托克斯公式，由该曲线所围的曲面，即那部分流体中的任意流体曲面，在运动过程中，始终有

$$\varGamma=\oint\boldsymbol{V}\cdot\mathrm{d}\boldsymbol{l}=\iint_A\boldsymbol{n}\cdot\boldsymbol{\Omega}\mathrm{d}A=0 \tag{5-20}$$

由于曲面 A 的任意性(包括位置、大小及方向)，故欲使式(5-20)成立，必须处处有 $\boldsymbol{\Omega}=0$。即在任何时刻在所讨论的那部分流体中，始终是无旋的，如图 5-3 所示。

那么可以得到如下结论：在质量力有势、流场正压条件下的理想流体的流动中，若在某一时刻的某一部分内没有旋涡，则在以前及以后的时间里，该部分流体内也不会有旋涡。这就是拉格朗日定理。

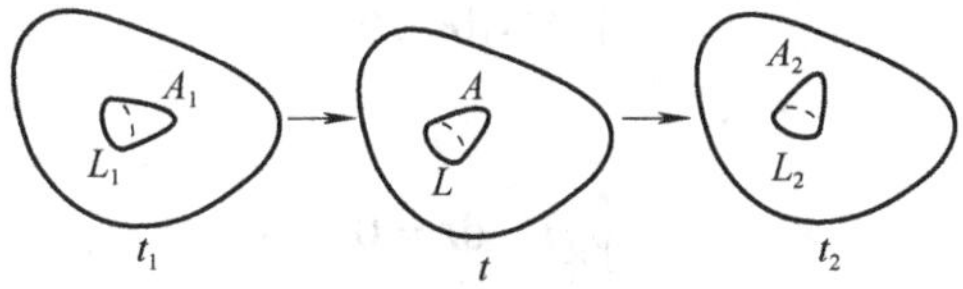

图 5-3　涡面随时间流动

5.2.3　关于旋涡的形成与消失

由上述开尔文定理和拉格朗日定理知，如果满足如下条件：

(1)流体是理想的；

(2)流场是正压的；

(3)质量力是有势的。

则旋涡既不能产生，也不会消失。三个条件中只要有一个条件不满足，旋涡就可能产生，也可能消失。

可见流体的黏性、流场非正压、质量力无势是旋涡产生、发展、耗散、消散的原因。

例如，无穷远均匀来流的物体绕流流场；物体在静止流场中运动所造成的流场，是无旋流场。

5.3　亥姆霍兹定理

由开尔文定理，很容易证明涡线及涡管强度的保持性定理，这个定理又称作亥姆霍兹定理。现分别讨论如下。

5.3.1　涡线的保持性定理

如果流体是理想的，流场是正压的，且质量力有势，则在某一时刻构成涡面、涡管或涡线的流体质点，在运动的全部时间中，仍将构成涡面、涡管或涡线。

首先证明涡面的保持性。即欲证明在初始时刻，构成涡面的流体质点，在以后的任何时刻仍将构成涡面。

为此，在初始时刻的流体涡面上，任取一个以封闭流体线 L 为周界的流体曲面 A，依据涡面的定义及斯托克斯公式，可得

$$\oint_L \boldsymbol{V}\cdot \mathrm{d}\boldsymbol{r} = \iint_A \Omega_n \mathrm{d}A = 0$$

在以后的任一时刻，上述流体周线 L 将移到 L_1 的位置，当然，它仍然是上述原流体面 A 在此时所占位置 A_1 的周界。根据开尔文定理知

$$\frac{\mathrm{D}\varGamma}{\mathrm{D}t} = \frac{\mathrm{D}}{\mathrm{D}t}\oint_L \boldsymbol{V}\cdot \mathrm{d}\boldsymbol{r} = 0$$

即

$$\oint_L \boldsymbol{V}\cdot \mathrm{d}\boldsymbol{r} = \oint_{L_1} \boldsymbol{V}\cdot \mathrm{d}\boldsymbol{r}$$

由于

$$\oint_L \boldsymbol{V}\cdot \mathrm{d}\boldsymbol{r}=0$$

所以

$$\oint_{L_1} \boldsymbol{V}\cdot \mathrm{d}\boldsymbol{r}=0$$

再应用斯托克斯公式可得

$$\iint_A \Omega_n \mathrm{d}A=0$$

周线 L_1 可取得任意小，而且它可以位于 A_1 面的任意地方，由此可知，在 A_1 面上任一点处都有 $\Omega_n=0$。这就证明了 A_1 曲面是涡面。因为涡管表面是一个涡面，所以上面已证明了任何涡面的保持性，当然也适用于涡管表面。因此组成涡管表面的质点将始终保持在此涡管表面上。

下面证明涡线的保持性。在初始时刻，任取一条涡线 L，通过 L 作两个相的涡面 A_a 和 A_b，L 即它们的交线。在以后的任一时刻 t_1，原来构成 A_a 面的流体质点跑到了 A_{a1} 面，而原来构成 A_b 面的流体质点则构成了 A_{b1} 面，无疑，原来构成 L 线的流体质点现在将构成曲线 L_1，并且它是曲面 A_{a1} 和 A_{b1} 的交线。由前面已证明过的涡面保持性知，此刻 A_{a1} 和 A_{b1} 都是涡面，则它们的交线 L_1 当然是涡线，至此已证明了涡线的保持性。

5.3.2 涡管强度保持性定理

在 1.2.3 节中，证明过涡管强度守恒定理，即同一时刻同一涡管上各截面的涡通量相同。现在要进一步证明，如果流体是理想的，流场是正压的，且质量力有势，则任何涡管的强度在运动的全部时间内均保持不变。

因为涡管强度就是通过该涡管的任意截面(如 A_1)的涡量通量依据斯托克斯公式知，等于沿围绕所研究的涡管一周的周线(即截面 A_1 与该涡管表面的交线 L_1)的速度环量：

$$\Gamma=\oint_{L_1} \boldsymbol{V}\cdot \mathrm{d}\boldsymbol{r}$$

由开尔文定理知，沿上述封闭流体周线的速度环量在运动的全部时间内均保持不变，再由前面已证明过的涡管表面保持性可知，涡管强度应保持不变。

5.4 旋涡的形成和伯耶克纳斯定理

本节将研究由于流场的非正压性而形成旋涡的情况，重点讨论伯耶克纳斯定理——斜压流场中旋涡的形成。

5.4.1 伯耶克纳斯定理——斜压流场中旋涡的形成

任一封闭流线 L 的速度环量随时间的变化率等于该封闭流体线的加速度环量

$$\frac{\mathrm{D}\Gamma}{\mathrm{D}t}=\frac{\mathrm{D}}{\mathrm{D}t}\oint_L \boldsymbol{V}\cdot \mathrm{d}\boldsymbol{l}=\oint_L \frac{\mathrm{D}\boldsymbol{V}}{\mathrm{D}t}\cdot \mathrm{d}\boldsymbol{l}$$

现考察理想流体在质量力有势条件下的运动。此时，欧拉运动方程可写为

$$\frac{\mathrm{D}V}{\mathrm{D}t}=-\nabla U-\frac{1}{\rho}\nabla p$$

将其代入上式可得

$$\frac{\mathrm{D}\Gamma}{\mathrm{D}t}=-\oint_L \mathrm{d}U-\oint_L \frac{1}{\rho}\mathrm{d}p=-\oint_L \frac{1}{\rho}\mathrm{d}p \tag{5-21}$$

由于我们讨论的是非正压性流场，因此上式右侧不等于零。于是封闭流体线的环量对于时间的变化率将取决于 $\oint_L -\frac{1}{\rho}\mathrm{d}p$，现在计算 $-\oint_L \frac{1}{\rho}\mathrm{d}p$。

为了方便起见，引入密度的倒数：比容，并以 ν 表示，即 $\nu=\frac{1}{\rho}$。

为计算 $-\oint \nu \mathrm{d}p$，伯耶克纳斯引进了等压、等比热容管的概念。为此在流场中作一系列的等压面，而这些等压面的 p 值，依次各相差一个单位；同样，还作出一系列的等比热容面，而这些等比热容面的 $-\oint \nu \mathrm{d}p$ 值，依次各相差一个单位。这样全部流场被分割成为一系列由两个相邻的等压面和两个相邻的等比热容面所构成的管。把这个管称为等压等比热容单位管。显然，若流场是正压的，即有 $\rho=\rho(p)$，则等压面和等比热容面将重合，故此时将不存在上述的等压等比热容单位管，下面计算围绕等压等比热容单位管 $ADCB$ 的周线 L_1 的积分 $-\oint \nu \mathrm{d}p$。

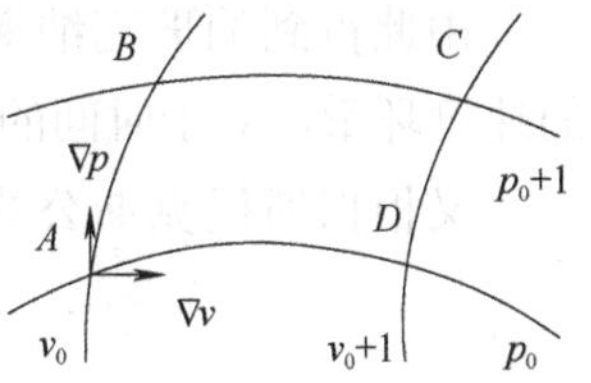

图 5-4　等压等比热容单位管

规定积分路线的环形方向从 ∇p 到 $\nabla \nu$ 的箭头转动方向相同为正。

由图 5-4 知

$$\oint_{L_1} \nu \mathrm{d}p=\int_{AD} \nu \mathrm{d}p+\int_{DC} \nu \mathrm{d}p+\int_{CB} \nu \mathrm{d}p+\int_{BA} \nu \mathrm{d}p$$

$$=\nu_0\int_{p_0}^{p_0+1}\mathrm{d}p+0+(\nu_0+1)\int_{p_0+1}^{p_0}\mathrm{d}p+0=\nu_0-(\nu_0+1)=-1$$

即

$$-\oint_{L_1} \nu \mathrm{d}p=1$$

若将周线 L_1 改为相反的方向，则将得

$$-\oint_{L_1} \nu \mathrm{d}p=-1$$

即围绕等压等容单位管的周线的积分

$$-\oint_{L_1} \nu \mathrm{d}p=\pm 1$$

沿其周线的积分 $-\oint_{L_1} \nu \mathrm{d}p=\pm 1$ 的等压等比热容管称为正单位管，而 $-\oint_{L_1} \nu \mathrm{d}p=-1$ 的等压等比热容管称为负单位管。

显然，如果周线包围 N' 个正单位管或者 N'' 个负单位管，则沿该周线的上述积分将等于 N' 或 $-N''$，即

$$-\oint_L v\mathrm{d}p = N'$$

或

$$-\oint_L v\mathrm{d}p = -N''$$

在一般情形下，周线 L 可以包围许多等压等比热容单位管，且既有正单位管又有负单位管。这时，可以做辅助的方向来回正反的周线 λ，参见图 5-5。

使之形成这样两个周线 L' 和 L''，其中周线 L' 中仅包围 N' 个正单位管，而周线 L'' 仅包围 N'' 个负单位管。此时，显然有

$$-\oint_L v\mathrm{d}p = -\oint_{L'} v\mathrm{d}p - \oint_{L''} v\mathrm{d}p = N' - N'' \tag{5-22}$$

将式(5-22)代入式(5-21)可得

$$-\oint_L v\mathrm{d}p = N' - N'' \tag{5-23}$$

由此得到伯耶克纳斯定理：如果流体是理想的，且质量力有势，则沿任何封闭流体线 L 的速度环量，对于时间的随体导数等于穿过此周线 L 的正的及负的等压等容单位管数目之差。

又根据斯托克斯公式知

$$\Gamma = \oint_L \boldsymbol{V}\mathrm{d}\boldsymbol{l} = \iint_A \Omega_n \mathrm{d}A$$

故而，伯耶克纳斯定理还可叙述如下：如果流体是理想的，且质量力有势，则通过任意流体曲面 A 的速度涡量通量对于时间的质点导数等于穿过该曲面 A 的正的及负的等压等容单位管数目之差。

假定地球是圆球体，高度 h 相同的地方压力 p 相同，即 $p = p(h)$ 于是等压面是以地球中心为球心的球面。而等密度面，不仅与高度 h 有关，而且与温度 T 有关，由于太阳照射的强度不同，同一高度上，赤道要比北极的温度高，因此沿球面以北极向赤道温度逐渐增高，而密度下降。同一地点，高度越大，则空气越稀薄，即密度越小。

由图 5-6 可见，$\nabla\rho\times\nabla p$ 与 $\mathrm{d}\boldsymbol{A}(\boldsymbol{n})$ 方向一致，即 $\dfrac{\mathrm{D}\Gamma}{\mathrm{D}t} > 0$。它表明，随着时间的推移将产生旋涡，形成逆时针方向流动的环流：大气沿地面以北纬流向南纬，在赤道处上升，然后再上层流回北极，在北极处再下降到地面。这种环流就是气象学中赤道国家出现的贸易风。

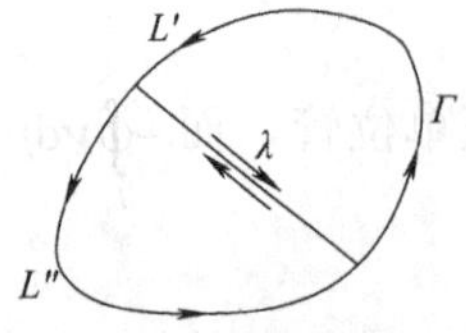

图 5-5　来回正反的周线 λ

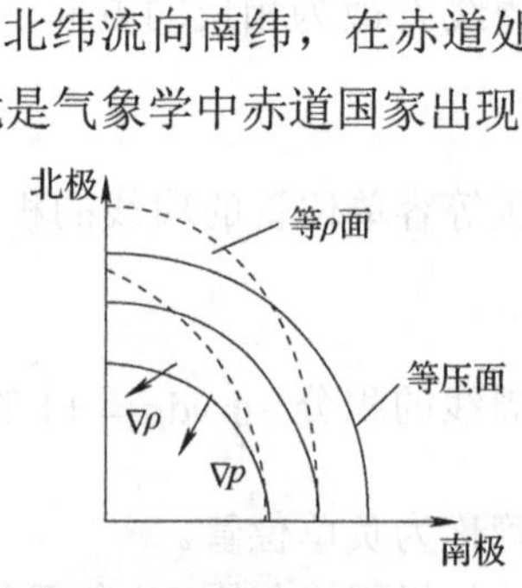

图 5-6　北半球的贸易风

5.4.2　质量力无势时旋涡的形成

本节讨论理想流体斜压流动中，质量力无势时旋涡的产生。以地球上的大气运动为例，考虑地球自转角速度 $\boldsymbol{\omega}$，取与地球固结的相对运动坐标系，则在相对运动方程中，用 $\boldsymbol{a}_e$ 表示牵连加速度，用 $\boldsymbol{w}$ 表示相对速度，且

$$\boldsymbol{f}=\boldsymbol{g}$$

$$\boldsymbol{a}_0=0$$

$$\boldsymbol{a}_e=\boldsymbol{\omega}\times(\boldsymbol{\omega}\times\boldsymbol{r})$$

$$\frac{\mathrm{D}\boldsymbol{\omega}}{\mathrm{D}t}=0$$

则相对运动方程可表示为

$$\frac{\mathrm{D}\boldsymbol{w}}{\mathrm{D}t}=\boldsymbol{g}-\frac{1}{\rho}\nabla p-\boldsymbol{a}_e-2(\boldsymbol{\omega}\times\boldsymbol{w}) \tag{5-24}$$

由于地球引力有势

$$\boldsymbol{g}=-\nabla U$$

且

$$\boldsymbol{a}_e=\boldsymbol{\omega}\times(\boldsymbol{\omega}\times\boldsymbol{r})=-\nabla\left(\frac{\omega^2r^2}{2}\right)$$

则式(5-24)可改写为

$$\frac{\mathrm{D}\boldsymbol{w}}{\mathrm{D}t}=-\nabla\left(U-\frac{\omega^2r^2}{2}\right)-\frac{1}{\rho}\nabla p-2(\boldsymbol{\omega}\times\boldsymbol{w}) \tag{5-25}$$

将此式代入开尔文定理方程，考虑到斯托克斯公式，得

$$\frac{\mathrm{D}\varGamma}{\mathrm{D}t}=\oint_L\frac{\mathrm{D}\boldsymbol{w}}{\mathrm{D}t}\cdot\mathrm{d}\boldsymbol{l}=\iint_A\frac{1}{\rho^2}(\nabla\rho\times\nabla p)\cdot\mathrm{d}\boldsymbol{A}-2\oint_L(\boldsymbol{\omega}\times\boldsymbol{w})\cdot\mathrm{d}\boldsymbol{l} \tag{5-26}$$

右边第一项对速度环量变化的影响已在上面讲述，由于这一项的存在，将产生贸易风。下面进一步讨论科氏力无势对环量 $\varGamma$ 变化的影响。现以位于地球转轴上某点为心作垂直于地球自转轴线的圆，将此圆周取作 L，令逆时针方向为正。这样，由于贸易风，在圆周上每一点将有自北纬到南纬运动的速度。

于是从图 5-7 不难看出

$$(\boldsymbol{\omega}\times\boldsymbol{w})\cdot\mathrm{d}\boldsymbol{l}=(\boldsymbol{w}\times\mathrm{d}\boldsymbol{l})\cdot\boldsymbol{\omega}$$

此数将是正值，它对 $\dfrac{\mathrm{D}\varGamma}{\mathrm{D}t}$ 为负贡献，即 $\dfrac{\mathrm{D}\varGamma}{\mathrm{D}t}<0$。由于科氏力无势，引起 $\dfrac{\mathrm{D}\varGamma}{\mathrm{D}t}$ 沿 L 的正向(逆时针方向)产生负值。随时间增加 $\varGamma$ 将减小，于是产生顺时针方向由东向西的风。因此考虑到斜压流场和科氏力无势两者的作用贸易自东北向西南吹，这与实际情况相符。

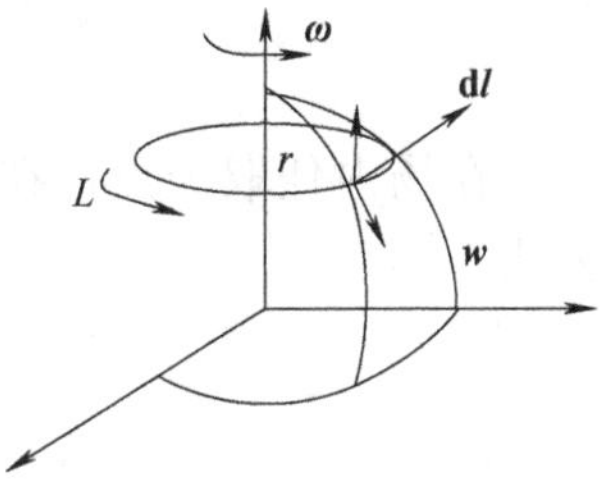

图 5-7　科氏力的影响

5.4.3　黏性流体中旋涡的扩散性

黏性是促使旋涡产生、发展、消失的最经常也是最重要的因素。绝大多数黏性流体运动都是有旋运动。

质量力有势，正压流场的理想流体运动，由开尔文定理可知，无旋则永远无旋，有旋则永远有旋。旋涡变化的最主要性质是保持性(即冻结性)，流体质点及涡量好似冻结在涡线及涡管上随之一起运动互不传递。与此相反，由于黏性的作用，旋涡强的地方将向旋涡弱的地方输送旋涡，直至旋涡强度相等。因此，保持性不复存在，出现旋涡的扩散现象。

现以不可压缩流体平面运动为例，说明旋涡的扩散性。

由黏性流体力学可知，动力黏性系数 μ=const 的兰姆-葛罗米柯形式运动方程为

$$\frac{\mathrm{D}\boldsymbol{V}}{\mathrm{D}t}=\frac{\partial \boldsymbol{V}}{\partial t}+\nabla\frac{V^2}{2}-\boldsymbol{V}\times\boldsymbol{\Omega}=\boldsymbol{f}-\frac{1}{\rho}\nabla p+\nu\nabla^2\boldsymbol{V}+\frac{1}{3}\nu\nabla\left(\nabla\cdot\boldsymbol{V}\right) \tag{5-27}$$

两边取旋度运算，注意到

$$\begin{aligned}\frac{\partial\boldsymbol{\Omega}}{\partial t}-\nabla\times\left(\boldsymbol{V}\times\boldsymbol{\Omega}\right)&=\frac{\partial\boldsymbol{\Omega}}{\partial t}+\left(\boldsymbol{V}\cdot\nabla\right)\boldsymbol{\Omega}-\left(\boldsymbol{\Omega}\cdot\nabla\right)\boldsymbol{V}+\boldsymbol{\Omega}\left(\nabla\cdot\boldsymbol{V}\right)-\boldsymbol{V}\left(\nabla\cdot\boldsymbol{\Omega}\right)\\&=\frac{\mathrm{D}\boldsymbol{\Omega}}{\mathrm{D}t}-\left(\boldsymbol{\Omega}\cdot\nabla\right)\boldsymbol{V}+\boldsymbol{\Omega}\left(\nabla\cdot\boldsymbol{V}\right)\end{aligned}$$

则式(5-27)可写为

$$\begin{aligned}\frac{\mathrm{D}\boldsymbol{\Omega}}{\mathrm{D}t}-\left(\boldsymbol{\Omega}\cdot\nabla\right)\boldsymbol{V}+\boldsymbol{\Omega}\left(\nabla\cdot\boldsymbol{V}\right)&=\nabla\times\boldsymbol{f}-\nabla\times\left(\frac{1}{\rho}\nabla p\right)+\nabla\times\left(\nu\nabla^2\boldsymbol{V}\right)\\&\quad+\frac{1}{3}\nabla\times\left[\nu\nabla\left(\nabla\cdot\boldsymbol{V}\right)\right]\end{aligned} \tag{5-28}$$

对于不可压黏性流体，质量力有势的条件下，旋涡矢量微分方程式(5-28)可简化成

$$\frac{\mathrm{D}\boldsymbol{\Omega}}{\mathrm{D}t}-\left(\boldsymbol{\Omega}\cdot\nabla\right)\boldsymbol{V}=\nu\nabla^2\boldsymbol{\Omega} \tag{5-29}$$

对于平面运动

$$w=0$$

$$\Omega_x=\Omega_y=0$$

$$\boldsymbol{\Omega}=\Omega\boldsymbol{k}$$

$$\frac{\partial}{\partial z}=0$$

所以式(5-29)可写为

$$\frac{\mathrm{D}\Omega}{\mathrm{D}t}=\nu\nabla^2\Omega=\nu\nabla\cdot\left(\nabla\Omega\right) \tag{5-30}$$

在场内任取一点，在 M 点邻域内取一点面积 $\mathrm{d}A$，其周界为封闭曲线，应用高斯散度公式

$$\iiint_\tau\nabla^2\Omega\mathrm{d}\tau=\oiint_s\boldsymbol{n}\cdot\nabla\Omega\mathrm{d}s=\oiint_s\frac{\partial\Omega}{\partial n}\mathrm{d}s$$

对于平面问题

$$\iint_A\nabla^2\Omega\mathrm{d}A=\oint_L\frac{\partial\Omega}{\partial n}\mathrm{d}l \tag{5-31}$$

式中，$\boldsymbol{n}$ 是周线 L 的外法线单位矢量。

根据中值公式

$$\iint_A\nabla^2\Omega\mathrm{d}A=\left(\nabla^2\Omega\right)_M A$$

于是

$$\left(\nabla^2\Omega\right)_M=\frac{1}{A}\oint_L\frac{\partial\Omega}{\partial n}\mathrm{d}l \tag{5-32}$$

若 M 点的涡量比周围的都大，则 $\frac{\partial\Omega}{\partial n}<0$，由式(5-29)、式(5-31)知 $\left(\nabla^2\Omega\right)_M<0$，$\frac{\mathrm{D}\Omega}{\mathrm{D}t}<0$ 说明 M 点的涡量将随时间增长而减小。

反之，M 点的涡量 Ω 比周围的都小，同理

$$\frac{\partial\Omega}{\partial n}>0$$

$$\left(\nabla^2\Omega\right)_M>0$$

$$\frac{\mathrm{D}\Omega}{\mathrm{D}t}>0$$

即 M 点涡量将随时间增长而增大。上述说明了旋涡的扩散性。

5.4.4　涡旋场和散度场所感应的速度场

第 4 章分析并讨论了散度旋度已知的可压缩有旋流动方程，如点源、线源、面源和泊松方程。为了解决上述各种类型的问题，需要根据涡旋场的强度确定速度场。另外，在某些绕流问题中，虽然整个流场都是无旋的，但物体对流体的扰动可用一奇点分布(如涡层分布)来替代，这时亦需要根据强度已知的涡旋场确定出感生的速度场，实际上涡旋多出现在一定的体积内，若单位体积内强度分布为 $\Omega(x,y,z)$ 则 $\mathrm{d}\tau$ 体积内的旋涡强度为 $\Omega\mathrm{d}\tau$，但有时也局限在很薄一层曲面上，此时将曲面看成无限薄的涡层，并引进涡层的强度分布是方便的，如图 5-8 所示。

图 5-8　无限薄的涡层

设高为 l，面积为 $\mathrm{d}\sigma$ 的体积 $\mathrm{d}\tau$ 内的涡旋强度为 $\Omega\mathrm{d}\sigma$，则总强度为

$$\Omega\mathrm{d}\tau=l\Omega\mathrm{d}\sigma$$

若令 $\lim\limits_{\substack{l\to0\\ \Omega\to\infty}}l\Omega=\pi$。并称 π 为涡层强度分布，则

$$\Omega\mathrm{d}\tau=\pi\mathrm{d}\sigma$$

有时涡旋也可能集中在很细的一根涡管上。此时可近似地将此涡管看成是几何上的一条线，称为涡丝。下面引进涡丝强度的概念。考虑面积为 σ，长为 $\mathrm{d}l$ 的体积 $\mathrm{d}\tau$ 内涡旋强度分布为 Ω，则

$$\boldsymbol{\Omega}\mathrm{d}\tau=\boldsymbol{\Omega}\sigma\mathrm{d}l=\Omega\sigma\mathrm{d}\boldsymbol{l}$$

式中，Ω 为涡旋矢量的大小；$\mathrm{d}\boldsymbol{l}$ 为线段元矢量，其大小为 $\mathrm{d}l$，方向为涡线矢量的方向。令

$$\lim_{\substack{\sigma\to0\\ \Omega\to\infty}}\sigma\Omega=\Gamma$$

并称 Γ 为涡丝强度，则得 $\boldsymbol{\Omega}\mathrm{d}\tau=\Gamma\mathrm{d}\boldsymbol{l}$。

下面将解决体涡旋分布感生速度场的问题，而把面涡旋分布和线涡旋分布作为一般结果的特例导出。

为了更加普遍，假定在涡旋场内还可以有散度分布。

设在有限体积 τ 内给定涡旋场和散度场，而 τ 外的区域内既无旋亦无散度。于是

$$\begin{cases}\tau\text{内：}\nabla\cdot\boldsymbol{v}=\Theta,\nabla\times\boldsymbol{v}=\Omega\\ \tau\text{外：}\nabla\cdot\boldsymbol{v}=0,\nabla\times\boldsymbol{v}=0\end{cases}\tag{5-33}$$

式中，Θ 与 Ω 分别是已知的速度散度及涡旋函数。现欲求上述涡旋场和散度场所感应的速度场 $\boldsymbol{v}$。

本问题是线性的，所以可以拆成下列两个问题。令

$$\boldsymbol{v}=\boldsymbol{v}_1+\boldsymbol{v}_2$$

式中，$\boldsymbol{v}_1$ 满足

$$\begin{cases}\tau\text{内：}\nabla\cdot\boldsymbol{v}_1=\Theta,\nabla\times\boldsymbol{v}_1=0\\ \tau\text{外：}\nabla\cdot\boldsymbol{v}_1=0,\nabla\times\boldsymbol{v}_1=0\end{cases}\tag{5-34}$$

$\boldsymbol{v}_2$ 满足

$$\begin{cases}\tau\text{内：}\nabla\cdot\boldsymbol{v}_2=0,\nabla\times\boldsymbol{v}_2=\Omega\\ \tau\text{外：}\nabla\cdot\boldsymbol{v}_2=0,\nabla\times\boldsymbol{v}_2=0\end{cases}\tag{5-35}$$

$\boldsymbol{v}_1$ 代表无旋散度场所感生的速度，$\boldsymbol{v}_2$ 代表有旋无散度场所感生的速度。容易验证，$\boldsymbol{v}_1$ 及 $\boldsymbol{v}_2$ 的矢量和就是有旋散度场所感生的速度 $\boldsymbol{v}$。现在先确定 $\boldsymbol{v}_1$，由 $\nabla\times\boldsymbol{v}_1=0$，根据无旋场性质推出

$$\boldsymbol{v}_1=\nabla\varphi\tag{5-36}$$

式中，φ 是速度势函数，将之代入 $\nabla\times\boldsymbol{v}_1=\Theta$，得

$$\nabla\cdot(\nabla\varphi)=\Theta\tag{5-37}$$

即

$$\Delta\varphi=\Theta\tag{5-38}$$

这就是数理方程中著名的泊松方程，其解为

$$\Delta\varphi=-\frac{1}{4\pi}\int_\tau\frac{\Theta(\xi,\eta,\zeta)}{r}\mathrm{d}\tau\tag{5-39}$$

式(5-39)可以很容易采用流体力学直观的方法求出。将 τ 内整个散度场分成许多个流体微团，每个流体微团可看作点源，其强度为 $\Theta\mathrm{d}\tau$。由于本问题是线性的，整个散度场感生的速度场可以看成是所有点源感生的速度场之和。这样问题便归结为求强度为 $\Theta\mathrm{d}\tau$ 的电源所感生的速度场。设点源所在点 M 的坐标为 (ξ,η,ζ)，其强度为 $\Theta\mathrm{d}\tau$，欲求它对 M 外任一点 $P(x,y,z)$ 感生的速度势，如图 5-9 所示。

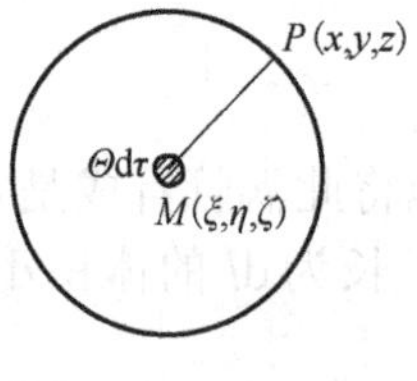

图 5-9 M 外任一点 $P(x,y,z)$ 感生的速度势

令

$$r=MP=\sqrt{(x-\xi)^2+(y-\eta)^2+(z-\zeta)^2}$$

以 M 为心，r 为半径作一圆球。由于对称性，球上任意一点上的速度 v_r 都是相等的，根据质量守恒定律，写出通过球面的流量得

$$\frac{\partial\varphi}{\partial r}=v_r=\frac{\Theta(\xi,\eta,\zeta)\mathrm{d}\tau}{4\pi r^2}\Theta\mathrm{d}\tau$$

对其积分得

$$\varphi=-\frac{\Theta(\xi,\eta,\zeta)\mathrm{d}\tau}{4\pi r} \tag{5-40}$$

这就是 M 点的点源对 P 点感生的速度势。对整个 τ 积分式(5-40)，即得泊松方程的解，即式(5-39)。注意式(5-39)中(ξ,η,ζ)是变动点，它经过 τ 内所有的点。将式(5-39)代入式(5-36)得

$$\boldsymbol{v}_1=\nabla\left[-\frac{1}{4\pi}\int_\tau\frac{\Theta(\xi,\eta,\zeta)}{r}\mathrm{d}\tau\right] \tag{5-41}$$

现在确定 $\boldsymbol{v}_1$，由 $\nabla\cdot\boldsymbol{v}_2=0$，推出

$$\boldsymbol{v}_2=\nabla\times\boldsymbol{A} \tag{5-42}$$

$\boldsymbol{A}$称为矢势，将之代入 $\nabla\times\boldsymbol{v}_2=\boldsymbol{\Omega}$，并利用场论运算公式得

$$\nabla\times\left(\nabla\times\boldsymbol{A}\right)=\nabla\left(\nabla\times\boldsymbol{A}\right)-\Delta\boldsymbol{A}=\boldsymbol{\Omega} \tag{5-43}$$

现在寻求既满足

$$\Delta\boldsymbol{A}=-\boldsymbol{\Omega} \tag{5-44}$$

又满足

$$\nabla\times\boldsymbol{A}=0 \tag{5-45}$$

的解。显然这样一定是式(5-43)的解，但是式(5-43)的解不一定能满足式(5-44)和式(5-45)。下面求出式(5-44)的解，最后验证它同时也满足式(5-45)。式(5-44)是矢量方程，其三个分量方程相当于三个泊松方程，因此其解为

$$\boldsymbol{A}=\frac{1}{4\pi}\int_\tau\frac{\boldsymbol{\Omega}}{r}\mathrm{d}\tau \tag{5-46}$$

先证由式(5-46)确定的$\boldsymbol{A}$满足式(5-45)。显然

$$\nabla\cdot\boldsymbol{A}=\frac{1}{4\pi}\int_\tau\boldsymbol{\Omega}\cdot\nabla\frac{1}{\tau}\mathrm{d}\tau$$

考虑到

$$r=\sqrt{(x-\xi)^2+(y-\eta)^2+(z-\zeta)^2}$$

而

$$\nabla\frac{1}{r}=-\nabla'\frac{1}{r}$$

其中，“ ′ ” 代表对(ξ,η,ζ)的微分，于是

$$\nabla\cdot\boldsymbol{A}=-\frac{1}{4\pi}\int_\tau\boldsymbol{\Omega}\cdot\nabla'\frac{1}{\tau}\mathrm{d}\tau$$

因为

$$\nabla'\cdot\frac{\boldsymbol{\Omega}(\xi,\eta,\zeta)}{r}=\frac{1}{\tau}\nabla'\cdot\boldsymbol{\Omega}+\boldsymbol{\Omega}\cdot\nabla'\frac{1}{r}=\boldsymbol{\Omega}\cdot\nabla'\frac{1}{r}$$

于是

$$\nabla\cdot\boldsymbol{A}=-\frac{1}{4\pi}\int_\tau\nabla'\cdot\frac{\boldsymbol{\Omega}}{r}\mathrm{d}\tau=\frac{1}{4\pi}\int_{S'}\frac{\Omega_n}{r}\mathrm{d}\boldsymbol{S} \tag{5-47}$$

S'是 τ 的界面，因 S' 上 $\Omega_n=0$（否则它就和涡旋的运动学性质 $\nabla\cdot\Omega=0$ 矛盾），于是

$$\nabla \cdot \boldsymbol{A} = 0$$

即得证明。通过上面的分析可以确信，式(5-46)所确定的A是式(5-43)的解，将式(5-46)代入式(5-42)得

$$\boldsymbol{v}_2 = \nabla \times \left[\frac{1}{4\pi} \int_\tau \frac{\boldsymbol{\Omega}(\xi,\eta,\zeta)}{r} \mathrm{d}\tau \right] \tag{5-48}$$

将式(5-41)及式(5-48)相加，即得有旋散度场式(5-33)的解

$$\begin{aligned} \boldsymbol{v} = \boldsymbol{v}_1 + \boldsymbol{v}_2 = \nabla \times & \left[-\frac{1}{4\pi} \int_\tau \frac{\Theta(\xi,\eta,\zeta)}{r} \mathrm{d}\tau \right] \\ & + \nabla \times \left[\frac{1}{4\pi} \int_\tau \frac{\boldsymbol{\Omega}(\xi,\eta,\zeta)}{r} \mathrm{d}\tau \right] \end{aligned} \tag{5-49}$$

可以将解式(5-49)推广到整个无界区域τ中，这只要对Θ与$\boldsymbol{\Omega}$再做某些限即可。例如，要求Θ及$\boldsymbol{\Omega}$在无穷远处的阶次是$\dfrac{1}{R^3}$。

如果只考虑涡旋场，则式(5-49)变为

$$\boldsymbol{v} = \nabla \times \left[\frac{1}{4\pi} \int_\tau \frac{\Omega(\xi,\eta,\zeta)}{r} \mathrm{d}\tau \right] \tag{5-50}$$

下面将式(5-50)用于涡面和曲线涡丝两种特殊情形。在涡面情形有

$$\Omega \mathrm{d}\boldsymbol{\tau} = \pi \mathrm{d}\boldsymbol{S}$$

于是式(5-50)变成

$$\boldsymbol{v} = \frac{1}{4\pi} \nabla \times \int_S \frac{\pi}{r} \mathrm{d}\boldsymbol{S} \tag{5-51}$$

在曲线涡丝情形则有

$$\boldsymbol{\Omega} \mathrm{d}\tau = \Gamma \mathrm{d}\boldsymbol{l}$$

于是

$$\boldsymbol{v} = \frac{1}{4\pi} \nabla \times \int_L \frac{\Gamma}{r} \mathrm{d}\boldsymbol{l}$$

由于Γ是变量，而$\mathrm{d}\boldsymbol{l}$是(ξ,η,ζ)的函数，因此

$$\boldsymbol{v} = \frac{1}{4\pi} \int_L \nabla \left(\frac{1}{r} \right) \times \mathrm{d}\boldsymbol{l} = -\frac{\Gamma}{4\pi} \int_L \frac{\boldsymbol{r} \times \mathrm{d}\boldsymbol{l}}{r^3} \tag{5-52}$$

注意$\mathrm{d}\boldsymbol{l}$与$\boldsymbol{\Omega}$相同。式(5-52)代表整个曲线涡丝所感生的速度，而$\mathrm{d}\boldsymbol{l}$一段涡丝元所感生的速度则为

$$\mathrm{d}\boldsymbol{v} = \frac{\Gamma}{4\pi} \int_L \frac{\boldsymbol{r} \times \mathrm{d}\boldsymbol{l}}{\boldsymbol{r}^3} \tag{5-53}$$

其大小为

$$|\mathrm{d}\boldsymbol{v}| = \frac{\Gamma}{4\pi} \frac{\sin\alpha \mathrm{d}\boldsymbol{l}}{\boldsymbol{r}^2} \tag{5-54}$$

式中，α是矢量$\boldsymbol{r}$与$\mathrm{d}\boldsymbol{l}$的夹角。式(5-53)与式(5-54)就是著名的毕奥-萨伐尔(Biot-Savart)公式。它说明曲线涡丝段$\mathrm{d}\boldsymbol{l}$所感生的速度$\mathrm{d}\boldsymbol{v}$，其方向是$\mathrm{d}\boldsymbol{l}$与$\boldsymbol{r}$两矢量的叉乘，即垂直于$\mathrm{d}\boldsymbol{l}$及$\boldsymbol{r}$；其大小则与距离r的平方成反比，而与$\mathrm{d}\boldsymbol{l}$及$\mathrm{d}\boldsymbol{l}$与$\boldsymbol{r}$的夹角α的正弦成正比(图5-10)。

考虑曲线涡丝，O是涡丝上一点。现推导AB对O点邻域内流体质点P的诱导速度。取自然坐标系$Ox_1x_2x_3$，O点为坐标原点。$\boldsymbol{t}$、$\boldsymbol{n}$、$\boldsymbol{b}$分别为切线、主法线和副法线方向的

单位矢量(图 5-11)。设 P 点在过 O 点的涡丝法平面内，则

$$\boldsymbol{r}_p = x_2\boldsymbol{n} + x_3\boldsymbol{b}$$

涡丝元 AB 上动点 M 的坐标矢量近似为

$$\boldsymbol{r}_M \approx l\cos\alpha\boldsymbol{t} + l\cos\alpha\boldsymbol{n} \approx l\boldsymbol{t} + \frac{1}{2}\kappa l^2\boldsymbol{n}$$

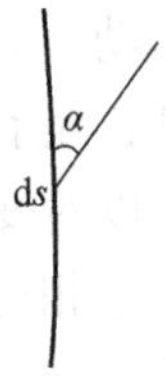

图 5-10　夹角 α

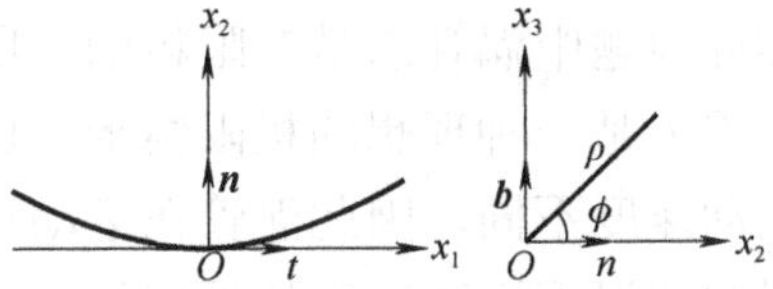

图 5-11　$\boldsymbol{t}$、$\boldsymbol{n}$、$\boldsymbol{b}$ 的定义

式中，κ 是曲线涡丝在 O 点的曲率。由此得

$$\mathrm{d}\boldsymbol{l} \approx (\boldsymbol{t} + \kappa l\boldsymbol{n})\mathrm{d}l$$

$$\boldsymbol{r} = \boldsymbol{r}_P - \boldsymbol{r}_M = -l\boldsymbol{t} + (x_2 - \frac{1}{2}\kappa l^2)\boldsymbol{n} + x_3\boldsymbol{b}$$

代入式(5-52)得

$$\mathrm{d}\boldsymbol{v} = \frac{\Gamma}{4\pi}\frac{x_3\kappa l\boldsymbol{t} - x_3\boldsymbol{n} + (x_2 + \frac{1}{2}\kappa l^2)\boldsymbol{b}}{\left[x_2^2 + x_3^2 + l^2(1 - x_2\kappa) + \frac{1}{4}\kappa^2 l^4\right]}$$

将曲线涡丝分成两个部分，一个部分在 AB：$-L \leqslant l \leqslant L$ 内，另一部分在 AB 外。令 $x_2^2 + x_3^2 = \rho^2$，$m = \dfrac{l}{\rho}$，并考虑到 $x_2 = \rho\cos\phi$，$x_3 = \rho\sin\phi$，则 AB 的贡献为

$$\boldsymbol{v} = \frac{\Gamma}{4\pi}\int_{-\frac{L}{\rho}}^{+\frac{L}{\rho}} \frac{\kappa m\sin\phi\boldsymbol{t} - \rho^{-1}\sin\phi\boldsymbol{n} + \rho^{-1}\cos\phi\boldsymbol{b} + \frac{1}{2}\kappa m^2\boldsymbol{b}}{\left[1 + m^2(1 - \kappa\rho\cos\phi) + \frac{1}{4}\kappa^2\rho^2 m^4\right]^{3/2}}\mathrm{d}m$$

当 $\rho \to 0$ 时，分母趋于 $(1+m^2)^{3/2}$。积分之得 $\rho \to 0$ 时 $\boldsymbol{v}$ 的渐近表达式为

$$\boldsymbol{v} = \frac{\Gamma}{4\pi}\left(-(1+m^2)^{-1/2}\kappa\sin\phi\boldsymbol{t} + \rho^{-1}m(1+m^2)^{-1/2}(\boldsymbol{b}\cos\phi - \boldsymbol{n}\sin\phi)\right.$$

$$\left. + \frac{1}{2}\kappa\boldsymbol{b}\left\{-m(1+m^2)^{-1/2} + \ln\left[m + (1+m^2)^{1/2}\right]\right\}\right)\Bigg|_{-\frac{L}{\rho}}^{+\frac{L}{\rho}}$$

考虑到

$$\ln(m + \sqrt{1+m^2})\Big|_{-L/P}^{+L/P} \approx \ln\left(2\frac{L}{\rho}\right)^2 = 2\ln\frac{L}{\rho} + \mathrm{const}$$

有

$$\boldsymbol{v} = \frac{\Gamma}{2\pi\rho}(\boldsymbol{b}\cos\phi - \boldsymbol{n}\sin\phi) + \frac{\Gamma\kappa}{4\pi}\boldsymbol{b}\ln\frac{L}{\rho} + \mathrm{const} \tag{5-55}$$

显然 AB 外涡丝段对速度的贡献总是有限的，因此比起 AB 段是次要的，可不予考虑。

O点邻域内流体速度由两部分组成。第一部分是式(5-55)中右边第一项，这部分是O点处涡旋旋转运动引起的，当$\rho \to 0$时，它趋于无穷，这是因为涡丝的强度有限，而截面积无限小，因此涡旋强度无限大，从而导致无限大速度。必须指出，这部分速度是绕O点旋转的，因此并不引起O点处涡丝运动。第二部分是式(5-55)中右边第二项，这部分是O点附近涡丝诱导引起的，与曲率半径有关，当$\rho \to 0$时它也趋于无穷，但奇性较弱是对数型的。这部分速度不是使流体质点绕涡丝打转，而是使O点处涡丝运动，且运动速度为无限大。实际问题中涡管总是有限粗的，所以自感引起的涡管运动速度也是有限的，涡丝运动速度无限大是一种理想的极限情形。由于第二项与曲率κ有关，所以对变曲率涡管而言，各点运动速度不同，因此涡管在运动过程中将发生变形。只有在曲率相同的圆形涡管中，自感引起的涡管运动速度处处相等，涡管以垂直于涡管所在平面的方向，且以常速向前运动，在运动过程中涡管不变形。其次，当$\kappa = 0$时，即考虑直线涡丝，涡丝本身不运动。

总结起来可以看到，变曲率孤立的曲线涡丝由于自身诱导作用(与曲率有关)将在流体中运动，并在运动中不断地改变自己的形状。

5.5　叶轮机械中的旋涡流动

自然界中的真实流体是有黏性的，只要有速度梯度就会在流动中产生涡旋流动，湍流中更是存在着大小不同的涡旋。流体机械中旋转的叶轮，促进了涡旋流动的复杂化，并会导致二次流动等现象的产生。本节将对流体机械中的涡旋运动做简单介绍。

5.5.1　轴流叶轮

旋转机械中叶轮常采用轴流式和离心式两种类型。图 5-12 描绘了轴流式叶轮内部相当复杂的流态，存在着二次流、通道涡；液体由叶片压力面，经间隙(叶顶和叶轮区的外环间的间隙)流向吸力面而形成的叶顶泄漏涡；还有叶顶前缘边界层中部分流体，冲击叶片前缘，刮擦边界层而形成的刮擦涡；以及叶片的后缘由于是自由剪切层而形成的尾迹涡等。尾迹涡将影响叶轮后面部件的流动，形成涡流及压力脉动。此外在叶片和叶轮环面的角区也会形成涡旋，称为角涡。总之，轴流式叶轮中的二次流动和涡旋流动比较复杂。

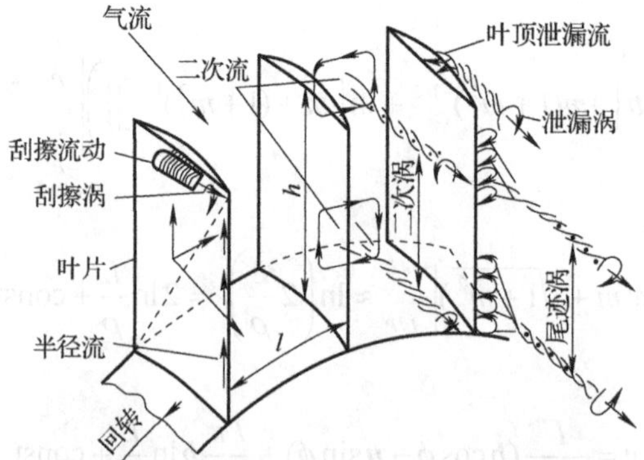

图 5-12　轴流式叶轮中的二次流动和涡旋

图 5-13 为某轴流式叶轮转速不同时，叶片表面的分离流动的计算结果。通过对比分析可以看出叶轮的不同旋转速度对叶轮内部的流态有很大的影响，如转轮叶片上涡旋的起始分离、方向、尺度、结构等。

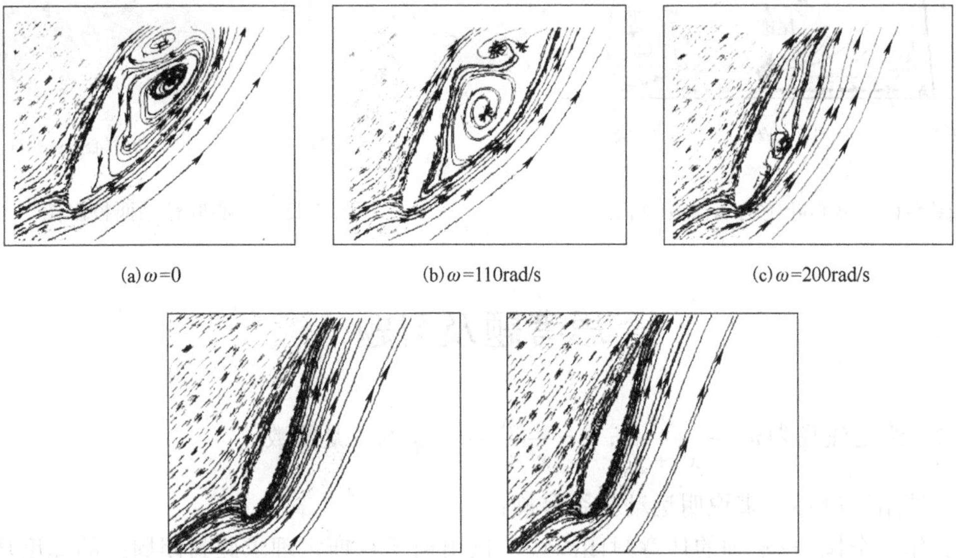

(a) $\omega=0$　(b) $\omega=110\text{rad/s}$　(c) $\omega=200\text{rad/s}$

(d) $\omega=300\text{rad/s}$　(e) $\omega=400\text{rad/s}$

图 5-13　轴流叶片中间截面上的速度分布

5.5.2　离心叶轮

图 5-14 所示为离心叶轮出口断面的流态。尾迹区的形成是由于旋转而产生的科氏力，造成了在叶轮出口断面的二次流动和涡旋。此二次流把其他位置处的边界层中的低能流体输送到靠近叶片吸力面和叶轮前盘附近，积累了一个低能流体区，流体的相对速度比较低，即形成尾迹区。下面以离心式压缩机叶轮为例说明叶轮中产生流线方向涡旋的三种来源。

(1) 如图 5-15 所示，在叶轮前有一个叶片扭曲的前置叶轮，称为导风轮。导风轮的弯曲部分使进口流动从进口冲角方向转到轴向，从而轮子前盘和后盘的边界层中的低能流体，会流向叶片吸力面上。而叶片压力面边界层的不稳定，会使其中的低能流体流向前盘和后盘，最后也流向叶片吸力面上。

(2) 叶轮中从轴向向径向的弯头使在压力面和吸力面附近的低能流体向前盘表面移动。

(3) 由于叶轮的旋转，并随着流体从轴向向径向流动，二次流动形成的涡旋会不断加强，这表明旋转对二次流的促进作用越来越大。即科氏力产生的二次流把低能流体从前盘、后盘表面和叶片压力面移向吸力面上。

为了减小叶轮通道中的二次流，需加大叶轮进口段的曲率半径以及叶轮轴面投影图中从轴向向径向拐弯的曲率半径。这就会减小吸力面和前盘表面的边界层的厚度。此外叶轮轴面曲率最大值点，应尽量避免与叶片表面曲率最大值点相重合与接近。这也同样减小吸力面和前盘表面的边界层的厚度。

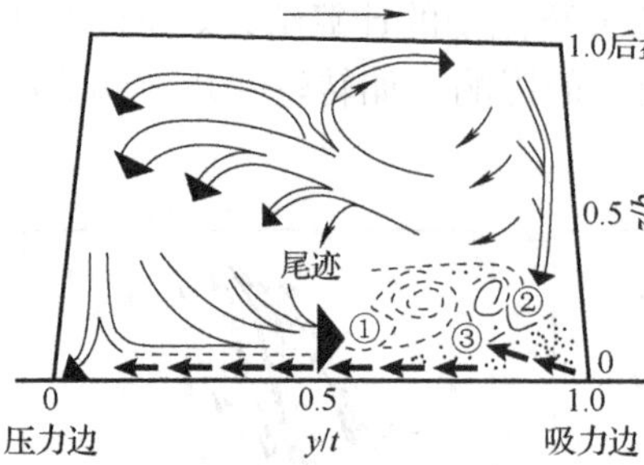

图 5-14　离心叶轮的二次流动和涡旋

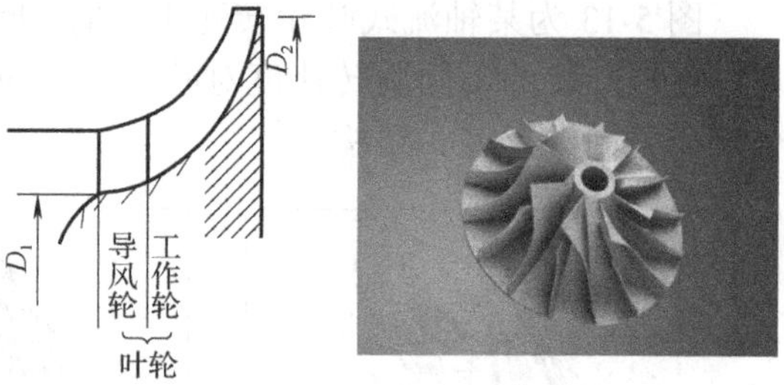

(a) 示意图　　(b) 离心叶轮照片

图 5-15　离心叶轮轴面投影图

思考题及习题

5-1　给定流场为 $u=-\dfrac{cy}{x^2+y^2}$，$v=\dfrac{cx}{x^2+y^2}$，$w=0$，c是常数。

(1) 试用速度环量来说明运动是否有旋；

(2) 作一个围绕 Oz 轴的任意封闭周线，试用斯托克斯定理求此封闭周线的速度环量，并说明此环量值与所取封闭周线的形状无关。

5-2　假定流体理想、不可压缩、外力有势。判断下列运动是有旋还是无旋：

(1) 无穷远处有一剪切流流过一静止物体；

(2) 无穷远均匀来流绕一旋转的圆柱体的流动。

5-3　求下列流场的涡量场及涡线：

(1) 流体质点的速度与质点到轴的距离成正比，并与 Ox 轴平行，即 $u=c\sqrt{x^2+y^2}$，$v=w=0$，c是常数；

(2) 给定流场 $\boldsymbol{v}=xyz\boldsymbol{r}$、$\boldsymbol{r}=x\boldsymbol{i}+y\boldsymbol{j}+z\boldsymbol{k}$；

(3) 如果流体绕固定轴像刚体一样做旋转运动。

5-4　设不可压流体的速度场为 $u=ax+by$，$v=cx+dy$，$w=0$，a、b、c、d 为常数。在下列两种情况下求 a,b,c,d 必须满足的条件及这两种情况下流线的形状。

(1) 运动是可能存在的；

(2) 运动不仅是可能存在的，而且是无旋的。

5-5　平面运动的速度分布在极坐标系中为 $v_\theta=\dfrac{\Gamma_0}{2\pi r}\left(1-\mathrm{e}^{-\frac{r^2}{4\nu t}}\right)$，$v_r=0$，其中 Γ_0、ν 为常数。求涡量 Ω 的分布；沿任一圆周 $r=R$ 的速度环量 Γ 及通过全平面的涡通量，并分析 Ω 和 Γ 随 r、t 的变化规律。

5-6　设不可压缩流体平面运动的流线方程是 $\theta=\theta(r)$，速度只是 r 的函数，试证涡量为 $\Omega=-\dfrac{k}{r}\dfrac{\mathrm{d}}{\mathrm{d}r}\left(r\dfrac{\mathrm{d}\theta}{\mathrm{d}r}\right)$，其中 k 为常数。

5-7　流体在平面环形区域 $a_1<r<a_2$ 中涡旋等于一个常数，而在 $r>a_1$，$r>a_2$ 的区域中流体是静止的。设圆 $r>a_1$，$r>a_2$ 是流线，且 $r>a_1$ 上流体速度为 V，$r>a_2$ 上流体速度趋于零，试证涡量值为 $\Omega = -\dfrac{2a_1 V}{a_1^2 - a_2^2}$。

5-8　证明在理想不可压流体的平面运动中，若质量力有势，则沿轨迹有 $\dfrac{\mathrm{d}\Omega}{\mathrm{d}t} = 0$，而且在定常运动中，沿流线涡量 Ω 保持常值。

5-9　试由推导 $\dfrac{\mathrm{d}}{\mathrm{d}t}\oint_S \Omega_n \mathrm{d}S$ (涡通量的随体导数)出发，证明拉格朗日涡旋不生不灭定理。

5-10　试说明海陆风的形成及白天与黑夜的风向。

5-11　设在理想流体中受有势力的作用，流体的密度只是压力的函数。求在何种条件下，在所有各点任一时刻涡矢量具有和速度矢量相同的方向。并证明平面运动中永远不可能出现这种情况。

5-12　一不可压缩元黏性流体从静止开始运动，若流体是不均匀的，证明垂直于任一等密度面的旋度分最为零。涡线位于什么面？(提示：在等密度面上取一回路，并对它应用环量的开尔文定理。)

第 6 章　黏性流体层流流动

流体的黏性是流体的固有属性。在自然界和工程设备中的真实流动都是具有黏性的流动。但是由于常见的液体和气体的黏性系数 μ 的数值很小，因而在速度梯度不是很大的流场中，黏性力相对于其他力而言为小量，故可不考虑黏性力的作用，从而可以假定流体为理想流体。但是在速度梯度很大的区域中，必须考虑黏性力的作用。黏性流体动力学问题要比理想流体动力学问题复杂得多。目前只有某些特殊问题，才可以完全用理论的方法来求解，而大量的实际问题主要是依靠数值计算方法和实验的方法来求解。

6.1　黏性流动的基本性质

黏性流体流动时，由于黏性与静止固体壁面的作用，以及流体层与层之间的相互作用，总有旋涡产生；由于黏性的存在，与理想流体流动中涡量守恒不同，在黏性流体流动中涡量并不守恒；由于黏性流体流动中存在不可逆过程，与理想流体流动中机械能守恒不同，流体的机械能并不守恒。因此，黏性流体流动必定伴随着旋涡的出现(有旋性)，旋涡的不断扩展(扩散性)以及旋涡能量不断地消耗(耗散性)，即涡量的产生、扩散和衰减。黏性流体流动的基本性质概括起来主要有三点：流动的有旋性、旋涡的扩散性和能量的耗散性。为方便起见，下面以动力黏性系数 μ 为常数的不可压缩黏性流为例分别说明。

6.1.1　黏性流动的有旋性

流体流动的有旋性用涡量来表示。运动有旋时

$$\boldsymbol{\Omega}=\nabla\times\boldsymbol{V}=2\boldsymbol{\omega}\neq 0 \tag{6-1}$$

常黏性系数不可压缩流体的运动方程为

$$\begin{cases}\nabla\cdot\boldsymbol{V}=0\\ \dfrac{\mathrm{D}\boldsymbol{V}}{\mathrm{D}t}=\boldsymbol{f}-\dfrac{1}{\rho}\nabla p+\nu\nabla^2\boldsymbol{V}\end{cases} \tag{6-2}$$

根据场论知识有

$$\nabla\times\left(\nabla\times\boldsymbol{V}\right)=\nabla\left(\nabla\cdot\boldsymbol{V}\right)-\nabla^2\boldsymbol{V}$$

则

$$\nabla^2\boldsymbol{V}=\nabla\left(\nabla\cdot\boldsymbol{V}\right)-\nabla\times\left(\nabla\times\boldsymbol{V}\right)=-\nabla\times\boldsymbol{\Omega}$$

把上式代入式(6-2)，可得

$$\begin{cases}\nabla\cdot\boldsymbol{V}=0\\ \dfrac{\mathrm{D}\boldsymbol{V}}{\mathrm{D}t}=\boldsymbol{f}-\dfrac{1}{\rho}\nabla p-\nu\left(\nabla\times\boldsymbol{\Omega}\right)\end{cases} \tag{6-3}$$

式(6-3)与理想流体流动的基本方程项比较，不同之处在于多出了一项黏性力 $\nu(\nabla\times\boldsymbol{\Omega})$。如果流体作无旋运动，即 $\boldsymbol{\Omega}=\nabla\times\boldsymbol{V}=0$，那么式(6-3)变为

$$\begin{cases}\nabla\cdot\boldsymbol{V}=0\\ \dfrac{\mathrm{D}\boldsymbol{V}}{\mathrm{D}t}=\boldsymbol{f}-\dfrac{1}{\rho}\nabla p\end{cases}\tag{6-4}$$

可见黏性流体作无旋运动时，其动量方程与理想流体的相同。如果不考虑边界条件，两者的解完全相同。但是，一般来说，二者关于速度的边界条件是不能同时满足的。因为N-S方程的解能满足无滑移边界条件，而欧拉方程的解是不能满足这个条件的。具体来说就是，理想流动的边界条件只对固壁上的法向速度有规定，而黏性流动除规定法向速度外，还要求切向无滑移，比理想流动多一个边界条件。从数学观点来看，N-S 方程本是二阶偏微分方程，但加上无旋条件后则变成欧拉方程，成为一阶的。所以原来的无滑移边界就多了一个，这是相矛盾的，这表明黏性流体作无旋运动是不可能的，这就是黏性流的有旋性。

另外，从两种流动的微分方程看，欧拉方程是一阶方程，只要求一个边界条件就可定解，而 N-S 方程是二阶方程，要有两个边界条件。当黏性流体作无旋运动时，二阶项消失，降为一阶方程，无滑移条件成为多余的约束，根据微分方程的定解理论就得不到解。由此可见，除个别情况外，黏性流体流动总是有旋运动。

流体绕物面流动时，总会看到无滑移条件使紧贴物面的流体速度变为零，在物面形成强的旋涡，并沿法向扩散和顺流动迁移。黏性作用使物面周围形成充满旋涡的剪切区，在物体后部出现充满旋涡的尾迹区，旋涡强度沿法向和顺流动方向不断衰减，最后消失。

黏性流动的有旋性使流动变得复杂多变，难以捉摸，如分离流、大气中的台风和龙卷风、海洋旋涡等。湍流本质就是旋涡运动，这些都是目前缺乏了解的复杂流动问题。

6.1.2　黏性流动中旋涡的扩散性

旋涡是指流体团的旋转运动，又称涡旋。旋涡有时能明显看到，例如，大气中的龙卷风。流体流动时物体边界层中的小旋涡，以及流体中的随机旋涡等。旋涡强度可用通量或速度环量表示。通量是涡量通过某一截面的涡通量，而旋涡中某点涡量的大小是流体微团绕该点旋转的平均角速度的两倍，方向与微团的瞬时转动轴线重合。旋涡的产生伴随着机械能的耗损，从而对物体产生流体阻力，降低其机械效率。但在空气动力学中，正是依靠尾缘脱落涡，才使机翼获得产生升力的环量；在水利工程中，则利用排水口处形成的旋涡消耗水流动能，以保护坝基不被急泻而下的水流冲坏。涡是旋涡的一种形态，专指湍流流动中不均一、不规则的各种尺寸的旋涡。其尺寸，大的和整个湍流的广延同量级，如在湍流边界层中，最大的涡与边界层厚度同量级；小的则小到分子黏性进行动量交换的尺度。在湍流流动中，由于涡的彼此拉伸机制，涡由大变为略小、较小、更小的各种尺寸的涡。涡的旋转能量随之由大涡传递给较小的涡，再传给更小的涡，直到最小的那一级涡上黏性应力直接起作用把旋转动能转变为热能而耗散掉。

黏性流体在流动中总是要产生旋涡的，黏性流体的流动实际上就是旋涡的运动，因此研究旋涡在黏性流体中的运动规律有重要意义。不可压缩常物性理想流体，在质量力有势的情况下，没有产生旋涡的策源地，也没有使旋涡衰减、消失的黏性耗散。因而，无旋的理想流体流动时，永远是无旋的；而有旋的理想流体流动时，其旋涡强度永远不会改变。但对黏性流体流动而言，在通常情况下，旋涡会产生，其强度可能发展，也可

能衰减、消失。黏性流体流动时，旋涡强度 $\boldsymbol{\Omega}$ 的变化规律，可由旋涡输运方程来描述。

在黏性流体中旋涡具有扩散性，就是旋涡从涡量大的地方向涡量小的地方输运和扩散，直到涡量均衡，即涡量有平均化的趋势，这与热量的输运和热平衡现象类似。

以常黏性系数不可压缩流体、质量力有势的情况为例来推导涡量输运方程。动量方程为

$$\frac{\mathrm{D}\boldsymbol{V}}{\mathrm{D}t}=\frac{\partial \boldsymbol{V}}{\partial t}+\boldsymbol{V}\cdot\nabla\boldsymbol{V}=\boldsymbol{f}-\frac{1}{\rho}\nabla p+\nu\nabla^2\boldsymbol{V}$$

对上式两端同时取旋度

$$\nabla\times\frac{\partial \boldsymbol{V}}{\partial t}+\nabla\times(\boldsymbol{V}\cdot\nabla\boldsymbol{V})=\nabla\times f-\frac{1}{\rho}\nabla\times\nabla p+\nu\nabla\times\left(\nabla^2\boldsymbol{V}\right)$$

因为

$$\nabla\times\frac{\partial \boldsymbol{V}}{\partial t}=\frac{\partial}{\partial t}(\nabla\times\boldsymbol{V})=\frac{\partial \boldsymbol{\Omega}}{\partial t}$$

$$\nabla\times(\boldsymbol{V}\cdot\nabla\boldsymbol{V})=\nabla\times(\boldsymbol{V}\times\boldsymbol{\Omega})=(\boldsymbol{V}\cdot\nabla)\boldsymbol{\Omega}-(\boldsymbol{\Omega}\cdot\nabla)\boldsymbol{V}+\boldsymbol{\Omega}(\nabla\cdot\boldsymbol{V})-\boldsymbol{V}(\nabla\cdot\boldsymbol{\Omega})=(\boldsymbol{V}\cdot\nabla)\boldsymbol{\Omega}-(\boldsymbol{\Omega}\cdot\nabla)\boldsymbol{V}$$

$$\nabla\times\left(\nabla^2\boldsymbol{V}\right)=\nabla^2(\nabla\cdot\boldsymbol{V})=\nabla^2\boldsymbol{\Omega}$$

$$\nabla\times\left(\boldsymbol{f}-\frac{1}{\rho}\nabla p\right)=\nabla\times\left(\nabla H-\frac{1}{\rho}\nabla p\right)$$

而对于任何标量 T 都有 $\nabla\times(\nabla T)=0$。于是可以得到

$$\frac{\mathrm{D}\boldsymbol{\Omega}}{\mathrm{D}t}=\nu\nabla^2\boldsymbol{\Omega}+(\boldsymbol{\Omega}\cdot\nabla)\boldsymbol{V} \tag{6-5}$$

这就是质量力有势情况下，黏性不可压缩流的涡量输运方程。左端为涡量的质点导数。右端第一项表示涡量扩散性，称为涡量扩散率；第二项表示涡量的变化率，是速度场不均匀和涡管伸长引起的。

对于二维平面运动的情形，此时 $\Omega_x=\Omega_y=0$、$w=0$、$\Omega_z=\Omega$。涡量输运方程变为

$$\frac{\mathrm{D}\Omega}{\mathrm{D}t}=\nu\nabla^2\Omega \tag{6-6}$$

拉普拉斯算子的积分表示法有

$$\left(\nabla^2\Omega\right)_M=\frac{1}{A}\oint_L\frac{\partial\Omega}{\partial n}\mathrm{d}l \tag{6-7}$$

点 M 是以点 M_0 为中心，l 为半径的球面 A 上的动点。由此推出，如果 $\left(\nabla^2\Omega\right)_{M_0}>0$，则有点 M_0 为中心的无穷小球面 A 上 Ω 的平均值大于此球心点 M_0 的值 Ω_{M_0}，即 $\Omega_M>\Omega_{M_0}$。与此相反，如果有 $\left(\nabla^2\Omega\right)_{M_0}<0$，则有 $\Omega_M<\Omega_{M_0}$。根据积分表示式，可以得出：如果 $\left(\nabla^2\Omega\right)_{M_0}>0$，即 $\Omega_M>\Omega_{M_0}$，则有 $\left.\frac{\mathrm{D}\Omega}{\mathrm{D}t}\right|_{M_0}>0$，这表示在点 M_0 的 Ω 值是随着时间而增加的；如果 $\left(\nabla^2\Omega\right)_{M_0}<0$，即 $\Omega_M<\Omega_{M_0}$，则有 $\left.\frac{\mathrm{D}\Omega}{\mathrm{D}t}\right|_{M_0}<0$，这表示在点 M_0 的 Ω 值是随着时间而减小的。这就说明了平面运动情形旋涡的扩散性。也就是说流体微团的涡量值有越来越平均化的趋势。

6.1.3　黏性流动中能量的耗散性

黏性流体流动时，体积力和表面力做功，其中一部分转变为机械能；另一部分转变为内能(即没有转变为机械能的部分)，以热量形式耗散掉。

由工程热力学知识可知关系式

$$T\mathrm{d}s = \mathrm{d}e + p\mathrm{d}\left(\frac{1}{\rho}\right)$$

则可得

$$T\frac{\mathrm{d}s}{\mathrm{d}t} = \frac{\mathrm{d}e}{\mathrm{d}t} - \frac{p}{\rho^2}\frac{\mathrm{d}\rho}{\mathrm{d}t}$$

把连续性方程 $\frac{\mathrm{D}\rho}{\mathrm{D}t} + \rho\nabla\cdot\boldsymbol{V} = 0$ 代入上式，可得

$$T\frac{\mathrm{D}s}{\mathrm{D}t} = \frac{\mathrm{D}e}{\mathrm{D}t} + \frac{p}{\rho}\nabla\cdot\boldsymbol{V}$$

将以内能表达的能量方程代入上式，可得

$$\rho T\frac{\mathrm{D}s}{\mathrm{D}t} = \nabla\cdot\left(k\nabla T\right) + \Phi + S \tag{6-8}$$

式(6-8)是研究黏性流体流动时熵变化的微分方程，它是热力学第二定律的表达式。当流体与外界绝热，且无内热源时，式(6-8)简化为

$$\rho T\frac{\mathrm{D}s}{\mathrm{D}t} = \Phi \tag{6-9}$$

可见耗散函数 Φ 决定了熵的产生率。

能量方程中的耗散函数 Φ 表示单位体积流体在单位时间内耗散掉的机械功，其在直角坐标系中的表达式为

$$\begin{aligned}\Phi &= -\frac{2}{3}\mu\left(\varepsilon_{kk}\right)^2 + 2\mu\varepsilon_{ij}\varepsilon_{ij} \\ &= -\frac{2}{3}\mu\left(\varepsilon_{xx} + \varepsilon_{yy} + \varepsilon_{zz}\right)^2 + 2\mu\left(\varepsilon_{xx}^2 + \varepsilon_{yy}^2 + \varepsilon_{zz}^2\right) + 4\mu\left(\varepsilon_{xy}^2 + \varepsilon_{yz}^2 + \varepsilon_{zx}^2\right)\end{aligned} \tag{6-10a}$$

或

$$\begin{aligned}\Phi &= \frac{2}{3}\mu\left[\left(\frac{\partial u}{\partial x} - \frac{\partial v}{\partial y}\right)^2 + \left(\frac{\partial v}{\partial y} - \frac{\partial w}{\partial z}\right)^2 + \left(\frac{\partial w}{\partial z} - \frac{\partial u}{\partial x}\right)^2\right] \\ &\quad + \mu\left[\left(\frac{\partial u}{\partial y} + \frac{\partial v}{\partial x}\right)^2 + \left(\frac{\partial v}{\partial z} + \frac{\partial w}{\partial y}\right)^2 + \left(\frac{\partial w}{\partial x} + \frac{\partial u}{\partial z}\right)^2\right]\end{aligned} \tag{6-10b}$$

除 $\mu = 0$ 外，在一般情况下，只有两种情况耗散函数 Φ 为零。

第一种情况是无变形运动

$$\varepsilon_{ij} = \frac{1}{2}\left(\frac{\partial u_i}{\partial x_j} + \frac{\partial u_j}{\partial x_i}\right) = 0 \tag{6-11}$$

即

$$\varepsilon_{xx} = \varepsilon_{yy} = \varepsilon_{zz} = \varepsilon_{xy} = \varepsilon_{yz} = \varepsilon_{zx} = 0$$

此时流体微团的线变形速率和剪切变形速率均等于零。

第二种情况是流体微团各向同性地作辐射形的膨胀或压缩

$$\varepsilon_{xy}=\varepsilon_{yz}=\varepsilon_{zx}=0$$

除以上两种情况外，恒有$\Phi>0$，因此

$$\rho T\frac{\mathrm{D}s}{\mathrm{D}t}>0 \tag{6-12}$$

对于$\Phi=0$的两种情况，熵的变化为零，因而是可逆的绝热过程，没有机械能的耗散。除此以外

$$\frac{\mathrm{D}s}{\mathrm{D}t}>0 \tag{6-13}$$

可见，只要流体发生变形运动，耗散函数Φ永远是正值，这是一不可逆的过程。另外，耗损掉的机械能与变形速率各分量的平方成正比，变形速率越大，耗损的机械能越多。这是因为变形速率越大，黏性应力也越大，因而耗损的能量也越大。一般黏性流体作高速流动时，能量耗散很大，温度很高，而低速流动耗散很小，可以忽略。也就是说做变形运动的流体将部分机械能不可逆地转变为热能，使绝热系统的熵值增加，所以变形率和黏性系数越大，耗损越大；另外，也表示外力对流体做的功不可能全部变为动能，总有一部分转化为无用的热而损耗掉。对耗散函数作体积分，就可求得有限体积内的耗散量。

在理想流体流动中，因为$\mu=0$，则$\Phi=0$。所以理想流体流动中，机械能不会耗损。

6.2 黏性流体运动的相似律

许多工程和科学技术问题向人们提出了一个要求：寻求保证流动相似的条件。例如，用实验方法研究飞机的外部流场时，很难设想为此而建造能容纳全尺寸飞机的大风洞，因为仅驱动风洞气流所需的能量就大得惊人。所以合理的解决办法是缩小试件尺寸，做模型实验。由此引起的问题是应如何设计和安排实验才能保证模型实验能真实地反映全尺寸飞机的飞行情况呢？显然，只有当实际流动和模型实验两种情况下流动相似时，模型实验才有意义。

6.2.1 相似定律

相似的概念来源于几何学，相似理论是判定两个现象是否相似的理论。物理现象相似的概念是指两个同一类物理现象全部物理量(如力、速度、时间等)成一定的比例，或者说表征一个系统的物理现象的所有物理量的数值，可由第二个系统中的相对应的量乘以一个不变的无量纲数而得到的，属于力学现象的，称为力学相似。在流体力学中，力学相似是指两个流动现象中相应点处的物理量彼此之间相互平行(指矢量物理量的方向，如力和速度的方向)并且成一定比例(指矢量的模和标量的大小，标量如长度和时间等)。

力学相似的三个条件是：几何相似、运动相似和动力相似。

1. 几何相似(geometric similarity)

几何相似是指流动的几何空间相似，或模型与原型形状相似，即两者对应部分的角度相等，几何线段长度对应成比例，或者说模型是按照一定的比例缩小而制成的，这个常数称长度相似倍数(或几何相似倍数)C_L。以L_n表示原型的特征长度，以L_m表示模型的特征长度。当几何相似时，有

$$C_L = \frac{L_n}{L_m} \tag{6-14a}$$

$$\theta_n = \theta_m \tag{6-14b}$$

$$C_A = \frac{A_n}{A_m} = \left(\frac{L_n}{L_m}\right)^2 = {C_L}^2 \tag{6-14c}$$

$$C_V = \frac{V_n}{V_m} = \left(\frac{L_n}{L_m}\right)^3 = {C_L}^3 \tag{6-14d}$$

式中，下标 n 表示原型；m 表示模型；C_L、C_A、C_V 分别表示原型与模型的长度相似倍数、面积相似倍数和体积相似倍数；θ_n 和 θ_m 分别表示原型与模型处的角度。

由上可见，只要任意对应的长度的几何相似倍数都保持不变，就保证了原型流动与模型流动的几何相似。几何相似是力学相似的前提。只有几何相似，模型流动与原型流动之间才能存在对应点、对应线段、对应面积和对应体积。这一系列互相对应的几何要素，才有可能在两个流动之间存在着对应速度、对应加速度和对应的作用力等一系列互相对应的运动学和动力学物理量，最终才有可能通过模型流动的对应点、对应断面上的力学物理量的测定，预测原型流动的流体力学特性。

2. 运动相似(kinematic similarity)

两流动现象运动相似是指两流动的对应几何流线相似，即原型与模型对应点上的流速方向相同、大小成比例。速度成比例即对应距离的时间成比例。时间相似的相似倍数 C_t 为

$$C_t = \frac{t_n}{t_m} \tag{6-15}$$

式中，t_n 为原型液流质点通过距离 L_n 段所需的时间；t_m 为与原型液流对应的模型液流质点通过相应的距离 L_m 所需的时间。由几何相似可得速度相似倍数 C_u 和加速度相似倍数 C_a 分别为

$$C_u = \frac{u_n}{u_m} = \frac{L_n/t_n}{L_m/t_m} = \frac{C_L}{C_t} \tag{6-16a}$$

$$C_a = \frac{a_n}{a_m} = \frac{u_n/t_n}{u_m/t_m} = \frac{C_u}{C_t} = \frac{C_L}{C_t^2} = \frac{{C_u}^2}{C_L} \tag{6-16b}$$

由式(6-16b)可得

$$C_u = \sqrt{C_a C_L} \tag{6-16c}$$

3. 动力相似(dynamic similarity)

动力相似是指原型与模型流体的对应质点，所受到的同名力 F_n 与 F_m 大小成比例、方向相同(平行)，即力场的几何相似。根据牛顿第二定律，动力相似的相似倍数 C_F 为

$$C_F = \frac{F_n}{F_m} = \frac{m_n a_n}{m_m a_m} = \frac{\rho_n v_n a_n}{\rho_m v_m a_m} = C_\rho C_L^3 C_a = C_\rho C_L^2 C_u^2 \tag{6-17a}$$

或者

$$C = \frac{C_F}{C_\rho C_L^2 C_u^2} = 1 \tag{6-17b}$$

式中，$C_\rho = \rho_n/\rho_m$ 称为密度相似倍数。当原型与模型为同一流体时，$C_\rho = \rho_n/\rho_m$ 中的 C 称

为相似指标。式(6-17b)是两种几何流动中动力相似的必要和充分条件，或者说两种几何流动的动力相似的条件是由相似倍数组成的相似指标 $C=1$。这一结论也称相似第一定理。两种物理现象的力学相似是由几何相似、运动相似和动力相似三种形式的现象相似所组成的。几何相似是运动相似的先决条件，运动相似是动力相似的必要前提。只有具备几何相似和运动相似条件时，动力相似才有存在的可能。如果两种流动现象是动力相似，其几何形状和运动状况必然是相似的。

4. 相似律

每一个具体的流场都是由封闭的基本方程组和定解条件决定的。即如果有两个流场，它们的几何边界相似，它们有完全一样的量纲基本方程组，而且还有完全一样的无量纲定解条件，则这两个流场的量纲解是完全一样的，称这两个流场是相似的。所以两个流场相似的必要和充分条件是：

(1)流体边界几何相似；

(2)无量纲基本方程组完全一样；

(3)无量纲定解条件完全一样。

无量纲基本方程组和无量纲定解条件完全一样，是指这些方程和定解条件所包含的所有无量纲组合量一一对应相等，即若 A 和 B 分别代表两个流场，则应有

$$(Sr)_A=(Sr)_B,\ (Fr)_A=(Fr)_B,\ (Ma)_A=(Ma)_B,$$
$$(c_{p0}/c_{V0})_A=(c_{p0}/c_{V0})_B,\ (Re)_A=(Re)_B,$$
$$(Pr)_A=(Pr)_B,\ (\lambda_0/\mu_0)_A=(\lambda_0/\mu_0)_B,$$
$$(Nu)_A=(Nu)_B,\cdots$$

由于在几何边界相似的前提下，两个流场的这些无量纲数相等是相似的必要和充分条件，故将这些无量纲数称为相似参数或相似准则。

6.2.2　相似准则

寻求相似条件最直接的方法是将基本方程组和边界条件无量纲化。为此，首先选定一组特征物理量，用这些量除方程和边界条件中相应的变量，并重新定义由此得到的无量纲变量，即可得到无量纲化的方程和边界条件。L_0、U_0、p_0、i_0、g_0、μ_0等分别为所选定的长度、速度、压力、密度、时间、重力加速度、动力黏度等的特征物理量，以这些特征量除以相应的物理量，则可得各无量纲物理量，并以上标“*”表示。

$$x_i^*=\frac{x_i}{L_0},\ u_i^*=\frac{u_i}{U_0},\ t^*=\frac{t}{t_0},\ p^*=\frac{p}{p_0}$$

$$\rho^*=\frac{\rho}{\rho_0},\ F_i^*=\frac{F_i}{g_0},\ \mu^*=\frac{\mu}{\mu_0},\ \ldots$$

算符也可无量纲化，例如

$$\nabla^*=L_0\nabla,\ \nabla^{*2}=L_0^2\nabla^2,\ \cdots$$

将上述诸关系代入连续方程、动量方程和能量方程，则分别可得

$$\left(\frac{L_0}{t_0U_0}\right)\frac{\partial\rho^*}{\partial t^*}+\frac{\partial\rho^*u_i^*}{\partial x_j^*}=0 \tag{6-18a}$$

$$\left(\frac{L_0}{t_0 U_0}\right)\frac{\partial u_i^*}{\partial t_i^*}+u_j^*\frac{\partial u_i^*}{\partial x_j^*}=\left(\frac{L_0 g_0}{U_0^2}\right)F^*-\left(\frac{p_0}{U_0^2\rho_0}\right)\frac{1}{\rho^*}\cdot\frac{\partial\rho^*}{\partial x_i^*}$$
$$+\left(\frac{\mu_0}{U_0\rho_0\rho_0}\right)\frac{1}{\rho^*}\frac{\partial}{\partial x_j^*}\left[\mu^*\left(\frac{\partial u_i^*}{\partial x_j^*}+\frac{\partial u_j^*}{\partial x_i^*}\right)\right] \tag{6-18b}$$
$$+\left(\frac{\lambda_0}{\mu_0}\frac{\mu_0}{U_0\rho_0\rho_0}\right)\frac{1}{\rho^*}\frac{\partial}{\partial x_i^*}\left[\lambda^*\frac{\partial u_j^*}{\partial x_j^*}\right]$$

$$\left(\frac{L_0}{t_0 U_0}\right)c_v^*\frac{\partial T^*}{\partial t^*}+c_v^* u_j^*\frac{\partial T^*}{\partial x_j^*}=\left(\frac{k_0}{c_{p0}\rho_0 U_0 L_0}\right)\left(\frac{c_{p0}}{c_{V0}}\right)\frac{1}{\rho^*}\frac{\partial}{\partial x_i^*}\left(k^*\frac{\partial T^*}{\partial x_i^*}\right)$$
$$+\left(\frac{\mu_0}{U_0\rho_0\rho_0}\right)\left(\frac{U_0^2}{c_{V0}T_0}\right)\frac{\mu^*}{\rho^*}\left[\frac{1}{2}\left(\frac{\partial u_i^*}{\partial x_j^*}+\frac{\partial u_j^*}{\partial x_i^*}\right)-\frac{2}{3}\left(\frac{\partial u_i^*}{\partial x_i^*}\right)^2\right] \tag{6-18c}$$

在式(6-18c)中，忽略了如化学反应热的其他热源 Q。上述各式中包含了几组由特征物理量组成的无量纲因子，它们都具有一定的物理意义。

(1) $L_0/U_0 t_0$：是与流场的非定常性有关的参数。L_0/U_0 表示特征滞留时间。例如，若以机翼弦长为特征长度，U_0 为远前方来流速度，则此滞留时间大体代表流体流过机翼所需的时间。由于 t_0 表示当地状态发生变化所需的典型时间，所以 $L_0/(U_0 t_0)$ 是衡量流场非定常性的参数，称为斯特劳哈尔(Strouhal)数，表示为 Sr

$$Sr=\frac{L_0}{U_0 t_0} \tag{6-19}$$

(2) $L_0 g_0/U_0^2$：代表重力与惯性力之比。在前面章节曾说明，$u_j\,\partial u_i/\partial x_j$ 为迁移加速度，则单位质量所受惯性力的典型值可表示为 U_0^2/L_0，所以 $g_0/(U_0^2/L_0)$ 代表重力与惯性力的典型值之比。此数倒数的开方称为弗劳德(Froude)数，表示为 Fr

$$Fr=\frac{U_0}{\sqrt{g_0 L_0}} \tag{6-20}$$

(3) $p_0/U_0^2\rho_0$：是与流体的运动状态及物性有关的物理量，称为欧拉数 Eu_0，利用声速公式

$$a_0^2=\gamma_0 p_0/\rho_0$$

可将此无量纲数化为

$$Eu=\frac{p_0}{\rho_0 U_0^2}=\frac{1}{\gamma_0}\frac{a_0^2}{U_0^2}$$

令

$$Ma_0^2=\frac{U_0^2}{a_0^2}$$

式中，Ma 称为马赫数，则可得

$$Eu=\frac{p_0}{p_0 U_0^2}=\frac{1}{\gamma_0}\frac{1}{Ma_0^2}$$

式中，γ_0 为比热比。可见，这一无量纲数为同一流动工质情况下马赫数的另一种表示形式。由于单位质量所受压差力的典型值为 $(\partial p/\partial x)/\rho\sim p_0/(L_0\rho_0)$，则可得

$$Ma_0^2=\frac{1}{\gamma_0}\frac{U_0^2\rho_0}{p_0}=\frac{1}{\gamma_0}\frac{U_0^2/L_0}{p_0/L_0\rho_0}$$

可见，马赫数也表示惯性力与压(差)力的典型值之比。

(4) $\mu_0/(U_0\rho_0L_0)$：是与黏性流动有关的无量纲量，其倒数为雷诺数

$$Re=\frac{U_0\rho_0L_0}{\mu_0} \tag{6-21}$$

由前面章节可知，单位质量的流体所受黏性力的典型值为

$$\frac{1}{\rho}\frac{\partial}{\partial x_i}\left(\mu\frac{\partial u_j}{\partial x_i}\right)\sim\frac{\mu_0U_0}{\rho_0L_0^2}$$

则可得

$$Re=\frac{U_0\rho_0L_0}{\mu_0}=\frac{U_0^2/L_0}{\mu_0U_0/(\rho_0L_0^2)}$$

可见，雷诺数表示惯性力与黏性力的典型值之比。

(5) $k_0/(p_0\rho_0U_0L_0)$：此无量纲可以改写为

$$\frac{k_0}{c_{p0}\rho_0U_0L_0}=\frac{\mu_0}{\rho_0U_0L_0}\frac{k_0}{\mu_0c_{p0}}=\frac{1}{RePr}$$

普朗特数 Pr 代表分子动量扩散与分子热扩散之比。

由能量方程可见，单位质量流体因热传导得到的热量的典型值为

$$\frac{1}{\rho}\frac{\partial}{\partial x_j}\left(k\frac{\partial T}{\partial x_i}\right)\sim\frac{k_0T_0}{\rho_0L_0^2}$$

单位质量流体因对流运动引起的换热的典型值为

$$u_j\frac{\partial C_VT}{\partial x_i}\sim\frac{C_{V0}T_0U_0}{L_0}$$

于是可得对流热与传导热之比

$$\begin{aligned}\frac{C_{V0}T_0U_0/L_0}{k_0T_0/(\rho_0L_0^2)}&=\frac{\rho_0U_0L_0}{\mu_0}\frac{\mu_0C_{p0}}{k_0}\frac{C_{V0}}{C_{p0}}\\&=\frac{RePr}{\gamma_0}\end{aligned}$$

乘积 $RePr$ 称为佩克莱(Peclet)数

$$Pe=RePr$$

(6) $U_0^2/C_{V0}T_0$：利用状态方程 $p_0=C_{V0}(\gamma_0-1)\rho_0T_0$ 可将此无量纲数改写为

$$\begin{aligned}\frac{U_0^2}{C_{V0}T_0}&=\frac{U_0^2(\gamma_0-1)}{p_0/\rho_0}=\frac{U_0^2}{a_0^2}(\gamma_0-1)\gamma_0\\&=Ma_0^2(\gamma_0-1)\gamma_0\end{aligned}$$

(7) λ_0/μ_0：表示流体的两种黏性系数之比。

将这些无量纲数代入方程式(6-18)，可得无量纲方程组

$$Sr\frac{\partial\rho^*}{\partial t^*}+\frac{\partial(\rho^*u_i^*)}{\partial x_i^*}=0 \tag{6-22a}$$

$$Sr\frac{\partial u_i^*}{\partial t^*}+u_j^*\frac{\partial u_i^*}{\partial x_j^*}=\frac{1}{Fr^2}F_i^*-\frac{1}{\gamma_0 Ma_0^2}\frac{1}{\rho^*}\frac{\partial p^*}{\partial x_i^*}+\frac{1}{Re}\frac{1}{\rho^*}\frac{\partial}{\partial x_j^*}\left[\mu^*\left(\frac{\partial u_i^*}{\partial x_j^*}+\frac{\partial u_j^*}{\partial x_i^*}\right)\right]$$

$$\cdot\frac{\lambda_0}{\mu_0}\frac{1}{Re}\frac{1}{\rho^*}\frac{\partial}{\partial x_i^*}\left[\lambda^*\frac{\partial u_j^*}{\partial x_j^*}\right] \tag{6-22b}$$

$$SrC_V^*\frac{\partial T^*}{\partial t^*}+C_V^*u_j^*\frac{\partial T^*}{\partial x_j^*}=\frac{\gamma_0}{RePr}\frac{1}{\rho^*}\frac{\partial}{\partial x_i^*}\left(k^*\frac{\partial T^*}{\partial x_i^*}\right)$$

$$+\frac{1}{Re}Ma_0^2(\gamma_0-1)\gamma_0\frac{\mu^*}{\rho^*}\left[\frac{1}{2}\left(\frac{\partial u_i^*}{\partial x_j^*}+\frac{\partial u_j^*}{\partial x_i^*}\right)^2-\frac{2}{3}\left(\frac{\partial u_i^*}{\partial x_i^*}\right)^2\right] \tag{6-22c}$$

以上讨论了对基本方程组进行无量纲化的问题。对于边界条件也可用同样的方法进行无量纲化，这里不打算一一列举，而只讨论能得出一个重要无量纲数的条件。对固壁热流量条件无量纲化可得

$$-\left(k^*\frac{\partial T^*}{\partial n^*}\right)_{\mathrm{f}}=Nuq_w^*$$

其中

$$q_w^*=q_w/q_{w0}$$

$$Nu=\frac{L_0q_{w0}}{k_0T_0}$$

Nu 称为努塞尔(Nusselt)数，有时也用流体内的某个温差 (T_w-T_0) 作为特征温度，则 Nu 可表示为

$$Nu=\frac{L_0q_{w0}}{k_0(T_w-T_0)}$$

Nu 代表固壁热流量与流体内部传导热之比的典型值。

6.2.3　相似理论的应用

1. 完全相似和部分相似

上面列出了八个相似参数，实际上根据问题所涉及的物理内容的不同，还可以得出另外的相似参数。例如，表征自由对流的格拉晓夫(Grashof)数 Gr，表征表面张力的韦伯(Weber)数 We，表征高马赫数低雷诺数时壁面可能滑移的克努森(Knudsen)数 Kn，表征液体内部出现空泡可能性的空化数等。为了保证严格相似，必须使所有这些相似准则都得到满足，而实际上这几乎是不可能的，主要是因为有些相似准则相互矛盾。例如，尺寸不同的船舶有不同的入水深度，因而船体最低点所受到的压力也不同。为保证质量力(重力)有相同的效应，必须使 Fr 相同，即

$$(Fr)_A=(Fr)_B$$

或

$$\left(\frac{U^2}{gL}\right)_A=\left(\frac{U^2}{gL}\right)_B$$

由于在地球表面上重力加速度 g 可视为常数，故要求

$$\left(\frac{U^2}{L}\right)_A=\left(\frac{U^2}{L}\right)_B \tag{6-23a}$$

若再要求 Re 相同，对于同样的流体(水)，这相当于要求

$$(UL)_A=(UL)_B \tag{6-23b}$$

可见，若模型要缩尺 $(L_A\neq L_B)$，则关系式(6-23a)和式(6-23b)不能同时满足，即对于相同的工质，Fr 准则和 Re 准则不能同时满足。

实际上，各个相似准则的重要程度不是在任何条件下都完全一样的，人们可以根据所研究的具体情况只保证某些起主要作用的相似准则。例如，不涉及表面张力时可不考虑 We 准则，不涉及壁面换热时可不考虑 Nu 准则，自然对流不重要时可不考虑 Gr 准则等。这样就只保证了部分相似而不是完全相似。

2. 应用举例

【例 6.1】 采用缩尺比为1/20的潜艇模型在水洞中进行实验，潜艇长 L，速度 U，海水密度 ρ，运动黏性系数 ν，潜艇的阻力 F，实验用水密度 ρ_m，运动黏性系数 ν_m，设流动定常，确定：(1)水洞实验时的水速；(2)潜艇与模型的阻力比。

(1)采用雷诺数相似，潜艇原型的雷诺数为：$Re=\frac{UL}{\nu}$，按照缩尺比 $\frac{L_m}{L}=\frac{1}{20}$，模型实验的雷诺数为

$$Re=\frac{U_mL_m}{\nu_m}$$

两雷诺数应该相等：

$$\frac{U_mL_m}{\nu_m}=\frac{UL}{\nu}$$

得模型实验水速

$$U_m=\frac{L}{L_m}\frac{\nu_m}{\nu}U=20\frac{\nu_m}{\nu}U$$

(2)由阻力系数相等(阻力系数也是相似准则数)：

$$C_D=\frac{F_m}{\rho_mU_mL_m^2}=\frac{F}{\rho UL^2}$$

$$\frac{F}{F_m}=\frac{\rho_mU_mL_m^2}{\rho UL^2}=\frac{1}{400}\frac{\rho_m}{\rho}\frac{20\frac{\nu_m}{\nu}U}{U}=\frac{1}{20}\frac{\rho_m}{\rho}\frac{\nu_m}{\nu}$$

【例 6.2】 叶轮外径 $D_2=600$ mm 的风机，当叶轮出口处的圆周速度为60 m/s，风量 $q_v=300\ \mathrm{m^3/min}$ 与它相似的风机 $D_2'=1200$ mm，以相同的圆周速度运转，求其相似工况的风量为多少？

(1)确定两风机的转速：

$$u_2=\frac{\pi D_2n}{60}\rightarrow n=\frac{60u_2}{\pi D_2}=\frac{60\times 60}{3.14\times 0.6}=1910.8\ (\mathrm{r/min})$$

$$u_2=\frac{\pi D_2n}{60}\rightarrow n'=\frac{60u_2}{\pi D_2'}=\frac{60\times 60}{3.14\times 1.2}=955.4(\mathrm{r/min})$$

(2)应用流量相似定律有

$$q_v' = \left(\frac{D_2'}{D_2'}\right)^3 \frac{n'}{n} q_v = \left(\frac{1.2}{0.6}\right)^3 \times \frac{955.4}{1910.8} \times 300 = 1200\ (\text{m}^3/\text{min})$$

6.3　黏性不可压流动解析解

在第 2～3 章建立了黏性流体动力学的基本方程组，而本章将讨论由此方程组描写的黏性流体运动的物理属性和特征以及方程组的解法。一般情况下寻求纳维-斯托克斯方程组通用精确解的问题在数学上遇到了巨大的困难，这主要是由方程组的非线性引起的。由于这些困难，迄今只在一些特定的条件下求得了方程组的精确解。这些精确解从不同方面反映了黏性流体运动的性质。由于对大多数实际关心的问题不能求得精确解，因而不得不引入不同程度的物理的或数学的近似以求得其近似解，其中边界层近似则是很好的例子。随着高速计算机的发展，数值求解起着越来越大的作用，这些将在以后各章中讨论。

迄今得到的精确解几乎都是对不可压常物性值的流体做出的，这种流体的密度、黏性系数和热传导系数为常数。这时不需将能量方程与质量和动量方程耦合，可在解得速度、压力后单独求解温度。

在高雷诺数下流体运动将变得不稳定，可能最终转变为湍流。下面将要讨论的这些精确解尽管在高雷诺数下，其数学解析关系仍是正确的，但这种解是不稳定的，因而物理上是不存在的。所以这些精确解只对低雷诺数有效，即本质上是层流解。

6.3.1　平行定常流动中的速度分布

平行流动是特别简单的一类流动，其定义是只有一个速度分量不为零，所有流体微团沿同一方向运动。不失一般性，可设全流场 v 和 w 都为零，则由不可压流体连续方程可知，$\dfrac{\partial u}{\partial x} = 0$，即分量 u 不随 x 变化，所以对于平行流可得

$$u = u(y,z,t),\ v = 0,\ w = 0 \tag{6-24}$$

设质量力 $\boldsymbol{F}$ 有势，即存在势函数 H 使

$$\boldsymbol{F} = \nabla H$$

则可引入压力函数 P，使

$$\nabla P = \nabla p - \rho \nabla H$$

于是由不可压纳维-斯托克斯方程关于 y 和 z 向的分量可得 $\partial P/\partial y = 0$ 和 $\partial P/\partial z = 0$，即压力函数 P 只是坐标 x 和时间 t 的函数，$P(t,x)$。由平行流定义式(6-24)可得，动量方程关于 x 向的分量方程中平流项为零，于是

$$\rho \frac{\partial u}{\partial t} = -\frac{\mathrm{d}P}{\mathrm{d}x} + \mu\left(\frac{\partial^2 u}{\partial y^2} + \frac{\partial^2 u}{\partial z^2}\right) \tag{6-25}$$

此即关于 $u(y,z,t)$ 的线性微分方程。以下分几种情况分别求解。

1. 二维泊肃叶(Poiseuille)流动

对于两个平行直壁之间的定常二维流动，式(6-25)成为

$$\frac{\mathrm{d}P}{\mathrm{d}x} = \mu \frac{\partial^2 u}{\partial y^2} \tag{6-26}$$

若两平行壁面都是静止的，如图 6-1 所示，则边界条件为

$$y=\pm h:\ u=0 \tag{6-27}$$

式中，$2h$ 为壁间距离。

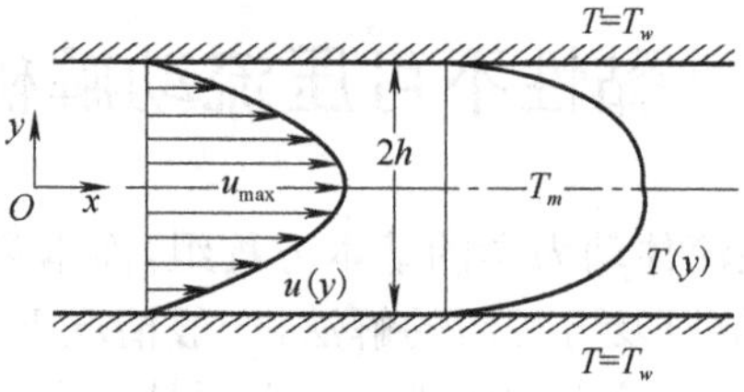

图 6-1　二维泊肃叶流动，抛物线速度分布

由于 P 只是 x 的函数，而 u 只是 y 的函数，若要式(6-27)成立，必须

$$\frac{\mathrm{d}P}{\mathrm{d}x}=\mu\frac{\mathrm{d}^2u}{\mathrm{d}y^2}=\text{常数} \tag{6-28}$$

将此式对 y 积分，考虑到边界条件(6-27)，则

$$u=-\frac{h^2}{2\mu}\frac{\mathrm{d}P}{\mathrm{d}x}\left[1-\left(\frac{y}{h}\right)^2\right] \tag{6-29a}$$

可见速度剖面为抛物型。等式右端的负号表示速度指向压力降低的方向。若用 $u_{\max}=-\dfrac{h^2}{2\mu}\dfrac{\mathrm{d}P}{\mathrm{d}x}$ 表示中线上的最大速度，则速度剖面可表示为

$$u=u_{\max}\left[1-\left(\frac{y}{h}\right)^2\right] \tag{6-29b}$$

2. 库埃特(Couette)流动

这是另一种平行直壁之间的流动，其中一个直壁静止不动，另一直壁在自身所在平面内沿流向移动(图 6-2)。这时式(6-26)仍然成立，因而式(6-28)也成立，但边界条件应改为

$$\left.\begin{aligned}y=-h:u=0\\y=h:u=U\end{aligned}\right\} \tag{6-30}$$

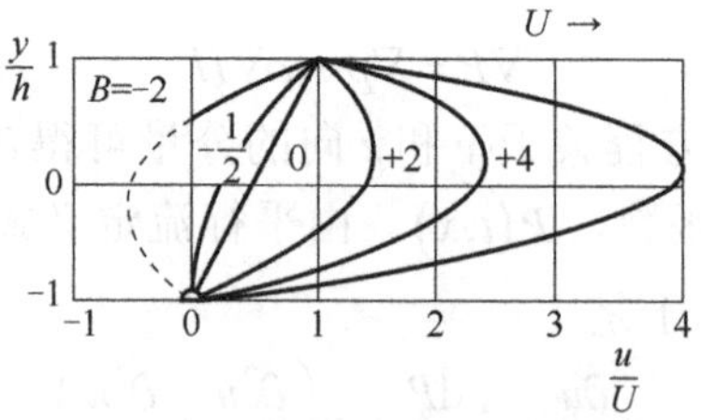

图 6-2　两平行直壁之间的库埃特流动

式中，U 为上壁面平移速度。方程(6-26)满足此边界条件的解为

$$u=\frac{U}{2}\left(1+\frac{y}{h}\right)+\frac{h^2}{2\mu}\left(-\frac{\mathrm{d}P}{\mathrm{d}x}\right)\left[1-\left(\frac{y}{h}\right)^2\right] \tag{6-31}$$

当压力梯度为零时

$$u=\frac{U}{2}\left(1+\frac{y}{h}\right) \tag{6-32}$$

这种特殊情况称为简单库埃特流动，即流体完全由运动壁面通过黏性力而拖动。一般的库埃特流动是在这简单流动上叠加一个由式(6-29)描写的有压力梯度的流动。压力梯度的影响与无量纲压力梯度 B 有关

$$B=\frac{h^2}{\mu U}\left(-\frac{\mathrm{d}P}{\mathrm{d}x}\right) \tag{6-33}$$

图 6-2 表示各种压力梯度下的速度分布。对于 $B>0$，即压力沿流动方向下降，称为顺压力梯度，在整个槽道内速度为正值。当 $B<0$ 时，压力沿流动方向增加，称为逆压力梯度。当 B 小于某个负值时，槽道内靠近静止壁面的某些区域内的速度为负，即出现逆流。开始出现逆流的条件是

$$\left.\frac{\mathrm{d}u}{\mathrm{d}y}\right|_{y=-h}=0 \tag{6-34}$$

由式(6-31)可知此条件对应于

$$\frac{\mathrm{d}P}{\mathrm{d}x}=\frac{\mu U}{2h^2} \tag{6-35a}$$

$$B=-1/2 \tag{6-35b}$$

当 $B<-1/2$ 时，速度大的流层对静止壁面附近流体微团的拖动力不足以克服逆压力梯度，因而出现逆流。

3. 哈根(Hagen)-泊肃叶流动

这是直圆管中的平行流动。为保证是真正的平行流动，需要满足两个条件：第一，以管道直径为特征长度的雷诺数应低于某临界值以保证流动为层流；第二，管道足够长，以形成充分发展了的管道流。现以管道中心线为圆柱坐标系轴线，并用 x 表示(图 6-3)，该方向速度为 u。对于平行流动，径向和周向分速度为零，故可按照与前面类似的讨论得知：u 不随 x 变化，只随径向位置 r 变化；压力 P 不随 r 变化，只随 x 变化，且 $\frac{\mathrm{d}P}{\mathrm{d}x}=$ 常数。这时，由圆柱坐标系表示的动量方程可得

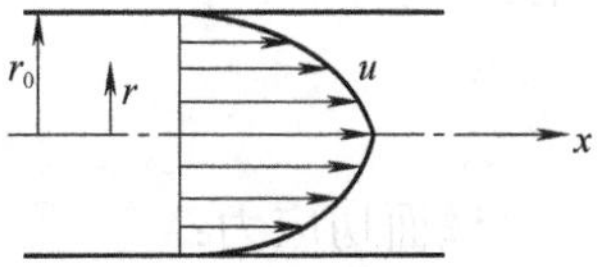

图 6-3　直圆管内的平行流动

$$\mu\left(\frac{\mathrm{d}^2u}{\mathrm{d}r^2}+\frac{1}{r}\frac{\mathrm{d}u}{\mathrm{d}r}\right)=\frac{\mathrm{d}P}{\mathrm{d}x} \tag{6-36a}$$

仿照推导式(6-28)的过程可得

$$\mu\left(\frac{\mathrm{d}^2u}{\mathrm{d}r^2}+\frac{1}{r}\frac{\mathrm{d}u}{\mathrm{d}r}\right)=\frac{\mathrm{d}P}{\mathrm{d}x}=\text{常数} \tag{6-36b}$$

边界条件为

$$\left.\begin{aligned} r=r_0: u=0 \\ r=0: \frac{\mathrm{d}u}{\mathrm{d}r}=0 \end{aligned}\right\} \tag{6-37}$$

式中，r_0 为管道半径。积分式(6-36b)得到

$$u=\frac{1}{\mu}\frac{\mathrm{d}P}{\mathrm{d}x}\frac{r^2}{4}+C_1\ln r+C_2$$

代入边界条件可得

$$u=-\frac{1}{4\mu}\frac{\mathrm{d}P}{\mathrm{d}x}\left(r_0^2-r^2\right) \tag{6-38}$$

可见，这是轴对称的旋成抛物面。由此可求出下列工程上常用的各种参数。

流量：

$$\begin{aligned}G&=\int_A u\mathrm{d}A=-\frac{1}{4\mu}\frac{\mathrm{d}P}{\mathrm{d}x}\int_0^{r_0}\left(r_0^2-r^2\right)2\pi r\mathrm{d}r\\&=\frac{\pi r_0^4}{8\mu}\left(-\frac{\mathrm{d}P}{\mathrm{d}x}\right)\end{aligned} \tag{6-39}$$

断面平均流速：

$$\bar{u}=\frac{G}{\pi r_0^2}=\frac{r_0^2}{8\mu}\left(-\frac{\mathrm{d}P}{\mathrm{d}x}\right) \tag{6-40}$$

最大速度：

$$\begin{aligned}u_{\max}&=\left[-\frac{1}{4\mu}\frac{\mathrm{d}P}{\mathrm{d}x}\left(r_0^2-r^2\right)\right]_{r=0}\\&=\frac{1}{4\mu}\left(-\frac{\mathrm{d}P}{\mathrm{d}x}\right)r_0^2\end{aligned} \tag{6-41}$$

因此

$$\bar{u}=\frac{1}{2}u_{\max} \tag{6-42}$$

壁面切应力：

$$\tau_w=\mu\left(-\frac{\mathrm{d}u}{\mathrm{d}r}\right)_{r=r_0}=\frac{1}{2}r_0\left(-\frac{\mathrm{d}P}{\mathrm{d}x}\right)=\frac{4\mu\bar{u}}{r_0} \tag{6-43}$$

壁面摩擦阻力系数：

$$C_f=\frac{\tau_w}{\frac{1}{2}\rho\bar{u}^2}=\frac{16}{Re} \tag{6-44}$$

其中雷诺数定义为

$$Re=\frac{\bar{u}d}{\nu} \tag{6-45}$$

d 为圆管直径

$$d=2r_0$$

工程上常用到沿程水头损失 h_f，实际上是机械能的耗散。若用 $z+\frac{p}{\rho g}+\frac{\bar{u}^2}{2g}$ 代表某截面上单位重量流体的总机械能(其中 z 为该截面在某一坐标系的高度，代表彻体力对应的势能)，则两个截面间的沿程水头损失为

$$h_f=\left(z_1+\frac{p_1}{\rho g}+\frac{\overline{u}_{01}^2}{2g}\right)-\left(z_2+\frac{p_2}{\rho g}+\frac{\overline{u}_{02}^2}{2g}\right)$$
$$=\left(z_1+\frac{p_1}{\rho g}\right)-\left(z_2+\frac{p_2}{\rho g}\right) \tag{6-46}$$
$$=-\frac{\Delta P}{\rho g}$$

这里利用了等截面管 $\overline{u}_{01}=\overline{u}_{02}$，并设在重力场中，压力函数

$$P=p+\rho gz$$

式中，z 轴方向与重力方向相反。由于 $\frac{\mathrm{d}P}{\mathrm{d}x}$ 为常数，则单位长度上沿程水头损失为

$$\frac{h_f}{l}=-\frac{\Delta P}{l\rho g}=-\frac{\mathrm{d}P}{\mathrm{d}x}\frac{1}{\rho g} \tag{6-47}$$

引入摩阻因子 f 以反映水头损失，其定义为

$$f=\frac{-\frac{\mathrm{d}P}{\mathrm{d}x}\cdot 2r_0}{\frac{1}{2}\rho\overline{u}^2} \tag{6-48}$$

则由式(6-47)可得沿程水头损失

$$h_f=f\frac{l}{d}\frac{\overline{u}^2}{2g} \tag{6-49}$$

将式(6-40)代入式(6-48)可得

$$f=\frac{64}{Re} \tag{6-50}$$

由图 6-4 可见，由式(6-50)确定的理论摩阻因子与实验符合得很好，但这只适用于低雷诺数层流流动。

管道摩阻因子 f 与壁面摩阻系数 C_f 有关。由式(6-44)与式(6-50)可见，对于这里讨论的管道平行流，其关系为

$$f=4C_f \tag{6-51}$$

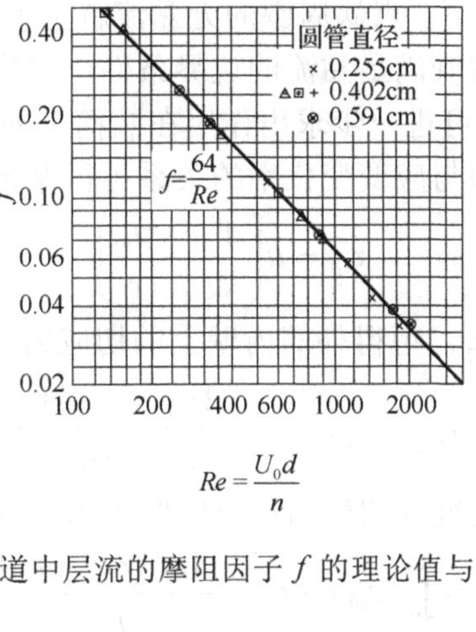

图 6-4　圆直管道中层流的摩阻因子 f 的理论值与实验值的比较

6.3.2　同轴旋转圆筒间的定常流动

可求得纳维-斯托克斯方程组精确解的另一例子是两同轴旋转圆筒间的定常流动。设内外圆筒的半径分别为r_1和r_2，它们分别以等角速度ω_1和ω_2旋转。设流体运动只限于旋转平面内而无沿旋转轴方向的运动，即轴向速度$u_z=0$。边界条件应为

$$\left.\begin{aligned} r=r_1: u_r=0, u_\theta=r_1\omega_1 \\ r=r_2: u_r=0, u_\theta=r_2\omega_2 \end{aligned}\right\} \tag{6-52}$$

式中，u_θ为周向分速度；u_r为径向分速度。由于几何条件和边界条件的轴对称性质，且流场中没有源或汇，对于定常流动，必有$u_r=0$。所以u_θ和压力p都只是r的函数。若忽略彻体力，对于定常、不可压流，在圆柱坐标系中的径向和周向动量方程为

$$\frac{u_\theta^2}{r}=\frac{1}{\rho}\frac{\mathrm{d}p}{\mathrm{d}r} \tag{6-53}$$

$$\frac{\mathrm{d}^2u_\theta}{\mathrm{d}r^2}+\frac{1}{r}\frac{\mathrm{d}u_\theta}{\mathrm{d}r}-\frac{u_\theta}{r^2}=0 \tag{6-54}$$

式(6-54)的一般解为

$$u_\theta=Ar+\frac{B}{r} \tag{6-55}$$

由边界条件式(6-52)可定出系数A和B，于是最后可得

$$u_\theta=\frac{1}{r_2^2-r_1^2}r\left(\omega_2r_2^2-\omega_1r_1^2\right)-\frac{r_1^2r_2^2}{r}\left(\omega_2-\omega_1\right) \tag{6-56}$$

将此式代入式(6-53)则可解得压力沿径向的分布。

速度解式(6-55)或式(6-56)表明，它们是由刚体转动式的旋涡Ar与等环量势流B/r两部分组成的。在极限情况下，只有某一部分起作用。当内圆筒半径$r_1\to0$时，式(6-56)成为

$$u_\theta=r\omega_2 \tag{6-57a}$$

即完全的刚体转动式速度分布。当外圆筒静止不动且半径$r_2\to0$时，式(6-56)成为

$$u_\theta=\frac{r_1^2\omega_1}{r}=\frac{\Gamma_1}{2\pi r} \tag{6-57b}$$

式中，$\Gamma_1=2\pi r_1^2\omega_1$。即这时的速度分布与强度为$\Gamma_1$的点涡在无黏流中诱导的速度分布是完全一样的。所以，在这种情况下，点涡周围的无黏流解也就是纳维-斯托克斯方程的解。这是一个特殊的例子，无黏流解既满足黏流的边界条件，也满足黏流方程本身。

根据所得出的速度分布，可进一步求出作用在圆筒上的摩擦力矩M以及维持这样的运动所需消耗的机械能。由应力与应变变化率的关系可得摩擦切应力

$$\tau_{r\theta}=\mu\left(\frac{\mathrm{d}^\theta n}{\mathrm{d}r}-\frac{u_\theta}{r}\right) \tag{6-58}$$

将式(6-56)代入此式，令$r=r_2$，可得外筒内壁上的切应力

$$\tau_{r\theta_2}=\tau_{r\theta}\big|_{r=r_2}=-\frac{2\mu\left(\omega_1-\omega_2\right)r_1^2}{r_2^2-r_1^2} \tag{6-59}$$

由此可求得流体作用在单位高度外圆筒内壁上的摩擦力矩为

$$M_2=\int_0^{2\pi}\tau_{r\theta_2}r_2^2\mathrm{d}\theta=-\frac{4\pi\mu\left(\omega_1-\omega_2\right)r_1^2r_2^2}{r_2^2-r_1^2} \tag{6-60}$$

请读者自己证明，内圆筒外壁上受到的摩擦力矩 M_1 与外筒内壁上受到的摩擦力矩 M_2 大小相等，方向相反。由此可得单位时间内克服作用在单位高度上内外圆筒上摩擦力矩所消耗的机械能为

$$N=\omega_1 M_1+\omega_2 M_2=\frac{4\pi\mu\left(\omega_1-\omega_2\right)^2 r_1^2 r_2^2}{r_2^2-r_1^2} \tag{6-61}$$

令 ω_1 或 $\omega_2=0$，可得滑动轴承的摩擦损失公式。应当指出，实际的滑动轴承由于负荷作用而使内外筒不同轴，所以上述公式有一定误差。

在式(6-60)中，若令 $\omega_1=0$，则可用测量外筒旋转速度 ω_2 和内筒力矩 $M_1=\left(-M_2\right)$ 的方法算出黏性系数 μ。这是库埃特 1890 年提出的方法，现仍在应用。

上述讨论都是在定常和轴对称条件下进行的，后面章节将指出，在某些情况下流动可能变得不稳定而出现其他运动形态。

6.3.3　平行非定常流动

首先考虑直壁在自身平面内做非定常平移所引起的流动。设仍为平行流动，且压力为常数，即

$$v=0,\quad w=0,\quad p=\text{常数} \tag{6-62}$$

对于不可压缩流，由连续方程可得

$$\frac{\partial u}{\partial x}=0 \tag{6-63}$$

即对于二维流动，速度 u 只随 y 和 t 变化。这时，迁移加速度项全为零，摩擦力仅与当地加速度相互作用，流向动量方程成为

$$\frac{\partial u}{\partial t}=\nu\frac{\partial^2 u}{\partial y^2} \tag{6-64}$$

这是典型的扩散方程。

下面分析直壁突然加速情况。设起初壁面和流体完全处于静止状态，在时刻 $t=t_0$ 直壁突然加速到 U，并维持恒速 U，则定解条件为

$$\left.\begin{array}{ll} t\leqslant 0: u=0, & \text{对于所有的}y \\ t>0: u=U, & \text{对于}y=0 \\ u=0, & \text{对于}y\to\infty \end{array}\right\} \tag{6-65}$$

此定解问题相当于如下的热扩散问题：起初与周围温度相等的物体，在 $t=0$ 时，突然将其 $y=0$ 的一端加热到某个高于周围的温度，求解 $t>0$ 时，热量沿 $y>0$ 的空间的扩散。

利用变换

$$\eta=\frac{y}{2\sqrt{\nu t}} \tag{6-66}$$

可将偏微分方程式(6-64)化为如下的常微分方程

$$f''+2\eta f'=0 \tag{6-67}$$

其中

$$f(\eta)=\frac{u}{U} \tag{6-68}$$

定解条件(6-65)化为

$$\left.\begin{array}{l}\eta=0: f=1 \\ \eta=\infty: f=0\end{array}\right\} \tag{6-69}$$

在此定解条件下，方程(6-67)的解为

$$\frac{u}{U}=f(\eta)=1-\frac{2}{\sqrt{\pi}} \int_{0}^{\eta} \mathrm{e}^{-\eta^{2}} \mathrm{d} \eta=1-\operatorname{erf}(\eta) \tag{6-70a}$$

式中，$\operatorname{erf}(\eta)$ 称为高斯误差函数。图 6-5 给出了流场的速度分布。可见用变换方式(6-66)是很方便的，它把不同时刻的速度分布综合成了一条曲线。

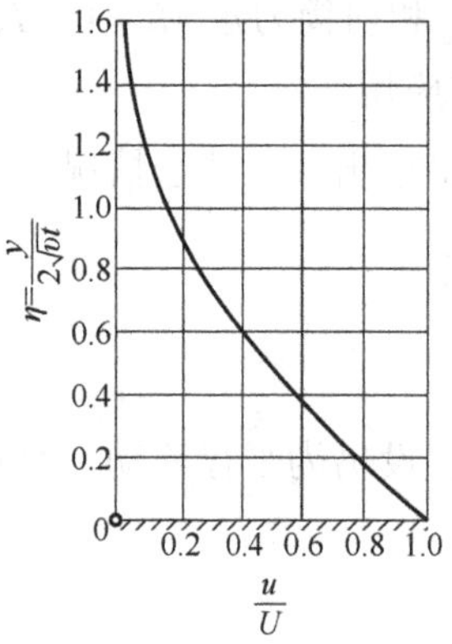

图 6-5　突然加速的平板上的速度分布

由式(6-70a)可以得出涡量 ω 的分布。对于所讨论的平行流动可得

$$\omega=-\frac{\partial u}{\partial y}=\frac{U}{\sqrt{\nu \pi t}} \mathrm{e}^{-\frac{y^{2}}{4 \nu t}} \tag{6-70b}$$

由此式可见，平板突然加速的瞬间，即 $t=0$ 时，在平板壁面 $y=0$ 处(保持 $y^2/\nu t$ 有界) ω 趋于无穷大。这说明了涡量在固壁产生的情况。结合黏性对涡量的扩散方程可见，平板突然加速产生的涡及其扩散的形式与点涡基本一样。

现考察单位长度平板上从 $y=0$ 到 $y=\infty$ 的区间内的涡通量。由涡通量 I 的定义式并考虑到平行流的特点和式(6-70a)可得

$$\begin{aligned} I &= \int_{A} \omega \mathrm{d} A \\ &= \int_{0}^{\infty} \omega \mathrm{d} y=-\int_{0}^{\infty} \frac{\partial u}{\partial y} \mathrm{d} y=U \end{aligned}$$

可见，当 $\eta \rightarrow \infty$ 时，上述单位长度平板上的半无限区域内的涡通量为常数，且等于平板速度 U。与之前讨论过的点涡情形一样，此结果说明，如果区域内无新的涡源，单纯的涡量扩散不会改变无限大区域内总的涡通量。

对于 $\mathrm{d}p/\mathrm{d}x=0$ 的二维库埃特流，平板突然加速时的运动方程仍为式(6-64)，但边界条件不再是式(6-65)。此即二维库埃特流的形成问题，其解可用级数表示，本书不再讨论。

6.3.4　缓慢流动的近似解

1. 缓慢流动的微分方程

本节将讨论纳维-斯托克斯方程组的一种近似解，这种解在黏性力比惯性力大得多时是有效的。由于惯性力正比于速度的平方，而黏性力只正比于速度的一次方，所以只当速度很低时(或更一般地说，雷诺数很低时)，黏性力占支配地位。当忽略运动方程的惯性项时，所得方程只当 $Re \ll 1$ 时有效。这很容易从无量纲运动方程看出，因惯性项应乘上 Re，只当 $Re \ll 1$ 时，此项可忽略。这种雷诺数很低的流动有时称为蠕动流(creeping flow)。

忽略惯性项后，不可压纳维-斯托克斯方程组成为

$$\nabla p=\mu \nabla^{2} \boldsymbol{u} \tag{6-71}$$

$$\nabla \cdot \boldsymbol{u}=0 \tag{6-72}$$

在直角坐标系中写出则为

$$
\begin{aligned}
\frac{\partial p}{\partial x} &= \mu\left(\frac{\partial^2 u}{\partial x^2}+\frac{\partial^2 u}{\partial y^2}+\frac{\partial^2 u}{\partial z^2}\right)\\
\frac{\partial p}{\partial y} &= \mu\left(\frac{\partial^2 v}{\partial x^2}+\frac{\partial^2 v}{\partial y^2}+\frac{\partial^2 v}{\partial z^2}\right)\\
\frac{\partial p}{\partial z} &= \mu\left(\frac{\partial^2 w}{\partial x^2}+\frac{\partial^2 w}{\partial y^2}+\frac{\partial^2 w}{\partial z^2}\right)
\end{aligned}
\tag{6-73}
$$

$$
\frac{\partial u}{\partial x}+\frac{\partial v}{\partial y}+\frac{\partial v}{\partial z}=0 \tag{6-74}
$$

可见，蠕动流的控制方程组是线性的，因而容易求解。

和纳维-斯托克斯方程组一样，蠕动流也应满足固壁边界的无滑移条件。

对式(6-71)两端取散度，并注意到式(6-72)则可得

$$
\nabla\cdot(\nabla p)=\nabla^2 p=0 \tag{6-75}
$$

即蠕动流的压力场满足拉普拉斯方程，因而 p 是调和函数。这是蠕动流的一个重要特征。

引入流函数的定义式后，平面蠕动流方程的形式特别简单，由式(6-73)第一式对 y 求导，第二式对 x 求导，可消去压力，引入公式 $u=\frac{\partial\psi}{\partial y}$，$v=-\frac{\partial\psi}{\partial x}$ 后可得

$$
\nabla^4\psi=0 \tag{6-76}
$$

可见，平面蠕动流的流函数 ψ 是双调和函数。

除了一些特殊情况，实际问题中并不经常出现蠕动流。下面将讨论具体实例。

2. 球的缓慢移动

蠕动流最早的解是由斯托克斯研究球的移动时做出的。这里只给出结果而不涉及具体的数学细节。对于这种问题，用球坐标系是方便的，这时，由于运动的轴对称性，参数与 α 角无关，且 U_0=0 (图 6-6)。解得的速度与压力如下

$$
\left.
\begin{aligned}
u_r(r,\theta) &= U_\infty\cos\theta\left(1-\frac{3}{2}\frac{r_0}{r}+\frac{1}{2}\frac{r_0^3}{r^3}\right)\\
u_\theta(r,\theta) &= -U_\infty\sin\theta\left(1-\frac{3}{4}\frac{r_0}{r}-\frac{1}{4}\frac{r_0^3}{r^3}\right)\\
p(r,\theta) &= -\frac{3}{2}\mu\frac{U_\infty r_0}{r^2}\cos\theta+p_\infty
\end{aligned}
\right\}
\tag{6-77}
$$

压力最高点与最低点分别为 P_1 和 P_2 (图 6-7)，其值为

$$
p_{1,2}-p_\infty=\pm\frac{3}{2}\frac{\mu U_\infty}{r_0} \tag{6-78}
$$

图 6-7 也给出了压力沿球面中线上的分布。球面上的剪切应力也可由速度分布公式算出，计算发现它在 A 点达到最大值，$\tau_A=3\mu U_\infty/2r_0$，等于 P_1、P_2 点压力与远前方压力 p_∞ 之差(式(6-78))。沿球面积分压力和切应力可得总阻力

$$
F=6\pi\mu r_0 U_\infty \tag{6-79}
$$

此即著名的斯托克斯关于球阻力的公式。从积分工程可以看出，总阻力的1/3来自压力分布，

即压差阻力，其余2/3来自表面黏性切应力。像通常那样引入阻力系数

$$C_D = \frac{F}{\pi r_0^2 \left(\frac{1}{2}\rho U_\infty^2\right)} \tag{6-80}$$

则由式(6-79)可得

$$C_D = \frac{24}{Re} \tag{6-81}$$

其中

$$Re = \frac{2U_\infty r_0}{\nu} \tag{6-82}$$

图 6-8 给出了 C_D 的理论值与实验值的对比。由图可见，当 $Re<1$ 时式(6-81)是可用的；而当 $Re>1$ 时，由蠕动流理论预估的 C_D 与实验值偏离越来越大。

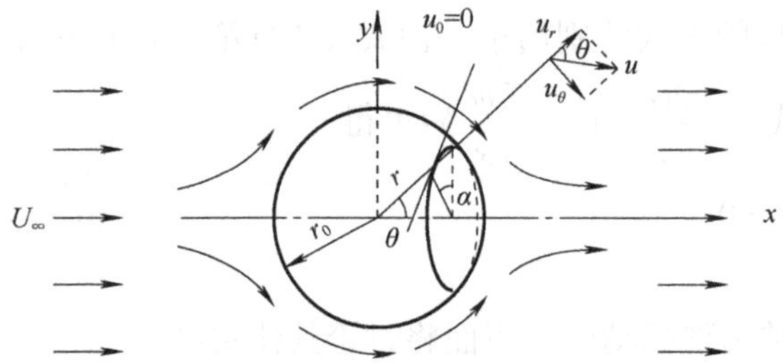

图 6-6　球的缓慢移动

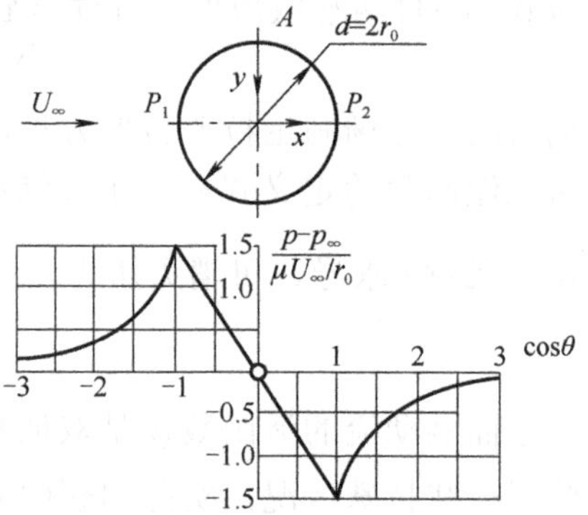

图 6-7　压力沿球面中线上的分布

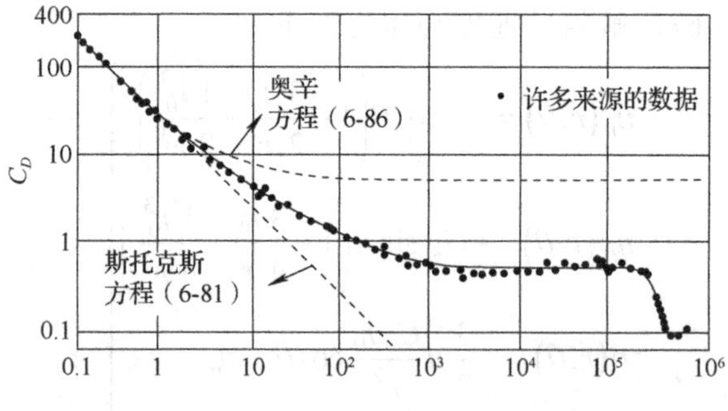

图 6-8　球体阻力系数 C_D 的理论值与实验值的比较

与一般的流场比较，蠕动流的解式(6-77)有以下特点。

(1)流线和速度完全与流体黏性无关，从平面流函数方程(6-76)可以看出这一结论。对于一般的三维情况，也可导出与式(6-76)类似的与黏性无关的流矢函数方程。

(2)流线前后完全对称，没有尾迹流，这是忽略了惯性项造成的。

(3)流场上任何一点的速度都离球越近越小，且都小于未受扰动的速度 U_∞。甚至对于

球顶部的速度($U_\theta\big|_{\theta=90^\circ}$)也是如此。而对于位势流，顶部最大速度可达 $1.5U_\infty$。从图 6-9 所示的蠕动流与位势流流线的比较容易看出它们的差别，其中上图是与球体一起运动的观察者看到的流线，参考系固定在球上：下图是与自由流一起运动的观察者看到的流线，参考系固定在自由流上，相当于静止的观察者看到的移动的球体在静止流体中引起的流动。

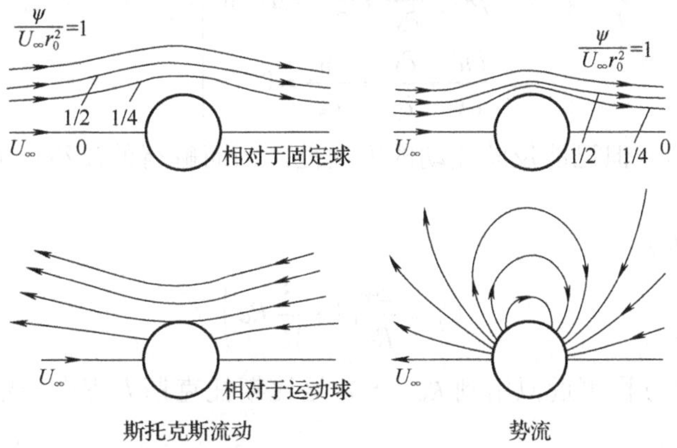

图 6-9　绕圆球蠕动流与势流的比较

研究蠕动流中惯性力与黏性力之比随 r 的变化是有意义的。现以 $\theta=0$ 的情况为例，由式可得

$$惯性力 \sim \left(u_r\frac{\partial u_r}{\partial r}\right)_{\theta=0}=\frac{3}{2}\frac{U_\infty r_0}{r^2}\left(1-\frac{r_0^2}{r^2}\right)\left(1-\frac{3}{2}\frac{r_0}{r}+\frac{1}{2}\frac{r_0^3}{r^3}\right)$$

$$黏性力 \sim \left(\frac{\partial p}{\partial r}\right)_{\theta=0}=\frac{3\nu r_0 U_\infty}{r^3}$$

后一式是由蠕动流中黏性力完全由压力梯度平衡(式(6-73))的特点得出的。由此可得

$$\frac{惯性力}{黏性力}\sim\frac{U_\infty r}{2\nu}\left(1-\frac{r_0^2}{r^2}\right)\left(1-\frac{3}{2}\frac{r_0}{r}+\frac{1}{2}\frac{r_0^3}{r^3}\right) \tag{6-83}$$

可见，只有当 $r\to r_0$ 时，惯性力才远小于黏性力：而当 r 增大时，惯性力与黏性力之比不断增大，甚至趋于无限大，显然这是与蠕动流可以忽略惯性力的假设矛盾的，即蠕动流假设只在离壁面很近的区域成立，而在较远的区域则不成立。这一情况与位势流假设恰好相反，位势流假设只在壁面附近引起很大的误差，而在稍远的地方则与实际流动的差别很小，高雷诺数时更是如此。

奥辛(Oseen)对上述斯托克斯解做了改进，部分地考虑了惯性力的作用。他假设速度分量可表示为常量与摄动量之和，即

$$u=U_\infty+u',\ v=v',\ w=w' \tag{6-84}$$

式中，u'、v' 和 w' 为摄动速度，假设它们远小于 U_∞。应当指出，这一假设在离球体很近的区域内是不成立的。利用式(6-84)，纳维-斯托克斯方程中的惯性项可分为两组，即

$$U_\infty\frac{\partial u'}{\partial x},\ U_\infty\frac{\partial v'}{\partial x} 和 u'\frac{\partial u'}{\partial x},\ u'\frac{\partial v'}{\partial x},\ \cdots$$

与前一组相比，后一组为二阶小量，因而可以略去。故此可由纳维-斯托克斯方程组得到如下的奥辛方程组

$$\left.\begin{aligned}&\rho U_\infty\frac{\partial u'}{\partial x}+\frac{\partial p}{\partial x}=\mu\nabla^2\mu'\\&\rho U_\infty\frac{\partial v'}{\partial x}+\frac{\partial p}{\partial y}=\mu\nabla^2 v'\\&\rho U_\infty\frac{\partial w'}{\partial x}+\frac{\partial p}{\partial z}=\mu\nabla^2 w'\\&\frac{\partial u'}{\partial x}+\frac{\partial v'}{\partial y}+\frac{\partial w'}{\partial z}=0\end{aligned}\right\}\tag{6-85}$$

此方程组仍是线性的，但已能反映流动的方向性，因而解得的流线已能表现出球体前后的差别。

解得的阻力系数为

$$C_D=\frac{24}{Re}\left(1+\frac{3}{16}Re\right)\tag{6-86}$$

由图 6-8 可见，奥辛方程可近似用到 $Re=5$，这比斯托克斯方程有一定改进。

6.4　剪切层近似

纳维-斯托克斯方程的精确解只适于非常有限的特殊情况。前面章节论证的很低雷诺数的流动虽有一定的实用背景，但通常遇到的绝大多数流动问题都有高得多的雷诺数。在这样高的雷诺数下，目前还未能求得纳维-斯托克斯方程的一般解。为了解决工程技术提出的各种问题，人们不得不采用各种近似的、半经验的或数值的方法。

1904 年，普朗特提出了边界层理论，这是一种非常好的近似理论。在近代流体力学的历史上，没有一种别的理论能像这种理论那样引起了如此巨大深远的影响。

边界层是一种剪切层，而剪切层却可包含广泛得多的流动类型，这些流动类型具有许多共同的基本物理特征，因此本节集中讨论这些特征。剪切层也有层流和湍流两种流态。本节将不涉及这两种流态的细节而只讨论其共同的特征。

6.4.1　剪切层概念

由流体的基本概念可知，流体运动时将发生两种性质的变形，即线变形和角变形，这些变形的快慢可分别用线变形速率和角变形速率表示，前者对应于拉伸和压缩，后者对应于剪切。若流层具有大的角变形速率(剪切变形率)，则称为剪切层。在剪切层中流动速度沿与之垂直的方向有很大的变化，即有很大的速度梯度。强的剪切通常发生在薄层中，这是高雷诺数流动的特点。

最简单的剪切层的例子是混合层(图 6-10(a))，这是由速度不同的两股平行流组成的。在这两股流体之间的界面处，由于分子黏性(有时可能再加上湍流)对动量传输作用，使高速一侧的流体受阻减速，而低速一侧的流体则受拖动而加速，因而混合层的厚度沿流向增加。在混合层的两个外侧，速度逐渐趋向于各自的未受扰动的状态。

强剪切层的另一例子是边界层(图 6-10(b))，它是固体壁面与主流之间的过渡区，是最常见的剪切层。在固体壁面上，由于黏滞作用使速度降到零，在它的外缘处，流体逐渐趋于自由流速度。

尾迹(图 6-10(b))、射流(图 6-10(c))和管流(图 6-10(d))也都是剪切层的例子，虽然圆形和环形区域内的流体并不能严格地称为“层”，这里仍将射流和管流归属于剪切层，因为它们的物理过程基本上是一样的，描写它们的方程也只在次要的细节上有差别。

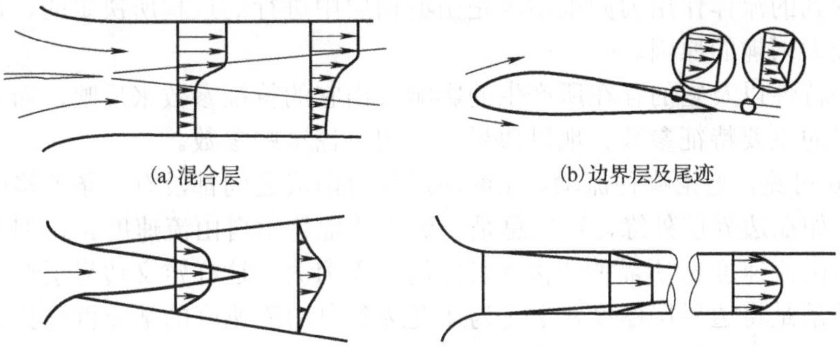

(a)混合层　(b)边界层及尾迹　(c)射流　(d)管流

图 6-10　各种典型的剪切层

根据边界几何条件的特点，可将剪切层分为两大类：自由剪切层和非自由剪切层。无固体壁面限制的称为自由剪切层，如混合层、尾迹和射流。

复杂的几何条件可能形成复杂的剪切层；各种剪切层相互作用可形成更复杂的流动，这里不再列举。

现讨论剪切层的重要性。黏性应力对运动影响的大小取决于式中最后一项。以 x 向动量方程为例，在二维情况下，此项可写为

$$\text{黏性项}=\frac{1}{Re}\left(\frac{\partial^2 u}{\partial x^2}+\frac{\partial^2 u}{\partial y^2}\right) \tag{6-87}$$

式中，u、x 和 y 都是无量纲量。可见，在高雷诺数下黏性项的作用是不大的，除非当地的 $\partial^2 u/\partial x^2$ 或 $\partial^2 u/\partial y^2$ 很大。所以可以将高雷诺数流场分为两种区域：$\partial^2 u/\partial y^2$ 等项很大的区域，这里黏性项起重要作用，不能忽略；$\partial^2 u/\partial y^2$ 等项不大的区域，这里黏性项可以忽略。这正是普朗特边界层理论的基本思想。在式(6-87)右端两项中，正应力项通常不大，一般只当沿流向的压力梯度很大时，速度梯度 $\partial u/\partial x$ 才有较大的变化。这时通常会有

$$\frac{\partial p}{\partial x}\gg\frac{\partial}{\partial x}\left(\mu\frac{\partial u}{\partial x}\right) \tag{6-88}$$

所以沿流向的黏性应力梯度通常是不重要的(激波厚度内的情况除外)。

沿跨流的方向(即与流动垂直的方向)却完全是另一种情况。以边界层为例，在很薄的厚度 δ 内，流体由外缘的自由流速度降到为零的壁面速度，发生了很大的剪切变形率，因而有很大的切应力梯度

$$\frac{\partial \tau}{\partial y}\approx\frac{\partial}{\partial y}\left(\mu\frac{\partial u}{\partial y}\right)\propto\mu\frac{U_\infty}{\delta^2} \tag{6-89}$$

可见，在薄的剪切层内，黏性项起着重要作用。

应再强调指出，在剪切层中影响流体微团加速度的不是切应力本身，而是切应力沿跨流向的梯度 $(\partial\tau/\partial y)$，此梯度正比于作用在该微团上下两面切应力之差 $(\Delta\tau\propto\partial\tau/\partial y\times\Delta y)$，这是切应力引起的沿流向的“净”作用力，只在薄剪切层中才可能有这种大的切应力梯度。

虽然与湍流有关的应力与黏性应力不同，但上述讨论也适用于湍流情况。

类似的讨论也可说明，流体中强的热传导主要发生在介于不同温度的两个区域之间的薄层中。这些薄层常与剪切层重合，典型的薄层例子是温度边界层。

由于剪切层中发生着强的动量交换并也可能存在强的热传导，所以固体表面的各种温度分布以及受到的流体作用力归根结底是由剪切层中进行的过程所决定的，这正是我们对剪切层产生极大兴趣的原因。

剪切层的特性以及它的存在所产生的影响可由它的特征参数来反映，而定义的各种厚度则是剪切层的重要特征参数。现以边界层为例讨论这些参数。

由图 6-10 可见，无论哪种流动，在剪切层与自由流之间都没有一条严格的界线以区分这两个区域，如在边界层外缘，速度总是一致连续地趋于自由流速度 u_e，但要使边界层速度完全等于自由流速度 u_e 所需的距离 δ 可能趋于无穷大，这样定义边界层厚度是无实际意义的。所以通常是将边界层厚度 δ 定义为速度达到自由流速度的某个百分数时的距离。这样边界层厚度的数值就随所选取的这个百分数而变，因此，为确定起见，都应注明此厚度对应的百分数，如 δ_{995} 表明此百分数为 99.5%。

上述边界层厚度的定义有很大的任意性，且未能反映边界层的物理影响。边界层的主要影响之一是将自由流的流线向远离物体壁面的方向推移，这是由于靠近壁面的流体因黏滞作用而流慢了。对于二维流动，从 $y=0$ 到 $y=h$ 之间通过 $x=$ 常数的任一站所流过的质量流率为

$$\int_0^h \rho u \mathrm{d}y$$

这是按沿 z 向的单位长度上计算的，其中 h 是略比 δ 大的数，坐标系如图 6-11 所示。若没有边界层，且忽略自由流中一阶小量 $\partial u/\partial y$，则有 $u=u_e$ 和 $\rho=\rho_e$，因此由于边界层的存在所引起的质量流率减少量为

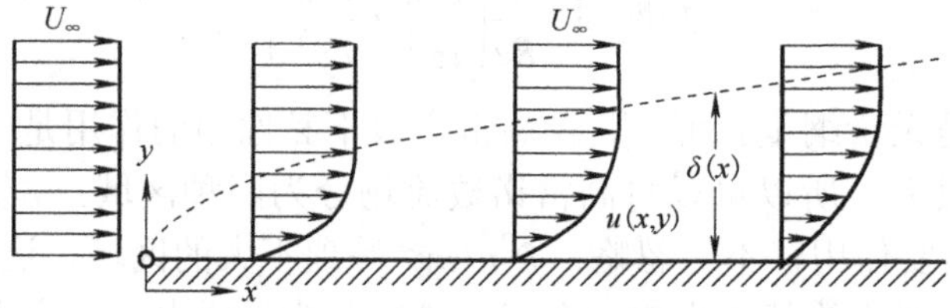

图 6-11　平板上的边界层

$$\int_0^h (\rho_e u_e - \rho u)\mathrm{d}y$$

在自由流中，此流率所对应的厚度为

$$\begin{aligned}\delta^* &= \frac{1}{\rho_e u_e}\int_0^h (\rho_e u_e - \rho u)\mathrm{d}y \\ &= \int_0^h \left(1-\frac{\rho u}{\rho_e u_e}\right)\mathrm{d}y\end{aligned} \tag{6-90}$$

这就是由于边界层的存在而使自由流流线向外推移的距离，称为位移厚度(或称排挤厚度)。由于提供了对自由流影响的量度，δ^* 显然是有实际物理意义的一种厚度定义。应当指出，在上述定义中，由于在边界层之外被积函数为零，所以积分上限的选取并不重要，只要保证 $h>\delta$ 就行。

应当指出，δ^* 并不是唯一有物理意义的厚度。还可以定义一种动量损失厚度，以考虑由于边界层的存在而引起的动量流率的亏损。动量流率为质量流率与单位质量的动量(即速

度)的乘积。原则上可用两种方式定义动量亏损厚度：一种是用实际质量流率与单位质量的动量亏损$\left(=u_e-u\right)$的乘积来定义的；另一种是用质量流率的亏损与单位质量的动量的乘积来定义的。由于质量流率的亏损已在δ^*中考虑，用前一种定义更方便。仿照用于定义δ^*的讨论，可得

$$\theta=\int_0^h\frac{\rho u}{\rho_e u_e}\left(1-\frac{u}{u_e}\right)\mathrm{d}y \tag{6-91}$$

式中，θ为动量损失厚度，或简称动量厚度，它表示由于边界层的存在损失了厚度为θ的自由流流体的动量流率。

既然动量厚度反映动量亏损，它应与壁面摩擦阻力有直接关系。请读者自己证明：对于平板边界层，动量厚度θ与摩擦阻力D_f之间的关系如下

$$D_f=\rho_e u_e^2\theta$$

式中，D_f是从单位宽度的平板前缘$\left(x=0,\theta=0\right)$到$x=x_1$之间所受的总摩擦阻力，$\theta$为$x_1$处的动量厚度。

用同样的方式可定义动能损失厚度

$$\delta_3=\int_0^h\frac{\rho u}{\rho_e u_e}\left(1-\frac{u^2}{u_e^2}\right)\mathrm{d}y \tag{6-92}$$

式中，δ_3也称为能量耗散厚度，或简称能量厚度。对于不可压缩流，以上三种厚度的公式成为

$$\delta^*=\int_0^h\left(1-\frac{u}{u_e}\right)\mathrm{d}y \tag{6-93}$$

$$\theta=\int_0^h\frac{u}{u_e}\left(1-\frac{u}{u_e}\right)\mathrm{d}y \tag{6-94}$$

$$\delta_3=\int_0^h\frac{u}{u_e}\left(1-\frac{u^2}{u_e^2}\right)\mathrm{d}y \tag{6-95}$$

图 6-12 的阴影面积分别表示质量流率和动量流率的亏损，与它们具有相同面积的矩形的高分别为δ^*和θ。由图 6-12 可见

$$\theta\leqslant\delta^* \tag{6-96}$$

δ^*和θ都是很有用的厚度定义，它们不仅可用于边界层，也可用于其他剪切层。在这两者中，对于关心动量损失的工程师，θ更好用。所以，若定义$u_e\theta/\nu$为动量厚度雷诺数，则它是用以关联剪切层特性的最方便的雷诺数。然而，在动量积分方程中不仅包含θ还包含δ^*或比值δ^*/θ，此比值具有它自己独立的意义，即可反映速度剖面形状，称为形状因子，常写成H或H_{12}，即

$$H=\frac{\delta^*}{\theta} \tag{6-97}$$

由图 6-12 可见，$H\geqslant1$。为了说明问题，假设边界层在$y=0$到$y=\delta$之间的速度剖面按幂数律变化，即

$$\frac{u}{u_e}=\left(\frac{y}{\delta}\right)^{\frac{1}{n}} \tag{6-98}$$

在不可压流中，由此式可得 $H=(n+2)/n$。若 $n=1$，即线性速度剖面由图 6-13 可见，这与平板层流边界层的速度剖面相差并不很大，这时式(6-98)中的 δ 取为 $0.623\,\delta_{995}$。这样算得的 $H=3$，而平板层流边界层的实际 H 值为 2.6。$n=7$ 的幂数律剖面与平板湍流边界层符合得很好，只在 $y=0$ 和 $y=\delta$ 附近给出不正确的 $\partial u/\partial y$。若 $n=7$ 则 $H=1.286$。由图 6-13 可见，若 H 值越大(n 越小)，则剖面越不饱满。若无边界层，即为最饱满的情况，$H=1$。

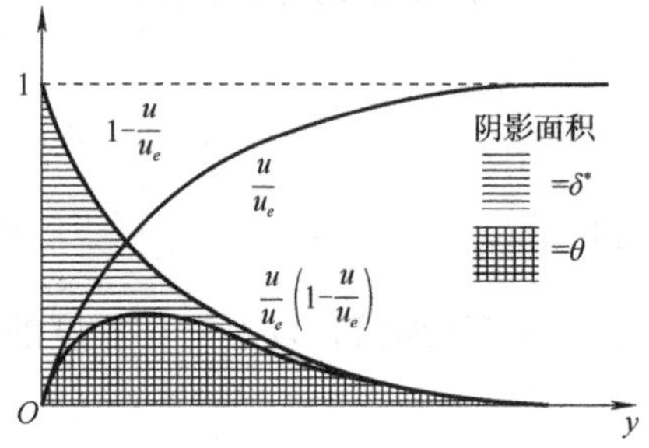

图 6-12　位移厚度和动量厚度对应的面积

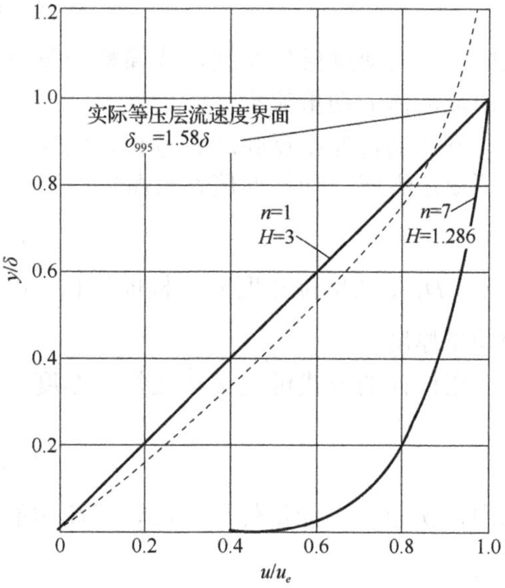

图 6-13　幂数律速度剖面

湍流平板边界层的 $H\approx1.2\sim1.5$，它随雷诺数的增加而降低。当 $H=2\sim3$ 时发生分离。层流边界层分离时典型的 H 值为 4。饱满的速度剖面意味着沿流层之间有强的动量交换。下述关系对于中等压力梯度的不可压缩流体边界层是适用的(其中 δ 为 δ_{995})：

$$\frac{\delta^*}{\delta}\approx\begin{cases}\dfrac{1}{3}, & \text{对于层流}\\[2mm] \dfrac{1}{7}, & \text{对于湍流}\end{cases}$$

$$\frac{\theta}{\delta}\approx\begin{cases}\dfrac{1}{8}, & \text{对于层流}\\[2mm] \dfrac{1}{10}, & \text{对于湍流}\end{cases}$$

$$\frac{\mathrm{d}\delta}{\mathrm{d}x}\approx\begin{cases}0.015, & u_e x/\nu=3\times10^4\text{的层流}\\ 0.015, & \text{湍流，外缘角为}1^\circ\end{cases}$$

有了这些关系，就可以很方便地进行估算。例如，若给定 $u_e\delta/\nu=27500$ 则有 $u_e x/\nu\approx(u_e\theta/\nu)\times(\delta/\theta)/(\mathrm{d}\delta/\mathrm{d}x)\approx2\times10^7$。这里粗略反映的各种雷诺数之间的关系有更深刻的物理内涵。考察一平板的层流边界层，其外缘速度为 u_e，若平板前缘是尖劈形，则唯一有关的长度尺度是距前缘的距离 x，有关流体的参数是 μ 和 ρ。由这些参数按量纲分析只能组成无量纲雷诺数 $Re_x=u_e x/\nu$。即在这个问题中，Re_x 是描写流动特点的唯一的独立变量，因为不可能再有另外的独立的速度尺度和长度尺度。当地的边界层厚度 δ 是一个很好的长度尺度，以此为特征尺度的厚度雷诺数 $Re_\delta\left(=u_e\delta/\nu\right)$ 也是一个很有用的、描写当地流动条件的雷诺数，但不是独立的参数，它们之间有确定的关系。对于层流边界层其关系为

$$\frac{u_e\delta}{\nu}=\frac{u_e\delta_{995}}{\nu}\approx 5.3\left(\frac{u_e x}{\nu}\right)^{0.5} \tag{6-99}$$

或

$$\delta=5.3\left(\frac{\nu x}{u_e}\right)^{0.5} \tag{6-100}$$

或

$$\frac{\mathrm{d}\delta}{\mathrm{d}x}=\frac{1}{2}\frac{\delta}{x}\approx 2.65\left(\frac{u_e x}{\nu}\right)^{0.5} \tag{6-101}$$

6.4.2　二维流动中的薄剪切层近似

对于层流运动，理论上允许存在严格的二维流动；对于湍流运动则相反，因为湍流的基本特征之一是脉动运动的三维性。所以对于湍流运动二维流则只是指其平均运动，即流动的平均状态沿第三维方向无变化。

前已指出，完全的纳维-斯托克斯方程组的求解是极其困难的。但对于薄剪切层则有可能使方程大大简化，其原因在于方程中某些项的量级受薄剪切层几何条件的影响而变得很小以至于可以忽略。最能代表剪切层几何特征的参数是其厚度与长度之比 δ/l。现举例说明此比值的量级。

空气在常温常压下 $\nu=1.5\times10^{-5}$，若以 $u_e=40\,\mathrm{m/s}$ 的速度平行流过平板，在 1m 长的平板的末端，雷诺数 $Re_x=u_e l/\nu\approx3\times10^6$，则由层流公式(6-99)可得，$Re_\delta=u_e\delta/\nu=9\times10^3$，$\delta\approx3\mathrm{mm}$。即 $\delta/l\approx1/300$。这几乎是实际能得到的最小比值，因为这个比值随 Re_x 增加而降低，而这里所选用的 Re_x 值已是能保持层流的最高值了。在相同条件下，若在平板前缘附近强迫边界层转变为湍流，则末端的边界层厚度为 1.9cm，即 $\delta/l\approx0.02$。进入静止空气的湍流射流，$\delta/l\approx0.2$（δ 由当地速度 $u=0.005u_{\max}$ 定义）。

普朗特分析边界层时是以雷诺数 Re_x 为量级分析的基本量，即以 Re_x 为大数，$1/\sqrt{Re_x}$ 为小数，并使 δ/l 与 $1/\sqrt{Re_x}$ 相联系。这种关系对层流边界层是正确的，即式(6-101)。现在看来，由于对于层流和湍流，δ/l 随 Re_x 变化的关系不一样，直接以 δ/l 作为量级分析的基本量可能更好些，这样既适于层流也适于湍流。

现考虑 $\delta/l\ll1$ 时运动方程可能引入的简化，为简单起见，只限于二维定常不可压无质量力的情况，且应力项暂不具体规定，使其结果对层流和湍流都可适用。则动量方程和连续方程成为

$$u\frac{\partial u}{\partial x}+v\frac{\partial u}{\partial y}=-\frac{1}{\rho}\frac{\partial p}{\partial x}+\frac{1}{\rho}\frac{\partial\sigma_{xx}}{\partial x}+\frac{1}{\rho}\frac{\partial\tau_{yx}}{\partial y} \tag{6-102}$$

$$u\frac{\partial v}{\partial x}+v\frac{\partial v}{\partial y}=-\frac{1}{\rho}\frac{\partial p}{\partial y}+\frac{1}{\rho}\frac{\partial\sigma_{yy}}{\partial y}+\frac{1}{\rho}\frac{\partial\tau_{xy}}{\partial x} \tag{6-103}$$

$$\frac{\partial u}{\partial x}+\frac{\partial v}{\partial y}=0 \tag{6-104}$$

这里只讨论边界层的情况，其结果也适用于其他薄剪切层。若无特别说明，总设 x 代表自由流流向，y 代表与壁面垂直的方向。

为使结果普遍化，引入典型值以估计数量级。首先用对应的典型值代替各因变量，如用边界层外缘速度u_e代替x向分速，然后用典型平均量代替导数，即用因变量在距离l（或δ）内的典型变化量除以距离l（或δ）以代替因变量对x（或y）的导数。这样，$\partial u/\partial y$的典型值为u_e/δ。设想$\partial u/\partial y$与u_e/δ有相同的数量级，由伯努利方程可知，压力沿x向的变化与ρu_e^2有相同的量级。但不能预先估计压力沿y向变化的量级，暂时保留这一问题。利用上述规则，并用“~”表示具有量级精度的典型值而不考虑其符号，则有

$$u\sim u_e,\quad \frac{\partial u}{\partial y}\sim\frac{u_e}{\delta},\quad \frac{\partial u}{\partial x}\sim\frac{u_e}{l}$$

由这最后一个式子及质量方程(6-104)可得

$$\frac{\partial v}{\partial y}=-\frac{\partial u}{\partial x}\sim\frac{u_e}{l}$$

由此可知

$$v\sim\frac{u_e\delta}{l}$$

若将各项的典型值写在下面，则式(6-102)和式(6-103)分别给出

$$\begin{array}{ccccc} u\dfrac{\partial u}{\partial x}+ & v\dfrac{\partial u}{\partial y}= & -\dfrac{1}{\rho}\dfrac{\partial p}{\partial x}+ & \dfrac{1}{\rho}\dfrac{\partial \sigma_{xx}}{\partial x}+ & \dfrac{1}{\rho}\dfrac{\partial \tau_{yx}}{\partial y} \\ \vdots & \vdots & \vdots & \vdots & \vdots \\ \dfrac{u_e^2}{l} & \dfrac{u_e^2}{l} & \dfrac{u_e^2}{l} & \dfrac{\sigma_{xx}/\rho}{l} & \dfrac{\tau_{yx}/\rho}{\delta} \end{array}\tag{6-105}$$

$$\begin{array}{ccccc} u\dfrac{\partial v}{\partial x}+ & v\dfrac{\partial v}{\partial y}= & -\dfrac{1}{\rho}\dfrac{\partial p}{\partial y}+ & \dfrac{1}{\rho}\dfrac{\partial \sigma_{yy}}{\partial y}+ & \dfrac{1}{\rho}\dfrac{\partial \tau_{xy}}{\partial x} \\ \vdots & \vdots & \vdots & \vdots & \vdots \\ \dfrac{u_e^2\delta}{l^2} & \dfrac{u_e^2\delta}{l^2} & \dfrac{1}{\rho}\dfrac{\partial p}{\partial y} & \dfrac{\sigma_{xx}/\rho}{\delta} & \dfrac{\tau_{xy}/\rho}{l} \end{array}\tag{6-106}$$

我们不需再写出连续方程，因为在估计v时已经推导过了。

以下分三种情况讨论。

1. 无黏流

在无黏流中，所有应力项都可忽略。这是假想的，但很有意义。x向方程中所有保留项（包括$\partial p/\partial y$）的量级都是u_e^2/l，不可能再进一步近似。y向方程中$\partial p/\partial y$的量级为$\rho u_e^2\delta/l^2$，即比$\partial p/\partial x$小δ/l量级，因而可以忽略，即可设

$$\frac{\partial p}{\partial y}=0\tag{6-107}$$

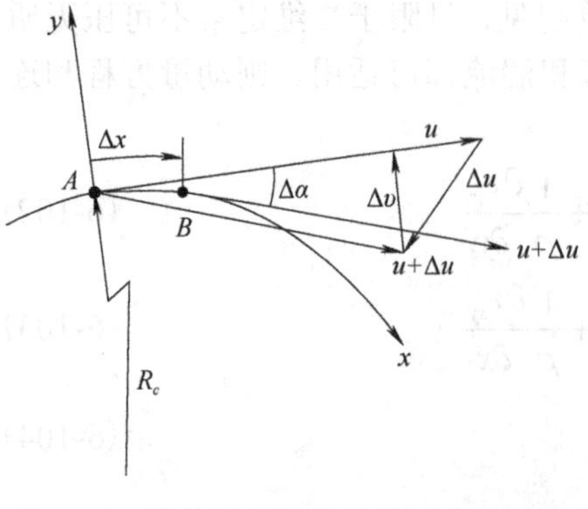

图 6-14　流体沿曲线运动的径向加速度

以上讨论是针对平板边界层的，对于沿曲壁的情况必须做些修改。严格的方法是在曲线正交坐标系上写出运动方程，然后进行数量级分析。通常可取类似图 6-14 那样的坐标系，即x为沿曲面的弧长。这里只讨论沿曲面流动时引起的主要变化。如图 6-14 所示，当流体微

团由 A 点运动到 B 点时，沿 y 向的速度增量 $\Delta v = u\Delta\alpha$，若采用如下定义的曲率半径

$$R_c = \frac{-1}{\lim\limits_{\Delta x \to 0} \dfrac{\Delta\alpha}{\Delta s}}$$

(即凸曲面的 R_c 为正)，再考虑到所选用的曲线坐标系中 $\Delta x = \Delta s$，则有

$$\begin{aligned} u\frac{\partial v}{\partial x} &= \lim_{\Delta x \to 0} u\frac{\Delta v}{\Delta x} \approx \lim_{\Delta s \to 0} u\frac{u\Delta\alpha}{\Delta s} \\ &\approx -\frac{u^2}{R_c} \end{aligned} \tag{6-108}$$

于是由动量方程式(6-103)和式(6-106)可得出如下量级估计

$$\frac{1}{\rho}\frac{\partial p}{\partial y} = O\left(\frac{u_e^2}{R_c}, \frac{u_e^2\delta}{l^2}\right) \tag{6-109}$$

由于边界层很薄，可将壁面的曲率作为边界层内流线的曲率。比较此式右端两项典型值可以看出，若 $l/R_c \gg \delta/l$，则可忽略第二项，它代表平板边界层中 y 向加速度的量级。若设 $\delta/l = 0.02$ (这可代表湍流边界层的一般情况) 则当 $R_c < 50l$ 时，曲率影响将占主导地位。而 $R_c = 50l$ 对应于弯度只有 0.25%的薄圆弧翼型(这里弯度的定义是弦线中点到弧顶的距离与弧长 l 之比)。总之，在曲壁边界层流动中若 $l/R_c \gg \delta/l$，则

$$\frac{\partial p}{\partial y} = \frac{\rho u^2}{R_c} \tag{6-110}$$

由于 $\left[p(y=\delta) - p(y=0)\right]$ 与 $1/R_c$ 成正比，则 $\partial p/\partial y$ 对 $\left[\partial p/\partial x(y=\delta) - \partial p/\partial x(y=0)\right]$ 的影响应取决于 $\mathrm{d}(1/R_c)/\mathrm{d}x$。当曲率有突变时，量级分析的结果就变得复杂而不可靠了，例如，直壁与曲壁的连接处以及分离点处流线的突然转折都属于这样的情况。

2. 湍流

湍流流动中，所有应力项都有相同的量级。在边界层中其应力有如下关系：$0.4\sigma_{xx} \approx \tau_{xy} \approx \sigma_{yy}$。在方程式(6-102)中，$\partial\sigma_{xx}/\partial x$ 比 $\partial\tau_{yx}/\partial y$ 小 δ/l 量级，若应力梯度项在方程中要能起作用，则剪切应力梯度项 $\partial\tau_{yx}/\partial y$ 与方程中其他项应有相同的量级 $\rho u_e^2/l$。所以应力本身的量级为 $\rho u_e^2/l$。方程(6-102)简化为

$$u\frac{\partial u}{\partial x} + v\frac{\partial u}{\partial y} = -\frac{1}{\rho}\frac{\partial p}{\partial x} + \frac{1}{\rho}\frac{\partial \tau_{yx}}{\partial y}\left[1 + O\left(\frac{\delta}{l}\right)\right] \tag{6-111}$$

对于平板边界层，y 向方程各项的量级为

$$\begin{matrix} u\dfrac{\partial v}{\partial x} & + v\dfrac{\partial v}{\partial y} & = -\dfrac{1}{\rho}\dfrac{\partial p}{\partial y} & + \dfrac{1}{\rho}\dfrac{\partial \sigma_{yy}}{\partial y} & + \dfrac{1}{\rho}\dfrac{\partial \tau_{xy}}{\partial x} \\ \vdots & \vdots & \vdots & \vdots & \vdots \\ \dfrac{u_e^2\delta}{l^2} & \dfrac{u_e^2\delta}{l^2} & \dfrac{1}{\rho}\dfrac{\partial p}{\partial y} & \dfrac{u_e^2}{l} & \dfrac{u_e^2\delta}{l^2} \end{matrix} \tag{6-112}$$

方程式(6-103)可简化为

$$\frac{1}{\rho}\frac{\partial p}{\partial y} = \frac{1}{\rho}\frac{\partial \sigma_{yy}}{\partial y}\left[1 + O\left(\frac{\delta}{l}\right)\right] \tag{6-113}$$

式中，$O(\delta/l)$ 包括方程式(6-112)左端的项以及切应力梯度项。对于曲壁，利用式(6-108)并假设 $l/R_c \gg \delta/l$，则由方程式(6-103)可得

$$\begin{array}{ccccccccc} u\dfrac{\partial v}{\partial x} & + & v\dfrac{\partial v}{\partial y} & = & -\dfrac{1}{\rho}\dfrac{\partial p}{\partial y} & + & \dfrac{1}{\rho}\dfrac{\partial \sigma_{yy}}{\partial y} & + & \dfrac{1}{\rho}\dfrac{\partial \tau_{xy}}{\partial x} \\ \vdots & & \vdots & & \vdots & & \vdots & & \vdots \\ \dfrac{u_e^2}{R_c} & & \dfrac{u_e^2\delta}{l^2} & & \dfrac{1}{\rho}\dfrac{\partial p}{\partial y} & & \dfrac{u_e^2}{l} & & \dfrac{u_e^2\delta}{l^2} \end{array} \tag{6-114}$$

若 l/R_c 的量级为 1，则有

$$\frac{1}{\rho}\frac{\partial p}{\partial y} = \frac{u^2}{R_c} + \frac{1}{\rho}\frac{\partial \sigma_{yy}}{\partial y}\left[1 + O\left(\frac{\delta}{l}\right)\right] \tag{6-115}$$

在弱湍流中，应力的梯度项是可以忽略的，于是式(6-113)简化为式(6-107)，而式(6-115)则简化为式(6-110)。

3. 层流

在牛顿黏性流体的层流流动中，应力与应变变化率成正比，由应力分量的公式

$$\left.\begin{aligned} \sigma_x &= \sigma_{xx} - p \\ \sigma_y &= \sigma_{yy} - p \\ \sigma_z &= \sigma_{zz} - p \\ \tau_{xy} &= \tau_{yx} = \mu\left(\frac{\partial u}{\partial y} + \frac{\partial v}{\partial x}\right) \\ \tau_{xz} &= \tau_{zx} = \mu\left(\frac{\partial u}{\partial z} + \frac{\partial w}{\partial x}\right) \\ \tau_{yz} &= \tau_{zy} = \mu\left(\frac{\partial v}{\partial z} + \frac{\partial w}{\partial y}\right) \end{aligned}\right\}$$

和

$$\left.\begin{aligned} \sigma_{xx} &= 2\mu\frac{\partial u}{\partial x} - \frac{2}{3}\mu\nabla\cdot\boldsymbol{u} \\ \sigma_{yy} &= 2\mu\frac{\partial v}{\partial y} - \frac{2}{3}\mu\nabla\cdot\boldsymbol{u} \\ \sigma_{zz} &= 2\mu\frac{\partial w}{\partial z} - \frac{2}{3}\mu\nabla\cdot\boldsymbol{u} \end{aligned}\right\}$$

可得

$$\sigma_{xx} = 2\mu\frac{\partial u}{\partial x}$$

$$\tau_{xy} = \mu\left(\frac{\partial u}{\partial y} + \frac{\partial v}{\partial x}\right)$$

$$\sigma_{yy} = 2\mu\frac{\partial v}{\partial y}$$

式(6-105)成为

$$
\begin{array}{ccccccccc}
u\dfrac{\partial u}{\partial x} & + & v\dfrac{\partial u}{\partial y} & = & -\dfrac{1}{\rho}\dfrac{\partial p}{\partial x} & + & \dfrac{1}{\rho}\dfrac{\partial \sigma_{xx}}{\partial x} & + & \dfrac{1}{\rho}\dfrac{\partial \tau_{yx}}{\partial y} \\
\vdots & & \vdots & & \vdots & & \vdots & & \vdots \\
\dfrac{u_e^2}{l} & & \dfrac{u_e^2}{l} & & \dfrac{u_e^2}{l} & & \dfrac{\nu u_e}{l^2} & & \nu\left(\dfrac{u_e}{\delta^2},\dfrac{u_e}{l^2}\right)
\end{array} \tag{6-116}
$$

组成剪切应力梯度的两项有不大的量级，将具有高数量级的$\nu\partial^2 u/\partial y^2$提出，则上式成为

$$
u\frac{\partial u}{\partial x}+v\frac{\partial u}{\partial y}=-\frac{1}{\rho}\frac{\partial p}{\partial x}+\nu\frac{\partial^2 u}{\partial y^2}\left[1+O\left(\frac{\delta}{l}\right)^2\right] \tag{6-117}
$$

对于平板边界层，式(6-106)成为

$$
\begin{array}{ccccccccc}
u\dfrac{\partial v}{\partial x} & + & v\dfrac{\partial v}{\partial y} & = & -\dfrac{1}{\rho}\dfrac{\partial p}{\partial y} & + & \dfrac{1}{\rho}\dfrac{\partial \sigma_{yy}}{\partial y} & + & \dfrac{1}{\rho}\dfrac{\partial \tau_{xy}}{\partial x} \\
\vdots & & \vdots & & \vdots & & \vdots & & \vdots \\
\dfrac{u_e^2\delta}{l^2} & & \dfrac{u_e^2\delta}{l^2} & & \dfrac{1}{\rho}\dfrac{\partial p}{\partial y} & & \dfrac{\nu u_e}{l\delta} & & \nu\left(\dfrac{u_e}{l\delta},\dfrac{u_e\delta}{l^3}\right)
\end{array} \tag{6-118}
$$

黏性项的量级可写为

$$
\frac{\nu u_e}{l\delta}\left[1+O\left(\frac{\delta}{l}\right)^2\right]=\frac{u_e^2\delta}{l^2}\frac{\nu}{u_e l}\left(\frac{\delta}{l}\right)^2\left[1+O\left(\frac{\delta}{l}\right)^2\right] \tag{6-119}
$$

由方程式(6-99)可见，对于层流边界层

$$
\frac{\delta^2}{l^2}\sim\frac{\nu}{u_e l}
$$

因而黏性项的量级仍为$u_e^2\delta/l^2$。这意味着$\partial p/\partial y$的量级也是$u_e^2\delta/l^2$。所以和过去的讨论一样，对于平壁可用式(6-107)，对于曲壁则用式(6-110)。当δ/R_c很小时，这两者可能很接近。

根据以上讨论，将方程中具有低量级(以及更高阶小量)的项忽略掉，则得如下的方程组

$$
\left.\begin{aligned}
u\frac{\partial u}{\partial x}+v\frac{\partial u}{\partial y}&=-\frac{1}{\rho}\frac{\partial p}{\partial x}+\frac{1}{\rho}\frac{\partial}{\partial y}\left(\mu\frac{\partial u}{\partial y}-\rho\overline{u'v'}\right)\\
\frac{\partial u}{\partial x}+\frac{\partial v}{\partial y}&=0\\
\frac{\partial p}{\partial y}&=0
\end{aligned}\right\} \tag{6-120}
$$

此即薄剪切层方程组，也称为边界层方程组。由于$\partial p/\partial y=0$，$\partial p/\partial x$可用$\mathrm{d}p/\mathrm{d}x$代替以强调p与y无关，于是可令其等于物面上的值或自由流的值。前者可由实验测量得到，后者可由伯努利方程计算，即

$$
\frac{\partial p}{\partial x}=\frac{\mathrm{d}p}{\mathrm{d}x}=-\rho u_e\frac{\mathrm{d}u_e}{\mathrm{d}x} \tag{6-121}
$$

将此式代入式(6-120)则得

$$
u\frac{\partial u}{\partial x}+v\frac{\partial u}{\partial y}=u_e\frac{\mathrm{d}u_e}{\mathrm{d}x}+\frac{1}{\rho}\frac{\partial}{\partial y}\left(\mu\frac{\partial u}{\partial y}-\rho\overline{u'v'}\right) \tag{6-122}
$$

这是薄剪切层方程最常用的形式。在式(6-120)和式(6-122)中，$-\rho\overline{u'v'}$为湍流脉动量u'和v'

引起的与应力有相同作用的项，称为雷诺应力。关于这一项以后在讨论湍流流动的许多地方还要专门讨论。可见，湍流运动时切应力主要由两部分组成，即黏性切应力 $\mu\partial u/\partial y$ 和雷诺切应力 $-\rho\overline{u'v'}$。去掉后一项后，该式成为层流的薄剪切层方程。

归纳起来，在由纳维-斯托克斯方程简化为薄剪切层方程时，沿 x 向动量方程中略去了 $\partial\sigma_{xx}/\partial x$ 和 $\mu\partial^2 v/\partial x\partial y$。比较式(6-111)和式(6-117)可以看出，层流略去项的量级为 $O\left(\delta^2/l^2\right)$，而湍流的为 $O\left(\delta/l\right)$；再注意到湍流的 δ/l 比层流的大得多，这些都是薄剪切层近似用于湍流的弱点，在 y 向动量方程中略去的项也有差别。

尽管有这样的弱点，薄剪切层方程还是带来了很大的方便。首先，由于假设 p 不随 y 变化，而可按式(6-121)处理，即 p 不再是待求未知函数而成了已知边界条件，所以在二维情况下未知函数由 u、v 和 p 减少为 u 和 p，因而只用两个方程即可求解(即求(6-122)和式(6-104))。这里暂不考虑雷诺应力问题，因为这个问题在引入薄剪切层近似之前就已存在。其次，引入薄剪切层近似后使方程类型发生了变化：定常纳维-斯托克斯方程为椭圆形，而定常薄剪切层方程为抛物型。显然这种变化是假设 p 不随 y 变化及忽略了 $\partial\sigma_{xx}/\partial x$ 所致，因为这样切断了下游对上游的影响，成了只能影响下游半无限区域的抛物型方程。方程类型的改变在计算上带来了很大的方便，因为可以不像椭圆方程那样采用上游下游全流场迭代的方法而可采用由上游向下游空间推进的方法。

湍流变密度流会使问题进一步复杂化，分析的最后结果是 x 向方程式(6-120)仍然有效，但最后的切应力梯度项应改写为

$$\frac{1}{\rho}\frac{\partial\tau}{\partial y}=\frac{1}{\rho}\frac{\partial}{\partial y}\left(\mu\frac{\partial u}{\partial y}\right)-\frac{1}{\rho}\frac{\partial}{\partial y}\left(\rho\overline{u'v'}+\overline{\rho'u'v'}\right) \tag{6-123}$$

式中，最后一项表示湍流密度脉动 $\left(\rho'\right)$ 引起的应力。现已弄清，只要不是高超声速流动，则此项可忽略；而在高超声速时，密度沿厚度方向的变化可达一个数量级，量级分析可能失效。

现通常认为，只要 $\mathrm{d}\delta/\mathrm{d}x$ 足够小，非定常性不影响薄剪切层近似，即只要在式(6-120)或式(6-122)的左端加上 $\partial u/\partial t$ 项即可。对于湍流，u、v 等都是指其平均量。

在强压力梯度时，压力项可能超过黏性应力或雷诺应力，但近壁区除外，因为这里的加速度很小，大体上是压力项与应力项平衡，薄剪切层方程仍是适用的。

4. 高阶边界层理论

前面得到的薄剪切层方程(或最初的边界层方程)是对运动方程组各项进行量级比较得出的。这些方程也可用更一般的方法得到。为了在高雷诺数得到纳维-斯托克斯方程的渐近展开解，可应用摄动法，所选用的摄动参数为

$$\varepsilon=\frac{1}{\sqrt{Re}}=\frac{1}{\sqrt{\dfrac{U_\infty L}{\nu}}}$$

对于定常层流运动，由此可建立奇异摄动系统并将所求的渐近展开解分解为外部展开(外流)和内部展开(边界层流)两部分。利用匹配渐近展开法可导出全部解的渐近展开形式。

这种渐近展开的第一项就正是边界层方程的解。如果继续这种摄动运算就可计算更多的展开项，从而扩展了普朗特的经典边界层理论。这就是高阶边界层理论。本书不拟对此作进一步讨论。

6.4.3　轴对称和三维流动中的薄剪切层近似

三维剪切层是指三维自由流环境中的剪切层。研究三维剪切层时必须分清两种基本情况。第一类，片状三维边界层，其典型例子是后掠机翼上的边界层，但不包括根部和尖部的区域。它的基本特点是在展向 z 和流向 x 有同量级的尺度，即 $l_x = O(l_z)$，而在壁面法向 y 的尺度 δ 却小得多，即 $l_x \approx l_z \gg \delta$。根据这种特点，用与 6.4.2 节类似的分析可给出

$$u\frac{\partial u}{\partial x}+v\frac{\partial u}{\partial y}+w\frac{\partial u}{\partial z}=-\frac{1}{\rho}\frac{\partial p}{\partial x}+\frac{1}{\rho}\frac{\partial}{\partial y}\left(u\frac{\partial u}{\partial y}-\rho\overline{u'v'}\right) \tag{6-124}$$

$$\frac{\partial p}{\partial y}=0\text{或}\frac{\partial p}{\partial y}=-\rho\left(u\frac{\partial v}{\partial x}+w\frac{\partial v}{\partial z}\right) \tag{6-125}$$

$$u\frac{\partial w}{\partial x}+v\frac{\partial w}{\partial y}+w\frac{\partial w}{\partial z}=-\frac{1}{\rho}\frac{\partial p}{\partial z}+\frac{1}{\rho}\frac{\partial}{\partial y}\left(u\frac{\partial w}{\partial y}-\rho\overline{w'v'}\right) \tag{6-126}$$

三维不可压缩流连续方程为

$$\frac{\partial u}{\partial x}+\frac{\partial v}{\partial y}+\frac{\partial w}{\partial z}=0 \tag{6-127}$$

这时压力 p 是 x 和 z 的函数，因为自由流有两个分量 u_e 和 w_e。当必须考虑曲面曲率影响时，式(6-110)应改为

$$\frac{\partial p}{\partial y}=\frac{\rho|\boldsymbol{u}|^2}{R_c} \tag{6-128}$$

式中，$\boldsymbol{u}$ 是只有两个分量 u 和 w 的矢量，R_c 是 $\boldsymbol{u}$ 面的曲率半径，$-\rho\overline{w'v'}$ 为 z 向的雷诺切应力。

三维剪切层流的第二类，即条状三维剪切层，其典型例子为管道流和机翼与机身交接处的区域。它的基本特征是在 y 向和 z 向有相同的尺度，且都很小，而只在流向 x 有大的尺度 L，即 $l_x \gg \delta \approx l_y \approx l_z$，这时唯一能略去的项是流向应力梯度，则方程为

$$\left.\begin{aligned}
\frac{\mathrm{D}u}{\mathrm{D}t}&=-\frac{1}{\rho}\frac{\partial p}{\partial x}+\frac{1}{\rho}\frac{\partial}{\partial y}\left(u\frac{\partial u}{\partial y}-\rho\overline{u'v'}\right)\\
&\quad+\frac{1}{\rho}\frac{\partial}{\partial z}\left(\mu\frac{\partial u}{\partial z}-\rho\overline{u'w'}\right)\\
\frac{\mathrm{D}v}{\mathrm{D}t}&=-\frac{1}{\rho}\frac{\partial p}{\partial y}+\frac{1}{\rho}\frac{\partial}{\partial y}\left(\mu\frac{\partial v}{\partial y}-\rho\overline{v'^2}\right)\\
&\quad+\frac{1}{\rho}\frac{\partial}{\partial z}\left(\mu\frac{\partial v}{\partial z}-\rho\overline{v'w'}\right)\\
\frac{\mathrm{D}w}{\mathrm{D}t}&=-\frac{1}{\rho}\frac{\partial p}{\partial z}+\frac{1}{\rho}\frac{\partial}{\partial y}\left(u\frac{\partial w}{\partial y}-\rho\overline{v'w'}\right)\\
&\quad+\frac{1}{\rho}\frac{\partial}{\partial z}\left(\mu\frac{\partial w}{\partial z}-\rho\overline{w'^2}\right)
\end{aligned}\right\} \tag{6-129}$$

这时 $\partial p/\partial y$ 和 $\partial p/\partial z$ 仍不大，但对 v 和 w 的影响可能是主要的。而压力变化又可能受到剪切层与自由流相互作用的很大影响，使薄剪切层概念的有效性降低了。v 和 w 仍不大，但对 u 的分布可能有重大影响。沿 yz 面内的流动 (v,w) 常称为二次流，它与沿流向的涡量有关。一般情况下的条状三维剪切层的问题目前还没有很好地解决，在湍流情况下问题更为复杂。

若条状剪切层是轴对称的，则简单得多。这时参数沿周向无变化，运动方程与二维的类似，剪切层方程也相似，并有相似的精度。方程组可用图 6-9 所示的轴对称坐标系描写，x 轴为构成该旋成体的旋成线，其长度由前滞点算起，y 轴与壁面垂直。这样的曲线正交坐标系很适于缓慢增长的环壁边界层。利用量级分析，则可得

$$\frac{\partial u}{\partial t}+u\frac{\partial u}{\partial x}+v\frac{\partial u}{\partial y}=-\frac{1}{\rho}\frac{\mathrm{d}p}{\mathrm{d}x}+\frac{1}{\rho r^k}\frac{\partial}{\partial y}\left[r^k\left(u\frac{\partial u}{\partial y}-\rho\overline{u'v'}\right)\right] \tag{6-130}$$

$$\frac{\partial}{\partial x}\left(r^k u\right)+\frac{\partial}{\partial y}\left(r^k v\right)=0 \tag{6-131}$$

式中，k 为流动类型指标，在轴对称流中 $k=1$，在二维流动中 $k=0$，则 r^k 等于 r 或 1。当 $k=0$ 时则方程成为式(6-120)、式(6-104)和式(6-107)。

这里也用了 $\partial p/\partial y=0$ 的假设，这在流向曲率半径足够大时成立，否则应用式(6-110)。注意，方程简化成式(6-130)时，既不需 $y=0$ 处的斜率(即 φ 角)很小，也不需 δ/r_0 很小，只需 δ/l 很小。这里的 l 为物体的流向长度尺度。

若 x 轴为对称轴，如射流、管流或旋成体的尾迹，则 $r=y$，方程简化为

$$\frac{\partial u}{\partial t}+u\frac{\partial u}{\partial x}+v\frac{\partial u}{\partial r}=-\frac{1}{\rho}\frac{\mathrm{d}p}{\mathrm{d}x}+\frac{1}{r}\frac{\partial}{\partial r}\left[r\left(\mu\frac{\partial u}{\partial r}-\rho\overline{u'v'}\right)\right] \tag{6-132}$$

和

$$\frac{\partial u}{\partial x}+\frac{1}{r}\frac{\partial(rv)}{\partial r}=0 \tag{6-133}$$

一般情况下，r 与物面处的半径 $y=0$ 之间的关系为

$$r(x,y)=r_0(x)+y\cos\varphi(x) \tag{6-134}$$

其中

$$\varphi=\arctan\frac{\mathrm{d}r_0}{\mathrm{d}z} \tag{6-135}$$

z 为对称轴(图 6-15)。注意，x、y、z 不是通常的笛卡儿坐标。

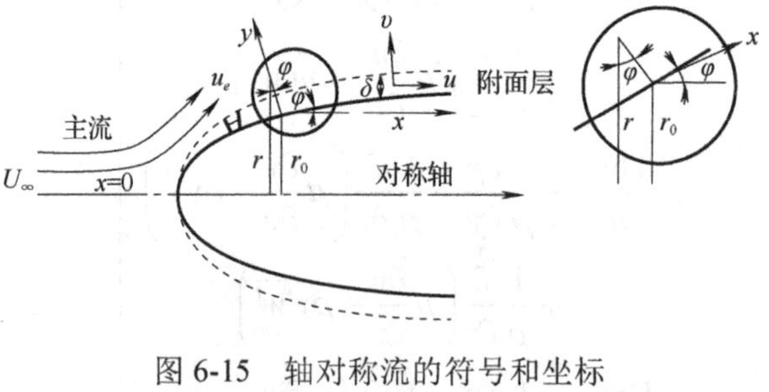

图 6-15　轴对称流的符号和坐标

定义

$$t=\frac{y\cos\varphi}{r_0} \tag{6-136}$$

则式(6-134)成为

$$\frac{r}{r_0}=1+t \tag{6-137}$$

式中，t 代表 r 与 r_0 的差别，即所谓横曲率项，它实际反映物面的横截曲线的曲率半径 r_0 的

影响。在许多轴对称问题中，$\delta/r_0 \ll 1$，则可忽略横曲率的影响。这时，由于 $r=r_0$，而 r_0 与 y 无关，于是式(6-130)和式(6-131)可进一步简化成

$$\frac{\partial u}{\partial t}+u\frac{\partial u}{\partial x}+v\frac{\partial u}{\partial y}=-\frac{1}{\rho}\frac{\mathrm{d}p}{\mathrm{d}x}+\frac{1}{\rho}\frac{\partial}{\partial y}\left(\mu\frac{\partial u}{\partial y}-\rho\overline{u'v'}\right) \tag{6-138}$$

$$\frac{\partial}{\partial x}\left(r_0^k u\right)+\frac{\partial}{\partial y}\left(r_0^k v\right)=0 \tag{6-139}$$

式(6-138)与二维情况有完全一样的形式。

在有些情况下，物体半径虽仍是有限量，但与边界层厚度有相同甚至更小的量级，即 $\delta/r_0 \geqslant 1$。典型例子是细长柱体、旋成流线体的尾部等。对于这种情况，横曲率的影响可能很重要而必须考虑在方程中。

思考题及习题

6-1　旋度是如何定义的？用矢量和张量分别如何表达？

6-2　流体绕轴旋转是否一定是有旋运动？请举例说明。

6-3　说明如下的流动一般总是有旋的：

$$u=u(x,y)$$
$$v=0$$

在怎样的特殊情况下此流动无旋？

6-4　试证明：$\rho\frac{\mathrm{D}\boldsymbol{V}}{\mathrm{D}t}=\frac{\partial(\rho\boldsymbol{V})}{\partial t}+\nabla\cdot(\rho\boldsymbol{V}\boldsymbol{V})$

6-5　将以下几组量整理为无量纲参数：

(1) Δp、ρ、V；

(2) ρ、g、V、F；

(3) μ、F、Δp、t。

6-6　以 M、L、T 为基本量纲，确定以下各量的量纲：弧度、角速度、功、功率、力矩和动量矩。

6-7　若已知切应力与动力黏性系数和流体的角变形率有关，试用量纲分析的方法确定牛顿黏性切应力公式的形式。

6-8　如果一个球通过流体时，其运动阻力 R 是流体密度 ρ、流体动力黏度 μ、球的半径 r 以及球相对于流体运动速度 V 的函数，试用量纲分析法证明可用下式来表示(选择 ρ、μ、r 为循环量)：

$$R=\frac{\mu^2}{\rho}f\left(\frac{\rho Vr}{\mu}\right)$$

6-9　设深水中螺旋桨推力 F 与桨的直径 D、流体密度 ρ、黏度 ν、转速 n，以及前进速度 U 有关。

(1) 试用量纲分析法给出它们之间的函数关系以及相似准则；

(2) 若在热水池中作推力模型实验，模型和实测结果分别用下标 m 和 p 表示，如果

$\frac{D_m}{D_p}=\frac{1}{3}$，$\frac{\nu_m}{\nu_p}=\frac{1}{2}$，$\frac{\rho_m}{\rho_p}=1$ 且 $U_p=3\text{m/s}$，$n_p=400\text{r/min}$，试设计模型速度及转速；

(3)若测得模型推力 $F_m=10\text{N}$，求实测推力 F_p。

6-10　设距离为a的两平行平板之间流动的速度分布为

$$u=-10\frac{y}{a}+20\frac{y}{a}\left(1-\frac{y}{a}\right)$$

式中，u为与平板平行的流动速度；y为距下平板的距离。求体积流率、平均速度、动能流率和动能流率的方向。

6-11　求横截面为等边三角形的管道力直线层流流动的速度分布。设三角形边长为a，管轴线与水平线的交角为β。

6-12　相对密度为 8.0 的球坠入相对密度为 0.86、黏性系数的大油容积内，估算球的下沉速度，如果球半径为①0.01mm；②0.01cm；③1.0cm，问哪一个是蠕动流？

第 7 章　边界层理论

边界层是最常见的一种剪切层。由于层流边界层理论相对成熟，因此本章将首先讨论这一问题。湍流边界层、其他类型的剪切层以及边界层中另一些重要问题将分别在后面讨论。

7.1　层流边界层

前已指出，薄剪切层方程主要有三种解法，即相似解、非相似条件下对偏微分方程组的数值解和近似解。本章首先讨论层流边界层的相似解，然后讨论非相似条件下的近似解法。

本节以不可压缩流的速度边界层为主，后面也将讨论非耦合温度边界层和耦合可压缩边界层问题。

7.1.1　剪切层的相似概念

剪切层中一个非常有用的概念就是相似。现以二维定常不可压缩层流边界层为例进行讨论。边界层方程为

$$\frac{\partial u}{\partial x}+\frac{\partial v}{\partial y}=0 \tag{7-1}$$

$$u\frac{\partial u}{\partial x}+v\frac{\partial v}{\partial y}=u_e\frac{\mathrm{d}u_e}{\mathrm{d}x}+\nu\frac{\partial^2 u}{\partial y^2} \tag{7-2}$$

边界条件为

$$y=0: u=0, v=v_w(x) \tag{7-3a}$$

$$y=\delta: u=u_e(x) \tag{7-3b}$$

式中，v_w 为可渗透壁面的吹气速度；对于不可渗透壁(实壁)，$v_w=0$。对于已知的 ν 和 $u_e(x)$，定解问题式(7-1)、式(7-2)和式(7-3)的解 u 和 v 一般应是 x 和 y 的函数，即 $u=u(x,y)$、$v=v(x,y)$。不仅如此，即使用随 x 变化的 $u_e(x)$ 对速度量纲化，一般的形式仍应为

$$\frac{u}{u_e(x)}=g(x,y) \tag{7-4}$$

即量纲速度剖面仍随 x 变化。在某些特殊条件下，解具有如下的形式

$$\frac{u}{u_e}=g(\eta) \tag{7-5}$$

对于流入静止空气的射流，可用中心线上的速度 u_c 代替 u_e。对于均匀流中的尾迹，可应用自保持形式

$$\frac{u_e-u}{u_e-u_c}=g(\eta) \tag{7-6}$$

这样，对于不同的剪切层采用了不同的速度尺度：边界层用 u_e，射流用 u_c，尾迹用 $u_e - u_c$。虽然速度尺度各不相同，但它们却有共同的特点，即它们都是当地的(流向位置上)跨越剪切层的最大剪切速度。

若速度剖面能表示成式(7-5)的形式，即速度剖面只是单变量 η 的函数，则称此剪切层是相似的，其中 η 是 x 和 y 的某个特定函数，称为相似参数。

比较式(7-5)与式(7-6)可见，前者只是后者的一种特例，所以，相似是自保持的一种特殊形式。实际上在第 6 章已讨论过多种相似流动，简单的如泊肃叶流动、库埃特流动，复杂的如滞止点附近的流动、圆盘旋转引起的流动以及楔形流动。这些流动的共同点是，不同位置的速度剖面都只是某个单变量的函数。

相似流动在数学上解法比较简单，因为式(7-5)可写为 $u(x,y)=u_e(x)\cdot g(\eta)$ 的形式，则可用分离变量法把偏微分方程化为常微分方程。第 3 章讨论过的那些相似流动实质上都是化为常微分方程(组)而求解的。应当指出，对于湍流，式(7-5)意义下的完全相似是很少见的。因为，在层流条件下影响速度剖面的唯一因素是黏性应力，而在湍流条件下除黏性应力外还有雷诺应力，这两种应力随 x 变化的关系又各不相同，所以很难形成相似剖面。不过在一些特殊条件下，按另一些意义定义的相似对于湍流也仍是可能的。应该指出，即使对于层流也只发现了少数相似流动，更大量的流动仍是非相似流动。

随着现代计算技术的发展，最初研究相似流动在数学上所得到的好处已变得不那么重要。尽管如此，研究相似流动仍有重要的意义，它有助于说明层流边界层的本质，以此为基础，也有助于发展一般非相似流动的更有效的计算方法。对于后一点，在 7.1.2 节中将可看得很清楚。

7.1.2 法沃克纳-斯坎(Falkner-Skan)变换

法沃克纳-斯坎变换(简称 F-S 变换)是二维流动最著名的相似变换。设 $(\bar{x},\bar{y})$ 平面为二维(或经曼格勒变换后的)平面，(x,y) 为 F-S 变换后的平面。F-S 变换的基本思想是以变化的长度尺度 $\delta(\bar{x})$ 对于 $\bar{y}$ 向尺度无量纲化，以抵消边界层增长引起的尺度变化，即设

$$\eta = C\frac{\bar{y}}{\delta}$$

式中，C 为某个常数。层流平板边界层厚度 δ 的变化为

$$\delta \approx 5.3\left(\frac{\nu\bar{x}}{u_e}\right)^{0.5}$$

将此式代入上式，取常数 $C=5.3$ 则得

$$\eta = \left(\frac{u_e}{\nu\bar{x}}\right)^{0.5}\bar{y} \tag{7-7a}$$

令

$$x = \bar{x} \tag{7-7b}$$

式(7-7)即 F-S 变换的坐标系。根据复合函数微分法则可由式(7-7)得到两种坐标系的偏导数之间的关系

$$\left(\frac{\partial}{\partial \bar{x}}\right)_{\bar{y}} = \left(\frac{\partial}{\partial x}\right)_{\eta}\frac{\partial x}{\partial \bar{x}} + \left(\frac{\partial}{\partial \eta}\right)_{x}\left(\frac{\partial \eta}{\partial \bar{x}}\right) = \left(\frac{\partial}{\partial \eta}\right)_{\eta} - \frac{\eta}{2\bar{x}}\left(\frac{\partial}{\partial \eta}\right)_{x} \tag{7-8a}$$

$$\left(\frac{\partial}{\partial \bar{y}}\right)_x=\left(\frac{\partial}{\partial x}\right)_\eta \frac{\partial x}{\partial \bar{y}}+\left(\frac{\partial}{\partial \eta}\right)_x \frac{\partial \eta}{\partial \bar{y}}=\left(\frac{u_e}{v\bar{x}}\right)^{\frac{1}{2}}\left(\frac{\partial}{\partial \eta}\right)_x \tag{7-8b}$$

现定义无量纲流函数 $f(x,\eta)$，它与 $(\bar{x},\bar{y})$ 平面的流函数 $\bar{\psi}(\bar{x},\bar{y})$ 有如下关系

$$\psi(\bar{x},\bar{y})=(u_e v\bar{x})^{\frac{1}{2}} f(x,\eta) \tag{7-9}$$

考虑到在 $(\bar{x},\bar{y})$ 平面内按定义有

$$\bar{u}=\frac{\partial \bar{\psi}}{\partial \bar{y}}$$

$$\bar{v}=-\frac{\partial \bar{\psi}}{\partial \bar{x}}$$

则由式(7-8)和式(7-9)可得

$$\begin{cases}\bar{u}=u_e f' \\ \bar{v}=\dfrac{\partial}{\partial x}\left[(u_e v\bar{x})^{\frac{1}{2}} f\right]+\dfrac{\eta}{2}\left(\dfrac{u_e v}{\bar{x}}\right)^{\frac{1}{2}} f'\end{cases} \tag{7-10}$$

式中，“′”代表对 η 的导数。利用式(7-8)，将式(7-10)代入经曼格勒变换后的动量方程，并注意到 $\rho\overline{u'v'}=0$ 和 $\mathrm{d}p/\mathrm{d}x=-\rho u_e \mathrm{d}u_e/\mathrm{d}x$，则得 F-S 变换后的动量方程

$$\left[(1+t)^{2k} f''\right]'+\frac{m+1}{2} ff''+m\left[1-(f')^2\right]=x\left(f'\frac{\partial f'}{\partial x}-f''\frac{\partial f}{\partial x}\right) \tag{7-11}$$

式中，k 为流动类型指标，横曲率项 t 为

$$t=-1+\left[1+\left(\frac{L}{r_0}\right)^2 \frac{2\cos\phi}{L}\left(\frac{vx}{u_e}\right)^{\frac{1}{2}}\eta\right]^{\frac{1}{2}} \tag{7-12}$$

m 是无量纲压力梯度参数，定义为

$$m=\frac{\bar{x}}{u_\mathrm{e}}\frac{\mathrm{d}u_\mathrm{e}}{\mathrm{d}\bar{x}} \tag{7-13}$$

由式(7-10)第一式可得关于 f' 的边界条件

$$\eta=0: f'=0 \tag{7-14a}$$

$$\eta=\eta_\infty: f'=1 \tag{7-14b}$$

式中，η_∞ 对应于变换后的边界层外缘坐标。由式(7-10)第二式，令 $\eta=0$，对 x 积分，可得壁面吹气条件下 f 的边界条件

$$\eta=0: f(x,0)=f_w=-\frac{1}{(u_e v\bar{x})^{\frac{1}{2}}}\int_0^x \bar{v}_w \mathrm{d}\bar{x} \tag{7-14c}$$

显然，对于实壁，$\bar{v}_w=0$，因而

$$\eta=0: f_w=0 \tag{7-14d}$$

对于二维平面流动和可以忽略横曲率项的轴对称流动，式(7-11)成为

$$f'''+\frac{m+1}{2} ff''+m\left[1-(f')^2\right]=x\left(f'\frac{\partial f'}{\partial x}-f''\frac{\partial f}{\partial x}\right) \tag{7-15}$$

边界条件仍为式(7-14)。

在原来的物理坐标系中，边界层厚度 $\delta(\bar{x})$ 通常随 $\bar{x}$ 增加而增加，在 F-S 变换后的坐标系中，对于大多数层流边界层，其厚度 η_∞ 近似等于常数；而对于湍流，$\delta(\bar{x})\sim\bar{x}^{0.8}$，因而 $\eta_\infty\sim x^{0.3}$。η_∞ 随 x 变化极慢，则有

$$\left|\frac{\partial}{\partial x}\right|_{\eta=c}<\left|\frac{\partial}{\partial x}\right|_{y'=c} \tag{7-16}$$

由于 F-S 变换后的坐标系中，参数沿 x 向的变化率很小，因而数值计算时可沿流向取较大的步长，即使在物体的前部也是这样。还应指出，在式(7-11)或式(7-15)的右端，若 x 向导数用逆风差分表示，即 $\partial f/\partial x=(f^n-f^{n-1})/(x_n-x_{n-1})$ 其中 f^{n-1} 为 f 在 x_{n-1} 处的已知值，则这两个方程都是 f 以 η 为自变量的常微分方程。这些都是 F-S 变换的好处，7.1.3 节还将进一步讨论由 F-S 变换的方程导出相似解。

现用变换后的坐标来表示某些边界层参数，以便于今后的计算，由定义式(7-7)可得

$$C_f=\frac{\tau_w}{\frac{1}{2}\rho u_e^2}=2\left(\frac{r_0}{L}\right)^k\frac{f_w''}{\sqrt{Re_x}} \tag{7-17}$$

$$\delta^*=\left(\frac{L}{r_0}\right)^k x\frac{\delta_1^*}{\sqrt{Re_x}} \tag{7-18}$$

$$\theta=\left(\frac{L}{r_0}\right)^k x\frac{\theta_1}{\sqrt{Re_x}} \tag{7-19}$$

其中

$$Re_x=\frac{u_e x}{v} \tag{7-20}$$

$$\delta_1^*=\int_0^{\eta_\infty}(1-f')\mathrm{d}\eta=\eta_\infty+f(x,0)-f(x,\eta_\infty) \tag{7-21}$$

$$\theta_1=\int_0^{\eta_\infty}f'(1-f')\mathrm{d}\eta \tag{7-22}$$

式中，δ_1^* 和 θ_1 均为量纲一的量。请读者在习题中推导这公式。

7.1.3　层流边界层的相似解

根据相似解的定义式可知，方程(7-17)中的函数 f 若是相似的，则它应只与 η 有关而与 x 无关，即其对 x 偏导数应为零。于是若要得到相似解则式(7-16)应成为

$$f'''+\frac{m+1}{2}ff''+m\left[1-(f')^2\right]=0 \tag{7-23}$$

要使此方程的解与 x 无关，还必须使边界条件式(7-15)以及压力梯度参数 m 与 x 无关。若 f_w 与 m 为常数则可满足这些要求。

若 f_w 为常数，则方程式(7-22)的边界条件为

$$\eta=0:f=f_w=\text{const};\ f'=f_w'=0 \tag{7-24a}$$

$$\eta=\infty:f'=1 \tag{7-24b}$$

非零的 f_w 对应于壁面有质量交换。

若 m 为常数，则可由式(7-13)导出

$$u_e=Cx^m \tag{7-25}$$

式中，C 为常数。所以，只当外流速度 u_e 按式(7-25)的关系随 x 变化且边界条件由式(7-24)规定时可能得到相似的层流边界层流动。

对式(7-23)从 $\eta=0$ 积分到 η_∞，注意到边界条件式(7-24)和 $f''(\eta_\infty)=0$ 则可得

$$-f_0''+m\delta_1^*+\left(\frac{3m+1}{2}\right)\theta_1=0 \tag{7-26}$$

式中，无量纲的位移厚度 δ_1^* 和动量厚度 θ_1 由式(7-21)和式(7-22)定义；f_0'' 代表壁面处的 f''，建议读者在习题中推导出式(7-26)。此式很有用，它建立了无量纲边界层参数之间的关系。例如，若求出式(7-22)的解后，可由式(7-21)求出 δ_1^*，则可由式(7-26)算出 θ_1 而不必用式(7-22)积分求 θ_1。此式实质上是相似流动中的动量积分方程。

下面讨论几类有典型意义的相似解。

7.1.4　布拉休斯解

最具有典型意义的层流边界层相似解是布拉休斯于 1908 年求出的，这是零攻角沿平板流动的解。这时

$$u_e=\text{常数};\ m=0 \tag{7-27}$$

因而方程式(7-23)成为

$$f'''+\frac{1}{2}ff''=0 \tag{7-28}$$

此即布拉休斯方程。对于实壁，$f_w=0$，边界条件式(7-24)成为

$$\eta=0: f=f_w=0;\ f'=f_w'=0 \tag{7-29a}$$

$$\eta=\infty: f'=1 \tag{7-29b}$$

布拉休斯方程式(7-28)是非线性的，至今未得到严格的解析解。最初，布拉休斯用级数展开求解。后来一些学者用龙格(Runge)-库塔(Kutta)法求得了数值解。解的精度取决于沿边界层厚度 η 方向所取格点数目。若取 $\eta_\infty=8$，$\Delta\eta=0.1$，即共 81 点，解的精度可保证 5 位有效数字。

对于层流平板边界层，速度 u 和 v 的分布可由式(7-9)得出

$$\frac{u}{u_e}=f' \tag{7-30a}$$

$$\frac{v}{u_e}=\frac{1}{2\sqrt{Re_x}}(\eta f'-f) \tag{7-30b}$$

其中

$$Re_x=\frac{u_e x}{\nu} \tag{7-31}$$

可见，得到 f 的数值解后，就可求出速度剖面。图 7-1 表示了 u 剖面的理论值与实验值的比较，实验是李普曼(Liepmann)1943 年做的。由图可见，在所示的雷诺数范围内，理论值与实验值符合得很好，这证实了建立该理论所采用的一系列假设的合理性，也证实了相似剖面的存在。由图还可见，在边界层厚度的大部分区域内，u 几乎随 η 线性增加，当 η 趋于 η_∞ 时，u/u_e 逐渐趋于 1，$\partial u/\partial y(\sim f'')$ 趋于 0。

图 7-2 表示了法向速度 v 的变化。当 η 可趋于 η_∞ 时，$(v/u_e)\sqrt{Re_x}$ 趋于常值 0.8604。这意

味着在边界层外缘，存在着很小的向外流动速度v_e，因为增长着的边界层厚度将流体向外排挤。这时，方程成为$v_e / u_e = \mathrm{d}\delta^* / \mathrm{d}x$。此式明显反映了位移厚度$\delta^*$的增长所引起的$v_e$的变化。

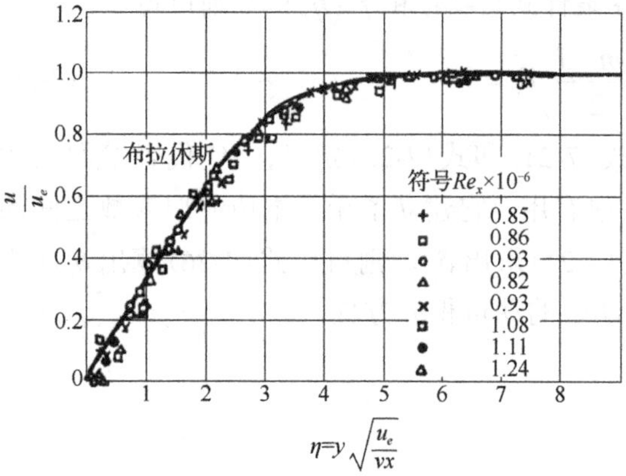

图 7-1　层流平板边界层中u / u_e的理论值与实验值的比较

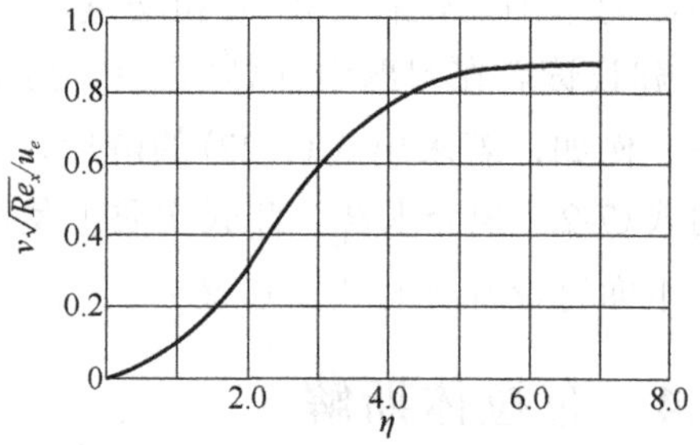

图 7-2　层流平板边界层中v的分布

根据所得到的f的数值解，可计算出边界层的各种厚度。若δ定义为使$u/u_e\left(=f'\right)=0.995$的离壁距离，$\eta$近似为5.3。于是由式(7-6a)可得

$$\frac{\delta_{995}}{x}=\frac{5.3}{\sqrt{Re_x}} \tag{7-32}$$

按照无量纲位移厚度δ_1^*的公式(7-21)，可得

$$\delta_1^*=\eta_\infty+f\left(x,0\right)-f\left(x,\eta_\infty\right)=1.721$$

则由式(7-18)可得

$$\frac{\delta^*}{x}=\frac{\delta_1^*}{\sqrt{Re_x}}=\frac{1.721}{\sqrt{Re_x}} \tag{7-33}$$

由查表得$f_0''=0.33206$，则由式(7-26)可算出$\theta_1=0.6641$，于是由式(7-19)可得

$$\frac{\theta}{x}=\frac{\theta_1}{\sqrt{Re_x}}=\frac{0.6641}{\sqrt{Re_x}} \tag{7-34}$$

由此可得形状因子

$$H=\frac{\delta^*}{\theta}=2.591 \tag{7-35}$$

壁面切应力τ_w也容易算出

$$\tau_w=\mu\left(\frac{\partial u}{\partial y}\right)_{y=0}=\mu u_e\sqrt{\frac{u_e}{vx}}f_0'' \tag{7-36}$$

则当地表面摩擦阻力系数

$$C_f=\frac{\tau_w}{\frac{1}{2}\rho u_e^2}=0.6641\sqrt{\frac{v}{u_e x}}=\frac{0.6641}{\sqrt{Re_x}} \tag{7-37}$$

由图 7-3 可见，在$Re_x=6\times10^4\sim6\times10^5$，实验测量$C_f$与由式(7-37)确定的理论值符合得很好，这是层流的情况。在$Re_x=2\times10^5\sim6\times10^5$范围内也可能为湍流，这时的$C_f$高得多。

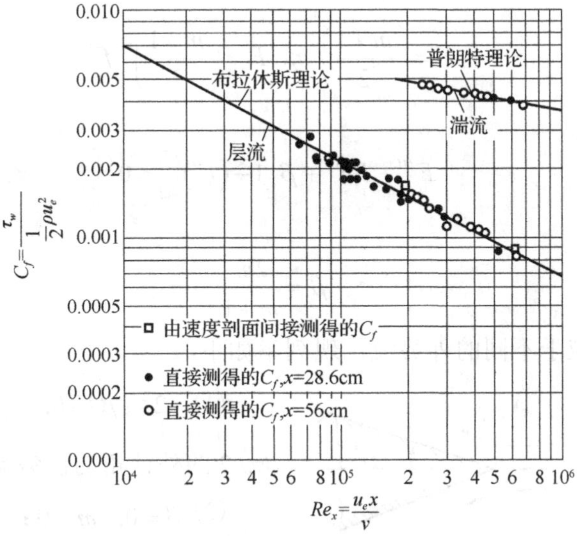

图 7-3　平板不可压流边界层的当地摩阻系数

由式(7-36)可得平板单位宽度所受的总摩阻

$$D_f=\int_0^l \tau_0 \mathrm{d}x = 0.664\sqrt{u_e^3 \mu\rho l}$$

式中，l为从平板前缘算起的长度。由此可算出平板平均摩阻系数

$$\bar{C}_f=\frac{D_f}{\frac{1}{2}\rho u_e^2 l}=\frac{1.328}{\sqrt{Re_l}} \tag{7-38}$$

式中，$Re_l = u_e l / \nu$。

一些学者曾根据高阶边界层理论对式(7-38)进行了修正，其中郭永怀提出的公式为

$$\bar{C}_f=\frac{1.328}{\sqrt{Re_l}}+\frac{4.10}{Re_l} \tag{7-39}$$

图 7-4 给出了式(7-38)和式(7-39)的计算结果与实验值的比较。由图可见，直到$Re_l \approx 10$，式(7-39)都和实验符合得很好。在大雷诺数时修正项$4.10/Re_l$起的作用很小而且可忽略。但郭永怀的理论未能很好地处理前缘附近的流动，有人提出了其他修正公式。

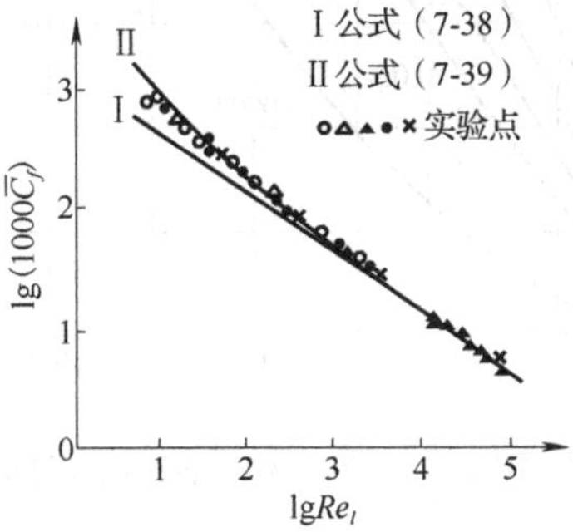

图 7-4　层流平板平均摩阻系数的理论解与实验结果的比较

当式(7-22)和式(7-24)中的m取其他常值时，可得其他相似解。但当m趋于无限大时，不能由式(7-22)求解。为此，哈特里(Hartree)引入以下变换

$$Y=\left(\frac{m+1}{2}\right)^{\frac{1}{2}}\eta,\ F=\left(\frac{m+1}{2}\right)^{\frac{1}{2}}f$$

则式(7-22)成为

$$F'''+FF''+\beta\left[1-\left(F'\right)^2\right]=0 \tag{7-40}$$

其中

$$\beta=\frac{2m}{m+1} \tag{7-41}$$

不同的m值对应于不同的外势流，现列举如下。

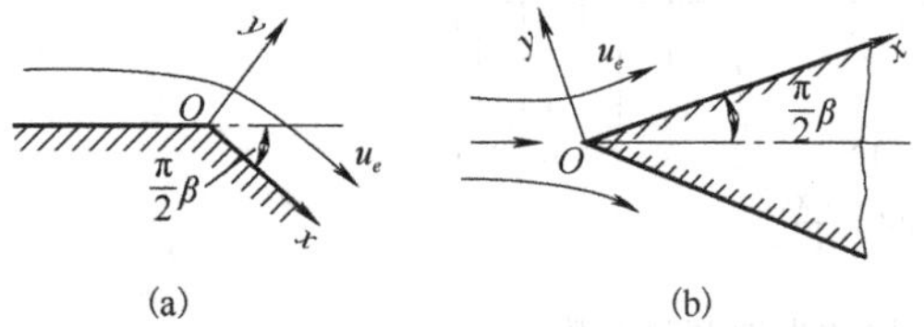

图 7-5　法沃克纳-斯坎势流的某些例子

(1) $-2\leqslant\beta\leqslant0,\ -\frac{1}{2}\leqslant m\leqslant0$：绕拐角为$\beta\pi/2$的外钝角的位势流动，如图 7-5(a)所示。

(2) $\beta=0,\ m=0$：布拉休斯平板流。

(3) $0\leqslant\beta\leqslant2,\ 0\leqslant m\leqslant\infty$：绕半顶角为$\beta\pi/2$的二维半无限楔形体的对称位势流动，如图 7-5(b)所示。

(4) $\beta=1,\ m=1$：顶角为180°的楔形流，即二维平面滞止流。而$\beta=1/2,\ m=1/3$时，为三维轴对称滞止流。

(5) $\beta=\infty,\ m=-1$：点汇流动的边界层变型。

$m>0$时，流动为加速流；$m<0$，流动为减速流。表 7-1 列出了给定不同的m值计算得到的$f''(0)$、δ_1^*、θ_1和H。图 7-6 绘出了它们的速度剖面。压力梯度对速度剖面是很明显的。随着逆压力梯度的增加，速度剖面的梯度降低。当$m=-0.0904(\beta=-0.199)$时，$\left(\partial u/\partial y\right)_{y=0}=0$、$\tau_w=0$，它所对应的速度剖面称为分离速度剖面。关于分离的问题将在后面进一步讨论。随着顺压力梯度的增加，速度剖面的梯度增加。

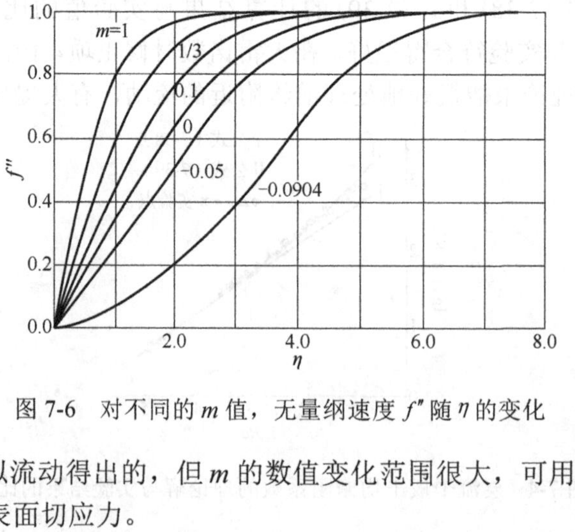

图 7-6　对不同的m值，无量纲速度f''随η的变化

表 7-1 虽是对相似流动得出的，但m的数值变化范围很大，可用以近似估计各非相似流动的边界层参数和表面切应力。

表 7-1　正壁面切应力范围内法沃克纳-斯坎方程的解

m	$f''(0)=\frac{1}{2}C_f\sqrt{Re_x}$	$\delta_1^*=\delta^*\sqrt{u_e/vx}$	$\theta_1=\theta\sqrt{u_e/vx}$	H
1	1.23259	0.64791	0.29234	2.216
1/3	0.75745	0.98536	0.42900	2.297
0.1	0.49657	1.34782	0.55660	2.422
0	0.33206	1.72074	0.66412	2.591
−0.01	0.31148	1.78000	0.67892	2.622
−0.05	0.21351	2.1174	0.75148	2.818
−0.0904	0.0	3.4277	0.86797	3.949

现已证明，式(7-40)的解不是唯一的。这种情况在$\beta>0$(加速流)时没有影响，但在$\beta<0$时则会出现各种复杂情况。

(1)当$-0.199\leqslant\beta\leqslant 0$时，对于任意给定的$\beta$，式(7-40)(至少)有两个解，其中之一是表7-1和图7-6所示的情况，即对应于正的壁面切应力$\tau_w>0$。另一组解被称为解的下枝，对所有的x都有$\tau_w<0$，即总是在壁面上出现回流。

(2)当$\beta<-0.199$时，对于任意给定的壁面梯度f_0''，式(7-40)有许多个解，且在边界层内某点上，必有$f'>1$，即$u>u_e$，称为速度过头。

对于这些解的物理含义尚需进一步研究。

7.1.5　非相似层流边界层的计算方法

非相似边界层意味着u/u_e不只是η的函数，而是x和y两者的函数。实际上非相似流比相似流更重要，因为$u_e(x)$和壁面边界条件都很少满足相似流所要求的条件式(7-23)和式(7-24)。

对于非相似流，不能再用式(7-22)而应该用更一般性的方程(组)。由于精确处理这些方程有困难，而波尔豪森(Pohlhausen)的方法早在1921年就建立起来了，并已获得了广泛的应用(虽然此法并不很好)，但层流边界层不像湍流的那样重要，所以长期以来，非相似层流边界层的研究工作几乎中断，直到1949年，在思韦茨(Thwaites)发表其著名的方法以前并无简单可靠的非相似层流方法在处理剪切层问题时较少采用有限元素法，除相似解外，非相似流常用的解法归入以下两大类。

(1)用有限差分法解偏微分力程(组)。有时又称为流场方法或微分方法。这类方法基本是在高速电子计算机实际推广使用后发展起来的，目前通常是解式(7-10)或式(7-14)。

(2)近似的积分方法，即沿流向积分常微分方程(组)。伽辽金法或积分关系法是将偏微分方程(组)化为常微分方程组的一种方法，波尔豪森法即此法的一个简单例子。得到常微分方程组的另一种方法是沿y向积分，像得到动量积分方程那样，并直接依靠实验数据，建立补充关系，使方程能够求解。在高速计算机问世之前的所有方法都属于这种方法，如思韦茨法(层流)和赫德法(湍流)。这类方法中层流和湍流所依靠的经验关系是完全不同的。

思韦茨法和赫德法是能很快得到粗略结果的最有用的方法。实际上思韦茨法常用来计算高雷诺数下边界层转变为湍流以前的短的初始层流段，而后面的湍流边界层则用有限差分法计算。赫德法常用来作比较性计算或是外流的速度分布计算，只要与用来确定此方法的经验关系的单调逆压力梯度的差别不是很大，它的结果还是令人满意的。

1. 波尔豪森法

假设速度剖面$u(x,y)$满足动量积分方程和如下边界条件

$$\begin{cases} y=0: u=0 \\ y\to\infty: u=u_e(x) \end{cases} \tag{7-42a}$$

在壁面$y=0$处若$v_w=0$，则可由边界层方程得出附加的"边界条件"

$$\nu\left.\frac{\partial^2 u}{\partial y^2}\right|_{y=0}=-u_e\frac{\mathrm{d}u_e}{\mathrm{d}x} \tag{7-42b}$$

由边界层外缘还能得出如下补充条件

$$y\to\infty: \frac{\partial u}{\partial y},\frac{\partial^2 u}{\partial y^2},\frac{\partial^3 u}{\partial y^3},\cdots\to 0 \tag{7-42c}$$

应当指出，式(7-42b)和式(7-42c)并不是真正的边界条件，而是偏微分方程的解所具有的特性。

设速度剖面u/u_e可表示为如下的四阶多项式

$$\frac{u}{u_e}=a_0+a_1\eta+a_2\eta^2+a_3\eta^3+a_4\eta^4 \tag{7-43}$$

式中，$\eta=y/\delta$。此多项式包含五个系数，它们可由边界条件式(7-42)确定。由式(7-42a)、式(7-42b)和式(7-42c)的前两个条件可得

$$\begin{cases} a_0=0,\ a_1=2+\dfrac{\Lambda}{6},\ a_2=\dfrac{\Lambda}{2} \\ a_3=-2+\dfrac{\Lambda}{2},\ a_4=1-\dfrac{\Lambda}{6} \end{cases} \tag{7-44}$$

式中，Λ为压力梯度参数，定义为

$$\Lambda=\frac{\delta^2}{\nu}\frac{\mathrm{d}u_e}{\mathrm{d}x}=-\frac{\mathrm{d}p}{\mathrm{d}x}\frac{\delta}{\mu\dfrac{u_e}{\delta}} \tag{7-45}$$

Λ可看成压力沿流向的变化量与黏性切应力之比的典型值。由式(7-44)，可将式(7-43)改为

$$\frac{u}{u_e}=\left(2\eta-2\eta^3+\eta^4\right)+\frac{1}{6}\Lambda\eta(1-\eta)^3 \tag{7-46}$$

将此式代入τ_w、δ^*和θ的定义式中，则可得

$$\tau_w=\frac{\mu u_e}{\delta}\left(2+\frac{\Lambda}{6}\right) \tag{7-47}$$

$$\delta^*=\delta\left(\frac{3}{10}-\frac{1}{120}\Lambda\right) \tag{7-48}$$

$$\theta=\frac{\delta}{315}\left(37-\frac{1}{3}\Lambda-\frac{5}{144}\Lambda^2\right) \tag{7-49}$$

将这三个关系式代入动量积分方程中，则可得

$$\frac{\mathrm{d}z}{\mathrm{d}x}=\frac{g(\Lambda)}{u_e}+h(\Lambda)z^2\frac{\mathrm{d}^2u_e}{\mathrm{d}x^2} \tag{7-50}$$

其中

$$z=\frac{\delta^2}{\nu}=\frac{\Lambda}{\mathrm{d}u_e/\mathrm{d}x} \tag{7-51}$$

$$g(\Lambda)=\frac{15120-2784\Lambda+79\Lambda^2+\dfrac{5}{3}\Lambda^3}{(12-\Lambda)\left(37+\dfrac{25}{12}\Lambda\right)}$$

$$h(\Lambda)=\frac{8+\dfrac{5}{3}\Lambda}{(12-\Lambda)\left(37+\dfrac{25}{12}\Lambda\right)}$$

可见，式(7-50)实质上是关于Λ的常微分方程，可通过数值方法得出随Λ的变化，于是式(7-51)、式(7-47)、式(7-48)和式(7-49)可算出边界层参数τ_w、δ^*和θ。

由上述过程可见，波尔豪森实际上只用了一个方程来建立τ_w、δ^*和θ之间的关系，即仅由式(7-46)根据这些边界层参数的定义最后建立单变量方程(7-50)；而通常的方法中往往需要几个常微分方程才能建立这些参数之间的关系。此外，波尔豪森法把所期望的偏微分方程的解的特性当成边界条件，这是颇成问题的。因为，只有当给定的边界条件真正地对速度剖面有强的影响时这样做才是合理的，但是，除很靠近壁面的区域外，压力梯度对速度剖面的影响并没有那样强，湍流尤其如此，所以“边界条件”式(7-42b)不是一个恰当的选择。由于对压力梯度作用的过分强调，这种方法在逆压力梯度时误差较大，在较强的顺压力梯度时工作也不好。

现在这种方法已很少采用了。对于精度要求很高的工作可用微分解；而对于精度要求不很高的工作则可用简单的思韦茨法。

2. 思韦茨法

动量积分方程可写为如下形式

$$\frac{\mathrm{d}\theta}{\mathrm{d}x}+\frac{\theta}{u_e}(H+2)\frac{\mathrm{d}u_e}{\mathrm{d}x}=\frac{C_f}{2} \tag{7-52}$$

式中，三个未知函数：θ、H和C_f，需要补充两个关系式才能求解。思韦茨通过量纲参数λ和l将θ、H和C_f关联起来，其做法如下。设λ和l由速度剖面在壁面处的状态决定，即

$$y=0: \frac{\partial^2 u}{\partial y^2}=-\frac{u_e}{\theta^2}\lambda,\quad \frac{\partial u}{\partial y}=\frac{u_e}{\theta}l \tag{7-53}$$

由式(7-42b)和式(7-53)的第一式可得

$$\lambda=\frac{\theta^2}{\nu}\frac{\mathrm{d}u_e}{\mathrm{d}x} \tag{7-54}$$

可见，与波尔豪森法中的参数Λ类似，λ也可看成沿流向的压力变化量与黏性切应力之比的典型值，只是δ换成了θ。根据表面摩擦系数的定义，由式(7-53)的第二式可得

$$\frac{C_f}{2}=\frac{\tau_w}{\rho u_e^2}=\frac{1}{\rho u_e^2}\mu\left(\frac{\partial u}{\partial y}\right)_0=\frac{\nu l}{u_e\theta} \tag{7-55}$$

可见量纲一参数l是将θ与τ_w相联系的关键量。经过对已知的各种解析解和实验数据的分

析发现，若将 l 看成是 λ 的单变量函数不会引起很大的误差，不仅如此，形状因子 H 也可看成是 λ 的单变量函数，即有

$$l=l(\lambda),\ H=H(\lambda) \tag{7-56}$$

表 7-2 列出了 $l(\lambda)$ 和 $H(\lambda)$ 的值。

利用式(7-54)和式(7-55)，可将式(7-52)改写如下

$$\frac{\mathrm{d}\theta}{\mathrm{d}x}+\frac{\theta}{u_e}(H+2)\frac{\lambda\nu}{\theta^2}=\frac{\nu l}{u_e\theta}$$

或

$$\frac{u_e}{\nu}\frac{\mathrm{d}\theta^2}{\mathrm{d}x}=2\left\{-\left[H(\lambda)+2\right]\lambda+l(\lambda)\right\} \tag{7-57}$$

将此式右端用 $F(\lambda)$ 表示，并根据表 7-2 的数据，可将 $F(\lambda)$ 线性化

$$F(\lambda)=22\left\{-\left[H(\lambda)+2\right]\lambda+l(\lambda)\right\}=0.45-6\lambda \tag{7-58}$$

表 7-2　思韦茨的剪切力和形状因子相关函数

λ	$H(\lambda)$	$l(\lambda)$	λ	$H(\lambda)$	$l(\lambda)$
0.250	2.00	0.500	−0.048	2.87	0.138
0.200	2.07	0.463	−0.052	2.90	0.130
0.140	2.18	0.404	−0.056	2.94	0.122
0.120	2.23	0.382	−0.060	2.99	0.113
0.100	2.28	0.359	−0.064	3.04	0.104
0.080	2.34	0.333	−0.068	3.09	0.095
0.064	2.39	0.313	−0.072	3.15	0.085
0.045	2.44	0.291	−0.076	3.22	0.072
0.032	2.49	0.268	−0.080	3.30	0.056
0.016	2.55	0.244	−0.084	3.39	0.038
0.000	2.61	0.220	−0.086	3.44	0.027
−0.016	2.67	0.195	−0.088	3.49	0.015
−0.032	2.75	0.168	−0.090	3.55	0.000
−0.040	2.81	0.153		分离	

由图 7-7 可见，在 λ 的常用范围内，此式与实验符合得很好。由式(7-53)、式(7-54)和式(7-58)可得

$$\frac{u_e}{\nu}\frac{\mathrm{d}\theta^2}{\mathrm{d}x}=0.45-6\frac{\theta^2}{\nu}\frac{\mathrm{d}u_e}{\mathrm{d}x}$$

将此式乘以 u_e^5，整理后则得

$$\frac{1}{\nu}\frac{\mathrm{d}}{\mathrm{d}x}\left(\theta^2u_e^6\right)=0.45u_e^5$$

积分后成为

$$\frac{\theta^2 u_e^6}{\nu} = 0.45\int_0^x u_e^5 \mathrm{d}x + \left(\frac{\theta^2 u_e^6}{\nu}\right)_{x=0} \tag{7-59}$$

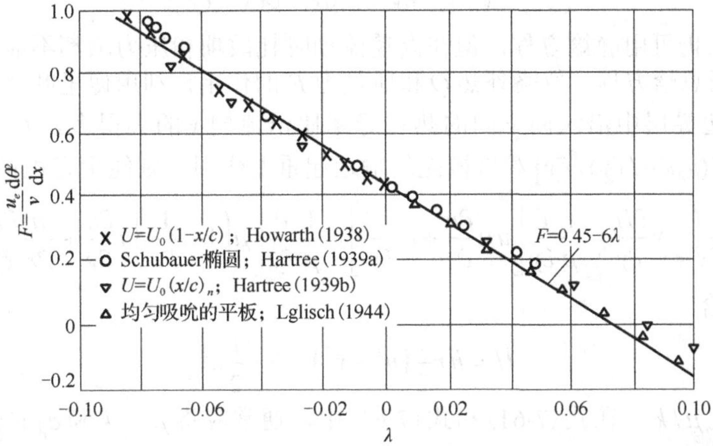

图 7-7　边界层函数 $F(\lambda)$ 的经验相关式

由于滞止点处此式右端最后一项为零(因 $u_e=0$)，所以从滞止点开始积分是方便的。积分得出 $\theta(x)$ 后，可由式(7-54)算出 $\lambda(x)$，由表 7-2 查出 $l(x)$ 和 $H(x)$ 后，可由式(7-55)算出 $\tau_{w(x)}$，再由 H 定义算出 $\delta^*(x)$。

图 7-8 将思韦茨法和波尔豪森法与精确解进行了对比。总的看来，对于顺压力梯度，思韦茨法是很可靠的(误差 ±5%)，但对负 λ 的情况，已知解相当分散，在分离点附近作估计时，误差可能达到 ±5%。对单参数法而言，上述误差是不可避免的，但思韦茨法仍不失为一种很可靠的单参数近似法。

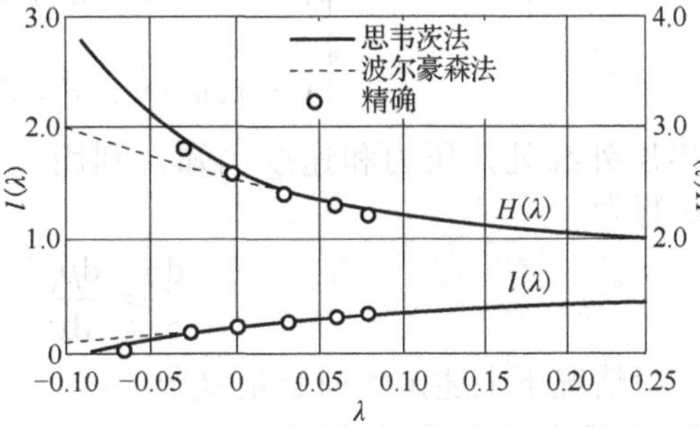

图 7-8　思韦茨法中的函数与精确解和波尔豪森解的比较

7.1.6　二维可压缩定常层流边界层

气体流动时很多因素都可引起较大的密度变化。例如，大的传热率或大的浓度成分变化率即使在低速层流剪切层中也可引起大的密度变化；高速流动时机械能大量耗散为热能以及速度变化本身都可引起大的密度变化。

由于流体运动方程组中不能再把密度 ρ 作为常数处理，这时应将质量、动量和能量方程联立求解，并考虑由于较大的温度变化所引起的气体输运特性参数 μ、k 等的变化。所以这时速度场和温度场是相互耦合的，不能分开求解。

1. 边界层方程

边界层近似的引入不会改变质量方程，对于二维可压缩定常流动它可写为

$$\frac{\partial(\rho u)}{\partial x} + \frac{\partial(\rho v)}{\partial y} = 0 \tag{7-60}$$

关于变密度的讨论中曾指出，只要不是高超声速流动，薄剪切层近似所涉及的量级分析仍是有效的，因而可压缩流的 x 向动量方程仍可简化，即

$$\rho u\frac{\partial u}{\partial x}+\rho v\frac{\partial u}{\partial y}=-\frac{\mathrm{d}p}{\mathrm{d}x}+\frac{\partial}{\partial y}\left(\mu\frac{\partial u}{\partial y}\right) \tag{7-61}$$

能量关系虽仍可用静焓方程，但在高速流动时耗散项和压力项都不能忽略，计算不方便，因而宁愿用总焓方程。忽略外热 Q 和质量力 F 的作用，利用傅里叶热传导定律式，并注意到在二维边界层中沿法向 y 向的热传导率比沿流向 x 的大得多，且各黏性项中只有 $\partial(\tau_{xy}\cdot u)/\partial y=\left[\partial(u\mu\partial u/\partial y)/\partial y\right]$ 对机械能的输运起重要作用，则能量方程可化为

$$u\frac{\partial H}{\partial x}+v\frac{\partial H}{\partial y}=\frac{1}{\rho}\frac{\partial}{\partial y}\left[u\mu\frac{\partial u}{\partial y}+k\frac{\partial T}{\partial y}\right]=\frac{1}{\rho}\frac{\partial}{\partial y}\left[\mu\left(1-\frac{1}{Pr}\right)u\frac{\partial u}{\partial y}+\frac{\mu}{Pr}\frac{\partial H}{\partial y}\right] \tag{7-62}$$

式中，H 为总焓

$$H=h+\frac{1}{2}\left(u^2+v^2\right)\approx h+\frac{1}{2}u^2 \tag{7-63}$$

普朗特数 $Pr=c_p\mu/k$。在式(7-61)和式(7-62)中，通常应将 μ、k 和 c_p 看作坐标的函数，而不能看成常数。利用关于计算 μ 和 k 的有关公式和完全气体状态以及热焓关系式可完成上述方程的封闭。

边界条件为

$$\begin{cases} y=0: u=v=0,\ T=T_w\left[\text{或}\left(\dfrac{\partial T}{\partial y}\right)_w=0\right] \\ y=\delta: u=u_e,\ T=T_e \end{cases} \tag{7-64}$$

在边界层外缘处，压力和速度已知，利用理想可压缩流的伯努利方程可将式(7-59)中的 $\mathrm{d}p/\mathrm{d}x$ 写为

$$\frac{\mathrm{d}p}{\mathrm{d}x}=\frac{\mathrm{d}p_x}{\mathrm{d}x}=-\rho_e u_e\frac{\mathrm{d}u_e}{\mathrm{d}x} \tag{7-65}$$

一般情况下上述定解问题是复杂的，只在一些特殊情况下可得到简单的解。

2. 克罗柯-布泽曼能量积分

当 $Pr=1$ 时，能量方程(7-60)成为

$$\rho u\frac{\partial H}{\partial x}+\rho v\frac{\partial H}{\partial y}=\frac{\partial}{\partial y}\left(\mu\frac{\partial H}{\partial y}\right) \tag{7-66}$$

这是关于 H 的齐次方程。显然，H 等于常数是它的一个解，即

$$H=\text{常数}(\text{对整个边界层}) \tag{7-67}$$

由式(7-61)和式(7-65)可得

$$\left(\frac{\partial h}{\partial y}\right)_w=\left(\frac{\partial H}{\partial y}-u\frac{\partial u}{\partial y}\right)_w=0$$

这说明 H 等于常数是满足壁面绝热条件的一个真实解。

根据边界条件式(7-64)，可以定出式(7-67)中的常数为 $H=h_e+u_e^2/2$，因此在 $Pr=1$ 和绝热壁面的情况下，得到克罗柯-布泽曼第一个能量积分：

$$H=h+\frac{u^2}{2}=h_{e0}=h_e+\frac{u_e^2}{2}=h_w=\text{常数} \tag{7-68}$$

此式说明在 $Pr=1$ 的绝热壁面边界层中，总焓保持为常数。这个结论对有压力梯度的流动也成立。

若比热 c_p 为常数，则由上式可得出速度-温度之间的关系

$$T=T_e+\frac{1}{2c_p}\left(u_e^2-u^2\right) \tag{7-69}$$

在壁面 $u=0$，由此可得绝热壁温 T_{aw} 为

$$T_{\text{aw}}=T_e+\frac{u_e^2}{2c_p}=T_e\left(1+\frac{\gamma-1}{2}Ma_e^2\right) \tag{7-70}$$

式(7-68)、式(7-69)和式(7-70)是根据黏性流体的能量方程推导出来的，但它们却与流层之间无任何能量交换的流动所得出的关系式一样。这说明 $Pr=1$ 时在流层之间由黏性应力所完成的机械能的输运恰与热传导的作用抵消。

在 $Pr=1$ 和 $\mathrm{d}p/\mathrm{d}x=0$ 的条件下，能量方程(7-66)必具有如下形式的解

$$H=au+b \tag{7-71}$$

式中，a 和 b 为待定常数。若将式(7-71)代入式(7-66)，则可得出 $\mathrm{d}p/\mathrm{d}x=0$ 时的动量方程式(7-61)，所以若 u 是式(7-61)的解。则式(7-71)必是式(7-66)的解。由边界条件(7-64)定出常数 a 和 b 后可得

$$T=T_w+\left(T_e+\frac{u_e^2}{2c_p}-T_w\right)\frac{u}{u_e}-\frac{u^2}{2c_p}=T_w+\left(T_{\text{aw}}-T_w\right)\frac{u}{u_e}-\frac{u^2}{2c_p} \tag{7-72}$$

式中，T_{aw} 为由式(7-70)定义的绝热壁温。式(7-72)是非绝热壁面的公式。后者是更一般的公式在 $Pr=1$ 时的特例。

将式(7-72)对 y 微分，可以得到壁面热流率与摩擦切应力之间的关系

$$q_w=-\left(k\frac{\partial T}{\partial y}\right)_w=\frac{\left(T_w-T_{\text{aw}}\right)k_w}{u_e\mu_w}\tau_w \tag{7-73}$$

引用 St 的定义式，则可得如下的雷诺比拟关系式

$$\frac{St}{C_f}=\frac{1}{2} \tag{7-74}$$

当 $Pr\neq 1$ 时上述许多关系式都应修正。对于空气，$Pr\approx 0.72<1$，热传导作用大于黏性应力对机械能的输运作用，在绝热壁面条件下，壁面温度将低于外缘滞止温度 $\left(=T_c+u^2/2c_p\right)$。引用温度恢复因子 r，则式(7-72)可写为

$$T_{\text{aw}}=T_e+r\frac{u_e^2}{2c_p}=T_e\left(1+\frac{\gamma-1}{2}rMa_e^2\right) \tag{7-75}$$

而式(7-72)则成为

$$T=T_w+\left(T_{\text{aw}}-T_w\right)\frac{u}{u_e}-\frac{ru^2}{2c_p} \tag{7-76}$$

对于层流边界，当 Pr 与 1 偏离不多时，$r\approx\sqrt{Pr}$。应当说明，式(7-69)和式(7-70)并不是很严密的，但却是很好的近似关系式。图 7-9 表示 $Ma_e=5$ 时平板边界层的温度分布。实线是用后面讲的相似解得到的，虚

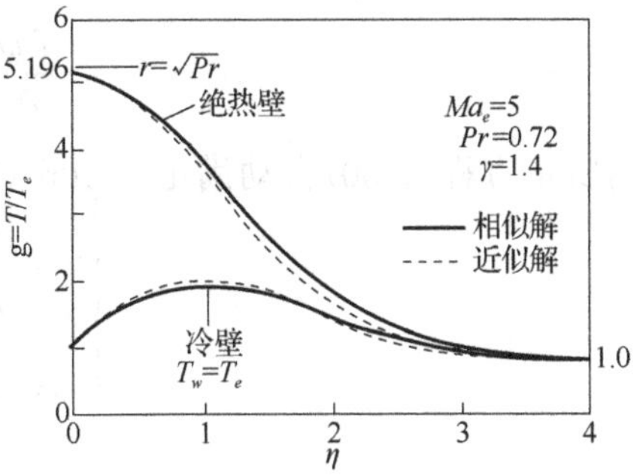

图 7-9　平板层流边界层的温度分布

线是以式(7-70)为基础再引入一些近似关系式后得出的，可见这两种结果相差不大。

3. 依灵华斯(Illingworth)-史蒂华生(Stewartson)变换

上述讨论未能解决速度剖面问题，而耦合情况下又不可能单独求解速度或温度分布。这里将讨论的依灵华斯-史蒂华生变换(简称 I-S 变换)企图消除方程组对马赫数、壁温与自由流温度比以及流体的其他可变特性参数的依赖程度，从而使得求解过程变得容易些。实际上，仅在一些特殊的层流流动中才可完全消除流体可压缩性的影响，但在一般情况下，减小这种影响，对计算总是有好处的，这正像法沃克纳-斯坎变换可减小方程对 x 的依赖程度总能带来好处一样。

设 I-S 变换把物理平面上的自变量 (x,y) 按以下关系变换为 (X,Y)

$$\begin{cases} \mathrm{d}X = \dfrac{\mu_e a_e \rho_e}{\mu_{e0} a_{e0} \rho_{e0}} \mathrm{d}x \\ \mathrm{d}Y = \dfrac{a_e \rho}{a_{e0} \rho_{e0}} \mathrm{d}y \end{cases} \tag{7-77}$$

式中，a 为当地声速；下标 e 表示边界层外缘处参数；下标 0 表示等熵滞止参数。对于完全气体，有如下关系式

$$\begin{cases} T_0 = T + \dfrac{u^2}{2c_p} \\ T_{e0} = T_e + \dfrac{u_e^2}{2c_p} \\ a_{e0}^2 = a_e^2 + \dfrac{\gamma - 1}{2} u_e^2 \end{cases} \tag{7-78}$$

式中，γ 为比热比。

根据复合函数微分法则和式(7-77)，可建立以下的偏导数关系

$$\begin{cases} \dfrac{\partial}{\partial x} = \dfrac{\partial}{\partial X}\dfrac{\partial X}{\partial x} + \dfrac{\partial}{\partial Y}\dfrac{\partial Y}{\partial x} \\ \qquad = \dfrac{\mu_e a_e \rho_e}{\mu_{e0} a_{e0} \rho_{e0}} \dfrac{\partial}{\partial X} + \dfrac{\partial}{\partial Y}\dfrac{\partial Y}{\partial x} \\ \dfrac{\partial}{\partial y} = \dfrac{\partial}{\partial Y}\dfrac{\partial Y}{\partial y} = \dfrac{\rho a_e}{\rho_{e0} a_{e0}} \dfrac{\partial}{\partial Y} \end{cases} \tag{7-79a}$$

引进流函数 ψ

$$\frac{\partial \psi}{\partial y} = \frac{\rho}{\rho_{e0}} u, \quad \frac{\partial \psi}{\partial x} = -\frac{\rho}{\rho_{e0}} v \tag{7-79b}$$

则质量方程(7-60)自动满足。由式(7-79b)并利用关系式(7-79a)则可得

$$\begin{cases} u = \dfrac{\rho_{e0}}{\rho}\dfrac{\partial \psi}{\partial y} = \dfrac{a_e}{a_{e0}}\dfrac{\partial \psi}{\partial y} \\ v = -\dfrac{\rho_{e0}}{\rho}\dfrac{\partial \psi}{\partial x} \\ \quad = -\dfrac{\mu_e a_e \rho_e}{\mu_{e0} a_{e0} \rho}\dfrac{\partial \psi}{\partial x} - \dfrac{\rho_{e0}}{\rho}\dfrac{a_{e0}}{a_e} u \dfrac{\partial Y}{\partial x} \end{cases} \tag{7-80}$$

若令

$$\frac{\partial \psi}{\partial Y}=U,\quad \frac{\partial \psi}{\partial X}=-V \tag{7-81}$$

则变换后的速度U、V自动满足不可压缩流质量方程

$$\frac{\partial U}{\partial X}+\frac{\partial V}{\partial Y}=0 \tag{7-82}$$

由式(7-80)和式(7-81)可见，变换前后的速度有如下关系

$$\begin{cases} u=\dfrac{a_e}{a_{e0}}U \\ v=\dfrac{\mu_e a_e \rho_e}{\mu_{e0}a_{e0}\rho}V-\dfrac{\rho_{e0}}{\rho}U\dfrac{\partial Y}{\partial x} \end{cases} \tag{7-83}$$

由式(7-78)、式(7-79)和式(7-81)可得

$$\begin{aligned} &\rho u\frac{\partial u}{\partial x}+\rho v\frac{\partial u}{\partial y} \\ &=\rho\frac{\mu_e}{\mu_{e0}}\left(\frac{a_e}{a_{e0}}\right)^3\frac{\rho_e}{\rho_{e0}}\left(U\frac{\partial U}{\partial X}+V\frac{\partial U}{\partial Y}+\frac{U^2}{a_e}\frac{\mathrm{d}a_e}{\mathrm{d}X}\right) \end{aligned} \tag{7-84}$$

考虑到$\partial p/\partial y=0$，则

$$-\frac{1}{\rho}\frac{\mathrm{d}p}{\mathrm{d}x}=-\frac{T}{\rho_e T_e}\frac{\mathrm{d}p_e}{\mathrm{d}x}=\frac{T}{T_e}u_e\frac{\mathrm{d}u_e}{\mathrm{d}x} \tag{7-85}$$

引入无量纲温度函数S

$$S=\frac{T_0}{T_{e0}}-1 \tag{7-86}$$

并注意到式(7-78)，则可得

$$\frac{T}{T_e}=(1+S)\left(\frac{a_{e0}}{a_e}\right)^2-\frac{\gamma-1}{2}\frac{u^2}{a_0^2} \tag{7-87}$$

再由关系式(7-78)和式(7-84)可得

$$u_e\frac{\mathrm{d}u_e}{\mathrm{d}x}=\frac{\rho_e\mu_e}{\rho_{e0}\mu_{e0}}\left(\frac{a_{e0}}{a_e}\right)^5U_e\frac{\mathrm{d}U_e}{\mathrm{d}X} \tag{7-88}$$

而

$$\frac{1}{\rho}\frac{\partial}{\partial y}\left(\mu\frac{\partial u}{\partial y}\right)=v_{e0}\left(\frac{a_e}{a_{e0}}\right)^3\frac{\rho_e\mu_e}{\rho_{e0}\mu_{e0}}\frac{\partial}{\partial Y}\left(N\frac{\partial U}{\partial Y}\right) \tag{7-89}$$

其中

$$N=\frac{\mu\rho}{\mu_e\rho_e} \tag{7-90}$$

则动量方程式(7-60)最后可写成

$$U\frac{\partial U}{\partial X}+V\frac{\partial U}{\partial Y}=(1+S)U_e\frac{\mathrm{d}U_e}{\mathrm{d}X}+v_{e0}\frac{\partial}{\partial Y}\left(N\frac{\partial U}{\partial Y}\right) \tag{7-91}$$

类似的推导可将能量方程(7-61)写为

$$U\frac{\partial S}{\partial X}+V\frac{\partial S}{\partial Y}=\nu_{e0}\left\{\frac{\partial}{\partial Y}\left(\frac{N}{Pr}\frac{\partial S}{\partial Y}\right)+G\left(Ma_e\right)\frac{\partial}{\partial Y}\left[\left(1-\frac{1}{Pr}\right)N\frac{\partial}{\partial Y}\left(\frac{U}{U_e}\right)^2\right]\right\} \tag{7-92}$$

其中

$$G\left(Ma_e\right)=\frac{\frac{\gamma-1}{2}Ma_e^2}{1+\frac{\gamma-1}{2}Ma_e^2}$$

$$Ma_e=\frac{u_e}{a_e}$$

方程式(7-82)、式(7-91)和式(7-92)就是经 I-S 变换后的可压缩流层流边界层方程组，它们已真有不可压缩流的形式，但仍是耦合的。原始变量的边界条件(7-63)可变换为

$$\begin{cases}Y=0:U=V=0;\ S=S_w\left[\text{或}\left(\dfrac{\partial S}{\partial Y}\right)_w=0\right]\\ Y=Y_\infty:U=U_\infty;\ S=0\end{cases} \tag{7-93}$$

将式(7-77)的第一式对 Y 求导容易看出，$(\partial S/\partial Y)_w=0$ 对应于绝热壁条件。

由能量方程式(7-92)见，当 $Pr=1$ 时，在右端第二大项为零，变量 S 不再与 Ma_e 有关。

式(7-90)所定义的参数 N 与计算 μ 的公式有关。若设 μ 随 T 线性变化，则

$$N=\frac{\mu\rho}{\mu_e\rho_e}=\frac{T_e\mu}{T\mu_e}=1 \tag{7-94}$$

在 $Pr=1$，绝热壁面以及采用线性黏性公式的条件下，动量方程(7-91)变成了与不可压缩流完全一样的形式

$$U\frac{\partial U}{\partial X}+V\frac{\partial U}{\partial Y}=U_e\frac{\mathrm{d}U_e}{\mathrm{d}X}+\nu_{e0}\frac{\partial^2 U}{\partial Y^2} \tag{7-95}$$

而能量方程式(7-92)也变得非常简单

$$U\frac{\partial S}{\partial X}+V\frac{\partial S}{\partial Y}=\nu_{e0}\frac{\partial^2 S}{\partial Y^2} \tag{7-96}$$

这时方程式(7-82)、式(7-95)和式(7-96)已成为非耦合的了。

4. 相似解

为研究壁面加热或冷却的影响，不引入绝热壁面的假设，但仍设 $Pr=1$ 并采用线性黏性公式，则动量方程式(7-91)应为

$$U\frac{\partial U}{\partial X}+V\frac{\partial U}{\partial Y}=\left(1+S\right)U_e\frac{\mathrm{d}U_e}{\mathrm{d}X}+\nu_{e0}\frac{\partial^2 U}{\partial Y^2} \tag{7-97}$$

能量方程仍为式(7-96)。

定义法沃克纳-斯坎变换

$$\begin{cases}\eta=Y\sqrt{\dfrac{m+1}{2}\dfrac{U_e}{\nu_{e0}X}}\\ \psi=f\left(\eta\right)\sqrt{\dfrac{2\nu_{e0}U_eX}{m+1}}\end{cases} \tag{7-98}$$

设外流速度按幂次规律变化

$$U_e(X) = CX^m \tag{7-99}$$

且 S 只是 η 的函数 $S = S(\eta)$，其他边界条件也满足相似要求，则式(7-96)和式(7-97)可变换为

$$\begin{cases} f''' + ff'' = \beta\left(f'^2 - 1 - S\right) \\ S'' + fS' = 0 \end{cases} \tag{7-100}$$

式中，$\beta = 2m/(m+1)$，“′”表示对 η 求导，由式(7-93)可得变换后的边界条件

$$\begin{cases} \eta = 0: f = f' = 0,\ S = S_w \\ \eta = \eta_\infty: f' = 1,\ S = 0 \end{cases} \tag{7-101}$$

对常微分方程组(7-100)进行数值积分后，得到图 7-10 所示的结果。其中图 7-10(a)、图 7-10(b)和图 7-10(c)为速度型 $f' = U/U_e$；图 7-10(d)和图 7-10(e)为温度型 S。$S_w > 0$ 表示壁面向流体加热；$S_w = 0$ 为绝热壁面；$S_w < 0$ 为壁面从流体吸热。

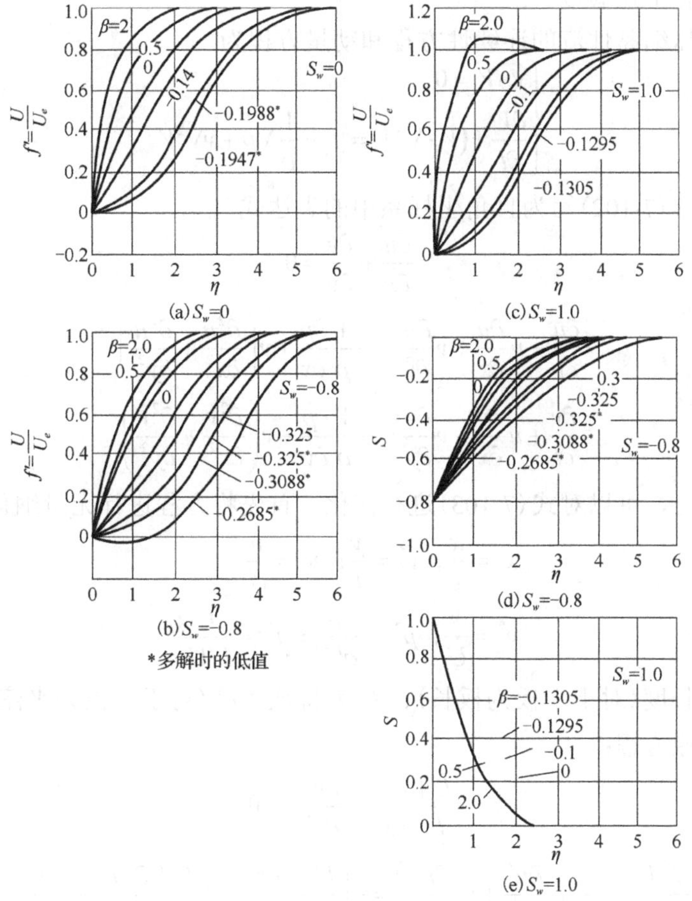

图 7-10　相似解的速度剖面和温度剖面

由图可见，对于顺压力梯度 $\beta > 0$ 和 $S_w > 0$ 的情况，f' 可能大于 1，即在边界层内局部地方的流速可能大于外流速度。这是由于气体受热后体积加大，因而速度也加大；压力梯度对温度型的影响没有它对速度型的影响大，这与非耦合流动的情况是类似的。

由图还可看出压力梯度和传热对壁面剪切 $f''_w \sim (\partial U/\partial \eta)_w$ 的影响。在零压力梯度

($\beta=0$)中虽然 I-S 变换式使动量方程解与 S_w 无关，但在有压力梯度的流动中，传热对方程的解却有很大影响：在给定的顺压力梯度下，热壁($S_w>0$)将提高 f_w'' 值，冷壁($S_w<0$)则减小 f_w'' 值；在逆压力梯度时 $\beta<0$，结论与此相反。

关于非相似解的情况，本书不作讨论。

7.2　二维平板边界层微分方程

边界层微分方程是根据边界层的特点，运用数量级分析的方法对黏性流基本方程组简化得来的。方程推导所用的简化假设为：流动是二维的；流体为不可压缩牛顿流体；流体的物性为常数、无内热源；黏性耗散产生的耗散热忽略不计。

除了高速的气体流动及一部分化工用流体等情况的流动与换热外，工程中常见的流动与换热问题均可作上述假设。

常物性不可压缩黏性流的连续性方程和动量方程为

$$\begin{cases}\nabla\cdot V=0\\ \dfrac{\partial V}{\partial t}+(V\cdot\nabla)V=f-\dfrac{1}{\rho}\nabla p+\nu\nabla^2 V\end{cases}\tag{7-102}$$

忽略体积力，把式(7-102)写为直角坐标系中的表达式

$$\frac{\partial u}{\partial x}+\frac{\partial v}{\partial y}=0\tag{7-103a}$$

$$\frac{\partial u}{\partial t}+u\frac{\partial u}{\partial x}+v\frac{\partial u}{\partial y}=-\frac{1}{\rho}\frac{\partial p}{\partial x}+\nu\left(\frac{\partial^2 u}{\partial x^2}+\frac{\partial^2 u}{\partial y^2}\right)\tag{7-103b}$$

$$\frac{\partial v}{\partial t}+u\frac{\partial v}{\partial x}+v\frac{\partial v}{\partial y}=-\frac{1}{\rho}\frac{\partial p}{\partial y}+\nu\left(\frac{\partial^2 v}{\partial x^2}+\frac{\partial^2 v}{\partial y^2}\right)\tag{7-103c}$$

考虑边界层的特征，可以对式(7-103)进行简化。首先将方程进行无量纲化，引入无量纲：

$$\begin{aligned}&x^*=\frac{x}{L};\ y^*=\frac{y}{L};\ u^*=\frac{u}{U}\\ &v^*=\frac{v}{U};\ p^*=\frac{p}{\rho U^2};\ t^*=\frac{t}{L/U}\end{aligned}\tag{7-104}$$

式中，L 为特征长度(对于平板为板长)；U 为特征速度(对于平板为来流速度 U_∞)。把这些无量纲量代入原方程：

$$\frac{U}{L}\left(\frac{\partial u^*}{\partial x^*}+\frac{\partial v^*}{\partial y^*}\right)=0\tag{7-105a}$$

$$\frac{U^2}{L}\left(\frac{\partial u^*}{\partial t^*}+u^*\frac{\partial u^*}{\partial x^*}+v^*\frac{\partial u^*}{\partial y^*}\right)=-\left(\frac{U^2}{L}\right)\frac{\partial p^*}{\partial x^*}+\frac{\mu U}{\rho L^2}\left(\frac{\partial^2 u^*}{\partial x^{*2}}+\frac{\partial^2 u^*}{\partial y^{*2}}\right)\tag{7-105b}$$

$$\frac{U^2}{L}\left(\frac{\partial v^*}{\partial t^*}+u^*\frac{\partial v^*}{\partial x^*}+v^*\frac{\partial v^*}{\partial y^*}\right)=-\left(\frac{U^2}{L}\right)\frac{\partial p^*}{\partial y^*}+\frac{\mu U}{\rho L^2}\left(\frac{\partial^2 v^*}{\partial x^{*2}}+\frac{\partial^2 v^*}{\partial y^{*2}}\right)\tag{7-105c}$$

得到无量纲方程：

$$\frac{\partial u^*}{\partial x^*}+\frac{\partial v^*}{\partial y^*}=0\tag{7-106a}$$

$$\frac{\partial u^*}{\partial t^*}+u^*\frac{\partial u^*}{\partial x^*}+v^*\frac{\partial u^*}{\partial y^*}=-\frac{\partial p^*}{\partial x^*}+\frac{1}{Re}\left(\frac{\partial^2 u^*}{\partial x^{*2}}+\frac{\partial^2 u^*}{\partial y^{*2}}\right) \tag{7-106b}$$

$$\frac{\partial v^*}{\partial t^*}+u^*\frac{\partial v^*}{\partial x^*}+v^*\frac{\partial v^*}{\partial y^*}=-\frac{\partial p^*}{\partial y^*}+\frac{1}{Re}\left(\frac{\partial^2 v^*}{\partial x^{*2}}+\frac{\partial^2 v^*}{\partial y^{*2}}\right) \tag{7-106c}$$

式中，$Re=\rho UL/\mu$。

大雷诺数流动情况下，边界层的两个主要特点是：边界层的厚度$\delta(x)$相对于物体的特征长度L而言是小量，即$\delta^*=\delta/L$是一小量；边界层内黏性力和惯性力具有相同量级。根据这两点基本特征来简化方程。对方程中的每一项估计它们的数量级，然后确定哪些是可以忽略的，哪些是不可以忽略的。

1.无量纲坐标x^*和y^*的量级

坐标x的变化范围是$0\sim L$，而$x^*=x/L$，则x^*的变化范围是$0\sim 1$，所以x^*的量级是 1，即

$$x^*\sim 1$$

坐标y的变化范围是$0\sim\delta$，而$y^*=y/L$，则y^*的变化范围是$0\sim\delta^*$，所以y^*的量级是δ^*，即

$$y^*\sim\delta$$

2. u^*及其各阶导数$\frac{\partial u^*}{\partial x^*}$，$\frac{\partial u^*}{\partial y^*}$，$\frac{\partial^2 u^*}{\partial x^{*2}}$，$\frac{\partial^2 u^*}{\partial y^{*2}}$的量级

边界层内速度u与U(特征速度)是同量级的，所以

$$u^*=\frac{u}{U}\sim 1$$

由于$x^*\sim 1$，$u^*\sim 1$，因此有

$$\frac{\partial u^*}{\partial x^*}=1;\quad \frac{\partial^2 u^*}{\partial x^{*2}}=\frac{\partial}{\partial x^*}\left(\frac{\partial u^*}{\partial x^*}\right)\sim 1$$

由于$y^*\sim\delta$，$u^*\sim 1$，因此有

$$\frac{\partial u^*}{\partial y^*}\sim\frac{1}{\delta^*};\quad \frac{\partial^2 u^*}{\partial y^{*2}}=\frac{\partial}{\partial y^*}\left(\frac{\partial u^*}{\partial y^*}\right)\sim\frac{1}{\delta^{*2}}$$

3. $\frac{\partial v^*}{\partial t^*}$及其各阶导数$\frac{\partial v^*}{\partial x^*}$，$\frac{\partial v^*}{\partial y^*}$，$\frac{\partial^2 v^*}{\partial x^{*2}}$，$\frac{\partial^2 v^*}{\partial y^{*2}}$的量级

由连续性方程，有

$$\frac{\partial v^*}{\partial y^*}=-\frac{\partial u^*}{\partial x^*}\sim 1$$

于是

$$v^*=\int_0^{y^*}\frac{\partial v^*}{\partial y^*}\mathrm{d}y^*\sim\delta^*$$

容易得到

$$\frac{\partial v^*}{\partial x^*}\sim\frac{\delta^*}{1}=\delta^*;\quad \frac{\partial^2 v^*}{\partial x^{*2}}=\frac{\partial}{\partial x^*}\left(\frac{\partial v^*}{\partial x^*}\right)\sim\delta^*;\quad \frac{\partial^2 v^*}{\partial y^{*2}}=\frac{\partial}{\partial y^*}\left(\frac{\partial v^*}{\partial y^*}\right)\sim\frac{1}{\delta^*}$$

4. $\dfrac{\partial p^*}{\partial x^*}$ 和 $\dfrac{\partial p^*}{\partial y^*}$ 的量级

压力梯度是被动的力，起调节作用，它们的量级由方程中其他类型力中的最大量级决定。方程中一共有两种类型的力，即惯性力和黏性力，而边界层中这两种力同阶，因此方程中压力梯度必须与惯性力和黏性力相平衡。

沿流动方向的压力梯度

$$\frac{\partial p^*}{\partial x^*} \sim u^* \frac{\partial u^*}{\partial x^*} \sim 1$$

由于 $x^* \sim 1$，可得

$$p^* \sim 1$$

则

$$\frac{\partial p^*}{\partial y^*} \sim \frac{1}{\delta^*}$$

5. *Re* 的量级

在式(7-105)中已得到

$$\frac{\delta}{L} \sim \frac{1}{\sqrt{Re}}$$

因此

$$Re \sim \frac{1}{\delta^{*2}}$$

忽略 δ^* 一次方及其以上的小量，则方程简化为

$$\begin{cases} \dfrac{\partial u^*}{\partial x^*} + \dfrac{\partial v^*}{\partial y^*} = 0 \\ \dfrac{\partial u^*}{\partial t^*} + u^* \dfrac{\partial u^*}{\partial x^*} + v^* \dfrac{\partial u^*}{\partial y^*} = -\dfrac{\partial p^*}{\partial x^*} + \dfrac{1}{Re} \dfrac{\partial^2 u^*}{\partial x^{*2}} \\ 0 = -\dfrac{\partial p^*}{\partial y^*} \end{cases}$$

恢复为有量纲的形式

$$\begin{cases} \dfrac{\partial u}{\partial x} + \dfrac{\partial v}{\partial y} = 0 \\ \dfrac{\partial u}{\partial t} + u \dfrac{\partial u}{\partial x} + v \dfrac{\partial u}{\partial y} = -\dfrac{1}{\rho} \dfrac{\partial p}{\partial x} + \nu \dfrac{\partial^2 u}{\partial y^2} \\ \dfrac{1}{\rho} \dfrac{\partial p}{\partial y} = 0 \end{cases}$$

由于 $\partial p/\partial y = 0$，则 $p = p(x,t)$，于是上式简化为

$$\begin{cases} \dfrac{\partial u}{\partial x} + \dfrac{\partial v}{\partial y} = 0 \\ \dfrac{\partial u}{\partial t} + u \dfrac{\partial u}{\partial x} + v \dfrac{\partial u}{\partial y} = -\dfrac{1}{\rho} \dfrac{\partial p}{\partial x} + \nu \dfrac{\partial^2 u}{\partial y^2} \end{cases} \tag{7-107}$$

边界条件为

$$\begin{cases} y=0: u=0,\ v=0 \\ y\to\infty: u=U_e \end{cases} \tag{7-108}$$

式(7-107)即为二维平板不可压缩边界层微分方程式。该方程是普朗特于 1904 年提出的，因此也称为普朗特边界层微分方程式。方程组中 $\partial p/\partial y=0$，表示二维边界层中压力沿物面法线方向 y 是不变的，$p=p(x,t)$，即压力穿过边界层的边界并不改变，外边界的压力分布就是物面上的压力分布。这样一来，边界层内的压力可以由边界层外部势流(理想流体)理论，即由理想势流伯努利方程来加以确定，因而压强 $p=p_e$ 为已知量，未知量只有速度 u 和 v。在边界层外部流动中，由伯努利方程可得

$$\frac{\partial U_e}{\partial t}+U_e\frac{\partial U_e}{\partial x}=-\frac{1}{\rho}\frac{\partial p_e}{\partial x} \tag{7-109}$$

则边界层方程式(7-107)可以表达为

$$\begin{cases} \dfrac{\partial u}{\partial x}+\dfrac{\partial v}{\partial y}=0 \\ \dfrac{\partial u}{\partial t}+u\dfrac{\partial u}{\partial x}+v\dfrac{\partial u}{\partial y}=\dfrac{\partial U_e}{\partial t}+U_e\dfrac{\partial U_e}{\partial x}+\nu\dfrac{\partial^2 u}{\partial y^2} \end{cases} \tag{7-110}$$

式(7-110)的边界条件仍然为式(7-108)。如果来流速度 U_∞ 已知，由理想势流伯努利方程可求得 U_e，进而压强 p_e 也就已知。方程中待求的参数是 u 和 v，两个未知数两个方程，因此方程组是封闭的。此时，由连续性方程和动量方程就可以求得速度分布，即使存在换热的情况下，也可先求得速度分布，然后再由已知速度求解能量方程。

对于定常流动，边界层方程式(7-107)和式(7-110)可重新写为

$$\begin{cases} \dfrac{\partial u}{\partial x}+\dfrac{\partial v}{\partial y}=0 \\ u\dfrac{\partial u}{\partial x}+v\dfrac{\partial u}{\partial y}=-\dfrac{1}{\rho}\dfrac{\mathrm{d}p_e}{\mathrm{d}x}+\nu\dfrac{\partial^2 u}{\partial y^2} \end{cases} \tag{7-111}$$

或

$$\begin{cases} \dfrac{\partial u}{\partial x}+\dfrac{\partial v}{\partial y}=0 \\ u\dfrac{\partial u}{\partial x}+v\dfrac{\partial u}{\partial y}=U_e\dfrac{\mathrm{d}U_e}{\mathrm{d}x}+\nu\dfrac{\partial^2 u}{\partial y^2} \end{cases} \tag{7-112}$$

从上述推导边界层方程的过程中，可以得到边界层流动的一些性质如下。

边界层厚度

$$\frac{\delta}{L}\sim\frac{1}{\sqrt{Re}}$$

速度及其导数

$$\frac{u}{U_e}\sim 1;\quad \frac{v}{U_e}\sim\frac{1}{\sqrt{Re}};\quad \frac{\partial}{\partial y}\gg\frac{\partial}{\partial x}$$

压强及其导数

$$p(x,y,t)=p_e(x,t);\quad \frac{\partial p}{\partial x}\gg\frac{\partial p}{\partial y};\quad \frac{\partial}{\partial x^*}\sim 1$$

黏性力与惯性力

黏性力 ~ 惯性力

一方面，把 N-S 方程简化为边界层方程后，对于 x 的二阶导数项消失了，它由原来的椭圆形方程变成了抛物线形方程，所以解的性质将发生根本性的变化，这样的变化是人为的，因此只有在满足边界层简化的前提条件下，用边界层理论求出的结果才能与实际情况相符合。原来的椭圆形方程必须在封闭的边界上给出边值条件；对于现在的抛物线形方程，下游边界条件无须给出。但是也应该看到，非线性项 $u(\partial u/\partial x)$ 仍然存在，因此边界层方程仍然是二阶非线性偏微分方程，数学上求解仍存在一定困难。

另一方面，边界层内的黏性流体运动和非黏性流体外部势流是相互影响、紧密相关的。根据质量排挤厚度 δ_1 的物理意义，可以知道非黏性流体所绕流的物体已不是原物体，而是加厚了 δ_1 的等效物体，这个等效物体的形状只有把边界层内的解求出以后才能确定。由此可见，一方面，外部势流取决于边界层流动；另一方面，要解边界层方程也必须知道边界层外边界上势流的压力分布或速度分布，因此边界层流动也取决于外部势流。所以外部势流和边界层流动是相互影响的，应该把它们联合起来求解。但是这样做就要解两组相互影响的方程组，即非黏性流体力学方程组及边界层方程组。为了减少数学上的困难，普朗特考虑到在大雷诺数时，边界层很薄的事实，认为流线的排移效应很小，等效物体外形和原物体相差不大，作为一级近似可以忽略边界层外部势流的影响，把外部势流当作边界层不存在时绕原物体的流动，这样它就可以独立地运用势流理论求解，然后再按边界层方程求解边界层内的解。一般来说，这种结果已能满足工程的需要。如需要更高的计算精度可以采用逐次修正的方法，以边界层一级近似的解为基础考虑排移厚度求出等效物体形状，然后解非黏性流体绕等效物体的流动，求出边界层外边界上的修正压力分布和速度分布，再求边界层内的流动，如此继续，逐次修正。计算表明，通常只需求一次修正就够了。如果边界层对外部势流的影响相当强烈，用逐次修正的方法也不很有效时，那就必须用实验方法测出压力分布或速度分布作为计算边界层的基础。

7.3 温度边界层

黏性流体流过固体壁面时在壁面附近形成速度边界层(或称为流动边界层)。如果来流和壁面之间存在温差，实验观察同样发现，只在临近壁面的较薄区域内的流体受壁面温度的影响较大，而在较远的区域，流体几乎不受壁面温度的影响。也就是说，在壁面附近的一个薄层内，流体温度在壁面的法线方向上发生剧烈的变化，而在此薄层之外，流体的温度梯度几乎等于零。波尔豪森把流动边界层的概念推广到对流换热问题，提出了温度边界层(或称为热边界层)的概念。把固体表面附近流体温度发生剧烈变化的这一薄层称为温度边界层，其厚度为 δ_t。对于外掠平板的对流换热，一般以流体温度恢复到来流温度的 99% 处定义为 δ_t 的外边界。除液态金属及高黏性的流体外，热边界层的厚度 δ_t，在数量级上是与速度边界层厚度 δ 相当的小量。此时，流体中的温度场也可区分为两个区域：温度边界层区和主流区。在主流区，流体中的温度变化率可视为零。图 7-11 示意性地画出了固体表面附近速度边界层及温度边界层的大致情况。

在速度边界层中，重要的问题是求解壁面切向应力；而在温度边界层中则是求解壁面热流密度 q_w 或壁面温度 T_w。

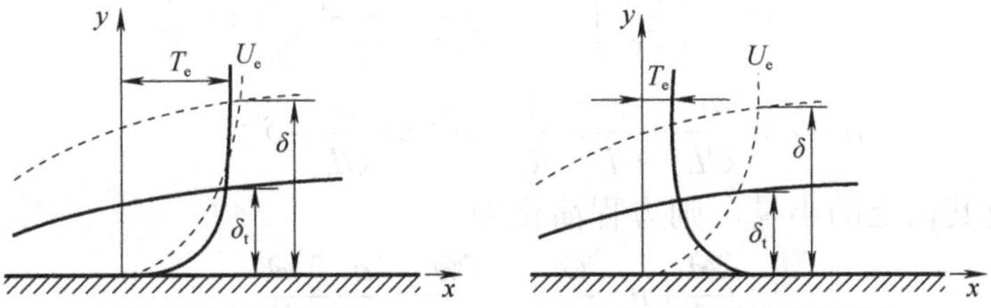

(a)冷壁面（壁面吸热） (b)热壁面（壁面放热）

图 7-11 温度变界层和速度边界层

以温度形式表达的能量方程为

$$\rho c_v \frac{DT}{Dt} = -p\nabla \cdot \boldsymbol{V} + \phi + \nabla \cdot (k\nabla T) + S \tag{7-113}$$

或

$$\rho c_p \frac{DT}{Dt} = \frac{Dp}{Dt} + \phi + \nabla \cdot (k\nabla T) + S \tag{7-114}$$

当温度变化不大时，c_v、c_p 和 k 均可近似视为常数，则式(7-113)、式(7-114)分别写成

$$\frac{DT}{Dt} = -\frac{p}{\rho c_v}\nabla \cdot \boldsymbol{V} + \frac{\phi}{\rho c_v} + \frac{k}{\rho c_v}\nabla^2 T + \frac{S}{\rho c_v} \tag{7-115}$$

和

$$\frac{DT}{Dt} = \frac{1}{\rho c_p}\frac{Dp}{Dt} + \frac{\phi}{\rho c_p} + \frac{k}{\rho c_p}\nabla^2 T + \frac{S}{\rho c_p} \tag{7-116}$$

对于液体，由于其不可压缩有 $\nabla \cdot \boldsymbol{V} = 0$，且 $c_v = c_p$；对于气体，在低马赫数运动时，通常压力变化不大，可以略去 Dp/Dt 项。若无源且忽略耗散项，即 $\phi = 0$，$S = 0$。则能量方程化简为

$$\frac{DT}{Dt} = a\nabla^2 T \tag{7-117}$$

式中，$a = k/(\rho c_p)$ 为热扩散率。对于二维不可压常物性的边界层流动，式(7-117)在直角坐标系中的表达式为

$$\frac{\partial T}{\partial t} + u\frac{\partial T}{\partial x} + v\frac{\partial T}{\partial y} = a\left(\frac{\partial^2 T}{\partial x^2} + \frac{\partial^2 T}{\partial y^2}\right) \tag{7-118}$$

引入无量纲过余温度

$$\Theta = \frac{T - T_w}{T_e - T_w} \tag{7-119}$$

式中，T_e 为定性温度(对于平板为来流温度 T_∞)；T_w 为壁面温度。

得到无量纲能量方程

$$\frac{\partial \Theta}{\partial t^*} + u^*\frac{\partial \Theta}{\partial x^*} + v^*\frac{\partial \Theta}{\partial y^*} = \frac{a}{UL}\left(\frac{\partial^2 \Theta}{\partial x^{*2}} + \frac{\partial^2 \Theta}{\partial y^{*2}}\right) \tag{7-120}$$

采用数量级分析的方法对式(7-120)进行分析，有 $x^* \sim 1$、$y^* \sim \delta_t^*$、$\Theta \sim 1$，则

$$\frac{\partial \Theta}{\partial t^*} = \frac{\partial \Theta}{\partial x^*}\frac{\partial x^*}{\partial t^*} \sim u^*\frac{\partial \Theta}{\partial x^*} \sim 1;\quad \frac{\partial \Theta}{\partial x^*} \sim \frac{1}{1} = 1;\quad \frac{\partial \Theta}{\partial y^*} \sim \frac{1}{\delta_t^*}$$

$$\frac{\partial^2\Theta}{\partial x^{*2}}=\frac{\partial}{\partial x^*}\left(\frac{\partial\Theta}{\partial x^*}\right)\sim 1;\quad \frac{\partial^2\Theta}{\partial y^{*2}}=\frac{\partial}{\partial y^*}\left(\frac{\partial\Theta}{\partial y^*}\right)\sim\frac{1}{\delta_{\mathrm{t}}^{*2}}$$

$$a\sim\nu\Rightarrow\frac{a}{UL}\sim\frac{\nu}{UL}=\frac{1}{Re}\sim\delta^{*2}\Rightarrow\frac{a}{UL}\sim\delta^{*2}$$

忽略δ^*一次方及其以上的小量，则方程简化为

$$\frac{\partial\Theta}{\partial t^*}+u^*\frac{\partial\Theta}{\partial x^*}+v^*\frac{\partial\Theta}{\partial y^*}=\frac{a}{UL}\frac{\partial^2\Theta}{\partial y^{*2}}$$

引入无量纲参数

$$Pe=\frac{UL}{a}=\left(\frac{UL}{\nu}\right)\left(\frac{\nu}{a}\right)=PrRe$$

其中

$$Pr=\frac{\nu}{a}$$

$$Re=\frac{UL}{\nu}$$

Pe称为佩克莱数，表示流体的对流热量传递与流体的导热热量传递之比。流速越高，导热系数越小，Pe越大。Pr称为普朗特数，表示流体的动量扩散率与热量扩散率之比。

$$\frac{\partial\Theta}{\partial t^*}+u^*\frac{\partial\Theta}{\partial x^*}+v^*\frac{\partial\Theta}{\partial y^*}=\frac{1}{Pe}\frac{\partial^2\Theta}{\partial y^{*2}}$$

恢复为有量纲的形式，即

$$\frac{\partial T}{\partial t}+u\frac{\partial T}{\partial x}+v\frac{\partial T}{\partial y}=a\frac{\partial^2 T}{\partial y^2}\tag{7-121}$$

在边界层外缘

$$y=\delta_{\mathrm{t}};\ T=T_{\mathrm{e}}\tag{7-122}$$

在壁面处有两种情况

$$y=0;\ T=T_{\mathrm{w}}\tag{7-123}$$

或

$$y=0;\ \frac{\partial T}{\partial y}=g(x)\tag{7-124}$$

由此得到不可压缩流、常物性、无内热源、忽略体积力、忽略黏性耗散、二维情况下的连续性方程、动量方程和能量方程。

$$\begin{cases}\dfrac{\partial u}{\partial x}+\dfrac{\partial u}{\partial y}=0\\[2mm]\dfrac{\partial u}{\partial t}+u\dfrac{\partial u}{\partial x}+v\dfrac{\partial u}{\partial y}=\nu\dfrac{\partial^2 u}{\partial y^2}-\dfrac{1}{\rho}\dfrac{\mathrm{d}p}{\mathrm{d}x}\\[2mm]\dfrac{\partial T}{\partial t}+u\dfrac{\partial T}{\partial x}+v\dfrac{\partial T}{\partial y}=a\dfrac{\partial^2 T}{\partial y^2}\end{cases}\tag{7-125}$$

需要说明的是，一般概念性讨论温度边界层时通常忽略掉黏性耗散；然而在建立温度边界层微分方程时，一般会考虑黏性耗散。方程组(7-125)中，$\mathrm{d}p/\mathrm{d}x$是已知量，它可由边界层外理想流体的伯努利方程确定。这样，三个方程包含三个未知数，方程组是封闭的。另外可见，对于常物性流体，由连续性方程和动量方程就可求得速度分布，这时速度不依赖于

温度，即速度与温度是非耦合的。因此，速度场和温度场可以分别独立求解，先求得速度分布，然后利用已知速度再求解温度分布。对于稳态问题，当主流场是均匀速度 U_∞，均匀温度 T_∞，并给定恒壁温(即 y=0 时 $T=T_\infty$)的问题，方程组(7-125)的边界条件可表示为

$$\begin{cases} y=0: u=0;\ v=0;\ T=T_{\mathrm{w}} \\ y\to\infty: u=U_{\mathrm{e}};\ T=T_{\mathrm{e}} \end{cases} \tag{7-126}$$

值得指出的是，边界层微分方程组(7-125)是 N-S 方程组在边界层流动中的一个近似方程式。虽方程大大简化，但非线性项仍然保留着，所以进行解析求解仍然存在困难，因此只能对一些特殊情况求得方程组的精确解。

速度边界层主要解决物体的黏性摩擦阻力问题，即 τ_{w}；而温度边界层主要解决流体与物体壁面之间的热通量问题。由傅里叶导热定律，有

$$q_{\mathrm{w}}=-k\left(\frac{\partial T}{\partial y}\right)_{y=0}$$

式中，$(\partial T/\partial y)_{y=0}$ 为壁面法线方向上流体的温度梯度。因而知道了边界层内的温度分布 $T(x,y)$，就可以求出 $q_{\mathrm{w}}(x)$。根据流体与壁面之间的热交换情况，可以把壁面分为绝热壁面、冷壁面和热壁面三种情况。

绝热壁面：

$$\left(\frac{\partial T}{\partial y}\right)_{y=0}=0,\ q_{\mathrm{w}}=0$$

冷壁面：

$$\left(\frac{\partial T}{\partial y}\right)_{y=0}>0,\ q_{\mathrm{w}}<0$$

热壁面：

$$\left(\frac{\partial T}{\partial y}\right)_{y=0}<0,\ q_{\mathrm{w}}>0$$

三种壁面相应的温度分布示意如图 7-12 所示。

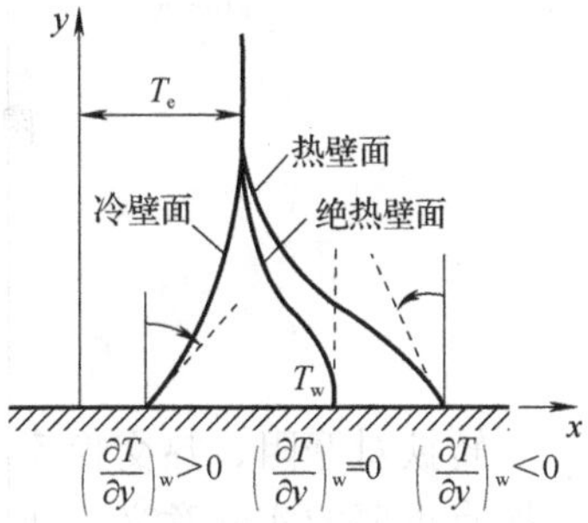

图 7-12　边界层中的温度分布

不可压缩流、常物性、无内热源、忽略体积力、忽略压力项、忽略黏性耗散、二维平板黏性层流情况下无量纲的速度边界层和温度边界层方程分别为

$$u^*\frac{\partial u^*}{\partial x^*}+v^*\frac{\partial u^*}{\partial y^*}=\frac{1}{Re}\frac{\partial^2 u^*}{\partial y^{*2}}$$

$$u^*\frac{\partial \Theta}{\partial x^*}+v^*\frac{\partial \Theta}{\partial y^*}=\frac{1}{Pe}\frac{\partial^2 \Theta}{\partial y^{*2}}$$

可见两个方程在形式上完全相同，可以预见，与速度分布有关的壁面切向应力同与温度分布有关的热流密度之间存在某种相似性，也就是说，可由速度边界层现象的规律而获得温度边界层现象的基本关系。两个方程在形式上完全相同，也表明速度分布不受温度分布的影响，温度场与速度场之间的关系仅仅与 Pr 有关。采用量级比较，可定性分析温度边界层与速度边界层之间的关系：

$$\frac{\delta}{L}\sim\frac{1}{\sqrt{Re}};\quad \frac{\delta_{\mathrm{t}}}{L}\sim\frac{1}{\sqrt{Pe}}=\frac{1}{\sqrt{RePr}}$$

因此

$$\frac{\delta}{\delta_t} = Pr^{\frac{1}{2}}$$

上式可见，普朗特数 Pr 是一个表征速度边界层厚度与温度边界层厚度的准则数，也就是说，Pr 是一个表征流体的黏性扩散率与热扩散率之比的准则数。如图 7-13 所示，对于一般气体 $Pr \approx 1$，则 $\delta \sim \delta_t$，即速度边界层的厚度与温度边界层厚度是同一数量级，这表明黏性扩散率与热扩散率相当；对于一般液体，特别是油类，$Pr \gg 1$，则 $\delta > \delta_t$，这表明黏性扩散率比热扩散率大；对于液态金属(如水银)，$Pr \ll 1$，则 $\delta < \delta_t$，这表明黏性扩散率比热扩散率小。需注意的是，上式中 Pr 的指数 1/2 只是用于定性分析，不能用于定量计算。

由 $Pr = \nu / a$ 可以看出，Pr 数由两个因素 ν 和 a 决定。动量扩散率 ν 越大，壁面造成黏性影响的范围就越大，速度边界层的厚度 δ 就越大。如果温度扩散率 a 越大，则热量扩散的范围就越大，温度边界层的厚度 δ_t 就越大。

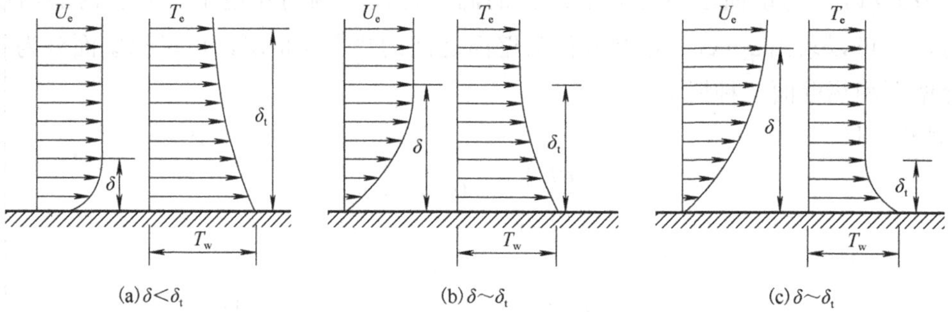

图 7-13　Pr 对速度分布和温度分布的影响

7.4　边界层转捩

转捩对摩阻、热交换流动的分离位置以及边界层的增长率等都有很大影响，因此研究转换有重要的实际意义。通常人们希望推迟转捩，如对再进入大气层的宇宙飞船这就可以减少传入的热量。也有希望提前转捩的情况，如波音 707 飞机的上翼面上装了一排由金属片构成的旋涡发生器，它可使翼面边界层提前转捩，从而防止过早分离和可能的失速。转捩控制是黏性流体动力学的重要研究课题之一。后面将会看出，这一课题也在理论上提出了许多复杂而令人感兴趣的问题。

7.4.1　流动稳定性的一般理论

流体运动的稳定性可由对扰动的反应来判断，原则上有两种方法，即能量法和小扰动法。能量法通过分析扰动能量的衰减或增长来判断稳定性，但它未能获得广泛应用。小扰动法是通过分析无限小扰动振幅的衰减或增长来判断稳定性，这是目前最流行的方法。在 20 世纪 20 年代末到 30 年代初，托尔明(Tollmien)和施利希廷(Schlichting)先后根据小扰动理论，提出了在转捩过程中首先会有扰动波出现。但当时的实验观察并未发现这种波动，因而人们对他们的理论持怀疑态度。直到 40 年代，美国标准局的舒鲍尔(Schubauer)和斯克拉姆斯塔德(Skramstad)才用实验证实了波动的存在，而且证实了中性曲线与理论值符合得很好。后来的实验证明，在小扰动理论有效的范围内，振幅增长的理论计算也与实验吻合。

在小扰动理论中略去了小扰动的高阶项，即不考虑扰动之间的相互作用，从而使方程得到线性化。以此线性化了的方程为基础建立的理论称为线性稳定性理论。

应该指出，线性稳定性理论不能描述转捩的全过程，因为它不能用于非线性影响起重要作用的阶段。它可说明哪种速度剖面是不稳定的，哪些频率的振动增长最快，并指出怎样改变控制流动的参数以推迟转捩。虽然现在还没有找到直接将稳定性和转换联结起来的理论，但一些半经验理论却已经导致了对二维和轴对称不可压缩流动的转捩预估的满意结果，其中较精细的就是直接利用线性稳定性理论，所以这种理论对定量研究也是有用的。近期研究表明，稳定性理论对研究转捩以后的拟序结构也很有用。

现研究用小扰动法处理稳定性问题的一般数学表述。为简单起见，只考虑不可压缩流，且设黏性为常数，忽略彻体力，将速度和压强写为两部分之和。

$$\begin{cases} u_k(x,t) = U_k(x,t) + u_k'(x,t) \\ p(x,t) = P_k(x,t) + p'(x,t) \end{cases} \tag{7-127}$$

式中，x 表示坐标为 (x,y,z) 的空间点；U_k 和 P 为满足动量方程和质量方程的某一特解，通常可取为平均速度和平均压力；u_k' 和 p' 为小扰动量。设扰动量足够小，因而可略去诸如 $u_k' \cdot \partial u_j' / \partial x_k$ 一类乘积项，则可得

$$\frac{\partial u_k'}{\partial t} + U_j \frac{\partial u_k'}{\partial x_j} + u_j' \frac{\partial U_k}{\partial x_j} = -\frac{1}{\rho}\frac{\partial p'}{\partial x_k} + \nu \nabla^2 u_k' \tag{7-128a}$$

$$\frac{\partial u_k'}{\partial x_k} = 0 \tag{7-128b}$$

此即关于小扰动量 u_k' 和 p' 的微分方程组。此方程组最重要的特点是不再包含动量本身的乘积项，因而是线性方程组。

由于特解 U_k 和 P 满足原始方程的边界条件，所以扰动量 u_k' 应在边界上趋于零。对式(7-128a)散度，并注意到式(7-128b)则可得扰动压力泊松方程

$$\nabla^2 p' = -2\rho \frac{\partial U_k}{\partial x_j}\frac{\partial u_j'}{\partial x_k} \tag{7-129a}$$

$$p'(x,t) = \frac{\rho}{2\pi}\iiint_V \frac{\partial U_k(x^*)}{\partial x_j^*}\frac{\partial u_j'(x^*,t)}{\partial x_k^*}\frac{1}{|x-x^*|}\mathrm{d}v(x^*) \tag{7-129b}$$

即任意给定一初始扰动速度场 $u_k'(x,0)$，则可能解得一初始扰动压力场 $p'(x,0)$，因而方程组(7-128)的定解条件不需独立给出 $p'(x,0)$。由于扰动量 u_k' 的边界条件已知，则方程组(7-128)的解应由给定的初始扰动速度场 $u_k'(x,0)$ 确定。于是稳定性问题就可归结为在给定的初始条件下扰动量是增长还是衰减的问题。

现研究方程组(7-128)的解的可能形式。若特解 U_k 是定常的，则此方程组中的系数都不随时间变化，加之方程组是线性的，则可设它具有如下分离变量形式的特解

$$u_{k,l}'(x,t) = \hat{u}_{k,l}(x)\mathrm{e}^{-\mathrm{i}\beta_l t} \tag{7-130a}$$

$$p_l'(x,t) = \hat{p}_l(x)\mathrm{e}^{-\mathrm{i}\beta_l t} \tag{7-130b}$$

$$k = 1,2,3;\ \ l = 1,2,\cdots,\infty$$

其中，i 为虚数 $\sqrt{-1}$，β_l 通常为复数。将此式代入式(7-128)中，由于各项都含有因子 $e^{-i\beta_l t}$，且均为一次幂，故可消去而得到如下不含时间变量的方程组

$$\begin{aligned}&\mathrm{i}\beta_l\hat{u}_{k,l}(x)+U_j(x)\frac{\partial\hat{u}_{k,l}(x)}{\partial x_j}+\hat{u}_{j,l}(x)\frac{\partial U_k(x)}{\partial x_j}\\&=-\frac{1}{\rho}\frac{\partial\hat{p}_l(x)}{\partial x}+\nu\nabla^2\hat{u}_{k,l}(x)\end{aligned} \tag{7-131a}$$

$$\frac{\partial\hat{u}_{k,l}(x)}{\partial x_k}=0,\qquad j,k=1,2,3 \tag{7-131b}$$

前已指出，扰动量 u_k' 应在边界上趋于零，而扰动量 p' 也不能任意给定而应由式(7-129)给出。这种性质对于函数 $\hat{u}_k$ 和 $\hat{p}$ 也适用，即要处理的是具有齐次边界条件的齐次方程(7-131)的定解问题。显然 $\hat{u}_k=0$，$\hat{p}=0$ 是这定解问题的一组解，但这种解是无意义的，称为平凡解。我们感兴趣的问题是是否存在该定解问题的非处处为零的解，如果存在，如何求得。应该指出，这样的非零解一般只当方程的参数 β、ν 等取某些特定值或它们之间保持某些特定关系时才存在。此即数学上的特征值问题。使该齐次定解问题存在非零解的参数值称为特征值，对应的非零解称为特征函数。例如，满足方程(7-131)且非处处为零的 $\hat{u}_k$、$\hat{p}$ 为特征函数。

若定义于同一区域的任意函数及其一阶导数可由某函数系的线性组合以任意高的精度逼近，则该函数系称为完备的。上述的特征函数可能不止一个，不同的特征值可能对应于不同的特征函数，因而构成一个特征函数系。设所得的特征函数系是完备的，则任意初始条件可由该特征函数系展开

$$u_k'(x,0)=\sum_l C_{k,l}\hat{u}_{k,l}(x),\quad k=1,2,3 \tag{7-132}$$

现在知道的多数流动情况是满足此条件的。根据线性方程的解可叠加的原理，扰动量方程(7-128)的满足初边值条件的解可由形式如式(7-130)的线性组合给出

$$u_k'(x,t)=\sum_l C_{k,l}\hat{u}_{k,l}(x)e^{-i\beta_l t} \tag{7-133a}$$

$$p'(x,t)=\sum_l a_l\hat{p}_l(x)e^{-i\beta_l t} \tag{7-133b}$$

由此可见，稳定性问题可归结为特征值问题：若存在特征值 β_l 其虚部大于零，则由式(7-133)可见，扰动将随时间而无限增长，因而流动是不稳定的；相反，若所有的特征值 β_l 的虚部都小于零，则扰动将随时间而衰减、消失，因而流动是稳定的。

对于上述结论应补充两点说明。①该结论是由线性稳定性理论得出的，一般来说，对无限小扰动是不稳定的流动对有限扰动更不稳定；而对无限小扰动是稳定的流动对有限扰动可能不稳定。对于有限扰动的情况应由非线性理论处理。②该结论是从特征函数系是完备的这一假设出发的，多数情况下这是正确的，但并不总是这样。当特征函数系不完备时，方程(7-128)的解不能都用特征函数系表示，因而可能存在这样的情况，即用特征函数系表示的部分特解是稳定的，而不能用它们表示的解可能不稳定。这一情况很复杂，我们不再讨论。

以上的讨论是在密度不变、忽略彻体力的一般情况进行的，要在一般情况下求解方程(7-131)。对于由其他物理机制控制的稳定性问题，如密度分层流问题、表面张力问题等也可用类似的思想来研究，本书不再作进一步讨论。

7.4.2 二维平行剪切流的线性稳定性理论

1. 二维平行流的小扰动方程

本节将以二维平行剪切流为例，进一步研究 7.4.1 节阐述的有关理论。由后面的内容可以看出，即使这样简单的流动情况问题也很复杂。

平行流是指只有某一方向的平均速度不为零，而另外两个方向的平均速度均为零的流动，为确定起见，设$U \neq 0$，$V = W = 0$。平行流假设有很广的代表性，由此得出的公式和结论也在不同程度上适合这些流动。

应该指出，上面列举的多数流动并不严格满足平行流假设，例如，边界层厚度会缓慢增长，平均速度$V \neq 0$，虽然通常$V \ll U$。所以，用平行流假设来近似缓慢扩张的实际流动会引入一定的误差，这种差别有时是重要的，本书不再深入研究这一问题。

现进一步引入二维性假设，加上平行流假设，则由质量方程可知，平均速度U只随某一方向变化，为确定起见，设

$$U = U(y) \neq 0$$

一般情况下扰动是三维的，但可以证明，由小扰动方程的特解表示的三维扰动相当于一个二维扰动，所以这里只研究二维扰动的情况，即设$u' \neq 0$，$v' \neq 0$，$w' = 0$。

在上述条件下，普遍形式的小扰动方程(7-126)成为

$$\begin{cases} \dfrac{\partial u'}{\partial t} + U\dfrac{\partial u'}{\partial x} + v'\dfrac{\partial U}{\partial y} + \dfrac{1}{\rho}\dfrac{\partial p'}{\partial x} = \nu\nabla^2 u' \\ \dfrac{\partial v'}{\partial t} + U\dfrac{\partial v'}{\partial x} + \dfrac{1}{\rho}\dfrac{\partial p'}{\partial y} = \nu\nabla^2 v' \\ \dfrac{\partial u'}{\partial x} + \dfrac{\partial v'}{\partial y} = 0 \end{cases} \tag{7-134}$$

此即二维平行流的小扰动方程。

2. 奥尔(Orr)-索末菲(Sommerfeld)方程

设平均运动是定常的，加之U和x无关，则线性方程(7-134)的特解可写成分离变量的形式

$$f'(x,y,t) = \hat{f}(y)\mathrm{e}^{\mathrm{i}(\alpha x - \beta t)}$$

式中，f'代表u'、v'或p'；$\hat{f}$、α和β一般为复数。

在二维扰动的情况下，引入扰动流函数$\psi(x,y,t)$，使

$$u' = \frac{\partial \psi}{\partial x},\ v' = -\frac{\partial \psi}{\partial x} \tag{7-135a}$$

则连续方程可自动满足。由于u'和v'可写为上述分离变量形式，则扰动流函数也应有相同的形式

$$\psi(x,y,t) = \phi(y)\mathrm{e}^{\mathrm{i}(\alpha x - \beta t)} \tag{7-135b}$$

将此式代入式(7-135a)则有

$$u' = \frac{\mathrm{d}\phi(y)}{\mathrm{d}y}\mathrm{e}^{\mathrm{i}(\alpha x - \beta t)} \tag{7-136a}$$

$$v' = -i\alpha\phi(y)\mathrm{e}^{\mathrm{i}(\alpha x - \beta t)} \tag{7-136b}$$

将此式代入小扰动方程中，并取旋度以消去扰动压力p'，则得关于函数$\phi(y)$的四阶

常微分方程

$$(U-C)(\phi''-\alpha^2\phi)-U''\phi=-\frac{\mathrm{i}\nu}{\alpha}(\phi^{(4)}-2\alpha^2\phi''+\alpha^4\phi)$$

引入适当尺度使方程无量纲化，最后得

$$\begin{aligned}&(\bar{U}-\bar{C})(\phi''-\alpha_l^2\phi)-\bar{U}''\phi\\&=-\frac{\mathrm{i}}{\alpha_l Re}(\phi^{(4)}-2\alpha_l^2\phi''+\alpha_l^4\phi)\end{aligned}\tag{7-137}$$

这是平行流线性稳定性理论的基本方程，通常称为奥尔-索末菲方程。这里无量纲的关系式为

$$\bar{C}=C/U_0,\ \ \bar{U}=U/U_0,\ \ Re=U_0 l/\nu,\ \ \alpha_l=\alpha l$$

“′”表示对 $\bar{y}(=y/l)$ 的导数。U_0 和 l 分别为参照速度和参照长度。

$$C=\beta/\alpha\tag{7-138}$$

容易看出，奥尔-索末菲方程(7-137)就是关于一般情况下扰动特征函数 $\hat{u}_k$ 和 $\hat{p}$ 的方程(7-131)在二维平行流条件下的特殊形式。由此可知，关于边界条件、特征值问题和稳定性问题也可作与 7.4.1 节大体相同的讨论。

3. 边界条件

由于平行流适用于多种流动，这里只以槽道流和边界层流动为例说明边界条件的处理。

在固壁表面上扰动速度必须为零，所以二维流动在壁面 $y=y_0$ 处应有 $u'=v'=0$，则由式(7-136)应有

$$\phi(y_0)=0,\ \ \phi'(y_0)=0\tag{7-139}$$

若 $y=y_1$ 是二维槽道流的中心线，且流动对称，则在该处的边界条件应为

$$\frac{\mathrm{d}}{\mathrm{d}y}u'(y_1)=v'(y_1)=0$$

即

$$\phi(y_1)=\phi''(y_1)=0\tag{7-140}$$

很多情况下最不稳定的扰动是反对称的，因而在 $y=y_1$ 处的边界条件应为

$$u'(y_1)=\frac{\mathrm{d}^2}{\mathrm{d}y^2}u'(y_1)=0$$

即

$$\phi'(y_1)=0,\ \ \phi'''(y_1)=0\tag{7-141}$$

实际测量表明，在边界层外缘处扰动速度不为零，所以这里的边界条件不应规定为 $y=\delta$ 时 $u'=v'=0$，而应规定为 $y\to\infty$ 时 $u'=v'=0$。但这要求直接计算无限域，显然是很困难的。人们已经找到了一些很巧妙的方法，仍在 $y=\delta$ 处给定边界条件，以保证 $y\to\infty$ 时 $u'=v'=0$，即在本质上这仍是齐次边界条件。

4. 特征值问题和稳定性判据

以上讨论表明，无论是从纯理论的角度抑或是从实际计算的角度，奥尔-索末菲方程(7-137)的定解条件都是齐次边界条件，而该方程本身也是齐次的，于是这又提出了特征值问题。方程(7-137)中的参数为 $\bar{C}$、α_l 和 Re，所以这一特征值问题就成为寻求这些参数间的某种关系 $f(\bar{C},\alpha_l,Re)=0$，使方程(7-137)存在满足齐次边界条件的非处处为零的解

$\phi(\overline{y})$。我们不打算进一步涉及这一问题的解析方面和数值计算方面的细节，而是假设已求得了这样的解，且假设特征函数系$\phi(\overline{y})$是完备的，由此来分析稳定性问题。首先讨论参数α_l、$\overline{C}$等的意义，仍从其有纲量形式出发。公式中的α和β一般为复数

$$\begin{aligned}\alpha &= \alpha_{\mathrm{r}} + \mathrm{i}\alpha_{\mathrm{i}} \\ \beta &= \beta_{\mathrm{r}} + \mathrm{i}\beta_{\mathrm{i}}\end{aligned} \tag{7-142}$$

现以式(7-136a)为例讨论其物理意义。用直接代入方程(7-137)的方法可以验证：若$\phi(y)$是对应于特征值α和β的特征函数，则属$\tilde{\phi}(y)$是对应于特征值$-\tilde{\alpha}$和$-\tilde{\beta}$的特征函数，这里的"～"表示复数的共轭量。由此可知

$$\tilde{u}' = \frac{\mathrm{d}\tilde{\phi}(y)}{\mathrm{d}y}\mathrm{e}^{-\mathrm{i}(\tilde{\alpha}x-\tilde{\beta}t)}$$

也将是小扰动方程(7-134)的特解。注意到公式

$$\mathrm{e}^{\mathrm{i}\theta} = \cos\theta + \mathrm{i}\sin\theta$$

根据线性方程的解的叠加原理，则可用与共轭特解相加的方法得到虚部为零的特解

$$\begin{aligned}u' + \tilde{u}' &= \frac{\mathrm{d}\phi(y)}{\mathrm{d}y}\mathrm{e}^{\mathrm{i}(\tilde{\alpha}x-\tilde{\beta}t)} + \frac{\mathrm{d}\tilde{\phi}(y)}{\mathrm{d}y}\mathrm{e}^{-\mathrm{i}(\tilde{\alpha}x-\tilde{\beta}t)} \\ &= 2\mathrm{e}^{-\alpha_{\mathrm{i}}x}\mathrm{e}^{\beta_{\mathrm{i}}t}\left[\frac{\mathrm{d}}{\mathrm{d}y}\phi_{\mathrm{r}}(y)\cos(\alpha_{\mathrm{r}}x-\beta_{\mathrm{r}}t) - \frac{\mathrm{d}}{\mathrm{d}y}\phi_{\mathrm{i}}(y)\sin(\alpha_{\mathrm{r}}x-\beta_{\mathrm{r}}t)\right]\end{aligned} \tag{7-143}$$

式中，ϕ_{r}和ϕ_{i}分别为特征函数ϕ的实部和虚部。将式(7-134)展开可以看出，式(7-143)右端等于u'的实部的两倍。实际上只有实部有物理意义，即小扰动方程(7-134)的特解是一些扰动波。式(7-143)表明，扰动波振幅随x和t的变化由α_{i}和β_{i}决定。若$\alpha_{\mathrm{i}} > 0$，则扰动波沿x向衰减；若$\alpha_{\mathrm{i}} = 0$，则振幅不随x变化；若$\alpha_{\mathrm{i}} < 0$，则扰动波沿x向增长。

β_{i}是决定扰动波振幅随时间变化的因子。若$\beta_{\mathrm{i}} > 0$，则扰动波随时间增长；若$\beta_{\mathrm{i}} = 0$，则振幅不随时间变化；若$\beta_{\mathrm{i}} < 0$，则扰动随时间衰减。

由式(7-143)可见，扰动波沿x向的波长λ为

$$\lambda = 2\pi / \alpha_{\mathrm{r}} \tag{7-144a}$$

或

$$\alpha_{\mathrm{r}} = 2\pi / \lambda \tag{7-144b}$$

可见α_{r}表示单位长度内的波数。

由式(7-143)也可见，β_{r}是扰动波的频率。

总之，特征值α和β的虚部反映扰动波振幅的发展，是小扰动理论的稳定性判据，α和β的实部反映扰动波的波数和频率。

这种扰动波首先是由托尔明和施利希延从理论上预见其存在的，后来常以他们的名字命名这种波或简称为 T-S 波。

实际上一般不处理α和β同时是复数的情况。α为实数、β为复数的情况称为扰动的时间增长理论；而β为实数、α为复数的情况则称为扰动的空间增长理论。实际上许多情况正是扰动波沿流向增长的，所以空间增长理论往往更符合实际；但时间增长理论可能较简单。

若α和β虚部都为零，则在平行主流中扰动波以不变的振幅传播，称为中立扰动。

由于波动的传播速度是指具有相同相位的波面的传播速度，即可由式(7-141)中令

$$\alpha_{\mathrm{r}}x - \beta_{\mathrm{r}}t = 常数$$

求得扰动波的传播速度

$$\left(\frac{\partial x}{\partial t}\right)_{相位不变} = \beta_r / \alpha_r \tag{7-145}$$

这个传播速度又称相速度。一般情况下，由式(7-138)可得

$$C = \beta / \alpha = C_r + iC_i$$

式中，C_r为相速度；C_i反映增长或衰减。在α为实数的情况下，$C_r = \beta_r / \alpha_r$。

5. 典型结果

现以层流边界层为例，列举典型的结果。奥尔-索末菲方程的特征值常用$\alpha_r - Re$图表示，图 7-14 是在布拉休斯边界层中扰动的时间增长图。这是计算得到的，与实验结果大体吻合。这图上的每一点对应着一组α_r、C_r、C_i和Re值。对于一给定的雷诺数，扰动可处于三种状态：衰减、中立或增长。$C_i = 0$的曲线称为中立稳定曲线，它把衰减(即稳定)区与增长(即不稳定)区分开。这条曲线上Re达最小值的点有特殊的意义，因为当Re小于此值时对所有的无穷小扰动是稳定的，这时最小的雷诺数就称为临界雷诺数，记为Re_{cr}。以位移厚度δ^*为特征尺度的$Re_{\delta^* cr} = 520$。

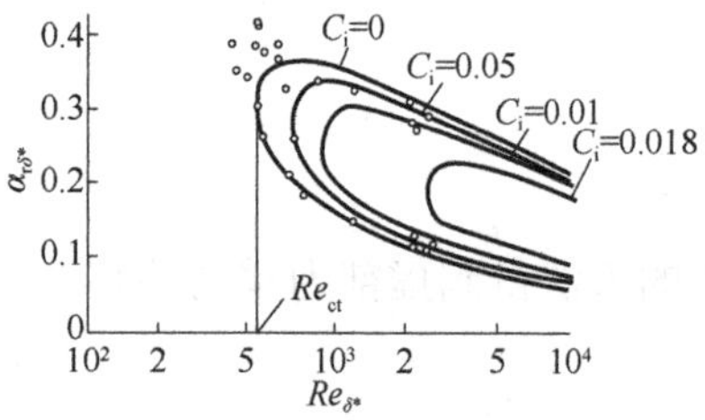

图 7-14　布拉休斯边界层中扰动的时间增长

在时间增长理论中C_i与β_i有相同的性质，即$C_i > 0$时扰动将增长，所以在图 7-14 上由$C_i = 0$的曲线围成的区域为不稳定区，在其外则为稳定区。

图 7-15 给出了以布拉休斯剖面算出的特征函数$\phi(y)$，它对应于中立曲线的下枝，$Re_{\delta^*} = 902$。从图 7-15 可看出，有实际物理意义的v'的实部在边界层内的大部分区域都主要由ϕ_r决定。

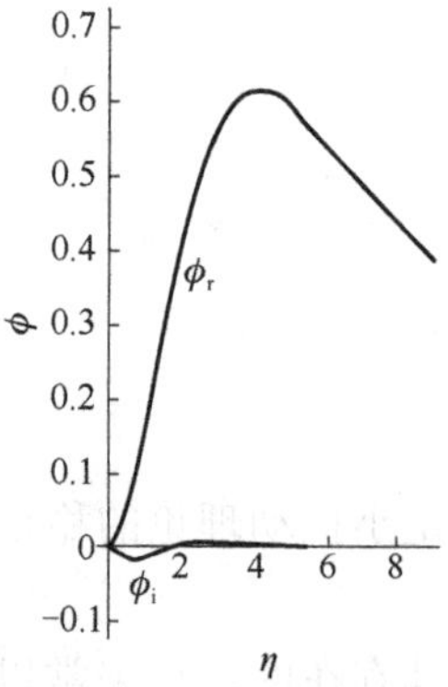

图 7-15　按布拉休斯剖面算出的特征函数ϕ

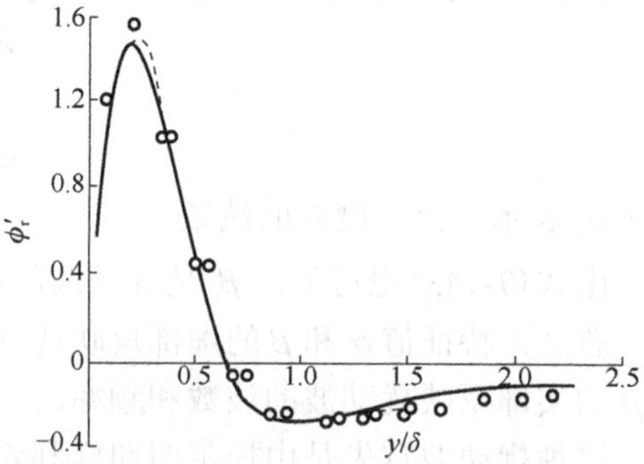

图 7-16　计算结果与舒鲍尔和斯克拉姆斯塔德(1947)的实验结果的比较

实线为薛贝赛(Cebeci)的计算结果，虚线为拉德比尔(Radbil)和麦库(McCue)的结果，$Re_{\delta^*} = 902$

图 7-16 给出ϕ_r'，它对应于纵向扰动速度u'。可见以$y/\delta \approx 0.6$为界，在此点以上和以下，扰动速度方向是相反的。

从图 7-15 和图 7-16 还可看出，u' 和 v' 在 $y=\delta$ 时都不为零，而只是在衰减。

6. 无黏稳定性理论

一种稍微不同的稳定性理论是基于求解 $\alpha_l Re \to \infty$ 时的奥尔-索末菲方程。这就是无黏的稳定性理论。这时黏性对扰动的影响被忽略了。则扰动方程成为

$$\left(\bar{U}-\bar{C}\right)\left(\phi''-\alpha_l^2\phi\right)-\bar{U}''\phi=0 \tag{7-146}$$

这就是瑞利方程。因为方程已退化为二阶，只需两个边界条件即可求解。对于边界层可取壁上的边界条件为

$$y=0;\ \ \phi(0)=0 \tag{7-147}$$

在外缘处，和前面的讨论一样，也可得出在 $y=\delta$ 处规定并保证在 $y\to\infty$ 时扰动趋于零的边界条件。

早期关于稳定性理论的研究多是基于方程(7-146)而不是基于方程(7-137)的，这是因为无论是解析求解还是数值计算，瑞利方程都简单一些。虽然无黏稳定性理论对于有限雷诺数的流动并不很适用，但对于导出几个关于层流速度剖面的重要稳定性定理还是有用的。现介绍瑞利得出的关于无黏流稳定性的两个重要定理。

流体的速度剖面 $\bar{U}(y)$ 有一拐点 $(\bar{U}''=0)$ 是扰动能增长的必要条件。这个定理首先是瑞利证明的。后来托尔明又证明，存在拐点是使扰动能增长的充分条件。根据这个定理可得出结论，当 $Re\to\infty$ 时，有拐点的速度剖面是不稳定的。

若 $\bar{U}''<0$，对于 $C_{\mathrm{i}}=0$ 即中立扰动的情况，至少有一点 $y=y_{\mathrm{c}}$，这里 $\bar{U}=\bar{C}$。即在流体内部的某点，相速度等于平均流速。对应于 $\bar{U}=\bar{C}$ 的这点 y_{c} 称为临界层。第二条定理说明了一个明显的事实：任何扰动波若要避免很快衰减，必须以与流体大致相同的速度传播。对于中性扰动在流体内存在 $\bar{U}-\bar{C}=0$ 的流层的结论是很重要的，这时由式(7-146)可见

$$\phi''=\frac{\phi\left[\bar{U}''+\alpha^2\left(\bar{U}-\bar{C}\right)\right]}{\bar{U}-\bar{C}}=\frac{\phi\bar{U}''}{\bar{U}-\bar{C}}$$

若 $\bar{U}''$ 在该点不为零，则 ϕ'' 趋于无穷大，即该点为奇点。若该点参数用下角“c”表示，用线性关系近似表示该点附近的平均速度变化则得

$$\bar{U}-\bar{C}=\bar{U}_{\mathrm{c}}'\left(y-y_{\mathrm{c}}\right)$$

将此式代入上式则得

$$\phi''\approx\frac{\bar{U}_{\mathrm{c}}''\ \phi_{\mathrm{c}}}{U_{\mathrm{c}}'\left(y-y_{\mathrm{c}}\right)}$$

积分得

$$u'\approx\phi'\approx\frac{\bar{U}_{\mathrm{c}}''\ \phi_{\mathrm{c}}}{U_{\mathrm{c}}'}\ln\left(y-y_{\mathrm{c}}\right)$$

所以流向扰动分速度 u' 在临界层附近趋于无穷大。这是无黏分析得出的重要结论。考虑到黏性作用时这种奇异性虽会消失，但在临界层附近，流向扰动速度达最大，且流动情况复杂。对于平板层流边界层，通常 $y_{\mathrm{c}}/\delta\approx0.15\sim0.25$。由图 7-16 可以看出在临界层附近流向扰动速度很大。

瑞利第一定理表明，既然对于无黏流存在拐点是不稳定的必要条件，若没有拐点，则流动应是稳定的。而黏流在无拐点时也可能不稳定，可见是黏性使之不稳定。黏性的这种作用现在尚无简单而又令人满意的解释。也许是这样，由扰动波建立的黏性应力脉动可使

u' 和 v' 之间的相位偏移，使得雷诺应力为非零值。雷诺应力与平均速度梯度 $\partial U/\partial y$ 相互作用，从平均运动吸收能量，并将其供给扰动运动，使扰动动能 $(u'^2+v'^2+w'^2)/2$ 不断增长。但这时总动能(平均的+扰动的)由黏性作用而减少，这正是热力学第二定律的体现。

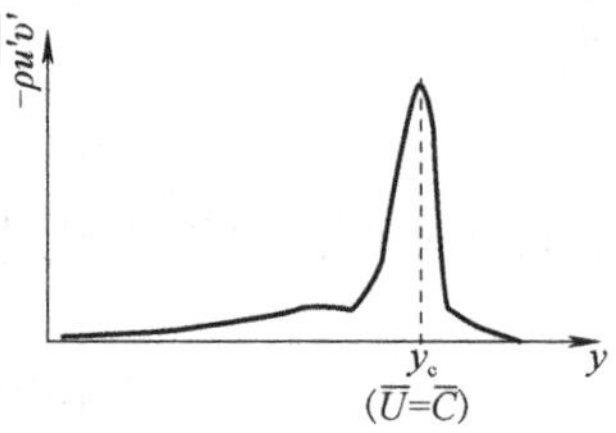

图 7-17　雷诺应力的分布

图 7-17 是斯图尔特(Stuart)在 $\alpha=1$，$Re=10^4$ 条件下得出的雷诺应力的分布。值得注意的是，在临界层附近雷诺应力有很强的高峰。这是由平面泊肃叶流动得出的。所以黏性起两种互相矛盾的作用；一方面它力图通过黏滞作用而使扰动衰减，另一方面它使 u' 和 v' 具有一定的相位差而形成雷诺应力，这样才能从平均运动吸收能量供给扰动，使之增长。

7.4.3　三维波动

湍流的基本特征之一是其脉动运动的三维性，所以在转捩问题的研究中，人们感兴趣的问题之一是三维性是怎样发生和发展的。边界层转捩过程中，在二维平均流的条件下也可观察到沿展向 z (即与主流垂直，与壁面平行的方向)的不均匀发展(图 7-18)。大量实验观察表明，在边界层转捩过程的中后期，三维性的发展起着很重要的作用。值得注意的是，在二维扰动波出现后不远的下游，三维扰动就出现了，这时流动对三维扰动已变得不稳定，称为二次失稳。

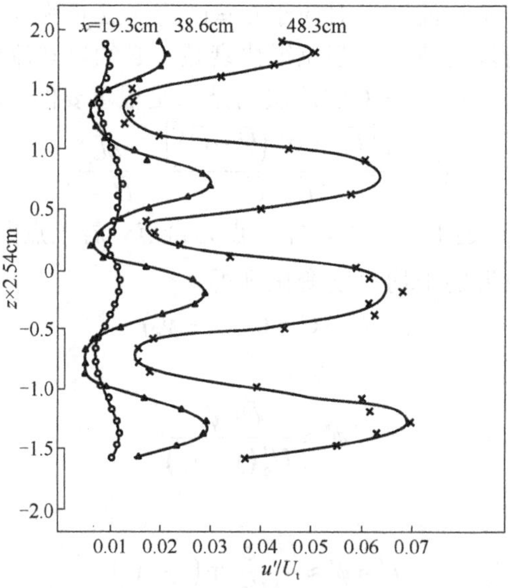

图 7-18　在不同的流向位置 x 测得的流向脉动量 u' 随展向 z 的变化

斯夸尔(Squire)首先建立了二维波动与三维波动之间的某些当量关系，这些工作仍以小扰动线化方程为基础。这一理论说明，在二维平均流条件下，与存在对应于二维波动的二维特征函数类似也存在对应于三维波动的三维特征函数，因而可以设想，当雷诺数超过了对某种三维扰动不稳定的临界值后三维扰动将出现和增长。这样建立的三维特征函数也可反映三维扰动的某些基本结构特点，如流向涡、展向扰动速度等。由此可见，三维特征函数作为在二维平均流动条件下的小扰动方程的特解仍有其独立的意义。但是，在实际的二维边界层中，三维扰动是在二维扰动已出现之后发生的(虽然二维扰动的振幅可能还不大)，所以应当研究二维扰动与三维扰动的相互作用问题。实验研究已表明这些影响的重要性，但这些问题还未从理论上完全解决。目前二次稳定性理论中的弗洛奎特(Floquet)分析很引人注目，并已取得一些进展。至于边界层整个转捩过程中三维扰动非线性发展的作用则更为重要，也更复杂。本节只讨论线性情况，在后面将简单介绍弗洛奎特分析的思想。

应该指出，在混合层中，由于速度剖面拐点的存在，流动极不稳定，以旋涡合并等为主要机制的过程使扰动很快增长，二维性始终占主导地位，而三维性则不易明显地表露出来。这些特点与边界层转捩过程有重要差别。

三维波可出现在三维平均流上，也可出现在二维平均流上。对于前者，情况很复杂，这里不讨论，而只讨论在二维平均流上的三维波。仍采用平均流是平行的这一假设，但扰动是三维的，则小扰动方程成为

$$\begin{cases}\dfrac{\partial u'}{\partial t}+U\dfrac{\partial u'}{\partial x}+v'\dfrac{\mathrm{d}U}{\mathrm{d}y}+\dfrac{1}{\rho}\dfrac{\partial p'}{\partial x}=\nu\nabla^2 u'\\ \dfrac{\partial v'}{\partial t}+U\dfrac{\partial v'}{\partial x}+\dfrac{1}{\rho}\dfrac{\partial p'}{\partial y}=\nu\nabla^2 v'\\ \dfrac{\partial w'}{\partial t}+U\dfrac{\partial w'}{\partial x}+\dfrac{1}{\rho}\dfrac{\partial p'}{\partial z}=\nu\nabla^2 w'\\ \dfrac{\partial u'}{\partial x}+\dfrac{\partial v'}{\partial y}+\dfrac{\partial w'}{\partial z}=0\end{cases} \tag{7-148}$$

式中，u'、v' 和 w' 分别为在 x、y 和 z 向的扰动速度分量；p' 为扰动压力。

由于这个线性偏微分方程组中的系数或者是常数，或者只是 y 的函数[如 $U(y)$]，故可将扰动量写为如下分离变量的形式

$$\begin{cases}u'=\hat{u}(y)\mathrm{e}^{\mathrm{i}(\alpha x+\theta z-\beta t)}\\ v'=\hat{v}(y)\mathrm{e}^{\mathrm{i}(\alpha x+\theta z-\beta t)}\\ w'=\hat{w}(y)\mathrm{e}^{\mathrm{i}(\alpha x+\theta z-\beta t)}\end{cases} \tag{7-149}$$

除了与过去相同的符号具有相同的意义外，这里的 θ_{r} 表示 z 向的波数，即 $\theta_{\mathrm{r}}=2\pi/\lambda_z$，$\lambda_z$ 为 z 向的被长。有符号“ ^ ”的量称特征函数或扰动波函数。α、θ 和 β 一般为复数，所以各扰动波函数一般也是复函数。对式(7-148)的前三式取旋度以消去 p'，并将式(7-149)代入所得式子和式(7-148)的最后一式，整理并无量纲化后得到

$$\left(\bar{U}-\bar{C}\right)\left(\hat{v}''-\gamma^2\hat{v}\right)-\bar{U}''\hat{v}=-\frac{\mathrm{i}}{\alpha_l Re}\left(\hat{v}''''-2\gamma^2\hat{v}''+\gamma^4\hat{v}\right) \tag{7-150}$$

式中，“ ′ ”表示对 $\bar{y}$ 求导，而 γ 定义为

$$\gamma^2=\alpha_l^2+\theta_l^2 \tag{7-151}$$

对于其他的量可得

$$\hat{\omega}_2''-\gamma^2\hat{\omega}_2-\mathrm{i}\alpha_l Re\left(\bar{U}-\bar{C}\right)\hat{\omega}_2=-\theta_l Re\bar{U}'\hat{v} \tag{7-152}$$

$$\begin{cases}\gamma^2\hat{u}=\mathrm{i}\alpha_l\hat{v}'-\theta_l\hat{\omega}_2\\ \gamma^2\hat{\omega}_2=\mathrm{i}\alpha_l\hat{\omega}_2-\theta_l\hat{v}'\\ \gamma^2\hat{\omega}_1=\mathrm{i}\alpha_l\hat{\omega}_2'-\theta_l\left(\hat{v}''-\gamma^2\hat{v}\right)\\ \gamma^2\hat{\omega}_3=\theta_l\hat{\omega}_2'-\mathrm{i}\alpha_l\left(\hat{v}''-\gamma^2\hat{v}\right)\end{cases} \tag{7-153}$$

式中，$\hat{\omega}_1$、$\hat{\omega}_2$和$\hat{\omega}_3$分别对应于扰动涡量在x、y和z向的分量。

式(7-150)就是三维波动的奥尔-索末菲方程。对照二维方程式(7-137)可以看出，独立的特征值参数实际是αRe、α和C而不是Re、α和C。换句话说，对于给定的(α, Re)所得的结果，可以用于其他的α和Re值，只要保持乘积αRe不变即可。这就有可能将二维的结果用于三维。所以，式(7-150)中的ϕ应与式(7-150)中的$\hat{v}$成正比，如果下述条件满足

$$\begin{cases} C_{2D} = C_{3D} \\ \alpha_{2D} = \gamma \\ \alpha_{2D} Re_{2D} = \alpha_{3D} \cdot Re_{3D} \end{cases} \tag{7-154}$$

其中

$$\gamma^2 = \alpha_{3D}^2 + \theta^2$$

关系式(7-154)建立二维和三维扰动之间的某些联系，例如，对于α、θ和C都为实数的情况，即在中立曲线上可得

$$Re_{3D} = \frac{(\alpha_{2D} Re_{2D})}{\alpha_{3D}} = \left(\frac{\gamma}{\alpha_{3D}}\right) Re_{2D}$$

$$= \sqrt{1 + (\theta / \alpha_{3D})^2}\, Re_{2D}$$

可见$Re_{3D} > Re_{2D}$，即$Re_{3Dcr} > Re_{2Dcr}$。即流动对二维扰动比对三维扰动更不稳定。这就是由斯夸尔定理得到的一个结论。

通过上述讨论把二维结果推广到三维后，即可用二维的方法得到$\hat{v}$，于是由方程(7-152)和方程(7-153)可得到三维扰动的其他全部特征函数。

现讨论三维波动的特点。既然式(7-149)是三维扰动的特解，则可根据与 7.4.2 节相同的讨论看出，这些特解由如下形式的谐波组成

$$\cos(\alpha_r x + \theta_r z - \beta_r t), \sin(\alpha_r x + \theta_r z - \beta_r t)$$

在同一时刻t，有相同相位的波面是(x, z)平面上的如下斜线

$$\alpha_r x + \theta_r z = 常数$$

即三维波动是主流u_e流向斜交的波动，其波面的斜率为(图 7-19)

$$\frac{dz}{dx} = -\frac{\alpha_r}{\theta_r} = -\tan\delta$$

显然，当$x = \text{const}$时，上述情况给出了沿z向的波动。即任何一种扰动量在同一流向位置上可因z向位置不同而处于峰或谷的状态，这正是本节开始时提到的沿z向的不均匀性。

三维波动的另一特点是存在波动的流向涡以及与此对应的展向扰动速度ω'。图 7-20 表示这种扰动速度沿边界层厚度方向的分布在一个周期内的变化。计算是按上述理论做出的，可见计算结果反映了实验测得的基本特征。

大量实验研究表明，流向涡的出现和发展在边界层转捩过程中起着很重要的作用。例如，流向涡将把x向的动量沿z向运送，造成平均速度剖面在z向的某些位置过于丰满，在另一些位置则出现亏损，甚至出现拐点。而湍流的斑点往往都首先出现在有亏损的z向位置。这些虽都发生在非线性影响起主导作用的阶段，但线性的三维波动理论却已预示了流向涡的出现。

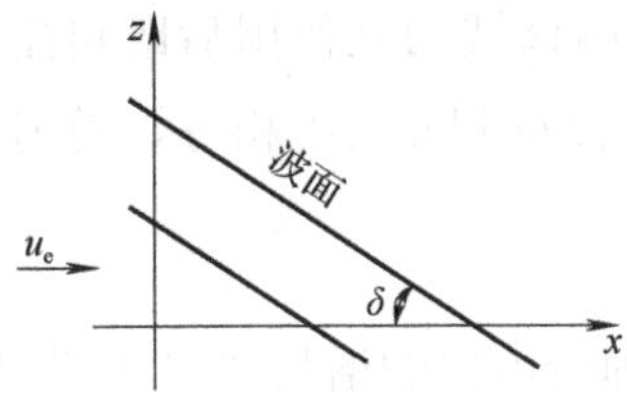

图 7-19　三维波动

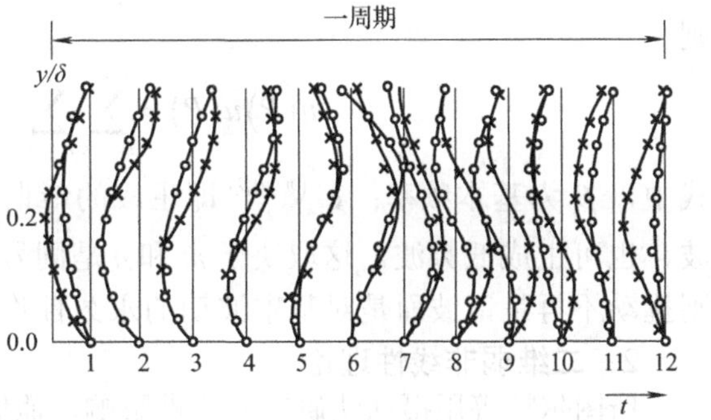

○—沃特曼(Wortmann)的实验(1977)　×—陈懋章等的计算结果

图 7-20　展向扰动分速 w' 沿边界层厚度方向的分布在一个周期内的变化

7.4.4　非线性稳定性理论

1. 非线性稳定性理论的某些基本概念

前面在扰动是无限微弱的假设下，对纳维-斯托克斯方程进行了线化，导出了小扰动方程。在此基础上，以奥尔-索末菲方程为核心，建立了流动的线性稳定性理论。这种理论对于预计在无限小扰动情况下流动失稳的条件和确定影响稳定性的某些参数是有效的。但是，随着扰动波振幅的增长，脉动速度与主流平均速度相比不再是很小的量(即 $U \gg u'$ 不再成立)，因而在推导小扰动方程中所略去的扰动量的二次项不能忽略，小扰动方程所预计的结果逐渐偏离实际扰动发展过程，非线性影响开始显露和增长。所以小扰动线性稳定性理论不能描述扰动增大后的发展过程。例如，由式(7-143)可见，一旦流动失稳，脉动速度的振幅应按指数关系无限增长，而实际的湍流脉动绝不可能如此。另一个例子是确定临界雷诺数问题。对于平面泊肃叶流动，由线性稳定性理论确定的临界雷诺数是 5772，而实验表明，当雷诺数为 1000～2500 时，湍流就可能发生。为解决这些问题，应考虑到非线性的影响，但这一问题很复杂，现在还远未解决。

在非线性稳定性理论中常采用以谐波分析为基础的摄动法。在线性稳定性理论中，由于假设谐波振幅无穷小，因而可只研究该谐波本身的发展而忽略各谐波之间的相互影响。在非线性理论中，谐波振幅不再是无限小量，因而必须考虑它们之间的相互影响。首先要考虑的是与基本谐波有相同量级量的影响。我们不打算涉及更多的细节而只说明谐波相互作用的一些概念。

动量方程所包含的非线性项为 $u_j \dfrac{\partial u_i}{\partial x_j}$，考虑到不可压的质量方程后可得

$$u_j \frac{\partial u_i}{\partial x_j} = u_j \frac{\partial u_i}{\partial x_j} + u_i \frac{\partial u_j}{\partial x_j} = \frac{\partial u_i u_j}{x_j}$$

以 x 向的分速度 u 的相互作用 $u \cdot u$ 为例，设在某一空间点 P 的速度可用傅里叶级数表示为

$$u(P) = \sum_{m=-\infty}^{\infty} A_m(P) \mathrm{e}^{-\mathrm{i}m\beta_r t}$$

则

$$u(P)u(P)=\sum_{m=-\infty}^{\infty}\sum_{n=-\infty}^{\infty}A_m(P)A_n(P)e^{-i(m+n)\beta_r t}$$

式中，β_r 为基本频率；$e^{-i(m+n)\beta_r t}$ 即生成的新谐波。可见，两谐波相互作用后既可生成高频波，也可生成低频波，这取决于 m 和 n 是同号还是异号。若 m 和 n 大小相等、符号相反，则扰动不再是谐波而是对基本波动的永久性作用。

2. 二维弱非线性理论

斯图尔特等用摄动法研究非线性影响，他们利用线性理论给出的增长率 β_{1i} 作为小参数。在这一方法中，自动地将适当量级的谐波包括进来。他们的概念是考虑下列形式的扰动

$$C_1(t)e^{i\alpha(x-C_r t)}\phi(y)+\text{高阶项}$$

式中，α 及 C_r 分别是波数和线性理论中的相速度；$\phi(y)$ 是奥尔-索末菲方程相应的特征函数。引入了振幅函数 $C_1(t)$ 以代替原来的增长项 $\exp(\beta_{1i}t)$。通过仔细分析证明了 $C_1(t)$ 应满足如下的振幅方程

$$\frac{dC_1(t)}{dt}=\beta_{1i}C_1(t)+B\tilde{C}_1(t)\left|C_1(t)\right|^2+\text{高阶项} \tag{7-155}$$

式中，B 为复常数。这一方程早先曾由朗道于 1944 年在对流动稳定性作一般性讨论时提出。将式(7-155)乘以 $C_1(t)$ 的共轭量 $\tilde{C}_1(t)$，然后将它和它的共轭方程相加，则得

$$\frac{d\left|C_1(t)\right|^2}{dt}=2\beta_{1i}\left|C_1(t)\right|^2+2\beta_r\left|C_1(t)\right|^4+\cdots \tag{7-156}$$

这具有能量方程的形式，因为 $\left|C_1(t)\right|^2$ 与动能成比例。若右端只计及写出的两项，则此方程的解可写为

$$\begin{aligned}\left|C_1(t)\right|^2&=\frac{\beta_{1i}H\cdot\exp(2\beta_{1i}t)}{1-B_rH\cdot\exp(2\beta_{1i}t)}\\&=\frac{1}{\dfrac{1}{\beta_{1i}H\cdot\exp(2\beta_{1i}t)}-\dfrac{B_r}{\beta_{1i}}}\end{aligned} \tag{7-157}$$

式中，H 为实常数。由此解可看出两种特别重要的情况(图 7-21)。

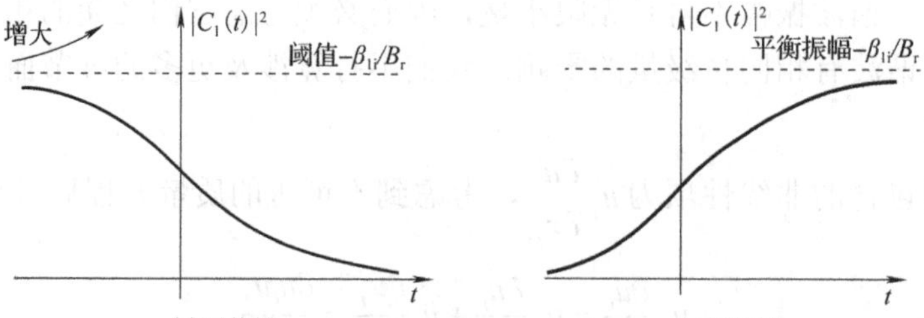

图 7-21　弱非线性情况下振幅变化的近似解

$\beta_{1i}<0$：对应于线性稳定性理论中的稳定情况，简称亚临界情况。由式(7-157)的后一式可见，当 $\beta_{1i}<0$，$B_r>0$ 时，只要初值 $\left|C_1(t=0)\right|^2<-\beta_{1i}/B_r$（对应于 $0>H>-\infty$），则 $t\to\infty$ 时 $\left|C_1(t)\right|^2\to 0$，流动即是稳定的；但若初值 $\left|C_1(t=0)\right|^2>-\beta_{1i}/B_r$（对应于 $1/B_r<H<\infty$），则

$t \to \infty$ 时 $\left|C_1(t)\right|^2 \to \infty$，流动即是不稳定的。可见，按照非线性稳定性理论，在亚临界情况也不是绝对稳定的：若扰动初值低于某一阈值则稳定，高于该值则不稳定。这一结论是符合实际情况的。对于这里所述的情况，阈值等于 $-\beta_{1i} / B_r$。线性稳定性理论不能描述这种稳定性与扰动初值大小有关的现象。

$\beta_{1i} > 0$：对应于线性稳定性理论中已进入不稳定区的情况，简称超临界情况。当 $\beta_{1i} > 0$，$B_r < 0$ 时，对于 $H > 0$ 这种较简单的情况，$t \to \infty$ 时 $\left|C_1(t)\right|^2 \to -B_r / \beta_{1i}$。即失稳后扰动振幅不是像线性稳定性理论预计的那样趋于无限大，而是趋于某一有限的平衡值。显然这一结论也比线性稳定性理论更符合实际。

以上讨论值考虑了零阶波和二阶波对一阶波的影响，实际上任何阶波都将影响一阶波，在这里认为其他阶波还未充分增长，因而量级小，可忽略。仅从这些讨论就可看出，考虑了非线性影响后，过程的发展方式是很不一样的。

3. 二维三维扰动的相互作用与弗洛奎特分析

在前面已分析过三维波动，其分析未考虑二维波动的影响，即在严格意义下的二维平行流的基础上研究三维微弱扰动的发展。前已指出，实际情况是三维扰动是在已有二维扰动的条件下发展的。实验表明，在这样的条件下，边界层中三维扰动增长很快，其增长速度不能用简单的线性三维扰动理论解释。实验也表明，在边界层中，由于初始扰动振幅和其他条件不同，三维波动和转捩可出现不同的形态，这些也都不能用线性三维扰动理论解释。这些情况表明，作为考虑非线性影响的第一步，考虑二维扰动的作用是有好处的。目前在二次失稳的理论方法中，弗洛奎特分析很引人注意，并已取得了很好的成果。

弗洛奎特分析的基本思想是假设流动由三种成分组成：

(1) 二维平行定常流 $u_0(y)$；

(2) 振幅为常数 A 的二维 T-S 波 $Au_2(x', y, t)$；

(3) 三维波 $u_3(x, y, z, t) = e^{\sigma t} e^{i\beta z} u_4(x, y)$。

其中，x' 为固定标架的流向坐标，x 为以相速度 C_r 运动的标架的流向坐标，显然

$$x = x' - C_r t$$

利用这些假设，在随二维 T-S 波的相速度 C_r 运动的坐标系中，流动可看成近似定常，沿流向呈周期性变化。即 u_0 和 u_2 组成了定常的沿流向呈周期性变化的基础流动，而仅三维扰动是非定常的。由此可得出一组线性方程组，其系数沿流向呈周期性变化，现已利用这组方程得到了一系列很有意义的结果。

7.4.5　二维混合层的失稳和转捩过程

前面曾指出，混合层是最简单的剪切层，如果从轴线将射流和尾迹分为两半，则它们的一半也可用混合层代表。当然，由于混合层是不对称的，由此引起的某些现象，如涡的卷起、组对等则是射流和尾迹所没有的。通过对混合层的研究，可清楚地看出涡的发展和拟序结构，并可利用这些知识在某种程度上预估湍流混合层的特性。近年来对混合层的数值模拟也取得了很大的进展，已几乎能模拟它的全部转捩过程。

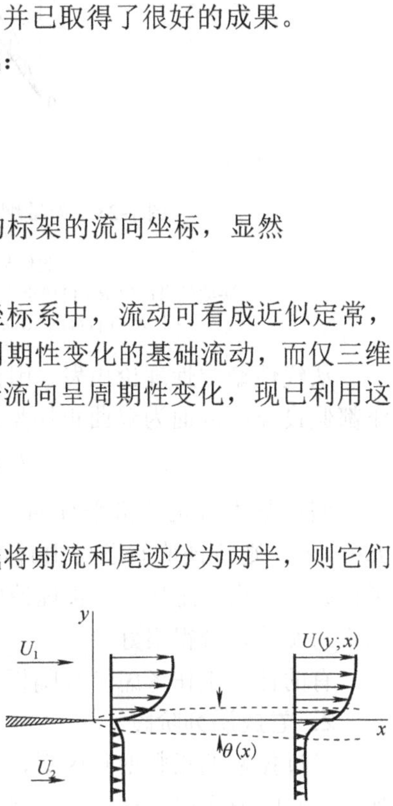

图 7-22　混合层空间发展示意图

设速度为 U_1 和 U_2 $(U_1 > U_2)$ 的两股层流流体由于黏性扩散而形成了略为扩张的定常的基本流 $U(y;x)$（图 7-22）。

该流动可方便地用两个无量纲的参数 R 和 Re_θ 表征，其中 $R=\Delta U/(2\bar{U})$，$\Delta U=U_1-U_2$，$\bar{U}=(U_1+U_2)/2$，所以 R 反映相对剪切量的大小。$R=0$ 则为尾迹；$R=1$ 时只有一股流体，如射流混合区起始段那样。$Re_{\theta_0}=\bar{U}\theta_0/\nu$ 为基于初始动量厚度 θ_0 的雷诺数。

混合层的转捩过程可大体分为四个阶段，下面分别讨论。

1. 线性发展阶段

混合层的初始段可由线性稳定性理论描述，其物理机制则由亥姆霍兹不稳定性控制。在两层流体之间的界面处，涡强达最大，速度剖面出现拐点，极不稳定，扰动以相当大的增长率按指数关系增长，到后来卷成旋涡。

实验研究表明，如果把混合层看成是对扰动的放大器，其放大率是随扰动频率变化的。图 7-23 反映了无量纲空间增长率 $(-\alpha_i\theta)/R$ 与无量纲的频率斯特劳哈尔数 $Sr=\beta_r\theta/2\pi\bar{U}$ 之间的关系。可见，增长最快的波所对应的 $Sr_n=0.032$，此即最快增长频率。值得注意的是反映相对剪切量的参数 R 在 0 到 1 这样大的变化范围内最快增长频率 Sr_n 只变化 5%，几乎是常数，而所对应的相速度 C_r 则等于两股流体的平均速度 $\bar{U}$。

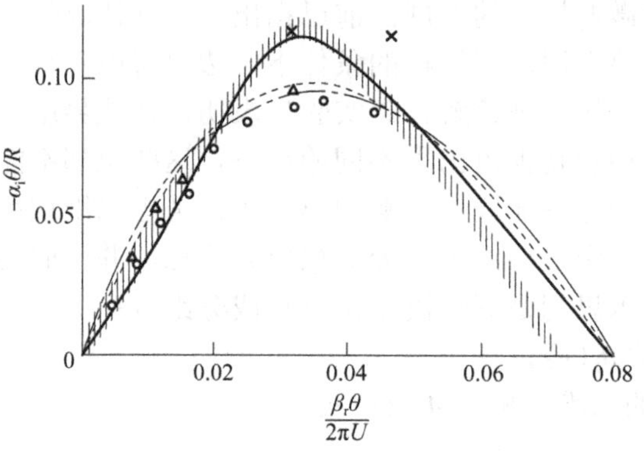

图 7-23　无量纲的空间增长率 $-\alpha_i\theta/R$ 随 Sr 的变化线性稳定性

理论结果：实线 $R=1$；点划线 $R=0.5$；划线 $R\ll 1$

实验结果：○ $R=1$ [弗里姆斯(Freymuth)，1966]；× $R=0.72$ [米克沙德(Miksad)，1972]；||| $R=1$ [费德勒(Fiedler)等，1981]；△ $R=0.31$ [何(Ho)和黄(Huang)，1982]

从线性稳定性理论出发，用计算的方法也可得到增长率与 Sr 之间的关系。多数计算工作都假设速度剖面为双曲正切型，即

$$U(y,R)=\bar{U}\left[1+R\tanh\left(y/2\theta\right)\right]$$

假设基本流是严格平行的，则扰动可设具有式(7-135)的形式。在无黏的极限情况下 $Re\to\infty$，则特征值问题可由解瑞利方程得到。由于扰动沿流向增长，空间增长理论得到了很好的证实，而时间增长理论的结果却不太令人满意。图 7-23 给出了理论计算结果，可见它与实验符合得很好。

有的计算工作考虑了分隔板后尾迹的影响，结果更好。

2. 卷成涡列阶段

经过振幅的指数增长区后，非线性影响逐渐显露和增强，亥姆霍兹波演变为周期性涡列。它们以平均速度 $\bar{U}$ 移动，其波长 $\lambda_n=2\pi\bar{U}/\beta_m$，$\beta_m$ 为前述的最快增长频率。图 7-24 很清楚地表现出了这一现象，它是由流场显示技术得出的。回流区的涡强很大，它们通过薄的涡层相互连接。上述过程通常称为卷起过程。此过程基本上是二维的。当在下游某处基

本频率 β_m 的振幅达最大时可视为卷起过程的结束。在此过程中，由于非线性作用，一个频率为 $\beta_m/2$ 的次谐波开始出现和增长，它比基本谐波的能量约低三个数量级。

图 7-24　展向涡的卷起 $\beta_r = \beta_m (R<1)$

3. 旋涡的组对、合并和撕裂

发展的下一阶段的特征是次谐波的迅速增长和旋涡的相互作用。在远下游处，相邻的旋涡开始组对(pairing)，如图 7-25 所示。组对是指由周期性扰动演变成的旋涡两两成对地相互围绕旋转并最终合并为一个旋涡。合并成的大旋涡又继续两两相对、合并。实验观察发现，旋涡的这种相继组对和合并是控制混合层的流向发展的基本过程。它的表现是，起初包含了基本速度剖面中的涡量，不断地再分配到越来越大的旋涡中，它们的波长和强度经每次组对合并而加倍，其通过频率则减半。随着向下游运动，频谱曲线中具有峰值的频率向低频方向移动。实验还发现这样一种有趣的关系，若将两个旋涡在 y 向排成一线的位置定义为组对的位置，则此位置对应于谐波振幅达到最大值。

图 7-25　无强迫振动频率混合层的旋涡组对 ($R = 0.48$)

最近的实验观察和数值模拟发现，在旋涡相互作用阶段，不仅存在合并过程，也存在撕裂破碎过程。其特点为：若在混合层中心线上有一旋涡，且其前后在大体相等的距离处各有一尺度相同的旋涡，若这三个旋涡处于同一直线上，则中间的旋涡将被前后两个旋涡逐渐撕裂、吞噬而消失，接下来这两个旋涡再进一步组对、合并。

4. 三维结构的发展

在上述次谐波发展过程中，三维结构也开始形成。其主要表现是交替排列、反向旋转的流向涡叠加在展向大尺度旋涡上(图 7-26)。流向涡的展向距离与当地混合层厚度有相同的量级，即随流向距离增加而增加。流向涡的形成意味着对三维扰动的失稳。由于这三维运动是在展向大旋涡基础上发生的，其频率与原来的基本频率有相同的量级，但运动尺度通常小得多。这种三维运动的出现和发展标志着层流演变为湍流的最后阶段。

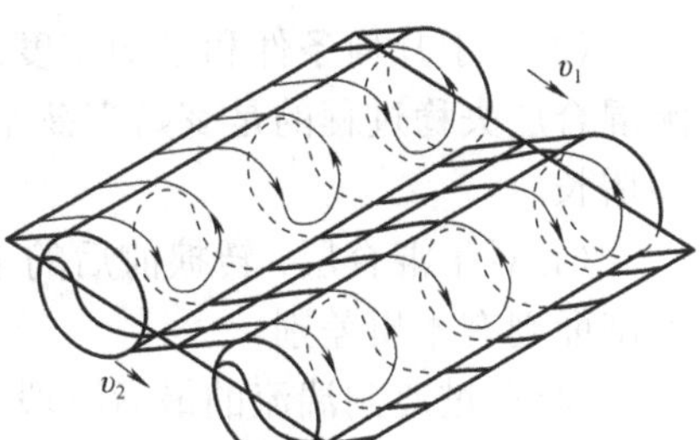

图 7-26　二维混合层中的流向涡

整个转捩过程，从线性不稳定开始到转变成湍流，约需基本波的五个波长的距离。根据直观推测，当地雷诺数 $Re = U\theta/\nu$ 应足够大才能维持表征湍流的小尺度运动，所以一般认为转捩雷诺数的量级应为 5×10^3 左右。对气体所做的实验表明，小尺度旋涡的出现发生在雷诺数为 $3\times10^3 \sim 5\times10^3$。但液体典型的转捩雷诺数却低得多，为 750～1700。

在对混合层的实验研究中常常人工引入某个激振频率，且通常取为最快增长频率，这会加快整个旋涡的卷起、组对、合并等过程，而且易于得到更规则的旋涡结构。这一措施由于会加强二维旋涡的组对等过程，它将抑制三维不稳定性，从而维持二维性的存在优势。对于无人工引入激振频率的自然转捩过程，虽然展向旋涡运动的二维性仍是这一过程的主要特征，但流向涡和其他随机的小尺度三维湍流运动则相对较易出现和发展。

以上内容虽主要涉及层流向湍流的转捩过程，但这些现象在转捩的湍流混合层中继续存在，即二维大尺度旋涡是湍流混合层某些发展阶段的典型结构。展向涡的相继合并等相互作用现象不仅存在于流动演化过程的早期层流阶段，也存在于远下游的湍流区，在那里它们与随机的小尺度湍流运动同时存在，形成所谓的双结构。这种状态可以一直持续到雷诺数高达10^7。

由此可见，在层流和湍流混合层中展向大旋涡结构的演化本质上是由相同的动力学过程控制的，这就启示人们将原来为描述层流的卷起过程所发展的稳定性概念用于研究湍流混合层。即把抹平湍流脉动得到的平均速度场定义为准层流，则湍流大尺度结构就是在这准层流中的不稳定波动。用这样的处理方法，利用平行流假设和缓慢扩张假设，已分别成功地预估了湍流大尺度结构的局部增长速度和波动振幅的全部发展过程，甚至已成功地描述了接近最大振幅处沿混合层厚度方向上湍流脉动速度的大小。

以上事实说明，经过适当处理，稳定性理论已可用于描述湍流混合层的某些过程，这正是近年来人们日益对稳定性理论和混合层感兴趣的原因之一。

7.4.6 二维边界层的转捩

7.4.5 节讨论的混合层转捩属于自由剪切流的类型，本节将讨论的边界层转捩则属于有壁剪切流的类型。这两种类型的转捩有以下重要的差别。

(1) 混合层的转捩过程以及转捩后都存在展向的大涡结构，这种结构通常是二维的，它与小尺度的三维湍流脉动并存。边界层则不同，后面将会看到，二维扰动只会在转捩初期存在，而且需要小心地控制实验条件；在转捩完成后，如果存在拟序结构，那也是三维的。

(2) 由于几何条件和平均速度剖面等的差别，两者控制失稳过程的机制有本质不同。支配混合层失稳过程的是亥姆霍兹绝对不稳定性，微弱扰动将以比平板边界层中高得多的速率增长。

(3) 对于混合层，转捩前后的平均速度剖面无大的变化，而层流和湍流边界层的平均速度剖面则有本质差别。

(4) 在过渡到湍流的最后阶段，边界层内会出现湍流斑点，而在自由剪切流中则从未发现过。

与混合层的情况一样，在边界转捩的实验研究中也常人为引入某种扰动频率，以激发转捩，称为人工转捩，它与自然转捩有某些不同之处。人工转捩易于控制实验条件，易于测试和观察，所以实验研究中用得较多。这种方法首先是由舒鲍尔等于 20 世纪 40 年代发展的。他们把一条薄的金属带沿展向安置在流体中，它与壁面平行，与壁面有很小的距离，通常在临界层之下。此带由电磁激振，其频率对应于中立曲线的下枝附近(图 7-27)。这样可人为引入二维扰动。但他们发现，这样引入的扰动并不能维持其二维性，它们很快沿展向发生了不很规则的变化。鉴于此，克列班诺夫等在上述振动带的下面在壁面上沿展向均

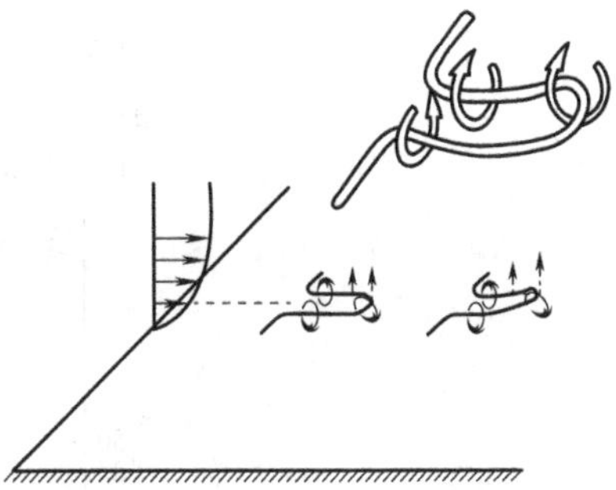

图 7-27　Λ 涡及其拉伸和自诱导

匀相间地贴上赛璐玢带，其厚度为 0.076mm，这可引起规则的三维扰动。通过他们和其他人的大量实验，可将边界层的人工转捩过程归结如下。

(1) 当扰动振幅很小时，出现二维 T-S 波，且其增长率与线性稳定性理论符合。稍后弱的三维 T-S 波也会出现，但是，三维波受到先于它出现的二维波的影响，且由于边界层厚度的缓慢增长等因素，增加了问题的复杂性。

(2) 某些扰动以比线性理论的预估值更快的速率增长，这是非线性影响的早期表现。这时扰动仍不大，流动仍光滑。这些快速增长的扰动都是三维的。前面介绍的二维弱非线性理论不能解释这种现象，也许因为它不能处理涡的弯曲、拉伸等问题。

(3) 随着上述三维扰动的快速增长，原先沿展向的示踪直线(如由氢气泡或烟组成)逐渐变成 Λ 形，这是形成 Λ 涡系的初始征兆，这时还未形成强的涡强区。一旦出现 Λ 涡，由于自诱导作用，曲率最大的部分(如 Λ 涡的尖部)将有更大的向上的速度，即进入有更高的平均速度的流层，因而比其根部运动更快，使 Λ 涡受到沿流向的拉伸而增加其流向涡强。增加了的流向涡强将使 Λ 涡的尖部有更大的向上速度，由此形成了不断加强的拉伸、自诱导过程，也许这是三维扰动快速增长的原因。图 7-27 表示了 Λ 涡的这种过程。

(4) 随着流向涡的加强，平均速度剖面沿展向发生了变化；在某些展向位置，速度剖面变得更饱满；而在另一些展向位置则发生了严重的亏损，甚至出现拐点。在这些出现亏损的地方，流向速度有时骤降。人们把这种陡峭的速度变化称为“尖钉”。这里有极强的剪切，流动极不稳定。图 7-28 为实测的这种速度剖面的例子。

(5) 在上述有速度亏损的强剪切层的下游常出现局部的湍流团，称为湍流斑点，其典型的形状见图 7-29。湍流斑点出现后迅速发展扩充而连成一片，使整个边界层转变为湍流。

上述过程是人工转捩实验研究发现的有代表性的重要情况。对于自然转捩，过程更为复杂多样。根据扰动的强度和性质的不同，上述有代表性的特征会或强或弱地表现出来，有的过程可能根本看不到。例如，若来流湍流度较高，噪声水平或机械振动频率较高，可能观察不到 T-S 波。又如由于没有人工引入的起支配作用的频率，不同频率的扰动竞相增长，但具有某些频率的扰动最不稳定，因而以这些扰动为中心，具有相近频率的扰动也较快增长，形成了波包式的发展。

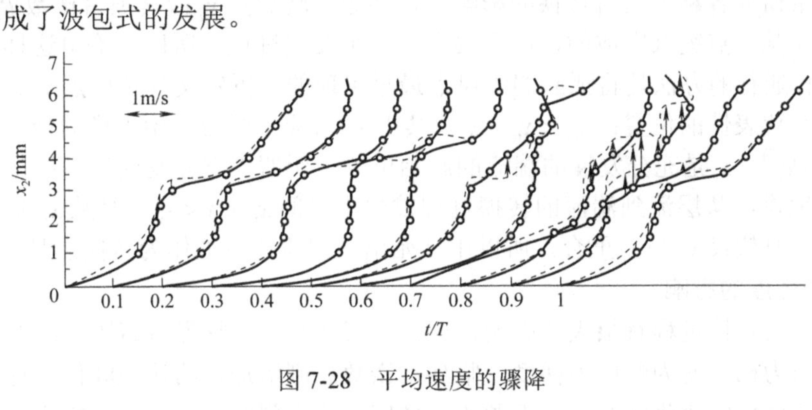

图 7-28　平均速度的骤降

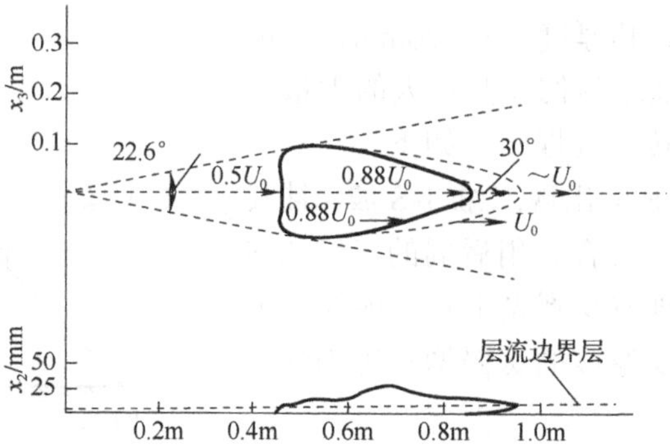

图 7-29　端流斑点的平面视图和侧视图

近年来最重要的发现之一是沙瑞克等在 1984 年发现的次谐波转捩。因波的相互作用而出现次谐波的现象在声学、对流和自由剪切流中早已发现过，而在边界层中的次谐波转捩则是最近才观察到的。它的主要特征是其三维结构沿流向的周期是基本二维波的两倍，且 Λ 涡沿流向也交错排列。图 7-30 表示了次谐波转捩的典型情况，这是由斯波拉特等在 1987 年用谱方法直接求解纳维-斯托克斯方程得出的，它与实验观察到的基本特征吻合得很好。这表明数值模拟转捩过程已取得了很大的成功。转捩过程的解析描述要困难得多。

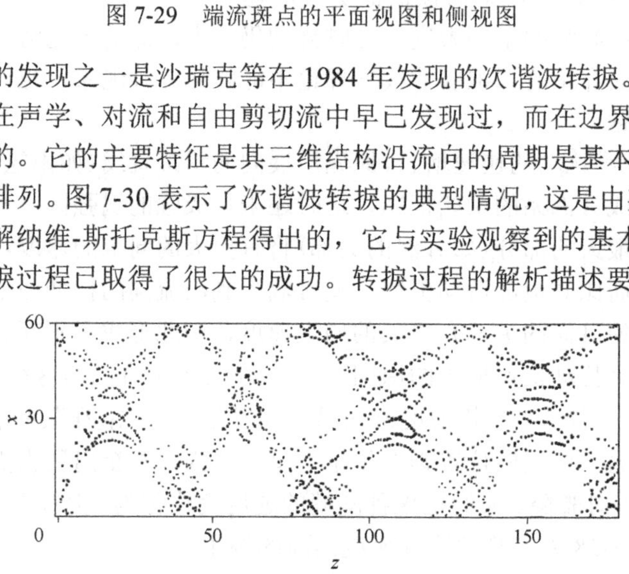

图 7-30　次谐波转捩过程中沿流向交错排列的 Λ 涡

7.4.7　影响边界层转捩的其他因素

前面讨论的转捩过程只涉及了雷诺数的影响。由于影响转捩的还有其他重要因素，而利用这些因素以控制转捩的提前或推迟又有重要的工程技术意义，所以本节讨论这些因素的作用。后面将要讨论的边界层控制问题中，转捩控制是其中一部分重要内容。

为了定量研究各种因素对转捩的影响，需要定义转捩点 x_{tr} 或转捩雷诺数 Re_{tr}。但是由于转捩不是在某一点突然完成的，而是要经历一个发展过程，所以要给出这样的定义是困难的。目前较通行的办法是将孤立湍流斑点最早出现的位置定义为转捩点 x_{tr}。这样，沿流向就有三个有代表性的位置：$x_{cr} < x_{tr} < x_t$。其中 x_{cr} 对应于层流开始失稳的最小雷诺数——临界雷诺数 Re_{cr}。x_t 是充分发展的湍流的起始位置。所谓“充分发展”是指达到统计定常状态。狭义地讲，从层流到湍流的转捩过程发生于区间 $x_{tr} < x < x_t$，且从 x_{tr} 到 x_t 的距离不长，工程上有时假设 x_{tr} 与 x_t 重合，所以用开始出现湍流斑点处作为转捩点是有代表性的。

1. 压力梯度的影响

压力梯度对转捩过程有很大的影响，这首先表现在它对临界雷诺数的影响。由图 7-31 可见，从逆压力梯度变为顺压力梯度，临界雷诺数急剧增加，约达 100 倍。这样大的影响是由于平均速度剖面变化所致。对于顺压力梯度，速度剖面饱满，流动稳定；对于逆压力梯度，速度剖面可能出现拐点，流动不稳定。

前已指出，从临界雷诺数到转捩雷诺数还要经过一段发展过程，而这一过程的长短也与压力梯度有关。格兰维尔给出了这种关系(图 7-32)。其中

$$\left(\overline{K}\right)=\frac{1}{x_{tr}-x_{cr}}\int_{x_{cr}}^{x_{tr}}\lambda(x)\,dx$$

$\left(\overline{K}\right)$可视为平均的压力梯度参数，$\left(\overline{K}\right)>0$为加速，$\left(\overline{K}\right)<0$为减速。由图 7-32 可见，对于加速流动，从临界雷诺数达到转捩雷诺数要经历长得多的发展过程。

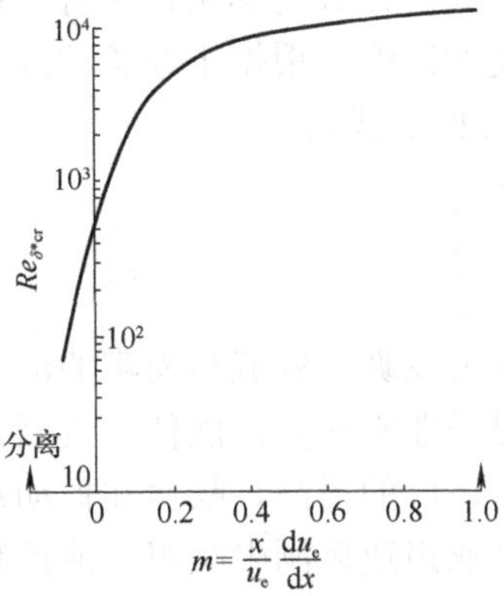

图 7-31 临界雷诺数随压力梯度参数 m 的变化

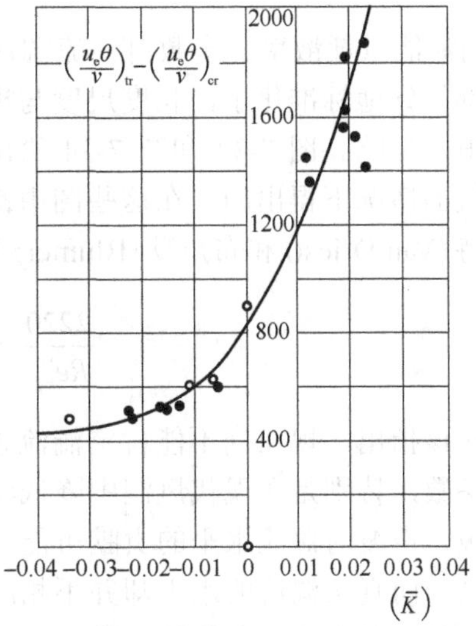

图 7-32 平均压力梯度参数对转捩过程长度的影响

通过控制压力梯度以控制转捩使人们发展了一种所谓的层流翼型。这种翼型的基本特点是尽可能将最大厚度点后移以保证沿弦长的绝大部分为层流边界层，从而达到低的表面摩擦阻力。在雷诺数 $Re=2\times10^{6}\sim3\times10^{7}$ 时，阻力可比普通翼型下降 30%～50%。在很高的雷诺数时，如 $Re>5\times10^{7}$，这种好处便消失了，因为这时转捩点突然前移。另外，将最大厚度点后移以达到最低压力点后移，实际上只能在很窄的攻角变化范围内实现。层流翼型广泛用于滑翔机，其中最有名的是 F.X.沃特曼发展的 F.X 翼型。

2. 自由流湍流的影响

除改变物体形状以改变压力梯度来影响转捩过程外，还有两个简单有效的途径，即改变自由流湍流强度和物体表面粗糙度。上面的次谐波转捩都反映了扰动强度的影响。实际上当来流湍流强度较强时可以不出现 T-S 波而直接过渡到湍流。这里指的来流湍流强度应包括一切扰动，而噪声则是很重要的一个因素。

实际工程技术问题有时希望尽可能推迟转捩，有时又希望提前转捩，后者可防止层流分离或加强传热。在风洞实验中，上述两种情况都会出现。在小风洞常常需要强迫提前转捩，以保证转捩点与全尺寸情况下处于相同的对应位置，这样就可模拟边界层在全尺寸物体上的发展。相反，在大风洞中，模型可能具有与全尺寸物体相同的雷诺数，则自由流湍流度必须降到很低的水平，因为对大多数航空方面的问题来说，大气可视为非湍流的。实际上任何尺寸的风洞都在设法降低湍流度，因为对未来用户的需要事先并不完全知道。

自由流湍流的影响应包括其长度尺度及湍流强度 T 。 $T=q/u_{\mathrm{c}}$， $q=\frac{1}{3}\left(\overline{u'^2}+\overline{v'^2}+\overline{w'^2}\right)$， q 即均方根脉动速度。泰勒首先给出了这方面的理论，其结果是在零压力梯度时转捩雷诺数取决于 $\frac{\sqrt{\overline{u'^2}}}{u_{\mathrm{e}}}\left(\frac{\delta}{L}\right)^{\frac{1}{5}}$，其中 L 是湍流的积分长度尺度

$$L\propto\frac{\left(\overline{u'^2}\right)^{\frac{3}{2}}}{\varepsilon}$$

ε 为湍流能量耗散率。多数自由流湍流影响的研究者都忽略了长度尺度的影响，因为风洞尺寸都很好地标准化了，长度尺度与模型尺寸之比不会有很大变化，因而对转捩雷诺数不会有很大影响。图 7-33 和图 7-34 给出了湍流强度对转捩雷诺数的影响，前者是在湍流强度很低的情况下得出的。在这些图中都看不出长度尺度的影响。根据半经验的理论，范德列斯特(Van Driest)和布卢默(Blumer)建议平板边界的转捩公式为

$$\frac{2220}{Re_{x_{\mathrm{tr}}}^{1/2}}=1+38.2Re_{x_{\mathrm{tr}}}^{1/2}\left(\frac{\sqrt{\overline{u'^2}}}{u_{\mathrm{e}}}\right)^2 \tag{7-158}$$

应该指出，现在尚不能肯定湍流强度 T 是一个用以关联真实湍流与噪声的混合影响的恰当参数，特别是在现代风洞中降低湍流强度的措施已经非常有效，能使之达到万分之一的量级，声波对湍流水平的贡献可能占绝大部分。随着速度的提高，噪声和振动水平都迅速提高，而真实湍流的水平却并不相应提高，所以在高亚声速风洞中噪声可能控制整个湍流场。在超声速风洞中马赫波脉动是最重要的扰动源。所以，图 7-33 不一定是对风洞性能调试的有用的曲线，在高速时更是如此。

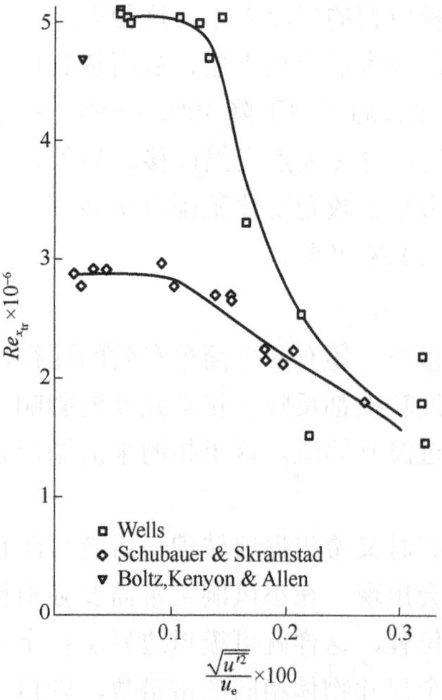

图 7-33 在低湍流强度下湍流强度对边界层转捩雷诺数的影响

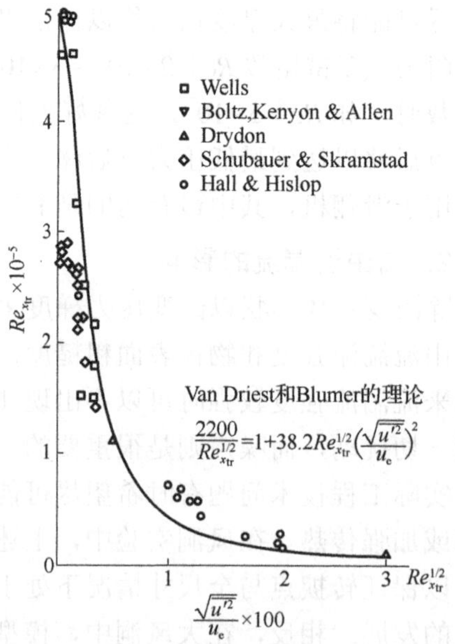

图 7-34 湍流强度对边界层转捩雷诺数的影响

3．表面粗糙度

自由流湍流并不是一种人工触发转捩的方便手段，通常产生自由流湍流的方法是在风洞安定段中安置网格，一种网格对应一种湍流水平。另一种方法是在模型前放振动线，但这也难以控制湍流水平。对于边界层最广泛采用的转捩触发方法是表面粗糙度，包括平行于模型表面并与主流方向垂直的绊线，或是沿表面分布的砂粒，也有用垂直于表面的吹气方法。

对人工粗糙度，绊线的主要要求是实验的可复制性，即对于给定的情况，在一整套精确可靠的实验基础上，可选出恰当的绊线以复制原有的实验。如果绊线直径是 d，量纲分析表明，对于零压力梯度的层流边界层，影响转捩的因素主要是 $u_e d/\nu$ 和 d/δ^*。由图 7-35 可见，若 d 比 δ^* 小得多，粗糙度影响很小，转捩雷诺数 $Re_{\delta^*_{tr}}$ 几乎不随 d 变化，当 d/δ^* 超过 0.3 时，$Re_{\delta^*_{tr}}$ 开始下降。根据吉宾斯(Gibbings)的研究，在零自由湍流流度的情况下，由绊线立即引起转捩的判据为

$$u_e d/\nu \approx 826$$

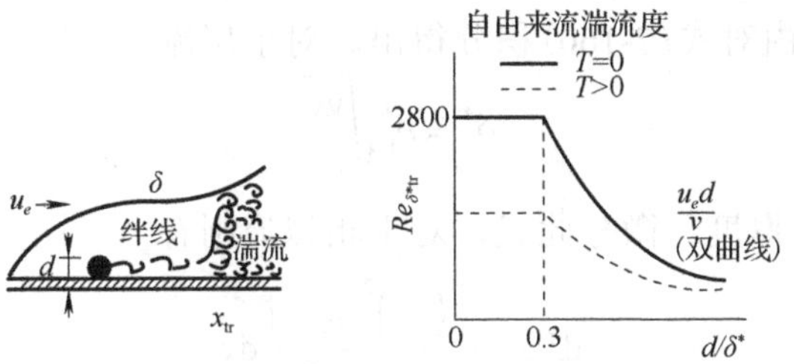

图 7-35　二维粗糙度 d 对转捩的影响

7.4.8　边界层转捩的预估

为了准确预估转捩，必须综合考虑上面所述诸因素，可惜至今还没有这种完整的理论。与此有关的稳定性与转捩之间的关系也未完全弄清楚。目前用得较多的是一些半经验的方法。一种方法就是上面介绍的格兰维尔的方法，它用平均波尔豪森参数$\left(\bar{K}\right)$(式(7-158))来考虑压力梯度对转捩过程的影响。这种方法由于需要计算开始失稳的位置 x_{cr}，所以用起来并不很方便。

一种更简便的方法是基于米歇尔(Michel)方法和史密斯-加姆波尼(Gamborni)的 e^9 关联曲线的结合。由薛贝赛和史密斯给出转捩时 $Re_\theta\left(=\dfrac{u_e\theta}{\nu}\right)$ 与 Re_x 之间有如下关系

$$Re_{\theta_{tr}} = 1.174\left(1+\frac{22400}{Re_{x_{tr}}}\right)Re_{x_{tr}}^{0.46} \qquad (7\text{-}159)$$

当外流速度 $u_e(x)$ 给定后，可以由某一种层流边界层计算方法算出一条 Re_θ 随 Re_x 变化的曲线。此曲线与式(7-159)所对应的曲线的交点即为转捩点。图 7-36 表示平板边界层公式与式(7-159)的交点。

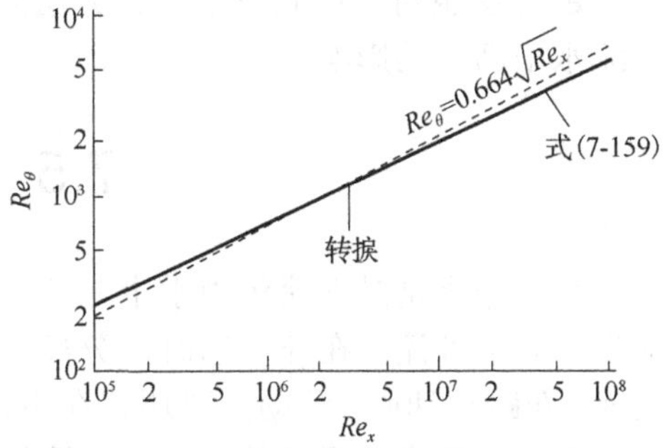

图 7-36　预估平板边界层的转捩

稍复杂一些的方法即所谓 e^9 法，它利用稳定

性理论和某些实验结果，对于二维和轴对称流效果不错。所用基本假设为，若在开始失稳时引入的小扰动放大了 e^9（约 8000）倍时发生转捩。严格来说，这个准则意味着用线性理论算出的振幅增长应已达到 e^9 倍。这个方法当然完全是半经验的。按这个准则计算，若扰动的均方根值是平均速度的 5%时发生转捩，则在不稳定频率范围内的初始振幅约为平均速度的 0.0006%，这也许是在实际中从未达到过的低值。把这个方法看成是在低湍流流动中（如在大气或高性能风洞中）对边界层转捩区长度的经验关联可能更好些。这个方法需要知道在边界层中每一个 x 站上的扰动振幅、时间或空间增长理论都可以，但通常宁愿用后者，因为在定常平均流中所能测量的是扰动振幅随距离的变化。在固定点上的振幅是与时间无关的。空间增长理论则能更直接地给出这种振幅的变化。

在空间增长理论中，扰动量 $\psi(x,y,t)$ 随 x 的变化为 $\exp(-\alpha_i x)$。由该式将 ψ 对 x 求导可得出扰动沿空间向 x 的增长率

$$\frac{1}{|\psi|}\frac{\mathrm{d}(\psi)}{\mathrm{d}x}=-\alpha_i \tag{7-160}$$

当 $\alpha_i>0$ 时扰动衰减，当 $\alpha_i=0$ 时中立振动，当 $\alpha_i<0$ 时扰动增长。

扰动随 x 的变化可由对式(7-160)积分得出。对于层流

$$\delta^*=\delta_1^*\sqrt{\frac{\nu x}{u_e}} \tag{7-161}$$

式中，δ_1^* 为无量纲位移厚度。微分此式，对于相似流则有

$$\mathrm{d}Re_{\delta^*}=\frac{\left(\delta_1^*\right)^2}{\delta^*}\frac{m+1}{2}\mathrm{d}x \tag{7-162}$$

将此式代入式(7-160)并积分，则可得在两个雷诺数 $Re_{\delta^*_{tr}}$ 和 Re_{δ^*} 的振幅比

$$\frac{|\psi|}{|\psi|_0}=a=\exp\left[-\frac{2}{m+1}\frac{1}{\left(\delta_1^*\right)^2}\int_{Re_{\delta^*}}^{Re_{\delta^*_{tr}}}\alpha_{i\delta^*}\mathrm{d}Re_{\delta^*}\right] \tag{7-163}$$

式中，$\alpha_{i\delta^*}=\alpha_i\delta^*$。放大因子 a 随 x（或 Re_{δ^*}）变化，因为它随外流速度分布 $u_e(x)$ 和当地 Re_{δ^*} 变化。当外流速度分布 $u_e(x)$ 和当地 Re_{δ^*} 给出时，可由边界层方程算出速度剖面 $\bar{U}$，于是对于给定的频率 β_r、波数 α_r 和雷诺数 Re_{δ^*}，可由奥尔-索末菲方程算出 α_i，则式(7-163)可积分。据计算，在实验转捩点 $Re_{x_{tr}}=2.84\times10^6$ 时，放大因子 $\ln a=8.98$。计算时取 $Re_{\delta_0^*}=600$，因为 $Re_{\delta_{cr}^*}=520$（平板边界层）。

e^9 方法也可推广到三维。e^9 方法隐含着自由流湍流度很低的假设，它未能反映自由流湍流水平高低的影响。

7.5　边界层分离

流动分离是黏性流体力学中非常重要而又非常复杂的问题之一。流动分离将引起能量损失。对于外流，在亚声速时，分离将引起飞行器的阻力增加，升力降低，出现回流甚至失速。在跨声速时，流动分离还将在飞行稳定性控制和结构安全性等方面造成更大的困难。对于内流，分离会降低效率。许多流体机械，如风扇、涡轮机、泵和压气机等，只有能精确预估分离的发生，才能使机器达到最优的运行状态，因为机器的最高效率和最大负荷性

能都几乎处于即将发生分离的时刻。

在有些情况下，分离可能是有好处的。例如，适合于高速飞行的薄翼型可通过分离而适合于低速飞行。如果使气流在上翼面的一部分发生分离然后再附着并一直维持附着到尾缘，则形成了一个伪厚翼型，这种厚翼型更适合低速飞行。

由于分离问题的重要性，对它的研究一直吸引着许多科学工作者和工程技术人员，至今这仍是一个非常活跃的领域。

分离可发生于光滑壁面上(图 7-37(a))，也可发生于壁面切线方向有突跃变化的情况(图 7-37(b))。

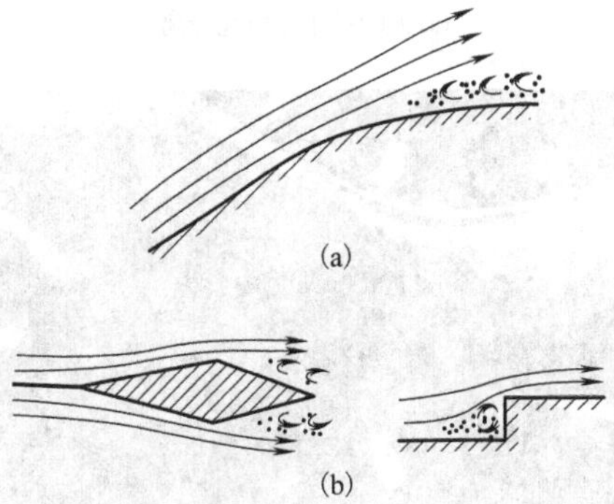

图 7-37　光滑和非光滑壁面上流体的分离

激波也可能引起边界层分离。二维流(包括轴对称流)和三维流都可能分离，前者只是后者的特殊情况，本节将主要讨论二维光滑壁面的情况。后面将涉及激波与边界层相互作用引起的分离以及与三维边界层分离。

7.5.1　分离发生的必要条件

存在黏性和逆压力梯度是流动发生分离的必要条件。黏性的存在将在物体壁面附近形成边界层，所以也可以说承受逆压力梯度的边界层是流动发生分离的必要条件。应该说明，这里所谓的分离具有确切的含义，即在壁面上与主流方向一致的边界层离开壁面；而不是指在有限长度物体的尾部流体自然离开物体(虽然在许多实际问题中在尾部附近常会发生严格意义的分离)。

现举例说明这一条件。

图 7-38 表明了沿收缩-扩张通道中的流动情况。在喉道前，由于通道收缩，沿流向压力降低，形成顺压力梯度，流体完全附着在壁面上。然而在喉道后，由于大的通道扩张角形成严重的逆压力梯度，边界层从壁面分离并形成旋涡(图 7-38(a))。如果将喉道后的边界层吸走，流体便完全附着在壁面上而无分离发生(图 7-38(b))。

图 7-39 表示与流动方向垂直放置的平板形成的流场。图 7-39(a)只有一块平板，图 7-39(b)则装置了前伸的薄平板；前者没有分离，而后者则有分离。原因如下。

对于图 7-39(a)，在滞止点前缘，沿流动方向压力确实有相当大的上升，但由于无壁面摩擦因而不发生分离。在平板壁面附近，由于沿流动方向压力降低，所以也不分离。但放置前伸薄板(图 7-39(b))时，由于沿此薄极压力上升且存在壁面摩擦，所以发生了分离。

图 7-38 和图 7-39 的实验表明，黏性摩擦和逆压力梯度确实是发生分离的必要条件，缺少其中的哪一条都不会发生分离。

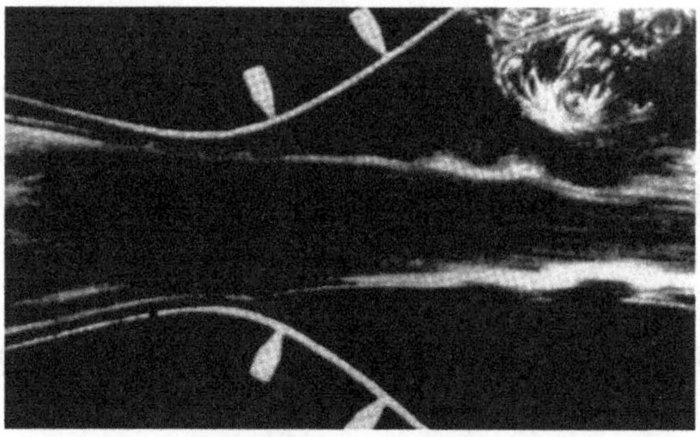

(a) 大的扩张角引起分离

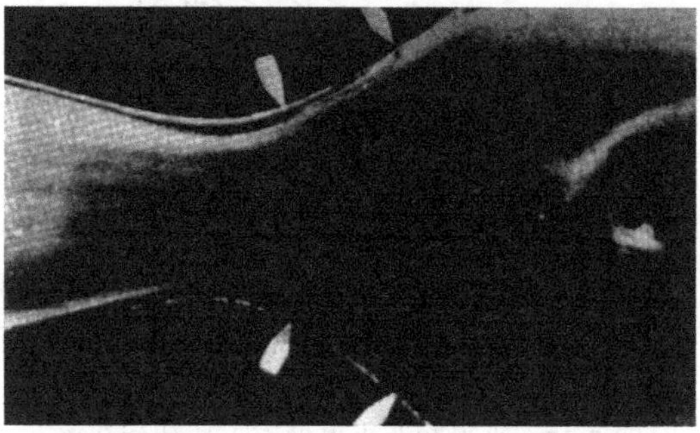

(b) 吸走边界层后，流体不再分离

图 7-38　收缩-扩张通道中的流动

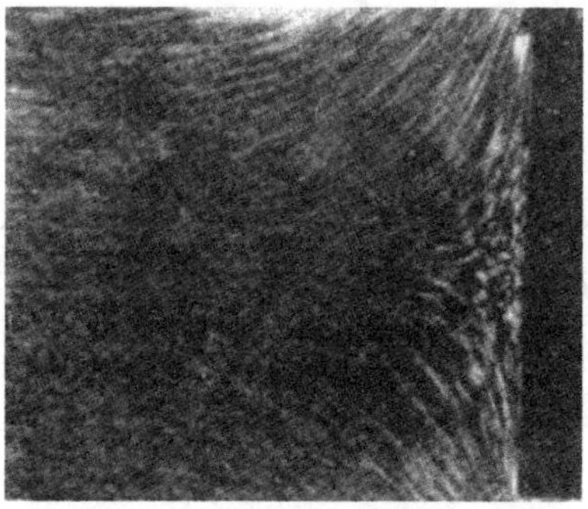

(a) 自由滞止流无分离发生

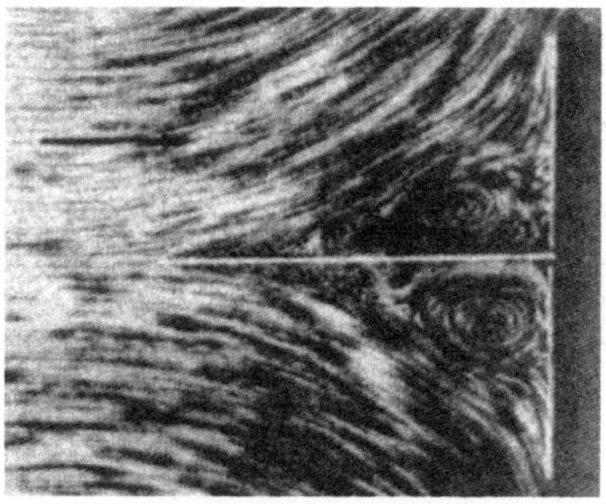

(b) 前伸平板引起了分离

图 7-39　平板引起的滞止流动

7.5.2　分离发生的机理

下面通过分析分离发生的过程进一步说明黏性摩擦和逆压力梯度如何影响流动，引起分离。前面研究边界层时已确认了一个重要事实，即边界层内的压力与边界层外缘处的压力具有相同的量级，这一结论对任何形状物体的边界层都是正确的，只要边界层还没有分离。也就是说，可以忽略压力沿 y 向的变化，而用 $\mathrm{d}p_e/\mathrm{d}x$ 代表在同一 x 位置的边界层内的流体所承受的流向压力梯度。边界层的分离就直接与这种压力分布有关。

图 7-40 表示曲面边界层分离发生的过程。边界层开始分离的位置称为分离点，在图 7-40 上用 S 标出。边界层分离后，静压很难进一步提高，而通常维持在分离点处的静压

水平。所以分离点后的物面上的压力比加速段对应点上的压力低，因而产生大的压差阻力。

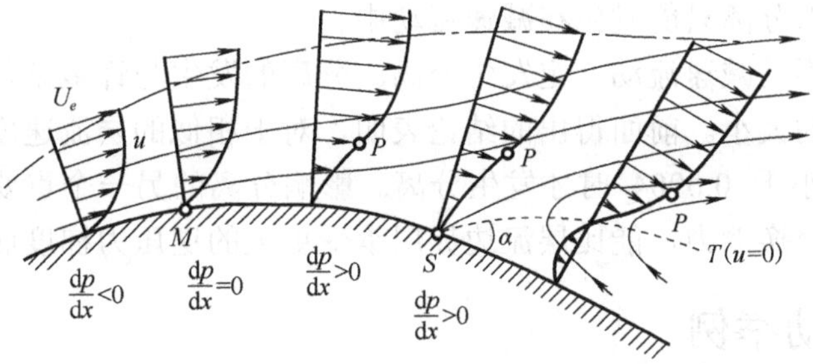

图 7-40　曲面边界层分离形成示意图

根据以上讨论，可将分离点定义为紧邻壁面的顺流和倒流流体的分界点，即

$$\left(\frac{\partial u}{\partial y}\right)_{y=0}=0 \tag{7-164}$$

只在减速流动中才会发生分离这一事实可由压力梯度 $\mathrm{d}p/\mathrm{d}x$ 与速度剖面 $u(y)$ 之间的关系加以解释。由于在物面上 $u=v=0$，所以由边界层方程可知，层流时有

$$\mu\left(\frac{\partial^2 u}{\partial y^2}\right)_{y=0}=\frac{\mathrm{d}p}{\mathrm{d}x} \tag{7-165}$$

可见在紧邻壁面处，速度剖面的曲率只与压力梯度有关。对于加速流动，$\mathrm{d}p/\mathrm{d}x<0$，则由式(7-165)可知，壁面上的 $\partial^2 u/\partial y^2<0$，而在外缘处总有 $\partial^2 u/\partial y^2<0$，因而沿边界层整个厚度的 $\partial^2 u/\partial y^2<0$，即不存在 $\partial^2 u/\partial y^2=0$ 的点(图 7-41(a))。对于减速流动，$\mathrm{d}p/\mathrm{d}x>0$，则壁面上的 $\partial^2 u/\partial y^2>0$，而在任何情况下，在离壁面足够远处总是 $\partial^2 u/\partial y^2<0$，所以一定存在一点，在该处的 $\partial^2 u/\partial y^2=0$ (图 7-41(b))，此点称为拐点。

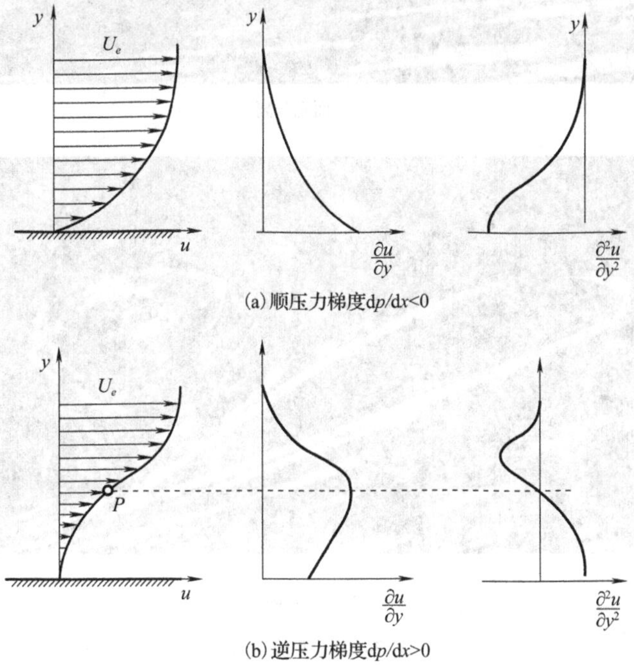

图 7-41　边界层速度分布随压力梯度的变化

由上述讨论可见，减速流动是速度剖面出现拐点的必要和充分条件，而分离区的速度剖面总有拐点，所以分离只能发生在减速流动中。

应当指出，并不是减速流动一定发生分离。分离的发生与许多条件有关，其中一个重要因素是压力梯度的大小。前面得出的结论表明，对于相似的层流速度剖面，只当无量纲的压力梯度参数 m 小于-0.0904 时才发生分离。影响分离的另一个重要因素是流态。由于湍流有很强的动量交换能力，能比层流边界层承受更大的逆压力梯度而不易发生分离。

7.5.3　分离流动举例

典型的分离流例子是圆柱绕流和较大攻角下的机翼绕流。由于将在后面讨论圆柱绕流，这里只讨论机翼绕流。

当流体附着在翼型表面而无分离时(图 7-42(a))可得到最好的空气动力特性，即高的升力系数和低的阻力系数。当翼型在足够大的攻角工作时，上翼面气流会分离(图7-42(b))，形成大的分离区，充满了旋涡。这时的流动情况远远偏离最优状态。机翼在这种状态下的分离称为失速，以表示工程上很不希望出现的状态。图 7-43 表示这种状态的示意图。在升力系数随攻角变化的曲线上，升力系数开始下降的点定为失速点。

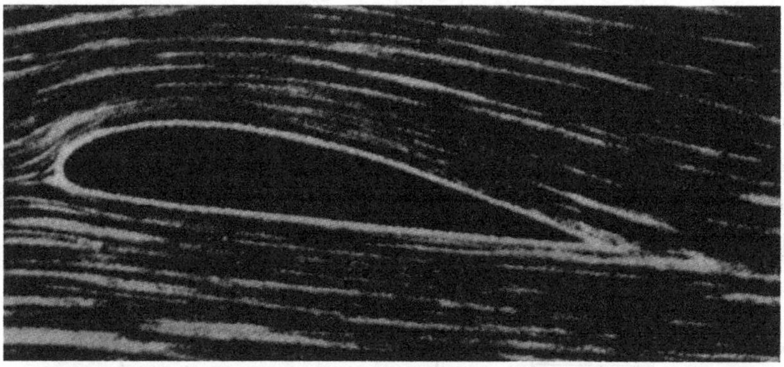

(a) 翼面无分离

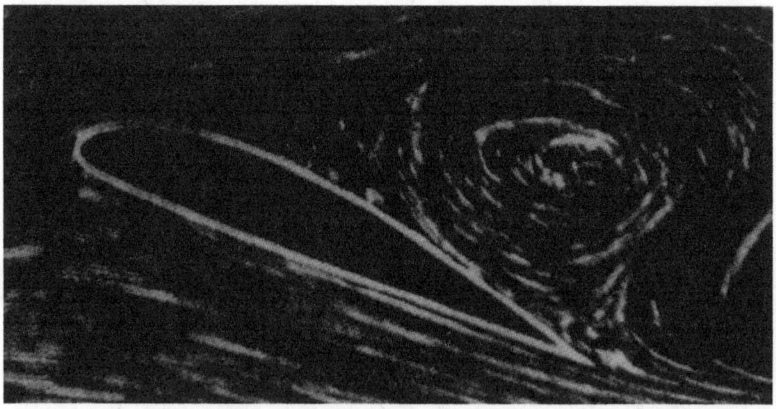

(b) 翼面分离

图 7-42　机翼绕流

现已发现，多数翼型在一定条件下会出现分离泡，而且失速与分离泡的特性有关。图 7-44 是前缘分离泡的典型情况。由图可见，边界层在前缘附近分离，由于某些原因在下游不远处边界层重新附着，在分离点与再附着点之间形成回流区。通常此回流区短而薄，称为分离泡。分离泡的出现常与雷诺数、转捩点位置和湍流特性有关，在后面将进一步讨论。

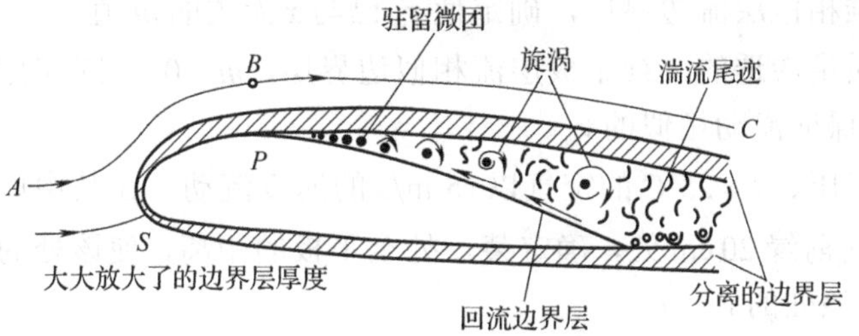

图 7-43　机翼绕流的严重分离

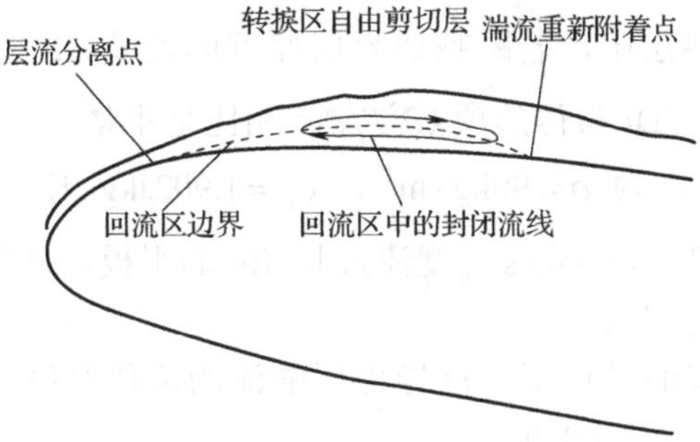

图 7-44　薄机翼前缘的分离泡

7.5.4　与分离有关的计算问题

对于二维定常流，预估分离点的基本判据是式(7-166)，即在壁面上

$$\left(\frac{\partial u}{\partial y}\right)_{y=0}=0 \tag{7-166}$$

这意味着在壁面上剪切应力 τ_w 为零，或当地摩擦阻力系数 C_f 为零。在用微分方法求解边界层时，$\partial u/\partial y$ 可以直接得出。在用积分法求解时，C_f 往往通过一些关联关系式和其他一些参数解出，而且形状因子 H 可能是很有参考价值的参数。对于层流，分离点的 H 为 3.5～4，对于湍流，此值为 2～3，而且在临近分离时 H 迅速增加。对于层流，可用思韦茨法近似预估分离，这是较好的工程方法。

应当指出，由于在分离点后的很短距离内边界层就很快增厚，所以在得出边界层方程时所作的假设不再成立，因为 $\mathrm{d}\delta/\mathrm{d}x$ 不再是小量，$\delta \ll L$ 的假设不再有意义。因此，一般而言边界层方程只能用于分离点之前。所以，如果我们不只是想要预估分离点的位置，而且还希望能计算分离点以后的流动情况，就应该用纳维-斯托克斯方程。在一些特殊情况下，如在边界层内出现分离泡时，仍可近似应用边界层方程，但数值方法应特殊处理。

边界层分离后会将势流区向外推移相当大的距离，使得按无分离算出的边界层外缘的压力分布不再适用，而应考虑分离区的形状及其对外流的影响重新计算外流的压力分布，总之，边界层与外流的相互作用变得更强了。

思考题及习题

7-1　对于二维相似层流边界层，确定使 τ_w 已与 x 无关的 m 值。

7-2　对于有质量渗透的二维平板层流相似边界层，$m=0$。设壁面渗透速度为 $v_m \sim x^n$，其中 n 为常数，求保证流动相似的 v_m。

7-3　一个大气压、$t=25^{\circ}\mathrm{C}$ 的空气以 15 m/s 的速度流动，在其中放置一薄平板。

(1)　在距平板前缘 20 cm 处，确定某一处至平板的距离，使该处的当地速度为主流速度的一半，并计算该处的 v。

(2)　求距前缘 1 m 处的边界层厚度和当地表面摩阻系数。

已知 $\nu = 1.5\times10^{-5}\ \mathrm{m^2/s}$。

7-4　在二维层流边界层中，若跨越边界层厚度的温差 ΔT 与 Pru_c^2/c_p 比是大的，证明焓方程式中，压缩功项 $\mathrm{D}p/\mathrm{D}t$ 与传热项 $k\partial^2 T/\partial y^2$ 相比是小量。

7-5 某种液体的参数为 $\rho = 90\mathrm{kg\cdot m^3}$，$c_p = 1.902\mathrm{Jkg^{-1}K^{-1}}$，$\nu = 9\times10^{-4}\mathrm{m/s^2}$，$k = 0.143\mathrm{Wm^{-1}K^{-1}}$ 温度为 $40^{\circ}\mathrm{C}$，以 $3\mathrm{m/s}$ 速度流过长 4m 的平板，其壁温始终保持为 $20^{\circ}\mathrm{C}$，求液体给单位宽度平板的传热量。

7-6　(1) 在非绝热壁面条件下，推导可压缩流的位移厚度 δ_c^* 和动量厚度 θ_c 与不可压缩的对应量 δ_i^* 和 θ_i 之间的关系(平板)。

(2) 由(1)的结果导出绝热壁面条件下的上述关系。

7-7　证明在等密度流中，形状因子 $H=\delta^*/\theta$ 常常是大于 1 的，但在高度冷却的可压缩流边界层中，在低速时 H 也可能小于 1。

7-8　对于所谓“平屋顶”型翼型。在从前缘到 $x=ac$ 处，外流速度 u_c 为常数，其后速度线性下降，在尾缘处达到初速度的一半。试用思韦茨法确定 a 值，使得层流边界层在刚开始变为逆压力梯度时就分离。这里的 c 为翼弦长。

7-9　证明 $C_{fe} = \dfrac{\rho_w \mu_w}{\rho_e \mu_e} C_{fi}$。其中 C_{fi} 和 C_{fe} 分别为不可压和可压的当地表面摩阻(平板)系数。

7-10　对于平板边界层，当自由流湍流强度 T 分别为 0.005、0.01 和 0.02 时，估算转捩雷诺数。

第 8 章　黏性流体湍流运动

在惯性力与黏性力之比非常大的流动中，当雷诺数超过某一临界值时，流体在微弱扰动下就会失去层流稳定性而过渡到湍流。湍流是指在时间和空间上不规则出现的流体的旋涡运动，但湍流运动的随机性并非没有一定的秩序。湍流运动过程中流体微团受到了拉伸、折叠和倾斜，因而通过破碎和凝聚失去了原有的形状，同时不断出现新的形状。流动的这种演化和发展，并不完全同样地重复着。所有这些特性对湍流输运质量、动量和能量的能力具有深刻的影响。黏性引起湍流，而大雷诺数下，湍流又是惯性作用远大于黏性作用的流体运动形式，湍流给流体运动以很大的影响。

8.1　湍流的基本概念

自然界和工程问题中遇到的流动大多为湍流。没有湍流，在发动机中的空气和燃油就不能及时掺混，大气和海洋中的热量、污染物和动量等的输运与扩散将都很微弱，我们的生活将难以维系。湍流同样具有不利的作用，如它增加了管道、飞机、船舶和汽车等的能量消耗。所以湍流研究对自然科学和工程技术领域的发展、对国民经济各部门经济效益的提高都有很大的价值。20 世纪，人们在许多科学的领域都取得极其巨大的进展。但是，湍流依然是困扰着整个科学世界的一个重大难题。湍流不仅是流体运动中的一个重大的世纪性的前沿课题，而且普遍存在于自然界，也普遍存在于工程界，它是基础科学中一个重大的前沿分支。

8.1.1　湍流的现象及特性

1. 湍流现象

雷诺在 1883 年做出著名的流态实验以后，人们从层流的失稳、湍动的产生、湍流的特征以及场参数的变化规律等方面进行了广泛的实验与理论研究。无数事实表明，无论在内部流动(如管流、明渠流)、外部流动(如尾迹流、射流)还是边界层流动中，随着雷诺数的增大都将使层流向湍流过渡，继而在到达一定的雷诺数值时过渡为完全的湍流状态。所以层流和湍流是两种不同的稳定状态。图 8-1 是管道内的湍流照片，图 8-2 是不同雷诺数下水绕流圆柱体时所见的流动图景。

琼森(Jonson)在 1917 年用激光多普勒测速仪测量了圆管中不同流态时的瞬时流速，表示在图 8-3 中，从图中可见，在 $Re \approx 1200$ 时，层流的瞬时速度也有微小波动，但绝对值变化很小，基本上保持恒定。这表明在小雷诺数流动中，即使有偶然的扰动而使流速产生脉动，但也不至于引起完全失稳。这时，沿管径的流速分布接近于泊肃叶流动的抛物线分布律，沿流向的压力降与流速成正比。当雷诺数增大时，瞬时速度明显随时间变化，如图 8-3(b)曲线所示。但也有较小脉动的时间域，所以水流时有湍动，时又消失，具有间

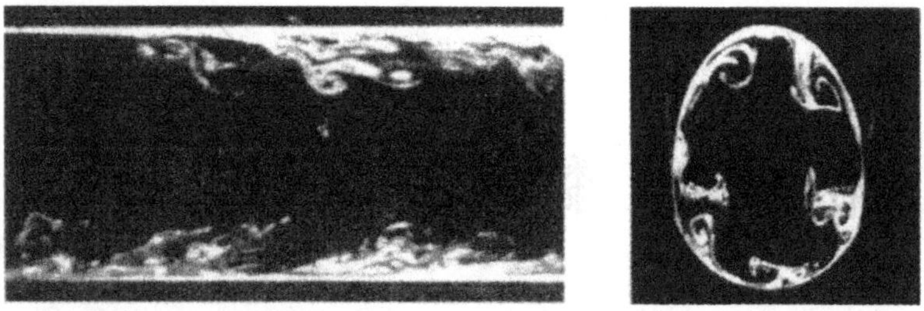

(a)横截面　　(b)纵截面

图 8-1　管道内的湍流照片

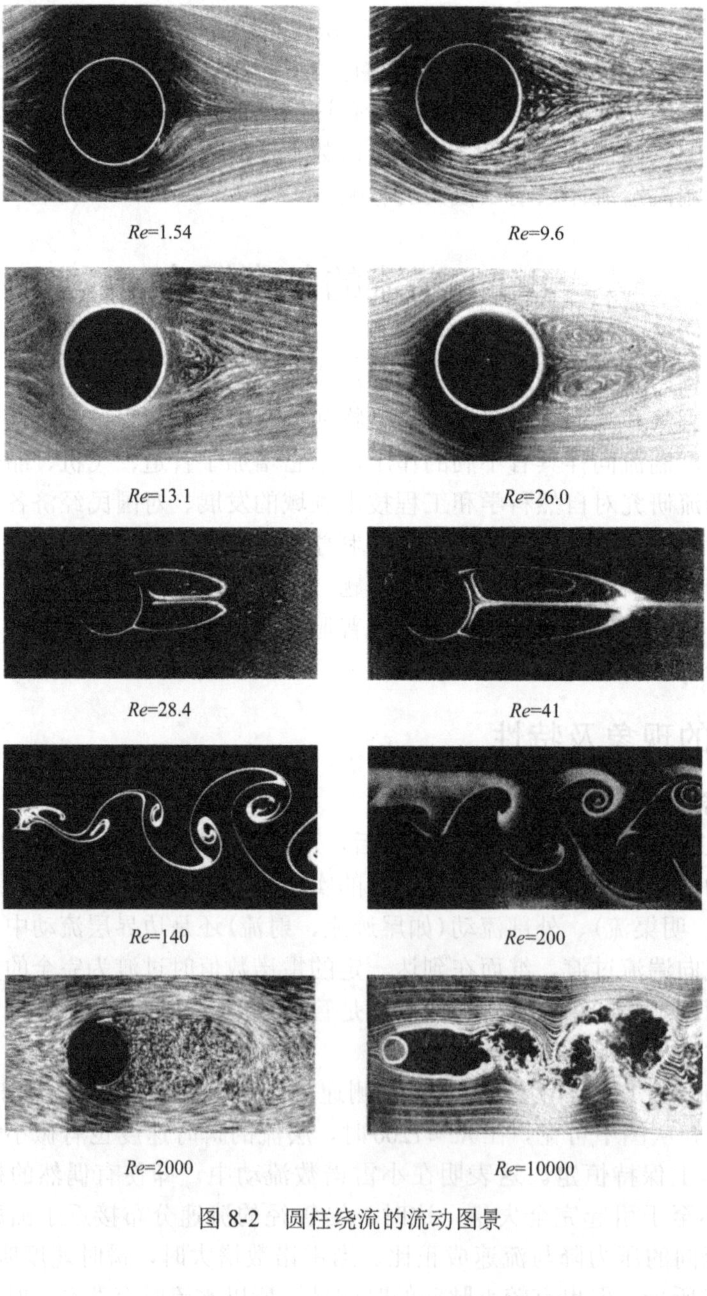

Re=1.54　*Re*=9.6

Re=13.1　*Re*=26.0

Re=28.4　*Re*=41

Re=140　*Re*=200

Re=2000　*Re*=10000

图 8-2　圆柱绕流的流动图景

歇性。这时，雷诺实验中的颜色水线不再能保持直线，沿流向压力降约与流速呈 1.73 次方关系。当 $Re \approx 3500$ 时，瞬时流速随时间变化完全呈现出不规则脉动，导致颜色水线在管道中与周围流体完全掺混。这就表明流体质点在沿流向运动时伴随有横向的脉动运动。质点的横向脉动大大强化了沿法向的动量传输，导致时均流速沿管径分布趋于均匀，接近于对数分布律。因而，管道中心线上流速与管截面平均速度之比为 1.05～1.3。沿流向压力降与流速的二次方成比例。

雷诺及其后人的实验表明，下临界雷诺数接近 2000～2300，而上临界雷诺数与来流条件、实验装置和周围环境密切相关。良好的环境、完美的来流和边界条件都会使上临界雷诺数增大，目前最高可达 $(2.4\sim4)\times10^4$。上临界雷诺数值的漂浮不定，意味着层流失稳后并不一定立即进入湍流状态（另一种稳定状态），中间有一个过渡过程（或称转捩过程），而影响过渡演变的是流动本身与随机性因素。

在层流运动中，流体质点沿着它的轨迹层次分明地向前移动，其轨迹是一些平滑的随时间变化较慢的曲线。在湍流运动中，流体质点的轨迹杂乱无章，相互交错，而且在迅速地变化。流体微团在顺流运动的同时还做激烈的横向运动和逆向运动，并且同它周围的流体发生猛烈的掺混。从图 8-2 可以看到，在小雷诺数下流动的一般形状相当规则，仅有小部分具有杂乱运动的表现，这种现象通常称为卡门涡街。在中等雷诺数时，在圆柱体下游距离 $x>(30\sim40)d$ 处，流动才逐渐紊乱，清楚呈现出流体质点运动的无规律状态。在大雷诺数值时，紧靠圆柱体后面就存在大小不等的相互掺混的涡旋现象，流动呈现出明显的不规则性和随机性，这种现象就是通常所指的湍动状态。任一空间点上湍流瞬时速度均随时间变化，而且不同空间点上有不同的随时间的变化规律，即湍流场中流体质点的运动不仅在时间上，而且在空间上都是不规则的(杂乱的)。这是层流与湍流的明显区别，因而在经典湍流理论中，把湍流场中各种物理量都看作随时间和空间而变化的随机量。

如果在静水中以一定速度拖拉格栅，那么在格栅后同样可以见到流体质点的随机运动，如图 8-4 所示。开始时，在紧靠格栅后的区域是一个清晰而比较规则的旋涡，以后随着距离变远，流动渐渐变得杂乱，呈现比较均匀的旋涡掺混的湍流特征，随后这种掺混又逐渐变得细小而模糊，湍流的特征渐渐消失。

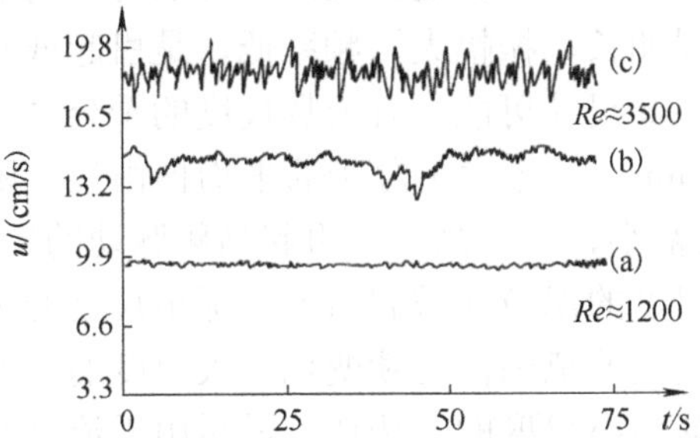

图 8-3　圆管中不同流态时的瞬时速度

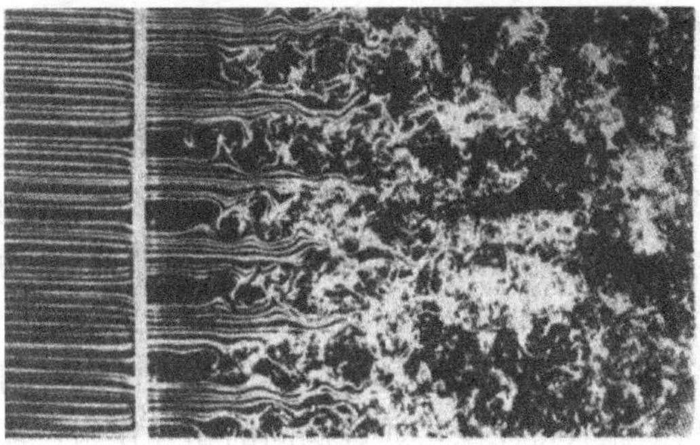

图 8-4　格栅后流体质点的随机运动

从这些实验照片中可以看到湍流场似乎充满着许多不同尺度相互掺混的旋涡，因而单个流体质点类似于分子运动具有完全不规则的瞬息变化的运动学特征。如果在任一空间点上来观察流动，那么流速将随时间发生不规则的连续脉动，并且每次观察所得的连续脉动曲线形状各不相同。如果跟随流体质点来观察运动，那么由于湍动而使质点与其周围流体的掺混，表现出任一可迁移特征量(如动量、能量)发生连续的扩散变化以及因黏性作用而存在能量耗散。由此可知，假如没有连续的外部能源使湍动连续产生，那么湍流运动必然逐渐衰减，而黏性作用的影响促使湍流趋向均匀，失去方向性，形成流场的所有部分具有相同的结构。

20 世纪 60 年代以来，人们采用流场显示技术和流速的近代测量技术(如热线风速仪和激光流速计)对流动进行观测，发现切变湍流中存在相干结构(或拟序结构)。相干结构指的是一种联结空间状态，在此空间范围内，存在着状态关联的湍动流体团，其流动演变具有重复性和可预测性的特征。相干结构的发现，改变了上述对湍流性质的传统认识，认为湍流包含着有序的大尺度涡旋结构和无序的小尺度脉动结构，湍动的不规则运动，无论在空间上或时间上都是一种局部现象。

2. 湍流的特性

什么是湍流？现在还难给出一个确切的定义。1937 年，泰勒和卡门将湍流定义为："湍流是一种不规则运动，当流体流过固体表面或流体做相对运动时一般都会发生湍流。" 1975 年，Hinez 给湍流下了这样一个定义："湍流是一种流动的不规则情况，在这种流动中，各种量都被看作时间和空间坐标的随机变量，因而在统计上可表示出各自的平均值。"

虽然，目前人们对湍流的认识还不是很充分，对湍流尚无严格的定义，但是，经过 100 多年的努力已经形成了许多湍流研究本身特有的概念。湍流是相对于层流而言的，流体的层流被认为是比较平滑的流动，而湍流无论是在空间还是在时间域内都是无规则的运动。人们对湍流的一种归纳性解释是：湍流是一种不规则的流动状态，其流动参数随时间和空间作紊乱变化，因而本质上是三维非定常流动，且流动空间分布着无数大小和形状各不相同的旋涡。因此可以简单地说，湍流是紊乱的三维非定常有旋流动。湍流并非完全是随机的，因为湍流的运动仍需服从自然界的守恒定律。假设速度的一个分量是随机的，则另外两个分量一定会由三大守恒定律限制其脉动的范围。

观测表明，湍流带有旋转流动结构，这就是所谓的湍流涡(Turbulent Eddies)，简称为涡(eddy)。从物理结构上看，可以把湍流看成是由各种不同尺度的涡叠合而成的流动，这些涡的大小及旋转轴的方向分布是随机的。湍流中各种尺度的涡体，都伴随有一定程度的脉动周期和动能含量。大尺度的涡主要由流动的边界条件所决定，其尺寸可以与流场的大小相比拟，它主要受惯性影响而存在，其脉动的周期长、振幅大、频率低，是引起低频脉动的原因；小尺度的涡主要是由黏性力所决定的，其尺寸可能只有流场尺度的千分之一的量级(实验观察表明，湍流中最小涡的尺寸约为 1mm，远远大于分子的平均自由程，则连续介质假设仍适用于湍流)，小涡脉动周期短、振幅小、频率高，是引起高频脉动的原因。大尺度的涡拉伸破裂后形成较小尺度的涡，较小尺度的涡拉伸破裂后形成更小尺度的涡。在充分发展的湍流区域内，流体涡的尺寸可在相当宽的范围内连续变化。大尺度的涡不断从主流获得能量，通过涡间的相互作用，能量逐渐向小尺度的涡传递。最后由于流体黏性的作用，小尺度的涡不断消失，机械能就转化（或称耗散）为流体的热能。同时由于边界的作用、扰动及速度梯度的作用，新的涡又不断产生，这就构成了湍流运动。流体内不同尺度的涡的随机运动造成了湍流的一个重要特点——物理量的脉动。

大涡拉伸破裂成较小的涡的过程以一种能量级联的方式进行，大涡中含有的能量逐级传递给越来越小的涡。当旋涡尺度足够小而局部变形速率足够大时，黏性已可以耗散掉它所得到的湍流动能，这种尺度的涡将是稳定的，不会再破裂，这种形态的涡称为耗散涡。目前通常认为，尺度相差很大的涡之间没有直接的相互作用，只有尺度相近的涡之间才可能传递能量。由于湍流只存在于大雷诺数，大涡之间的作用完全不受黏性的影响；只在能量级联过程的最后阶段，即在小尺度的涡中，黏性的作用变得逐渐明显和重要，这时流体对抵抗变形的黏性应力作变形功而将湍流动能耗散为热能。

由以上的分析可以看出，湍流运动所具有的基本特征如下。

(1) 湍流运动是流体运动的一种形式。湍流并不是流体本身所具有的特性，而是流体运动在大雷诺数下产生的一种现象，是在雷诺数增大过程中由层流转捩而来的。

(2) 湍流运动是涡的三维运动。湍流是以高频扰动涡为特征的有旋三维运动，所以湍流总是三维的。大气中的旋风是一种二维运动，它不是真正的湍流。湍流中充满各种尺度的涡，形成一个从大尺度涡直至最小一级涡同时并存而又互相叠加的涡体运动。

(3) 湍流运动的扩散性。湍流的扩散性是所有湍流运动的另一重要特性。湍流在任何方向上，对任何可传递量都有强烈的扩散性质，湍流扩散增加质量、动量和能量的传递率。例如，湍流中沿过水断面上的流速分布，就比层流情况下要均匀得多。湍流中由于涡体相互混杂，引起流体内部动量交换，动量大的质点将动量传给动量小的质点，动量小的质点影响动量大的质点，结果造成断面流速均匀化。

(4) 湍流运动的能量耗散性。湍流中小涡的高频混杂运动，通过黏性作用大量耗散能量，将湍流能量转化为流体的内能，如果不连续供给湍流能量，则湍动将迅速衰减。只有随机运动而没有能量耗损的特性，仍不是湍流运动。例如，重力随机波和随机声波，没有很大的黏性耗损，所以不是湍流流动。

(5) 湍流运动的随机性。湍流运动的随机性也称为不规则性。湍流场是由许许多多不同尺度相互掺混的旋涡组成的，单个流体质点的运动具有完全不规则的瞬态变化的特征。湍流最本质的特征是“湍动”，即随机的脉动。湍流场中各种流动参量的值呈现强烈的脉动现象。因此，在任何时刻都不可能完全掌握有关湍流的全部细节，也不可能详细地预言湍流场的未来情况。

湍流的不规则性，既是对时间而言的，同时又是对空间而言的，两者缺一不可，如果仅是具备其中之一，则都不是湍流。例如，恒定的复杂运动，对空间是不规则的，而对时间却是恒定的，因此它不是湍流运动。又如，刚体作复杂运动，对时间它可能是不规则的运动，但对空间来说，刚体本身是规则的，显然它不是湍流运动。湍流流动的不规则性，使得不可能将运动作为时间和空间坐标的函数进行描述，但有可能用统计的方法得出各种量，如速度、压力、温度等各自的平均值，近代相干结构发现以后，湍流被看成是一种拟序结构，它由小涡体的随机运动场(背景场)和相干结构的相干运动场叠加而成。

(6) 某种规律的平均特性。湍流运动参数虽然是随机量，但在一定程度上符合概率规律，具有某种规律的平均特征。即湍流并不是完全不规则的随机运动，在表面看来不规则的运动中隐藏着某些可检测的有序运动，称为拟序运动，或称拟序结构(Quasi-Orderd Structure)，或称相干结构(Coherent Structure)，这种流动的结构是指在切变紊流场中不规则地触发的一种有序运动，它的起始时刻和位置是不确定的，但一经触发，它就以某种确定的次序发展为特定的运动状态。

(7) 湍流运动参数的关联性。湍流场任意两相邻空间点上的运动参数有某种程度的关联，如速度关联、速度与压强的关联。判断一种流动是否为湍流，主要看其是否具有涡性、扩散性、耗散性、不规则性四个主要特征。

总之，湍流是流动的一种特定状态，并不是流体所固有的一种特性，所以湍流的运动规律对各种流体都适用。既然湍流是一种特定的流动状态，显然流场的边界条件对湍流有较大的影响，各种不同边界条件下的湍流都有其各自的特点。所以在研究湍流时，为了方便，常将湍流按不同角度给予简化分类，例如，可以将湍流分为均匀各向同性湍流和剪切湍流，后者又可以分为自由剪切湍流和边壁剪切湍流。

均匀各向同性湍流是指湍流的特征在某一定坐标系的各个坐标点都是一样的(均匀性)，在各个坐标轴方向也都是一样的(各向同性)。因此在均匀各向同性湍流中，没有速度梯度，从而也没有切向应力，这是一种最简单的湍流，当然也只能是一种假设的湍流。在实际中是找不到均匀各向同性湍流的，在研究工作中，通常将风洞网格后面若干距离处的湍流作为近似的均匀各向同性湍流。

剪切湍流是指有速度梯度，从而有切向应力存在的湍流。如果速度梯度是由间断面引起的，则称为自由剪切湍流，例如，绕流物体后面的尾流；如果速度梯度和剪切应力是由固体边壁造成的，则称为边壁剪切湍流，例如，管道中的湍流、湍流边界层等。

8.1.2　湍流能量级联传递过程

为了描述完全发展了的湍流运动的物理过程，常假设流动是由许多尺寸不同的、杂乱堆集着的旋涡形成的。旋涡的最大尺度与流动的整个空间有相同的量级，旋涡的最小尺度则由需要它耗散掉的湍流能量确定。这样大的旋涡尺度范围是由涡拉伸形成的。这种过程以一种级联的方式进行，即旋涡不断破裂为更小的旋涡，于是它们所含有的能量就逐级传递给越来越小的旋涡。当旋涡尺度足够小因而局部变形率足够大时，黏性已可以耗散掉它所得到的湍流动能，则这种尺度的旋涡将是稳定的，不会再破裂，此即耗散涡。现在通常认为，尺度相差很大的旋涡没有直接的相互作用，只有尺度相近的旋涡才可传递能量。由于湍流只存在于大雷诺数，大旋涡之间的作用几乎完全不受黏性的影响；在上述级联过程的最后阶段，即在最小尺度的涡中，黏性的作用才变得明显和重要起来，这时流体对抵抗变形的黏性应力做变形功而将湍流动能耗散为热能。

8.1.3　湍流输运

湍流脉动引起的掺混输运对于流动过程和力的平衡有非常重大的影响，就好像流体黏性增加 100 倍、1000 倍，甚至更多，那样船和飞机所受到的更大的阻力，管流和叶轮机械中出现的更大的损失都与湍流脉动掺混有关。另外，湍流使我们能在扩压器中、机翼翼面上和压气机叶栅得到更大的压力增加。如果流动是层流而在湍流条件下工作，上述各装置的流动都将分离，使得扩压器中能量恢复程度降低，机翼和叶片在一种极不令人满意的状态下工作。

8.1.4　湍流的特征尺度

湍流是由各种不同尺度的涡叠合而成的流动，不可压均匀各向同性湍流研究中经常用到三种特征尺度：耗散区尺度(Kolmogorov 尺度)、惯性区尺度(泰勒微尺度)和含能区尺度(积分尺度、大尺度)。

1. 耗散区尺度(Kolmogorov 尺度)

湍流中最小尺度涡的尺寸也远远大于分子的平均自由程，因此湍流也满足连续介质假设。湍流中湍流动能(单位质量的湍流动能为 K)的传递是一种级联过程(Cascade Process)，由大涡传递给小涡，再传递给更小的涡，这样逐级地传递，直到最小涡。最小涡通过分子黏性把湍流动能耗散成热，这一耗散过程是在极短的时间内完成的，因此可以认为它不依赖于过程相对缓慢的大涡或平均流。当一个涡刚好能把从上一级涡传递给它的能量全部耗散成热时，这时的涡就是湍流中最小尺度的涡，这是 1941 年 Kolmogorov 泛平衡理论(Universal Equilibrium Theory)的前提。因此最小涡有两个特征：耗散率刚好等于从上一级大涡接收到的动能，即 $\varepsilon=-\mathrm{d}K/\mathrm{d}t$；只依赖流体的分子黏性，即运动黏性系数 ν。

运用量纲分析，ε 的量纲为 $\mathrm{L^2T^{-3}}(\mathrm{m^2/s^3})$，$\nu$ 的量纲为 $\mathrm{L^2T^{-1}}(\mathrm{m^2/s})$。最小涡的长度尺度用 η 表示，速度尺度用 υ 表示，时间尺度用 τ 表示，于是可以得到

$$\eta=\left(\frac{\nu^3}{\varepsilon}\right)^{1/4} \tag{8-1}$$

$$\upsilon=(\nu\varepsilon)^{1/4} \tag{8-2}$$

$$\tau=\left(\frac{\nu}{\varepsilon}\right)^{1/2} \tag{8-3}$$

最小涡尺度 η 就是 Kolmogorov 尺度，也称为耗散尺度。用耗散尺度和耗散脉动速度 υ 为特征量的雷诺数称为耗散雷诺数。由式(8-1)和式(8-2)容易得到

$$Re_\eta=\frac{\upsilon\eta}{\nu}\sim 1 \tag{8-4}$$

雷诺数表征的是惯性力与黏性力之比的一种度量，$Re=1$ 的流动为低雷诺数流动，这时惯性力相对于黏性力而言很小，主要是黏性起作用，因此湍流最小涡所在的区域称为耗散区。

2. 惯性区尺度(泰勒微尺度)

湍流统计的速度尺度和长度尺度，通常也称为泰勒微尺度和时间微尺度

$$\lambda=\sqrt{2\overline{u'^2}\Big/\overline{\left(\frac{\partial u'}{\partial x}\right)^2}} \tag{8-5}$$

$$\tau_E=\sqrt{2\overline{u'^2}\Big/\overline{\left(\frac{\partial u'}{\partial \tau}\right)^2}} \tag{8-6}$$

泰勒微尺度还可以定义为

$$\lambda=\sqrt{\frac{-2}{(\partial^2 f/\partial x^2)_{x=0}}} \tag{8-7}$$

$$f(x,\xi)=\frac{R_{11}(x,t,\xi)}{\overline{u'^2}(x,t)}=\frac{\overline{u'(x,t)u'(x+\xi,t)}}{\overline{u'^2}(x,t)}$$

对应的时间微尺度为

$$\tau_E=\sqrt{\frac{-2}{(\partial^2 R_E/\partial t'^2)_{t'=0}}} \tag{8-8}$$

$$R_E(x,t)=\frac{\overline{u'(x,t)u'(x,t+t')}}{\overline{u'^2}(x,t)}$$

由下面的分析可以知道泰勒微尺度位于含能区尺度和耗散区尺度之间，因此称为惯性子区尺度。

3. 含能区尺度(积分尺度、大尺度)

对湍流的实验观测表明，湍流中大涡占主导地位，它含有湍流中的绝大部分能量，因此大涡又称为含能涡(Energy-Bearing Eddy)。含能尺度是指该尺度量级内的涡几乎占有了全部湍流动能，用l表示。在近壁湍流边界层内，含能尺度l与边界层的厚度δ为同一量级。在均匀各向同性湍流中，1935 年，泰勒由量纲分析得到

$$\varepsilon \sim \frac{K^{3/2}}{l} \tag{8-9}$$

含能区尺度l通常采用积分尺度，长度积分尺度的定义为

$$l(x,t) = \frac{3}{16}\int_0^\infty \frac{R_{ii}(x,t,\xi)}{2K(x,t)}\mathrm{d}\xi = \int_0^\infty \frac{\overline{u_i'(x,t)u_i'(x+\xi,t)}}{2K(x,t)}\mathrm{d}\xi \tag{8-10}$$

时间积分尺度定义为

$$\tau(x,t) = \int_0^\infty \frac{R_{ii}(x,t,t')}{2K(x,t)}\mathrm{d}t' = \int_0^\infty \frac{\overline{u_i'(x,t)u_i'(x,t+t')}}{2K(x,t)}\mathrm{d}t' \tag{8-11}$$

4. 三种尺度的对比

泰勒分析表明

$$\frac{\mathrm{d}K}{\mathrm{d}t} = -\frac{10\nu K}{\lambda^2} \tag{8-12}$$

式中，$\mathrm{d}K/\mathrm{d}t$为湍流动能的衰减率，它实际上等于湍流耗散率

$$\frac{\mathrm{d}K}{\mathrm{d}t} = -\varepsilon \tag{8-13}$$

由式(8-12)和式(8-13)得到

$$\varepsilon = \frac{10\nu K}{\lambda^2} \tag{8-14}$$

由式(8-1)、式(8-12)和式(8-13)，可得到

$$\frac{\lambda}{\eta} \approx 7\left(\frac{l}{\eta}\right)^{1/3} \tag{8-15}$$

大涡的尺度大到可以与流场的大小相比拟，而最小涡的尺寸约为 1mm。大涡与最小涡的尺度比l/η至少为10^3，则λ/η至少为 70。这表明λ是位于耗散区以上的惯性子区的尺度。因此可以得到三种尺度的大小对比，即

$$\eta \ll \lambda \ll l \tag{8-16}$$

基于能谱分析，如果用 k 表示波数，则$\lambda = 2\pi/k$为波长；$E(k)\mathrm{d}k$表示位于波数k和$k+\mathrm{d}k$之间的湍流动能，称为能谱密度或能谱函数。则

$$K = \frac{1}{2}\overline{u_i'u_i'} = \int_0^\infty E(k)\mathrm{d}k \tag{8-17}$$

Kolmogorov 得到

$$E(k) = C_k \varepsilon^{2/3} k^{-3/5}, \quad \frac{1}{l} \ll k \ll \frac{1}{\eta} \tag{8-18}$$

式中，C_k 为 Kolmogorov 常数。在 k 所在的范围内 $\frac{1}{l} \ll k \ll \frac{1}{\eta}$，能量的惯性传递起主要作用，因此 Kolmogorov 把这一区域称为惯性子区(inertial subrange)。图 8-5 表示湍流的典型能谱。

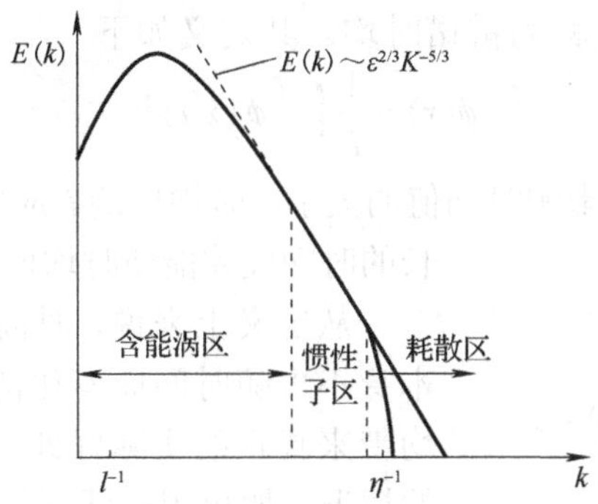

图 8-5　湍流的典型能谱

8.1.5　湍流的统计平均方法

湍流场中，所有物理量在时间上和空间上是紊乱的、随机的，但具有一定规律的统计学特性。因此可以采用湍流物理量的统计平均值来描述湍流的流场。

1. 概率平均法

概率平均又称为统计平均，是从概率与数理统计学出发，最一般的随机量的平均方法。假设对湍流场在相同的条件下作 N 次重复实验。实验结果 $\phi_i(x,t)$ 是随机的，但当 N 足够大时，其统计平均值会趋于一个定值 $\bar{\phi}(x,t)$。

$$\bar{\phi}(x,t) = \frac{1}{N}\sum_{i=1}^{N}\phi_i(x,t) \tag{8-19}$$

式中，t 为时间；x 为空间位置矢量；$\phi(x,t)$ 为湍流场中任一物理量；$\phi_i(x,t)$ 为第 i 次实验测得的值；$\bar{\phi}(x,t)$ 为随机变量 $\phi(x,t)$ 的平均值。

随机变量 ϕ 和它的平均值 $\bar{\phi}$ 之差是随机变量，称为涨落；在湍流研究中则称为脉动，用 ϕ' 表示

$$\phi'(x,t) = \phi(x,t) - \bar{\phi}(x,t) \tag{8-20}$$

脉动的平均值等于零，即

$$\overline{\phi'(x,t)} = 0 \tag{8-21}$$

概率平均也可以用概率密度表示。设测得值 ϕ_i，落在 ϕ 到 $\phi + \mathrm{d}\phi$ 范围内出现的概率为 p，它正比于 $\mathrm{d}\phi$，并与 ϕ 值有关，即

$$p\{\phi < \phi_i < \phi + \mathrm{d}\phi\} = f(\phi)\mathrm{d}\phi$$

显然

$$p\{-\infty < \phi_i < +\infty\} = \int_{-\infty}^{+\infty} f(\phi)\mathrm{d}\phi = 1$$

式中，$f(\phi)$ 为测得值 ϕ_i 的分布密度函数，也可称为概率分布函数。如果已知 $\phi(x,t)$ 在任意时空上的概率密度分布函数 $f(\phi)$，则可用积分计算平均值

$$\bar{\phi}(x,t) = \int_{-\infty}^{+\infty} \phi_i(x,t) f(\phi)\mathrm{d}\phi \tag{8-22}$$

2. 时间平均法

如果概率平均值与时间无关，即湍流的平均值不随时间变化，则称这样的湍流为统计定常湍流，简称为定常湍流。这时可以用时间平均来取代统计平均，由于时间平均最早由雷诺在 1894 年提出，因此常称为雷诺时均。其定义如下

$$\overline{\phi}(x)=\frac{1}{T}\int_{t}^{t+T}\phi_i(x,t)\mathrm{d}t \tag{8-23}$$

式中，t 是任意的取值，应不影响时均值的大小；时均周期 T 应取足够大，也就是说要有足够长的时间段才能使时均值成为一个与时间无关的值。

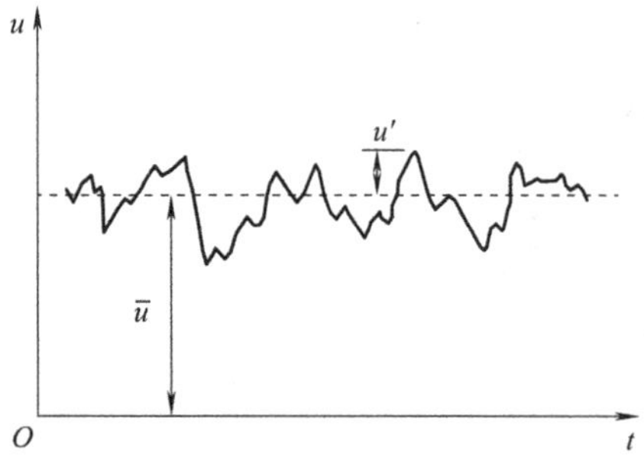

图 8-6　速度脉动

从定义上来说，时间平均法只适用于时间平均值本身不再随时间而变化的统计定常湍流。为使时间平均带来真正的实际好处，把它推广到统计非定常湍流的情况。如果用热线风速仪测量非定常湍流场中某一点的速度，会得到如图 8-6 所示的速度随时间的变化。可见瞬时流速极不规则，它围绕着一速度平均值随机地变化着，同时平均速度也随时间变化。对于非定常湍流，也引进类似的时间平均。

在引入时均值 $\overline{\phi}(x,t)$ 和脉动值 $\phi'(x,t)$ 后，物理量的瞬时值 $\phi(x,t)$ 可分解为两部分之和

$$\phi(x,t)=\overline{\phi}(x,t)+\phi'(x,t) \tag{8-24}$$

脉动值 ϕ' 的时均值应该为零

$$\overline{\phi'(x,t)}=\frac{1}{T}\int_{t}^{t+T}\phi'(x,t)\mathrm{d}t$$

设 ϕ 和 φ 是两个瞬时值，ϕ' 和 φ' 为相应的脉动值，有以下基本关系成立

$$\phi=\overline{\phi}+\phi';\quad \varphi=\overline{\varphi}+\varphi' \tag{8-25a}$$

$$(\overline{\phi'})=0;\quad (\overline{\varphi'})=0 \tag{8-25b}$$

$$\overline{\overline{\phi}}=\overline{\phi};\quad \overline{\overline{\phi}+\phi'}=\overline{\phi} \tag{8-25c}$$

$$\overline{\phi+\varphi}=\overline{\phi}+\overline{\varphi};\quad \overline{\phi\varphi}=\overline{\phi}\,\overline{\varphi}+\overline{\phi'\varphi'} \tag{8-25d}$$

$$\overline{\overline{\phi\varphi}}=\overline{\phi\varphi};\quad \overline{\overline{\phi}\varphi'}=0;\quad \overline{\phi'\varphi'}\neq 0;\quad \overline{\overline{\phi}\varphi}=\overline{\phi}\,\overline{\varphi} \tag{8-25e}$$

$$\overline{\frac{\partial\phi'}{\partial x_i}}=\frac{\partial\overline{\phi'}}{\partial x_i};\quad \overline{\frac{\partial\phi}{\partial t}}=\frac{\partial\overline{\phi}}{\partial t};\quad \overline{\frac{\partial^2\phi}{\partial x_i^2}}=\frac{\partial^2\overline{\phi}}{\partial x_i^2} \tag{8-25f}$$

$$\overline{\frac{\partial\phi'}{\partial x_i}}=0;\quad \overline{\frac{\partial\phi'}{\partial t}}=0;\quad \overline{\frac{\partial^2\phi'}{\partial x_i^2}}=0 \tag{8-25g}$$

3. 空间平均法

如果概率平均值与空间坐标无关，即湍流的平均值不随坐标变化，则称这样的湍流为空间均匀湍流或简称为均匀湍流。这时可以用空间平均来取代统计平均。其定义如下

$$\overline{\phi}(t)=\frac{1}{V}\iiint_{\Omega}\phi(x_0,t)\mathrm{d}V \tag{8-26}$$

式中，Ω 为湍流场内取包含 x_0 的一足够大的体积，体积大小为 V。当然为使空间平均法也具有实际的好处，把它也推广到非均匀湍流。另外为使方程具有一般性，用 x 取代 x_0，

于是得到

$$\bar{\phi}(x,t)=\frac{1}{V}\iiint_{\Omega}\phi(x,t)\mathrm{d}V \tag{8-27}$$

8.2　湍流平均运动的基本方程

湍流运动的实验研究表明，虽然湍流结构十分复杂，但它仍然遵循连续介质的一般动力学规律，因此雷诺提出用时均值概念来研究湍流运动。他认为湍流中任何物理量虽然都随时间和空间变化，但是任一瞬时运动仍然符合连续介质流动的特征，流场中任一空间点上应该适用黏性流体运动的基本方程。雷诺从不可压缩流体的连续性方程和动量方程导出湍流平均运动的能量方程和湍动能方程等，并且把它们推广到可压缩流体中，从而形成当前广泛使用的湍流理论模式的基本方程。

8.2.1　连续方程

根据时间平均法，将各瞬时速度分解为平均速度与脉动速度之和，即

$$u=U+u',\quad v=V+v',\quad w=W+w' \tag{8-28a}$$

或记为

$$u_i=U_i+u_i',\quad i=1,2,3 \tag{8-28b}$$

将式(8-28b)代入不可压缩流的连续方程式则得

$$\frac{\partial u_i}{\partial x_i}=\frac{\partial U_i}{\partial x_i}+\frac{\partial u_i'}{\partial x_i}=0 \tag{8-29}$$

由平均运算关系可知

$$\frac{\partial U_i}{\partial x_i}=0 \tag{8-30}$$

此即不可压缩流湍流平均运动的连续方程。由式(8-29)减去式(8-30)可得

$$\frac{\partial u_i'}{\partial x_i}=0 \tag{8-31}$$

由式(8-30)和式(8-31)可见，平均速度分量和脉动速度分量都分别满足不可压缩流的连续方程。

式(8-30)展开则为

$$\frac{\partial U}{\partial x}+\frac{\partial V}{\partial y}+\frac{\partial W}{\partial z}=0 \tag{8-32}$$

8.2.2　动量方程

忽略体积力，则不可压缩流的动量方程可写为

$$\frac{\partial u_i}{\partial t}+u_j\frac{\partial u_i}{\partial x_j}=-\frac{1}{\rho}\frac{\partial p}{\partial x_i}+\nu\nabla^2 u_i \tag{8-33a}$$

由质量方程可得，将此式加上式则可得

$$\frac{\partial u_i}{\partial t}+\frac{\partial u_i u_j}{\partial x_j}=-\frac{1}{\rho}\frac{\partial p}{\partial x_i}+\nu\nabla^2 u_i \tag{8-33b}$$

将瞬时压力 p 分解为平均值和脉动值

$$p = P + p' \tag{8-34}$$

将式(8-34)和速度分解式(8-28)代入式(8-33b)施行平均运算，则最后可得

$$\frac{\partial U_i}{\partial t} + U_j \frac{\partial U_i}{\partial x_j} = -\frac{1}{\rho}\frac{\partial P}{\partial x_i} + \nu \frac{\partial^2 U_i}{\partial x_j \partial x_j} + \frac{1}{\rho}\frac{\partial(-\rho\overline{u_i' u_j'})}{\partial x_j} \tag{8-35}$$

此即湍流平均运动的动量方程，或称雷诺方程。与对应的方程(8-33)比较，这里多了最后一项，它是由瞬时速度的非线性惯性项 $\partial u_i u_j / \partial x_j$ 的脉动部分产生的。由于它有应力的量纲，故将 $-\rho\overline{u_i' u_j'}$ 称为雷诺应力，它的物理意义将在后面讨论。由于这是包含在平均量方程中唯一的脉动量项，所以可以说脉动量是通过雷诺应力影响平均运动的。

可见，按照雷诺将瞬时运动分解为平均运动与脉动运动的想法，确实可以把脉动运动对平均运动的影响分离出来。但是，这种分解也引起了新的问题，即方程组的封闭性问题。因为在平均运动方程(8-35)中，除了 P 和 U_i 的三个分量，新增加了雷诺应力的六个独立分量，而方程数目只有四个，所以雷诺应力是新增加的未知变量。因此，原来封闭的方程组现在变得不再封闭了。当然，可以通过原始的瞬时变量的运动方程推导出雷诺应力的方程组。但这又会引入新的未知函数，其形式是脉动量的三阶关联，如 $\overline{u_i' u_j' u_j'}$ 。总之，可用的方程数目总是少于未知函数的数目，这是原始控制方程的非线性属性决定的。由上述过程可见，这一问题是将瞬时量按平均量和脉动量分解而引起的。

一百多年来，人们为了解决封闭性问题做了大量工作，特别是先进测试技术和计算技术的应用使这方面的工作取得了很大的进展。但是这一问题现在还仍未解决，而且也看不见有根本解决的希望。将式(8-35)展开则成为

$$\frac{\partial U}{\partial t} + U\frac{\partial U}{\partial x} + V\frac{\partial U}{\partial y} + W\frac{\partial U}{\partial z} = -\frac{1}{\rho}\frac{\partial p}{\partial x} + \nu\nabla^2 U + \frac{1}{\rho}\left[\frac{\partial(-\rho\overline{u'^2})}{\partial x} + \frac{\partial(-\rho\overline{u'v'})}{\partial y} + \frac{\partial(-\rho\overline{u'w'})}{\partial z}\right] \tag{8-36a}$$

$$\frac{\partial V}{\partial t} + U\frac{\partial V}{\partial x} + V\frac{\partial V}{\partial y} + W\frac{\partial V}{\partial z} = -\frac{1}{\rho}\frac{\partial p}{\partial y} + \nu\nabla^2 V + \frac{1}{\rho}\left[\frac{\partial(-\rho\overline{u'v'})}{\partial x} + \frac{\partial(-\rho\overline{v'^2})}{\partial y} + \frac{\partial(-\rho\overline{v'w'})}{\partial z}\right] \tag{8-36b}$$

$$\frac{\partial W}{\partial t} + U\frac{\partial W}{\partial x} + V\frac{\partial W}{\partial y} + W\frac{\partial W}{\partial z} = -\frac{1}{\rho}\frac{\partial p}{\partial z} + \nu\nabla^2 W + \frac{1}{\rho}\left[\frac{\partial(-\rho\overline{u'w'})}{\partial x} + \frac{\partial(-\rho\overline{v'w'})}{\partial y} + \frac{\partial(-\rho\overline{w'^2})}{\partial z}\right] \tag{8-36c}$$

虽然雷诺方程比对应的层流运动方程多了雷诺应力项，但它却避免了处理复杂的瞬时脉动的问题，所以尽管至今封闭性问题还未解决，它仍获得了广泛采用，特别是对于工程问题。通过雷诺方程将处理瞬时运动的问题转化成了封闭性问题或雷诺应力问题。

式(8-36)右端多出的附加项可以看作一个应力张量的分量，这些附加项引起的单位面积的表面力为

$$\boldsymbol{P}'=\left(\frac{\partial\sigma'_{xx}}{\partial x}+\frac{\partial\tau'_{yx}}{\partial y}+\frac{\partial\tau'_{zx}}{\partial z}\right)\boldsymbol{i}+\left(\frac{\partial\tau'_{xy}}{\partial x}+\frac{\partial\sigma'_{yy}}{\partial y}+\frac{\partial\tau'_{zy}}{\partial z}\right)\boldsymbol{j}+\left(\frac{\partial\tau'_{xz}}{\partial x}+\frac{\partial\sigma'_{yz}}{\partial y}+\frac{\partial\tau'_{zz}}{\partial z}\right)\boldsymbol{k} \tag{8-37}$$

其中，各分量是雷诺应力张量的分量，即

$$\begin{bmatrix}\sigma'_{xx} & \tau'_{xy} & \tau'_{xz}\\ \tau'_{yx} & \sigma'_{yy} & \tau'_{yz}\\ \tau'_{zx} & \tau'_{zy} & \sigma'_{zz}\end{bmatrix}=\begin{bmatrix}-\rho\overline{u'^2} & -\rho\overline{u'v'} & -\rho\overline{u'w'}\\ -\rho\overline{u'v'} & -\rho\overline{v'^2} & -\rho\overline{u'w'}\\ -\rho\overline{u'w'} & -\rho\overline{v'w'} & -\rho\overline{w'^2}\end{bmatrix} \tag{8-38}$$

现讨论雷诺应力的物理意义。为易于说明问题本质，设平均运动是二维的，如图 8-7 所示。由于旋涡运动，高速流层中的微团会向下跳到低速流层中，现考虑低速流层中的微元体 dxdydz 及由此而发生的动量变化。向下跳的速度即为脉动速度 v'，则单位时间通过界面 dxdz 进入此微元体的质量为 $\rho v'\mathrm{d}x\mathrm{d}z$。当高速流层的微团跳入低速流层时，它并未立即失去原有的速度，其超出当地平均速度的部分即为脉动速度 u'。所以该微元体在单位时间内 x 向动量的变化等于 $\rho v'u'\mathrm{d}x\mathrm{d}z$。根据动量定理，动量变化率应等于表面作用力，即微元面 dxdz 上相当于受到了作用力 $\rho v'u'\mathrm{d}x\mathrm{d}z$，因而应力大小为 $\rho u'v'$。

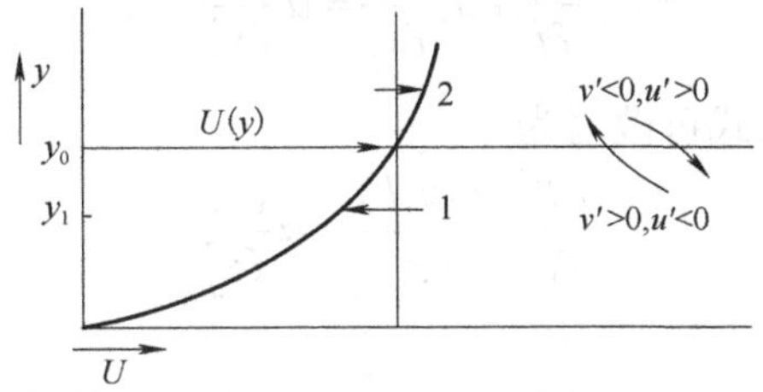

图 8-7　旋涡引起的湍流脉动

实际上 u' 和 v' 都是变化的，虽也有 u' 和 v' 同时大于零或同时小于零的情况，但在图示的剪切流中，微团由高速层跳入低速层时，通常是 $v'<0$，$u'>0$；而由低速层跳入高速层时，通常是 $v'>0$，$u'<0$。取平均后通常是 $\overline{u'v'}<0$，即雷诺应力 $-\rho\overline{u'v'}$ 通常为正。

上面讨论了雷诺切应力，许多情况下它们往往是最重要的分量。对雷诺正应力 $-\rho\overline{u'^2}$ 等也可进行类似的讨论。

从上述讨论可见，雷诺应力与黏性应力有本质的差别。黏性应力对应于分子扩散引起界面两侧的动量交换，扩散是由分子热运动引起的；雷诺应力则对应于流体微团的跳动引起界面两侧的动量交换。跳动是由大大小小的旋涡（即湍流脉动）引起的。所以，雷诺应力并不是严格意义上的表面应力，它是对真实的脉动运动进行平均处理时将脉动引起的动量交换折算在想象的平均运动界面上的作用力，即对于平均运动而言，它具有表面力的效果，因而在解决实际工程应用问题时可以把它和其他表面力同样看待。从这个意义上，湍流平均运动的微元体除压力外还受到两种表面力作用，即分子黏性应力和雷诺应力，可以写为

$$\begin{aligned}\sigma_x&=-P+2\mu\frac{\partial U}{\partial x}-\rho\overline{u'^2}\\ \tau_{xy}&=\mu\left(\frac{\partial U}{\partial y}+\frac{\partial V}{\partial x}\right)-\rho\overline{u'v'}\end{aligned} \tag{8-39a}$$

湍流脉动引起的掺混运动就好像使流体的黏性增加了 100 倍、1000 倍，这指的正是在多数情况下和绝大部分流动空间内，雷诺应力比分子黏性应力大得多，在这种情况下分子黏性可以忽略。

将式（8-39a）用总的平均应力张量 T_{ij} 表示，即

$$T_{ij} = 2\mu S_{ij} - P\delta_{ij} - \rho\overline{u_i'u_j'} \tag{8-39b}$$

式中，S_{ij} 为平均运动的应变变化率张量

$$S_{ij} = \frac{1}{2}\left(\frac{\partial U_i}{\partial x_j} + \frac{\partial U_j}{\partial x_i}\right) \tag{8-40}$$

利用式（8-39b）定义的总应力张量 T_{ij}，平均运动的动量方程可表示为非常简洁的形式

$$\frac{\mathrm{D}U_i}{\mathrm{D}t} = \frac{\partial}{\partial x_j}\left(\frac{T_{ij}}{\rho}\right)k \tag{8-41}$$

8.2.3　能量方程

1. 湍流平均能量方程

引用式

$$\frac{\partial T}{\partial t} + u_j\frac{\partial T}{\partial x_j} = \alpha\frac{\partial^2 T}{\partial x_j^2} \tag{8-42}$$

注意到连续方程(8-31)，上式可改写为

$$\frac{\partial T}{\partial t} + \frac{\partial (u_j T)}{\partial x_j} = \alpha\frac{\partial^2 T}{\partial x_j^2}$$

等式两侧取平均，有

$$\overline{\frac{\partial T}{\partial t}} = \frac{\partial \overline{T}}{\partial t},\quad \overline{\frac{\partial (u_j T)}{\partial x_j}} = \frac{\partial (\overline{u}_j\overline{T})}{\partial x_j} + \frac{\partial (\overline{u_j'T'})}{\partial x_j},\quad \overline{\frac{\partial^2 T}{\partial x_j^2}} = \frac{\partial^2 \overline{T}}{\partial x_j^2}$$

将以上诸式代入能量方程，并加以整理得

$$\frac{\partial \overline{T}}{\partial t} + \frac{\partial (\overline{u}_j\overline{T})}{\partial x_j} + \frac{\partial (\overline{u_j'T'})}{\partial x_j} = \alpha\frac{\partial^2 \overline{T}}{\partial x_j^2}$$

$$\frac{\partial \overline{T}}{\partial t} + \frac{\partial (\overline{u}_j\overline{T})}{\partial x_j} = \frac{\partial}{\partial x_j}\left(\alpha\frac{\partial \overline{T}}{\partial x_j} - \overline{u_j'T'}\right)$$

上式两侧同乘以 $\rho_0 c_p$

$$\rho_0 c_p\frac{\mathrm{D}\overline{T}}{\mathrm{D}t} = -\frac{\partial q_j}{\partial x_j} \tag{8-43}$$

式中

$$q_j = -\kappa\frac{\partial \overline{T}}{\partial x_j} + \rho_0 c_p\overline{u_j'T'} \tag{8-44}$$

为热流密度，而 $\kappa = \rho_0 c_p \alpha$ 是导热系数。式(8-44)表示，除 $-\kappa\partial\overline{T}/\partial x_j$ 外，湍流脉动导致产生一个附加的平均湍流热流密度 $\rho_0 c_p\overline{u_j'T'}$ 。以大地表面散热过程为例，白天由于日照地球表面变热，随高度增加平均温度降低，同时引起湍流对流运动。向上的脉动运动 $(w'>0)$ 在大多数情形下与一个正的温度脉动 $(T'>0)$ 相对应，于是产生一个向上的热流密度 $\rho_0 c_p\overline{u_j'T'}>0$ 。

2. 平均动能方程

在 8.1.2 节中曾简单描述了湍流能量的级联过程，即通过涡拉伸和涡破裂等物理机制使湍流能量从大涡向小涡传递，并最终在最小尺度的涡群（即耗散涡）中将湍流的能量耗散掉。这种描述忽略了一个基本问题，即初始的湍流能量是如何生成的？如果只有耗散而无生成，湍流状态是不能长期维持的。在湍流理论中，湍流能量和雷诺应力的生成、输运和耗散起着重要作用。本节将通过讨论湍流平均运动的动能方程来说明湍流能量的生成。

用 U_k 乘以式(8-41)，加上用 U_i 乘式(8-41)的 k 方向分量，则得

$$\frac{\mathrm{D}U_iU_j}{\mathrm{D}t}=U_k\frac{\partial}{\partial x_j}\left(\frac{T_{ij}}{\rho}\right)+U_i\frac{\partial}{\partial x_j}\left(\frac{T_{kj}}{\rho}\right) \tag{8-45}$$

当 $i=k$ 时，此式成为

$$\begin{aligned}\frac{\mathrm{D}}{\mathrm{D}t}\left(\frac{1}{2}U_iU_j\right)&=U_i\frac{\partial}{\partial x_j}\left(\frac{T_{ij}}{\rho}\right)\\&=\frac{\partial}{\partial x_j}(T_{ij}U_i)-T_{ij}\frac{\partial U_i}{\partial x_j}\end{aligned}$$

由于 T_{ij} 是对称张量，由组成上式最后一项的诸有关分量可证明如下关系

$$\begin{aligned}T_{mn}\frac{\partial U_m}{\partial x_n}+T_{nm}\frac{\partial U_n}{\partial x_m}&=T_{mn}\left(\frac{\partial U_m}{\partial x_n}+\frac{\partial U_n}{\partial x_m}\right)\\&=2T_{mn}S_{mn}\end{aligned}$$

此式未引用取和约定，但它也适于取和约定的情况，即

$$T_{ij}\frac{\partial U_i}{\partial x_j}=T_{ij}S_{ij}$$

将此式用于式(8-45)则得

$$\frac{\mathrm{D}}{\mathrm{D}t}\left(\frac{1}{2}U_iU_j\right)=\frac{\partial}{\partial x_j}(T_{ij}U_i)-T_{ij}S_{ij} \tag{8-46}$$

将式(8-39b)代入则最后得

$$\begin{aligned}\frac{\mathrm{D}}{\mathrm{D}t}\left(\frac{1}{2}U_iU_j\right)=&\frac{\partial}{\partial x_j}\left(-\frac{P}{\rho}U_j+2\nu U_iS_{ij}-\overline{u_i'u_j'}U_i\right)\\&-2\nu S_{ij}S_{ij}+\overline{u_i'u_j'}U_i\end{aligned} \tag{8-47}$$

在得出此式时还应用了如下关系

$$P\delta_{ij}S_{ij}=PS_{ii}=P\frac{\partial U_i}{\partial x_i}=0$$

这是 $T_{ij}S_{ij}$ 中的一项。式（8-47）就是湍流平均运动的动能方程。$\partial(2\nu U_iS_{ij})/\partial x_j$ 为平均运动的黏性力对机械能的输运；$-\partial(PU_j)/\partial x_j$ 为平均压力对机械能的输运，即流动功；$2\nu S_{ij}S_{ij}$ 为平均运动对应的黏性耗散。$-\partial(\overline{u_i'u_j'}U_i)\partial x_j$ 和 $\overline{u_i'u_j'}S_{ij}$ 这两项都包含脉动量，它们反映了脉动对平均运动的动能的影响。

$\overline{u_i'u_j'}S_{ij}$ 是式(8-46)中 $T_{ij}S_{ij}$ 包含的一项。$T_{ij}S_{ij}$ 表示变形功，即流体对抵抗平均变形运动的力所做的功。抵抗变形的力有两种，一种为分子黏性力，另一种为湍流脉动引起的雷诺应力。流体对抵抗变形的黏性力所做的功，将机械能转变为分子热运动的动能，此即耗散

项。流体对抵抗平均运动变形的雷诺应力所做的功，将平均运动的动能转变为湍流脉动的动能，此即湍流动能的生成项 $\overline{u_i'u_j'}S_{ij}$。对于图 8-7 所示的 $S_{ij} > 0$ 的情况，通常 $\overline{u_i'u_j'} < 0(i \neq j)$，即 $\overline{u_i'u_j'}S_{ij} < 0$。由式(8-47)可见，这表明此项使平均运动动能 $U_iU_j / 2$ 减少，即对平均运动动能而言，这是损失。

归结起来，式(8-47)表明，流体微团平均运动动能随时间的变化率 $\mathrm{D}\left(\dfrac{1}{2}U_iU_j\right) / \mathrm{D}t$ 取决于平均压力、黏性应力和雷诺应力对机械能的输运，以及平均运动的黏性耗散和从平均运动动能向湍流动能的转化。

3. 湍流应力方程

将关于瞬时速度 u_i 的动量方程式(8-33b)乘 u_k，再加上式(8-33b)的 k 向分量方程乘 u_i，经简单演算后成为

$$\begin{aligned}\frac{\mathrm{D}(u_iu_k)}{\mathrm{D}t} &= -\frac{1}{\rho}\left(\frac{\partial u_k p}{\partial x_i} + \frac{\partial u_i p}{\partial x_k}\right) + \frac{p}{\rho}\left(\frac{\partial u_k}{\partial x_i} + \frac{\partial u_i}{\partial x_k}\right) \\ &\quad + \nu\nabla^2 u_iu_k - 2\nu\frac{\partial u_i}{\partial x_j}\frac{\partial u_k}{\partial x_j}\end{aligned} \tag{8-48}$$

将速度和压力都分解为平均值和脉动值之和，代入式（8-48）后施行平均运算，得

$$\begin{aligned}\frac{\mathrm{D}(\overline{u_i'u_j'})}{\mathrm{D}t} &= \frac{\partial \overline{u_i'u_j'}}{\partial t} + U_k\frac{\partial \overline{u_i'u_j'}}{\partial x_k} \\ &= -\frac{\partial}{\partial x_k}\left(\delta_{jk}\frac{\overline{u_i'p'}}{\rho} + \delta_{ik}\frac{\overline{u_j'p'}}{\rho} + \overline{u_i'u_j'u_k'} - \nu\frac{\partial \overline{u_i'u_j'}}{\partial x_k}\right) \\ &\quad - (\overline{u_i'u_k'})\frac{\partial U_j}{\partial x_k} + \overline{u_j'u_k'}\frac{\partial U_i}{\partial x_k} \\ &\quad - 2\nu\overline{\frac{\partial u_i'}{\partial x_k}\frac{\partial u_j'}{\partial x_k}} + \overline{\frac{p'}{\rho}\left(\frac{\partial u_i'}{\partial x_j} + \frac{\partial u_j'}{\partial x_i}\right)}\end{aligned} \tag{8-49}$$

此即湍流（雷诺）应力方程。在导出此式的过程中曾将标号 j 与 k 进行了对换。

4. 湍流动能方程

将单位质量的湍流动能定义为

$$\begin{aligned}\frac{q^2}{2} &= \frac{1}{2}\overline{u_i'u_i'} \\ &= \frac{1}{2}\left(\overline{u'^2} + \overline{v'^2} + \overline{w'^2}\right)\end{aligned} \tag{8-50}$$

在式(8-49)中，令 $i = j$ 采用求和约定，并应用不可压缩流质量方程，则得

$$\begin{aligned}\frac{\mathrm{D}}{\mathrm{D}t}\left(\frac{1}{2}\overline{u_i'u_i'}\right) &= \frac{\partial}{\partial t}\left(\frac{1}{2}\overline{u_i'u_i'}\right) + U_j\frac{\partial}{\partial x_j}\left(\frac{1}{2}\overline{u_i'u_i'}\right) \\ &= -\frac{\partial}{\partial x_j}\left(\frac{1}{\rho}\overline{u_j'p'} + \frac{1}{2}\overline{u_i'u_i'u_j'} - 2\nu\overline{u_i's_{ij}'}\right) \\ &\quad - \overline{u_i'u_j'}S_{ij} - 2\nu\overline{s_{ij}'s_{ij}'}\end{aligned} \tag{8-51}$$

此即湍流动能方程。若将上式简化为

$$\frac{\mathrm{D}}{\mathrm{D}t}\left(\frac{1}{2}\overline{u_i'u_i'}\right)=D_{if}+P-\varepsilon \tag{8-52}$$

其中

$$D_{if}=-\frac{\partial}{\partial x_j}\left(\frac{1}{\rho}\overline{u_j'p'}+\frac{1}{2}\overline{u_i'u_i'u_j'}-2\nu\overline{u_i's_{ij}'}\right)$$

$$P=-\overline{u_i'u_j'}S_{ij}$$

$$\varepsilon=2\nu\overline{s_{ij}'s_{ij}'}$$

式(8-49)和式(8-52)虽然形式上写出了关于雷诺应力和湍流动能的微分方程，但它们引入了一些新的未知函数，如 $\overline{u_i'u_j'u_k'}$ 、$\overline{u_i'p'}$ 等，即它们是不封闭的。虽然可用类似的方法写出关于 $\overline{u_i'u_j'u_k'}$ 的微分方程，但又会引入更高阶的未知的关联函数。为了使这些方程能够封闭，需要用各种方法建立这些高阶量与低阶量（$\overline{u_i'u_j'}$ 、$\overline{u_i'u_i'}$）或平均速度之间的关系，这就是建立模型方程的问题。这是研究湍流模型的很重要的内容，我们将在后面进一步讨论。

5. 湍流耗散率方程

湍流中始终产生能量耗散，即存在耗散项

$$\varepsilon=\nu\overline{\frac{\partial u_i'}{\partial x_k}\frac{\partial u_i'}{\partial x_k}}=2\nu\overline{s_{ij}'s_{ij}'} \tag{8-53}$$

湍流动能的生成项和耗散项之间的平衡，对维持湍流很重要。

耗散过程主要发生在流场小尺度范围的旋涡内，在这种旋涡内，分子运动的影响比较大而不能忽略，实际上流场脉动量的梯度也主要取决于这种小尺度的旋涡。由湍流统计理论中的 Kolmogorov 相似假定可知，当湍流雷诺数比较大时，在湍流的谱空间存在一个惯性子区。在惯性子区内的脉动量满足各向同性的要求，也就是说，不同脉动量之间的关联等于零。所以在雷诺数比较大的情况下，通量的耗散率趋于零，雷诺应力的耗散率可以表示成湍流动能耗散率的函数。

对不可压流动运动的动量方程求导，得

$$\frac{\partial}{\partial t}\left(\frac{\partial u_i'}{\partial x_k}\right)+\frac{\partial}{\partial x_k}\left(u_j'\frac{\partial u_i'}{\partial x_j}\right)+\frac{\partial}{\partial x_k}\left(u_j'\frac{\partial \overline{u_i}}{\partial x_j}\right)+\frac{\partial}{\partial x_k}\left(\overline{u_j}\frac{\partial u_i'}{\partial x_j}\right)$$

$$=-\frac{1}{\rho}\frac{\partial^2 p'}{\partial x_i\partial x_k}+\nu\frac{\partial^2}{\partial x_j\partial x_j}\left(\frac{\partial u_i'}{\partial x_k}\right)+\frac{\partial^2(\overline{u_i'u_j'})}{\partial x_j\partial x_k}$$

即

$$\frac{\partial}{\partial t}\left(\frac{\partial u_i'}{\partial x_k}\right)+\frac{\partial u_j'}{\partial x_k}\frac{\partial u_i'}{\partial x_j}+u_j'\frac{\partial^2 u_i'}{\partial x_j\partial x_k}+\frac{\partial u_j'}{\partial x_k}\frac{\partial \overline{u_i}}{\partial x_j}+u_j'\frac{\partial^2 \overline{u_i}}{\partial x_j\partial x_k}+\frac{\partial \overline{u_j}}{\partial x_k}\frac{\partial u_i'}{\partial x_j}+\overline{u_j}\frac{\partial^2 u_i'}{\partial x_j\partial x_k}$$

$$=-\frac{1}{\rho}\frac{\partial^2 p'}{\partial x_i\partial x_k}+\nu\frac{\partial^2}{\partial x_j\partial x_j}\left(\frac{\partial u_i'}{\partial x_k}\right)+\frac{\partial^2(\overline{u_i'u_j'})}{\partial x_j\partial x_k}$$

将上式各项乘以 $2\nu\frac{\partial u_i'}{\partial x_k}$，并利用湍流运动的连续方程 $\frac{\partial u_k'}{\partial x_k}=0$，对全式取雷诺时间平均，同时令 $\varepsilon=\nu\overline{\frac{\partial u_i'\partial u_i'}{\partial x_k\partial x_k}}$，则得到

$$\frac{\mathrm{D}\varepsilon}{\mathrm{D}t}=\frac{\partial\varepsilon}{\partial t}+\overline{u}_j\frac{\partial\varepsilon}{\partial x_j}=-\frac{\partial}{\partial x_j}\nu\overline{\frac{\partial u_i'}{\partial x_k}\frac{\partial u_i'}{\partial x_k}u_j'}-\frac{2\nu}{\rho}\frac{\partial}{\partial x_i}\overline{\frac{\partial u_i'}{\partial x_k}\frac{\partial p'}{\partial x_k}}+\nu\frac{\partial^2\varepsilon}{\partial x_j\partial x_j}$$
$$-2\nu^2\overline{\frac{\partial^2 u_i'}{\partial x_j\partial x_k}\frac{\partial^2 u_i'}{\partial x_j\partial x_k}}-2\nu\overline{u_j'\frac{\partial u_i'}{\partial x_k}}\frac{\partial^2\overline{u_i}}{\partial x_j\partial x_k}-2\nu\left(\overline{\frac{\partial u_i'}{\partial x_k}\frac{\partial u_j'}{\partial x_k}}\frac{\partial\overline{u_i}}{\partial x_j}+\overline{\frac{\partial u_i'}{\partial x_k}\frac{\partial u_i'}{\partial x_j}}\frac{\partial\overline{u_j}}{\partial x_k}\right)$$
$$-2\nu\overline{\frac{\partial u_i'}{\partial x_k}\frac{\partial u_i'}{\partial x_j}\frac{\partial u_j'}{\partial x_k}}$$

整理上式，得到

$$\frac{\mathrm{D}\varepsilon}{\mathrm{D}t}=\underbrace{\frac{\partial\varepsilon}{\partial t}}_{L_\varepsilon}+\underbrace{\overline{u}_j\frac{\partial\varepsilon}{\partial x_j}}_{C_\varepsilon}=\underbrace{-\frac{\partial}{\partial x_j}\left(-\nu\overline{u_j'\frac{\partial u_i'}{\partial x_k}\frac{\partial u_i'}{\partial x_k}}-2\nu\overline{\frac{\partial u_j'}{\partial x_k}\frac{\partial p'}{\partial x_k}}\right)}_{D_{T,\varepsilon}}+\underbrace{\frac{\partial}{\partial x_j}\left(\nu\frac{\partial\varepsilon}{\partial x_j}\right)}_{D_{L,\varepsilon}}$$
$$\underbrace{-2\nu\frac{\partial\overline{u_i}}{\partial x_j}\left(\overline{\frac{\partial u_i'}{\partial x_k}\frac{\partial u_j'}{\partial x_k}}+\overline{\frac{\partial u_k'}{\partial x_j}\frac{\partial u_k'}{\partial x_i}}\right)}_{P_{\varepsilon1+\varepsilon1}}\underbrace{-2\nu\overline{u_j'\frac{\partial u_i'}{\partial x_k}}\frac{\partial^2\overline{u_i}}{\partial x_j\partial x_k}}_{P_{\varepsilon3}}\underbrace{-2\nu\overline{\frac{\partial u_i'}{\partial x_j}\frac{\partial u_i'}{\partial x_k}\frac{\partial u_j'}{\partial x_k}}}_{P_{\varepsilon4}}\quad(8\text{-}54)$$
$$\underbrace{-2\nu^2\overline{\frac{\partial^2 u_i'}{\partial x_j\partial x_k}\frac{\partial^2 u_i'}{\partial x_j\partial x_k}}}_{E_\varepsilon}$$

这就是不可压缩流的湍流耗散率ε方程，最早于 1961 年由 Davydov 推出。式中，L_ε为非稳态项；C_ε为对流项；$D_{T,\varepsilon}$为湍流扩散项；$D_{L,\varepsilon}$为分子扩散项；$P_{\varepsilon1+\varepsilon1}$和$P_{\varepsilon3}$为耗散率生成项；$P_{\varepsilon4}$为小涡拉伸的生成项；$E_\varepsilon$为黏性耗散项。如果要考虑浮升力，则式(8-54)改为

$$\frac{\mathrm{D}\varepsilon}{\mathrm{D}t}=\frac{\partial\varepsilon}{\partial t}+\overline{u}_j\frac{\partial\varepsilon}{\partial x_j}=\frac{\partial}{\partial x_j}\left(-\nu\overline{u_j'\frac{\partial u_i'}{\partial x_k}\frac{\partial u_i'}{\partial x_k}}-2\nu\overline{\frac{\partial u_j'}{\partial x_k}\frac{\partial p'}{\partial x_k}}\right)+\frac{\partial}{\partial x_j}\left(\nu\frac{\partial\varepsilon}{\partial x_j}\right)$$
$$-2\nu\frac{\partial\overline{u_i}}{\partial x_j}\left(\overline{\frac{\partial u_i'}{\partial x_k}\frac{\partial u_j'}{\partial x_k}}+\overline{\frac{\partial u_k'}{\partial x_j}\frac{\partial u_k'}{\partial x_i}}\right)-2\nu\overline{u_j'\frac{\partial u_i'}{\partial x_k}}\frac{\partial^2\overline{u_i}}{\partial x_j\partial x_k}\quad(8\text{-}55)$$
$$-2\nu\overline{\frac{\partial u_i'}{\partial x_j}\frac{\partial u_i'}{\partial x_k}\frac{\partial u_j'}{\partial x_k}}-2\nu^2\overline{\frac{\partial^2 u_i'}{\partial x_j\partial x_k}\frac{\partial^2 u_i'}{\partial x_j\partial x_k}}-2\beta_T g_i\nu\overline{\frac{\partial u_i'}{\partial x_j}\frac{\partial T'}{\partial x_j}}$$

如果想要考虑体积力项的脉动，只需把上式中浮升力项$-2\beta_T g_i\nu\overline{\frac{\partial u_i'}{\partial x_j}\frac{\partial T'}{\partial x_j}}$改为体积力生成项$G_\varepsilon$：

$$G_\varepsilon=\nu\overline{\frac{\partial f_i'}{\partial x_k}\frac{\partial u_i'}{\partial x_k}}$$

8.3　湍流统计理论简述

湍流中存在拟序结构是 20 世纪 60 年代对湍流认识的一大进步。在此之前，湍流被看成是流体的一种高度非定常的随机运动状态。在空间任一点湍流的压力和速度都随时间不断地无规则变化着。对给定系统的任何两次测量都不可能是相同的。但是，实验表明，湍流量的统计平均值却有确定性的规律可循。平均值在各次实验中是可重复实现的。

8.3.1　湍流的 Kolmogorov 理论

1942 年 Kolmogorov 针对湍流提出一个假设：在高雷诺数湍流流场中，小尺度分量（小涡）从统计角度看是定常的、局部各向同性的（无方向性），而且与大尺度运动（大涡）的结构细节无关，这一波数范围称为平衡区。

具体讨论涡拉伸过程。由图 8-8 可见，流体微团受到拉伸后将变细，在与拉伸垂直的方向将受到压缩。由图 8-8（b）和图 8-8（c）可见，若沿涡量 ω_1 的方向有拉伸则此涡量的载体将变细，而与此拉伸方向垂直的、具有涡量 ω_2 的载体则将受压缩而变粗。若只考虑图 8-7 所示的二维应变率场，设 $\partial u/\partial y=\partial v/\partial x=0$ 且 $\partial u/\partial x=-\partial v/\partial y=S$。设 S 为常数，忽略黏性，则由涡量输运公式，有

$$\frac{\mathrm{D}\omega_1}{\mathrm{D}t}=S\omega_1,\ \frac{\mathrm{D}\omega_2}{\mathrm{D}t}=-S\omega_2 \tag{8-56}$$

积分后可得

$$\omega_1=\omega_0\mathrm{e}^{St},\ \omega_2=\omega_0\mathrm{e}^{-St} \tag{8-57}$$

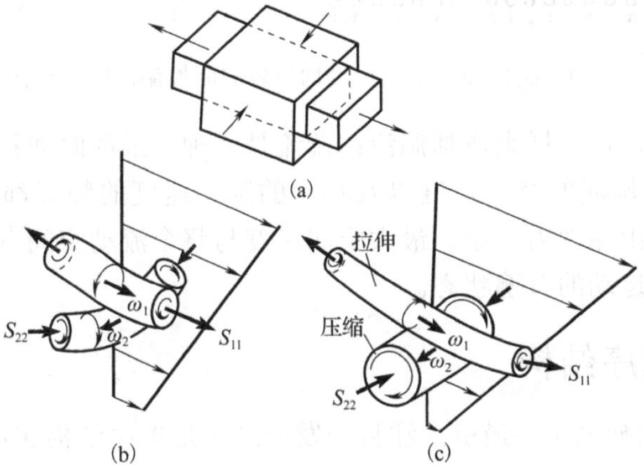

图 8-8　涡拉伸示意图

和

$$\omega_1^2+\omega_2^2=\omega_0^2(\mathrm{e}^{2St}+\mathrm{e}^{-2St})=2\omega_0^2\cosh(2St) \tag{8-58}$$

可见，总的涡量因拉伸而不断增加，这是由于 ω_1 因拉伸很快增加，而 ω_2 则缓慢降低，St 大的时候尤其如此。这样的简单计算也表明，旋涡因拉伸而很快变小，而变粗的速率却低得多。此外，在拉伸过程中还有另一种机制，它可抵消使 ω_2 的载体变粗的作用。

当沿 x 方向拉伸而使微团变细时，由于动量矩守恒原理，ω_1 将增加，即 v 和 w 将增加。所以沿某个方向的拉伸将引起沿另外两个方向尺度的减小和速度的增加。由于湍流本身的三维性，这使得速度又在另外两个方向拉伸。这种过程可一直继续，使旋涡尺度变得越来越小，局部速度梯度越来越大，若无黏性，则将出现速度的不连续。黏性的存在，将力图抹平速度梯度，使拉伸过程终止在耗散涡尺度水平。

可以用系谱图 8-9 进一步说明上述过程的后果。由图可以看出，x 方向的拉伸强化了 y 和 z 方向的运动，而在这两个方向上引起的较小尺度的拉伸又分别强化了 z、x 和 x、y 方向上的运动。可以定性地看出，在某个方向上的初始拉伸，经过几步后在 x、y、z 方向

上生成了几乎相同数量的较小尺度的拉伸。平均运动所具有的方向性的影响随每一次涡的拉伸或破裂而变弱。所以，尽管任何真实湍流的平均运动和大尺度扰动并不是均匀的，也不是各向同性的，但小尺度旋涡却趋向于均匀各向同性的通用结构。此外，空间小尺度结构的特征时间尺度也会比平均运动的时间尺度小得多。所以，很高阶的脉动(对应于很小的空间尺度)相对于平均运动而言是准恒定的。这些就是 Kolmogorov 关于局部均匀各向同性湍流理论的基础。

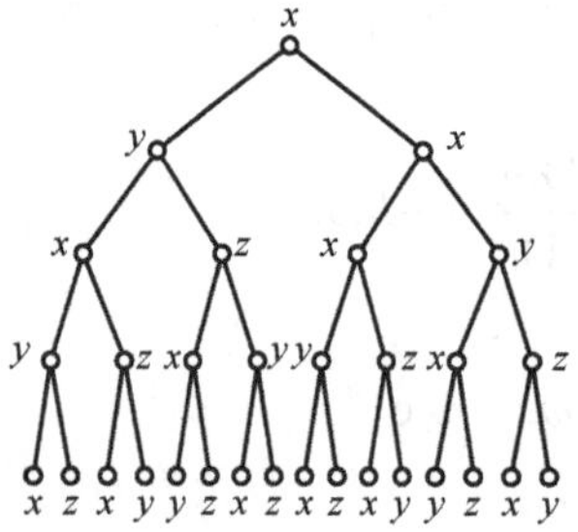

每一代各向拉伸出现的次数

x	y	z
1	0	0
0	1	1
2	1	1
2	3	3
6	5	5
10	11	11
22	21	21

图 8-9　涡拉伸产生小尺度均匀各向同性湍流的系谱图

根据以上的讨论，可这样来概括湍流：湍流是一种三维的时间相关的运动，与非线性项相联系的涡拉伸使旋涡的空间尺度以及相应的脉动速度的频率都连续扩展于一定的范围。其最小空间尺度由黏性力决定，最大空间尺度与整个流动空间有相同的量级。这是除了低雷诺数外的流体运动的普遍状态。

8.3.2　湍流的拟序结构

近 30 年来的湍流研究中，最引人注目的发展之一是拟序结构(Coherent Structure)的发现。最有代表性的实验和现象主要集中在两个方面：一是混合层中展向涡占主导的二维大涡结构；二是边界层中的猝发现象(Burst)。

这里要强调的是，上述展向涡占主导的二维大涡结构不仅存在于层流和转捩阶段，也可存在于完成了转捩的高雷诺数湍流阶段，这时，二维大涡结构与小尺度的随机湍流并存，犹如大涡叠加在杂乱的小涡上。

从 20 世纪 50 年代后期开始，斯坦福大学用流场显示技术对湍流边界层进行了一系列的实验研究。猝发现象的发现是克莱茵(Kline)等得到的最重要的成果。他们在水槽中研究低速湍流边界层，用氢气泡显示流动情况。氢气泡是用放在水中的很细的金属丝(如铂丝)作为阴极加上直流电压后产生的。金属丝沿法向或展向固置于水中，以分别显示流场沿相应方向的变化，如图 8-10 所示。

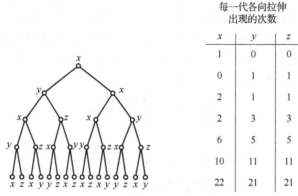

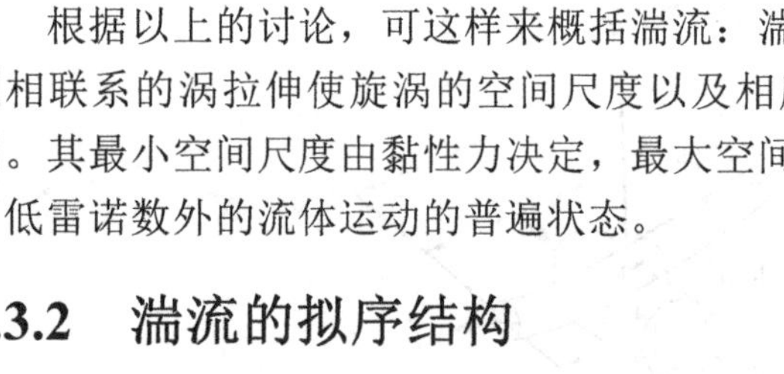

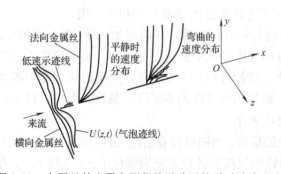

图 8-10　金属丝的安置和测得的近壁区的瞬时速度分布

实验发现，即使展向金属丝置于边

界层黏性底层内很深的位置，如 $y^+=2.7$，紧邻壁面的氢气泡缓慢移动时也不形成一条直线，而是集聚于称为流条的沿展向交替排列的低速和高速区。这些流条可能是在底层的流向涡引起的。流条与外层流动相互作用而周期性地相继出现以下几个阶段：在低速流条中，氢气泡缓慢地向下游漂移并慢慢升起，离开壁面。当达到 $y^+=8\sim12$ 时开始振荡，这些振荡不断增长，在 $10<y^+<30$ 的区域内气泡线突然碎裂，被扭曲、拉伸后向外喷出(Ejection)。上述过程的基本特征是低速流条($u'<0$)的上升或喷射($v'>0$)，所以 $-\overline{u'v'}>0$。据估计，约 70%的雷诺应力是由这喷射过程产生的。与此对应，也出现高速流条($u'>0$)由外向壁面扫掠(Sweep)的过程。这时，$v'<0$，所以 $-\overline{u'v'}>0$，也产生大量雷诺应力。上述喷射和扫掠过程与形成局部的很不稳定的瞬时速度剖面交替发生。不同的学者对猝发包括的内容有不同的提法，一般倾向于把产生了绝大部分雷诺应力的两个主要事件：喷射和扫掠作为猝发的主要特征。

湍流拟序结构的发现有着重要的意义。首先，它在某种程度上改变了人们对湍流的传统观念。过去把湍流看成完全随机的、无序的、杂乱无章的；现在则认为湍流剪切流存在大涡结构，这些结构不完全是无序的，它们是半有序的或拟序的，它们的形式、强度和尺度随流动本身的性质而不同。这些大涡结构对湍流的输运能力作出了主要的贡献。这些结构的发现提供了一种新的可能，即建立由大体可确定的可重复的非定常运动通向湍流的平均的、定常运动的桥梁。猝发现象的发现则从结构上找到了湍流近壁区产生大量雷诺应力的来源。

拟序结构的实验研究主要有两种手段：一是流场显示技术，二是条件取样技术。根据吉门聂日（Jimenez）的思想，拟序结构是动力学系统的低维流形，则该动力学系统将在这个流形的邻域逗留较长的时间，而且尺度又较大，所以便于用流场显示技术进行观察。实际上流场显示技术在拟序结构的发现和研究过程中已经起了重要作用，目前仍受到高度重视。

条件取样技术需要确定取样的准则，利用这一准则以判断所关心的事件(如猝发)的发生。最方便的准则是脉动幅值，若高于某规定的值则开始取样。这种准则不能准确反映猝发的特征。目前猝发研究中应用较广泛的是 VITA(Variable Interval Time Averaging)算法准则，即可变区间的时间平均算法准则。对于脉动量 $u'(t)$，此准则可表述为

$$\hat{u}'(t,T)=\frac{1}{T}\int_{t-\frac{T}{2}}^{t+\frac{T}{2}}u'^2(t)\mathrm{d}t-\left[\frac{1}{T}\int_{t-\frac{T}{2}}^{t+\frac{T}{2}}u'(t)\mathrm{d}t\right]^2 \tag{8-59}$$

当 $\hat{u}'(t,T)>\mathrm{Th}\overline{u'^2}$ 时，开始取样，其中 T 是某一短的时间区间，当 $T\to\infty$ 时，式(8-59)后一项趋于零。$\mathrm{Th}\overline{u'^2}$ 是给定的阈值，例如，相当于 $\overline{u'^2}$ 的某个百分比。理论和实验都表明，VITA 准则相当于梯度准则，虽不很准确，但使用方便，特别是它反映了猝发时脉动速度突然变化这一重要特征。

为了从理论上表现拟序结构，出现了三重分解的思想。与雷诺将瞬时量分解为平均量和脉动量这种传统的二重分解不同，三重分解将任一瞬时量 $\varPhi$ 分解为三部分，即

$$\varPhi=\overline{\varPhi}+\varPhi_c+\varPhi_r \tag{8-60}$$

式中，$\overline{\varPhi}$ 为平均量；$\varPhi_c$ 为与拟序结构对应的量；$\varPhi_r$ 为随机量。对于统计定常的湍流，平均量 $\overline{\varPhi}$ 可按照下式计算，即

$$\overline{\varPhi}=\frac{1}{T}\int_{t_0-\frac{T}{2}}^{t_0+\frac{T}{2}}\varPhi(x,t)\mathrm{d}t,\quad T\text{足够大} \tag{8-61}$$

若存在拟序运动，且其主导频率为 f，则拟序运动分量可按以下关系得出

$$\Phi_c(x,t)=\frac{1}{N}\sum_{n=1}^{N}\Phi'(x,t+n\Delta T),\quad N\text{足够大} \tag{8-62}$$

式中，$\Phi'=\Phi-\overline{\Phi}$，$\Delta T$ 为拟序运动的周期

$$\Delta T=\frac{1}{f}$$

由式(8-60)可得随机量

$$\Phi_r=\Phi-\overline{\Phi}-\Phi_c \tag{8-63}$$

根据这种三重分解，不可压缩流的运动方程成为

$$\frac{\mathrm{D}U_i}{\mathrm{D}t}=-\frac{\partial\overline{p}}{\partial x_i}+\nu\nabla^2U_i-\frac{\partial}{\partial x_j}\left(\overline{u_{ci}u_{cj}}+\overline{u_{ri}u_{rj}}\right) \tag{8-64}$$

$$\begin{aligned}\frac{\mathrm{D}u_{ci}}{\mathrm{D}t}=&-\frac{\partial p_c}{\partial x_i}+\nu\nabla^2u_{ci}-\nu\nabla^2u_{ci}-u_{cj}\frac{\partial U_i}{\partial x_j}\\&-u_{cj}\frac{\partial u_{ci}}{\partial x_j}-\frac{\mathrm{D}U_i}{\mathrm{D}t}-\frac{\partial\overline{p}}{\partial x_i}\\&+\nu\nabla^2U_i-\frac{\partial}{\partial x_j}\left\langle u_{ri}u_{rj}\right\rangle\end{aligned} \tag{8-65}$$

式中，变量顶上的“-”表示按式(8-62)的平均；$\langle\ \rangle$表示相平均，即

$$\left\langle u_{ri}u_{rj}\right\rangle=\frac{1}{N}\sum_{n=1}^{N}u_{ri}(x,t+n\Delta T)u_{rj}(x,t+n\Delta T) \tag{8-66}$$

这三重分量也分别满足连续方程，即

$$\frac{\partial U_i}{\partial x_i}=\frac{\partial u_{ci}}{\partial x_i}=\frac{\partial u_{ri}}{\partial x_i}=0 \tag{8-67}$$

方程(8-64)中的关联项 $\overline{u_{ci}u_{cj}}$ 可由式(8-65)解出 u_{ci} 后求出，但 $\overline{u_{ri}u_{rj}}$ 和 $\left\langle u_{ri}u_{rj}\right\rangle$ 是新的关联项，需要建立它们的模型。

坎韦尔(Cantwell)发展了关于拟序结构的另一种理论描述方法，其基本思想：对于流体质点，其运动轨迹 $x_i(t)$ 与运动速度有如下关系

$$\frac{\mathrm{d}x_i(t)}{\mathrm{d}t}=u_i[x(t),t] \tag{8-68}$$

这一式子表明，以欧拉方式观察问题，则非定常速度场不仅是空间位置 x 的函数，而且是时间 t 的函数；以拉格朗日方式观察问题，则不同时间通过同一空间点 x 的流体质点将有不同的速度，即穿过同一空间点可以有多条质点轨迹线。如果能找到一种坐标系，使在这种坐标系中流动是定常的，则方程(8-68)简化为右端不包含时间 t 的自主方程，其积分曲线即轨迹线将与流线重合。

通常用以消除时间的非定常影响的方法是取长时间的时间平均，从而得到统计定常的流动。现在要用另一假设来代替它，即假设湍流剪切流中的非定常运动是真正拟序的，因而可用某种相似变换以消除时间的显式影响。使得式(8-65)可简化为右端不包含时间变量的自主系统。本书不再进一步介绍坎韦尔的工作，有兴趣的读者可参看他的原著。

拟序结构理论的应用可分为三种层次。首先，它增进了人们对湍流物理机制的认识，有

助于发展新的思想。例如，实验发现，在平板上开尺度很小的纵向槽可降低湍流边界层的阻力，可能的一种解释是纵向槽对流向涡有抑制作用，从而也抑制了猝发的发作。然后，拟序结构的知识帮助人们在理论和实验研究中作出一些重要的判断。例如，探针的尺寸、频响和空间安放位置的正确估计以及计算域和应有的分辨率等的选定都有赖于拟序结构的知识。最后，也许人们寄予最大希望的是有助于发展更完善的湍流模型，遗憾的是至今还没有看到这方面有重大的进展，还没有以拟序结构为基础建立的湍流模型，这有待进一步的研究。

8.3.3　湍流的间歇性

对于层流边界层，在自由流与边界层之间没有明显的界面，即不存在具有显著物理特征的边界层边缘。湍流边界层则不同，在无旋的自由流和有旋的湍流之间存在明显的可以辨识的界面，它的形状很不规则，且不断变化，如图 8-11 所示。边界层内大涡的不断形成、变形和流动决定了外层界面的不规则性和非定常性。

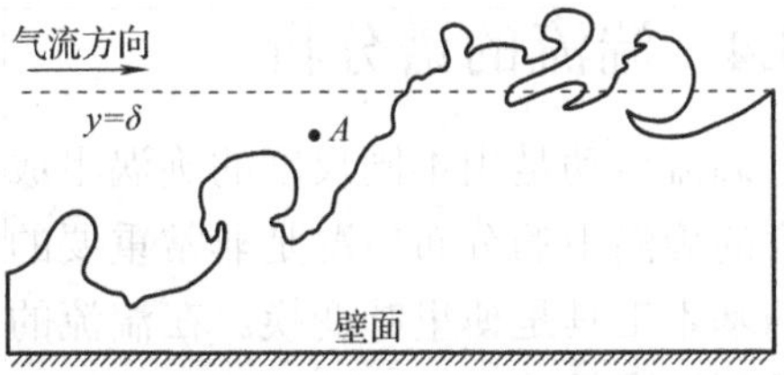

图 8-11　边界层中湍流和非湍流之间的瞬时界面

由于只有通过黏性的作用，涡量才能扩散到原来无旋的自由流，所以边界面又是黏性起重要作用的区域，常称为黏性上层。就实质而论，黏性上层是在边界层外缘耗散涡的暴露面，其厚度与 Kolmogorov 耗散尺度有相同的量级，与边界层整个厚度相比它是很薄的。

由于黏性上层的不规则性和非定常性，在外缘附近任何固定点处的流态都呈现出自由流与湍流断断续续、相互交替的特性。例如，图 8-11 上的 A 点虽在边界层平均厚度之内，现却正处于无旋状态，经很短时间后，A 点又会处于有旋湍流状态。此即湍流的间歇性。处于湍流状态的时间所占的比例称为间歇因子 γ 。Kolmogorov 的实验发现，边界层外缘界面瞬时位置的概率密度 $p(y/\delta)$ 符合如下的高斯分布

$$p\left(\frac{y}{\delta}\right)=\frac{1}{\sqrt{2\pi}\sigma}\exp\left[-\left(\frac{y}{\delta}-0.78\right)^2/2\sigma^2\right] \tag{8-69}$$

即概率平均位置为 $y/\delta=0.78$ ，σ 为标准偏差，约等于 $\sqrt{2}/10$ 。根据概率密度的定义，可得处于非湍流状态的概率 $(1-\gamma)$ 随 y 的变化

$$1-\gamma=\int_{-\infty}^{\frac{y}{\delta}}p\left(\frac{y}{\delta}\right)\mathrm{d}\left(\frac{y}{\delta}\right)=\frac{1}{2}[1+\mathrm{erf}(z)]$$

即

$$\gamma=\frac{1}{2}[1-\mathrm{erf}(z)] \tag{8-70}$$

式中，erf 为误差函数

$$\mathrm{erf}(z)=\frac{2}{\sqrt{\pi}}\int_0^x \mathrm{e}^{-u^2}\mathrm{d}u$$

$$z=5\left[\left(\frac{y}{\delta}\right)-0.78\right]$$

实验和按式(8-70)计算的间歇因子 γ 的分布如图 8-12 所示。

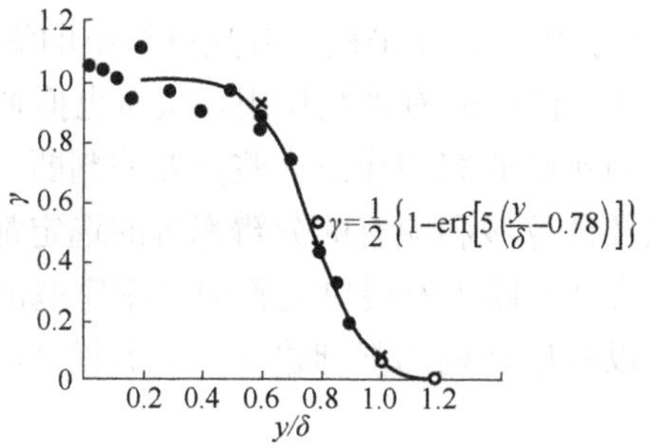

图 8-12　平板湍流边界层的间歇因子 γ 随 y 的变化

8.3.4　湍流的谱分析

湍流运动是由不同尺度的旋涡组成的，其尺度在很宽的范围内变化。湍流动能在不同尺度的旋涡中的分布情况是非常重要的信息，为了得到这种信息，需要进行谱分析。谱分析的基本工具是傅里叶变换。在湍流的有关问题中，傅里叶变换所要求的数学条件实际上总是可以满足的。

设函数 $f(\tau)$ 是周期函数，其周期为 T，则可将 $f(\tau)$ 展开为傅里叶级数

$$f(\tau)=\frac{a_0}{2}+\sum_{n=1}^{\infty}[a_n\cos(\omega_n\tau)+b_n\sin(\omega_n\tau)] \tag{8-71}$$

其中

$$\omega_n=\frac{2\pi n}{T}$$

$$a_n=\frac{2}{T}\int_{-T/2}^{T/2}f(\tau)\cos(\omega_n\tau)\mathrm{d}\tau,\quad n=0,1,2,\cdots$$

$$b_n=\frac{2}{T}\int_{-T/2}^{T/2}f(\tau)\sin(\omega_n\tau)\mathrm{d}\tau,\quad n=0,1,2,\cdots$$

虽然湍流分析只处理实函数，但为计算方便，常将傅里叶级数表示为复数形式

$$f(\tau)=\sum_{-\infty}^{\infty}F(n)\mathrm{e}^{i\omega_n\tau} \tag{8-72}$$

其中，

$$F(n)=\frac{1}{2}(a_n-ib_n),\ n=0,\pm1,\pm2,\cdots \tag{8-73}$$

或

$$F(n)\frac{1}{T}\int_{-T/2}^{T/2}f(\tau)\mathrm{e}^{-i\omega_n\tau}\mathrm{d}\tau,\ n=0,\pm1,\pm2,\cdots \tag{8-74}$$

$F(n)$ 称为周期函数 $f(\tau)$ 的谱。由式(8-74)可见，它包含了谐波 $\mathrm{e}^{i\omega_n\tau}[=\cos(\omega_n\tau)+i\sin(\omega_n\tau)]$ 的振幅 a_n、b_n。及其间的相位关系的全部信息，它是以时间 τ 为自变量的周期函数 $f(\tau)$ 在频率域 ω_n 中的代表。由于谐波阶次 n 是离散值，$F(n)$ 是离散的线谱而不是连续谱。

当 $T\to\infty$ 时，式(8-70)和式(8-71)相应地成为

$$f(\tau)=\int_{-\infty}^{\infty}F(\omega)\mathrm{e}^{i\omega\tau}\mathrm{d}\omega \tag{8-75}$$

$$F(\omega)=\frac{1}{2\pi}\int_{-\infty}^{\infty} f(\tau)\mathrm{e}^{-i\omega\tau}\mathrm{d}\tau \tag{8-76}$$

式(8-75)和式(8-76)称为一对傅里叶变换。$F(\omega)$ 称为原函数 $f(\tau)$ 的谱，它与 $F(n)$ 有许多相似的含义和性质，其差别在于 $F(\omega)$ 是连续自变量 ω 的函数，而且对于一般的湍流运动，$F(\omega)$ 本身也是连续的，即连续谱。

若将具有时间延迟 τ 的自关联 $\overline{u'(t)u'(t+\tau)}$ 视为原函数 $f(\tau)$，则可得出如下的一对傅里叶变换

$$\phi(\omega)=\frac{1}{2\pi}\int_{-\infty}^{\infty}\overline{u'(t)u'(t+\tau)}\mathrm{e}^{-i\omega\tau}\mathrm{d}\tau \tag{8-77}$$

$$\overline{u'(t)u'(t+\tau)}=\int_{-\infty}^{\infty}\phi(\omega)\mathrm{e}^{i\omega\tau}\mathrm{d}\omega \tag{8-78}$$

令 $\tau=0$，则式(8-78)成为

$$\overline{u'(t)^2}=\int_{-\infty}^{\infty}\phi(\omega)\mathrm{d}\omega \tag{8-79}$$

可见，$\phi(\omega)\mathrm{d}\omega$ 代表频率为 ω 的脉动在区间 $\mathrm{d}\omega$ 内对湍流动能的贡献，所以 $\phi(\omega)$ 称为能量谱或功率谱。

若 $u'(t)=a\sin(\omega_1 t)$ 则

$$\begin{aligned}\overline{u'(t)u'(t+\tau)}&=\lim_{T\to\infty}\frac{1}{T}\int_0^T a^2\sin(\omega_1 t)\sin[\omega_1(t+\tau)]\mathrm{d}t\\&=\frac{a^2}{2}\cos(\omega_1 t)\end{aligned} \tag{8-80}$$

可见，当 $\tau\to\infty$ 时，该自关联不趋于零，而一般自关联当 $\tau\to\infty$ 时应趋于零。将式(8-80)代入式(8-77)可得

$$\begin{aligned}\phi(\omega)&=\int_{-\infty}^{\infty}\frac{1}{2\pi}\frac{a^2}{2}\cos(\omega_1 t)\mathrm{e}^{-i\omega\tau}\mathrm{d}\tau\\&=\begin{Bmatrix}0,\omega\neq\omega_1\\ \infty,\omega=\omega_1\end{Bmatrix}=\delta(\omega-\omega_1)\frac{a^2}{2}\end{aligned} \tag{8-81}$$

即为用函数 $\delta(\omega-\omega_1)$ 表示的线谱，如图 8-13 所示。

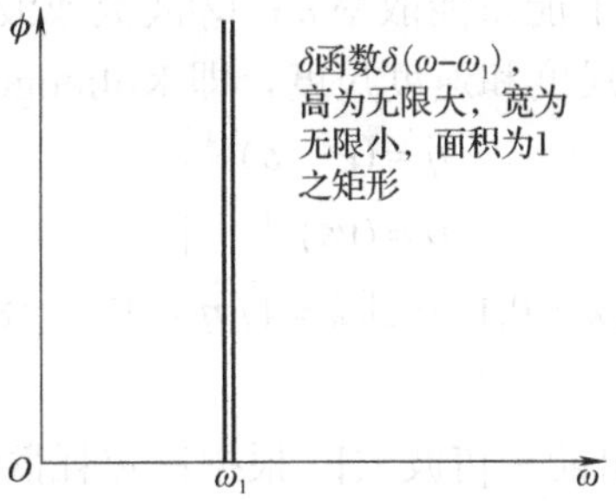

图 8-13　单色波的傅里叶变换——线谱

此为只有一个频率的单色谱，即只有这一个频率 ω_1 对脉动能量有贡献，而其余频率的贡献为零，故为线谱。

若脉动由两种频率的谐波组成，即设

$$u'=u_1'+u_2'=a_1\sin(\omega_1 t)+a_2\sin(\omega_2 t)$$

则自关联

$$\overline{u'(t)u'(t+\tau)}=\overline{a_1^2\sin(\omega_1 t)\sin[\omega_1(t+\tau)]+a_2^2\sin(\omega_2 t)\sin[\omega_2(t+\tau)]}$$
$$=\frac{a_1^2}{2}\cos(\omega_1 t)+\frac{a_2^2}{2}\cos(\omega_2 t) \tag{8-82}$$

因 $\overline{\sin(\omega_2 t)\sin[\omega_1(t+\tau)]}=0$，所以式（8-82）中不包含两种频率的关联项，这说明频率不同的脉动的关联为零。和前面的讨论一样，可以看出由式(8-82)表示的关联函数在能量谱上对应两条线谱。在一般湍流中，能量谱有宽的频带；而只有一、二条孤立线谱的情况多发生在转捩过程中，这时只有一、二种频率的波起主导作用。

上述以自关联为基础进行的傅里叶变换，所得为频率谱 $\phi(\omega)$。变换式(8-77)和式(8-78)说明，自关联与频谱是等价的，在理论和实验中谁方便就用谁，且这两者都包含了完全相同的信息。和自关联一样，频谱并不是研究湍流结构最恰当的手段，更恰当的手段是空间关联及其傅里叶变换——波数谱。现以一维情况为例，考虑 v' 分量与在 x 方向上相距为 r_1 的点的关联 $R_{22}(r_1,0,0)$，它的一对傅里叶变换为

$$\phi_{22}(k_1)=\frac{1}{2\pi}\int_{-\infty}^{\infty}\overline{v'(x)v'(x+r_1\boldsymbol{i})}\mathrm{e}^{-\mathrm{i}k_1r_1}\,\mathrm{d}r_1 \tag{8-83}$$

$$\overline{v'(x)v'(x+r_1\boldsymbol{i})}=\int_{-\infty}^{\infty}\phi_{22}(k_1)\mathrm{e}^{\mathrm{i}k_1r_1}\mathrm{d}k_1 \tag{8-84}$$

式中，$\boldsymbol{i}$ 为 x 轴向的单位矢量，i 为虚数，$\mathrm{i}=\sqrt{-1}$。其中 x 向的波数 k_1 与波长 λ_1 的关系为

$$\lambda_1=2\pi/k_1 \tag{8-85}$$

与 $\phi(\omega)$ 类似，$\phi_{22}(k_1)$ 也是能量谱，它表示脉动动能 $\overline{v'^2}$ 随旋涡尺度 λ_1（或波数 k_1）的分布。

为完全描写湍流，需研究三维波数谱，它可由一维谱推广而得。本书不拟进一步讨论这些问题，有兴趣的读者可参看其他专门书籍。

关于湍流的许多基本理论工作都涉及波数谱的形状和湍流能量从低波数(长波长)向高波数(短波长)的传递问题。湍流能量最终在高波数(小尺度旋涡)范围内耗散为热能。如果雷诺数足够高，使耗散区的波数与能量包含区的波数之比足够高(比值应大于 10)，则耗散区的涡可看成均匀各向同性的，且与能量包含区的结构无关，而只与以下诸因素有关：①由能量包含涡传递来的能量，等于能量能散率 ε；②波数或波长；③黏性和密度。根据量纲分析，可得耗散涡的典型长度尺度和速度尺度，即 Kolmogorov 尺度或耗散尺度。

$$\left.\begin{aligned}\eta&=(\nu^3/\varepsilon)^{1/4}\\ \upsilon&=(\nu\varepsilon)^{1/4}\end{aligned}\right\} \tag{8-86}$$

实际上耗散区的波数范围是在 $k=0.1/\eta$ 到 $k=1/\eta$，由式(8-85)可见，对应的波长范围为 $6\eta\sim60\eta$。

由于能量谱 $\phi(k_1)$ 的量纲为[能量]/[波数]，根据决定耗散区结构的参数 k、ε 和 ν，可由量纲分析得出它的形式为

$$\phi(k_1)\approx\upsilon^2\eta f(k,\eta)=\nu^{5/4}\varepsilon^{1/4}f[k_1(\nu^3/\varepsilon)^{1/4}] \tag{8-87}$$

这只适用于均匀各向同性的耗散区。若雷诺数更高，使耗散区波数比能量包含区波数高得多(如至少高 100 倍)，则关于均匀各向同性的条件和与能量包含涡结构无关的条件在比耗散区波数低的某一区域也能满足，在这个波数区内，和能量包含区一样，黏性不起作用。这个波数区称为惯性区，它的基本职能是将能量包含区的能量(耗散率 ε)传递到耗散区，

其谱结构则应只与波数和ε有关。因此，由量纲分析，这个区的谱应为

$$\phi(k_1) = A\varepsilon^{2/3}k_1^{-5/3} \tag{8-88}$$

式中，A为实验确定的常数，约为 0.5，对于y和z向的谱，A值约为 0.67。

图 8-14 是在边界层中$y/\delta_{995}=0.5$处关于$\overline{v'^2}$的典型一维能谱。注意纵坐标和横坐标都是对数坐标。可见能量包含区的能量为耗散区能量的 100 倍以上。在图示的三个区域中，惯性区和耗散区的能谱有通用形式，即式(8-87)和式(8-88)，它们与边界几何情况无关；但能量包含区的能谱则不存在通用形式，因为该区的谱是直接与边界情况有关的。

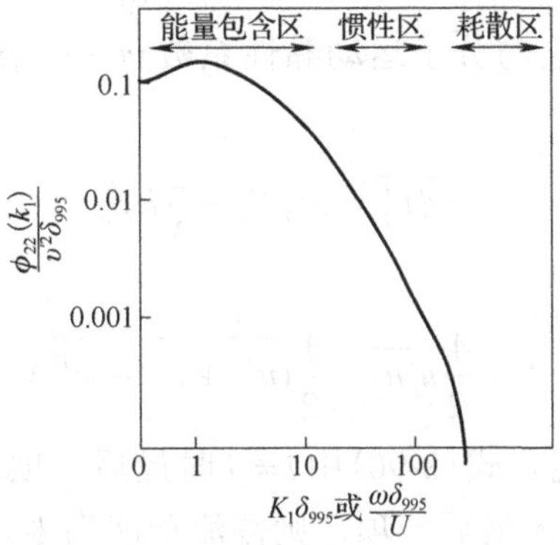

图 8-14　在边界层内$y/\delta_{995}=0.5$处的典型波数谱$\phi_{22}(k_1)$

8.4　湍流模型

由于湍流瞬时运动的极端复杂性，我们不可能指望在不久的将来能求得它的准确解；而实际应用上我们主要关心的仍是其平均参数，这也就决定了人们对湍流的平均运动更感兴趣。湍流模型问题就是要建立这些脉动关联量与平均量之间的关系，或更一般地说，建立高阶关联量与低阶关联量之间的关系，使湍流平均运动的方程组能够封闭。

由于没有附加的物理定律可用以建立这些关系，所以湍流模型问题是很复杂很困难的。人们只能以大量的实验观测为基础，通过量纲分析、张量分析或其他手段，包括合理的推理和猜测，提出假设，建立模型，然后与实验对比，进行进一步的修正和精确化。由此可见，迄今为止的湍流模型没有一个是建立在完全严密的理论基础上的，所以也称为湍流的半经验理论。现在虽看不见建立适用于任何流动条件的通用湍流模型的前景，但针对各种具体流动，已成功地发展了一些模型，它们已在工程技术应用中发挥着越来越大的作用。

根据莫尔科文(Morkovin)的理论，当马赫数$Ma<5$时压缩性对湍流结构不起重要影响，湍流的困难主要在非线性而不在压缩性，所以这里只讨论不可压缩的情况，主要只涉及雷诺应力$-\rho\overline{u_i'u_j'}$。这些结果也在很大程度上适于可压缩流。

雷诺建议，湍流模型可根据它涉及的微分方程的数目进行分类。拟根据湍流模型所涉及的基本假设进行分类。

8.4.1　代数模型

这种模型直接建立雷诺应力与平均速度之间的代数关系，由于不涉及微分方程，故也

称为零方程模型。

鉴于分子黏性系数与切应力之间的如下关系

$$\tau_1 = \mu \frac{\partial u}{\partial y}$$

布森涅斯克(Boussinesq)于1877年最早建议用一种假想的涡黏性系数根据平均速度梯度计算湍流应力(即后来通称的雷诺应力)

$$\tau_1 = -\rho \overline{u_i' u_j'} = \rho \varepsilon_m \frac{\partial U}{\partial y} \tag{8-89}$$

式中，ε_m 称为涡黏性系数，它与分子运动黏性系数 $\nu(=\mu/\rho)$ 有相同的量纲。对于一般的三维情况，可写成

$$-\overline{u_i' u_j'} = 2\varepsilon_m S_{ij} - \frac{2}{3} K \delta_{ij} \tag{8-90}$$

其中

$$K = \frac{1}{2}\overline{u_i' u_j'} = \frac{1}{2}(\overline{u'^2} + \overline{v'^2} + \overline{w'^2}) \tag{8-91}$$

K 为单位质量的湍流脉动动能。式(8-90)中 $i \neq j$ 时最后一项为零；若 $i = j$ 并用求和约定，则对不可压流 $S_{ij} = 0$，可见若无最后一项，则湍流动能为零，显然是不正确的。

应当指出，分子黏性系数 ν 只由流体性质本身决定，而涡黏性系数则还与流动情况有关。例如，湍流流动的阻力近似与平均速度的平方成正比，而不像层流为一次方关系，则由式(8-89)定义的 ε_m，应近似地随速度的一次方变化。总之，ε_m 仍是未知的变量，因此若不知 ε_m 则式(8-89)或式(8-90)都不能用于实际计算。为了发展上述方法，需要建立 ε_m 与平均速度之间的经验关系。

1925年，普朗特沿这一方向做了重要的工作，提出了混合长度理论。由于湍流旋涡作用，流体微团将上下跳动，例如，在 y_1 处的某微团可能跳到 y_0。由于微团的流向速度不会立即改变，到达新位置后它会低于当地周围的平均速度，此即流向脉动速度 $u' = U(y_1) - U(y_0)$。显然此速度差取决于当地的平均速度梯度 $\partial U / \partial y$ 与微团沿 y 向跳动的距离 l，即

$$u' \approx l \frac{\partial U}{\partial y} \tag{8-92}$$

此 l 称为混合长度，它表示这样的距离，在此距离内微团沿 y 向跳动时基本不丧失其原有速度。实际测量表明，虽然一般情况下流向脉动速度的均方根值 $\sqrt{\overline{u'^2}}$ 大于法向值 $\sqrt{\overline{v'^2}}$，但他们有相同的量级，即可设 $u' \approx v$ 因此

$$v' \approx l \frac{\partial U}{\partial y} \tag{8-93}$$

当 $U / \partial y > 0$ 时，$\overline{u'v'} < 0$，所以考虑到符号后由式(8-92)与式(8-93)可得

$$-\rho \overline{u'v'} = \rho l^2 \left| \frac{\partial U}{\partial y} \right| \frac{\partial U}{\partial y} \tag{8-94}$$

这就是按混合长度理论计算雷诺应力的公式。由此可算出涡黏性系数

$$\varepsilon_m = l^2 \left| \frac{\partial U}{\partial y} \right| \tag{8-95}$$

由式(8-94)可见，若假设 l 不随速度变化，则可得出湍流切应力与平均速度平方成比例，这是与实验结果一致的。但是，混合长度 l 仍是与流动有关的未知量。与涡黏性假设相比，这一理论的改进是明显的，l 对平均速度的依赖性大大减弱了，它基本是当地状态的函数。

普朗特的混合长度理论已成功地用于研究多种湍流剪切流，如管流、槽道流、边界层和各种自由湍流剪切流。

混合长度理论基于与分子运动论的类比，例如，混合长度类比于分子自由程长度，湍流脉动速度类比于分子热运动平均速度。这种类比的合理性在于它们都是从统计的观点研究问题。但应指出，这两者有着本质差别。首先，若温度不变，则分子热运动的平均动能不变，而湍流脉动动能则与流动的一系列因素有关。例如，在生成项近似为零的风洞栅网后的流动中，湍流动能将因耗散而不断衰减。从数学上看，气体分子是离散的，它的质点运动可用常微分方程组描述，而湍流运动仍属连续介质，应该用偏微分方程描述。所以，混合长度理论尽管在湍流半经验理论中占有重要地位，在工程应用上取得了很大的实际成效，但在增进对湍流物理实质的认识上没有带来很大好处。

混合长度理论本身没有给出确定 l 的理论，冯卡门的相似性假设却可用以估计 l 与空间坐标的关系。假设湍流脉动在流场中所有点都是相似的，即点与点之间只有长度尺度与时间尺度的差别。对于平行流动的流场在 y_0 点用泰勒级数展开

$$U(y)=U(y_0)+(y-y_0)\left(\frac{\partial U}{\partial y}\right)_0+\frac{(y-y_0)^2}{2!}\left(\frac{\partial^2 U}{\partial y^2}\right)_0+\cdots$$

若流动处处相似，则必有尺度 l 和 U_0 使此方程量纲一化后是通用的，即

$$\frac{U}{U_0}=1+\left(\frac{y}{l}-\frac{y_0}{l}\right)\left[\frac{\partial(U/U_0)}{\partial(y/l)}\right]_0+\frac{1}{2!}\left(\frac{y}{l}-\frac{y_0}{l}\right)^2\left[\frac{\partial^2(U/U_0)}{\partial(y/l)^2}\right]_0+\cdots$$

若脉动流场处处相似，则此式中各项系数之比应与位置无关的常数，例如

$$\left[\frac{\partial(U/U_0)}{\partial(y/l)}\right]_0\Big/\left[\frac{\partial^2(U/U_0)}{\partial(y/l)^2}\right]_0=\kappa$$

或

$$l=\kappa\left[\frac{\dfrac{\partial U}{\partial y}}{\dfrac{\partial^2 U}{\partial y^2}}\right] \tag{8-96}$$

式中，κ 为冯卡门常数，实验表明其值为 0.4～0.41，此值对于平行流是通用的。式(8-96)表明，混合长度 l 不再与速度大小有关，而只取决于当地速度分布。

式(8-96)还表明，在速度剖面的拐点(即 $\partial^2U/\partial y^2=0$)处若 $\partial^2U/\partial y^2\neq 0$ 则 $l\to\infty$，这显然不正确。尽管有此缺点，冯卡门的相似性理论仍不失为壁面附近某区域内最合理的关系。实测表明，在湍流边界层距壁面的某个范围内，速度与距离 y 按对数关系变化，即 $U\sim\ln y$ 则由式(8-96)可得

$$l=\left|\frac{\partial U/\partial y}{\partial^2U/\partial y^2}\right|=\kappa\left|\frac{1/y}{1/y^2}\right|=\kappa y \tag{8-97a}$$

这是一个很好的近似，它表明随着离壁距离 y 的增加，旋涡的典型尺度也将增加，所以混合长度 l 也将增加。

在离壁面很近的区域，流动状态受分子黏性的影响很大，而冯卡门的相似性理论或式(8-97a)都不能反映这一情况。为此，范德列斯特(Van Driest)提出了如下的修正公式

$$l = \kappa y[1 - \exp(-y / A)] \tag{8-97b}$$

式中，A 为衰减长度因子，定义为

$$A = 26\nu(\tau_w / \rho)^{-1/2} \tag{8-98}$$

τ_w 为壁面剪切应力。式(8-97b)表明，当 y 很小时，黏性作用很大；而当 y 增大时，黏性作用逐渐消失。将此式中的指数函数用泰勒级数展开后容易看出，当 $y \to 0$ 时，$l \sim y^2$。所以此式综合了 $l \sim y^2$ 与 $l \sim y$ 两个区域混合长度的变化，已成为现在许多实用的零方程模型的基础。

在湍流剪切层中还存在另一种区域，即尾迹区或速度亏损区，那里的混合长度 l 与至壁面的距离 y 无关，而与整个剪切层厚度 δ 成正比，即

$$l \sim \delta \tag{8-99}$$

在此区域内，涡黏性系数 ε_m 可近似表示为

$$\varepsilon_m = C_1 \delta U_e \tag{8-100}$$

或

$$\varepsilon_m = C_2 \delta^* U_e \tag{8-101}$$

式中，C_1 和 C_2 为常数；U_e 为某个参照速度。各种自由湍流剪切层、边界层外层以及管流中心区都属于这种情况。

零方程模型的主要优点是应用方便。此外将雷诺应力与当地平均速度梯度联系起来，使得在 $S_{ij} = 0$ 处雷诺应力为零，这在多数情况下是正确的。但是，这种模型属于当地平衡型，在第 9 章将指出，应用当地湍流动能生成率等于当地耗散率这一条件，可导出零方程模型的基本假设。即这种模型不能反映上游历史影响，只当各种输运项很小时才能得到好的结果。从实际应用情况看，对于有适度压力梯度的二维边界层(包括有换热和壁面渗透的情况)该模型都获得了好的效果；对于表面曲率很大或压力梯度很大的情况以及自由湍流剪切流，其效果不理想。

8.4.2 湍流动能运输方程模型

由于零方程模型不能反映上游历史的影响，所以它不能用于湍流输运较强的情况。解决这一问题的必然途径是采用湍流量的输运方程，而湍流动能是湍流最基本的特征参数，所以首先把湍流动能方程作为模型方程无疑是非常合理的。下面将介绍四种常用的湍流模型。

1. $K-\varepsilon$ 模型

对于复杂流动，工程界应用最为普遍的模型是 $K-\varepsilon$ 模型。

涡黏性模型的一个基本假设是雷诺应力由流场的局部条件所决定，由于在湍流动量的运输过程中，大尺度涡起着主导作用，可以推测雷诺应力取决于所考虑位置大涡的特征值，涡黏度应该是大涡特征速度和特征时间的函数，$\nu_t = f(u,\tau)$，依据量纲分析原理该式可以写为

$$\nu_t \sim u^2 \tau$$

设大涡特征长度为 l，则特征时间可表示为 $\tau = l / u$；由湍动能耗散率 $\varepsilon \sim u^3 / l$，于是 $l = u^3 / \varepsilon$。特征速度可表示为湍动能的平方根，$u \sim \sqrt{K}$。将上述特征时间和速度表示式代入涡黏度表示式，得

$$\nu_t = C_\mu \frac{K^2}{\varepsilon} \tag{8-102}$$

式中，C_μ 为模型系数，通常取 0.09。式(8-102)的 K 和 ε 需由各自的运输方程确定。

引用不可压缩流动的湍动能方程

$$\frac{\partial K}{\partial t}+\bar{u}_k\frac{\partial K}{\partial x_k}=-\frac{\partial}{\partial x_k}\left[\overline{u_k'\left(\frac{u_i'u_i'}{2}+\frac{p'}{\rho}\right)}-\nu\frac{\partial K}{\partial x_k}\right]-\nu\overline{\frac{\partial u_i'}{\partial x_k}\frac{\partial u_i'}{\partial x_k}}-\overline{u_i'u_k'}\frac{\partial\bar{u}_i}{\partial x_k}\tag{8-103}$$

式中，浮生力生成项 $g\beta\overline{w'T'}$ 已经略去。可以看出方程中出现了三阶速度关联项 $\overline{u_i'u_i'u_k'}/2$ 和压强速度关联项 $\overline{u_k'p'}/\rho$，它们都是新的未知量，需要实施模化处理，即依据对湍流特性的认识和物理理解，在必要的假设和推理的基础上建立未知量与已知量或可求解量之间的关系。通常认为三阶速度关联项和压强速度关联项的作用是从高强度湍流区向低强度湍流区输运湍流动能，而这种输运又是以扩散的形式进行的，因此应该遵循局部梯度原则，即这些项只与湍动能自身梯度大小成正比。

$$-\overline{u_k'\left(\frac{1}{2}u_i'u_i'+\frac{p'}{\rho}\right)}=C_K\left(\frac{l^2}{\tau}\right)\frac{\partial K}{\partial x_k}\tag{8-104}$$

为保持量纲一致，式中添加了 l^2/τ，由量纲分析原理有 $l\sim K^{3/2}/\varepsilon$，$\tau\sim K/\varepsilon$，$l^2/\tau\sim K^2/\varepsilon$，于是式（8-104）可写为

$$\overline{u_k'\left(\frac{1}{2}u_i'u_i'+\frac{p'}{\rho}\right)}=C_K\frac{K^2}{\varepsilon}\frac{\partial K}{\partial x_k}\tag{8-105}$$

湍动能方程右侧第三项即湍动能耗散率

$$\nu\overline{\frac{\partial u_i'}{\partial x_k}\frac{\partial u_i'}{\partial x_k}}=\varepsilon\tag{8-106}$$

代入湍动能方程右侧的第四项即生成项，并考虑到连续方程 $\partial\bar{u}_i/\partial x_i=0$，有

$$-\overline{u_i'u_k'}\frac{\partial\bar{u}_i}{\partial x_k}=\left[-\frac{2}{3}\delta_{ik}K+\nu_t\left(\frac{\partial\bar{u}_i}{\partial x_k}+\frac{\partial\bar{u}_i}{\partial x_i}\right)\right]\frac{\partial\bar{u}_i}{\partial x_k}=\nu_t\left(\frac{\partial\bar{u}_i}{\partial x_k}+\frac{\partial\bar{u}_i}{\partial x_i}\right)\frac{\partial\bar{u}_i}{\partial x_k}\tag{8-107}$$

将以上各项代入湍流动能方程，得到模化后的 K 输运方程为

$$\frac{\partial K}{\partial t}+\bar{u}_i\frac{\partial K}{\partial x_i}=\frac{\partial}{\partial x_i}\left[\left(C_K\frac{K^2}{\varepsilon}+\nu\right)\frac{\partial K}{\partial x_i}\right]+P-\varepsilon\tag{8-108}$$

式中，$P=\nu_t\left(\dfrac{\partial\bar{u}_i}{\partial x_k}+\dfrac{\partial\bar{u}_i}{\partial x_i}\right)\dfrac{\partial\bar{u}_i}{\partial x_k}$，通常 $C_K=0.09\sim0.11$。

湍流脉动参数方程各项对 x_j 求偏导数，然后用 $2\nu(\partial u_i'/\partial x_j)$ 遍乘各项，再对全式取平均，可得如下的 ε 方程

$$\begin{aligned}\frac{\partial\varepsilon}{\partial t}+\bar{u}_k\frac{\partial\varepsilon}{\partial x_k}=&-\frac{\partial}{\partial x_i}\left(\nu\overline{u_l'\frac{\partial u_i'}{\partial x_j}\frac{\partial u_i'}{\partial x_j}}+2\frac{\nu}{\rho}\overline{\frac{\partial u_l'}{\partial x_j}\frac{\partial p'}{\partial x_j}}-\nu\frac{\partial\varepsilon}{\partial x_l}\right)\\&-2\nu\frac{\partial\bar{u}_i}{\partial x_l}\left(\overline{\frac{\partial u_i'}{\partial x_j}\frac{\partial u_l'}{\partial x_j}}+\overline{\frac{\partial u_j'}{\partial x_l}\frac{\partial u_j'}{\partial x_i}}\right)-2\nu\overline{u_l'\frac{\partial u_i'}{\partial x_j}}\frac{\partial^2\bar{u}_i}{\partial x_l\partial x_j}\\&-2\nu\overline{\frac{\partial u_i'}{\partial x_j}\frac{\partial u_i'}{\partial x_l}\frac{\partial u_j'}{\partial x_l}}-2\nu^2\overline{\left(\frac{\partial^2u_i'}{\partial x_l\partial x_j}\right)^2}\end{aligned}\tag{8-109}$$

ε 方程右侧的每一项都需要做模化处理，模化后的 ε 为

$$\frac{\partial \varepsilon}{\partial t}+\bar{u}_i\frac{\partial \varepsilon}{\partial x_i}=\frac{\partial}{\partial x_i}\left[\left(C_\varepsilon\frac{K^2}{\varepsilon}+\nu\right)\frac{\partial \varepsilon}{\partial x_i}\right]+C_{\varepsilon 1}\frac{\varepsilon}{K}P-C_{\varepsilon 2}\frac{\varepsilon^2}{K} \tag{8-110}$$

式中，各经验系数的取值分别为：$C_\varepsilon=0.07\sim0.09$，$C_{\varepsilon 1}=1.41\sim1.45$，$C_{\varepsilon 2}=1.91\sim1.92$。方程中 P 即湍流动能生成项，已在上面给出。

上述 $K-\varepsilon$ 模型通常称为标准 $K-\varepsilon$ 模型。又称为高雷诺数模型，它适用于离开壁面一定距离的充分发展湍流，这里雷诺数是以湍动速度（通常取湍动能的平方根）作为特征速度计算的。在贴近壁面的黏性底层中，分子黏性占主导地位，湍动速度及湍流雷诺数均很低，采用标准 $K-\varepsilon$ 模型时可用壁面函数法(Wall Function)或低雷诺数 $K-\varepsilon$ 模型来考虑壁面的影响。当采用壁面函数法时，黏性底层中不布置节点，而把壁面相连的第一个节点布置在重叠区内，壁面与第一个节点采用对数率相衔接。当采用低雷诺数 $K-\varepsilon$ 模型时，壁面附近需要布置足够密集的节点直到黏性底层内部，要求第一个节点 $y^+<1$，并增添阻尼项使系数 $C_{\varepsilon 1}$、$C_{\varepsilon 2}$ 和 C_μ 等随湍流雷诺数而变化，同时在 K 输运方程中增添各向异性的耗散项。

大量的工程应用实践表明，$K-\varepsilon$ 模型可以计算比较复杂的湍流，如预测无浮力的平面射流、平壁边界层流动、通道流动、喷管内的流动，以及二维和三维无旋或弱旋回流流动等；但对边界层分离点附近的流动、大曲率流动、非圆截面管道流动、明渠流动等预测精度差。近年来出现了一些改进型的 $K-\varepsilon$ 模型以提高计算精度，如非线性 $K-\varepsilon$ 模型、多尺度 $K-\varepsilon$ 模型、重整化群 $K-\varepsilon$ 模型、可实现 $K-\varepsilon$ 模型等。

2. 雷诺应力模型

$K-\varepsilon$ 模型具有一定的考虑上游历史影响和当地湍流输运的能力，但它仍以涡黏性假设式(8-89)为基础，使得它的适应能力受到一定限制：一方面复杂湍流条件下要求涡黏性 ε_m 不是各向同性的标量：另一方面，即使 ε_m 是各向异性的，式(8-89)也不总是正确的，因为按式(8-89)的要求，在 $S_{ij}=0$ 处，雷诺切应力应等于零，这对于多数情况基本正确，但也有例外。图 8-15 表示在环形通道中平均速度和切应力的分布。由图可见，这种流动的一个显著特点是切应力为零的位置与 $\partial U/\partial r=0$ 的位置不重合。这是由于湍流脉动对切应力输运的结果。这种物理现象会带来一些有趣的结果。例如，在 $\tau=0$ 与 $\partial U/\partial r=0$ 之间的区域，雷诺切应力与平均运动应变率的符号相反，即湍流动能生成项为负，这意味着从湍流能量逆转为平均运动能量。按照涡黏性关系式(8-93)，在 $\partial U/\partial r=0$ 处的涡黏性 ε_m 应为无穷大，而在 $\tau=0$ 与 $\partial U/\partial r=0$ 之间的区域 ε_m 则应为负。这些结果说明，以涡黏性概念和式(8-89)为基础的模型不能很好地处理这一类问题，这就是人们愿意使用代数应力模型 ARSM 或雷诺应力方程模型的原因。

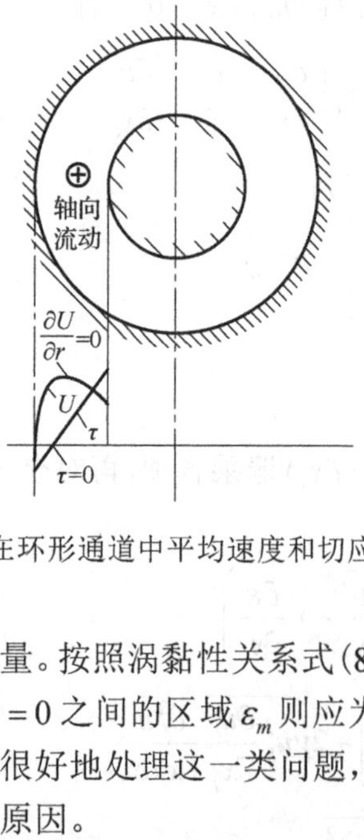

图 8-15　在环形通道中平均速度和切应力的分布

准确的雷诺应力输运方程(8-49)包含多项未知的脉动量的关联量，需要进行封闭。周培源 1945 年关于此方程及其封闭问题的工作是具有开创性的，现仍被经常引用。洛达(Launder)等建议的方程形式如下

$$\frac{\mathrm{D}\overline{u_i'u_j'}}{\mathrm{D}t}=-\left[\overline{u_j'u_k'}\frac{\partial U_i}{\partial x_k}+\overline{u_i'u_k'}\frac{\partial U_j}{\partial x_k}\right]-\frac{2}{3}\delta_{ij}\varepsilon$$
$$-C_{\phi1}\frac{\varepsilon}{K}\left(\overline{u_i'u_j'}-\delta_{ij}\frac{2}{3}K\right)+\left(\phi_{ij}+\phi_{ji}\right)_2 \tag{8-111}$$
$$+C_s\frac{\partial}{\partial x_k}\frac{K}{\varepsilon}\left[\overline{u_i'u_l'}\frac{\partial\overline{u_j'u_k'}}{\partial x_l}+\overline{u_j'u_l'}\frac{\partial\overline{u_k'u_i'}}{\partial x_l}+\overline{u_k'u_l'}\frac{\partial\overline{u_i'u_j'}}{\partial x_l}\right]$$

其中

$$\phi_{ij,2}=\frac{\partial U_l}{\partial x_m}a_{lj}^{mi} \tag{8-112}$$

a_{lj}^{mi} 为四阶张量。对于二维剪切流，与实验数据对照后建议 $C_{\phi1}=2.8$，$C_{\phi2}=0.45$（或 $C_{\phi1}=2.5$，$C_{\phi2}=0.4$），$C_s=0.08$。$C_{\phi2}$ 为包含 a_{lj}^{mi} 中的常数。

应力方程(8-111)加上耗散方程(8-110)补足了雷诺方程和连续方程，于是可对不可压问题求解。

这是一种完整的应力输运方程方法，它用耗散方程考虑长度尺度的变化，并计算六个雷诺应力分量。这对于一种有广泛适应能力的模型是必要的。将这种模型用于图 8-14 所示的环形通道，算出了平均速度梯度为零与切应力为零不重合的情况。这种模型的关联处理和系数的确定多基于简单流动条件，因此还需要在复杂湍流条件下进一步调整和改进。也许这可能最终发展为人们寻求的具有广泛适应性的工程方法。

3. $K-\omega$ 湍流模型

1942 年 Kolmogorov 提出了第一个两方程模型，也是第一个湍流模型，选择的湍流量为 K 和 ω，ω 满足一个与 K 方程相类似的微分方程；1970 年 Saffman 在事先不知道 Kolmogorov 的工作的情况下，独立建立了一个 $K-\omega$ 湍流模型，后来被证明比 Kolmogorov 的模型要好；同年 Spalding 和 Launder 改进了 Kolmogorov 的模型；1972 年 Wilcox 和 Alber、1974 年 Saffman 和 Wilcox、1976 年 Wilcox 和 Traci、1980 年 Wilcox 和 Rubesin、1988 年 Wilcox 都改进了 $K-\omega$ 湍流模型并推广了应用范围；1983 年 Coakley 提出了一个 $\sqrt{K}-\omega$ 湍流模型；1990 年 Speziale 等批判地综述了两方程湍流模型，对 $K-\omega$ 湍流模型提出了一些建议。

在 Kolmogorov 建立模型的时候，把 ω 称为单位体积单位时间能量的耗散率，建立与湍流外部尺度 l 的联系，Kolmogorov 也把 ω 称为频率，利用公式 $\omega\sim\sqrt{K}/l$（c 为常数）。一方面 ω 也是湍动能耗散过程的时间尺度，由于实际的耗散过程是发生在最小尺度涡，单位时间耗散的湍动能就是单位时间向最小尺度涡传递的湍动能，因此，耗散率取决于大涡的性质，并由 K 和 l 来度量，由此，ω 并不直接与耗散过程相关；另一方面，当分析分子黏性的时候，又期望涡黏性与湍流波动的长度、速度尺度特性成正比，Kolmogorov 认为这是一个常数，于是有 $\omega\sim\sqrt{K}/l$。在这里应当指出，分子和湍流过程之间的分析并不是那么值得信赖，Kolmogorov 的分析只是一个近似的量纲分析，不是基础性的物理本质的分析。

在后续的研究中，ω 的含义有所变化，Saffman 把 ω 描述为自我互动下湍流衰变过程的频率特性；Spalding 和 Launder、Wilcox 和 Alber 则把 ω 定义为湍度拟能(Entrophy)；Wilcox 和 Rubesin、Speziale 等认为 ω 是单位湍动能耗散率。

在过去几十年随着 $K-\omega$ 湍流模型的发展，$K-\omega$ 方程的形式也发生了变化。Kolmogorov 等采用 ω 的形式来写 ω 方程，而其他大多数研究者都采用 ω^2 的形式来写 ω 方程。下面介绍应用最广的$K-\omega$湍流模型——Wilcox 在 1988 提出的模型。

涡黏性：

$$\mu_t = \rho \frac{K}{\omega} \tag{8-113}$$

湍动能方程：

$$\rho \frac{\partial K}{\partial t} + \rho U_j \frac{\partial K}{\partial x_j} = \tau_{ij} \frac{\partial U_i}{\partial x_j} - \beta^* \rho K \omega + \frac{\partial}{\partial x_j}\left[(\mu + \sigma^* \mu_t) \frac{\partial K}{\partial x_j} \right] \tag{8-114}$$

ω方程：

$$\rho \frac{\partial \omega}{\partial t} + \rho U_j \frac{\partial \omega}{\partial x_j} = \alpha \frac{\omega}{k} \tau_{ij} \frac{\partial U_i}{\partial x_j} - \beta \rho \omega^2 + \frac{\partial}{\partial x_j}\left[(\mu + \sigma \mu_t) \frac{\partial \omega}{\partial x_j} \right] \tag{8-115}$$

系数：

$$\alpha = 5/9,\ \beta = 3/40,\ \beta^* = 9/100,\ \sigma = 1/2,\ \sigma^* = 1/2$$

辅助关系式：

$$\varepsilon = \beta^* \omega k,\ l = k^{1/2}/\omega$$

随着计算机性能的提高和计算方法的完善，计算流体力学越来越成为工程设计的有力工具，在这种形势下对较好湍流模式的需求越来越大，总的来说，现阶段的模式理论虽在理论严谨性方面不断提高，也能处理一些复杂流动问题。但由于湍流的复杂性，目前湍流模式还不尽如人意，仍带有较大的经验性。特别是模式中常数无普适性，一般是根据典型的简单流动如均匀湍流等来选取，其好坏依赖具体情况。一个理想的湍流模型是在能正确给出所需信息的前提下尽可能简单的模型，因此，应对具体问题应具体分析，综合各方面因素来选取湍流模式。

4. SA 湍流模型

SA 湍流模型比较流行，因为它对计算复杂流动有很强的鲁棒性，SA 湍流模型中的湍流的涡黏度场是连续的；而相比于$K-\varepsilon$模型，SA 湍流模型占用的 CPU 和内存很少，并且鲁棒性也不错。

SA 湍流模型是基于另外一个涡黏性的输运方程，这个方程含有对流项、扩散项和源项，此应用是 Spalart 和 Allmaras 于 1992 年提出的，Ashford 和 Powell 对此进行了改进以避免生成项出现负值。

湍流黏度如下

$$\nu_t = \tilde{\nu} f_{v1} \tag{8-116}$$

式中，$\tilde{\nu}$是湍流工作变量（Turbulent Working Variable）；f_{v1}由下式定义

$$f_{v1} = \frac{\chi^3}{\chi^3 + c_{v1}}$$

式中，χ是$\tilde{\nu}$与分子黏度ν的比值，即

$$\chi = \frac{\tilde{\nu}}{\nu}$$

式中，$\tilde{\nu}$由运输方程获得

$$\frac{\partial \tilde{\nu}}{\partial t} + \boldsymbol{u} \cdot \nabla \tilde{\nu} = \frac{1}{\sigma}\left\{ \nabla \cdot [(\nu + (1 + c_{b2})\tilde{\nu}) \nabla \tilde{\nu}] - c_{b2} \tilde{\nu} \Delta \tilde{\nu} \right\} + Q \tag{8-117}$$

式中，$\boldsymbol{u}$ 是速度矢量；Q 是源项；σ 、c_{b2} 是常数。

源项包括生成项和耗散项，即

$$Q=\tilde{\nu}P(\tilde{\nu})-\tilde{\nu}D(\tilde{\nu}) \tag{8-118}$$

其中

$$\tilde{\nu}P(\tilde{\nu})=c_{b1}\tilde{S}\tilde{\nu}$$

$$\tilde{\nu}D(\tilde{\nu})=c_{w1}f_w\left(\frac{\tilde{\nu}}{d}\right)^2$$

生成项可由下式获得

$$\tilde{S}=Sf_{v3}+\frac{\tilde{\nu}}{\kappa^2d^2}f_{v2}$$

$$f_{v2}=\frac{1}{(1+\chi/c_{v2})^3};\quad f_{v3}=\frac{(1+\chi f_{v1})(1-f_{v2})}{\chi}$$

式中，d 表示到壁面的最小距离；S 表示涡量的大小。

在耗散项中，f_w 由下式获得

$$f_w=g\left(\frac{1+c_{w3}^6}{g^6+c_{w3}^6}\right)^{\frac{1}{6}}$$

其中

$$g=r+c_{w2}(r^6-r);\quad r=\frac{\tilde{\nu}}{\tilde{S}\kappa^2d^2}$$

模型中的常数如下：

$$c_{w1}=c_{b1}/\kappa^2+(1+c_{b2})/\sigma,\quad c_{w2}=0.3,\quad c_{w3}=2,\quad c_{v1}=7.1,\quad c_{v2}=5$$

$$c_{b1}=0.1355,\quad c_{b2}=0.622,\quad \kappa=0.41,\quad \sigma=2/3$$

8.5 湍流边界层

与层流边界层相比，湍流边界层有许多特点，本节首先从不可压缩流开始，着重从物理上讨论湍流边界层，然后讨论几种有代表性的近似计算方法和具有更广泛适用范围的、以边界层偏微分方程为基础的算法。

8.5.1 湍流边界层的物理特征

1. 湍流边界层的复合层性质

根据实验研究，湍流边界层可近似看成是由内层和外层组成的复合层，下述例子提供了这种区分方法的依据。

考虑流过平板的不可压缩流，对于层流边界层，速度剖面是几何相似的。且若 u/u_e 用 y 的无量纲坐标 $\eta[=(u_e/\nu x)^{1/2}y]$ 表示，则在不同流向位置处的速度剖面重叠成一条曲线，这就是著名的布拉休斯剖面。实际上不论是雷诺数还是当地表面摩擦因数都不影响这种几何相似性。布拉休斯方程式只与单变量 η 有关，而与其他参数无关，这正反映了上述特点。湍流边界层则不同，我们找不出一个 y 的无量纲参数，使不同流向位置处的剖面重叠成一条曲线，因为速度剖面中主要与黏性有关的部分和主要与雷诺应力有关的部分要求用不同的长度尺度表示。

将一个障碍物放在平板层流边界层内如图 8-16 所示，其下游的速度剖面一开始并不与布拉休斯剖面相似。但若雷诺数足够低，使得在远下游仍为层流，则速度剖面将慢慢恢复到布拉休斯剖面。对于湍流边界层，这种扰动的影响会因更强的湍流扩散而很快消失，速度剖面将很快恢复到其正常状态。由图 8-16 还可看出，湍流边界层的内层比外层恢复得更快。这表明邻近壁面的流动对外层和上游的流动影响不敏感。

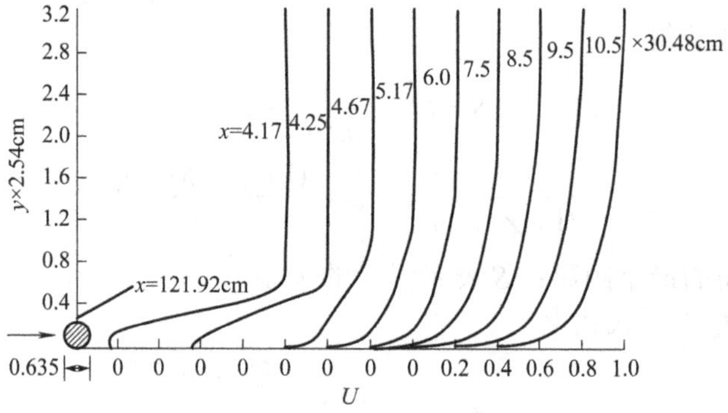

图 8-16　湍流边界层对壁面扰动的响应(圆杆放在离前缘 1.22m 处)

图 8-17 表示湍流矩形槽道流中切应力的分布。流体在 $x=0$ 处由粗糙表面过渡到光滑表面。由此图可见，邻近壁面的剪切应力很快达到对应于当地表面条件的新值，而在远离壁面处，切应力(等于雷诺应力 $-\rho\overline{u'v'}$)则变化很慢。新的平衡状态要在很远的下游才能建立起来。

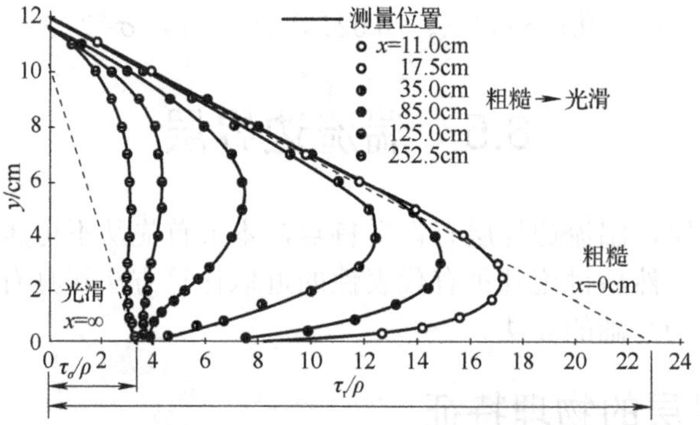

图 8-17　流过矩形槽道的湍流中，切应力分布的变化

流体在 $x=0$ 处由粗糙表面过渡到光滑表面

由上述几个例子可得出的一般结论是：从根本上讲，应该把湍流边界层处理成由内层和外层组成的复合层(即使对于平板边界层也是这样)，它们不可能像层流边界层那样用某个单一的组合参数描写整个边界层中的流动现象。本小节其余部分将进一步从不同角度说明这一观点。

湍流边界层的内层比外层薄得多，其厚度占边界层总厚度的 10%～20%，如图 8-18 所示。内层和外层又可分别分成不同性质的几层，可概括成如下结构：

- 湍流边界层
  - 内层
    - 黏性底层
      - 线性底层
      - 过渡层
    - 对数律层 } 完全湍流
  - 外层
    - 速度亏损律层 } 完全湍流
    - 黏性上层

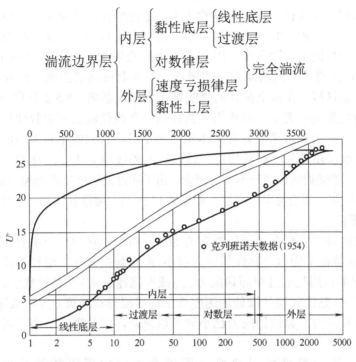

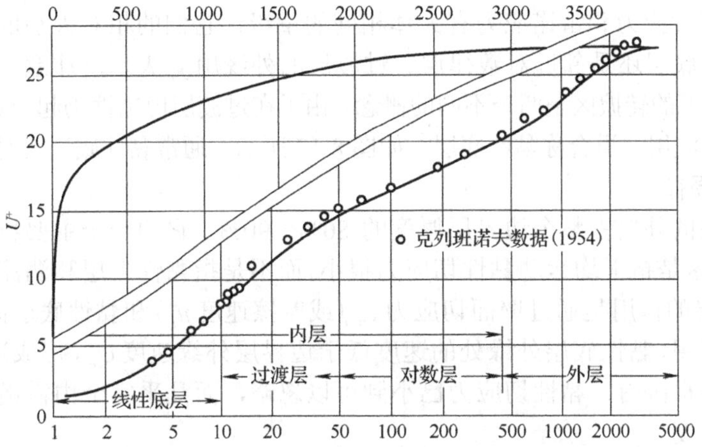

图 8-18　零压力梯度下湍流边界层的平均速度剖面图

下半图横坐标是对数坐标，上半图横坐标是线性坐标

2. 壁面律和内层结构

前面列举的实验说明内层的流动情况基本是由当地条件决定的，所以可以假定其平均速度剖面完全由壁面切应力 τ_w、密度 ρ、黏性 μ 和离壁面的距离 y 确定。量纲分析表明，由这些参数组合成的有速度量纲的量必有如下形式

$$u_\tau \phi(u_\tau y / \nu)$$

其中

$$u_\tau = (\tau_w / \rho)^{1/2} \tag{8-119}$$

u_τ 具有速度量纲，称为摩擦速度。后面将会看出 u_τ 是衡量湍流脉动速度的很合适的尺度。由于壁面具有抑制脉动的作用，离壁面越近，涡的平均有效尺度越小，所以 y 可看成是旋涡的长度尺度。于是雷诺数

$$y^+ = \frac{u_\tau y}{\nu} \tag{8-120}$$

就可看成是 y 处旋涡的典型雷诺数，它也反映黏性的影响随 y 的变化。引入这些关系后内层的平均速度剖面可表示为

$$u^+ = \phi_1(y^+) \tag{8-121}$$

其中

$$u^+ = \frac{U}{u_\tau} \tag{8-122}$$

式(8-122)称为壁面律，由普朗特于 1925 年首先提出。

平均速度剖面 $\phi_1(y^+)$ 的具体形式与壁面条件有关。在 8.5.2 节和 8.5.3 节将对光滑壁和粗糙壁导出 $\phi_1(y^+)$，对多孔壁的情况将不讨论。前已说明，内层又可分为三层：线性底层、

过渡层和对数律层。在线性底层内，黏性应力占支配地位，这是因为在壁面上脉动速度为零，在紧邻壁面的流层内，脉动速度也很小，所以雷诺应力也很小。根据这样的物理条件可以证明其平均速度随 y 线性变化。用 y_s 表示该层的外缘，如图 8-17 所示。

当 $y > y_s$ 时，随着离壁面的距离 y 的增加，黏性对流动的影响逐渐减小，最后达到一个完全湍流流动的区域，在那里黏性的影响则小到可以忽略。8.5.2 节将会证明，这层的平均速度分布可用对数关系表示，故称为对数律层。在线性底层和对数律层之间存在一过渡层，这层内的黏性应力和雷诺应力有大体相同的量级，它们的相对大小取决于所讨论的位置 y 是邻近线性底层还是邻近对数律层。过渡层的外缘用 y_t 表示。注意，这里的过渡层与自层流过渡到湍流的转捩区是两个不同的概念。由于在过渡层内黏性仍起一定作用，所以有时将线性底层与过渡层一道合称黏性底层。如图 8-17 所示，通常黏性底层比对数律层薄得多。

3. 速度亏损律

湍流边界层的外层占整个边界层厚度的 80%～90%。它的一个主要特点是黏性在此范围内不起作用(这是指平均运动黏性切应力很小，而不是指黏性上层和湍流耗散中的黏性作用)。黏性对外层的作用是通过壁面切应力 τ_w (或摩擦速度 u_τ)和黏性底层间接体现出来的。即由于黏性的作用，黏性底层外缘处的速度低于边界层外缘速度 U_e，形成速度亏损 $U_e - U$。在外层的速度亏损区内，黏性切应力已小到可以忽略，而几乎完全由雷诺切应力来维持当地的平均速度梯度。

由于外层范围内黏性可以忽略，所以在内层中用以衡量黏性作用的雷诺数 $y^+[=y/(\nu/u_\tau)]$ 以及黏性长度尺度 ν/u_τ，已不再适用于外层，合理的替代是以整个边界层厚度 δ 作为长度尺度。

由于外层的速度亏损 $U_e - U$ 反映了有效剪切速度，它不直接与黏性有关而又通过 u_τ 间接反映了壁面切应力和黏性的作用，所以以 $U_e - U$ 为关联对象是合理的。从上面的讨论可见，外层的速度亏损应只与 u_τ、δ 和 y 有关。根据量纲分析，则得到如下的速度分布关系

$$\frac{U_e - U}{u_\tau} = f_1\left(\frac{y}{\delta}\right) \tag{8-123}$$

称为速度亏损律。由于尾迹流动也有类似特点，所以有时也称为尾迹律。图 8-19 实验测得的平板湍流边界层的平均速度剖面，可见用亏损律整理数据具有通用性。实验进一步表明，对于平板流动，亏损律函数 $f_1(y/\delta)$ 与雷诺数无关，且更有意义的是它也与壁面粗糙度无关。

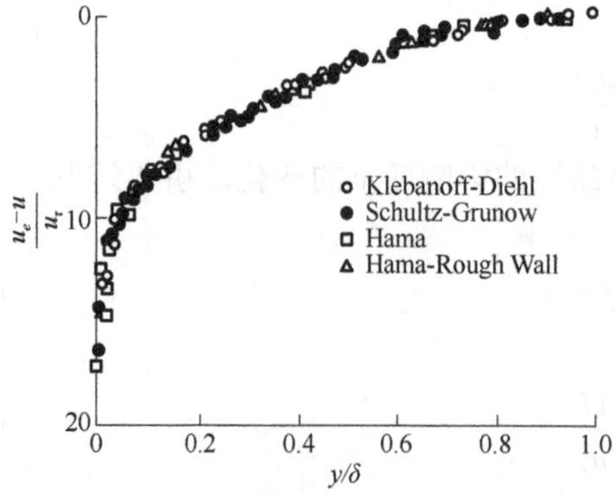

（a）用亏损律整理的平板湍流边界层

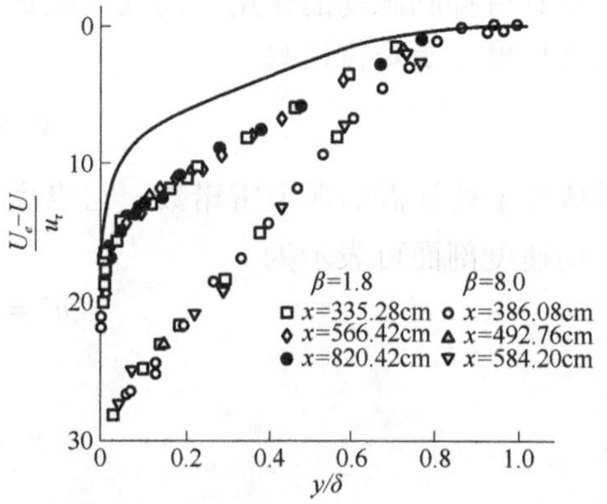

（b）具有不同压力梯度参数 β 的速度剖面的通用剖面图

图 8-19　平板湍流边界层的平均速度剖面

应该指出，亏损律式(8-123)不仅适用于外层，也适用于内层中的对数律层，因为那里的黏性应力的直接影响也可忽略。显然，亏损律不适于黏性底层。

实验还表明，亏损律 f_1 受流向压力梯度的影响，所以它一般应随流向 x 变化。但若压力梯度按如下规律变化，使

$$\beta=\frac{\delta^*}{\tau_w}\frac{\mathrm{d}p}{\mathrm{d}x}=\text{常数}$$

即 β 沿 x 向不变，则 f_1 也沿 x 向不变。参数 β 代表在边界层内压差与壁面切应力典型值之比。由图 8-19（b）所示的实验结果可见，若在不同流向位置保持 β 值不变，则速度剖面相似，这样的流动称为自保持的，或称为平衡边界层。它与层流边界层中经过法沃克纳-斯坎变换后的相似流类似，但这里的速度剖面用亏损律式(8-123)的形式，故常称为自保持流。零压力梯度下 β 为常数的条件是自然满足的，这是自保持流的一个特例。

4. 内层和外层中湍流动能的输运和平衡

总的来看，内层和外层的特性虽然不同，但它们却通过切应力和湍流扩散的作用，相互紧密耦合。为了看清这种作用，现研究湍流边界层中能量的输运和平衡。对于定常、二维、不可压缩湍流平板边界层，平均运动动能方程成为

$$U\frac{\partial}{\partial x}\left(\frac{U^2}{2}\right)+V\frac{\partial}{\partial y}\left(\frac{U^2}{2}\right)-\overline{u'v'}\frac{\partial U}{\partial y}+\frac{\partial}{\partial y}(U\overline{u'v'})=0 \tag{8-124}$$

湍流动能方程成为

$$U\frac{\partial K}{\partial x}+V\frac{\partial K}{\partial y}+\overline{u'v'}\frac{\partial U}{\partial y}+\frac{\partial}{\partial y}\left[\overline{v'\left(K+\frac{p'}{\rho}\right)}\right]+\varepsilon=0 \tag{8-125}$$

式中，K 为湍流动能 $K=\overline{u_i'u_i'}/2$。在得出式(8-124)和式(8-125)时，除与脉动运动对应的耗散项 ε 外，其他与黏性有关的项都忽略了。此外，对于平板边界层，许多平均参数沿流向变化很小，所以包含 $\partial/\partial x$ 的几项也忽略了。

图 8-20 是根据克列班诺夫 1954 年的实验绘制的，由图可见，平均运动动能的损失 $U\frac{\partial}{\partial x}\left(\frac{U^2}{2}\right)+V\frac{\partial}{\partial y}\left(\frac{U^2}{2}\right)$ 是相当大的，沿边界层厚度的大部分区域，这种损失主要是由雷诺切应力对机械能的输运引起的，输运项 $\partial(U\overline{u'v'})/\partial y$ 在大部分范围内使平均运动动能降低，但在壁面附近，如 $y/\delta<0.2$ 这种输运使当地平均运动动能增加，部分补偿了当地大的湍流能量生成（$(-\overline{u'v'}\partial U)/\partial y$）所消耗的平均动能，使在紧邻壁面的区域平均动能损失不多。

图 8-20（b）是式(8-124)中四项的分布。由此图可见，在内层起支配作用的项是生成项和耗散项，它们的大小几乎相等，符号相反，且差不多在整个边界层厚度范围内，这两项都大得多。在大部分范围内，对流项和湍流扩散项都很小。所以在内层范围内，湍流能量达到局部平衡状态，即生成项近似等于耗散项，因此，内层的状态主要由当地条件决定。由图还可见，接近外缘时，对流项和扩散项与生成项和耗散项有相同的量级，因此，外层的流动状态不仅与当地条件有关，还与上游的整个历史有关。

5. 内层和外层对上游历史记忆的差别

我们可以引入时间常数的概念来说明湍流状态对上游历史的记忆能力。此时间常数 T 可定义为单位容积内的湍流动能与湍流动能生成率之比。当 $y\to\delta$ 时，湍流动能 $K(=\overline{u_i'u_i'}/2)$ 和雷诺切应力都趋于 0，但其比值在绝大部分地区都约为 3，所以

$$T=\frac{\text{湍流动能}}{\text{湍流动能生成率}}=\frac{\frac{1}{2}\overline{u_i'u_i'}}{-\overline{u'v'}\frac{\partial U}{\partial y}}\approx\frac{3}{\frac{\partial U}{\partial y}} \tag{8-126}$$

在外层中此比值约为T=10δ/U_e。物理现象的持续时间约为此时间常数的三倍，这意味着外层中大涡的寿命约为30δ/U_e的量级，即持续30δ的下游距离。但在内层中记忆却短得多，在$y/\delta=0.1$处，$3U/(\partial U/\partial y)$约等于3$\delta$，所以可将内层作为湍流能量局部平衡处理。

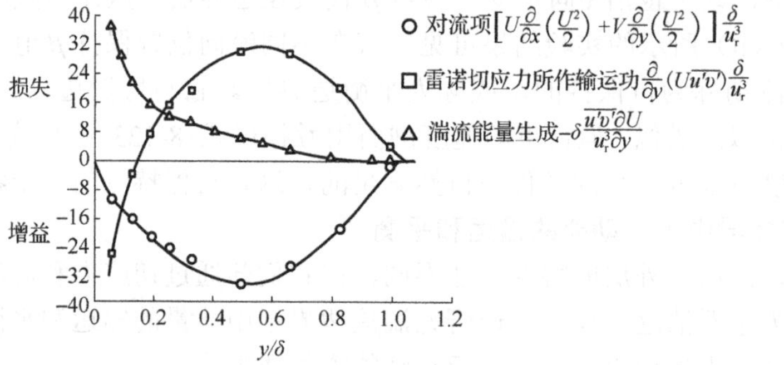

(a) 平均运动动能平衡

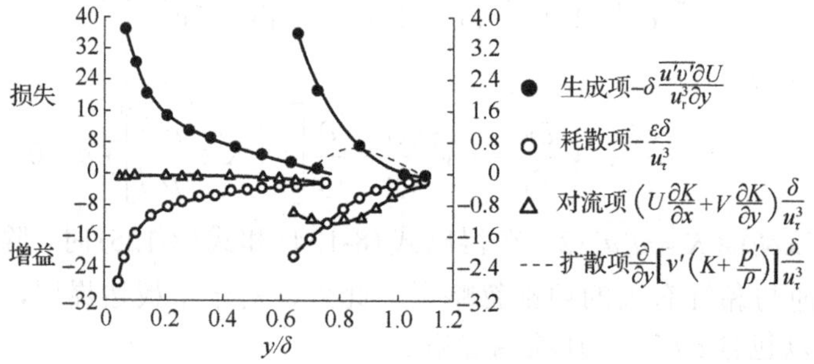

(b) 湍流动能平衡

图 8-20　平板湍流边界层中的能量平衡

6. 内层和外层的涡黏性与混合长度

湍流边界层中内层和外层的不同性质也可从它们的涡黏性ε_m和混合长度l的分布看出。图 8-21 和图 8-22 是根据克列班诺夫 1954 年的实验数据按式(8-95)和式(8-97)算出的ε_m和l的图线。实验是对平板边界层进行的。

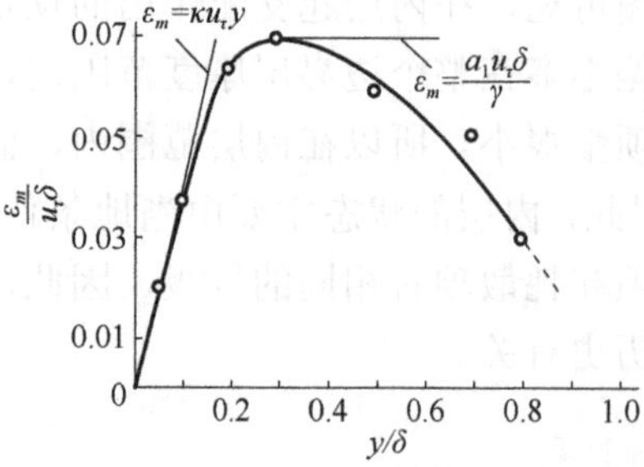

图 8-21　无量纲涡黏性沿边界层高度的变化

$U_e\theta/\nu=8000$，平板湍流边界层

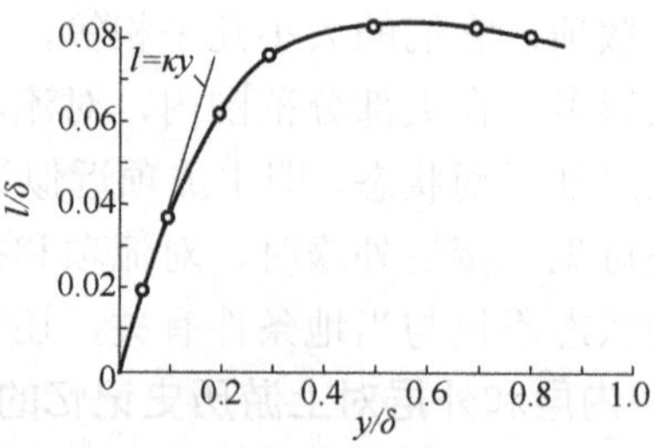

图 8-22　无量纲混合长度沿边界层高度的变化

$U_e\theta/\nu=8000$，平板湍流边界层

这些图线表明，在 $0 < y/\delta < 0.15 \sim 0.20$ 时，ε_m 和 l 都随离壁面的距离 y 而线性增加，它们在 $y/\delta = 20$ 与 $y/\delta = 0.30$ 之间的某处达到最大。所以在内层的区域，涡黏性和混合长度可近似表示为

$$\varepsilon_m = \kappa u_\tau y \tag{8-127}$$

$$l = \kappa y \tag{8-128}$$

式中，κ 即式(8-97)中的冯卡门常数，为 0.40～0.41。式(8-128)即前已介绍的式(8-97a)。前已说明，在很靠近壁面时，式(8-97a)不能充分反映黏性的影响，因而用范德列斯特引入了衰减因子 A 的公式(8-97b)更为合理。

y/δ 大于 0.20 后，涡黏性似乎开始缓慢下降，而混合长度则约保持为常数，故可近似表示为

$$l/\delta = \text{const}$$

此常数等于 0.075～0.09，这取决于定义边界厚度所选用的外缘速度比。

在外层中测量出的涡黏性 ε_m 随 y 增加而下降，如图 8-21 所示，这是一种假象，因为它没扣除非湍流状态所占的时间。所以正确的涡黏性 ε_m，应将上述测出的涡黏性除以间歇因子 γ。由图 8-21 可见，这样修正后的 ε_m 在外层近似为常数，可表示为

$$\varepsilon_m = \alpha_1 u_\tau \delta \tag{8-129}$$

式中，α_1 为实验确定的常数，为 0.06～0.075。应当指出，这种表示方法不是唯一的，也可采用别的尺度，如用 U_e、δ^* 表示，则得

$$\varepsilon_m = \alpha U_e \delta^* \tag{8-130}$$

式中，$\alpha = 0.016 \sim 0.02$。

8.5.2　光滑表面上的平均速度分布

8.5.1 节指出，湍流边界层的内层和外层可分别由壁面律式(8-121)和亏损律式(8-123)表示，现讨论它们的具体形式。

1. 线性底层

对于定常、二维、不可压缩、零压力梯度的湍流流动，其边界层方程可表示为

$$U\frac{\partial U}{\partial x} + V\frac{\partial U}{\partial y} = \frac{1}{\rho}\frac{\partial \tau}{\partial y} \tag{8-131}$$

式中，τ 为总切应力，等于黏性切应力 τ_1 与雷诺应力 τ_t 之和

$$\tau = \tau_1 + \tau_t = \mu\frac{\partial U}{\partial y} - \rho\overline{u'v'} \tag{8-132}$$

将式(8-132)两端分别对 y 求微分，并注意到平均运动的质量方程式，则得

$$U\frac{\partial^2 U}{\partial x \partial y} + V\frac{\partial^2 U}{\partial y^2} = \frac{1}{\rho}\frac{\partial^2 \tau}{\partial y^2} \tag{8-133}$$

对于非渗透壁，在壁面上 $U = V = 0$，所以由式(8-131)和式(8-133)可见

$$\left(\frac{\partial \tau}{\partial y}\right)_w = \left(\frac{\partial^2 \tau}{\partial y^2}\right)_w = 0 \tag{8-134}$$

式中，下角标 w 表示壁面值。由此可知，在壁面附近也应有

$$\frac{\partial \tau}{\partial y} \approx 0$$

即在壁面附近，应有

$$\tau = 常数 = \tau_w \tag{8-135}$$

在壁面上雷诺应力为零。在紧邻壁面的区域，脉动速度仍很小，与黏性应力相比雷诺应力仍可忽略不计，则此区域内应有

$$\mu \frac{\partial U}{\partial y} = \tau = \tau_w \tag{8-136}$$

对 y 积分则得

$$U = \frac{\tau_w}{\mu} y \tag{8-137}$$

引入定义式(8-120)、式(8-121)和式(8-123)，则此式成为

$$u^+ = y^+ \tag{8-138}$$

它给出速度随 y 的线性变化，故此区称为线性底层。

图 8-23 表示雷诺应力随 y 的变化，图 8-23（a）则是图 8-23（b）圆圈内放大图。图 8-23（a）是由克列班诺夫的实验得出的，图 8-23（b）则是由舒保尔(Schubauer)的实验得出的。由图可见，只在 $y^+ \leqslant 5$ 的范围内，雷诺切应力才小到可以忽略，即线性底层只占边界层总厚度的 0.002 左右。

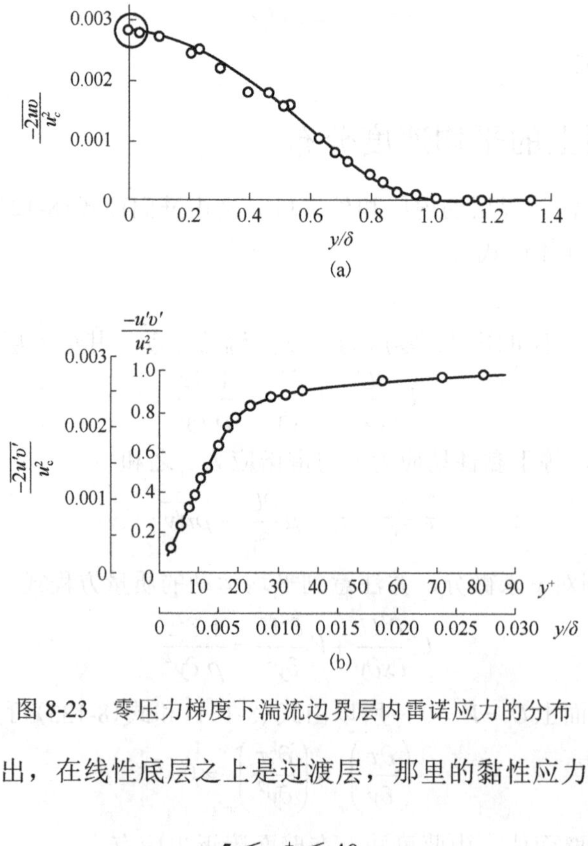

图 8-23 零压力梯度下湍流边界层内雷诺应力的分布

在 8.5.1 节已指出，在线性底层之上是过渡层，那里的黏性应力和雷诺应力都不能忽略，其范围为

$$5 \leqslant y^+ \leqslant 40 \tag{8-139}$$

2. 对数层

由图 8-23 可见，当 $y^+ > 40$ 时，在一定范围内雷诺应力近似为常数，且几乎等于壁面切应力 τ_w。这说明黏性应力已可忽略，整个切应力几乎全部由湍流旋涡引起，即

$$-\rho\overline{u'v'} = \tau_w = \rho u_\tau^2$$

故可得

$$-\overline{u'v'} = u_\tau^2 \tag{8-140}$$

由于雷诺应力主要是大涡的贡献，所以 u_τ 可看成是大涡的典型速度，而 $u_\tau y/\nu(=y^+)$ 则是以 y 为大涡长度尺度的典型大涡雷诺数。这正是式(8-120)和式(8-121)定义 u_τ 和 y^+ 的基本物理背景。

当 y^+ 足够大而可忽略黏性切应力时，速度梯度 $\partial U/\partial y$ 应与黏性 ν 无直接关系。将式(8-121)和式（8-122）对 y 微分，则得

$$\frac{\mathrm{d}U}{\mathrm{d}y} = \frac{u_\tau^2}{\nu}\frac{\mathrm{d}\phi_1}{\mathrm{d}y^+}$$

要使上式右端不包含 ν，则无量纲量 $\mathrm{d}\phi_1/\mathrm{d}y^+$ 应有

$$\frac{\mathrm{d}\phi_1}{\mathrm{d}y^+} = \frac{1}{\kappa y^+}$$

由此可得

$$\frac{\mathrm{d}U}{\mathrm{d}y} = \frac{u_\tau^2}{\nu}\frac{1}{\kappa y^+} = \frac{u_\tau}{\kappa y} \tag{8-141a}$$

式中，κ 为由实验确定的冯卡门常数，为 0.4～0.41。根据此式可看出雷诺切应力与总切应力之比。这里的总切应力仍近似等于 $\tau_w(\tau_w = \rho u_\tau^2)$，则

$$\begin{aligned}\frac{\tau_w - \text{黏性切应力}}{\tau_w} &= 1 - \frac{\mu}{\rho u_\tau^2}\frac{\mathrm{d}U}{\mathrm{d}y}\\ &= 1 - \frac{\nu}{\kappa u_\tau y} = 1 - \frac{1}{\kappa y^+}\end{aligned} \tag{8-141b}$$

此式说明，由 $\kappa = 0.41$，只要 $y^+ > 40$，黏性切应力所占比例就很小了。

对式(8-141a)积分，并考虑到 u^+ 和 y^+ 的定义式(8-121)和式(8-120)，则得

$$u^+ = \frac{1}{\kappa}\ln y^+ + C \tag{8-142}$$

式中，C 为另一常数，对于光滑壁，$C \approx 5.0 \sim 5.2$。式(8-142)说明，在 y 的一定范围内，速度随 y 按对数关系变化，此即著名的对数律。

还可从另外的考虑出发导出对数律。例如，从图 8-22 可见，在内层的部分范围内，满足湍流能量局部平衡条件，即湍流能量生成率等于湍流动能耗散率。前者可近似为

$$-\overline{u'v'}\frac{\mathrm{d}U}{\mathrm{d}y} \approx u_\tau^2\frac{\mathrm{d}U}{\mathrm{d}y} \tag{8-143}$$

对于湍流边界层内层，大涡典型速度尺度 u_T 和长度尺度 l 可分别用 u_τ 和 y 代替，并令 $A = 1/\kappa$，则由生成率与耗散率相等的条件可得

$$u_\tau^2\frac{\mathrm{d}U}{\mathrm{d}y} = \frac{1}{\kappa}\frac{u_\tau^3}{y} \tag{8-144}$$

此即式(8-141a)。

我们导出对数律的方法虽然不同，但它所反映的物理现象则是共同的，即满足局部平衡假设，且黏性切应力可以忽略，雷诺切应力不随 y 变化。

对于通过壁面有吹、吸的流动或沿流向有较强压力梯度的流动，即使在内层，剪切应力 τ 也将随 y 变化，这时 τ 应用当地值而不是壁面值，则式(8-141a)应改为

$$\frac{\mathrm{d}U}{\mathrm{d}y}=\frac{(\tau/\rho)^{1/2}}{\kappa y}=\frac{(-\overline{u'v'})^{1/2}}{\kappa y} \tag{8-145}$$

3. 壁面率的统一公式

前面得出的线性律公式(8-138)和对数律公式(8-141)都只分别表示内层的部分区域，且未能包括过渡区，现已有几个表示整个内层的统一公式，它们都是半经验性的，其中用得较多的两个是斯波尔汀(Spalding)和范德列斯特提出的。

斯波尔汀的公式如下

$$y^+=u^+-\mathrm{e}^{-\kappa B}\left[\mathrm{e}^{\kappa u^+}-1-\kappa u^+-\frac{(\kappa u^+)^2}{2}-\frac{(\kappa u^+)^3}{6}\right] \tag{8-146}$$

式中，κ 为冯卡门常数；B 是另一常数，$B=5.5$，这是一个隐式关系式。

下面主要讨论范德列斯特的公式，用它提出的混合长度公式代替简单的公式 $l=\kappa y$。则式（8-141）为

$$\frac{\partial U}{\partial y}=\frac{\left(-\overline{u'v'}\right)^{\frac{1}{2}}}{\kappa y[1-\exp(-y/A)]} \tag{8-147}$$

对于平板边界层设内层总切应力为常数，且等于壁面切应力 $\tau_w\left(\tau_w=\rho u_\tau^2\right)$，则有

$$\nu\frac{\partial U}{\partial y}-\overline{u'v'}=u_\tau^2 \tag{8-148}$$

由此解出 $-\overline{u'v'}$，代入式(8-141c)中，则得

$$\nu\frac{\mathrm{d}U}{\mathrm{d}y}+(\kappa y)^2\left[1-\exp\left(-\frac{y}{A}\right)\right]^2\left(\frac{\mathrm{d}U}{\mathrm{d}y}\right)^2=u_\tau^2 \tag{8-149}$$

将此式无量纲化则得

$$a(y^+)\left(\frac{\mathrm{d}u^+}{\mathrm{d}y^+}\right)^2+b\left(\frac{\mathrm{d}u^+}{\mathrm{d}y^+}\right)-1=0 \tag{8-150}$$

或

$$\frac{\mathrm{d}u^+}{\mathrm{d}y^+}=\frac{-b+\sqrt{b^2+4a}}{2a} \tag{8-151}$$

式中，$a=(\kappa u^+)^2[1-\exp(-y^+/A^+)]^2$；$A^+=A/(\nu/u_\tau)=26$；$b=1$。右端分子分母同乘以 $b+\sqrt{b^2+4a}$，对 y^+ 积分，并注意到 $y^+=0$ 时 $u^+=0$，则可得

$$u^+=\int_0^{y^+}\frac{2}{1+\sqrt{1+4a(y^+)}}\mathrm{d}y^+ \tag{8-152}$$

式(8-152)就是范德列斯特提出的公式，它可用以计算湍流边界层整个内层的速度分布，包括对数层、过渡层和线性底层。由图 8-24 可见，在整个内层范围内，用式(8-152)计算出的结果与实验符合得很好。这些关系是对平板边界层得出的，对于流向压力梯度不大因而壁面附近 $\partial\tau/\partial y$ 很小的情况也近似可用。

4. 科尔斯(Coles)公式

沿边界层整个厚度的平均速度分布也可用经验公式近似表示。这里将只讨论科尔斯于 1956 年提出的公式，其无量纲形式为

$$u^+ = \phi_1(y^+) + \frac{\Pi(x)}{\kappa} W\left(\frac{y}{\delta}\right) \tag{8-153}$$

无论压力梯度是否为零，此式都可用。其中 ϕ_1 是式(8-122)表示的壁面律函数，若不包括黏性底层则 ϕ_1 由式(8-142)的对数律给出，若包括黏性底层则 ϕ_1 可由式(8-152)给出。

式(8-153)中的 Π 是型面参数，它通常是 x 的函数。函数 $W(y/\delta)$ 代表外层速度剖面对壁面律的偏离，称为尾迹函数。实验研究发现，$W(y/\delta)$ 可近似地看成一个通用函数。显然它在内层的值应实际上为零。根据对实验数据的拟合，$W(y/\delta)$ 可表示为

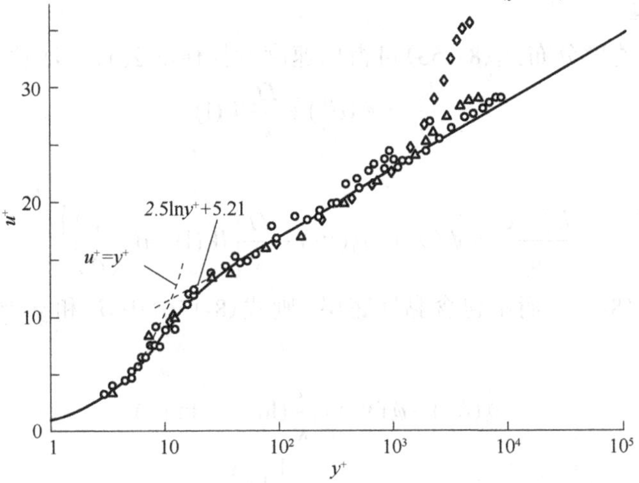

图 8-24 用范德列斯特公式算出的内层平均速度分布与实验值的比较

$$W\left(\frac{y}{\delta}\right) = 1 - \cos\left(\pi \frac{y}{\delta}\right) \tag{8-154}$$

应当指出，式(8-154)纯系数据拟合得出的代数关系，这并不意味着它与平衡边界层中的速度亏损律式(8-125)有任何相似性。

若动量厚度雷诺数 $Re_\theta(=U_e\theta/\nu)$ 大于 5000，零压力梯度边界层的 Π 为常数，约等于 0.55。当 Re_θ 小于 5000 时，Π 的变化见图 8-25。

对于平衡边界层，Π 值应不随 x 变化而只与压力梯度参数 β 有关，即应有关系 $\Pi = \Pi(\beta)$。科尔斯和海斯特(Hirst)于 1968 年统计了当时能得到的实验数据，包括 13 个近似平衡流动以及一些典型的非平衡流动，图 8-26 表示了这些结果。由图 8-26 可见，对于平衡边界层，由曲线拟合得到的经验公式为

$$\Pi \approx 0.8(\beta + 0.5)^{0.75} \tag{8-155}$$

对于平板边界层，$\beta = 0$，由此式算出的 $\Pi = 0.476$，与科尔斯推荐的 0.55 有一定区别。尽管如此，用式(8-155)作近似估算还是很方便的。

由图 8-26 还可看出，对于非平衡边界层，实验数据较分散。在 β 值增加的那些实验中，实验数据落在平衡位置之下；而在 β 值下降的那些流动，实验数据则落在平衡位置之上。可见，对于非平衡流，式(8-155)对实验数据的偏离稍大些，作为一阶近似方法仍可采用此式，但要记住它可能引起的误差。

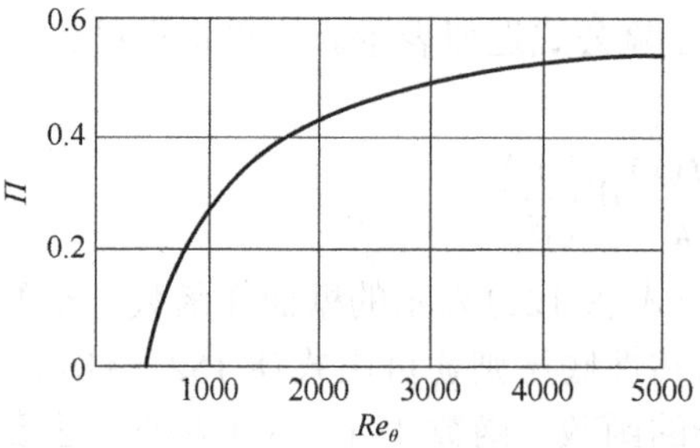

图 8-25　零压力梯度流的 Π 随动量厚度雷诺数 Re_θ 的变化

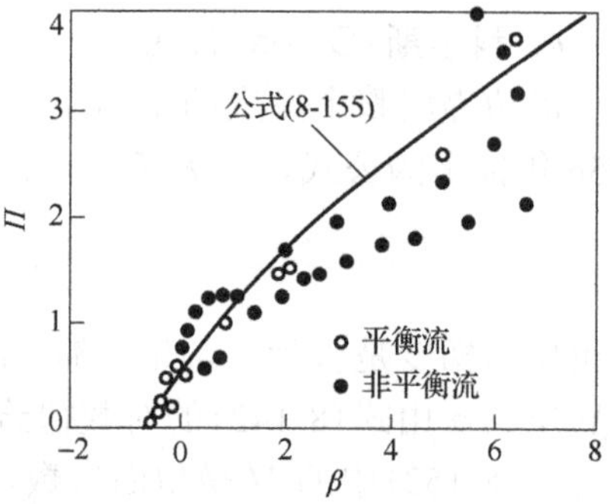

图 8-26　参数 Π 与压力梯度参数 β 的关系

5. 速度亏损率

根据科尔斯的速度分布式(8-153)可得出速度亏损律的公式。注意到

$$\frac{U_e}{u_\tau}=\phi_1(\delta^+)+\frac{\Pi}{\kappa}W(1)$$

则可得

$$\frac{U_e-U}{u_\tau}=\phi_1(\delta^+)-\phi_1(y^+)+\frac{\Pi}{\kappa}\left[W(1)-W\left(\frac{y}{\delta}\right)\right] \tag{8-156}$$

若 ϕ_1 用对数律公式(8-142)而不包含黏性底层，则式(8-156)中 δ^+ 和 y^+ 所隐含的黏性的影响将消失。这时，因

$$\begin{aligned}\phi_1(\delta^+)-\phi_1(y^+)&=\frac{1}{\kappa}(\ln\delta^+-\ln y^+)\\&=-\frac{1}{\kappa}\ln\frac{y}{\delta}\end{aligned}$$

则式(8-156)成为

$$\frac{U_e-U}{u_\tau}=-\frac{1}{\kappa}\ln\frac{y}{\delta}+\frac{\Pi}{\kappa}\left[W(1)-W\left(\frac{y}{\delta}\right)\right] \tag{8-157}$$

此式不包含黏性底层，但它对任何壁面流动都是适用的，然而只当 Π 不随 x 变化时，它才成为与 x 无关的亏损律公式(8-123)。

6. 边界层参数

科尔斯的速度剖面公式可用以建立湍流边界层基本性能参数之间的关系。在 $y=\delta$ 处，$U=U_e$，$W(1)=2$，若壁面律 ϕ_1 用对数律公式(8-142)，则由式(8-153)可得

$$\frac{U_e}{u_\tau}=\frac{1}{\kappa}\ln\frac{\delta u_\tau}{\nu}+C+\frac{2\Pi}{\kappa} \tag{8-158}$$

根据定义，可得表面摩擦阻力系数 C_f 与 U_e/u_τ 之间的关系

$$C_f=\frac{\tau_w}{\frac{1}{2}\rho U_e^2}=2\left(\frac{u_\tau}{U_e}\right)^2 \tag{8-159}$$

则由式(8-158)可得

$$\sqrt{\frac{2}{C_f}}+\frac{1}{\kappa}\ln\sqrt{\frac{2}{C_f}}=\frac{1}{\kappa}\ln\frac{\delta U_e}{\nu}+C+\frac{2\Pi}{\kappa} \tag{8-160}$$

根据位移厚度和动量厚度的定义，若壁面律 ϕ_1 仍用对数律公式(8-142)，则由式(8-158)和式(8-153)可得

$$\kappa\frac{\delta^* U_e}{\delta u_\tau}=1+\Pi$$

$$\kappa^2\frac{(\delta^*-\theta)U_e^2}{\delta u_\tau^2}=2+2\left[1+\frac{1}{\pi}si(\pi)\right]\Pi+\frac{3}{2}\Pi^2 \tag{8-161}$$

由这两式可得

$$\frac{H}{H-1}\frac{u_\tau}{\kappa U_e}=F(\Pi) \tag{8-162a}$$

$$F(\Pi)=\frac{1+\Pi}{2+2\left[1+\frac{1}{\pi}si(\pi)\right]\Pi+\frac{3}{2}\Pi^2} \tag{8-162b}$$

其中

$$si(\pi)=\int_0^\pi\frac{\sin u}{u}\mathrm{d}u=1.8519$$

式(8-157)～式(8-162)可用来估算湍流边界层的 C_f、δ^*、θ 和 H。后续将对这些问题作进一步讨论。

8.5.3　粗糙表面上的平均速度分布

1. 壁面率

实际的固体表面总具有不同程度的粗糙度，所以应该研究粗糙表面的流动问题。我们设想表面的不光滑性是由铺在上面的砂粒一类的粗糙元造成的。显然粗糙元的几何形状、高度和分布密度等因素都将影响速度分布。我们先研究粗糙元的几何形状和尺寸完全一样而且均匀分布的情况，即只考虑它的高度 h 的影响。在 8.5.1 节已说明，在内层范围内应该用黏性长度尺度 ν/u_τ 作为衡量标准，由此可得粗糙元雷诺数

$$h^+=\frac{u_\tau h}{\nu} \tag{8-163}$$

考虑到粗糙元影响后，光滑壁面的壁面律公式(8-121)应修改为

$$u^+=\phi_2(y^+,h^+) \tag{8-164}$$

由于粗糙壁和光滑壁的完全湍流区有完全相同的物理条件，所以这两者的速度剖面应完全相似，只是粗糙壁的速度应降低，即可将式(8-142)修改为

$$u^+=\frac{1}{\kappa}\ln y^++C-\Delta u^+=\phi_2(y^+,h^+) \tag{8-165}$$

式中，$\Delta u^+=\Delta u/u_\tau$，$\Delta u$ 为粗糙壁引起的速度降低。Δu^+ 与粗糙元的几何形状和 h^+ 有关，图 8-27 给出了由实验得出的关系式。由图 8-27 可见，当 h^+ 低于 5 时，均匀粗糙元的 Δu^+ 趋于零，即粗糙度几乎不影响速度剖面。但若粗糙元的尺寸差别较大，虽其平均 h^+ 仍可能很小，然而那些大尺寸颗粒也会使速度降低。值得注意的是图上 h^+ 很大的区域，呈现出 Δu^+ 与 h^+ 的对数关系为

$$\Delta u^+\sim\frac{1}{\kappa}\ln h^+$$

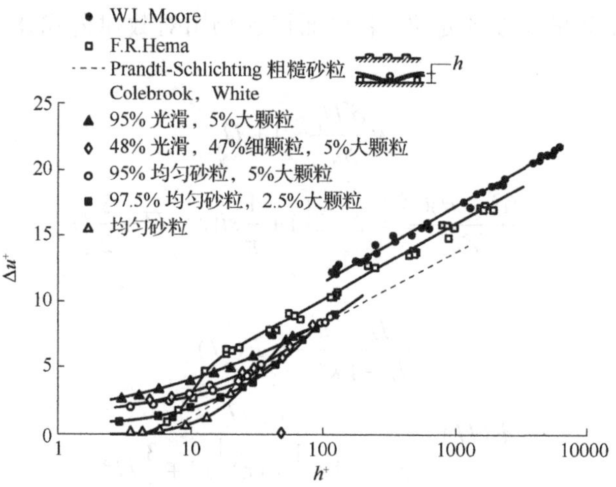

图 8-27　表面粗糙度对通用速度剖面的影响

所以可以引入另一变量 B_2 来整理数据，其定义为

$$B_2 = C + \frac{1}{\kappa}\ln h^+ - \Delta u^+ \tag{8-166}$$

图 8-28 给出了 B_2 随 h^+ 的变化，是尼古拉兹(Nikuradse)用均匀砂粒粗糙管得到的实验结果。根据这些结果可得出如下近似关系

$$\left.\begin{aligned}
&h^+ < 2.25: && B_2 = \frac{1}{\kappa}\ln h^+ + C = \frac{1}{\kappa}\ln h^+ + 5.2\\
&2.25 \leqslant h^+ < 90: && B_2 = \frac{1}{\kappa}\ln h^+ + C + [3.3 - \frac{1}{\kappa}\ln h^+]\\
& && \quad \times(\sin 0.4258)(\ln h^+ - 0.811)\\
&h^+ \geqslant 90: && B_2 = 8.5
\end{aligned}\right\} \tag{8-167}$$

根据图 8-27、图 8-28 以及上面的讨论，可将粗糙度对速度剖面的影响大体分成三个区域，水力学光滑区（$h^+ < 5$）、过渡区（$5 \leqslant h^+ < 70$）、完全粗糙区（$h^+ > 70$）。

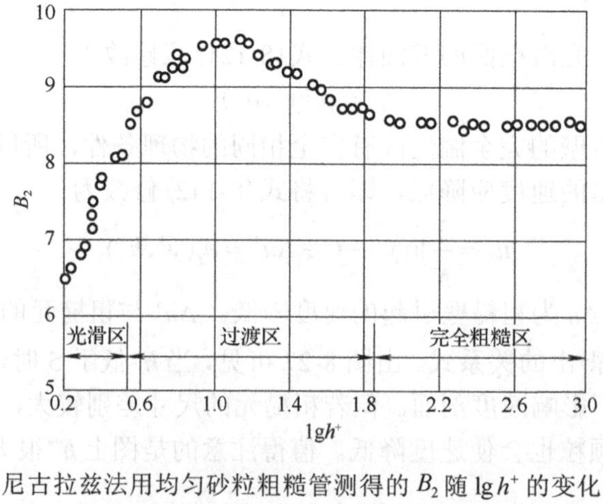

图 8-28　尼古拉兹法用均匀砂粒粗糙管测得的 B_2 随 $\lg h^+$ 的变化(1933 年)

显然，水力学光滑意味着粗糙元的高度 h 很小，使粗糙元都深深地淹没在黏性底层之内。实际上不可能把物体表面做成几何上的绝对光滑，所能做到的只是粗糙度足够低以达

到水力学光滑。当粗糙元的高度足够高时，流动则成为完全粗糙流。这时黏性底层完全消失，流动与分子黏性无关，所以粗糙度引起的速度下降呈对数关系，因为对数律的成立是以可以忽略黏性切应力为前提的。

2. 科尔斯公式

式(8-163)只能用于内层。若要用于整个边界层，则必须考虑到它在外层所具有的尾迹类特征。利用科尔斯的尾迹函数，可得到

$$u^+ = \phi_2(y^+, h^+) + \frac{\Pi}{\kappa} W\left(\frac{y}{\delta}\right) \tag{8-168}$$

当 $y > h$ 时，ϕ_2 可用式(8-165)表示。

3. 粗糙元的当量高度

由于完全粗糙流的速度下降量 Δu^+ 正比于 $\ln h^+$，则可利用这一特点将一种形状的粗糙元的高度折算成另一种形状的高度。由式(8-166)对于相同的 Δu^+ 可得

$$h_s = h\exp[\kappa(B_2 - B_{2s})] \tag{8-169}$$

式中，下标 s 表示某种参照的、取作标准的粗糙元形状，通常取为均匀砂粒。由于在完全粗糙区 B_2 是常数，所以由式(8-166)可见，不同形状粗糙元的 B_2 之差等于在同样 h^+ 条件下 Δu^+ 之差，由此可将式(8-169)改写为

$$h_s = h\exp[\kappa(\Delta u^+ - \Delta u_s^+)] \tag{8-170}$$

式中，$\Delta u^+ - \Delta u_s^+$ 对应于图 8-26 中同一横坐标值的两种粗糙元的 Δu^+ 之差。h_s 即折算为标准形状粗糙元的当量高度。

8.5.4　平板湍流边界层的简单估算方法

如果有了能较准确计算雷诺应力的湍流模型，则可用数值方法求解边界层方程，从而得到精确度较高的解。这些方法都需要用到计算机。我们常需要一些简单方法以近似估算边界层，其精度虽略低，但不需计算机，使用简便，非常有效。本节将就平板湍流边界层讨论这些方法。

1. 光滑平板

考虑流过光滑平板上的常值物性流体的流动。若雷诺数足够大，则沿该平板上存在三种不同的流动区，如图 8-29 所示。从前缘开始，第一个区域($0 < Re_x < Re_{x_{tr}}$)是层流或具有小振幅不稳定波的层流。它的下游是第二个区域($Re_{x_{tr}} < Re_x < Re_{x_t}$)，这个区域以湍流斑点首先出现的 x_{tr} 处为起点，以完成了从层流到湍流的完全转变处 x_t 为终点。第三个区域($Re_x \geqslant Re_{x_t}$)内流动是完全的湍流。由于湍流边界层的状态和特性与转捩发生的位置有关，所以正确预估 $Re_{x_{tr}}$ 并考虑转换位置的影响是重要的。

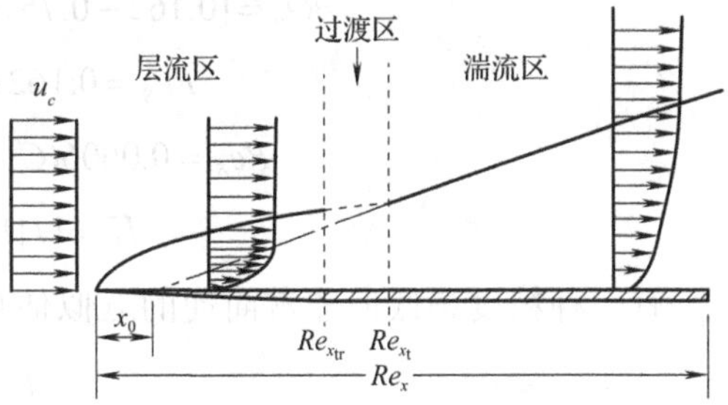

图 8-29　雷诺数足够大时沿光滑平板的边界层
（垂直坐标被显著放大了）

图 8-29 的点画线表示一种假想的湍流边界层的发展情况，它从 $x = x_0$ 处开始，并在 $x = x_t$ 处与真实边界层的厚度相同。由此可将 x_0 称为湍流边界层的有效起始点，这个概念虽不严格，但很有用。

对于二维零压力梯度边界层，根据表面摩阻系数 C_f 的定义，动量积分方程可写成

$$\frac{\mathrm{d}Re_\theta}{\mathrm{d}Re_x}=\frac{C_f}{2} \tag{8-171}$$

式中，$Re_\theta=U_e\theta/\nu$，$Re_x=U_e x/\nu$。将 $(2/C_f)^{1/2}$ 表示为 z，并设由层流到湍流的转捩是瞬时完成的，即 $Re_{x_{tr}}=Re_{x_t}$，利用分部积分法可将式(8-171)写为

$$Re_x=z^2Re_\theta-2\int_{z_{tr}}^{z}Re_\theta z\mathrm{d}z+常数 \tag{8-172}$$

若能将 Re_θ 表示为 z 的函数并完成式(8-172)中的积分，则由此式可得到 Re_x 和 C_f 之间的关系。有不少方法可建立 Re_θ 与 z 之间的关系。薛贝赛和史密斯于 1971 年利用科尔斯公式(8-157)和平板上的速度亏损律，经过一系列推导，最后由式(8-172)得出

$$(Re_x-A_2)C_f=0.324\exp\left(\frac{0.58}{\sqrt{C_f}}\right)(1-8.125\sqrt{C_f}+22.08C_f) \tag{8-173}$$

式中，A_2 是一积分常数，它取决于转捩发生的位置，可由下式确定：

$$A_2=Re_{x_{tr}}-\frac{2Re_{\theta_{tr}}}{C_{f_{tr}}}+\left[\frac{1.12}{C_{f_{tr}}}-7.16\right]\exp\left[\frac{0.58}{C_{f_{tr}}}\right] \tag{8-174}$$

式中，$C_{f_{tr}}$ 是按转换雷诺数计算的当地湍流表面摩阻系数。由于在转捩处动量厚度也应连续变化，所以如下的层流公式可用于由 $Re_{x_{tr}}$ 计算 $Re_{\theta_{tr}}$

$$Re_\theta=0.664(Re_x)^{1/2} \tag{8-175}$$

当给定 Re_x 时用式(8-174)计算 C_f 并不方便，因此图 8-29 直接画出 C_f 和 Re_x 的关系，它们分别对应于两个转捩雷诺数，$Re_{x_{tr}}=4.1\times10^5$ 和 3×10^6，这个低的值相当于 $Re_{\theta_{tr}}=425$，这几乎是最低的湍流雷诺数；高的值相当于 $Re_{\theta_{tr}}=1150$。对于低湍流度自由流流过光滑平板的情况，3×10^6 是自然转捩的典型的雷诺数。图 8-29 也给出了从前缘开始就是完全湍流的曲线，由图可见，理论值与实验值符合得很好。

算出 C_f 后，可由以下关系估算湍流边界层的其他参数：

$$Re_\theta=[0.162-0.757(C_f)^{1/2}]\exp[0.58/(C_f)^{1/2}] \tag{8-176}$$

$$Re_\delta^*=0.162\exp[0.58/(C_f)^{1/2}] \tag{8-177}$$

$$Re_\delta=0.0606(C_f)^{-1/2}\exp[0.58/(C_f)^{1/2}] \tag{8-178}$$

$$H=1/[1-4.67(C_f)^{1/2}] \tag{8-179}$$

有一种精度稍低但非常简便的近似估算方法，这是基于速度剖面的幂次律假设的

$$\frac{U}{U_e}=\left(\frac{y}{\delta}\right)^{\frac{1}{n}} \tag{8-180}$$

n 为常数，通常取为 7。根据 δ^*、θ 和 H 的定义式，由式(8-180)可得

$$\frac{\delta^*}{\delta}=\frac{1}{1+n}$$

$$\frac{\theta}{\delta}=\frac{n}{(1+n)(2+n)} \tag{8-181}$$

$$H = \frac{2+n}{n}$$

再加上布拉休斯得到的经验关系

$$\frac{C_f}{2} = 0.0225\left(\frac{\nu}{U_e\delta}\right)^{\frac{1}{4}} \tag{8-182}$$

则由式(8-171)可得

$$C_f = \frac{0.059}{Re_x^{1/5}} \tag{8-183}$$

$$\frac{\delta}{x} = \frac{0.37}{Re_x^{1/5}} \tag{8-184}$$

$$\frac{\theta}{x} = \frac{0.036}{Re_x^{1/5}} \tag{8-185}$$

这些式子的适用范围为$5\times10^5 < Re_x < 10^7$，对于大多数工程技术问题，实验研究的雷诺数都在这个范围内。当雷诺数更高时，格兰维尔的下述经验公式可得出更高的精度

$$\frac{\delta}{x} = \frac{0.0598}{\lg Re_x - 3.170} \tag{8-186}$$

冯卡门的下述公式也得到了广泛使用

$$\frac{1}{\sqrt{C_f}} = 1.7 + 4.15\lg C_f Re_x \tag{8-187}$$

由式(8-184)和式(8-185)可见，边界层的各种厚度均近似随$x^{4/5}$的增长，这比层流边界层厚度随$x^{1/2}$增长的速度要快得多。在有些经验公式中，甚至表明湍流边界层厚度随$x^{6/7}$增长。

计算平板总的平均摩擦系数$\overline{C_f}$

$$\overline{C_f} = \frac{D_f}{\frac{1}{2}\rho U_e^2 l} = \frac{1}{l}\int_0^l C_f(x)\mathrm{d}x \tag{8-188}$$

式中，D_f为单位宽度平板的总摩擦阻力，可见C_f的公式得到后，积分即可得$\overline{C_f}$的公式。例如，由式(8-183)积分可得

$$\overline{C_f} = \frac{0.074}{Re_x^{1/5}} \tag{8-189}$$

另一个更精确的公式是舒恩赫尔(Schoenherr)于 1932 年在冯卡门工作的基础上提出的

$$\frac{1}{\sqrt{\overline{C_f}}} = 4.13\lg(\overline{C_f}Re_x) \tag{8-190}$$

上面这两个公式都假设从平板前缘开始就是湍流边界层，即设湍流边界层的有效起始点在$x=0$。但若雷诺数不是非常高，我们应该考虑湍流边界层前面的层流段。有几个经验公式考虑了这种影响，一个与式(8-189)类似的公式是

$$\overline{C}_f = \frac{0.074}{Re_x^{1/5}} - \frac{A}{Re_x},\quad 5\times10^5 < Re_x < 10^7 \tag{8-191}$$

另一个公式是

$$\overline{C}_f = \frac{0.455}{(\lg Re_x)^{2.58}} - \frac{A}{Re_x} \tag{8-192}$$

式中，A 是一常数，其值取决于转换雷诺数 $Re_{x_{tr}}$：

$$A = Re_{x_{tr}}(\overline{C}_{ft} - \overline{C}_{f1}) \tag{8-193}$$

式中，$\overline{C}_{ft}$ 和 $\overline{C}_{f1}$ 是在 $Re_{x_{tr}}$ 处的湍流和层流 $\overline{C}_f$，式(8-192)适用于更广的 Re_x 范围，甚至在 $Re_x = 10^9$ 时也给出了好的结果。

2. 粗糙平板

利用与用于光滑平板类似的方法可得到粗糙平板上的不可压缩湍流边界层的参数，其结果可用两张图表示。图 8-30 和图 8-31 分别表示 C_f 和 $\overline{C}_f$ 随 Re_x 的变化，这些图是由砂粒粗糙平板得出的。图上也画了粗糙元雷诺数 $Re_h = U_e h/\nu$ 等于常数的线和相对粗糙度 x/h_s 等于常数的线。和光滑平板的情况一样，湍流边界层的起始点假设很靠近平板前缘。

在完全粗糙区，施利希廷给出了用相对粗糙度 x/h_s 表示的摩阻系数公式

$$C_f = \left(2.87 + 1.58\log\frac{x}{h_s}\right)^{-2.5}$$

$$\overline{C}_f = \left(1.89 + 1.62\log\frac{x}{h_s}\right)^{-2.5} \tag{8-194}$$

公式的运用范围 $10^2 < x/h_s < 10^6$。

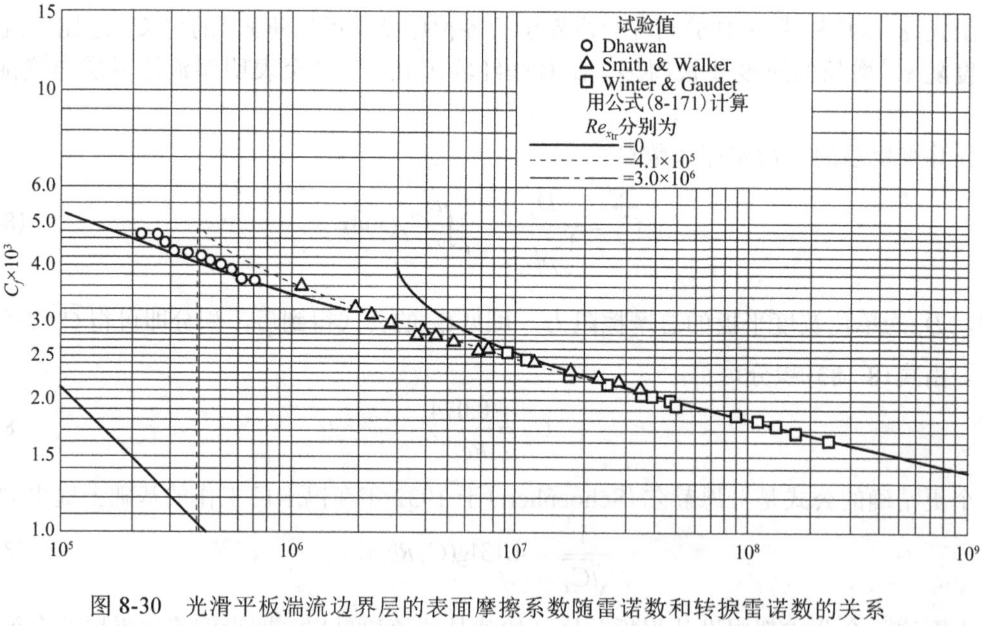

图 8-30　光滑平板湍流边界层的表面摩擦系数随雷诺数和转捩雷诺数的关系

图 8-31 和图 8-32 都只适用于砂粒型粗糙元，而且砂粒密度达到最大，即将砂粒粘在壁面上时使砂粒相互之间尽可能靠近。对于多数实际应用的场合，粗糙元密度都比这低得多，而且有不同的几何形状。对于不同几何形状的粗糙元可用式(8-194)折算出标准粗糙元形状的当量高度 h_s。

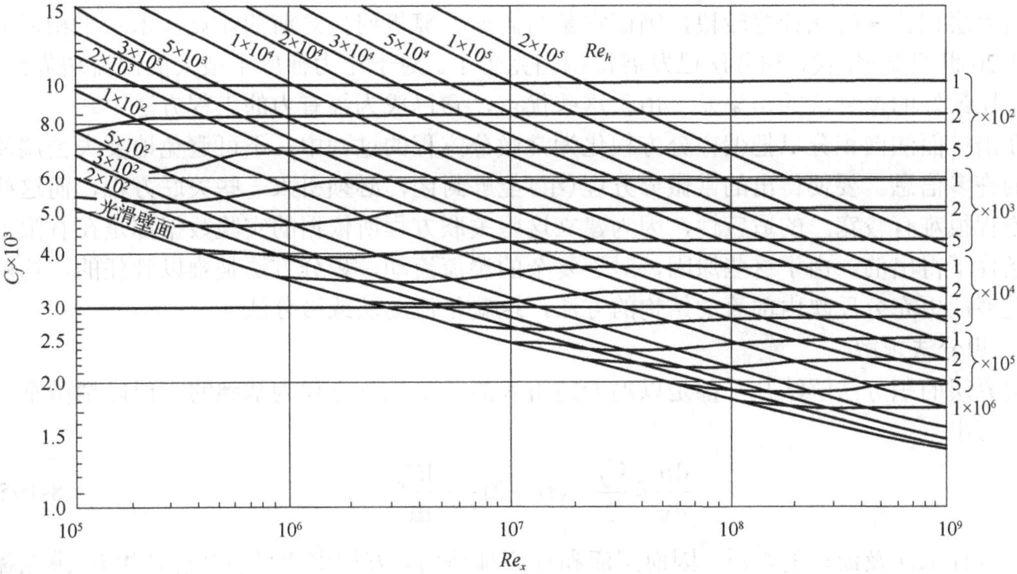

图 8-31　砂粒粗糙平板的局部表面摩擦系数

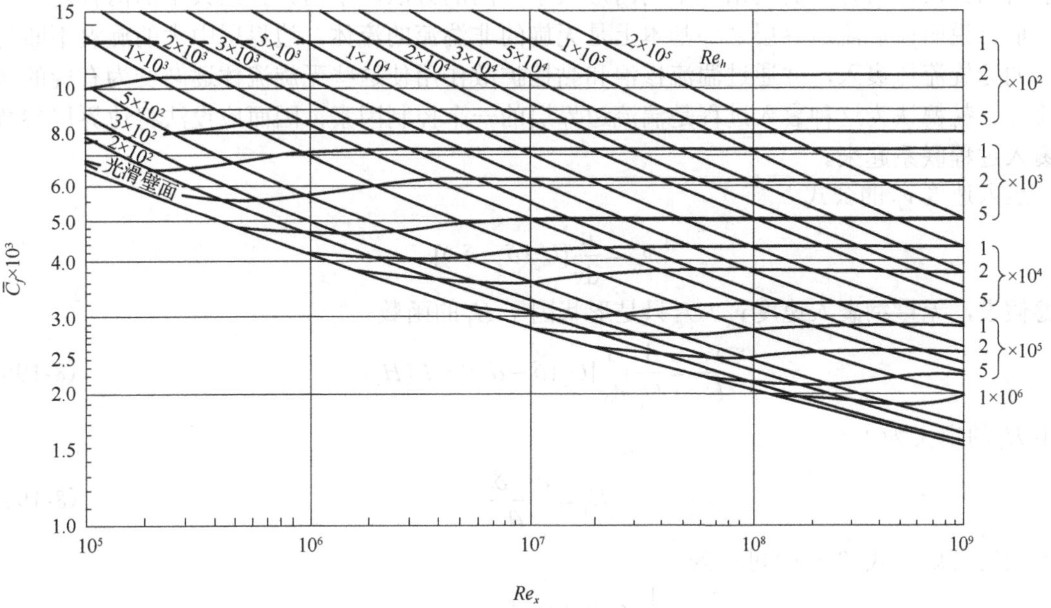

图 8-32　砂粒粗糙平板的平均表面摩擦系数

8.5.5　有压力梯度的湍流边界层解法

8.5.4 节对于平板(零压力梯度)湍流边界层列出了一些典型的经验公式，可用以近似估算边界层参数。这些公式都是代数关系式，使用很方便。对于有压力梯度的情况，特别是对于一般的非平衡边界层，很难只用代数关系式表示它们的解，因而不得不求解微分方程。最早发展的是边界层的积分法解法，即对边界层方程等沿壁面法向积分，于是将偏微分方程化为常微分方程，再求解这些常微分方程(组)。不经过上述积分而直接求解偏微分方程的方法，常称为流场法或微分法。

边界层积分法解法计算较快，因而它是与高速计算机问世之前的计算技术水平相适应的。到 20 世纪 70 年代，积分法已发展得相当完善了。对于压力梯度不很大的湍流边界层，它并不比最好的微分法的结果差。由于这些优点，它已成为很有力的工程方法。

在沿壁面法向积分以把偏微分方程化为常微分方程的过程中，不可避免地要失去湍流结构的许多信息。要使得出的常微分方程(组)能够封闭，必须引入一些关联方程，而这些关联方程很难有较宽广的适应性，因为建立这些关联方程所依据的实验数据都是在有限的具体条件下得出的。由于这些原因，对于复杂的湍流流动，积分方法是难以胜任的，这就要求发展能更充分反映内部流动结构的方法，这就是流场法或微分法。

1. 积分法求解

边界层的积分法解法几乎都是以冯卡门引入的动量积分方程为基础的，现以稍微不同的形式写出

$$\frac{\mathrm{d}\theta}{\mathrm{d}x}=\frac{C_f}{2}-(H+2)\frac{\theta}{U_e}\frac{\mathrm{d}U_e}{\mathrm{d}x} \tag{8-195}$$

此方程未涉及流动的性质，因而层流和湍流都适用。方程中边界层外缘速度 U_e 由无黏自由流确定，应看成已知的，所以方程包含三个未知数 θ、C_f 和 H，应再补充两个关系才能封闭。根据所补充的关系的不同而形成了不同的方法，下面只介绍其中的两种。

前已说明在湍流边界层之外基本上是无旋的非湍流的流体。边界层中大的旋涡不断将外部的无旋流体裹入，并通过湍流掺混和黏性扩散作用使这些无旋流体逐渐变为有旋的湍流流体。赫德认为这种裹入过程是湍流边界层的一个控制因素，因而应设法将边界层参数与裹入过程联系起来。

裹入速度 v_E 的公式

$$v_E=\frac{\mathrm{d}}{\mathrm{d}x}[U_e(\delta-\delta^*)]$$

赫德假设，无量纲裹入速度 v_E/U_e 只是形状因子 H_1 的函数

$$\frac{v_E}{U_e}=\frac{1}{U_e}\frac{\mathrm{d}}{\mathrm{d}x}[U_e(\delta-\delta^*)]=F(H_1) \tag{8-196}$$

其中 H_1 的定义为

$$H_1=\frac{\delta-\delta^*}{\theta} \tag{8-197}$$

引入此定义后，式(8-196)可写为

$$\frac{\mathrm{d}}{\mathrm{d}x}(U_e\theta H_1)=U_eF(H_1) \tag{8-198}$$

赫德还假设 H_1 只是 H 的函数，$H_1=H_1(H)$。函数关系 $F(H_1)$ 和 $H_1(H)$ 应由实验确定。由几组实验数据给出的最佳曲线拟合为

$$F(H_1)=0.0306(H_1-3.0)^{-0.6169} \tag{8-199}$$

$$H_1(H)=\begin{cases}0.8234(H_1-1.1)^{-1.287}+3.3, & H\leqslant 1.6\\ 1.5501(H-0.6778)^{-3.064}+3.3, & H>1.6\end{cases} \tag{8-200}$$

赫德还利用了路德维格(Ludwieg)和梯尔曼(Tillman)的湍流表面摩擦系数公式

$$C_f=0.246\times 10^{-0.678H}Re_\theta^{-0.268} \tag{8-201}$$

式中，$Re_\theta=U_e\theta/\nu$。对于给定的自由流速度分布 $U_e(x)$，封闭的方程组式(8-195)、式

(8-198)～式(8-201)可用数值方法求解，以得到边界层的发展。

和许多积分法一样，这种方法用形状因子 H 的值作为判断分离的准则，而只当 H 趋于无穷大时 C_f 才趋于零，所以不可能给出对应于分离的准确的 H 值。通常认为 H 在 1.8～2.4 会发生分离。在确定分离点位置时 H 的上界和下界的差别只引起位置的很小差别，因为接近分离点时 $\mathrm{d}H/\mathrm{d}x$ 很大。

赫德的上述方法是 1958 年提出的，以后又经过了一些改进。由于使用简便，且有一定精度，这种方法获得了较广泛的应用。

1968 年在美国斯坦福召开了一次湍流边界层计算会议，会上提出了许多比赫德原先的裹入方程法更精确的方法。这些方法的关键在于它们能处理边界层上游的历史影响，即不是简单地把雷诺应力与当地的平均速度联系起来。这就出现了发展一种新方法的可能性，这种方法既保留了赫德的裹入法的优点，又能考虑上游的历史影响。在这种思想指导下发展了几种方法，其中包括赫德与别人合作提出的一种方法，但看来最成功的是格林等的方法。

格林的方法仍采用动量积分方程，即

$$\theta\frac{\mathrm{d}H}{\mathrm{d}x}=\frac{\mathrm{d}H}{\mathrm{d}H_1}\left(C_E-H_1\frac{\theta}{U_e}\frac{\mathrm{d}U_e}{\mathrm{d}x}-H_1\frac{\mathrm{d}\theta}{\mathrm{d}x}\right) \tag{8-202}$$

此外，又发展了一个新的常微分方程，即裹入系数 C_E 沿流线的变化率的方程。这是格林等根据布拉德肖等的边界层湍流动能方程发展出来的，现引述如下，推导从略

$$\begin{aligned}\theta(H_1+H)\frac{\mathrm{d}C_E}{\mathrm{d}x}=&\frac{C_E(C_E+0.02)+0.2667C_{f0}}{C_E+0.01}\Bigg(2.8\Big\{\big[0.32C_{f0}\\&+0.024(C_E)_{EQ}+1.2(C_E)_{EQ}^2\big]^{\frac{1}{2}}-(0.32C_{f0}+0.024C_E+1.2C_E^2)^{\frac{1}{2}}\Big\}\\&+\left(\frac{\delta}{U_e}\frac{\mathrm{d}U_e}{\mathrm{d}x}\right)_{EQ}-\frac{\delta}{U_e}\frac{\mathrm{d}U_e}{\mathrm{d}x}\Bigg)\end{aligned} \tag{8-203}$$

式中，C_{f0} 是平板的表面摩阻系数，由温脱(Winter)和甘德特(Gandet)的关联式给出

$$C_{f0}=\frac{0.01013}{\log Re_\theta-1.02}-0.00075 \tag{8-204}$$

$(C_E)_{EQ}$ 为平衡边界层的裹入系数

$$(C_E)_{EQ}=H_1\left[\frac{C_f}{2}-(H+1)\left(\frac{\theta}{U_e}\frac{\mathrm{d}U_e}{\mathrm{d}x}\right)_{EQ}\right] \tag{8-205}$$

$$\left(\frac{\theta}{U_e}\frac{\mathrm{d}U_e}{\mathrm{d}x}\right)_{EQ}=\frac{1.25}{H}\left[\frac{C_f}{2}-\left(\frac{H-1}{6.432H}\right)^2\right] \tag{8-206}$$

非平板的表面摩阻系数 C_f 与 C_{f0} 的关系为

$$\left(\frac{C_f}{C_{f0}}+0.5\right)\left(\frac{H}{H_0}-0.4\right)=0.9 \tag{8-207}$$

而平板的 H_0 可直接由 C_{f0} 算出

$$1-\frac{1}{H_0}=6.55\sqrt{C_{f0}/2} \tag{8-208}$$

其中，$\left(\frac{\delta}{U_e}\frac{\mathrm{d}U_e}{\mathrm{d}x}\right)_{EQ}$ 可自定义直接由$\left(\frac{\theta}{U_e}\frac{\mathrm{d}U_e}{\mathrm{d}x}\right)_{EQ}$ 得出

$$\left(\frac{\delta}{U_e}\frac{\mathrm{d}U_e}{\mathrm{d}x}\right)_{EQ}=(H+H_1)\left(\frac{\theta}{U_e}\frac{\mathrm{d}U_e}{\mathrm{d}x}\right)_{EQ} \tag{8-209}$$

上述诸代数关系式封闭了格林的三个常微分方程式(8-195)、式(8-202)和式(8-203)。由于式(8-203)是由湍流能量方程导出的，因而可能比较真实地反映了雷诺应力的变化及上游历史的影响。

这种方法比赫德的方法要稍增加一些计算时间，但总精度有明显提高。此方法已推广到可压缩流。

易斯特(East)等已将此法发展为解边界层问题的逆方法，以处理非严重分离的流动，得到了很好的结果。

2. 微分法求解

不可压、二维湍流边界层的方程组，它们是连续方程和动量方程

$$\frac{\partial U}{\partial x}+\frac{\partial V}{\partial y}=0$$

$$U\frac{\partial U}{\partial x}+V\frac{\partial U}{\partial y}=U_e\frac{\mathrm{d}U_e}{\mathrm{d}x}+\frac{1}{\rho}\frac{\partial}{\partial y}\left(\mu\frac{\partial U}{\partial y}-\rho\overline{u'v'}\right)$$

其初始条件为

$$0<y<\infty,\ U=U(y),\ x=x_0 \tag{8-210}$$

边界条件为

$$\left.\begin{array}{l} y=0:U=0,\ V=0 \\ y\to\infty:U=U_e(x) \end{array}\right\}x\geqslant x_0 \tag{8-211}$$

在实际计算中，往往把外边界 y 值(设为 y_e)取为 δ 的 1.5 倍，δ 是从 $y=0$ 到 $U=0.995U_e$ 处的距离。

雷诺应力可用不同的模型来计算。这里采用涡黏性系数 ε_m。为此，用 ε_m 附写出总的剪切应力 τ

$$\tau=\mu\frac{\partial U}{\partial y}-\rho\overline{u'v'}=\rho\nu(1+\varepsilon_m^+)\frac{\partial U}{\partial y} \tag{8-212}$$

其中，无量纲涡黏性系数 $\varepsilon_m^+=\varepsilon_m/\nu$。利用法沃克纳-斯坎变换，则得

$$(bf'')'+\frac{m+1}{2}ff''+m[1-(f')^2]=x\left(f''\frac{\partial f'}{\partial x}-f''\frac{\partial f}{\partial x}\right) \tag{8-213}$$

它与对应的层流方程式是完全一样的，只是黏性项乘以因子

$$b=1+\varepsilon_m^+ \tag{8-214}$$

它是总的黏性系数(=分子的+湍流的)与分子黏性系数之比。若设 $\varepsilon_m^+=0$，则方程回到层流流动方程。在湍流流动中，对 ε_m^+ 需有适当的经验公式，这样就能利用“相同”的方程和数值方法来解层流流动、转捩区流动和湍流流动，它既可用于层流，也可用于湍流。

这里将具体介绍薛贝赛和史密斯的模型，他们考虑了多种流动因素，如壁面传质、流向压力梯度、转捩区、间歇因子和低雷诺数等。该模型对湍流边界层的内层和外层分开处理，采用不同的分析表达式。虽然这些函数关系式都是经验性的，且基于有限范围内的实

验数据，该模型对大多数工程问题都有足够的精度。

对于有或没有传质的光滑壁面的内层，涡黏性系数公式可由下式表示

$$(\varepsilon_m)_i = l^2 \left|\frac{\partial U}{\partial y}\right| \gamma_{\text{tr}}\gamma,\quad 0 \leqslant y \leqslant y_c \tag{8-215}$$

其中混合长度 l 由下式给出

$$l = \kappa y\left[1-\exp\left(-\frac{y}{A}\right)\right] \tag{8-216}$$

式中，$\kappa = 0.40$，A 是阻尼长度常数

$$A = 26\frac{\nu}{Nu_\tau} \tag{8-217a}$$

$$N = \left\{\frac{p^+}{v_w^+}[1-\exp(11.8v_w^+)] + \exp(11.8v_w^+)\right\}^{1/2} \tag{8-217b}$$

$$p^+ = \frac{\nu U_e}{u_\tau^3}\frac{\mathrm{d}U_e}{\mathrm{d}x} \tag{8-217c}$$

$$v_w^+ = \frac{u_w}{u_\tau} \tag{8-217d}$$

对于无传质的流动，$v_w = 0$

$$N = (1-11.8p^+)^{1/2} \tag{8-217e}$$

很明显，若流动中无传质且压力梯度为零，则 $N=1$。

在式(8-215)中的 γ_{tr} 是层流变到湍流的转捩区内的间歇因子，它可由下面的经验关系确定

$$\gamma_{\text{tr}} = 1-\exp\left[-G(x-x_{\text{tr}})\int_{x_{\text{tr}}}^{x}\frac{\mathrm{d}x}{U_e}\right] \tag{8-218}$$

式中，γ_{tr} 是转换起始点的位置，因子 G 的量纲是速度/(长度)^2，在转捩处可用下式求出

$$G=8.33\times10^{-4}\frac{U_e^3}{\nu^2}Re_x^{-1.34} \tag{8-219}$$

本来式(8-218)是对非耦合流动求得的，后来发现，当马赫数 $Ma_e < 5$ 时，该式也适用于耦合的绝热流动，但它不适用于非绝热的耦合流动，因为壁温和自由流温度之间较大的差异会严重影响转捩区长度。

式(8-215)中的 γ 是另一个间歇因子，它反映自由流无旋流被裹入边界层后引起湍流的间歇现象。γ 可由式(8-218)确定，也可由下式确定

$$\gamma = \left[1+5.5\left(\frac{y}{\delta_{995}}\right)^6\right]^{-1} \tag{8-220}$$

在外层，涡黏性系数的公式是

$$(\varepsilon_m)_0 = \alpha\left|\int_0^\infty (U_e - U)\mathrm{d}y\right|\gamma_{\text{tr}}\gamma,\quad y_c \leqslant y \leqslant \delta \tag{8-221}$$

在通常的边界层中，$U < U_e$，上式可以简化为

$$(\varepsilon_m)_0 = \alpha U_e \delta^* \gamma_{\text{tr}}\gamma \tag{8-222}$$

式中，α 是常数，当 $Re_\theta \geqslant 5000$ 时，$\alpha = 0.0168$。对于低雷诺数 Re_θ，α 可由下式估算

$$\alpha = 0.0168 \frac{1.55}{1+\Pi} \tag{8-223}$$

$$\Pi = 0.55[1-\exp(0.243z^{1/2} - 0.298z)] \tag{8-224}$$

若 $Re_\theta > 425$，则 $z = Re_\theta / 425 - 1$。

由 $(\varepsilon_m)_i = (\varepsilon_m)_0$ 的条件，即可确定内层公式和外层公式的转换位置 y_c。

8.5.6　耦合湍流边界层方程

对于可压缩流体，其密度可能发生较大变化，即不能作为常值处理，这时应将质量方程、动量方程和能量方程联立求解，成为耦合问题。在两种情况下密度可能发生大的变化，一是在低速流动中由于有高的传热率或不同流体相混合而引起很大的密度变化，二是在高速流动中速度的变化可引起大的密度变化或由于动能黏性耗散为热能而引起大的温度变化。

1. 密度脉动和温度脉动

对于可压缩湍流流动，在诸平均运动方程中包含密度脉动 ρ' 的有关关联项，而这些项在不可压缩流中是不存在的，因此需要首先研究密度脉动的量级。

纯气体的密度脉动与温度脉动和压力脉动有关，其关系由气体定律 $p = \rho RT$ 决定。将 p、ρ 和 T 都表示为平均值与脉动值之和，并略去 $p'T'$，可得

$$P + p' = R(\overline{\overline{\rho}\overline{T}} + T'\overline{\rho} + \overline{T}\rho') \tag{8-225}$$

由 $P = R\overline{\overline{\rho}\overline{T}}$，则由此式可得

$$\frac{p'}{P} = \frac{T'}{\overline{T}} + \frac{\rho'}{\overline{\rho}} \tag{8-226}$$

实验研究发现，当马赫数 $Ma < 5$ 时，p'/P 比 $\rho'/\overline{\rho}$ 小得多，因而可忽略压力脉动的影响，于是上式可近似写成

$$\frac{\rho'}{\overline{\rho}} \approx -\frac{T'}{\overline{T}} \tag{8-227}$$

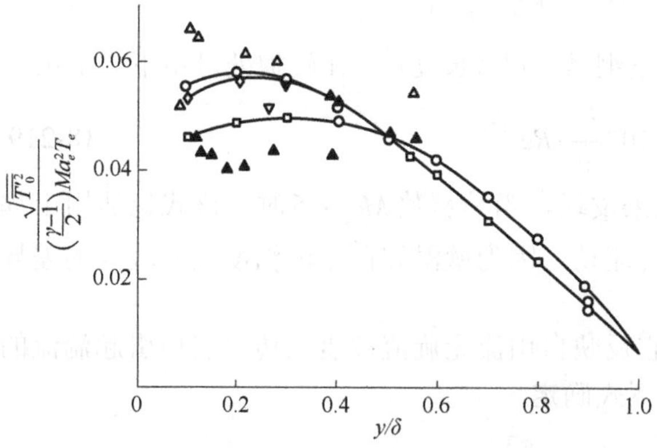

图 8-33　盖世特勒对绝热壁测出的总温脉动

对于由上述两种不同原因造成的密度脉动可用不同的方法估计其温度脉动。如图 8-33 所示的盖世特勒(Kistler)对绝热壁的测量可见，总温的脉动量是很小的。当马赫数 Ma_e 达到 4.67，总温相对脉动值也不超过 0.05。所以对于绝热壁或壁面热流率 q_w 不大的流动，可忽略总温的脉动，因而可在此条件下由速度脉动算出静温脉动。由定义，可将总温 T_0 写为

$$\begin{aligned} T_0 &= T + u_i u_i / 2c_p \\ &= \overline{T} + T' + \frac{1}{2c_p}[(U_i + u_i')(U_i + u_i')] \end{aligned} \tag{8-228a}$$

对于平均二维流，$W = 0$，在主流为 x 方向的薄剪切层中，$V \ll U$，且所有脉动速度与 U 相比是小量。展开式(8-228a)中的平方项，忽略小量则可得

$$T_0 \approx \overline{T} + T' + \frac{U^2}{2c_p} + \frac{Uu_i'}{c_p} \tag{8-228b}$$

对此式取平均，并注意 T_0 为常数则可得 $T_0 = \overline{T} + U^2 / 2c_p$，于是式(8-228b)成为

$$T' \approx -\frac{Uu'}{c_p} \tag{8-229}$$

实验测量证实，静温脉动比总温脉动大得多，所以作为近似估算可以忽略总温脉动。注意到声速 a 的公式

$$a^2 = (\gamma - 1)c_p T \tag{8-230}$$

以及当地马赫数的定义

$$Ma = U / a \tag{8-231}$$

则可将式(8-229)写为

$$\frac{T'}{\overline{T}} \approx -(\gamma - 1)Ma^2 \frac{u'}{U} \tag{8-232a}$$

注意到式(8-227)，则可得

$$\frac{\rho'}{\overline{\rho}} \approx (\gamma - 1)Ma^2 \frac{u'}{U} \tag{8-232b}$$

式(8-232)说明，如果 $(\gamma - 1)Ma^2$ 与 1 相比不是很大，由于 u' / U 往往很小，所以 $T' / \overline{T}$ 和 $\rho' / \overline{\rho}$ 也很小，即对低速绝热壁面流动可不考虑密度的脉动。

式(8-232)常用于高速边界层，特别是壁面传热不起重要作用的场合。对于具有强热流的低速边界层该式不再适用，因为这时跨越边界层的温度差 $T_w - T_e$ 很大，法向温度梯度很大，引起静温脉动的基本机制是微团在不同温度层之间的跳动，而不是在总温不变时因速度脉动而直接引起的静温脉动。由于像动量交换那样，在边界层的绝大部分区域内，热交换也主要是靠湍流脉动实现的，所以可以假设这两者之间的比拟是精确的，并忽略由于 Pr 偏离 1 而带来的效应，即可设 $\varepsilon_m = \varepsilon_h$，从而得到如下的近似估计

$$\frac{-\overline{u'v'}}{\partial U / \partial y} \bigg/ \frac{-\overline{T'v'}}{\partial \overline{T} / \partial y} \approx \frac{u' / (U_e - 0)}{T' / (T_w - T_e)} \approx 1 \tag{8-233a}$$

也可写成

$$\frac{\rho'}{\overline{\rho}} = -\frac{T'}{\overline{T}} \approx \frac{(T_w - T_e)}{\overline{T}} \frac{u'}{U_e} \tag{8-233b}$$

式(8-233)可用于低速大热流率的情况。

若将脉动的均方根值代替脉动的瞬时值，如用 $\sqrt{\overline{u'^2}}$ 代替 u'，则式(8-226)、式(8-229)、式(8-232)和式(8-233)仍然成立。

在无压力梯度的低速边界层内，$\sqrt{\overline{u'^2}} / U_e$ 的最大值约为 0.1，而在高速流中的相应值或许还要小一些。如果将此低速值用于上述的均方根形式的公式中，则可大致估算出高速边界层或具有强加热壁的低速边界层的 $\sqrt{\overline{T'^2}} / \overline{T}$ 或 $\sqrt{\overline{\rho'^2}} / \overline{\rho}$。其典型值在表 8-1 中给出。在表中同时还列出了高速流动的温度脉动与 T_e 的比值。为此，已假定最大温度脉动发生在 $U / U_e = 0.5$ 处。$\overline{T}_w / \overline{T}_e$ 或马赫数为无穷大的相应数据并不现实，但它们可表明温度脉动与

当地(或壁面)温度之比并不是无限上升的。这一点从式(8-233)很容易看清，当$\overline{T}_w/\overline{T}_e\to\infty$时，式(8-233)成为$\sqrt{\overline{T'^2}}/\overline{T}_w=-\sqrt{\overline{u'^2}}/U_e$。对于式(8-232)，也同样可以说明当$Ma\to\infty$时，$\sqrt{\overline{T'^2}}/\overline{T}_w$会趋于相应的渐近值。因为，利用$T_e$与绝热壁温$T_{aw}$之间的关系，则由式(8-232a)可得

表 8-1　温度脉动的近似估计(假设$\sqrt{\overline{u'^2}}/U_e=0.1$)

(a)加热壁的低速流动

$\dfrac{\overline{T}_w-\overline{T}_e}{\overline{T}_e}$	0.25	0.5	1	2	4	∞
$\overline{T}_w-\overline{T}_e$，$\overline{T}_e=300$K	75	150	300	600	1200	∞
$\sqrt{\overline{T'^2}}/\overline{T}_e$	0.025	0.05	0.1	0.2	0.4	∞
$\sqrt{\overline{T'^2}}/\overline{T}_w$	0.02	0.033	0.05	0.067	0.08	0.10

(b)绝热壁的高速流动(壁面传热为零)

Ma_e	1	2	3	4	5	∞
$(\overline{T}_{aw}-\overline{T}_e)/\overline{T}_e$	0.178	0.712	1.6	2.85	4.45	∞
$\sqrt{\overline{T'^2}}/\overline{T}_e$	0.02	0.08	0.18	0.32	0.5	∞
$\sqrt{\overline{T'^2}}/\overline{T}_{aw}$	0.017	0.047	0.069	0.083	0.092	0.112

$$\frac{T'}{\overline{T}_{aw}}=\frac{T'}{\overline{T}}\frac{\overline{T}}{\overline{T}_e}\frac{\overline{T}_e}{\overline{T}_{aw}}=-\frac{(\gamma-1)Ma^2\dfrac{u'}{U}\dfrac{\overline{T}}{\overline{T}_e}}{1+\dfrac{r}{2}(\gamma-1)Ma_e^2}$$
$$=-\frac{(\gamma-1)Ma^2\dfrac{u'}{U_e}\dfrac{U}{U_e}}{1+\dfrac{r}{2}(\gamma-1)Ma_e^2}\tag{8-234a}$$

由此可见，当$Ma\to\infty$时，

$$\frac{T'}{\overline{T}_{aw}}=-\frac{2u'}{rU_e}\frac{U}{U_e}\tag{8-234b}$$

即$T'/\overline{T}_{aw}$趋近于与Ma_e无关的渐近值。式中，r为温度恢复因子。对于$Pr=0.72$的空气层流边界层，热传导作用大于黏性应力对机械能的输运作用，所以绝热壁面的温度T_{aw}将低于外缘滞止温度$T_e\left(1+\dfrac{\gamma-1}{2}Ma_e^2\right)$。在湍流情况下，不论$Pr$大于1还是小于1，$T_{aw}$总是低于外缘滞止温度，也许这是因为湍流普朗特数$Pr_t$在边界层厚度的大部分范围内小于1。在得出表8-1时，取温度恢复因子$r=0.89$。

2. 质量方程

上述分析是不精确的，特别是忽略了$\sqrt{\overline{u'^2}}/U_e$的典型值会随$Ma_e$增加而减小的情况，但可以得出结论：在实际中，无论是具有强传热的低速流动还是绝热壁的高速流动，温度和密度脉动都是小量。这样，对于薄剪切层流动，在质量方程、动量方程和热焓方程中包含ρ'的大部分项都可以去掉。例如，由式(8-232b)可得

$$\overline{\rho' v'} \approx (\gamma-1)Ma^2 \bar{\rho} \frac{\overline{u'v'}}{U}$$
$$= \bar{\rho} V\left[(\gamma-1)Ma^2 \frac{\overline{u'v'}}{UV}\right] \tag{8-235a}$$

在任何超声速流动中 $(Ma>1)$，不能期望此式方括号内的量的量级是小于 1 的。因此，与 $\bar{\rho}V$ 相比，不能简单地把 $\overline{\rho' v'}$ 略去，因而在有关方程中，常用其瞬时量乘积的平均值，即

$$\overline{\rho v} = \bar{\rho} V + \overline{\rho' v'} \tag{8-235b}$$

由式(8-232b)同样可得与式(8-235a)类似的关系

$$\overline{\rho' u'} = \bar{\rho} U\left[(\gamma-1)Ma^2 \frac{\overline{u'^2}}{U^2}\right] \tag{8-236}$$

可见只要 $(\gamma-1)Ma^2$ 的数量级不大于 1，则与 $\bar{\rho}U$ 相比，$\overline{\rho' u'}$ 可以忽略。

根据这些讨论，可得出定常的二维湍流质量方程

$$\frac{\partial \bar{\rho} U}{\partial x} + \frac{\partial}{\partial y}(\overline{\rho v}) = 0 \tag{8-237}$$

3. 动量方程

利用量级分析的方法来讨论动量方程式，可知在 x 向方程的应力项中只有沿 y 向的诸导数项重要，且式中体积黏性项是小量，因为它所包含的 $\partial U/\partial x + \partial V/\partial y$ 在边界层中通常是小量。略去这些小项，最后得

$$\bar{\rho} U \frac{\partial U}{\partial x} + \overline{\rho v} \frac{\partial U}{\partial y} = -\frac{\mathrm{d}P}{\mathrm{d}x} + \frac{\partial}{\partial y}\left(\mu \frac{\partial U}{\partial y}\right) - \frac{\partial}{\partial y}(\bar{\rho} \cdot \overline{u'v'} + \overline{\rho' u' v'}) \tag{8-238}$$

这里暂时保留了 $\overline{\rho' u' v'}$ 项，因为在平均密度变化较大的剪切流中，$\overline{\rho' u' v'}$ 的值可达 $\bar{\rho} \cdot \overline{u'v'}$ 的百分之几，而在一般情况下，$\overline{\rho' u' v'}$ 可以忽略。

在 y 向动量方程中，略去量级小的项后可得

$$\frac{\partial P}{\partial y} = -\frac{\partial}{\partial y}\left(\bar{\rho} \cdot \overline{v'^2} + \overline{\rho' v'^2}\right) \tag{8-239}$$

式中，右端后一项可以忽略，但前一项 $\bar{\rho} \cdot \overline{v'^2}$ 与 $\bar{\rho} \cdot \overline{u'v'}$ 有相同的量级，因而也和壁面切应力 τ_w 有相同的量级。因此，由雷诺应力引起的压力变化和压力本身的比值的量级为 τ_w / p_e。在外缘处，当地马赫数 Ma_e 与压力 p_e 有如下关系

$$Ma_e^2 = \rho_e U_e^2 / (\gamma P_e) \tag{8-240}$$

则可得如下关系

$$\frac{\tau_w}{P_e} = \frac{\tau_w}{\rho_e U_e^2 / 2}\left(\frac{\gamma Ma_e^2}{2}\right) = C_f \frac{\gamma}{2} Ma_e^2 \tag{8-241a}$$

虽然 C_f 随 Ma_e 的增加而减小，但雷诺应力诱导的压力差和压力本身的比值仍随 Ma_e 增加，尤其对 C_f 较高的冷壁更是如此。

由流线曲率所引起的跨越剪切层的压力差的量级为 $\rho_e U_e^2 \delta / R$，R 为流线曲率半径。利

用公式(8-240)，则可得

$$\frac{\rho_e U_e^2 \delta / R}{P_e} = \frac{\gamma Ma_e^2 \delta}{R} \tag{8-241b}$$

可见，由流线曲率引起的跨越边界层的压力差与外缘压力 P_e 本身的比值随 Ma_e^2 的增加而增加。

以上讨论说明，在高马赫数下，由雷诺应力和流线曲率所引起的跨越边界层的压差可能占压力值本身的相当大部分。在层流条件下，$\partial p / \partial y$ 的量级为 $O(\delta / l)$，而式(8-239)等公式说明，在湍流条件下，$\partial p / \partial y$ 的量级为 $O(1)$，但跨越边界层的压差 $P(y=\delta) - P(y=0)$ 的量级仍为 $O(\delta / l)$，所以仍可采用边界层近似假设而忽略它，即

$$\frac{\partial p}{\partial y} = 0 \tag{8-242}$$

这也是式(8-240)中的 $\partial P / \partial x$ 能写成 $\mathrm{d}P / \mathrm{d}x$ 的理由。这里的 $\mathrm{d}P / \mathrm{d}x$ 可用外缘参数代替，即

$$\frac{\mathrm{d}P}{\mathrm{d}x} = -\rho_e U_e \frac{\mathrm{d}U_e}{\mathrm{d}x} \tag{8-243}$$

4. 热焓方程

下面讨论热焓方程可能引入的简化。即使在薄剪切层的假设下，可压缩流动的焓方程简化以后仍然比物体性质为常数的流体的焓方程要复杂。对于二维定常流动，可得

$$\begin{aligned} c_p\left(\bar{\rho} U \frac{\partial \bar{T}}{\partial x} + \overline{\rho v} \frac{\partial \bar{T}}{\partial y}\right) &= \frac{\partial}{\partial y}\left(k \frac{\partial \bar{T}}{\partial y}\right) - c_p \frac{\partial}{\partial y}\left(\bar{\rho} \cdot \overline{T'v'} + \overline{\rho' T' v'}\right) \\ &\quad + U \frac{\mathrm{d}P}{\mathrm{d}x} + \overline{u' \frac{\partial p'}{\partial x}} + \mu\left(\frac{\partial U}{\partial y}\right)^2 + \phi' \end{aligned} \tag{8-244}$$

在焓方程中压力梯度项和黏性耗散项能否忽略主要取决于马赫数，而与薄剪切层假设是否成立无关。容易看出，与分子热传导项相比，耗散项 $\mu(\partial U / \partial y)^2$ 能忽略的准则是

$$\nu\left(\frac{\partial U}{\partial y}\right)^2 \ll \frac{1}{\rho} \frac{\partial}{\partial y}\left(k \frac{\partial \bar{T}}{\partial y}\right)$$

选取流动中沿 y 方向典型的温度变化 $\Delta \bar{T}$ 和典型的速度尺度 U_e 以便得到流动中适当的量级近似，则上面的准则变为

$$\nu\left(\frac{U_e}{\delta}\right)^2 \leqslant \frac{k}{\rho} \frac{\Delta \bar{T}}{\delta^2}$$

两边乘以 $\delta^2 / [(\gamma-1) c_p T_e \gamma]$ 则得如下准则

$$\frac{U_e^2}{(\gamma-1) c_p \overline{\overline{T}}_e} = Ma_e^2 \leqslant \frac{1}{(\gamma-1) Pr} \frac{\Delta \bar{T}}{\overline{\overline{T}}_e} \tag{8-245}$$

因为在气体流动中，$(\gamma-1)Pr$ 是 1 的量级，所以在焓方程中忽略耗散项的条件是马赫数应远远小于 $\sqrt{\Delta \bar{T} / \overline{\overline{T}}_e}$；如果 $\Delta \bar{T} = 10\mathrm{K}$，$\Delta \bar{T}_e = 300\mathrm{K}$，则 $Ma_e \ll 0.2$ 才能忽略焓方程中的耗散项。

用类似的方法可以证明，在耦合湍流流动中，式(8-244)的压缩功项 $U\mathrm{d}P / \mathrm{d}x$ 与传热项 $c_p \partial(\bar{\rho} \cdot \overline{T'v'}) / \partial y$ 相比能忽略的条件是

$$Ma_e^2 \ll \frac{1}{10} \frac{1}{\gamma-1} \frac{\Delta \bar{T}}{\overline{\overline{T}}_e} \tag{8-246}$$

如果压力功项和耗散项可以忽略，且不考虑热传导系数随 y 的变化，则可以由(8-244)

得出低速湍流边界层的热焓方程。

在二维薄剪切层条件下，可压缩流湍流平均总焓方程式的最后一项 D_H 可写成

$$D_H = \frac{\partial}{\partial y}\left(c_p \rho \cdot \overline{T'v'} + \overline{\rho} \cdot U \cdot \overline{u'v'} + c_p \overline{\rho' T' v'} + U \cdot \overline{\rho' u' v'}\right) + \overline{\rho' u'}\frac{\partial \overline{H}}{\partial x} + \overline{\rho' v'}\frac{\partial \overline{H}}{\partial y} \tag{8-247}$$

忽略体积变化项，并只保留 y 向导数，则有

$$\frac{\partial M_{ji} U_i}{\partial x_j} = \frac{\partial}{\partial y}\left(U\mu \frac{\partial U}{\partial y}\right) \tag{8-248}$$

忽略脉动黏性应力输运项 $\partial \overline{m'_{ji} u'_i} / \partial x_j$，则最后总焓方程成为

$$\overline{\rho} U \frac{\partial \overline{H}}{\partial x} + \overline{\rho v}\frac{\partial \overline{H}}{\partial y} = \frac{\partial}{\partial y}(-q_{ef} + U\tau) \tag{8-249}$$

其中

$$q_{ef} = -k\frac{\partial \overline{T}}{\partial y} + c_p \overline{\rho} \cdot \overline{T'v'} + c_p \overline{\rho' T' v'} \tag{8-250a}$$

$$\tau = \mu \frac{\partial U}{\partial y} - \overline{\rho} \cdot \overline{u'v'} - \overline{\rho' u' v'} \tag{8-250b}$$

式(8-249)是二维薄剪切层总焓方程，它与静焓方程(8-244)是等价的。

8.5.7 零压力梯度耦合二维湍流边界层的近似估算

与在 8.5.4 节中作过的说明类似，准确求解边界层的发展一般应该用微分方法，这需要用大型计算机。有些情况下需要进行简单的近似估算，本节将简略介绍这方面的结果。有压力梯度时很难用代数式描述诸参数之间的关系，零压力梯度的结果则相对可靠些。

1. 光滑表面上的表面摩阻公式

已研究出很多具有不同准确程度的经验公式用以计算平板上可压缩湍流边界层。范德列斯特和斯波尔汀等提出的经验公式比其他公式准确度要高，并可适用于较宽的马赫数和壁温与总温之比。虽然这两种方法推得公式的途径不大一样，但它们却具有同样的准确度，这里将只扼要介绍范德列斯特的方法。

范德列斯特推导公式的过程与不可压缩情况相似。他用了混合长度概念，将雷诺应力表示为

$$\tau_t = \rho l^2 \left(\frac{\partial U}{\partial y}\right)^2 \tag{8-251}$$

速度剖面用了如下形式

$$\frac{U_e}{A}\left[\arcsin\frac{2A^2 - B}{(B^2 + 4A^2)^{1/2}} - \arcsin\frac{2A^2\left(\dfrac{U}{U_e}\right) - B}{(B^2 + 4A^2)^{1/2}}\right] = -\frac{u_\tau}{\kappa}\ln\frac{y}{\delta} \tag{8-252}$$

为得到表面摩阻系数公式，将式(8-252)代入平板动量积分方程，经过复杂的推导，并

假设黏性系数与温度之间有幂数律的关系 $\mu \propto T^{\omega}$，则得如下关系

$$\frac{0.242}{A[C_f(T_w/T_e)]^{1/2}}(\arcsin\alpha+\arcsin\beta)=0.41+\lg(Re_x\cdot C_f)-\left(\frac{1}{2}+\omega\right)\lg\left(\frac{T_w}{T_e}\right) \tag{8-253}$$

其中

$$\alpha=\frac{2A^2-B}{(B^2+4A^2)^{1/2}},\quad \beta=\frac{B}{(B^2+4A^2)^{1/2}} \tag{8-254}$$

式(8-253)建立了可压缩湍流边界层的 C_f 和 Re_x 的关系，对于有无壁面传热的情况都可用。式中，C_f 和 Re_x 都是按边界层外缘参数定义的，即

$$\left.\begin{aligned} C_f&=\frac{\tau_w}{\frac{1}{2}\rho_e U_e^2}\\ Re_x&=\frac{U_e x}{\nu_e}\end{aligned}\right\} \tag{8-255}$$

式(8-253)基于普朗特的混合长度公式 $l=\kappa y$。如果利用冯卡门的相似律给出的混合长度表达式，重复得出式(8-253)的推导，则可得出一个类似的式子，只是其中的 $(\frac{1}{2}+\omega)$ 换为 ω

$$\frac{0.242}{A[C_f(T_w/T_e)]^{1/2}}(\arcsin\alpha+\arcsin\beta)=0.41+\lg(Re_x\cdot C_f)-\omega\lg\left(\frac{T_w}{T_e}\right) \tag{8-256}$$

现常将式(8-253)称为范德列斯特 I 式，而式(8-256)则称为范德列斯特 II 式。式(8-256)比式(8-253)与实验数据符合得更好，因而得到了更广泛的应用。

式(8-256)和式(8-253)组成了在 8.5.4 节介绍的冯卡门公式的可压缩形式。对于不可压缩流动，它们就简化成式(8-187)。因为对于不可压缩绝热流，$T_w/T_e\to 1$，$\beta\to 0$，则式(8-253)和式(8-256)都成为

$$\frac{0.242\arcsin A}{A\sqrt{C_f}}=0.41+\lg Re_x C_f$$

此外，对于不可压缩流，A 与 Ma_e 的量级相同，由于它是小量，$\arcsin A\approx A$，于是方程就与式(8-187)完全一样。

按照范德列斯特 II 式，可得平板平均摩阻因数 $\overline{C_f}$ 公式

$$\frac{0.242}{A[\overline{C}_f(T_w/T_e)]^{1/2}}(\arcsin\alpha+\arcsin\beta)=\lg(Re_x\overline{C}_f)-\omega\lg\left(\frac{T_w}{T_e}\right) \tag{8-257}$$

图 8-34 和图 8-35 分别表示绝热平板对不同马赫数由式(8-256)和式(8-257)计算得到的当地摩阻因数 C_f 和平均摩阻因数 $\overline{C}_f$ 的变化，假定恢复因子 $r=0.88$，$\omega=0.76$。

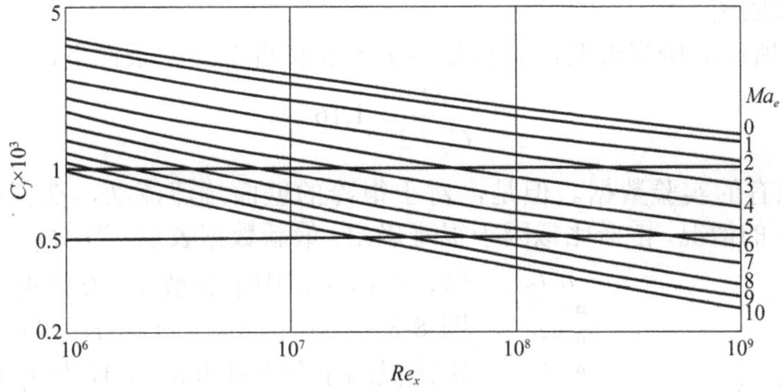

图 8-34　光滑绝热平板上校范德列斯特 II 式计算的当地表面摩阻因数

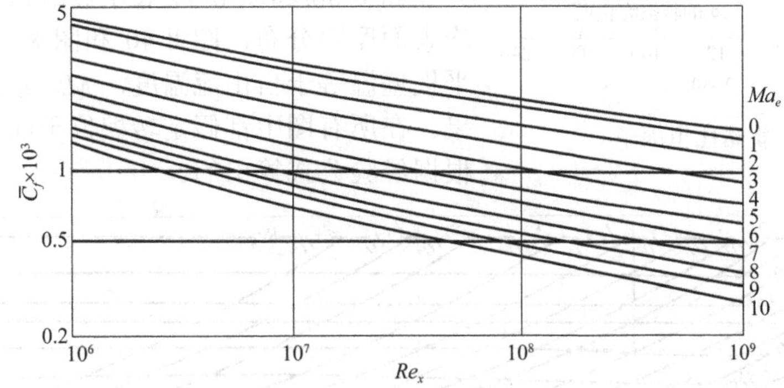

图 8-35　光滑绝热平板上按范德列斯特 II 式计算的平均表面摩阻因数

图 8-36 表示压缩性对当地和平均摩擦阻力因数的影响。其中雷诺数 $Re_x = 10^7$，对某些固定的 T_w / T_e 标出了 C_f 和 $\overline{C}_f$ 随 Ma_e 的变化。在图 8-35 给出的结果中，带有热交换的不可压缩流动的当地表面摩阻因数 C_{fi}，是从式(8-256)的极限形式获得的。当 $Ma_e \to 0$ 和 $T_w / T_e \to 1$ 时，$A \to 0$，$\alpha \to -1$，$\beta \to 1$，这将使 $\dfrac{\arcsin\alpha + \arcsin\beta}{A}$ 不确定。为此，利用洛必达法则，再考虑到 $B = T_e / T_w - 1$，经过一些代数运算后，可将具有传热的不可压缩湍流流动的表面摩阻公式写为

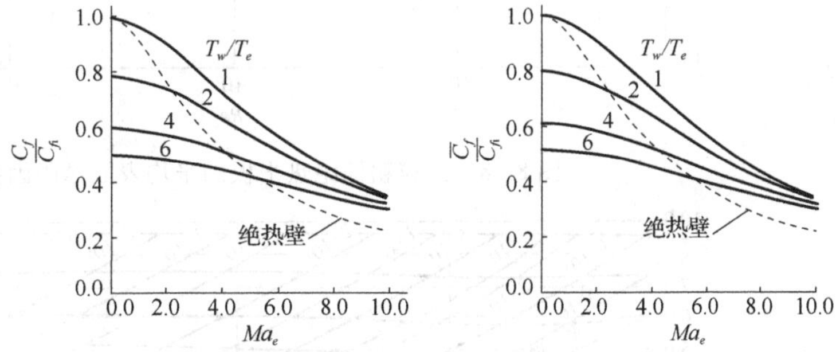

(a) 当地表面摩擦阻因数　　(b) 平均表面摩擦阻因数

图 8-36　压缩性对光滑平板上表面摩擦阻因数的影响

$$\frac{2}{\sqrt{T_w / T_e} + 1} \cdot \frac{0.242}{\sqrt{C_f}} = 0.41 + \lg Re_x C_f - \omega \lg\left(\frac{T_w}{T_e}\right) \tag{8-258}$$

$$\frac{2}{\sqrt{T_w / T_e} + 1} \cdot \frac{0.242}{\sqrt{C_f}} = 0.41 + \lg Re_x \overline{C}_f - \omega \lg\left(\frac{T_w}{T_e}\right) \tag{8-259}$$

2. 雷诺比拟因子

斯波尔汀等所做的研究表明，马赫数小于 5 和接近绝热壁条件下，雷诺比拟因子

$$\frac{St}{C_f/2}=1.16 \tag{8-260}$$

很好地代表了现有的实验数据。但是，对于很冷的壁面湍流流动，在任何壁温与总温比 T_w/T_{0e} 和 $Ma_e>5$ 的情况，雷诺比拟因子很难确定。最新数据表明，当 $Ma_e>6$ 和 $T_w/T_{0e}<0.3$ 时，雷诺比拟因子分散在 1.0 附近。作为一个例子，图 8-37 给出了 $Ma_e=11.3$ 的结果，它表明测量的雷诺比拟因子分散在 0.8～1.4，与 T_w/T_{0e} 无明显关系。

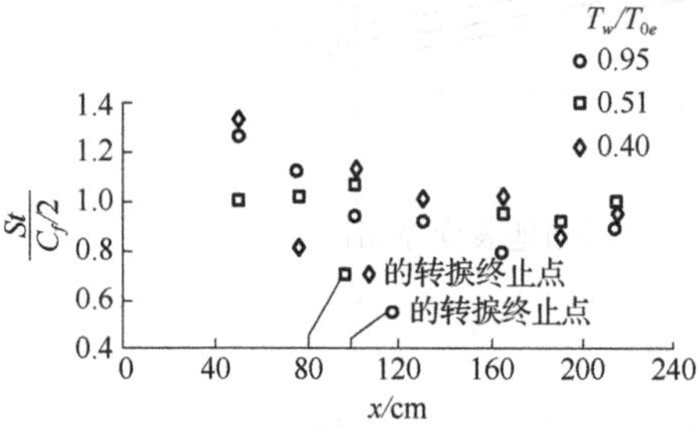

图 8-37　雷诺比拟因子

3. 粗糙壁面的表面摩阻

图 8-38 和图 8-39 表示砂粒粗糙绝热平板的平均表面摩阻分布，图 8-40 和图 8-41 表示砂粒粗糙平板壁温等于自由流温度，Ma_e 分别为 1 和 2 的结果。在所有图中都假定转捩位于前缘。这些图都是根据经验公式算出的。

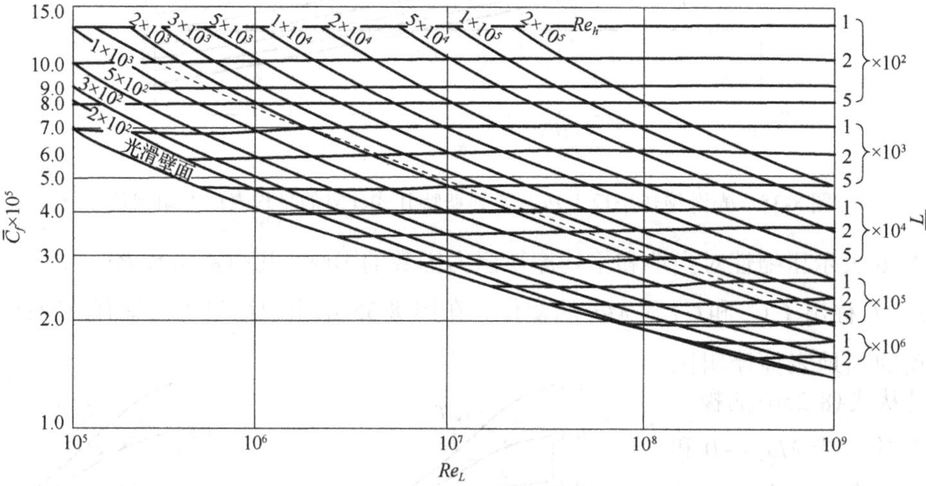

图 8-38　砂粒粗糙绝热平板的平均表面摩阻因数（$Ma_e=1$）

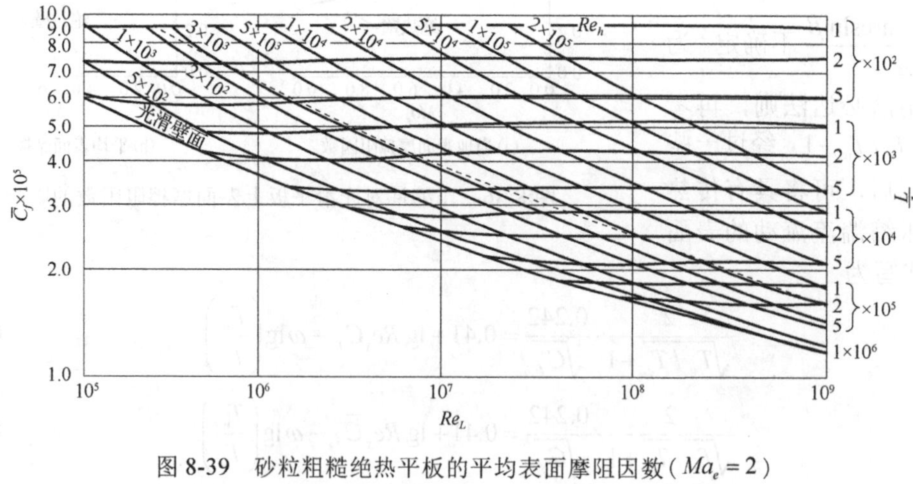

图 8-39　砂粒粗糙绝热平板的平均表面摩阻因数（$Ma_e=2$）

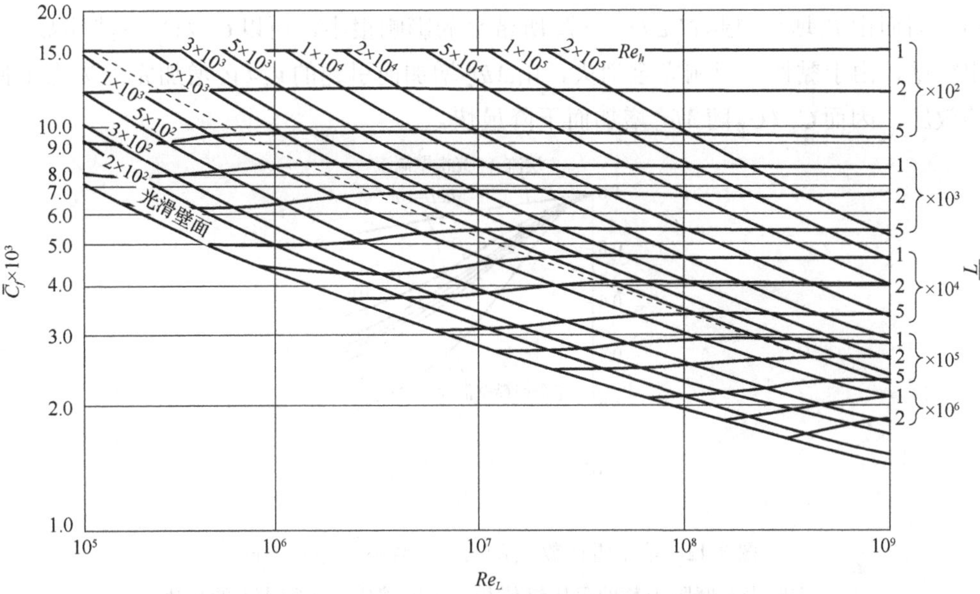

图 8-40　砂粒粗糙平板的平均表面摩阻因数（$T_w/T_e=1$，$Ma_e=1$）

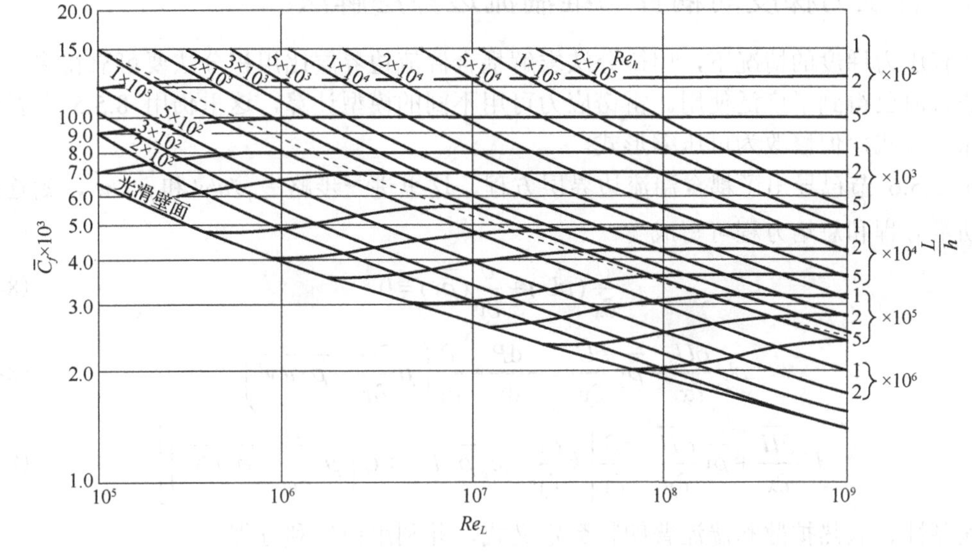

图 8-41　砂粒粗糙平板的平均表面摩阻因数（$T_w/T_e=1$，$Ma_e=2$）

图 8-42 表示绝热平板上不同流态时表面摩阻因数的可压缩值和不可压缩值之比随马赫数的变化情况。由图可见，湍流流动的变化比层流流动的变化要大得多，且随雷诺数的增加这种变化更明显，完全粗糙壁的这种变化最大。在相同的马赫数下，C_f 随雷诺数增加而下降，这可理解为黏性系数减小或黏性效应减小的结果，完全粗糙壁时黏性完全不起作用，因而 C_f/C_{fi} 最小。在高雷诺数时 C_f/C_{fi} 随 Ma_e 增加而减小得比低雷诺数时快，这是因为黏性的影响主要表现在壁面附近的黏性底层内，因此关联壁面摩阻的合适雷诺数应基于壁面黏性值 ν_w。对于绝热壁 $T_w>T_e$，因而 $\nu_w/\nu_e\sim\mu_wT_w/(\mu_eT_e)>1$，即给定的 U_eL/ν_e 值对应于较小的 U_eL/ν_w 和较大的 C_f 值。当 Ma_e 增加时 T_w/T_e 增加，对于高雷诺数，由于黏性

效应小，因而由T_w增加引起U_eL/ν_w下降所带来的影响很小，所以C_f/C_{fi}下降明显。对于完全粗糙壁，由于黏性的影响完全消失，由Ma_e增加而引起的ν_w/ν_e增加完全失去了使C_f增加的效应，因而C_f/C_{fi}随Ma_e增加而下降最快。

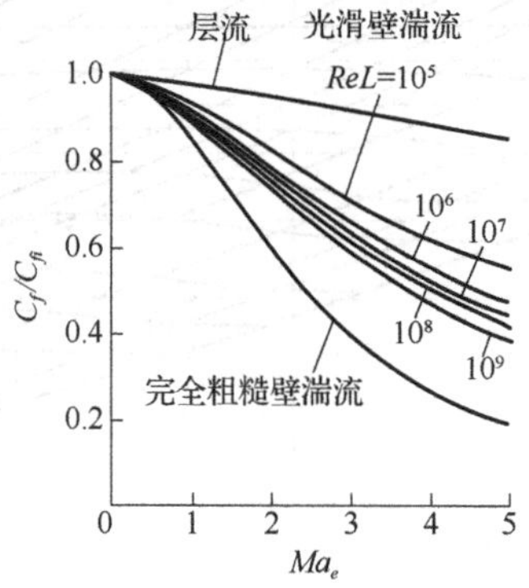

图 8-42　给定雷诺数U_eL/ν_e下，绝热平板在不同流态时表面摩阻因数的可压缩值与不可压缩值之比随Ma_e的变化

8.5.8　有压力梯度的耦合二维湍流边界层解法

在有压力梯度的情况下，用微分法求解耦合湍流边界层比用积分法要可靠得多，因而该方法目前已得到了广泛使用。雷诺应力可用不同的模型计算，这里仍用 8.5.5 节描述过的涡黏性公式，但修改为可压缩形式。

在 8.5.6 节已导出了耦合湍流边界层方程，这里进一步略去$\overline{\rho' u' v'}$和$\overline{\rho' T' v'}$，则连续方程、动量方程和总焓方程可写成

$$\frac{\partial}{\partial x}(\bar{\rho}U)+\frac{\partial}{\partial y}(\overline{\rho v})=0 \tag{8-261}$$

$$\bar{\rho}U\frac{\partial U}{\partial x}+\overline{\rho v}\frac{\partial U}{\partial y}=-\frac{\mathrm{d}P}{\mathrm{d}x}+\frac{\partial}{\partial y}\left(\mu\frac{\partial U}{\partial y}-\bar{\rho}\cdot\overline{u'v'}\right) \tag{8-262}$$

$$\bar{\rho}U\frac{\partial \bar{H}}{\partial x}+\overline{\rho v}\frac{\partial \bar{H}}{\partial y}=\frac{\partial}{\partial y}\left[k\frac{\partial \bar{T}}{\partial y}-c_p\bar{\rho}\cdot\overline{T'v'}+U\left(\mu\frac{\partial U}{\partial y}-\bar{\rho}\cdot\overline{u'v'}\right)\right] \tag{8-263}$$

利用涡黏性、涡热扩散和湍流普朗特数定义式，并利用伯努利方程

$$-\frac{\mathrm{d}P}{\mathrm{d}x}=\rho_eU_e\frac{\mathrm{d}U_e}{\mathrm{d}x} \tag{8-264}$$

方程式(8-263)和式(8-264)成为

$$\bar{\rho}U\frac{\partial U}{\partial x}+\overline{\rho v}\frac{\partial U}{\partial y}=\rho_eU_e\frac{\mathrm{d}U_e}{\mathrm{d}x}+\frac{\partial}{\partial y}\left[\left(\mu+\bar{\rho}\varepsilon_m\right)\frac{\partial U}{\partial y}\right] \tag{8-265}$$

$$\bar{\rho}U\frac{\partial \bar{H}}{\partial x}+\overline{\rho v}\frac{\partial \bar{H}}{\partial y}=\frac{\partial}{\partial y}\left[\left(k+c_p\bar{\rho}\frac{\varepsilon_m}{Pr_t}\right)\frac{\partial \bar{T}}{\partial y}+U\left(\mu+\bar{\rho}\varepsilon_m\right)\frac{\partial U}{\partial y}\right] \tag{8-266}$$

考虑到普朗特数的定义$Pr=\mu c_p/k$和完全气体总焓的定义，可得到

$$\left(k+c_p\bar{\rho}\frac{\varepsilon_m}{Pr_t}\right)\frac{\partial \bar{T}}{\partial y}=\left(\frac{\mu}{Pr}+\bar{\rho}\frac{\varepsilon_m}{Pr_t}\right)\left(\frac{\partial \bar{H}}{\partial y}-U\frac{\partial U}{\partial y}\right)$$

则式(8-266)可写成

$$\bar{\rho}U\frac{\partial\overline{H}}{\partial x}+\overline{\rho v}\frac{\partial\overline{H}}{\partial y}=\frac{\partial}{\partial y}\left\{\left(\frac{\mu}{Pr}+\bar{\rho}\frac{\varepsilon_m}{Pr_t}\right)\frac{\partial\overline{H}}{\partial y}+\left[\mu\left(1-\frac{1}{Pr}\right)+\bar{\rho}\varepsilon_m\left(1-\frac{1}{Pr_t}\right)\right]U\frac{\partial U}{\partial y}\right\} \tag{8-267}$$

定义可压缩的法沃克纳-斯坎变换式

$$\left.\begin{aligned}&\mathrm{d}\eta=\left(\frac{U_e}{\nu_e x}\right)^{1/2}\frac{\bar{\rho}}{\rho_e}\mathrm{d}y\\&\psi(x,y)=(\rho_e\mu_e U_e x)^{1/2}f(x,\eta)\end{aligned}\right\} \tag{8-268}$$

以及满足连续方程的流函数

$$\left.\begin{aligned}&\bar{\rho}U=\frac{\mathrm{d}\psi}{\mathrm{d}y}\\&\overline{\rho v}=-\frac{\partial\psi}{\partial x}\end{aligned}\right\} \tag{8-269}$$

则动量方程和能量方程可写成

$$(bf'')+m_1ff''+m_2[C_1-(f')^2]=x\left(f'\frac{\partial f'}{\partial x}-f''\frac{\partial f}{\partial x}\right) \tag{8-270}$$

$$(eS'+\mathrm{d}ff'')+m_1fS'=x\left(f'\frac{\partial S}{\partial x}-S'\frac{\partial f}{\partial x}\right) \tag{8-271}$$

其中

$$b=C(1+\varepsilon_m^+)$$

$$e=\frac{C}{Pr}\left(1+\varepsilon_m^+\frac{Pr}{Pr_t}\right)$$

$$d=\frac{CU_e^2}{H_e}\left[1-\frac{1}{Pr}+\varepsilon_m^+\left(1-\frac{1}{Pr_t}\right)\right]$$

$$\varepsilon_m^+=\frac{\varepsilon_m}{\nu}$$

$$C=\frac{\bar{\rho}\mu}{\rho_e\mu_e},\quad C_1=\frac{\rho_e}{\bar{\rho}}$$

$$m_1=\frac{1}{2}\left[1+m_2+\frac{x}{\rho_e\mu_e}\frac{\mathrm{d}}{\mathrm{d}x}(\rho_e\mu_e)\right]$$

$$m_2=\frac{x}{U_e}\frac{\mathrm{d}U_e}{\mathrm{d}x}$$

包含壁面的穿透速度 v_w 在内，边界条件为

$$\left.\begin{aligned}&y=0,\ V=V_w(x),\ U=0,\ \overline{H}=H_w(x)\\&\text{或}\left(\frac{\partial\overline{H}}{\partial y}\right)_w=-\frac{c_{pw}}{k_w}q_w\\&y=\delta,\ U=U_e(x),\ \overline{H}=H_e\end{aligned}\right\} \tag{8-272}$$

用变换变量可表示为

$$\left.\begin{aligned}&\eta=0,\ f'=0,\ f_w=\frac{-1}{(U_e\mu_e\rho_e x)^{\frac{1}{2}}}\int_0^z\rho_w V_w\mathrm{d}x\\&S=S_w(x)\text{或}S'_w=\frac{c_{pw}}{k_w}\cdot\frac{c_{1w}}{H_e}\frac{xq_w}{\sqrt{Re_x}}\\&\eta=\eta_e,\ f'=1,\ S=1\end{aligned}\right\}\tag{8-273}$$

对于可压缩流，涡黏性系数仍可用，只是阻尼长度参数应由当地的密度值和黏性值构成，即

$$\left.\begin{aligned}&A=26\frac{\nu}{Nu_\tau}\left(\frac{\bar{\rho}}{\rho_w}\right)^{1/2},\quad u_\tau=\left(\frac{\tau_w}{\rho_w}\right)^{1/2}\\&p^+=\frac{\nu_e U_e}{u_\tau^3}\cdot\frac{\mathrm{d}U_e}{\mathrm{d}x},\quad v_w^+=\frac{V_w}{u_\tau}\end{aligned}\right\}\tag{8-274}$$

$$N=\left\{\frac{\mu}{\mu_e}\left(\frac{\rho_e}{\rho_w}\right)^2\left(\frac{p^+}{V_w^+}\right)\left[1-\exp\left(11.8\frac{\mu_w}{\mu}V_w^+\right)\right]+\exp\left(11.8\frac{\mu_w}{\mu}V_w^+\right)\right\}^{1/2}\tag{8-275}$$

当壁面无传质时，N 可写成

$$N=\left[1-11.8\left(\frac{\mu_w}{\mu_e}\right)\left(\frac{\rho_e}{\rho_w}\right)^2p^+\right]^{1/2}\tag{8-276}$$

8.6 湍流实验测量

随着现代电子计算机技术和实验测量方法的发展，湍流的实验研究得到了重大进展。特别是热线热膜风速仪、激光多普勒风速仪、相位多普勒风速仪和粒子图像测速仪等测量技术的应用，使得测量湍流流动中各物理量的脉动值成为可能。这些先进的湍流实验研究方法，不仅用于湍流基础理论研究，也大量应用在工程领域的湍流流动测量，能更好地解决工程实际问题。

本节简要介绍热线热膜风速仪、激光多普勒风速仪、相位多普勒风速仪和粒子图像测速仪四种湍流实验仪器的原理及其在热能工程领域对于湍流测量和研究的应用。

1. 热线热膜风速仪(HWFA)

热线或热膜风速仪的敏感元件是一根细金属丝探针或敷于玻璃材料支架上的一层金属薄膜元件。其工作原理是将此探针或热膜元件置于流体介质内，用电加热，使其温度高于流体介质温度而产生热交换，利用热交换率，就可以求出被测对象的速度、温度甚至浓度的平均值和脉动值。

经过多年发展，采用数字化分析方法的现代恒温式热线热膜风速仪测量得到了广泛应用，可以准确测量湍流空间某点的平均速度、湍流度、脉动速度的均方根、雷诺应力、偏斜因子、平坦因子、间歇因子、两点间的速度相关和时间相关、流体的温度等。其工作原理是在电路上保持热线的电阻恒定，即热线的温度保持恒定。这时通过测量热线的电流(即其两端的电压)随流场的速度的变化值，用电子计算机按一定要求的采样速度，把流场内连续的随机信号用 A/D 转换器变成离散的数字信号，然后用某些算法来加工处理，便可测量

出流场的速度值。其优点是：①适用范围广，可用于气体或液体；②可测量平均速度、脉动值和湍流量；③可同时测量多个方向的速度分量；④频率响应高；⑤测量精度高。其缺点是：①接触式测量，探针会对被测流场流动产生一定扰动；②测量时必须保证流体流动方向在探针前一定的角度内；③如果流动方向与探针测量方向相反，无法测量；④测量前要对热线热膜风速仪进行校准。

2. 激光多普勒风速仪(LDV)

激光多普勒风速仪(Laser Doppler Velocimeter，LDV)的原理是利用激光多普勒效应来衡量流体速度的变化。其在被测流体中加入示踪粒子，由于流体中悬浮着小粒子的运动，使散射光频率产生偏移，测出频率的偏移量就可以算出流体的移动速度。大量的实践证明，使用激光多普勒风速仪测量的湍流物理量是可以信赖的，尤其在工程应用领域。

现代激光多普勒测速仪主要由光路系统和信号处理系统组成。光路系统的工作过程为：激光光源产生激光束，激光束经过分光器被分成多束互相平行的入射光，再通过发射透镜聚焦到测量点，接收透镜收集运动微粒通过测量体时的散射光，再由光检测器转换成多普勒频移频率的光电流信号。信号处理系统主要由多普勒信号处理器和数据处理器组成。多普勒信号处理器主要对多普勒信号进行处理，如频率跟踪器、计数式处理器等，将频率量转换成数字量。数据处理器是通过各种数字量计算出各种物理量。激光多普勒测速仪适合用于流速多变且不适合接触式测量的封闭空间流场中的测量；同时又因为频率测量与流动速度呈线性关系，有时候不需要校准，这些是热线测量所不具备的。但因为激光多普勒测速仪价格昂贵，调整技术也比热线复杂得多，因此其使用迄今没有热线热膜风速仪广泛。

3. 相位多普勒风速仪(PDA)

相位多普勒风速仪(Phase Doppler Anemometry，PDA)是 20 世纪 80 年代以后由激光多普勒风速仪发展得来的一项可以同时测量流场中粒子的速度和粒径信息的新技术。一定条件下，球形粒子的直径同相位差成正比。因此，在原有的激光多普勒测速系统上再加一个或两个光检测器和一套相位检测系统，就可以从粒子多普勒散射光中的相位信息中得到流场中单个粒子的速度和粒径信息，这就是相位多普勒风速仪。其优点是：①可对液体流动或气体流动中的球形粒子、液滴或气泡的尺寸、速度和浓度进行实时测量；②对粒子尺寸、一维到三维流动速度和粒子浓度进行同步、无接触实时测量；③可以对以超声速、几乎静止不动或环流湍流中作反向流动的粒子的特性进行测量；④可进行测量的粒子尺寸范围从微米级到厘米量级。其缺点是价格昂贵、调整技术复杂。

相位多普勒风速仪的出现为气固两相流动的测量带来了很大的方便。

4. 粒子图像测速仪(PIV)

粒子图像测速仪(Particle Image Velocimetry，PIV)是 20 世纪 90 年代后期成熟起来的流动显示技术，是利用粒子的成像来测量流体速度的一种测速系统。其工作原理如下：由脉冲激光器发出的激光通过由球面镜和柱面镜形成的片光源镜头组，照亮流场中一个很薄的面(1～2 mm)；在与激光面垂直方向的 PIV 专用的跨帧 CCD 相机摄下流场层片中的流动粒子的图像，然后把图像数字化送入计算机，利用自相关或互相关原理处理，可以得到流场中的速度场分布。其优点是：①无接触测量速度矢量，可同时测量一个面上的速度场；②测量精度高，片光源面上速度精度 0.1%，穿过片光源面方向 0.2%；③测速范围宽（0～1000 m/s)；④原理简单，受外界影响小；⑤应用面广，可以用于微尺度流动测量(微米量级)，也可用于风、水洞测量，多相流测量；⑥系统响应频率能够到达 10 kHz，大大提高了 PIV 系统观测流场时序变化的能力；⑦可同时观察流动的速度场和温度、浓度场。

思考题及习题

8-1 风洞收缩段的收缩比 c 定义为收缩段前的截面积与收缩段后的截面积之比。设旋涡的动量矩不变，有两类旋涡，第一类的旋涡矢量与平均运动方向一致，第二类与平均运动方向垂直。证明经过收缩段后，与第一类旋涡相联系的脉动速度增加为 $c^{1/2}$，而与第二类旋涡相联系的脉动速度则减小到 $1/c$。不考虑压缩性。

8-2 对于下述瞬时速度，求平均速度 U、脉动速度 u' 和脉动速度的平方的平均 $\overline{u'^2}$。

(1) $U+u'=a+b\sin(\omega t)$；

(2) $U+u'=a+b\sin^2(\omega t)$；

(3) $U+u'=at+b\sin(\omega t)$。

8-3 设脉动量 $u_1'=a\sin(\omega_1 t)$，$u_2'=b\sin[\omega_2(\tau+t)]$ 讨论下述情况下此两脉动的相关性：

(1) $\omega_1\neq\omega_2$；

(2) $\omega_1=\omega_2$。

第 9 章　计算流体力学基础

计算流体动力学(Computational Fluid Dynamics，CFD)是通过计算机数值计算和图像显示，对包含有流体流动和热传导等相关物理现象的系统所做的分析。CFD 的基本思想可归结为：把原来在时间域和空间域上连续的物理的场，如速度场和压力场，用一系列有限个离散点上的变量值的集合来代替，通过一定的原则和方式建立起关于这些离散点上场变量之间关系的代数方程组，然后求解代数方程组获得场变量的近似值。

CFD 可以看作在流动基本方程(质量守恒方程、动量守恒方程、能量守恒方程)控制下对流动的数值模拟。通过这种数值模拟，可以得到极其复杂问题的流场内各个位置上的基本物理量(如速度、压力、温度、浓度等)的分布，以及这些物理量随时间的变化情况，确定旋涡分布特性、空化特性及脱流区等。还可以据此算出相关的其他物理量，如旋转式流体机械的转矩、水力损失和效率等。此外，与 CAD 联合，还可以进行结构优化设计等。

9.1　概　述

数值模拟是通过求解计算域内有限个离散点的变量值，近似反映计算域内的流动特征，这和物理模型实验中通过测量有限个位置处的特征量来研究流体运动特性十分相似。通过数值模拟来研究、预报流动的特性越来越成为工程流动问题研究中一种重要的手段，因其具有不受场地限制、研究周期短、研究费用相对较低、提供信息全面等优点，然而，由于受计算能力和认识水平的限制，其研究成果也需要经过检验才可应用于工程实践。

流动的数值模拟包括以下主要步骤。

(1) 建立数学模型。依据物理规律建立数学模型。一般是从研究需要出发，根据实际情况对湍流运动的基本方程进行必要的简化，并确定其求解条件。

(2) 网格剖分。确定计算范围，并进行网格剖分。不同的网格具有不同的优缺点，对计算区域的适应能力也有差别，剖分时需根据计算区域的特点选择合适的网格。

(3) 方程离散与程序编制。选择合适的计算方法对控制方程进行离散，编制相应的求解程序，并进行调试。

(4) 验证计算与模拟计算。采用典型的算例或实测资料进行标定、验证计算，然后进行模拟计算。

(5) 成果后处理。将计算成果以图、表等形式展示出来。

在数值计算过程中，应注意如下问题。

(1) 从数学模型的角度来看，所选择的数学模型应能够为实际工程提供所需的成果，计算中不是模型越复杂越好，也不是模型的维数越多越好，数学模型的选择应综考虑研究任务、已有资料情况等多种因素后慎重确定。

(2) 从数值计算的角度来看，应满足计算方法选择恰当、程序组织合理、运行稳定、收敛速度快、精度适当等要求。

(3) 从参数取值的角度来看，不同的问题具有不同的特点，其参数取值应该具有针对性。

(4) 从系统开发可实现性来看，要求系统功能较为完善，具有较强的适用性和通用性，能够适应各种复杂的计算条件，针对特定的工程问题能够快速建模求解。

(5) 从操作应用的角度来看，系统应具有可视化界面，有较为完善的图形处理功能，且便于操作，能够快速直观地展示计算成果。

9.2　网格生成技术

网格是 CFD 模型的几何表达形式，也是模拟与分析的载体。网格质量对 CFD 计算精度和计算效率有重要影响。对于复杂的 CFD 问题，网格生成极为耗时，且极易出错，生成网格所需时间常常大于实际 CFD 计算的时间。因此，有必要对网格生成方法给以足够的关注。

9.2.1　网格分类

数值模拟中所采用的计算网格按其拓扑结构可分为结构网格和非结构网格。结构网格的网格单元之间具有规则的拓扑结构，相互连接关系较为明确，根据某一网格编号很容易确定其相邻单元的编号。非结构网格的网格单元之间没有规则的拓扑结构，网格布置较为灵活，仅根据某一网格编号无法确定其相邻单元的编号。此外，按照网格单元的形状还可将计算网格分为三角形网格、四边形网格和混合网格。本章不讨论基于无网格法的流动模拟问题。

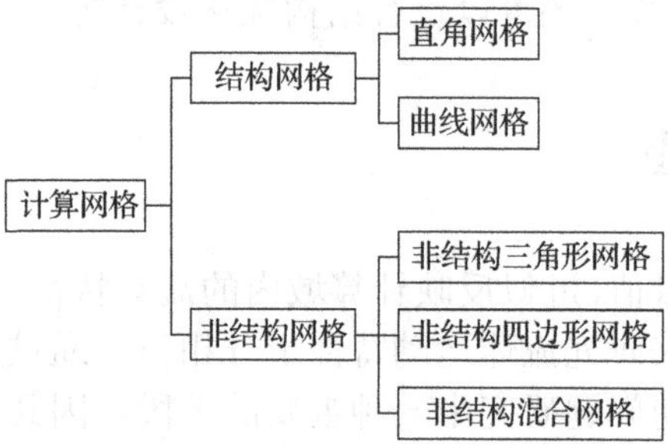

图 9-1　网格分类图

图 9-1 给出了数值模拟常用的计算网格分类，其中，结构网格包括直角网格(也称笛卡儿网格)和(非)正交曲线网格，此类网格的单元形状一般是单一的四边形；非结构网格包括非结构三角形网格、非结构四边形网格和非结构混合网格。不同网格的示意图见图 9-2。

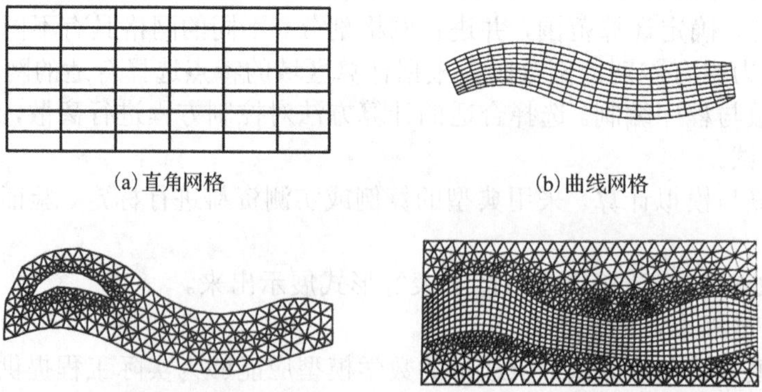

(a) 直角网格　(b) 曲线网格

(c) 非结构三角形网格　(d) 非结构混合网格

图 9-2　网格示意图

9.2.2　数值模拟对网格的要求

网格是数值模拟的载体，其形式、布局及存储格式对计算精度和计算效率具有很大的影响。数值模拟对计算网格的要求一般表现在以下几个方面。

1. 网格正交性

网格正交性是指两个相邻网格单元控制体中心连线与其界面之间的垂直关系，如图 9-3 所示，若控制体中心连线 PE 垂直于界面 AB，则网格正交。网格正交与否对计算精度具有一定的影响，非正交的计算网格可能会引入如下计算误差：①沿控制体界面的扩散项可分为垂直于界面的正交扩散项和垂直于控制体中心连线的交叉扩散项，对于非正交网格需计算交叉扩散项，但目前尚无法准确计算这项；②在计算过程中常需要将变量由控制体中心插值到界面，如果网格非正交，则插值过程中必将引入计算误差；③如采用正交曲线坐标系下的控制方程，网格非正交也必将引入计算误差。因此，在条件许可的情况下尽量采用正交网格，不宜采用过分扭曲的网格。

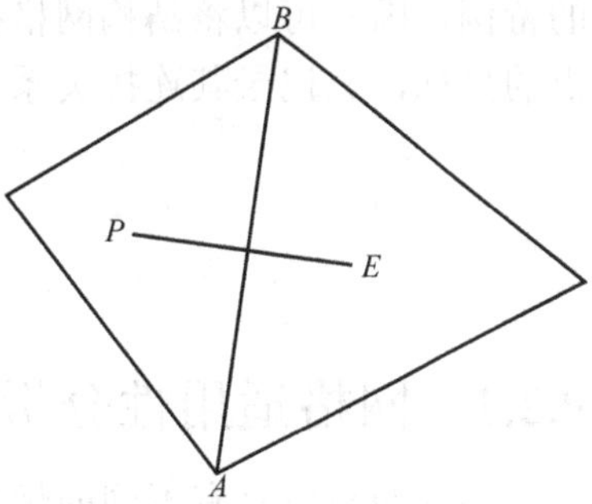

图 9-3　不规则网格正交性示意图

2. 网格尺度

尺度是指网格单元的大小，网格尺度对数值模拟的精度及计算工作量具有重要影响。从计算精度来看，控制方程的离散格式一经确定，网格的尺度及其分布特性就成为决定计算精度的关键因素。直观来看，网格尺度越小计算误差也越小，而实际上却并非如此。这是由于影响计算精度的因素非常复杂，尤其是对非恒定流计算，大量的计算实践表明：若网格尺度太大，计算精度肯定会较低；反之，若网格尺度过小，除了计算量较大外，内部网格上的变量对边界条件变化的反应较为迟缓，计算所得数值流动过程和物理流动过程会存在较大相位差，计算精度相反不高。由此可见，数值模拟计算所采用的网格尺度应与计算区域和拟建工程的尺度相匹配，并非越小越好，且尽量使网格过渡平顺，避免大网格直接连接小网格，否则会影响收敛。如果相邻两个网格的尺度之比为 1.5～2.0，则不会对计算误差产生重大影响。

3. 网格布置

网格布置是指网格单元的形状与分布，如单元长宽比、走向等。网格布置对数值模拟成果的精度影响较大且非常复杂。目前对该问题的认识多是经验性的。在网格生成的过程中一般应注意以下几点：①对于规则的区域采用规则网格(如直角网格)的计算精度要高于非规则网格(如三角形网格)；②在流动区域内垂直于流动方向上至少有十个以上的计算网格，否则将造成计算流场失真；③网格走向应尽可能与流动方向一致，以减小数值扩散或边界插值带来的误差，尤其是在靠近壁面或边界变化比较剧烈的区域。在网格布置较稀或网格走向与流动方向夹角过大的情况下，边界插值后相当于将在边界处附加一突起物，此时可以通过调整局部网格走向或局部加密等方法对网格进行优化，以尽可能减少计算误差。

4. 网格的存储格式

对于非结构网格，由于其网格单元之间没有规则的拓扑结构，存储网格信息时不仅需要存储网格节点的信息，还需要存储网格单元之间的连接关系。对于结构网格，由于其具有规则的拓扑结构，存储网格信息时一般只需要存储网格节点的信息，不需要存储网格单元之间的连接关系。在数值模拟过程中，往往需要根据计算工作的需要选择不同的计算网格。因此，可以考虑将不同的计算网格按照统一的格式进行存储，并编制一套通用的计算程序使其可直接基于所有的计算网格进行求解，这样不但可增强计算程序对复杂区域的适应能力，也能减少程序编制的工作量。从拓扑结构来看，结构网格可以看成是非结构网格的特例，因此可以将结构网格按照非结构网格的存储格式进行存储，即在存储时既记录节点的坐标，又记录其连接关系，可采用如下格式存储网格信息：

$$\text{节点}\begin{cases}\text{坐标}\,x\\ \text{坐标}\,y\end{cases}\qquad \text{单元}\begin{cases}\text{顶点}\,1\\ \text{顶点}\,2\\ \text{顶点}\,3\end{cases}$$

9.2.3　网格适用性分析

不同的网格具有不同的优缺点，对计算区域的适应能力也有差别。网格适用性分析就是对不同网格的适用性进行评价，以便为数值模拟时选择网格提供参考。评价网格的适用性应该从数值模拟对计算网格的需求出发，从网格布置、计算精度、计算工作量、网格生成与后处理工作的难易程度等多方面综合评价。

1. 结构网格的适用性

目前，结构网格中的曲线网格是数值模拟中应用较为广泛的一种网格。数值模拟中的(非)正交曲线网格一般是由求解泊松方程生成的，网格生成过程与求解流动区域内的等势线和流线相似，由其所得的网格可以看成是由等势线和流线形成的，因此网格走向与流动方向基本上相互平行，这可以在一定程度上减少网格走向与流向交角较大引起的数值耗散。由此可见，曲线网格也是流动模拟的常用网格。计算实践也表明：如果能够保证网格走向与流动方向基本平行，最小内角大于 88°，且网格布置比较合理，其计算精度将高于非结构网格。

2. 非结构三角形网格的适用性

非结构三角形网格的网格布置较为灵活，对复杂区域的适应能力较强，对复杂流道或需局部加密的计算区域，可有效提高计算精度。但是其生成较为困难，数据结构复杂，且计算量较大，在同样网格尺度下其计算量约是四边形网格的两倍。因此进行流动模拟时，当生成布局合理的结构网格确实有困难时，才应考虑使用非结构三角形网格。

3. 非结构四边形网格的适用性

非结构四边形网格与非结构三角形网格相比，在网格尺度基本相同的情况下，网格数目较少，计算速度快，计算精度高，能适应复杂边界。但是其生成较为困难，目前一般采用三角合成法生成非结构四边形网格，即首先生成非结构三角形网格，再将三角形合成生成非结构四边形网格。

4. 非结构混合网格的适用性

在对流体运动进行数值模拟的过程中，如果流动边界发生变化，其计算区域也需相应调整。例如，计算区域会发生明显的变化。如采用传统的(非)正交曲线网格，则网格走向难以与流动方向保持一致。如采用非结构三角形网格，虽然其网格布置较为灵活且便于进行局部加密，但其计算工作量往往较大，在同样网格尺度下其网格数量约是四边形网格的两倍。在进行此类网格剖分时，也可考虑采用混合网格，即沿主流动布置贴体四边形网格，以使网格顺应流动方向同时减少网格数量，其他则布置非结构三角形网格，以使网格能够适应复杂的几何边界。

9.2.4　网格生成方法

下面主要讨论二维网格的生成方法。

1. 结构网格的生成方法

1) 直角网格的生成方法

直角网格是计算流体力学领域使用最早，也是最易生成的网格。该网格的生成方法是根据计算区域的大小，划分包含计算区域的直角网格，与计算区域边界相交的网格按照流动边界条件处理，落在计算域的网格直接参与数值计算，落在计算区域外的网格不参与计算。这种方法虽然简单，但是在边界处容易出现“齿状”边界，因而不易准确处理边界条件。为克服直角网格的缺点，自 20 世纪 90 年代以来，又发展了自适应直角网格，其通过局部加密及边界上的一些特殊处理来适应不规则边界。考虑到目前直角网格在工程领域的复杂流动计算中已应用不多，因此不再做详细介绍，有兴趣的读者可参考相关计算流体力学专著。

2) 曲线网格的生成方法

生成曲线网格的方法有多种，如代数法、求解微分方程法等，其中，用得较多的是求解椭圆形微分方程法。求解椭圆形微分方程法最早是由 Thompson、Thames 和 Martian 等在 1974 年提出的，也称为 TTM 方法，其基本思想是将物理平面上的不规则区域变换到计算平面 (ξ,η) 上的规则区域，并通过求解 (x,y) 平面上一对拉普拉斯(Laplace)方程在物理平面和计算平面上生成一一对应的网格。文献给出了拉普拉斯变换的控制方程：

$$\left.\begin{aligned}\xi_{xx}+\xi_{yy}=0\\ \eta_{xx}+\eta_{yy}=0\end{aligned}\right\} \tag{9-1}$$

式(9-1)的边界条件为

$$\left.\begin{aligned}\xi=\xi_1(x,y),\ \ \eta=\eta_1,\ \ [x,y]\in\Gamma_1\\ \xi=\xi_2(x,y),\ \ \eta=\eta_2,\ \ [x,y]\in\Gamma_2\end{aligned}\right\} \tag{9-2}$$

式中，Γ_1 和 Γ_2 分别为计算区域的内边界和外边界；η_1 和 η_2 为两任意给定的常数；ξ_1 和 ξ_2 为沿 Γ_1 和 Γ_2 的任意选定的单调函数。将式(9-1)转化为以 (ξ,η) 为自变量，以 (x,y) 为因变量的控制方程：

$$\left.\begin{aligned}&\alpha x_{\xi\xi}-2\beta x_{\xi\eta}+\gamma x_{\eta\eta}=0\\ &\alpha y_{\xi\xi}-2\beta y_{\xi\eta}+\gamma y_{\eta\eta}=0\\ &\alpha=x_\eta^2+y_\eta^2,\ \ \beta=x_\xi x_\eta+y_\xi y_\eta,\ \ \gamma=x_\xi^2+y_\xi^2\end{aligned}\right\} \tag{9-3}$$

式(9-3)的边界条件为

$$\left.\begin{aligned}x=f_1(\xi,\eta_1),\ \ y=f_2(\xi,\eta_1),\ \ [\xi,\eta_1]\in\Gamma_1\\ x=g_1(\xi,\eta_2),\ \ y=g_2(\xi,\eta_2),\ \ [\xi,\eta_2]\in\Gamma_2\end{aligned}\right\} \tag{9-4}$$

求解方程(9-3)即可生成物理平面上的曲线网格。采用该方法所生成的网格虽然能适应较为复杂的几何边界，且网格线光滑正交，但因只能通过调整边界上的 ξ、η 来控制物理域的网格疏密，较难实现内部点的控制。为实现内部点的控制，可在拉普拉斯方程的右端置以 P、Q 源项，使之成为如下的泊松方程：

$$\left.\begin{aligned}\xi_{xx}+\xi_{yy}=P(x,y)\\ \eta_{xx}+\eta_{yy}=Q(x,y)\end{aligned}\right\}(x,y)\in D \tag{9-5}$$

将式(9-5)转化为以(ξ,η)为自变量，以(x,y)为因变量的控制方程，有

$$\left.\begin{aligned}\alpha x_{\xi\xi}-2\beta x_{\xi\eta}+\gamma x_{\eta\eta}+J^2\left(Px_\xi+Qx_\eta\right)=0\\ \alpha y_{\xi\xi}-2\beta y_{\xi\eta}+\gamma y_{\eta\eta}+J^2\left(Py_\xi+Qy_\eta\right)=0\end{aligned}\right\}(x,y)\in D \tag{9-6}$$

式(9-6)中的P、Q是调节因子，其作用是调整实际物理平面上曲线网格的形状及疏密程度；$J=x_\xi y_\eta-x_\eta y_\xi$。式(9-6)的源项控制方法有多种，相关文献曾对目前常用的方法进行了总结，认为目前源项的控制方法大致有两类：一类是根据正交性和网格间距的要求直接导出P、Q源项的表达式，如 TTM 方法；另一类是在迭代过程中根据源项的变化情况，采用人工控制实现所期望的网格，如 Hilgenstock 的方法。文献建议P、Q的函数表达式为

$$\begin{aligned}P(\xi,\eta)=&-\sum_{i=1}^{n}a_i\operatorname{sign}\left(\xi-\xi_i\right)\exp\left(-c_i\left|\xi-\xi_i\right|\right)\\&-\sum_{j=1}^{n}b_j\operatorname{sign}\left(\eta-\eta_j\right)\exp\left(-d_j\sqrt{\left(\xi-\xi_j\right)^2+\left(\eta-\eta_j\right)^2}\right)\end{aligned} \tag{9-7a}$$

$$\begin{aligned}Q(\xi,\eta)=&-\sum_{i=1}^{n}a_i\operatorname{sign}\left(\eta-\eta_i\right)\exp\left(-c_i\left|\eta-\eta_i\right|\right)\\&-\sum_{j=1}^{n}b_j\operatorname{sign}\left(\eta-\eta_j\right)\exp\left(-d_j\sqrt{\left(\xi-\xi_j\right)^2+\left(\eta-\eta_j\right)^2}\right)\end{aligned} \tag{9-7b}$$

式中，m 和 n 分别表示ξ、η方向上的网格数量；a_i和b_j分别为控制物理平面上向ξ_i、η_j对应的曲线密集和向$\left(\xi_i,\ \eta_j\right)$对应的点密集度，取值 10～1000；$c_i$和$d_j$控制网格线密集程度的渐次分布，称为衰减因子，取值 0～1。一般需要通过多次试算才能确定a_i、b_j、c_i、d_j。

2. 非结构三角形网格的生成方法

非结构三角形网格的生成方法有规则划分法、三角细化法、修正四叉树/八叉树法、Delaunay 三角化法、阵面推进法，其中比较成熟的方法为 Delaunay 三角化法和阵面推进法。由于采用 Delaunay 三角化算法生成网格具有速度快、质量好等优点，下面主要讨论如何利用 Delaunay 三角化算法生成非结构三角形网格。

1) Delaunay 三角化方法的原理

Delaunay 三角化方法的依据是 Dirichlet 在 1850 年提出的由已知点集将平面划分成凸多边形的理论，其基本思想是：给定区域及点集$\{P_i\}$，则对每一点P，都可以定义一个凸多边形V_j，使凸多边形V_j中的任一点与P的距离都比与$\{P_i\}$中的其他点的距离近。该方法可以将平面划分成一系列不重叠的凸多边形，称为 Voronoi 区域，并且使得$\Omega=\cup V_j$，且这种分解是唯一的，如在图 9-4 形成的 Voronoi 图中，由九个点组成的点集按照 Dirichlet 理论将平面划分为若干个凸多边形，其中，有的凸多边形顶点在无穷远处：以点 5 为例，点 5 所拥有凸多边形$V_2V_3V_4V_6V_8$中每一点距离点 5 都比其他八个点近。凸多边形的每一条边都对应着点集中的两个点，如$V_2V_3V_4V_6V_8$中的边V_2V_3对应点对(2,5)，边V_3V_4对应点(4,5)等这样的点称为 Voronoi 邻点，将所有的 Voronoi 邻点连线，则整个平面就被三角化了。由此可见，对于给定点集的区域，该

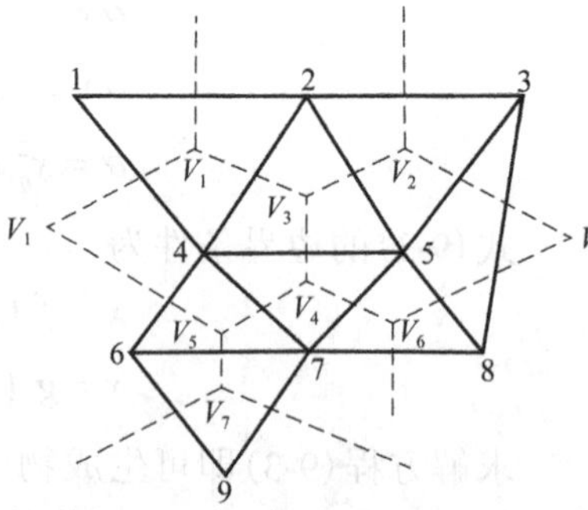

图 9-4　Voronoi 图形和三角化

区域的 Voronoi 图是唯一确定的，相应的三角化方案也唯一确定，根据这一原理并结合上述数据关系，可以实现对任意给定区域的 Delaunay 三角化。

Delaunay 三角形具有如下一些很好的数学特性：①唯一性，对点集$\{P_i\}$的 Delaunay 三角剖分是唯一存在的；②外接圆准则，即 Delaunay 三角形的外接圆内不含点集$\{P_i\}$中的其他点；③均角性，即给出网格区域内任意两个三角形所形成的凸四边形则其公共边所形成的对角线使得其六个内角的最小值最大，这一特性能保证所生成的三角形接近正三角形。在这几条性质中，尤其是外接圆准则在 Delaunay 三角剖分算法中有着非常重要的作用。不少学者根据这些特性提出了一系列算法，其中，Bowyer 算法经过不断的改进已经成为比较成熟的算法之一。但是传统的 Bowyer 算法尚存在一些不足之处。

2)传统的 Bowyer 算法及讨论

(1)传统 Bowyer 算法的数据结构。

要实现对给定区域的 Delaunay 三角剖分，首先要建立一套有效的数据结构来描述上述数据关系。数据结构要能有效地组织数据，以提高网格生成的效率。在二维网格情况下，网格生成要处理的集合元素包括点和三角形。传统的 Bowyer 算法一般采用如下数据结构：

$$\text{节点}\begin{cases}\text{坐标}x\\\text{坐标}y\end{cases}\quad\text{三角形}\begin{cases}\text{顶点1}\\\text{顶点2}\\\text{顶点3}\end{cases}\quad\text{三角形}\begin{cases}\text{相邻三角形1}\\\text{相邻三角形2}\\\text{相邻三角形3}\end{cases}$$

(2)传统 Bowyer 算法的三角化过程。

为便于描述，下面以图 9-5 为例对传统的 Bowyer 算法进行说明，其三角化过程如下。

第一步：数据结构初始化。给定点集$\{P_i\}$，要实现 Delaunay 三角划分首先需给出初始化的 Voronoi 图。为此可选择一个包含$\{P_i\}$的凸多边形(一般给出一个四边形)并对其进行初始 Delaunay 三角划分，形成初始化的 Voronoi 图，如图 9-5(a)对于四边形 1234 的 Delaunay 三角划分。表 9-1 给出了初始化 Voronoi 图的数据结构。

表 9-1　初始化 Voronoi 图的数据结构

三角形	顶点			相邻三角形		
V_1	1	2	4	V_3	V_2	V_6
V_2	2	3	4	V_1	V_4	V_5
V_3	1	2		V_1		
V_4	2	3		V_2		
V_5	3	4		V_2		
V_6	1	4		V_1		

第二步：引入新点。在凸壳内引入一点 $P\in\{P_i\}$，新引入的点将破坏原来的三角化结构，要删除一些三角形，并形成新的三角形。

第三步：确定将要被删除的三角形。根据外接圆准则，如果新引入的点落在某个三角形的外接圆内，那么该三角形将被删除。确定与被删除的三角形相邻而自己又未被删除的三角形，记录其公共边。如图 9-5(b)所示，三角形V_1、V_2将被删除。

第四步：形成新的三角形。将 P 点与第三步所确定的公共边相连，形成新的三角形。

第五步：找出新三角形的相邻三角形。如果某一个三角形的三个顶点中有两个与新三角形中的两个顶点重合，则这个三角形是新三角形的相邻三角形。更新 Voronoi 图的数据结构重复第二步至第五步不断引入新点，直到所有的点都参加到平面划分中。

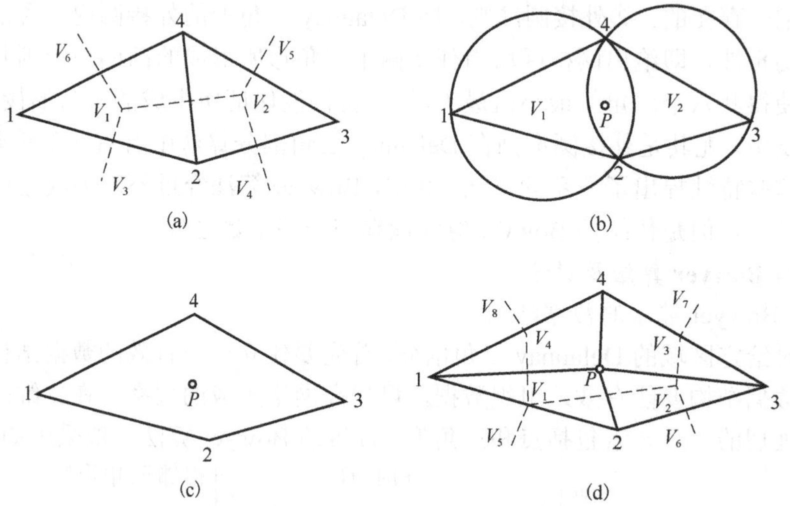

图 9-5　Delaunay 三角形的剖分过程

(3)对传统 Bowyer 算法的讨论。

从上面列举算法的步骤可以看出，Bowyer 算法的剖分过程是一个不断加入新点，不断打破现有的 Voronoi 图和数据结构，同时又不断更新 Voronoi 图和数据结构的过程。这种算法为实现 Delaunay 三角剖分提供了思路，但其尚存在如下几点不足之处。

① Bowyer 算法容易破坏边界，并且对边界的恢复比较困难。对于边界的检查和恢复，现有文献中提到最多的、最实用的算法就是边界加密算法。

② Bowyer 算法在剖分过程中，既要搜索被删除的三角形，又要搜索被删除三角形的相邻三角形及其相邻边。所以其搜索过程过于烦琐，对删除三角形的搜索和新三角形及其相邻三角形的确定将消耗大量机时，随着$\{P_i\}$中点的个数的增加，计算量将呈平方级增加，剖分效率很低。虽然已有改进的 Bowyer 算法确实提高了它的剖分效率，但都无法回避烦琐的搜索过程。

③ 在 Bowyer 算法中判断一点在圆内还是在圆外是基于浮点数运算的结果，浮点运算的舍入误差可能误判三角形是否被破坏，而 Bowyer 算法又要基于这种判断来搜索被删除的三角形并确定新三角形及其相邻三角形。有时候一个三角形会找到四个或四个以上的相邻三角形，超出相邻三角形数组的下标范围，造成程序非正常中断。这种现象在均匀网格系统的剖分过程中一般表现不出来，但是在对复杂区域进行剖分时，特别是边界尺度对比较大或点集$\{P_i\}$分布极为不规则时，这种现象就很容易发生。这是 Bowyer 算法最致命的缺陷。文献曾提及过这种缺陷并建议采用双精度数据类型计算圆心。

④ 在传统的 Bowyer 算法中，经常是先构造一个包含$\{P_i\}$四边形凸壳，然后进行数据结构初始化。这种数据结构初始化方法简单易行，但是如果边界尺度对比较大就会造成某些三角形外接圆半径很大，计算这些三角形的外接圆圆心时就会有较大的浮点数运算误差，从而为程序非正常中断埋下隐患，所以这种数据结构初始化方案并不理想。

对 Bowyer 算法的前两点不足之处已经有不少文献对其进行了探讨，并找到了许多方法解决上述缺陷。但是对于 Bowyer 算法的第三个缺陷，虽然现有资料对其描述很少，但并不说明这种缺陷不存在，用传统的 Bowyer 算法可能产生中断，因此需要寻求一种改进算法来解决这一问题。

3) 改进的 Delaunay 三角化方法

从上面的分析可以看出，Bowyer 算法的第三个缺陷是由于错误的判断和烦琐的搜索过程相互影响而导致的。错误的判断将导致错误的搜索结果，形成非正常的三角形，从而形成连锁反应。这种错误在计算过程中一旦发生就会愈演愈烈形成多米诺骨牌效应。但是以前对 Bowyer 算法的改进主要是针对数据结构和搜索方法的修改，只是提高了剖分效率，并没有降低算法的复杂度也没有回避复杂的搜索过程，所以也就不可能从根本上解决这一问题。对传统的 Bowyer 算法，如果能回避不必要的搜索过程，用一种新的算法来确定新三角形及其相邻三角形，就可以避免出现错误的连锁反应。针对这一问题，我们曾提出了一种新算法，回避了一些不必要的搜索过程，避免了上述问题。同时，新算法还简化了数据结构，提高了计算效率，下面对其进行简要的介绍。

(1) 新算法的数据结构。

新算法在三角化过程中无须记录相邻三角形，这一改进将传统算法的数据结构简化为

$$\text{节点}\begin{cases}\text{坐标}x\\ \text{坐标}y\end{cases}\quad \text{三角形}\begin{cases}\text{顶点1}\\ \text{顶点2}\\ \text{顶点3}\end{cases}$$

(2) 改进算法。

第一步：数据结构初始化。对于给定点集 $\{P_i,\ i=1,2,\cdots,N\}$，利用平面点集的凸壳生成算法生成包含点集 $\{P_i\}$ 凸壳，并用凸多边形三角剖分算法对凸壳进行三角剖分，形成初始数据结构。图 9-6(a) 为由凸壳生成算法生成的凸壳(多边形 123456789)以及由凸多边形三角剖分算法生成的初始化的 Voronoi 图。

第二步：引入新点。在凸壳内引入一点 $P\in\{P_i\}$，新引入的点将破坏原来的三角化结构，要删除一些三角形，并形成新的三角形。

第三步：确定将要被删除的三角形。根据外接圆准则，如果新引入的点落在某个三角形的外接圆内，那么该三角形将被删除。这些被删除的三角形的顶点，将构成 P 的相邻点集 $\{PN_j,\ j=1,2,\cdots,N_{PN}\}$（$N_{PN}$ 为 P 的邻点的个数）。

第四步：形成新的三角形。将 P 点与 $\{PN_j\}$ 内的各点连线，并按照线段 PPN_j 与 X 轴夹角 θ_0 ($0<\theta_0<360°$) 的大小对 PN_j 进行排序。连接 P、PN_j、PN_{j+1}，形成新的三角形。

第五步：更新数据结构。记录新三角形。重复第二步至第五步不断引入新点，直到所有的点都参加到平面划分中，形成三角形网格，见图 9-6(b)。

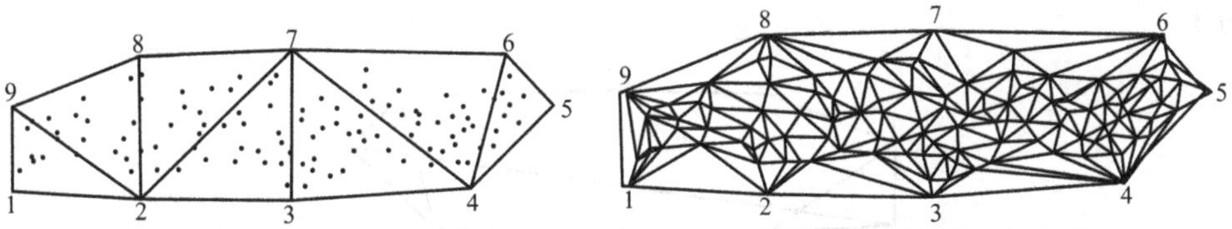

(a) 由离散点生成的初始化Voronoi图　(b) 由离散点生成的三角形网格

图 9-6　由离散点生成的初始化 Voronoi 图和三角形网格

(3) 对改进算法的几点说明和讨论。

① 新算法的第一步比传统算法复杂，但是在对纵横尺度对比较大的区域进行剖分时，该方法能形成一个较理想的初始化数据结构，有利于程序运行的稳定。当计算区域纵横尺度对比接近 1 时，没必要这么做。

② 新算法的第四步用一个排序过程代替了以往算法中复杂的搜索过程。这一改进减少了新三角形及其相邻三角形确定过程中的搜索步骤，防止出现“多米诺骨牌效应”。即使某步出现错误判断，也只会对该步生成的三角形质量造成影响，后插入的点还会对此影响进行修正，比较彻底地解决了程序非正常中断这一问题。与此同时，该算法还简化了数据关系，减少了搜索步骤。对 $\{PN\}$ 内的各点进行排序，实际上就是确立 $\{PN\}$ 内的各点的连接关系，生成一个顶点按逆时针排列的多边形空腔，然后将 P 与多边形空腔连线形成新的三角形，这与文献描述的算法在原理上是相同的。另外需要说明的是新算法虽然增加了对 PN_j 中的各点进行排序这一操作，但是 PN_j 中点的数目 N_{PN} 并不多，一般 6 ~ 8 个，并且不随点集中点数目的增加而增加，所以不会过多地耗费机时。图 9-7 显示了改进算法在 CPU 为 2.6GHz 的计算机上运行时生成三角形数量 N_e 和所用时间 t 的关系。

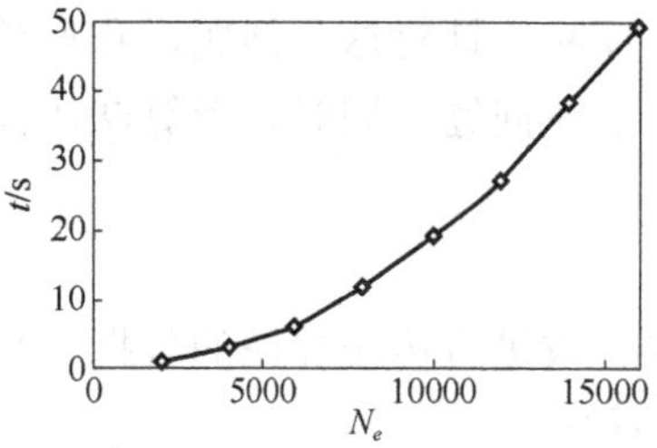

图 9-7　新算法生成三角形数量与运行时间关系图

③ 由平面点集生成凸壳的算法。平面点集生成凸壳的算法有多种，主要有卷包裹法、格雷厄姆法、分治法、增量法，对于具体算法在此不再一一论述。我们曾将卷包裹法和格雷厄姆法组合起来，提出了一种新的生成凸壳的算法，描述如下。

第一步：选取 y 值最小的点作为参考点 P_1，将离散数据点按照其与参考点之间线段的角度对数组进行排序。在离散点数组后面追加一组数，将 P_1 的坐标值赋给这组数。则 P_1、P_2、P_n、P_{n+1} 均为凸多边形的顶点。

第二步：以 P_2 为参考点，从 P_2 后面的所有数据中搜索与 P_2 连线角度最小的点，这一点为凸多边形的新顶点 P_3。

重复第二步，不断搜索，直到搜索到的新顶点为 P_1。

④ 多边形三角化的算法。其中凸多边形的三角化方法简述如下。

第一步：求出凸多边形所有顶点连线距离的最大值，并记录其端点 P_i、P_j。

第二步：比较 $P_{i-2}P_i$，$P_{i-1}P_{i+1}$，P_iP_{i+2} 的大小，取较短对角线，删除相应的顶点，并输出相应的三角形。对 P_j 做同样的处理。如图 9-8 所示，15 为直径，经过判断输出三角形 129、456，删除顶点 1、5。

第三步：由剩余的点构成新的多边形，重复第一步、第二步直到所有的凸多边形的顶点数为 3。

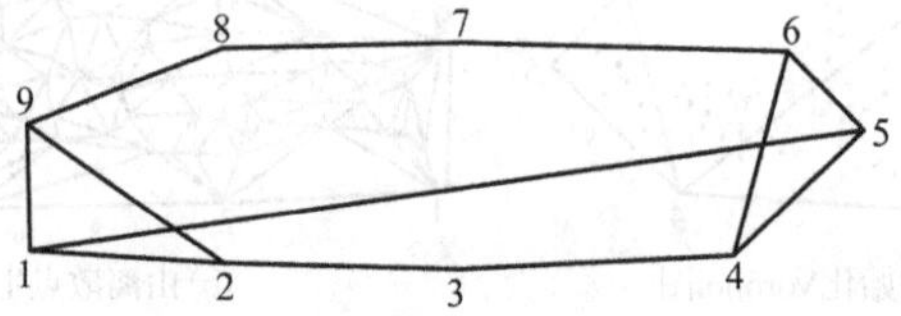

图 9-8　凸壳的三角化过程

4)用改进的 Delaunay 三角化方法生成非结构三角形网格

(1)需要解决的问题。要实现利用 Delaunay 三角化方法生成自适应的非结构网格，还需要解决以下几个问题。

① 内点自动插入技术。Delaunay 三角化方法只提供了一种对于给定点集如何相连形成一个三角形网格的算法，但它并没有说明节点是如何生成的。因此，必须找到一种有效的方法来生成节点，尤其是内部节点。对于区域内部节点的生成，主要有两种方法，即外部点源法和内部节点自动生成方法。外部点源法通过采用结构化背景网格方法或其他方法，一次性生成区域剖分所需的全部内部节点，这种方法虽然简单易行，但不易实现自适应技术。对于内点自动生成方法有许多布点策略，相关文献提到三种布点技术：重心布点、外接圆圆心布点和 Voronoi 边布点策略。这里采用节点密度分布函数这一概念，定义边界点的节点密度：

$$Q_i = \left[d\left(P_i, P_{i-1}\right) + d\left(P_i, P_{i+1}\right)\right]/2 \tag{9-8}$$

式中，$d\left(P_i, P_j\right)$ 为两点之间的距离。首先计算边界点的节点密度 Q_i，由边界点生成 Delaunay 三角形，在三角形形心处定义一待插节点 P_{add}，P_{add} 的节点密度 Q_{Padd} 可以由其所在的三角形的顶点的节点密度插值得到，然后计算 P_{add} 到所在的三角形每个顶点的距离 $d_m\left(m=1,2,3\right)$，如果 $d_m > \alpha\ Q_{\text{Padd}}$（$\alpha$ 为一经验系数），则将该点确定为待插节点。

② 边界的完整性。对于一个剖分程序，十分重要的一点就是要求确保边界的完整性，而 Delaunay 三角化方法的缺点之一就是容易造成边界被破坏，所以用 Delaunay 三角化方法生成非结构网格时一定要检查边界的完整性并恢复被破坏的边界。对于边界完整性的处理，文献中提到最多的算法就是边界加密算法，即在网格剖分前建立边界连接信息表，剖分完毕后检查边界是否被破坏，如果边界被破坏，就在丢失的边的中点处加一个点，并将此点加入新的点集中参与三角剖分。

③ 多余三角形的删除。在三角形网格剖分的过程中，会产生一些三角形落在计算区域之外，需要将其删除。对于外形简单的区域删除多余三角形是比较容易的，但是如天然河道边界这样外形比较复杂的区域，多余三角形的删除是非常麻烦的，需要具体问题具体分析。对于新算法来说，假如初始点集为区域边界 $\{P_i\}$，如果将内边界按顺时针排序，外边界按逆时针排序，那么凡是有三个顶点在边界上的三角形都有可能被删除。再对这些三角形按顶点编号的大小进行排序，如果某个三角形(如 $\triangle P_iP_jP_k$，$i<j<k$)在计算区域外，那么排序后的三角形的形心一定在 P_iP_j 的右侧，可以根据这个原理编程删除多余的三角形。

④ 网格优化技术。按照 Delaunay 方法生成网格后，虽然所生成的网格对于给定的点集是最优的，但网格质量必然受到节点位置的影响，因此还需对网格进行光顺，其对提高流场计算的精度有重要影响，是网格生成过程不可缺少的一环。常用的网格光顺方法称为拉普拉斯光顺方法。

这种光顺方法是通过将节点向这个节点周围三角形所构成的多边形的形心移动来实现的。如果 $P_i\left(x_i, y_i\right)$ 为一内部节点，$N(P_i)$ 为与 P_i 相连的节点总数，则光顺方法可表示如下：

$$
\begin{aligned}
x_i &= x_i^0 + \alpha_G \sum_{k=1}^{N(P_i)} x_k \big/ N(P_i) \\
y_i &= y_i^0 + \alpha_G \sum_{k=1}^{N(P_i)} y_k \big/ N(P_i)
\end{aligned}
\tag{9-9}
$$

式中，α_G 为松弛因子；x_i^0 和 y_i^0 分别表示节点初始坐标。

(2)非结构三角形网格剖分算法。

为了便于生成非结构三角网格，可建立数据结构如下：

$$
节点\begin{cases}坐标x\\坐标y\\边界类型\\节点密度\end{cases}\qquad 三角形\begin{cases}顶点1\\顶点2\\顶点3\\是否位于边界外\end{cases}
$$

由 Delaunay 三角化算法生成非结构三角网格的步骤如下。

第一步：输入边界点，确定边界类型，并计算边界点的节点密度 Q_i。

第二步：根据边界点生成包含所有边界点的凸壳。

第三步：根据多边形三角化算法对凸壳进行三角化，初始化数据结构，引入所有的边界点进行三角剖分，屏蔽位于边界外的三角形。

第四步：在没有屏蔽的三角形形心处引入内部节点，并判断是否将其确定为待插节点。将所有的待插节点插入计算区域中。

第五步：检查边界的完整性，恢复丢失的边界。重复第三步和第四步，直到待插点集中的元素为零。

第六步：优化内部节点。

第七步：输出剖分区域内的三角形。

5)非结构三角形网格剖分算例

计算实践表明所建议的算法程序运行稳定，即使对区域纵横尺度对比较大的区域进行剖分，也没有出现非正常中断。在此，给出算例。

算例：翼形非结构网格剖分。前面已经分析过，改进算法和传统算法在原理上是一致的，图 9-9 给出了算例的剖分过程，从剖分结果可以看出，在控制条件相同的情况下，两种算法生成的网格是相同的。

上述算例中三角形的质量都比较好，网格剖分花费的时间也不长，具体参数见表 9-2。

表 9-2　网格剖分过程中的主要参数

算例	传统算法	改进算法
三角单元总数	1968	1968
所用时间/s	5	1
平均网格质量参数	0.9823	0.9823

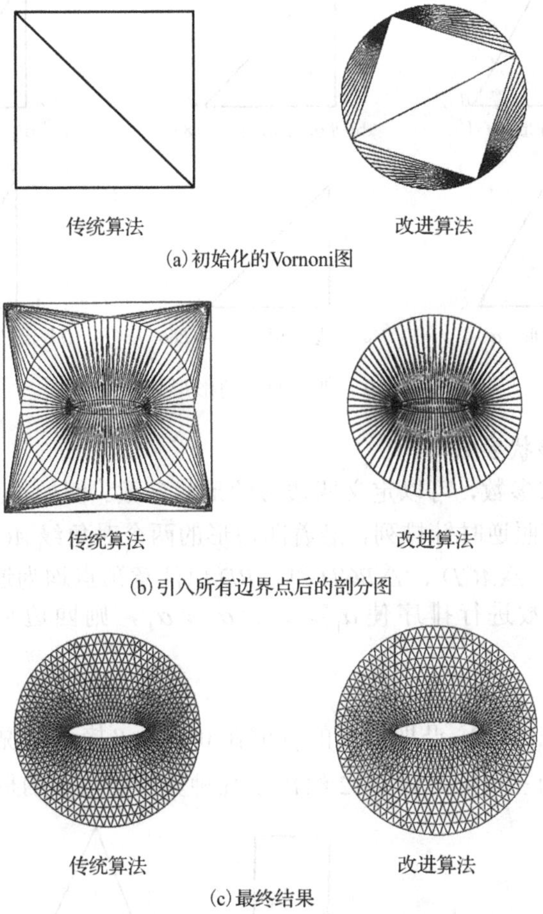

图 9-9　翼形非结构网格的生成

3. 非结构四边形网格的生成方法

非结构四边形网格的生成方法有直接生成四边形的直接算法和通过三角形转化四边形的间接算法。相对而言，通过三角形转化四边形的间接算法较为简单，该算法主要是将满足一定条件的两个相邻三角形合并为一个四边形(删除公共边)，很多文献通过定义三角形及四边形的形状参数给出合成条件，并据此判断是否将两个相邻三角形合成为四边形，具体步骤如下。

1) 定义三角形的形状参数

定义任意三角形 $\triangle ABC$ 的形状参数 $\alpha_{\triangle ABC}$ 如下：

$$\alpha_{\triangle ABC}=2\sqrt{3}\frac{S_{\triangle ABC}}{|CA|^2+|AB|^2+|BC|^2} \tag{9-10}$$

式中，$S_{\triangle ABC}=\boldsymbol{AB}\times\boldsymbol{AC}$；$|CA|$、$|AB|$、$|BC|$ 分别为 $\triangle ABC$ 的三个边长。若三角形顶点按照逆时针排列，α 在 0～1 取值；若三角形顶点按照顺时针排列，α 在-1～0 取值。α 绝对值越接近 1，说明三角形越接近正三角形，图 9-10 给出了几种典型三角形形状参数。

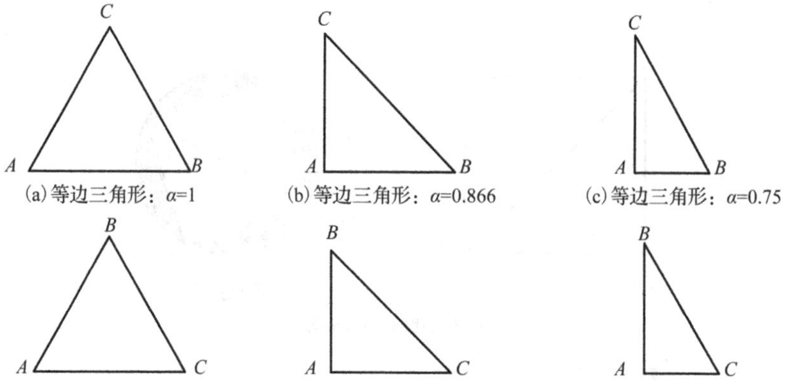

(a) 等边三角形：$\alpha=1$　(b) 等边三角形：$\alpha=0.866$　(c) 等边三角形：$\alpha=0.75$

(d) 等边三角形：$\alpha=-1$　(e) 等边三角形：$\alpha=-0.866$　(f) 等边三角形：$\alpha=-0.75$

图 9-10　典型的三角形形状参数

2) 定义四边形的形状参数

基于三角形的形状参数，可以定义四边形的形状参数。例如，图 9-11 所示的任意四边形 $ABCD$，将其顶点按照逆时针排列，沿着四边形的两个对角线 AC 、BD 可以将四边形分为四个三角形 $\triangle ABC$ 、$\triangle ACD$ 、$\triangle BCD$ 和 $\triangle BDA$ (注意顶点均为逆时针排列)，将这四个三角形对应的形状参数进行排序使 $\alpha_1 \geqslant \alpha_2 \geqslant \alpha_3 \geqslant \alpha_4$ ，则四边形的形状参数可定义为 $\beta=\dfrac{\alpha_3\alpha_4}{\alpha_1\alpha_2}$ 。

凹四边形的 β 值在 $-1\sim0$；凸四边形的 β 值在 $0\sim1$，β 接近 1 说明四边形接近矩形，β 为 0 表明四边形退化为三角形。图 9-12 给出了几种典型四边形的形状参数。

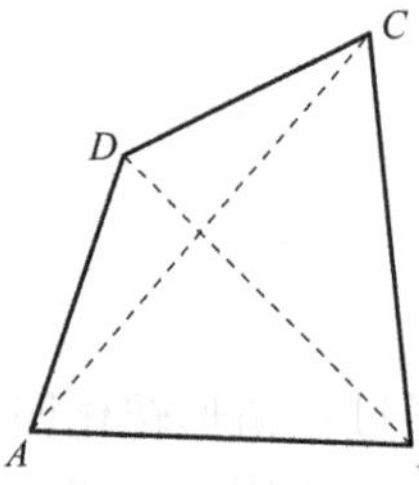

图 9-11　任意四边形 $ABCD$

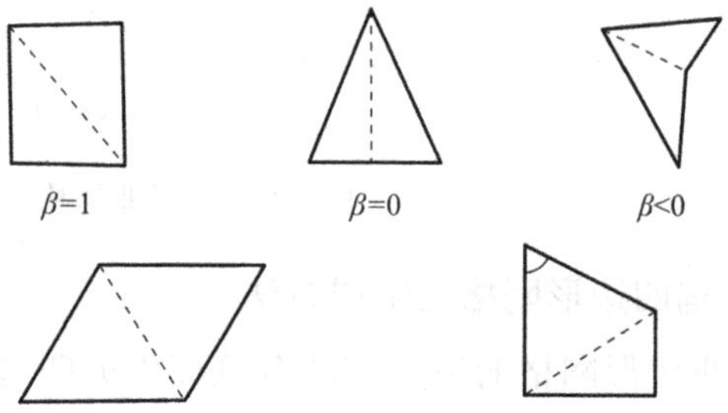

图 9-12　典型四边形的形状参数

3) 合成三角形生成四边形

根据已有的三角形网格(图 9-13)，计算所有相邻三角形可能形成的四边形的形状参数 β，每次仅生成具有最大 β 值的四边形。在实施过程中，为提高效率常常先指定四边形的最小形状参数 $\beta_{\min}$，再将 $1\sim\beta_{\min}$ 分为 k_β 级。以 $\beta \geqslant \beta_k\left(1 \geqslant \beta_k \geqslant \beta_{k+1} \geqslant \beta_{\min},\ k=1,2,\cdots,k_\beta\right)$ 作为合成条件生成四边形单元。在不同控制条件($\beta_{\min}$)下，生成的非结构四边形网格如图 9-14 所示，由该图可以看出，即使取 $\beta_{\min}=0$，在合并之后仍会在计算区域内存在一些尚未合并的三角形，对于这些剩余的三角形，可以将其视为一个顶点重合的四边形，不再另作处理。

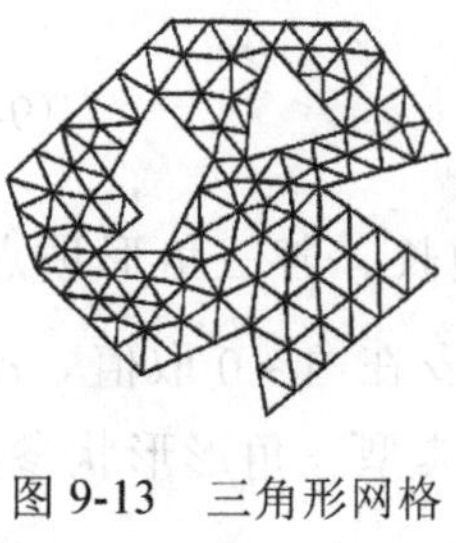

图 9-13　三角形网格

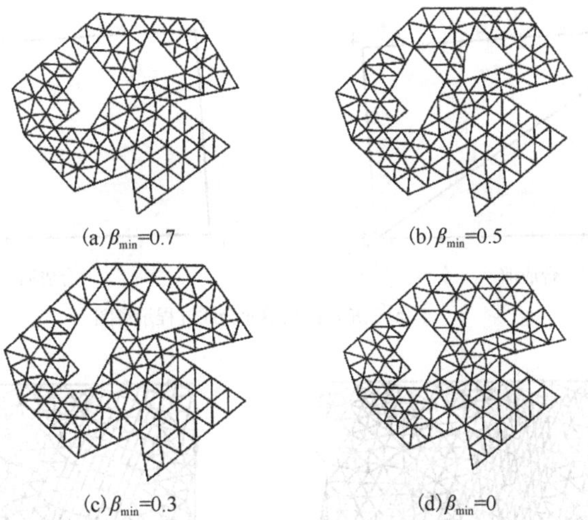

(a) $\beta_{\min}$=0.7　　　　(b) $\beta_{\min}$=0.5

(c) $\beta_{\min}$=0.3　　　　(d) $\beta_{\min}$=0

图 9-14　不同控制条件下合并后的网格

4. 非结构混合网格的生成方法

1) 分块对接法

对于长宽比较大区域，采用混合网格方可合理布置网格。可采用分区对接的方法生成混合网格，并进行拼接(在生成三角形网格和四边形网格的交界面上边界点需一一对应，如图 9-15 所示)。

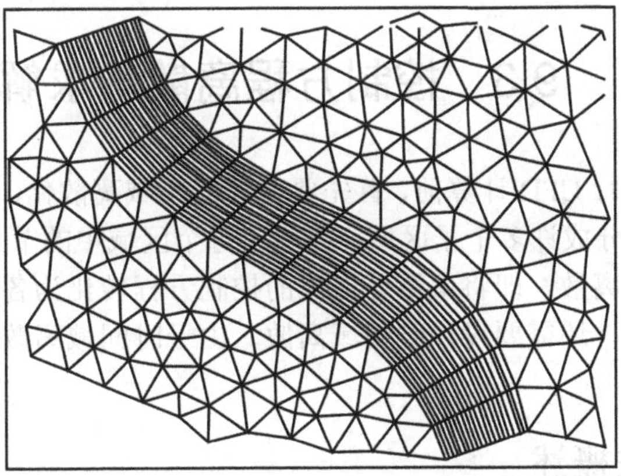

图 9-15　分块对接混合网格图

2) 三角形网格合成法

对凸四边形而言，其对角线之比越接近 1，该四边形越接近矩形。基于四边形单元的这种特性可对三角形网格内的部分单元进行合并进而生成混合网格，具体步骤如下。

(1) 在三角形网格中搜索每一个三角形的最长边，记录该边以及该边的相邻三角形，如图 9-16(a) 所示，三角形 △123 最长边为 23，相邻三角形是 234。

(2) 根据 $\mathrm{abs}\left(\dfrac{1-l_{14}}{l_{23}}\right) \leqslant \varepsilon_{\mathrm{HBG}}$ ($\varepsilon_{\mathrm{HBG}}$ 为网格合成参数) 判断是否将三角形合成。

(3) 如果满足合成条件，进一步判断可能形成的四边形是否为凸四边形。如果是则形成四边形网格，更新数据结构。图 9-16(b) 给出了某区域的混合网格合成示意图。

类似于非结构四边形网格的生成方法，同样可以采用分级合并的方法生成混合网格。

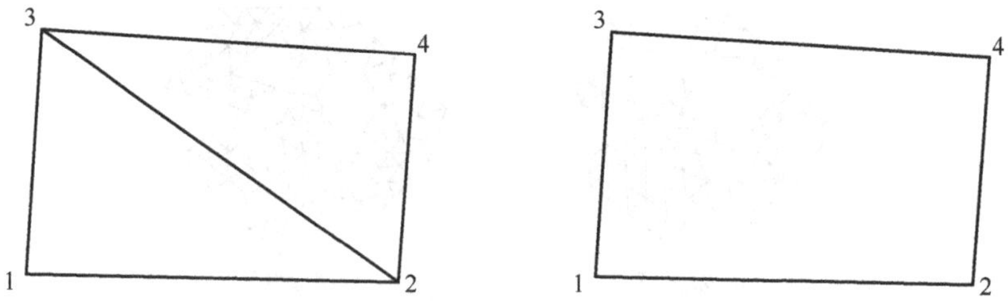

合成前　　　　合成后

(a) 三角形网格单元合成过程示意图

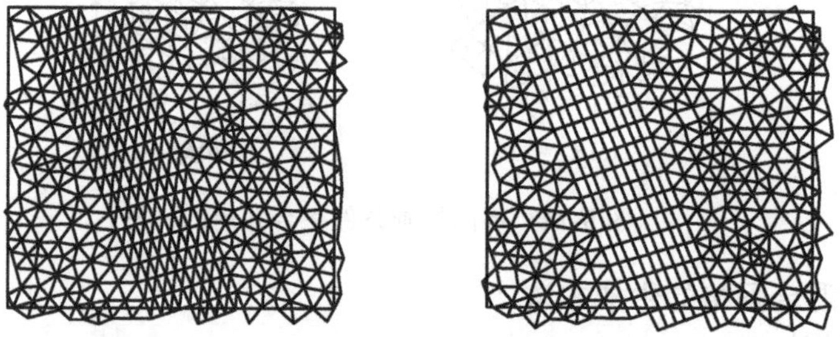

合成前的非结构三角形网格　　　　合成后的三角形四边形混合网格

(b)三角形合成法生成混合网格示意图

图 9-16　利用三角形网格合成法生成混合网格

9.3　控制方程离散与求解

在对指定问题进行 CFD 计算前，首先要将计算区域离散化，即对空间上连续的计算区域进行划分，把它划分成许多个子区域，并确定每个区域中的节点，从而生成网格。然后，将控制方程在网格上离散，即将偏微分格式的控制方程转化为各个节点上的代数方程组。此外，对于瞬态问题，还需要设计时间域离散。由于时间域离散相对比较简单，本节重点讨论空间域离散。

9.3.1　离散方法概述

控制方程离散是将控制方程转化为计算域内有限个离散点的函数值的代数表达式。控制方程的离散方法很多，经常采用的有有限差分法(Finite Difference Method，FDM)、有限元法(Finite Element Method，FEM)和有限体积法(Finite Volume Method，FVM)。

有限差分法是数值模拟最早使用的方法，该方法首先在求解区域布置有限个离散点(网格单元的顶点或中心点)，用离散节点的差商代替微商代入控制方程，从而在每个节点上形成一个代数方程，该方程包含了本节点及其附近一些节点上的所求变量的未知值。在特定的边界条件下，求解由这些代数方程构成的代数方程组就得到了数值解。该方法是一种直接将微分方程变为代数方程的数学方法，数学概念清晰，表达简单，是发展较早且比较成熟的数值方法。但是有限差分法只是一种数学上的近似，所得的离散方程没有考虑节点和节点之间的相互联系，流体运动控制方程所具有的守恒性质(如质量守恒、能量守恒等)在差分方程中并不能得到严格保证。除此之外，有限差分法对不规则区域的适应性也较差。

有限元法的基本思想就是把计算区域划分为有限个任意形状的单元，在每个单元内选择一些合适的节点作为求解函数的插值点，然后在每个单元内分片构造插值函数，将微分方程中的变量或其导数改写成节点变量值与所选用的插值函数组成的表达式，再根据极值原理(变分或加权余量法)构建离散方程并求解。有限元法的计算单元可以采用三角形网格、四边形网格和多边形网格，能够灵活处理复杂边界问题。但是有限元法存在着计算格式复杂、计算量及存储量较大、大型系数矩阵求解困难且效率低等缺点，因此在流动模拟中应用不是很多。

有限体积法是近几十年发展起来的一种离散方法。该方法首先将计算区域划分为有限个任意形状的单元，将待解的微分方程沿控制体积分，便得出一组离散方程，在积分过程中需要对界面上被求函数本身及其一阶导数的构成方式作出假设。有限体积法与有限元方法一样，可以基于三角形网格、四边形网格和多边形网格求解，对复杂区域的适应能力较强，且计算量较小，物理意义明确。此外，由于该方法大多采用守恒型的离散格式，在局部单元和整个计算区域内都能保证物理量守恒，且容易处理非线性较强的流体流动问题，因此在计算流体力学领域得到了广泛的应用。此外，一些成熟的商用软件如 Phoenics、Fluent、STAR-CD 等都采用有限体积法。

对于有限差分法、有限元法和有限体积法的主要区别，不少文献都进行了描述。这三种方法的主要区别在于离散方程的思路上：①有限差分法是点近似，采用离散的网格节点上的值近似表达连续函数，数值解的守恒性较差；②有限元法是分段(或分块)近似，单元内的解是连续解析的，单元之间近似解是连续的，此外有限元法对计算单元的划分没有特别的限制，处理灵活，特别是在处理复杂边界的问题时，优点更为突出；③有限体积法可以看作有限差分法和有限元法的中间产物，有限体积法只求解变量 ϕ 在控制体节点或中心处的值，这与有限差分法相似，而沿控制体积分时必须假定 ϕ 值在网格之间的分布，这又与有限元法相似，因此有限体积法物理概念清晰，兼备有限元法和有限差分法的优点。

9.3.2　控制方程的通用形式

前面已经介绍了流体运动的基本方程与封闭模式，这些方程的构建为流动问题的求解提供了基础。但这些方程的表达形式不尽相同，若直接利用这些方程求解，需要对每个方程编写相应的程序段，程序编制工作较为繁重，为了简化问题，常常将其表述成通用形式。从物理现象的本质来看，流体运动控制方程，不管是连续方程、运动方程、能量方程，还是物质输运方程，都存在一个共性，就是这些方程都是描述物理量在对流扩散过程中的守恒原理。为此可以将流体运动基本方程写成由时间项、对流项、扩散项和源项组成的通用表达式：

$$\frac{\partial \rho\phi}{\partial t}+\frac{\partial \rho u_i\phi}{\partial x_i}=\frac{\partial}{\partial x_j}\left(\Gamma_\phi\frac{\partial \phi}{\partial x_j}\right)+S_\phi \tag{9-11}$$

式中，ϕ 为通用变量，可以表示不同的待求变量；Γ_ϕ 为广义扩散系数；等号左边第一项为时间项；等号左边第二项为对流项；等号右边第一项为扩散项；等号右边第二项 S_ϕ 为源项。对不同的控制方程，ϕ、Γ_ϕ 和 S_ϕ 具有不同的意义，如对二维流动的连续方程和运动方程，各变量的意义如表 9-3 所示，其中，$\mu+\mu_T$ 表示黏性系数；p 表示压强；S_i 表示运动方程的源项。

表 9-3　控制方程变量表

方程	ϕ	Γ_ϕ	S_ϕ
连续方程	1	0	0
运动方程	u_i	$\mu+\mu_T$	$-\dfrac{\partial p}{\partial x_i}+S_i$

9.3.3　通用控制方程离散

1. 基于非结构网格的有限体积法

从严格意义上来讲，采用有限体积法离散控制方程时需要同时在空间上和时间上进行积分。但为简便，往往直接用时间项的差商代替微商，只对控制方程做空间积分得到初步的离散方程，然后根据需要再进一步构建显式或隐式的求解格式。在此，也将按照该步骤探讨二维流动通用控制方程的离散。

将二维流动控制方程的通用表达式写成直角坐标系下的非张量形式：

$$\frac{\partial(\rho\phi)}{\partial t}+\frac{\partial(\rho u\phi)}{\partial x}+\frac{\partial(\rho v\phi)}{\partial y}=\frac{\partial}{\partial x}\left(\Gamma_\phi\frac{\partial\phi}{\partial x}\right)+\frac{\partial}{\partial y}\left(\Gamma_\phi\frac{\partial\phi}{\partial y}\right)+S_\phi \tag{9-12}$$

有限体积法是目前计算流体动力学领域应用最普遍的一种数值方法。按照离散方程时所采用的计算网格的拓扑结构，可以将有限体积法分为基于结构网格的有限体积法和基于非结构网格的有限体积法。考虑到从拓扑结构来看，结构网格可以视为非结构网格的特例，为不失一般性，在此主要探讨基于非结构网格的有限体积法。

选择如图 9-17 所示的多边形单元为控制体，其中，P 为控制体中心；E 为相邻控制体中心；e 为控制体中心连线与控制体界面的交点；$n_{1j}=[\Delta y,-\Delta x]$ 为控制体界面的法向分量，当网格单元正交时，n_{1j} 与 PE 方向相同；n_{2j} 为控制体中心连线 PE 的法向量。假定控制体边数为 N_{ED}。

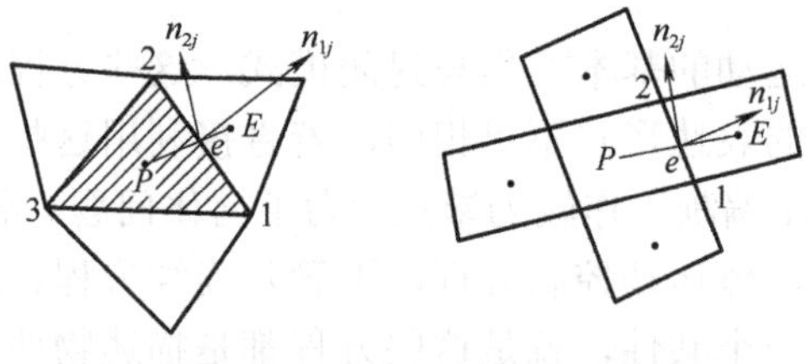

(a)三角形单元　(b)四边形单元

图 9-17　控制体示意图

将待求变量布置在控制体中心，假定单元在 z 方向上为单位厚度，将控制方程沿控制体积分，得到：

$$\begin{aligned}&\oint_V\frac{\partial(\rho\phi)}{\partial t}\mathrm{d}V+\oint_V\left[\frac{\partial(\rho u\phi)}{\partial x}+\frac{\partial(\rho v\phi)}{\partial y}\right]\mathrm{d}V\\&=\oint_V\left[\frac{\partial}{\partial x}\left(\Gamma_\phi\frac{\partial\phi}{\partial x}\right)+\frac{\partial}{\partial y}\left(\Gamma_\phi\frac{\partial\phi}{\partial y}\right)\right]\mathrm{d}V+\oint_V S_\phi\mathrm{d}V\end{aligned} \tag{9-13}$$

根据高斯散度定理，有

$$\oint_V \frac{\partial(\rho\phi)}{\partial t}\mathrm{d}V + \oint_\Omega \left[(\rho u\phi)\frac{n_x}{|n_{1j}|} + (\rho v\phi)\frac{n_y}{|n_{1j}|}\right]\mathrm{d}\Omega = \oint_\Omega \left(\Gamma_\phi \frac{\partial\phi}{\partial x}\frac{n_x}{|n_{1j}|} + \Gamma_\phi \frac{\partial\phi}{\partial y}\frac{n_y}{|n_{1j}|}\right)\mathrm{d}\Omega + \oint_V S_\phi \mathrm{d}V \tag{9-14}$$

式中，n_x、n_y 分别表示 n_{1j} 在 x、y 方向的分量。假定在控制体界面 e 上，积分变量 ϕ、u、v、ρ 等均为常量，且等于积分点处的值。考虑到控制体在 z 方向上厚度为“1”，可以对控制方程中各项进行进一步简化。

1) 瞬态项

用时变项的差商代替微商，然后进行空间积分，可得：

$$\oint_V \frac{\partial(\rho\phi)}{\partial t}\mathrm{d}V = \oint_\Omega \frac{\partial(\rho\phi)}{\partial t}\mathrm{d}\Omega = \int_\Omega \left[\frac{(\rho\phi)_P + (\rho\phi)_P^0}{\Delta t}\right]\mathrm{d}\Omega = \frac{(\rho\phi)_P + (\rho\phi)_P^0}{\Delta t}A_{CV} \tag{9-15}$$

式中，A_{CV} 表示控制体面积；Δt 为时间步长。

2) 对流扩散项

对流项的离散是对流扩散方程离散的难点之一，也是数值模拟领域关注的重点。不同的格式，对计算精度和数值稳定性有很大影响。在此暂采用一阶迎风格式进行离散。

$$\begin{aligned}\oint_\Omega \left[(\rho u\phi)\frac{n_x}{|n_{1j}|} + (\rho v\phi)\frac{n_y}{|n_{1j}|}\right]\mathrm{d}\Omega &= \oint_\Gamma \left[(\rho u\phi)\frac{n_x}{|n_{1j}|} + (\rho v\phi)\frac{n_y}{|n_{1j}|}\right]\mathrm{d}S \\ &= \sum_{j=1}^{N_{ED}}\left[(\rho u\phi)\Delta y - (\rho v\phi)\Delta x\right]_{ej} \\ &= \sum_{j=1}^{N_{ED}}\left\{-\left[\min(F_{ej},0) + F_{ej}\right]\phi_P + \left[\min(F_{ej},0)\right]\phi_E\right\}\end{aligned} \tag{9-16}$$

式中，$F_{ej} = \left[(\rho u)\Delta y - (\rho v)\Delta x\right]_{ej}$ 表示控制体界面上的质量流量，其值既可能为负(流进控制体：$F_{ej} > 0$)，也可能为正(流出控制体：$F_{ej} < 0$)。$\sum_{j=1}^{N_{ED}} F_{ej}$ 表示进出单元的残余质量流量，在计算的过程中通常用 $\sum_{j=1}^{N_{ED}} F_{ej}$ 作为迭代收敛的判别标准。

3) 扩散项的离散

扩散项可以分为沿 PE 连线的法向扩散项 D_j^n 和垂直于 PE 连线的交叉扩散项 D_j^c。正交扩散项 D_j^n 的计算较为简单，可采用具有二阶精度的中心差分格式离散，但 D_j^c 计算较为困难，目前还没有办法准确计算这一项。实际上，当计算网格接近正交时，界面上 D_j^c 几乎为 0，扩散通量近似等于 D_j^n，此时可只考虑正交扩散项，据此可将扩散项离散为

$$\oint_{\Omega}\left(\Gamma_{\phi}\frac{\partial\phi}{\partial x}\frac{n_x}{\left|n_{1j}\right|}+\Gamma_{\phi}\frac{\partial\phi}{\partial y}\frac{n_y}{\left|n_{1j}\right|}\right)\mathrm{d}\Omega=\oint_{\Gamma}\left(\Gamma_{\phi}\frac{\partial\phi}{\partial x}\frac{n_x}{\left|n_{1j}\right|}+\Gamma_{\phi}\frac{\partial\phi}{\partial y}\frac{n_y}{\left|n_{1j}\right|}\right)\mathrm{d}S$$
$$=\sum_{j=1}^{N_{ED}}\left(\Gamma_{\phi}\right)_{ej}\left(\frac{\phi_E-\phi_P}{\left|\boldsymbol{d}_j\right|}\frac{\boldsymbol{d}_j\cdot n_{1j}}{\left|\boldsymbol{d}_j\right|}\right) \tag{9-17}$$

式中，$\boldsymbol{d}_j$ 为向量 $\boldsymbol{PE}$；$\left(\Gamma_{\phi}\right)_{ej}$ 表示界面处的扩散系数，可由 P、E 处的相应值经过线性插值得到。在计算过程中，如果能够保证计算网格为准正交网格，可以近似忽略交叉扩散项。但在流动的模拟中，计算区域一般较为复杂，区域内网格正交性难以保证，交叉扩散项总是存在，因此在计算扩散项时必须考虑交叉扩散项。为尽量减小误差，可采用式(9-18)的方法计算交叉扩散项：

$$D_j^c=-\sum_{j=1}^{N_{ED}}\left(\Gamma_{\phi}\right)_{ej}\left(\frac{\phi_{C_2}-\phi_{C_1}}{\left|n_{1j}\right|}\frac{n_{1j}\cdot n_{2j}}{\left|n_{2j}\right|}\right) \tag{9-18}$$

式中，n_{2j} 为向量 $\boldsymbol{PE}$ 的法线；ϕ_{C_1}、ϕ_{C_2} 分别为节点 1、2 处的变量值。由于 Delaunay 三角形化方法生成的单元都接近正三角形，$\boldsymbol{PE}$ 和 n_{1j} 的夹角一般不大，交叉扩散项 D_j^c 一般远小于正交扩散项 D_j^n，所以在计算过程中可以把其归为源项。综合式(9-17)和式(9-18)，可以将离散后的扩散项写为

$$D_j=D_j^n+D_j^c=\sum_{j=1}^{N_{ED}}\left(\Gamma_{\phi}\right)_{ej}\left(\frac{\phi_E-\phi_P}{\left|\boldsymbol{d}_j\right|}\frac{\boldsymbol{d}_j\cdot n_{1j}}{\left|\boldsymbol{d}_j\right|}\right)-\left(\Gamma_{\phi}\right)_{ej}\left(\frac{\phi_{C_2}-\phi_{C_1}}{\left|n_{1j}\right|}\frac{n_{1j}\cdot n_{2j}}{\left|n_{2j}\right|}\right) \tag{9-19}$$

4) 源项的处理

对于源项 S，它通常是时间和物理量 ϕ 的函数。为了简化处理，将源项线性化，并沿控制体积分

$$\oint_{V}S_{\phi}\mathrm{d}V=\oint_{\Omega}S_{\phi}\mathrm{d}\Omega=\left(S_C+S_P\phi_P\right)A_{CV} \tag{9-20}$$

5) 时间积分处理

(1) 显格式。如果取 ϕ_P 为待求变量，ϕ_{Ej} 为上一时段的计算值 ϕ_{Ej}^0。将瞬态项、对流项、扩散项和源项的离散方程代入通用控制方程(9-12)，即可得到显式的求解格式。

$$A_P\phi_P=\sum_{j=1}^{N_{ED}}A_{Ej}\phi_{Ej}^0+b_0 \tag{9-21}$$

式中

$$A_{Ej}=-\min\left(F_{ej},0\right)+\left(\Gamma_{\phi}\right)_{ej}\frac{\boldsymbol{d}_j\cdot n_{1j}}{\left|\boldsymbol{d}_j\right|^2}$$

$$A_P=\frac{\rho A_{CV}}{\Delta t}+\sum_{j=1}^{N_{ED}}A_{Ej}-\sum_{j=1}^{N_{ED}}F_{ej}-S_PA_{CV}$$

$$b_0=\frac{\rho A_{CV}}{\Delta t}\phi^0+S_CA_{CV}-\sum_{j=1}^{N_{ED}}\left[\left(\Gamma_{\phi}\right)_{ej}\frac{\phi_{C_2}^0-\phi_{C1}^0}{\left|n_{1j}\right|}\frac{n_{1j}\cdot n_{2j}}{\left|n_{2j}\right|}\right]$$

从显格式的离散方程可以看出，离散方程求解时只用到上一时段的值，因此不需要进行迭代求解。从起始时刻开始，每隔一定的时间步长 Δt，求解一次方程(9-21)，即可求得变量

值 ϕ_P。离散方程的显格式虽然求解简单，程序编制也相对容易，在求解强非恒定流问题时可获取比隐式算法更高的精度。但是显格式是条件稳定的，数值解稳定性受时间步长限制。

(2) 隐格式。相对于显式算法而言，隐式算法可以摆脱时间步长的限制，节约计算时间，因此在工程流动数值模拟中应用较多。取 ϕ_P、ϕ_{Ej} 均为待求变量，将时间项、对流项、扩散项和源项的离散式代入通用控制方程(9-12)即可得到全隐式的求解格式：

$$A_P\phi_P=\sum_{j=1}^{N_{ED}}A_{Ej}\phi_{Ej}+b_0 \tag{9-22}$$

离散方程式(9-22)的系数同方程式(9-21)。从隐格式的离散方程组可以看出，不同单元上待求变量相互关联，采用直接法求解较为困难，因此一般采用迭代求解。从数学意义上来讲，线性方程组迭代收敛的条件为

$$\frac{\sum_{j=1}^{N_{ED}}A_{Ej}}{A_p}\leqslant 1 \tag{9-23}$$

值得注意的是，满足式(9-23)能保证线性方程组式(9-22)收敛，但并不能保证求得对流扩散方程的收敛解。这是因为流动及其输运物质的运动是非常复杂的非线性问题，方程组的系数往往与待求变量(流速)有关，且在求解过程中不同变量之间相互影响，极易出现不稳定的情况。目前只能依靠经验方法通过控制线性方程组的收敛快慢来提高格式的稳定性，常用的方法是松弛法。对方程式(9-22)引入松弛因子 α_1，可得

$$\frac{A_P}{\alpha_1}\phi_P=\sum_{j=1}^{N_{ED}}A_{Ej}E_{Ej}+b_0+\left(1-\alpha_1\right)\frac{A_P}{\alpha_1}\phi_P^0 \tag{9-24}$$

2. 有限体积法离散原则

对于有限体积法，Patankar 曾总结出四条原则，其是控制方程离散必须注意的问题。对此四条原则的详细描述如下。

1) 控制体界面连续性原则

在离散方程组中，界面处通量(包括热通量、质量通量、动量通量)的表达式必须相同。采用有限体积法离散方程时，在时间和空间上均采用积分方式获取离散方程因此控制体内部的守恒性容易保证，但在计算界面通量时容易引入误差。如图 9-18 所示的控制体，当采用 $\overline{PE}$ 之间线性分布来计算控制体界面 e 处的扩散通量 $\Gamma\frac{\partial\phi}{\partial x}$ 时，$\Gamma\frac{\partial\phi}{\partial x}$ 在界面 e 处总是连续的。但是，若采用二次曲线或其他高次分布计算界面扩散通量时，采用过 W、P、E 的二次曲线的计算结果 $\left(\Gamma\frac{\partial\phi}{\partial x}\right)_{\rm WPE}$ 和采用过 P、E、S 的二次曲线的计算结果 $\left(\Gamma\frac{\partial\phi}{\partial x}\right)_{\rm PES}$ 不相等，这是因为两次计算梯度项的表达式不同。因此，在控制方程离散时，同一界面处通量(包括热通量、质量通量、动量通量)从界面两侧写出来的表达式必须一致，这样才能保证从一个控制体积流出的通量，等于通过该界面进入相邻控制体积的通量。对式(9-23)所示的离散

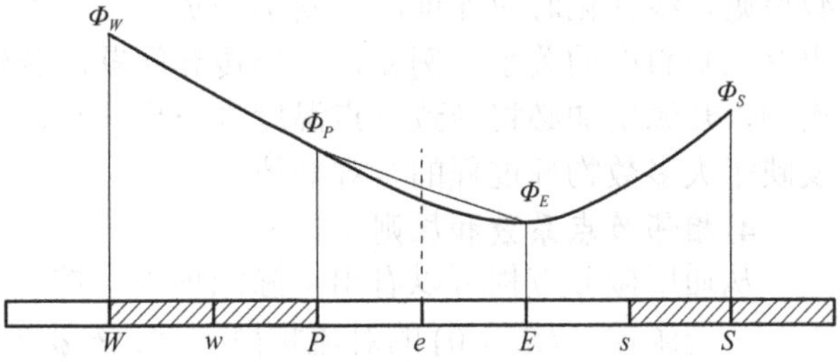

图 9-18　界面通量插值示意图

方程，由于在计算界面通量 F_{ej} 和界面处扩散系数 $\left(\Gamma_{\phi}\right)_{ej}$ 时都采用了线性插值方法，因此界面的连续性能够满足。

2) 正系数原则

在离散方程中，所有变量的系数必须恒为正值。对自然界的流动或与其相关的物质和能量输移问题，求解域内的任一区域总通过对流或扩散过程与其邻近区域进行物质和能量交换，求解域内任一点物理量发生某种变化后，其周围物理量必然会呈现相同的变化趋势。也就是说，求解域内任一点变量值的增加必然会引起周围相应变量的值也增加，而不是减小，这种现象反映在离散方程上，就是系数 A_P 与 A_{Ej} 必须恒为正值。若违背这一原则，往往得不到物理上的真实解。例如，在传热问题中，如果一个控制体相邻单元的系数为负值，就可能出现某一区域温度增加却引起相邻区域温度降低的不真实现象。因此，在求解流动问题时，必须满足正系数原则。对式(9-23)所示的离散方程，系数 A_{Ej} 恒为正值，但是系数 A_P 中源项系数 S_P 和单元残余质量 $\sum_{j=1}^{N_{ED}} F_{ej}$ 的正、负尚未确定。对 S_P，在源项线性化时一般规定取负斜率，因此其在 A_P 中是以正值的形式出现的；对 $\sum_{j=1}^{N_{ED}} F_{ej}$，在迭代过程中其值可能为正，也可能为负，且随着迭代的收敛其值趋近于0。虽然如此，在求解过程中为防止 $\sum_{j=1}^{N_{ED}} F_{ej}$ 出现较大的负值导致流场求解失败，常常在流场求解之前将 $\sum_{j=1}^{N_{ED}} F_{ej}$ 作0处理。值得说明的是，这样做不但可以保证离散方程满足正系数规则，而且可以在迭代过程中将未能满足连续方程的误差从系数 A_P 中消除，促使迭代更好地收敛。迭代收敛后，残余质量误差为0，舍去 $\sum_{j=1}^{N_{ED}} F_{ej}$ 的误差也将会消除。

3) 源项负斜率线性化原则

前面在离散源项时，对其进行了线性化处理。从离散方程式(9-22)来看，为满足正系数原则，线性化时应保证源项斜率为负。实际上，对大多数的物理过程，源项与待求变量也存在负斜率的关系。例如，对热传导问题，若源项斜率为正，某点温度升高，热源也会增加，热源增加必将导致该点温度进一步升高，系统就会失去稳定。因此源项负线性化也反映了大多数物理过程的客观规律。

4) 相邻节点系数和原则

从通用微分方程可以看出，除源项外，控制方程完全由待求变量 ϕ 的导数项组成。对于一个无源控制 $\left(S_P=0\right)$ 的对流扩散方程，若 ϕ 增加一个常数变成 $\phi+C$，$\phi+C$ 也应该满足控制方程，这一性质反映在离散方程中表现为 $A_P=\sum_{j=1}^{N_{ED}} A_{Ej}$。

3. 对流项的离散格式

对流项采用有限体积法进行离散，有限体积法常用的离散格式有中心差分格式、一阶迎风格式、混合格式、指数格式、乘方格式。表 9-4 给出了采用不同离散格式所得到的控制方程系数(表中 $\sum_{j=1}^{N_{ED}} F_{ej}$ 已作0处理)。

表 9-4　不同离散格式下系数 A_{Ej} 和 A_P 的计算公式

离散格式	系数 A_{Ej}	系数 A_P
中心差分格式	$-\dfrac{F_{ej}}{2}+D_j^n$	$\dfrac{\rho A_{CV}}{\Delta t}-S_P A_{CV}+\sum_{j=1}^{N_{ED}} A_{Ej}$
一阶迎风格式	$-\min\left(F_{ej},0\right)+D_j^n$	$\dfrac{\rho A_{CV}}{\Delta t}-S_P A_{CV}+\sum_{j=1}^{N_{ED}} A_{Ej}$
混合格式	$-\min\left(0,F_{ej},\dfrac{F_{ej}}{2}-D_j^n\right)$	$\dfrac{\rho A_{CV}}{\Delta t}-S_P A_{CV}+\sum_{j=1}^{N_{ED}} A_{Ej}$
指数格式	$D_j^n\dfrac{\exp\left(\left\|F_{ej}\right\|/D_j^n\right)}{\exp\left(\left\|F_{ej}\right\|/D_j^n\right)-1}-\min\left(F_{ej},0\right)$	$\dfrac{\rho A_{CV}}{\Delta t}-S_P A_{CV}+\sum_{j=1}^{N_{ED}} A_{Ej}$
乘方格式	$D_j^n\max\left[0,\left(1-0.1\left\|\dfrac{F_{ej}}{D_j^n}\right\|\right)^{0.5}\right]-\min\left(F_{ej},0\right)$	$\dfrac{\rho A_{CV}}{\Delta t}-S_P A_{CV}+\sum_{j=1}^{N_{ED}} A_{Ej}$

在上述离散格式中，中心差分格式具有二阶精度。但由于经过控制体界面的通量 F_{ej} 既有可能为负（$F_{ej}<0$ 流入控制体），也有可能为正（$F_{ej}>0$ 流出控制体），这都有可能使离散方程不满足正系数原则，造成求解失败。因此，一般不采用中心差分格式作为对流项的离散格式。

相对于中心差分格式而言，一阶迎风格式离散方程系数永远为正，因而一般不会引起解的震荡，可得到物理上看起来合理的解，也正是这一点使一阶迎风格式得到了广泛的应用。

除了一阶迎风格式外，另外几种格式，如混合格式、指数格式和乘方格式等，也能保证离散方程系数永远为正，因此在控制方程离散时也有运用。除了上述格式之外，不少研究者还提出了一些高精度的数值格式，但是鉴于非结构网格的复杂性，现有的许多高精度格式尚难以直接应用于非结构网格。从实际应用来看，一些工程流动问题的数值模拟，一阶迎风格式应用较多，也基本能够满足精度要求。目前流动模拟的各种新型的高精度格式较多，参考具体文献。

4. 基于直角网格的有限体积法

基于直角坐标网格的数值模拟技术是计算流体力学领域发展最早的方法。对直角网格上通用控制方程的离散，有很多文献进行过描述。选择如图 9-19 所示的计算网格作为控制体，其中，P 为控制体中心；W、S、E、N 分别为相邻控制体中心；w、s、e、n 分别为控制体中心连线与控制体界面的交点。Δx、Δy 分别为控制体在 x、y 方向的边长。将待求变量布置在控制体中心，并假定单元在 z 方向上为单位厚度，将控制方程沿控制体各边界积分可以得到

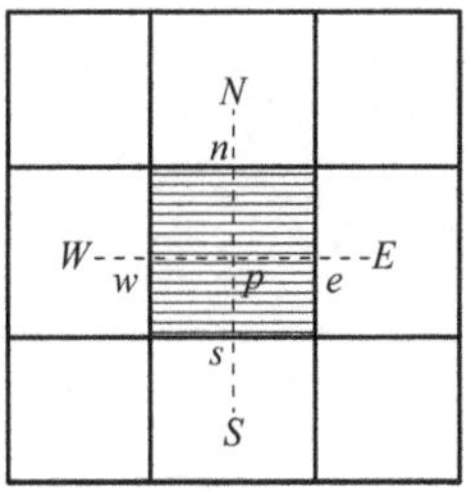

图 9-19　计算网格单元示意图

$$\oint_V \frac{\partial(\rho\phi)}{\partial t}\mathrm{d}V+\oint_V\left[\frac{\partial(\rho u\phi)}{\partial x}+\frac{\partial(\rho v\phi)}{\partial y}\right]\mathrm{d}V$$
$$=\oint_V\left[\frac{\partial}{\partial x}\left(\Gamma_\phi\frac{\partial\phi}{\partial x}\right)+\frac{\partial}{\partial y}\left(\Gamma_\phi\frac{\partial\phi}{\partial y}\right)\right]\mathrm{d}V+\oint_V S_\phi\mathrm{d}V \tag{9-25}$$

1)瞬态项

$$\oint_V \frac{\partial(\rho\phi)}{\partial t}\mathrm{d}V = \oint_\Omega \frac{\partial(\rho\phi)}{\partial t}\mathrm{d}\Omega = \int_\Omega \left[\frac{(\rho\phi)_P-(\rho\phi)_P^0}{\Delta t}\right]\mathrm{d}\Omega = \frac{(\rho\phi)_P-(\rho\phi)_P^0}{\Delta t}\Delta x\Delta y \tag{9-26}$$

式中，Δt 为时间步长。

2)对流扩散项

$$\oint_V \left[\frac{\partial(\rho u\phi)}{\partial x}+\frac{\partial(\rho v\phi)}{\partial y}\right]\mathrm{d}V = \left[(\rho u)_e\phi_e-(\rho u)_w\phi_w\right]\Delta y+\left[(\rho u)_n\phi_n-(\rho u)_s\phi_s\right]\Delta x \tag{9-27}$$

3)扩散项的离散

扩散项的离散采用中心格式。

$$\oint_V \left[\frac{\partial}{\partial x}\left(\Gamma_\phi\frac{\partial\phi}{\partial x}\right)+\frac{\partial}{\partial y}\left(\Gamma_\phi\frac{\partial\phi}{\partial y}\right)\right]\mathrm{d}V = \left(\Gamma_e\frac{\phi_E-\phi_P}{\Delta x}\Delta y-\Gamma_w\frac{\phi_P-\phi_W}{\Delta x}\Delta y+\Gamma_n\frac{\phi_N-\phi_P}{\Delta x}\Delta y-\Gamma_s\frac{\phi_P-\phi_S}{\Delta x}\Delta y\right)$$

4)源项的处理

$$\oint_V S_\phi\mathrm{d}V=\oint_\Omega S_\phi\mathrm{d}\Omega=(S_C+S_P\phi_P)\Delta x\Delta y \tag{9-28}$$

5)时间积分处理

(1)显格式。如果取 ϕ_P 为待求变量，ϕ_W、ϕ_S、ϕ_E、ϕ_N 分别为上一时段的计算值 ϕ_W^0、ϕ_S^0、ϕ_E^0、ϕ_N^0。将时间项、对流项、扩散项和源项的离散式代入通用控制方程，即可得到显式的求解格式。

$$A_P\phi_P=A_E\phi_E^0+A_W\phi_W^0+A_N\phi_N^0+A_S\phi_S^0+b_0 \tag{9-29}$$

式中

$$A_E=\max(-F_e,0)+F_e\frac{\Delta y}{\Delta x}$$

$$A_W=\max(F_w,0)+F_w\frac{\Delta y}{\Delta x}$$

$$A_N=\max(-F_n,0)+F_n\frac{\Delta y}{\Delta x}$$

$$A_S=\max(F_s,0)+F_s\frac{\Delta y}{\Delta x}$$

$$A_P=A_E+A_W+A_N+A_S+\frac{\rho}{\Delta t}\Delta x\Delta y-S_P\Delta x\Delta y$$

$$b_0=\frac{\rho}{\Delta t}\Delta x\Delta y\phi_P^0+S_C\Delta x\Delta y$$

式中，F_e、F_w、F_n、F_s 均表示控制体界面上通量的绝对值。

(2)隐格式。取 ϕ_P、ϕ_W、ϕ_S、ϕ_E、ϕ_N 均为待求变量，将时间项、对流项、扩散项和源项的离散式代入通用控制方程式(9-12)，即可得到全隐式的求解格式：

$$A_P\phi_P = A_E\phi_E + A_W\phi_W + A_N\phi_N + A_S\phi_S + b_0 \tag{9-30}$$

从直角网格上通用控制方程的离散过程来看，控制方程的离散过程与非结构网格上的离散方法完全相同，不同的是由于其网格形式简单，因此离散方程形式也大为简化。

5. 基于曲线网格的有限体积法

近年来随着计算技术的发展和研究问题的深入，不少研究人员采用(非)正交曲线网格作为计算网格，逐渐发展了基于(非)正交曲线网格的模拟技术，并在研究中得到了广泛的应用。曲线网格上控制方程的离散一般需要先将直角坐标系下的控制方程转化为(非)正交曲线坐标系下的控制方程，再进行离散。正交曲线坐标系下流体运动控制方程可用如下通式表示：

$$g_\zeta g_\eta \frac{\partial \rho\phi}{\partial t} + \frac{\partial}{\partial \zeta}\left(\rho u_\xi g_\eta \phi\right) + \frac{\partial}{\partial \eta}\left(\rho v_\eta g_\zeta \phi\right) = \frac{\partial}{\partial \zeta}\left(\Gamma_\phi \frac{g_\eta}{g_\zeta}\frac{\partial \phi}{\partial \zeta}\right) + \frac{\partial}{\partial \eta}\left(\Gamma_\phi \frac{g_\zeta}{g_\eta}\frac{\partial \phi}{\partial \eta}\right) + S_\phi \tag{9-31}$$

式中，u_ξ、v_η 分别表示沿曲线坐标系 ξ、η 方向的流速。从形式上来看，转化后的控制方程与式(9-11)比较接近，因而方程离散并不困难。但是其源项表达式较为复杂，离散方程系数求解也相当复杂，最终的流速变量还需要转化到直角坐标系下，因此程序编制较为困难。为克服这一缺点，有人曾基于非结构网格上控制方程的离散思想，将直角坐标系下的控制方程直接在曲线网格上进行离散，离散方程形式如下：

$$A_P\phi_P = A_E\phi_E + A_W\phi_W + A_N\phi_N + A_S\phi_S + b_0 \tag{9-32}$$

式中

$$A_E = -\min\left(F_e, 0\right) + \Gamma_\phi H_e \frac{\boldsymbol{d}_{PE}\cdot \boldsymbol{n}_e}{\left|\boldsymbol{d}_{PE}\right|^2}$$

$$A_W = -\min\left(F_w, 0\right) + \Gamma_\phi H_w \frac{\boldsymbol{d}_{PW}\cdot \boldsymbol{n}_w}{\left|\boldsymbol{d}_{PW}\right|^2}$$

$$A_N = -\min\left(F_n, 0\right) + \Gamma_\phi H_n \frac{\boldsymbol{d}_{PN}\cdot \boldsymbol{n}_n}{\left|\boldsymbol{d}_{PN}\right|^2}$$

$$A_S = -\min\left(F_s, 0\right) + \Gamma_\phi H_s \frac{\boldsymbol{d}_{PS}\cdot \boldsymbol{n}_s}{\left|\boldsymbol{d}_{PS}\right|^2}$$

$$A_P = A_E + A_W + A_N + A_S + \frac{\rho}{\Delta t}A_{CV} - S_P A_{CV}$$

$$b_0 = \frac{\rho}{\Delta t}A_{CV}\phi_P^0 + S_C A_{CV}$$

式中，F_e、F_w、F_n、F_s 均为沿控制体界面外法线方向的通量。该方法可直接将直角坐标下的控制方程在曲线网格上进行离散，不需要对控制方程进行曲线坐标变换，因而离散方程的形式简单，物理概念清晰。

9.3.4　基于同位网格的 SIMPLE 算法

前面基于有限体积法探讨了对流扩散方程的离散。对流扩散方程求解的前提是流速场已知。但实际上在求解变量 ϕ 之前，流速场是未知的，且往往是求解任务之一。对流场的求解，首先想到的方法是在对流扩散方程中，用ϕ代替运动方程中的u、v(二维流动)，然后进行求解。但是在连续方程中，待求变量$\phi=1$，因此无法按照通用控制方程的形式离散求解。此外，在运动方程中，压强梯度项是未知的，且压强项只出现在运动方程中，在连续方程中不存在压强项，没有可直接用于求解压强的方程。因此在求解流场的过程中，尚需对现有方程进行处理。目前应用最为广泛的处理方法是 Patankar 和 Spalding 提出的SIMPLE(Semi-Implicit Method for Pressure-Linked Equations)算法。SIMPLE 算法求解流场的基本思想是利用连续方程构建压强修正方程，在求解时首先给全场赋初始的猜测压强场，通过反复求解运动方程和压强修正方程，对初始压强场不断修正得到最终解。

1. 确定变量布置

前面已经提到，采用 SIMPLE 算法求解流场是利用连续方程使假定的压强场能够通过迭代过程不断地接近真解。但是由于流速在连续方程、压强在运动方程中都是一阶导数项，如果简单地将各个变量置于同一套网格上，当压强出现间跃式分布时离散方程在求解过程中无法检测出波形压强场。为了避免在数值求解过程中出现间跃式压强场，过去最常用的办法是采用交错网格把标量存储于网格节点上，而把流速等向量存储于控制体界面上(图 9-20)。

虽然交错网格较好地处理了连续性方程中速度一阶导数和运动方程中压强一阶导数的计算，克服了间跃式压强场的存在。但是由于交错网格存储变量的位置不同，相应地也需要多套网格来适应编程的需要，因而程序编制比较复杂，尤其是对基于非结构网格的数值模拟，交错网格的不便之处更是暴露无遗。因此要在非结构网格上使用目前比较成熟的SIMPLE 算法进行流体运动的数值模拟，必须引进同位网格的思想。所谓同位网格，就是将所有变量布置在同一套网格上(图 9-21)，然后在控制体界面上通过动量插值实现流速与压强耦合关系的处理。本书主要介绍基于同位网格的 SIMPLE 算法。

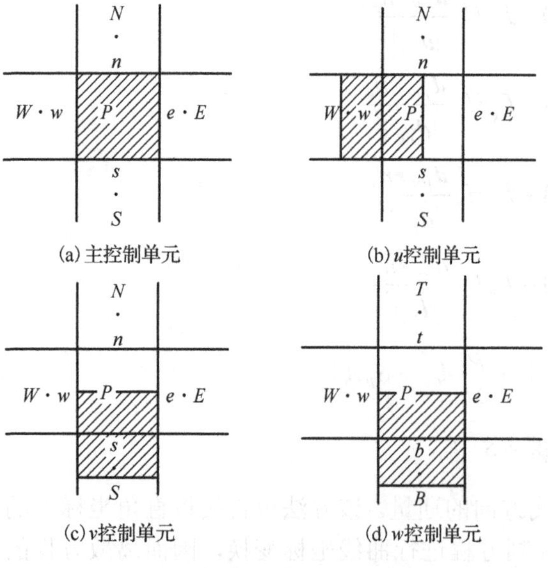

(a)主控制单元　(b)u控制单元　(c)v控制单元　(d)w控制单元

图 9-20　网格变量布置示意图

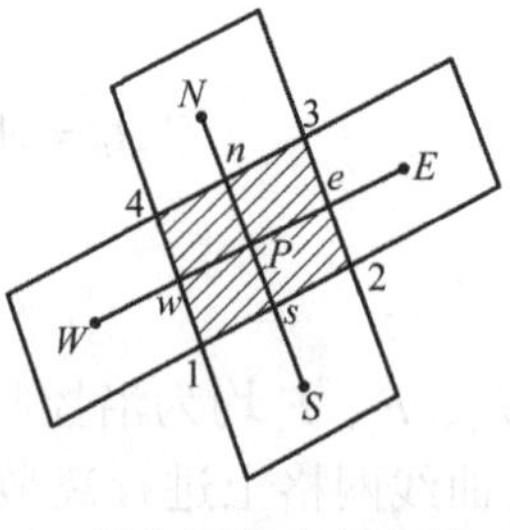

图 9-21　同位网格变量布置示意图

2. 运动方程离散

以基于非结构网格的二维流动模拟为例，按照通用控制方程的离散方法对运动方程进行离散。离散时将流速变量(u、v)视为待求变量ϕ，将$\sum_{j=1}^{N_{ED}} F_{ej}$作 0 处理，同时考虑到压强项

的特殊性，将其从源项中分离出来，可得

$$A_P\phi_P=\sum_{j=1}^{N_{ED}}A_{Ej}\phi_{Ej}+b_0 \tag{9-33}$$

式中

$$A_{Ej}=\max\left(-F_{ej},0\right)+\Gamma_\phi\frac{\boldsymbol{d}_j\cdot n_{1j}}{\left|\boldsymbol{d}_j\right|^2}$$

$$A_P=\frac{\rho A_{CV}}{\Delta t}+\sum_{j=1}^{N_{ED}}A_{Ej}-S_PA_{CV}$$

$$b_0=\frac{\rho A_{CV}}{\Delta t}\phi^0+S_CA_{CV}-\sum_{j=1}^{N_{ED}}\left(p_{ej}n_{1j}+\Gamma_\phi\frac{\phi_{C_2}^0-\phi_{C_1}^0}{\left|n_{1j}\right|}\frac{n_{1j}\cdot n_{2j}}{\left|n_{2j}\right|}\right)$$

3. 压强修正方程

采用基于非结构同位网格的 SIMPLE 算法来处理流速和压强的耦合关系，引入界面流速计算式和流速修正式如下：

$$u_e=\frac{1}{2}\left(u_P+u_E\right)-\frac{1}{2}\left[\left(\frac{A_{CV}}{A_P}\right)_P+\left(\frac{A_{CV}}{A_P}\right)_E\right]\left[\frac{p_E-p_P}{\left|\boldsymbol{d}_e\right|}-\frac{1}{2}\left(\nabla p_P+\nabla p_E\right)\frac{\boldsymbol{d}_e}{\left|\boldsymbol{d}_e\right|}\right]\frac{n_{1j}}{\left|n_{1j}\right|} \tag{9-34}$$

$$u_e'=\frac{1}{2}\left[\left(\frac{A_{CV}}{A_P}\right)_P+\left(\frac{A_{CV}}{A_P}\right)_E\right]\left(\frac{p_P'-p_E'}{\left|\boldsymbol{d}_e\right|}\right)\frac{n_{1j}}{\left|n_{1j}\right|} \tag{9-35}$$

式中，p_P'、p_E' 分别为控制体 P、E 的压强修正值；A_P 为运动方程的主对角元系数。由初始压强场得到的界面流速 u_e^*。经过 u_e 的修正后才能满足连续方程。将 $u_e^*+u_e$ 代入连续方程中，得到压强修正方程为

$$A_p^Pp_P'=\sum_{j=1}^{N_{ED}}A_{Ej}^Pp_{Ej}'+b_0^P \tag{9-36}$$

式中，上标 P 表示压强修正方程系数。其中

$$A_{Ej}^P=\frac{1}{2}\left[\left(\frac{A_{CV}}{A_P}\right)_P+\left(\frac{A_{CV}}{A_P}\right)_E\right]\frac{n_{1j}}{\left|n_{1j}\right|}$$

$$A_p^P=\sum_{j=1}^{N_{ED}}A_{Ej}^P$$

$$b_0^P=\sum_{j=1}^{N_{ED}}F_{Ej}$$

4. 修正压强和流速

在获得压强修正值 p_P' 按以下方式修正压强和速度

$$p_P=p_P^*+\alpha_2p_P' \tag{9-37}$$

$$u_P=u_P^*-\sum_{j=1}^{N_{ED}}\frac{p_j'n_{1j}}{A_P} \tag{9-38}$$

式中，α_2 为压强的欠松弛因子。

5. 流场求解

采用 SIMPLE 算法求解流场的主要步骤如下。

(1)给全场赋以初始的猜测压强场。

(2)计算运动方程系数，求解运动方程。

(3)计算压强修正方程的系数，求解压强修正值，更新压强和流速。

(4)根据单元残余质量流量和全场残余质量流量判断是否收敛。

9.3.5 离散方程的求解

代数方程组求解有两类基本方法：一类是直接法，即以消去法为基础的解法，如果不考虑舍入误差的影响，从理论上讲，它可以在固定步数内求得方程组的准确解，常用的直接求解法包括 Gramer 矩阵求逆法和 Gauss 消去法；另一类是迭代法，它是一个逐步求得近似解的过程，这种方法便于编制解题程序，但存在迭代是否收敛及收敛速度快慢的问题，且只能得到满足一定精度要求的近似解，常用的迭代法有 Jacobi 迭代法或 Gauss-Seidel 迭代法。对于大规模的线性方程组，迭代法的计算效率要高于直接法。

在结构网格下，离散方程的系数矩阵为标准的三对角(一维问题)、五对角(二维问题)或七对角(三维问题)矩阵。对于系数矩阵为标准对角矩阵的离散方程组(结构网格下的离散方程)，人们在较早以前已获得一种能快速求解三对角方程组的解法，即TDMA(Tri-Diagonal Matrix Algorithm)算法。该方法对一维问题形成的三对角矩阵是一种直接法。对于二维或三维问题，可以利用该方法逐行逐列交替迭代求解。对于 TDMA 算法，不少文献已进行过详细介绍。

在非结构网格下，由于控制体周围相邻控制体的数量及编号不确定，离散方程的系数矩阵为一大型稀疏矩阵，但不一定是严格的对角矩阵。对系数矩阵为非标准对角矩阵的离散方程组(非结构网格下的离散方程)，一般采用 Gauss-Seidel 迭代法求解。实际上，由于大多数的工程流动问题都是非线性的，离散方程系数取值往往与待求变量ϕ有关。离散方程名义上是线性的，但是在方程收敛之前，系数矩阵是有待于改进的。因此，离散方程迭代求解应包含两项任务，一是修正非线性方程组的系数，常称为外迭代，二是求解线性代数方程组，常称为内迭代。在求解过程中，内迭代不必一次迭代至收敛，可以迭代一次或几次之后即修正线性方程组系数，从而实现两种迭代同步收敛，因此只要迭代方式组织合理，其计算效率往往要高于直接法，在节点数多时更是如此。

9.3.6 误差来源及控制

流动数值模拟的误差主要来自模拟过程中的如下工作环节。

(1)模型建立。在根据物理现象建立数学模型的过程中，常常会由于对流动本质的认识不充分引入误差，也称为建模误差，即控制方程及定解条件不能准确反映真实的物理背景而导致的误差。

(2)网格剖分。网格布局和尺度均会对计算结果产生影响，引入相应的计算误差。

(3)方程离散。由控制方程离散过程中的截断误差和计算边界处理不合理引起的误差。

(4)模型计算。模型计算过程中产生的计算误差有两种，一是浮点运算的舍入误差，二是由离散方程求解过程中不完全迭代引入的误差。

(5)成果整理。该环节基本不引入误差。

对于数值模拟的误差来源，可参考下面的分类和定义。数学模型的误差来源分为建模误差、离散误差和计算误差三大类，如图 9-22 所示。

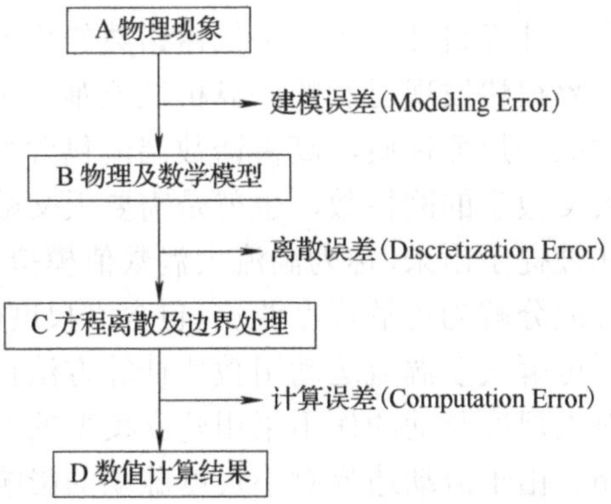

图 9-22　数值计算误差分类

① 建模误差：数学模型建立过程中产生的误差。

② 离散误差：网格布局和尺度选择引入的误差；方程离散过程中的截断误差。

③ 计算误差：浮点运算的舍入误差；不完全迭代误差。

对不同的问题，数值模拟误差的影响程度和重要性是有区别的。就恒定流模拟和非恒定流模拟而言，对非恒定流模拟，其建模误差、离散误差与恒定流基本相同，但是由迭代不完全所造成的计算误差却有别于恒定流。其原因是恒定流求的是线性方程组的收敛解，非恒定流求的是线性方程组的收敛过程，在求解的过程中线性方程组的迭代计算是不完全的。凡是影响线性方程组收敛特性的计算参数和技术手段均可能对非恒定流的模拟成果产生影响；在恒定流模拟中时间步长的影响也仅限于截断误差，但是在非恒定流模拟中时间步长的影响则不仅限于截断误差，还包括迭代不完全所造成的计算误差。

数值模拟中的误差除浮点运算舍入误差外均可采取一定措施来减小，如采用精度更高的湍流模型、优化网格布局、采用高精度离散格式等。实际上，许多措施往往是以计算量的增加为代价的。流动问题的数值模拟应在计算精度和计算量之间寻求平衡点，应致力于寻求能满足精度要求的高效模拟方法。

9.4　高级数值模拟方法简介

湍流平均方程表明，平均方程中总是含有湍流脉动输运的平均量，它们对于平均运动方程来说是未知量，是平均方程的不封闭量从雷诺提出湍流平均方法和雷诺方程以后，大量的湍流研究者研究平均湍流脉动输运量的封闭方法和具体的封闭方程(也称湍流模式)，发展和改进湍流模式成为工程湍流研究与应用的主流。至今应用湍流模式数值求解湍流平均方程仍是工程湍流计算的主要方法。随着研究的深入，湍流界认识到不可能建立普适的平均湍流输运量的封闭方程。其原因是湍流脉动包含许多尺度的运动，湍流平均输运量中既包含大尺度脉动的贡献也包含小尺度脉动的贡献，而大尺度脉动与平均速度场或平均温度场的边界条件有密切关系，对于千变万化的复杂流动的几何边界，不可能存在对一切平均流场都适用的封闭方程。

随着计算机性能的不断提高、数值计算方法的不断改进，湍流问题的学术界开始考虑放弃求解湍流平均方程的思路，而用直接数值求解样本流动方程，即 N-S 方程，然后对样本流场进行统计来获得湍流平均特性，这种方法称为湍流直接数值模拟。Orszag 等首先实现了这种想法，用当时的电子计算机计算了一个低雷诺数的均匀湍流场，从此湍流直接数值模拟蓬勃发展起来。湍流界很快发现已有的计算机性能难以实现高雷诺数复杂湍流的直接数值模拟，由于湍流脉动的多尺度性质，高雷诺数湍流包含很宽的尺度范围，实现这种湍流的直接数值模拟需要天文数字的网格数，也就是需要天文数字的计算机内存，于是一种折中的湍流数值模拟方法被提了出来，称为湍流大涡数值模拟方法(简称大涡模拟方法)。通过对湍流运动的过滤将湍流分解为可解尺度湍流(包含大尺度脉动)和不可解尺度湍流运动(包含所有小尺度脉动)，可解尺度湍流运动用数值计算方法直接求解，小尺度湍流脉动的质量、动量和能量输运对大尺度脉动的作用采用建立模型的方法(称为亚格子模型)，从而使可解尺度运动方程封闭。由于流动边界对小尺度脉动的影响较小，亚格子模型可能对广泛的复杂湍流运动有较好的适用性。

下面简要介绍湍流直接数值模拟方法(DNS)和大涡数值模拟方法(LES)这两种高精度数值模拟方法。

9.4.1 湍流的直接数值模拟

湍流直接数值模拟是数值求解如下 N-S 方程

$$
\begin{aligned}
&\frac{\partial u_i}{\partial t}+u_j\frac{\partial u_i}{\partial x_j}=-\frac{1}{\rho}\frac{\partial p}{\partial x_i}+\nu\frac{\partial^2 u_i}{\partial x_j\partial y_j}+f_i\\
&\frac{\partial u_i}{\partial x_i}=0
\end{aligned}
\tag{9-39}
$$

以上方程无量纲化后 $\rho=1$，$\nu=1/Re$，雷诺数 $Re=UL/\nu$；U 是流动的特征速度；L 是流动的特征长度。高雷诺数湍流是指 $Re\gg1$。

给定流动的边界条件和初始条件后，数值求解上述方程就得到一个样本流动。

初始条件：

$$u_i(x,0)=V_i(x) \tag{9-40a}$$

边界条件：

$$u_i\big|_\Sigma=U_i(x,t),\ p(x_0)=p_o \tag{9-40b}$$

式中，$V_i(x)$、$U_i(x,t)$ 和 p_o 是已知函数或常数；Σ 是流动的已知边界；x_0 是流场中给定点的坐标。

理论上，直接数值模拟可以获得湍流场的全部信息，实际上，实现直接数值模拟需要规模巨大的计算机资源。由于湍流是多尺度不规则运动，精确计算湍流需要很小的空间网格长度和时间步。对于最简单的湍流，可以在理论上估计，三维网格数正比于 $Re^{9/4}$，无量纲时间步长正比于 $Re^{3/4}$，要获得足够的时间序列信息，至少需要 $Re^{3/4}$ 时间步，总的计算量正比于 Re^3。如果要计算 $Re=10000$ 的湍流，需要 1GB 内存的计算机，计算量达到10^{12} 次。由于计算机资源的限制，目前可以实现的湍流直接数值模拟的雷诺数较低，但直接数值模拟是研究低雷诺数湍流机理的有效工具。

9.4.2 大涡数值模拟方法

前面简要地介绍了 DNS 方法。目前认为基于 N-S 方程的 DNS 方法是精确的，但是缺少计算机资源来实现高雷诺数复杂流动的数值模拟；RANS 方法(雷诺平均 N-S 方程的数值模拟方法)可以用现有计算机资源实现高雷诺数复杂流动的数值模拟,但它的计算准确性较差。在 20 世纪 70 年代，一种新型的湍流数值模拟方法问世，即大涡数值模拟。在过去几十年中，大涡数值模拟的理论不断完善，应用经验逐渐积累，湍流界估计，大涡数值模拟有望在 20 年内实现高雷诺数复杂流动的计算。

前面章节讨论局部各向同性湍流特性时，已经论述过在湍动能传输链中大尺度脉动几乎包含所有湍动能，小尺度脉动主要是耗散湍动能启发大涡模拟的思想：在湍流数值模拟中只计算大尺度的脉动，将小尺度脉动对大尺度脉动的作用建立模型。由于放弃直接计算小尺度的脉动数值模拟的时间和空间步长就可以放大，因而可以缓解对计算机资源的苛刻要求，同时减少了计算工作量。

大涡模拟采用过滤方法消除湍流中小尺度脉动，在物理空间中，过滤过程可以用积分运算来实现。例如，将脉动速度在边长为 Δ 的立方体中做体积平均，边长 Δ 称为过滤长度，经过体积平均后，小于 Δ 尺度以下的脉动速度被过滤掉。图 9-23 定性地展示过滤前后的流动速度和脉动速度，图中 $u(x,t)$ 是湍流运动的样本瞬时速度，$\overline{u}(x,t)$ 是过滤后的大尺度速度；$\langle u\rangle(x,t)$ 是系统平均速度，$u'(x,t)=u(x,t)-\langle u\rangle(x,t)$ 是包含所有尺度的脉动速度，$\overline{u'}(x,t)=u(x,t)-\overline{u}(x,t)$ 是 $u'(x,t)$ 中的大尺度脉动。由图 9-23 可以看到过滤后流体不规则速度(粗线)的幅值和波数明显地小于样本瞬时速度(细线)；同样地，过滤后脉动速度的幅值和波数明显地小于未经过滤的脉动速度。

积分过滤过程可以用以下公式表示：

$$\overline{u}_i(x,t)=\frac{1}{\Delta^3}\int_{-\Delta/2}^{\Delta/2}\int_{-\Delta/2}^{\Delta/2}\int_{-\Delta/2}^{\Delta/2}u_i(\xi,t)G(x-\xi)\mathrm{d}\xi_1\mathrm{d}\xi_2\mathrm{d}\xi_3 \tag{9-41}$$

式中，$G(x-\xi)$ 是过滤函数，对于边长为 Δ 的立方体的积分过滤过程，可以写出如下的过滤函数 $G(x-\xi)$ 的表达式：

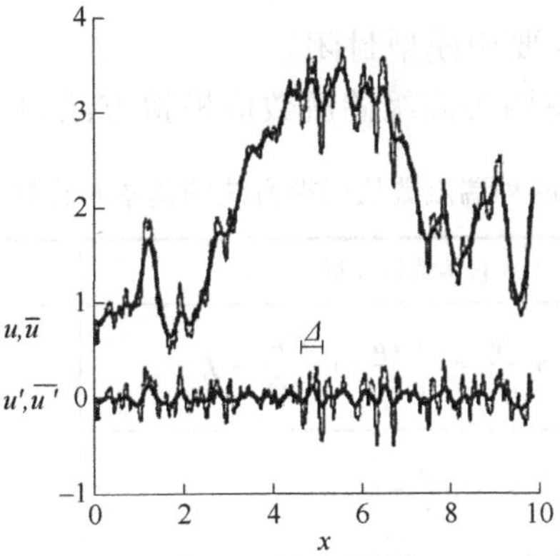

图 9-23　物理空间过滤示意图

上部 细实线：瞬时速度 $u(x,t)$；粗实线：可解尺度速度 $\overline{u}(x,t)$；

下部 细实线：亚格子尺度速度 $u'(x)$；粗实线：过滤后的亚格子尺度速度 $\overline{u}'(x)$

$$\begin{aligned}G(\eta)&=1,\quad |\eta|\leqslant\Delta/2\\G(\eta)&=0,\quad |\eta|>\Delta/2\end{aligned} \tag{9-42}$$

湍流速度场或其他湍流量经过过滤后仍是不规则量，只是这些不规则量中小尺度脉动已经过滤掉了，只剩下大于尺度 Δ 的湍流脉动，如图 9-23 的粗实线所示。可解尺度运动的控制方程可由过滤 N-S 方程来导出，给定的盒式过滤器计算公式(9-42)与时间导数、空间导数是可交换的，于是可得大涡数值模拟的控制方程如下：

$$\begin{aligned} &\frac{\partial \overline{u}_i}{\partial t}+\frac{\partial \overline{u_i u_j}}{\partial x_j}=-\frac{1}{\rho}\frac{\partial \overline{p}}{\partial x_i}+\nu\frac{\partial^2 \overline{u}_i}{\partial x_j \partial y_j}+\overline{f}_i \\ &\frac{\partial \overline{u}_i}{\partial x_i}=0 \end{aligned} \tag{9-43}$$

不可压缩牛顿流体湍流大涡模拟的未知量是 $\overline{u}_i$ 和 $\overline{p}$，而方程左边还有新的未知量 $\overline{u_i u_j}$，它是样本流动中单位质量流体动量通量的过滤值，由于大涡模拟不能获得全部样本流动，所以 $\overline{u_i u_j}$ 是未知量。需要对 $\overline{u_i u_j}$ 构造模型，以封闭大涡数值模拟方程。简单考察一下大涡数值模拟待封闭量 $\overline{u_i u_j}$ 的性质，就可以看到它们和过滤掉的小尺度脉动有关。利用过滤运算，可以将湍流样本流动分解为大尺度运动和小尺度运动如下：

$$u_i(x,t)=\overline{u}_i(x,t)+u_i''(x,t) \tag{9-44}$$

式中，$\overline{u}_i$ 已由式(9-41)定义，它是湍流样本流动中的大尺度部分；$u_i''(x,t)$ 是样本流动中的小尺度脉动部分。由式(9-44)可得 $\overline{u_i u_j}$ 的表达式为

$$\begin{aligned} \overline{u_i u_j}&=\overline{\left[\overline{u}_i(x,t)+u_i''(x,t)\right]\left[\overline{u}_j(x,t)+u_j''(x,t)\right]} \\ &=\overline{\overline{u}_i(x,t)\overline{u}_j(x,t)}+\overline{\overline{u}_i(x,t)u_j''(x,t)}+\overline{\overline{u}_j(x,t)u_i''(x,t)} \\ &\quad+\overline{u_i''(x,t)u_j''(x,t)} \end{aligned} \tag{9-45}$$

给定过滤器运算后，式(9-45)右端第一项可以由 $\overline{u}_i$ 计算，它不需要用模式封闭；右端的第二、三、四项含有小尺度脉动 $u_i''(x,t)$，在大涡数值模拟方法中是不可分辨的，因此式(9-45)右端最后三项都需要用模型封闭。

根据以上简要的介绍，将两种高级湍流数值模拟方法归纳于表 9-5。

表 9-5 两种湍流数值模拟方法的基本方程和基本特点

	直接数值模拟	大涡数值模拟
运动方程	$\frac{\partial u_i}{\partial t}+u_j\frac{\partial u_i}{\partial x_j}=-\frac{1}{\rho}\frac{\partial p}{\partial x_i}+\nu\frac{\partial^2 u_i}{\partial x_j \partial y_j}+f_i$	$\frac{\partial \overline{u}_i}{\partial t}+\frac{\partial \overline{u_i u_j}}{\partial x_j}=-\frac{1}{\rho}\frac{\partial \overline{p}}{\partial x_i}+\nu\frac{\partial^2 \overline{u}_i}{\partial x_j \partial y_j}+\overline{f}_i$
连续方程	$\frac{\partial u_i}{\partial x_i}=0$	$\frac{\partial \overline{u}_i}{\partial x_i}=0$
分辨率	完全分辨	只分辨大尺度脉动
模型	不需要模型	小尺度脉动动量输运模式
存储量	巨大	大
计算量	巨大	大

思考题及习题

9-1　为什么要对通用方程进行离散化？其离散化方法有哪些？

9-2　通用方程的离散化方程有什么特点？

9-3　CFD 计算的主要步骤有哪些？

9-4　计算网格在 CFD 中的作用是什么？它主要有哪些类型？各自的特点是什么？

9-5　什么是 SIMPLE 算法？其计算步骤有哪些？

9-6　SIMPLE 算法可采用哪几种基本的有限差分格式？

9-7　简述利用 SIMPLE 程序求解传热与流动问题的实施步骤。

9-8　有限体积法离散原则有哪些？

9-9　湍流数值模拟过程中哪些环节会引起误差？怎样加以控制？

9-10　在数值求解流体力学问题的实际过程中，如何判断数值解的收敛性？

9-11　采用有限体积法离散下列积分方程(假设数值网格为等距网格)：

$$\int \frac{\partial \phi(x,y,t)}{\partial t} \mathrm{d}V = \oint \Gamma \boldsymbol{n} \cdot \nabla \phi \mathrm{d}s$$

9-12　为什么说计算流体力学只能得到一个真实流场的近似解？

参考文献

陈懋章, 2004. 粘性流体动力学基础[M]. 北京: 高等教育出版社.

付强, 魏岗, 关晖, 等, 2015. 高等流体力学[M]. 南京: 东南大学出版社.

高学平, 2005. 高等流体力学[M]. 天津: 天津大学出版社.

林建忠, 阮晓东, 陈邦国, 等, 2013. 流体力学[M]. 2 版. 北京: 清华大学出版社.

刘全忠, 李小斌, 2017. 高等流体力学[M]. 哈尔滨: 哈尔滨工业大学出版社.

刘士和, 刘江, 罗秋实, 等, 2011. 工程湍流[M]. 北京: 科学出版社.

刘树红, 吴玉林, 左志钢, 2012. 应用流体力学[M]. 2 版. 北京: 清华大学出版社.

潘文全, 2005. 高等流体力学[M]. 北京: 清华大学出版社.

王福军, 2004. 计算流体动力学分析——CFD 软件原理与应用[M]. 北京: 清华大学出版社.

吴望一, 1982. 流体力学：上册[M]. 北京: 北京大学出版社.

吴望一, 1983. 流体力学：下册[M]. 北京: 北京大学出版社.

伍悦滨, 2013. 高等流体力学[M]. 哈尔滨: 哈尔滨工业大学出版社.

张鸣远, 2010. 流体力学[M]. 北京: 高等教育出版社.

张鸣远, 景思睿, 李国君, 2012. 高等工程流体力学[M]. 北京: 高等教育出版社.

张兆顺, 崔桂香, 2006. 流体力学[M]. 2 版. 北京: 清华大学出版社.

张兆顺, 崔桂香, 许春晓, 2008. 湍流大涡数值模拟的理论与应用[M]. 北京: 清华大学出版社.

章梓雄, 董曾南, 1998. 粘性流体力学[M]. 北京: 清华大学出版社.

邹高万, 贺征, 顾璇, 2013. 粘性流体力学[M]. 北京: 国防工业出版社.